Symmetriebeziehungen zwischen Kristallstrukturen

Ulrich Müller

Symmetriebeziehungen zwischen Kristallstrukturen

Anwendungen der kristallographischen Gruppentheorie in der Kristallchemie

2. Auflage

unter Verwendung von Textvorlagen von
Hans Wondratschek und Hartmut Bärnighausen

Springer Spektrum

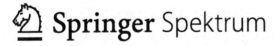

Prof. a.D. Ulrich Müller
Fachbereich Chemie
Philipps-Universität Marburg
Marburg, Deutschland

Die Abbildungen wurden zum Teil mit den Programmen ATOMS von E. Dowty und DIAMOND von K. Brandenburg erstellt. Zehn Abbildungen sind die gleichen wie in *International Tables for Crystallography*, Band A1, 2. Auflage (2010), Kapitel 1.6 [16]. Sie werden mit Genehmigung der *International Union of Crystallography* wiedergegeben, zusammen mit etwas Begleittext, der vom Autor dieses Buchs geschrieben wurde.

Schriftsatz mit LaTeX durch den Autor.

ISBN 978-3-662-67165-8 ISBN 978-3-662-67166-5 (eBook)
https://doi.org/10.1007/978-3-662-67166-5

Die Deutsche Nationalbibliothek verzeichnet diese Publikation in der Deutschen Nationalbibliografie; detaillierte bibliografische Daten sind im Internet über http://dnb.d-nb.de abrufbar.

Ursprünglich erschienen unter dem Titel: Symmetriebeziehungen zwischen verwandten Kristallstrukturen. Weitere Ausgaben: Relaciones de simetría entre estructuras cristalinas. Editorial Síntesis, Madrid, 2013. Symmetry Relationships between Crystal Structures, Oxford University Press, 2013.

Planung/Lektorat: Charlotte Hollingworth
Springer Spektrum ist ein Imprint der eingetragenen Gesellschaft Springer-Verlag GmbH, DE und ist ein Teil von Springer Nature.
Die Anschrift der Gesellschaft ist: Heidelberger Platz 3, 14197 Berlin, Germany

Hartmut Bärnighausen

und

Hans Wondratschek

gewidmet

Hartmut Bärnighausen, Professor für Anorganische Chemie an der Universität Karlsruhe von 1967 bis 1998, hat Wesentliches zur Anwendung der kristallographischen Gruppentheorie in der Kristallchemie beigetragen. Wegweisend ist sein 1980 erschienener Artikel *Group–subgroup relations between space groups: a useful tool in crystal chemistry* [1]. Auf diesem Artikel sowie auf seinen Manuskripten für eine Reihe von Kursen zu selbigem Thema baut dieses Buch auf.

Hans Wondratschek, Professor für Kristallographie an der Universität Karlsruhe von 1964 bis 1991, hat sich nach kristallchemischen Arbeiten über Blei-Apatite und mineralogischen Arbeiten über die Eifel-Sanidine mit theoretischen Themen der Kristallographie befasst. Er war an der Herleitung der Raumgruppen des vierdimensionalen Raumes beteiligt und an der vollständigen Tabellierung der Untergruppen der dreidimensionalen Raumgruppen. Diese sind später in den *International Tables for Crystallography*, Band A1, publiziert worden.

Vorwort

Die Kristallstrukturanalyse hat sich zu einem der wichtigsten Hilfsmittel in der Chemie und verwandten Disziplinen entwickelt. Mehrere hunderttausend Kristallstrukturen sind im Laufe der Jahre bestimmt worden. Die Ergebnisse aus der Zeit von 1931 bis 1990 wurden jahresweise im ‚Strukturbericht' [2], später ‚Structure Reports' [3] zusammengestellt. Inzwischen sind Kristallstrukturen in mehreren großen Datenbanken deponiert [4–10]. Die bloße Ansammlung von Daten hat allerdings nur beschränkten Wert, wenn eine systematische Ordnung fehlt und wenn die wissenschaftliche Interpretation der Daten zu wünschen übrig lässt.

Schon bald nach der Entdeckung der Röntgenbeugung an Kristallen durch MAX VON LAUE, WALTHER FRIEDRICH und PAUL KNIPPING (1912) und den sich anschließenden, bahnbrechenden Arbeiten von Vater WILLIAM HENRY BRAGG und Sohn WILLIAM LAWRENCE BRAGG setzten die Bemühungen ein, die aufgefundenen Kristallstrukturen zu ordnen. Bereits 1926 war so viel Datenmaterial vorhanden, dass VIKTOR MORITZ GOLDSCHMIDT Gesetzmäßigkeiten über die Packung in Ionenkristallen formulieren konnte [11]. 1928 hat LINUS PAULING eine Reihe von Strukturprinzipien aufgezeigt – vorwiegend für Ionenkristalle –, die später in seinem 1938 erstmals erschienenen Buch *The Nature of the Chemical Bond* wiederholt wurden (deutsche Fassung: [12]). Zahlreiche andere Konzepte, um Verwandtschaften zwischen Kristallstrukturen aufzuzeigen und um das immer umfangreicher werdende Datenmaterial zu ordnen, wurden im Laufe der Zeit recht erfolgreich ausgearbeitet und weiterentwickelt. Den meisten Konzepten ist allerdings eines gemeinsam: sie nutzen die Symmetrie der Kristallstrukturen kaum oder gar nicht.

Die Bedeutung von Symmetriebeziehungen bei Phasenumwandlungen im festen Zustand wurde 1937 von LEW LANDAU erkannt [13]. Der besondere Wert von Symmetriebeziehungen zum Aufzeigen von Verwandtschaften zwischen Kristallstrukturen wurde von Chemikern ab 1970 immer deutlicher wahrgenommen, nachdem HARTMUT BÄRNIGHAUSEN ein entsprechendes Verfahren ausgearbeitet hatte [1]. Symmetriebeziehungen sind mathematisch formulierbar, und das bietet eine sichere Grundlage für ihre Anwendung und ermöglicht es, Algorithmen zu entwickeln, die den Einsatz von Computern erlauben.

Die Symmetrie von Kristallen wird in *International Tables for Crystallography*, Band *A* [14, 15], sowohl durch Diagramme als auch mit Hilfe der analytischen Geometrie beschrieben. Die analytisch-geometrische Beschreibung ist allgemein anwendbar; sie beruht auf der Methode der Matrizenrechnung und benutzt die Ergebnisse der elementaren Gruppentheorie. Seit 2004 gibt es den Zusatzband *A*1 der *International Tables for Crystallography* [16], in welchem die Untergruppen der Raumgruppen, anders als zuvor, vollständig aufgeführt sind. Wie diese Tabellenwerke genutzt werden können, wird in diesem Buch aufgezeigt.

In Teil 1 dieses Buches sind die mathematischen Hilfsmittel zusammengestellt: die Grundbegriffe der Kristallographie, insbesondere der Symmetrielehre, die Theorie der kristallographischen Gruppen und die Formalismen der hier gebrauchten kristallographischen Berechnungen. Wie vieles in den Naturwissenschaften mögen diese Hilfsmittel zunächst schwierig erscheinen, wenn man das Arbeiten mit ihnen nicht gewohnt ist. Gleichwohl sind die vorgestellten Rechenverfahren im Grunde einfach.

Die Gruppentheorie hat tiefliegende Grundlagen. Zu ihrer Anwendung wird die Tiefe jedoch nicht benötigt. Die mathematischen Grundlagen sind in den vorgestellten Formalismen enthalten. Die Formalismen gestatten es, Berechnungen durchzuführen und Schlüsse zu ziehen, ohne die mathematischen Beziehungen vollständig nachvollziehen zu müssen.

Wer bereits Kenntnisse der Symmetrielehre von Kristallen hat, also schon mit Raumgruppen zu tun hatte, Hermann-Mauguin-Symbole kennt, mit Atomkoordinaten umgehen kann usw., kann schon mal in Teil 2 ‚schnuppern', um ein Gefühl zu bekommen, was aus den mathematischen Beziehungen folgt. Es sei aber davon abgeraten, die Kapitel von Teil 1 zu überschlagen. Man täusche sich nicht: die kristallographische Gruppentheorie und Symbolik hat ihre Tücken, und die Berechnungen sind fehleranfällig, wenn sie nicht strikt nach Vorschrift durchgeführt werden.

In Teil 2 des Buches wird die Anwendung auf Probleme der Kristallchemie aufgezeigt. Zahlreiche Beispiele illustrieren, wie sich die kristallographische Gruppentheorie dazu heranziehen lässt, um Verwandtschaften zwischen Kristallstrukturen aufzuzeigen, Ordnung in die Unmenge der Kristallstrukturen zu bringen, mögliche Kristallstrukturtypen vorherzusagen, Phasenumwandlungen zu analysieren, das Phänomen der Domänen- und Zwillingsbildung in Kristallen zu verstehen und Fehler bei der Kristallstrukturanalyse zu vermeiden.

In Teil 3 werden Besonderheiten einer Sorte von Untergruppen der Raumgruppen, den isomorphen Untergruppen, vertieft und Querverbindungen zur Zahlentheorie aufgezeigt. Ein Kapitel gibt einen etwas erweiterten Einblick in ein paar physikalisch-chemische Aspekte bei Phasenumwandlungen und in die Theorie der Phasenumwandlungen. Schließlich wird eine Reihe von Computer-Programmen vorgestellt, die das viele Blättern in *International Tables for Crystallography* ersparen und mit denen einige kristallographische Berechnungen durchgeführt werden können.

Die Übungsaufgaben am Ende vieler Kapitel bieten die Möglichkeit, das Gelernte nachzuvollziehen und zu üben. Ausgearbeitete Lösungen zu den Aufgaben finden sich am Ende des Buches.

In einem Glossar ist die Bedeutung spezieller Fachausdrücke zusammengestellt.

Ein Teilgebiet der Gruppentheorie ist nicht Gegenstand dieses Buches: die Darstellungstheorie. In der kristallographischen Symmetrielehre kommt die Zeit nicht vor. Um auch die Symmetrie zeitabhängiger Phänomene (z. B. Schwingungen) erfassen zu können, wird die Darstellungstheorie benötigt. Diese wird in zahlreichen Büchern und Abhandlungen eingehend behandelt, und wir könnten hier nur deren Inhalt wiederholen (siehe

z. B. [17–27]). In den Kapiteln 16, 22 und 23 geben wir jedoch ein paar Hinweise dazu. Wir befassen uns auch nicht mit magnetischen Raumgruppen (Schwarz-Weiß-Raumgruppen, Schubnikow-Gruppen), bei denen jedem Punkt im Raum eine Farbe (schwarz oder weiß) zugeordnet ist und ein Teil der Symmetrieoperationen mit einer Farbumkehr (oder Spinumkehr) verbunden ist; mehr dazu siehe in [61] und der dort zitierten Literatur.

Das Manuskript hat viele Vorgänger. Es baut auf früheren Vorlesungen auf und auf Kursen, die ab 1975 wiederholt in Deutschland, Italien, Frankreich, Tschechien, Bulgarien, Russland und Südafrika abgehalten worden sind. Dozenten dieser Kurse waren anfangs H. BÄRNIGHAUSEN (Karlsruhe), TH. HAHN (Aachen), H. WONDRATSCHEK (Karlsruhe) und W. E. KLEE (Karlsruhe), später auch M. AROYO (Sofia, dann Bilbao), G. CHAPUIS (Lausanne), R. PÖTTGEN (Münster), und der Verfasser dieses Buchs. Die Kurse wurden dann von T. DOERT (Dresden), M. RUCK (Dresden), U. SCHWARZ (Dresden), H. KOHLMANN (Leipzig), O. OECKLER (Leipzig), C. RÖHR (Freiburg) und G. DE LA FLOR MARTIN (Karlsruhe) fortgeführt.

Der Text der Kapitel 2 bis 7 stammt von H. WONDRATSCHEK und wurde mir von ihm zur Verfügung gestellt; er hat diese Kapitel nochmals durchgesehen, nachdem ich sie durch Abbildungen, Beispiele und Übungsaufgaben ergänzt hatte. Darin spiegeln sich zum Teil Vorlesungsmanuskripte von W. E. KLEE wider. Die Kapitel 1, 11, 12, 16 und 17 gehen im Wesentlichen auf H. BÄRNIGHAUSEN zurück und enthalten Texte von ihm; er hat auch Erstfassungen dieser Kapitel kritisch durchgesehen. In Kapitel 18 fand ein Skript von R. PÖTTGEN, R.-D. HOFFMANN und U. RODEWALD Eingang. Ihnen allen gilt mein besonderer Dank. Ohne ihre Vorlagen und ohne ihr Einverständnis zur Verwendung der Texte hätte dieses Buch nicht entstehen können. Ich danke Frau G. DE LA FLOR MARTIN dafür, dass sie mich mit der Anwendung der Programme des Bilbao Crystallographic Servers vertraut gemacht hat.

Indirekt beteiligt sind G. NEBE (Mathematikerin, Aachen), J. NEUBÜSER (Mathematiker, Aachen) und V. JANOVEC (Physiker, Reichenberg/Liberec) durch Anregungen und zahllose Diskussionen mit H. WONDRATSCHEK. Außerdem danke ich weiteren ungenannten Kollegen für Anregungen und Diskussionen.

Verglichen zur 2012 erschienenen ersten Auflage dieses Buchs wurde der Text neueren Entwicklungen angepasst und neuere Literatur berücksichtigt. Kapitel 8 wurde in ein mehr theoretisches Kapitel und in eines für praktische Anwendungen unterteilt. Die Abschnitte 13.4, 14.3.2 und 16.7 sind neu hinzugekommen, ebenso das Kapitel 24 über unterstützende Rechenprogramme. Weitere Änderungen, Korrekturen und Ergänzungen wurden durchgeführt, vor allem in den Abschnitten 3.2, 7.4, 9.5 und 18.3.

Ulrich Müller
Marburg, Juli 2022

Inhaltsverzeichnis

Liste der Symbole

$\{\ldots\}$, M	Mengen
m, m_k	Elemente der Menge M
P, Q, X, X_k	Punkte
O	Ursprung
$\mathbf{u}$, $\mathbf{x}$	Vektoren
$\mathbf{t}$, $\mathbf{t}_i$	Translationsvektoren
$\mathbf{a}$, $\mathbf{b}$, $\mathbf{c}$, $\mathbf{a}_i$	Basisvektoren
$(\mathbf{a})^{\mathrm{T}}$, $(\mathbf{a}')^{\mathrm{T}}$	Zeile von Basisvektoren
$a, b, c, \alpha, \beta, \gamma$	Gitterparameter
x_i, $\tilde{x}_i$, x'_i, w_i	Punktkoordinaten oder Vektorkoeffizienten
$\boldsymbol{r}, \boldsymbol{t}, \boldsymbol{u}, \boldsymbol{w}, \boldsymbol{x}$	Spalten von Koordinaten oder Vektorkoeffizienten
$\boldsymbol{x}_F$	Spalte von Fixpunkt-koordinaten
$\boldsymbol{o}$	Spalte von Nullen
$\mathbf{T}$	Vektorgitter (Gitter)
$\tilde{X}$, $\tilde{\boldsymbol{x}}$, $\tilde{x}_i$	Bildpunkt und seine Koordinaten
$\boldsymbol{x}'$, x'_i	Koordinaten im neuen Koordinatensystem
D, I, T, W	Abbildungen
$\boldsymbol{I}$, $\boldsymbol{U}$, $\boldsymbol{V}$, $\boldsymbol{W}$	(3×3)-Matrizen
$\boldsymbol{I}$	Einheitsmatrix
$(\boldsymbol{U}, \boldsymbol{u})$, $(\boldsymbol{V}, \boldsymbol{v})$, $(\boldsymbol{W}, \boldsymbol{w})$	Matrix-Spalte-Paare
$\boldsymbol{W}^{\mathrm{T}}$	transponierte Matrix
W_{ik}	Matrix-Koeffizienten
$\mathbb{r}$, $\mathbb{t}$, $\mathbb{x}$	erweiterte Spalten
$\mathbb{U}$, $\mathbb{V}$, $\mathbb{W}$	erweiterte (4×4)-Matrizen
$\boldsymbol{P}$, $\mathbb{P}$	Transformationsmatrizen
$\boldsymbol{p}$	Koeffizientenspalte einer Ursprungsverschiebung
$\boldsymbol{G}$, g_{ik}	Fundamentalmatrix und ihre Koeffizienten
$[uvw]$	Richtungssymbol
(hkl)	Gitterebene, Kristallfläche
$\{hkl\}$	Satz symmetrieäquivalenter Kristallflächen

e, g, g_i, m, $m_i, \ldots$	Gruppenelemente; e = Eins-Element
$\mathcal{G}$, $\mathcal{H}$, $\mathcal{S}$	Gruppen
$\mathcal{T}$	Gruppe der Translationen
$\mathcal{H} < \mathcal{G}$	$\mathcal{H}$ ist echte Untergruppe von $\mathcal{G}$
$\mathcal{H} \leq \mathcal{G}$	$\mathcal{H}$ ist Untergruppe von $\mathcal{G}$ oder gleich $\mathcal{G}$
$\mathcal{H} \lhd \mathcal{G}$	$\mathcal{H}$ ist Normalteiler von $\mathcal{G}$
$g \in \mathcal{G}$	g ist Element von $\mathcal{G}$
$A \subset \mathcal{G}$	A ist Untermenge von $\mathcal{G}$
$A \subseteq \mathcal{G}$	A ist Untermenge von $\mathcal{G}$ oder gleich $\mathcal{G}$
$\mathcal{N}_{\mathcal{G}}(\mathcal{H})$	Normalisator von $\mathcal{H}$ in $\mathcal{G}$
$\mathcal{N}_{\mathcal{E}}(\mathcal{G})$	euklidischer Normalisator von $\mathcal{G}$
$\mathcal{N}_{\mathcal{E}^+}(\mathcal{G})$	chiralitätserhaltender euklidischer Normalisator von $\mathcal{G}$
φ	Drehwinkel
$\mathrm{Sp}(\ldots)$	Spur einer Matrix
$\det(\ldots)$	Determinante einer Matrix

Bei Gruppe-Untergruppe-Beziehungen:

t3	translationengleiche	Untergruppe vom Index 3
k3	klassengleiche	Untergruppe vom Index 3
i3	isomorphe	Untergruppe vom Index 3
i	Index einer Untergruppe	
p	Primzahl	
n	beliebige ganze Zahl	

Physikalische Größen:

G	freie (Gibbs-) Enthalpie
H	Enthalpie
C_p	Wärmekapazität bei konstantem Druck
p	Druck
S	Entropie
T	absolute Temperatur
T_c	kritische Temperatur
V	Volumen
η	Ordnungsparameter

Einleitung

1

Die *Kristallographie* ist die Lehre der Kristalle. Im Zentrum des Interesses stehen die innere (atomare und elektronische) Struktur kristalliner Feststoffe sowie ihre physikalischen Eigenschaften. Dazu gehören die Verfahren zur Strukturaufklärung und zur Messung der Eigenschaften. Von besonderer Bedeutung ist die fundierte theoretische Behandlung zum Verständnis der Zusammenhänge und zum Auffinden von Anwendungen. Die Theorien sind zum Teil stark mathematisch geprägt. Wegen des starken Bezugs zur Mathematik, Physik, Chemie, Mineralogie, Materialwissenschaft, Molekularbiologie und Messtechnik ist die Kristallographie multidisziplinär wie kaum ein anderes Wissenschaftsgebiet.

Unter den Theorien in der Kristallographie hat die *Symmetrielehre* eine herausragende Bedeutung. Die Symmetrie der Kristalle, von der auch die physikalischen Eigenschaften abhängig sind, wird mit Hilfe der *Raumgruppen* erfasst.

Die *Kristallchemie* ist das Teilgebiet der Chemie, das sich mit den Strukturen, Eigenschaften und sonstigen chemischen Aspekten kristalliner Feststoffe befasst. Geometrische Betrachtungen über die Strukturen nehmen einen breiten Raum in dieser Disziplin ein. Dabei ist es ein Hauptanliegen, verwandtschaftliche Beziehungen zwischen verschiedenen Kristallstrukturen aufzuzeigen und die diesbezüglichen Ergebnisse in einer möglichst straffen und zugleich informativen Form zu dokumentieren. Zu diesem Zwecke sind verschiedene Wege gegangen worden, welche die Ähnlichkeiten und die Unterschiede verschiedener Strukturen aus verschiedenerlei Blickpunkten aufzeigen. So kann das Augenmerk vorrangig auf die Koordinationspolyeder und deren Verknüpfung gerichtet sein, oder auf die relative Größe von Ionen, oder auf die Art der chemischen Bindungen, oder auf ähnliche physikalische oder chemische Eigenschaften.

Bei der Bestimmung und der Beschreibung von Einzelstrukturen findet der Symmetrieaspekt schon seit langer Zeit Beachtung – das ist jedem geläufig, der sich mit Kristallstrukturen beschäftigt hat. Bei Strukturvergleichen waren Symmetriebetrachtungen für lange Zeit dagegen die Ausnahme. Es gibt sicher mancherlei Gründe für diese auffällig einseitige Entwicklung der Kristallchemie. Der Hauptgrund dürfte sein, dass verwandte Kristallstrukturen häufig verschiedene Raumgruppen haben, Verwandtschaftsbeziehungen aber erst in den Gruppe-Untergruppe-Beziehungen ihrer Raumgruppen sichtbar werden. Ein wesentlicher Teil des zugehörigen gruppentheoretischen Rüstzeugs, nämlich die Auflistung der Untergruppen der Raumgruppen, lag für lange Zeit nicht in einer für die Praxis brauchbaren Form vor.

U. Müller, *Symmetriebeziehungen zwischen Kristallstrukturen*,
https://doi.org/10.1007/978-3-662-67166-5_1

Für die Kristallchemie wichtige Aspekte der Raumgruppentheorie wurden zwar bereits um 1930 von C. HERMANN und H. HEESCH gelöst und 1935 in die *Internationalen Tabellen zur Bestimmung von Kristallstrukturen* aufgenommen [28]; dazu gehörten auch Listen von Untergruppen der Raumgruppen. In der Folgeauflage von 1952 [29] wurden sie dann aber weggelassen. Zudem war in der Auflage von 1935 nur eine bestimmte Art von Untergruppen genannt, und zwar die damals *zellengleich* genannten *translationengleichen* Untergruppen. Eine breite Anwendung war damit kaum möglich. Bei kristallchemischen Betrachtungen sind nämlich die *klassengleichen* Untergruppen von ebenso großer, wenn nicht gar größerer Bedeutung. Eine Zusammenstellung der klassengleichen Untergruppen der Raumgruppen haben J. NEUBÜSER und H. WONDRATSCHEK erst 53 Jahre nach der Entdeckung der Röntgenbeugung gegeben [30], und Angaben zu den *isomorphen* Untergruppen als spezieller Kategorie von klassengleichen Untergruppen wurden dann von E. BERTAUT und Y. BILLIET erarbeitet [31].

Achtzehn Jahre stand dieses Material nur als Sammlung von vervielfältigten Blättern zur Verfügung und wurde in dieser Form an Interessierte verteilt. Ab der Auflage von 1983 wurden Untergruppen der Raumgruppen dann in den Band *A* der *International Tables for Crystallography* [14] aufgenommen. Doch die Angaben waren in der ersten bis fünften Auflage von Band *A* (1983–2006) unvollständig. Ab der sechsten Auflage (2016) sind die Untergruppen der Raumgruppen nicht mehr in Band *A* aufgeführt [15] .

Stattdessen gibt es seit 2004 im Zusatzband *A*1 der *International Tables for Crystallography* [16] eine nunmehr vollständige Zusammenstellung aller Untergruppen der Raumgruppen, zusammen mit den zugehörigen Achsen- und Koordinatentransformationen. Außerdem sind dort die Beziehungen aufgelistet, die zwischen den Punktlagen einer Raumgruppe und den Punktlagen ihrer Untergruppen bestehen. Diese für gruppentheoretische Betrachtungen essentiellen Angaben lassen sich zwar auch aus den Daten von Band *A* herleiten, das ist jedoch mühselig und fehleranfällig. Außerdem gibt es seit 1999 den *Bilbao Crystallographic Server*, der über das Internet zugänglich ist, `www.cryst.ehu.es`. Er bietet den kostenlosen Zugang zu Rechenprogrammen, mit denen die Untergruppen und Obergruppen von Raumgruppen aufzufinden sind, und es lassen sich die zugehörigen Punktlagenbeziehungen und anderes mehr ableiten [458–461]; siehe dazu Kapitel 24.

International Tables for Crystallography, Bände *A* und *A*1, werden im Folgenden *International Tables A* und *International Tables A*1 genannt. Gegebenenfalls wird bei Band *A* die Jahreszahl 2006 oder 2016 zusätzlich angegeben, falls speziell auf die 5. [14] bzw. 6. Auflage [15] verwiesen wird. *International Tables* stehen gedruckt und elektronisch zur Verfügung, `https://it.iucr.org/`.

In diesem Buch wird gezeigt, dass Symmetriebeziehungen zwischen den Raumgruppen ein nützliches Hilfsmittel zur klaren Erfassung und straffen Darstellung von Sachverhalten aus dem Bereich der Kristallchemie sein können. Auch wenn die Beispiele für sich sprechen, sei erwähnt, warum das abstrakte Gebäude der Gruppentheorie hier so erfolgreich ist: Der tiefere Grund liegt im sogenannten Symmetrieprinzip der Kristallchemie.

1.1 Das Symmetrieprinzip in der Kristallchemie

Das auf Erfahrung beruhende Symmetrieprinzip ist in seiner langen Geschichte aus unterschiedlichen Blickwinkeln gesehen worden, und dementsprechend gibt es recht verschiedenartige Formulierungen, die bei oberflächlicher Betrachtung kaum eine gemeinsame Wurzel erkennen lassen (s. Kapitel 20 zur historischen Entwicklung). BÄRNIGHAUSEN hat das Symmetrieprinzip im Blick auf die Kristallchemie wie folgt formuliert, wobei drei wichtige Teilaspekte einzeln herausgestellt sind [1]:

1. Im festen Zustand besteht eine ausgeprägte Tendenz nach möglichst hochsymmetrischen Anordnungen der Atome.
2. Durch spezielle Eigenschaften von Atomen oder deren Baugruppen kann die höchstmögliche Symmetrie oft nicht erreicht werden; aber die Abweichungen von der Idealsymmetrie sind meist recht gering (Stichwort *Pseudosymmetrie*).
3. Bei Phasenumwandlungen und bei Festkörperreaktionen, die zu Produkten mit niedrigerer Symmetrie führen, wird die höhere Symmetrie der Ausgangssubstanz oft durch die Bildung von orientierten Domänen indirekt konserviert.

Der Aspekt 1 rührt daher, dass Atome derselben Sorte dazu neigen, äquivalente Positionen in einem Kristall einzunehmen. Dieses von BRUNNER formulierte Prinzip [32] hat physikalische Ursachen:

Unter gegebenen Bedingungen, d. h. je nach chemischer Zusammensetzung, Art der chemischen Bindung, Elektronenkonfiguration der Atome, relativer Größe der Atome, Druck, Temperatur usw. gibt es für Atome derselben Sorte *eine* energetisch günstigste Umgebung, die von allen Atomen dieser Sorte angestrebt wird. Die gleiche Umgebung von Atomen im Kristall ist nur dann gewährleistet, wenn sie symmetrieäquivalent sind.

Von Aspekt 2 des Symmetrieprinzips wird in Teil 2 dieses Buchs ausgiebig Gebrauch gemacht. Unter den Faktoren, die dem Erreichen der höchstmöglichen Symmetrie entgegenwirken, sind zu nennen:

- Stereochemisch wirksame einsame Elektronenpaare
- Verzerrungen durch den Jahn-Teller-Effekt
- Peierls-Verzerrungen
- Kovalente Bindungen, Wasserstoffbrücken und sonstige Wechselwirkungen zwischen Atomen
- Elektronische Effekte zwischen Atomen, zum Beispiel Spin-Kopplungen
- Ordnung von Atomen in einer zuvor fehlgeordneten Struktur
- Einfrierende Gitterschwingungen (soft modes), die Anlass zu Phasenumwandlungen geben

- Atome einer Sorte sind durch verschiedene Spezies von Atomen ersetzt
- Einzelne Lagen in einer Atompackung bleiben unbesetzt (Leerstellen)
- Ein Teil der Lücken in einer Atompackung ist mit anderen Atomen besetzt

Aspekt 3 des Symmetrieprinzips geht auf eine Beobachtung von J. D. BERNAL zurück, dem bei der im Festkörper ablaufenden Umwandlung $Mn(OH)_2 \rightarrow MnOOH \rightarrow MnO_2$ die gleichartige Orientierung von Ausgangs- und Produktkristall auffiel [33]. Solche Reaktionen werden nach F. K. LOTGERING *topotaktisch* genannt [34] (für eine genauere Definition des Begriffs topotaktisch s. [35]). In einer Publikation von J. D. BERNAL und A. L. MACKAY finden sich die Sätze [36]:

> „Einer der kontrollierenden Faktoren bei topotaktischen Reaktionen ist gewiss die Symmetrie. Diese kann in mehr oder weniger anspruchsvoller Weise behandelt werden, aber wir finden, dass die einfache Vorstellung des Esels des Buridan die meisten Fälle erhellt."

Dem französischen Philosophen JOHANNES BURIDAN († ca. 1358) wird die Metapher des Esels zugeschrieben, der unbeweglich zwischen zwei gleichen und gleich weit entfernten Heubündeln verharrt und verhungert, weil er sich weder für das eine noch das andere entscheiden kann. Auf Kristalle übertragen würde diese Eselei einem Ausbleiben von Phasenumwandlungen oder Festkörperreaktionen entsprechen, wenn es für die Domänen der entstehenden Produkte mehr als eine energetisch gleichwertige Orientierungsmöglichkeit gibt. Kristalle verhalten sich natürlich nicht wie der Esel, sondern nehmen alle Möglichkeiten wahr, die sich bieten.

1.2 Einleitende Beispiele

Zur Einstimmung auf die Art der Betrachtung, die in späteren Kapiteln eingehender behandelt wird, stellen wir zunächst einige einfache Beispiele vor. Bei vielen Kristallstrukturen kann ein Bezug zu einigen sehr einfachen, hochsymmetrischen Kristallstrukturtypen aufgezeigt werden. Zinkblende (Sphalerit, ZnS) hat zum Beispiel das gleiche Bauprinzip wie Diamant; anstelle der Kohlenstoff-Atome wechseln sich jedoch Zink- und Schwefel-Atome ab. Beide Strukturen haben gleichartige, kubische Elementarzellen, die Atome darin befinden sich an denselben Stellen, und sie sind in gleicher Weise miteinander verknüpft. Während beim Diamanten die Atomlagen alle symmetrieäquivalent sind, muss es bei Zinkblende zwei voneinander symmetrisch unabhängige Atomlagen geben, eine für Zink und eine für Schwefel. Zinkblende kann nicht die gleiche Symmetrie wie Diamant haben; seine Raumgruppe ist eine Untergruppe der Diamant-Raumgruppe. Der Zusammenhang ist in Abb. 1.1 in einer Art dargestellt, von der wir in späteren Kapiteln häufig Gebrauch machen und die in Kapitel 11 genauer erläutert ist.

In Abb. 1.1 ist links ein kleiner Stammbaum dargestellt, an dessen Spitze die Symmetrie von Diamant steht, bezeichnet durch das Symbol für seine Raumgruppe $F\,4_1/d\,\bar{3}\,2/m$. Ein abwärts weisender Pfeil zeigt den Symmetrieabbau zu einer Untergruppe an, sie hat

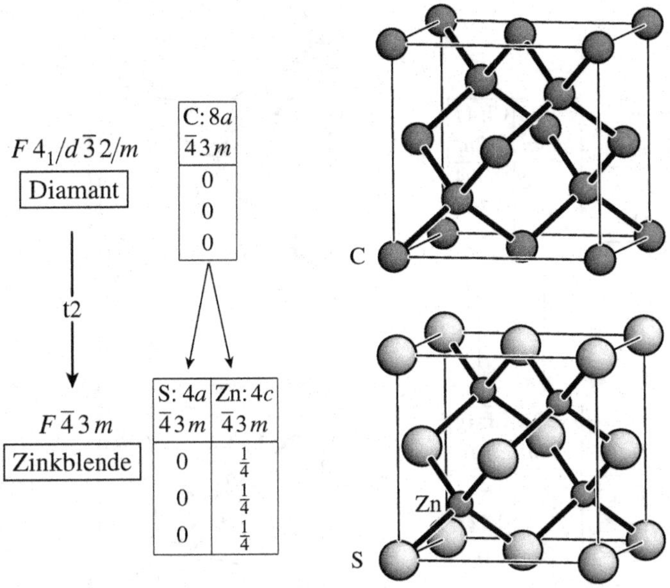

Abb. 1.1: Die Beziehung zwischen Diamant und Zinkblende. Die Zahlen in den Kästen sind die Atomkoordinaten

das Raumgruppen-Symbol $F\bar{4}3m$. Die Untergruppe verfügt über eine geringere Zahl von Symmetrieoperationen. Insbesondere darf keine Symmetrieoperation des Diamanten erhalten bleiben, die eine Zink-Atomlage auf eine Schwefel-Atomlage bringen würde. Die *Multiplizität* der C-Atome im Diamanten ist 8, d. h. die Diamant-Elementarzelle enthält acht symmetrieäquivalente C-Atome; ihre Lage wird mit dem *Wyckoff-Symbol* 8*a* bezeichnet. Die 8 bezeichnet die Multiplizität, das *a* entspricht der alphabetischen Numerierung, nach der die Punktlagen in *International Tables A* [14, 15] aufgezählt sind. Durch den Symmetrieabbau spaltet sich diese Punktlage 8*a* in zwei voneinander unabhängige Punktlagen 4*a* und 4*c* in der Untergruppe auf. Die Punktsymmetrie der genannten Atomlagen bleibt tetraedrisch, Symbol $\bar{4}3m$.

Der Stammbaum in Abb. 1.1 ist recht klein, er umfasst nur eine ‚Mutter' und eine ‚Tochter'. Wie später gezeigt wird, lassen sich mit größeren Stammbäumen Verwandtschaftsbeziehungen zwischen zahlreichen Kristallstrukturen aufzeigen, mit vielen ‚Töchtern' und ‚Enkeln'. Zu diesem Bild passt gut der Begriff *Strukturfamilie* (family of structures) in der relativ eng gefassten Auslegung nach H. D. MEGAW [37]. Für die Struktur höchster Symmetrie innerhalb der Strukturfamilie hat MEGAW den Begriff *Aristotyp* vorgeschlagen (griechisch aristos = der Beste, der Höchste). Die sich davon ableitenden Strukturen werden, wiederum nach MEGAW, *Hettotypen* genannt (griechisch hetto = schwächer, geringer). Diese Begriffe entsprechen den Ausdrücken *Basisstruktur* (basic structure) und *abgeleitete Struktur* (derivative structure) nach BUERGER [38, 39].

Stammbäume zwischen Raumgruppen in der Art von Abb. 1.1 werden in der Literatur zuweilen *Bärnighausen-Stammbäume* genannt (Bärnighausen tree).

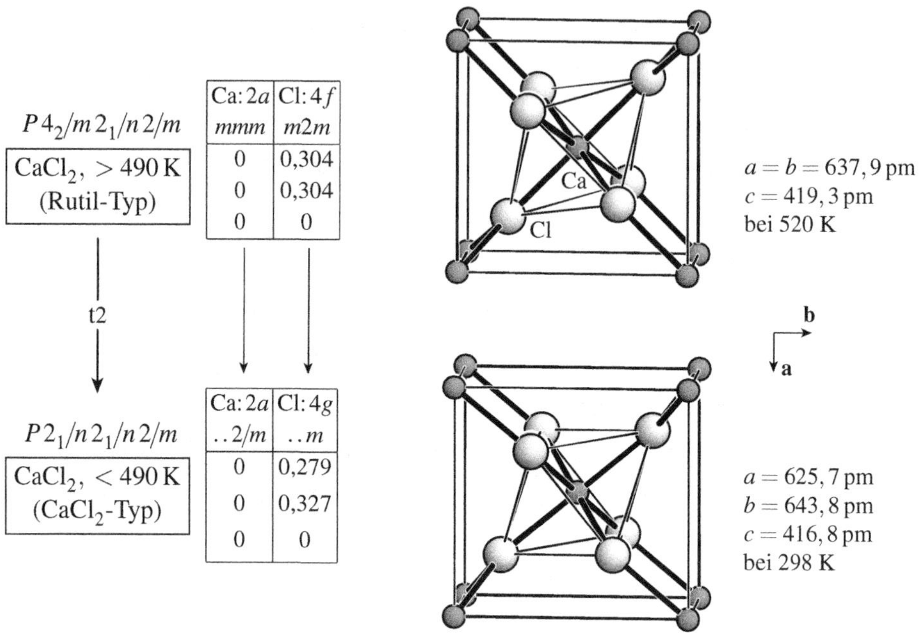
$P\,4_2/m\,2_1/n\,2/m$
$CaCl_2$, > 490 K
(Rutil-Typ)
Ca: 2a
mmm
0
0
0
Cl: 4f
m2m
0,304
0,304
0
t2
$P\,2_1/n\,2_1/n\,2/m$
$CaCl_2$, < 490 K
($CaCl_2$-Typ)
Ca: 2a
..2/m
0
0
0
Cl: 4g
..m
0,279
0,327
0
Ca
Cl
$a = b = 637{,}9$ pm
$c = 419{,}3$ pm
bei 520 K
b
a
$a = 625{,}7$ pm
$b = 643{,}8$ pm
$c = 416{,}8$ pm
bei 298 K

Abb. 1.2: Die Beziehung zwischen den Modifikationen von Calciumchlorid. Das Koordinationsoktaeder verdreht sich um die Blickrichtung (c-Achse), und die im Rutil-Typ diagonal durch die Zelle verlaufenden Spiegelebenen entfallen

Tatsächlich können die C-Atomen in einem Diamant-Kristall nicht durch Zn- und S-Atome substituiert werden. Die Substitution findet nur in Gedanken statt. Gleichwohl sind solche Betrachtungen sehr hilfreich, um die Vielzahl bekannter Strukturen auf wenige einfache und gut bekannte Strukturtypen zurückzuführen und damit überschaubarer zu machen.

Es gibt jedoch auch den Fall, dass der Symmetrieabbau tatsächlich in einer Substanzprobe abläuft, und zwar bei Phasenumwandlungen wie auch bei chemischen Reaktionen im Festkörper. Ein Beispiel ist die Phasenumwandlung von $CaCl_2$, die bei 217 °C stattfindet [40–42]. Dabei verdrehen sich die Koordinationsoktaeder um **c** gegenseitig, was in leicht veränderten Atomkoordinaten der Cl-Atome zum Ausdruck kommt (Abb. 1.2). Anders als bei der Beziehung Diamant–Zinkblende bleiben sowohl die Calcium- als auch die Chlor-Atome alle symmetrieäquivalent, keine der Atomlagen spaltet sich in mehrere voneinander unabhängige Lagen auf. Dagegen verringert sich ihre Punktsymmetrie. Solche Phasenumwandlungen sind mit Änderungen der physikalischen Eigenschaften verbunden, die von der Kristallsymmetrie abhängen. $CaCl_2$ ist zum Beispiel unterhalb von 217 °C ferroelastisch*.

*Ferroelastisch: Die mechanische Spannung unterscheidet sich in den Domänen in einem Kristall und kann durch mechanische Krafteinwirkung umgeschaltet werden.

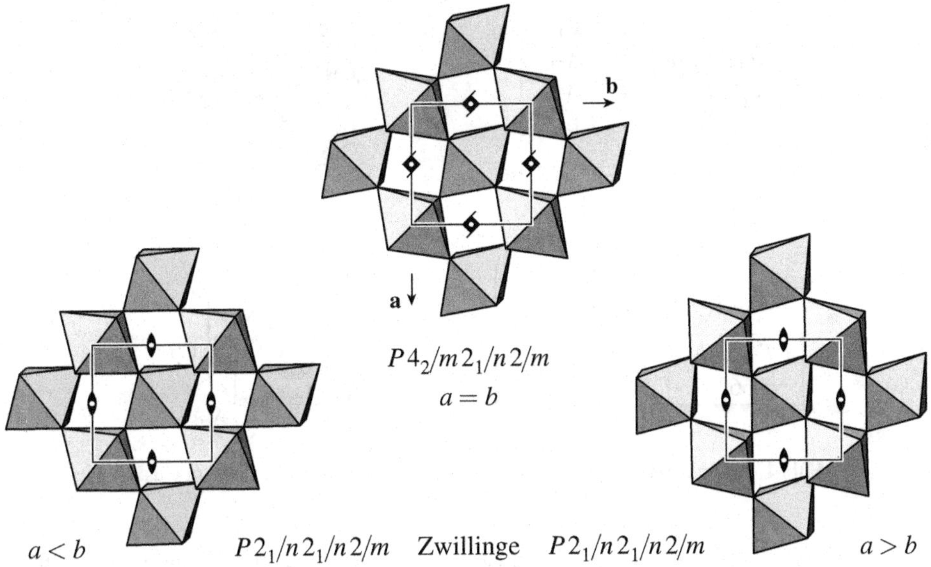

Abb. 1.3: Die Orientierung der Koordinationsoktaeder in den $CaCl_2$-Modifikationen und die relative Orientierung der Elementarzellen der Zwillingskristalle der Tieftemperatur-Modifikation. Aus den markierten vierzähligen Achsen der tetragonalen Modifikation werden zweizählige Achsen in der orthorhombischen Modifikation

In der physikalischen Literatur wird der Aristotyp oft *Prototyp* (prototype) oder *parent phase* genannt, der Hettotyp *Tochterphase* (daughter phase) oder *verzerrte Struktur* (distorted structure). Diese Bezeichnungen gelten nur für Phasenumwandlungen, d. h. für Vorgänge, bei denen sich eine feste Phase in eine andere mit derselben chemischen Zusammensetzung unter Änderung der Symmetrie umwandelt.

Bei der Phasenumwandlung des Calciumchlorids von der Hoch- zur Tieftemperatur-Modifikation entstehen Zwillingskristalle. Die Ursache hierfür ist in den Strukturbildern von Abb. 1.2 erkennbar. Wird das Oktaeder in der Zellenmitte im Uhrzeigersinn (wie abgebildet) gedreht, so entsteht aus der tetragonalen Hochtemperaturform ($a = b$) die orthorhombische Tieftemperaturform mit verkleinerter a- und vergrößerter b-Achse. Die gleiche Struktur entsteht auch bei Drehung im Gegenuhrzeigersinn, wobei dann die a-Achse größer und die b-Achse kleiner wird (Abb. 1.3). Im ursprünglich tetragonalen Kristall setzt die Entstehung der orthorhombischen Kristalle in verschiedenen Bereichen ein, statistisch mit der einen oder anderen Orientierung. Zum Schluss besteht der ganze Kristall aus miteinander verwachsenen Zwillingsdomänen. Die beim Symmetrieabbau weggefallenen Symmetrieelemente, zum Beispiel die diagonal durch die Zelle verlaufenden Spiegelebenen der Hochtemperaturform, bleiben indirekt in der relativen Orientierung der Zwillinge erhalten. Einzelheiten zu dieser Phasenumwandlung werden in Kapitel 16 näher ausgeführt; dort wird auch erklärt, wie an der Gruppe-Untergruppe-Beziehung sofort erkennbar ist, dass hier mit der Bildung von Zwillingskristallen zu rechnen ist.

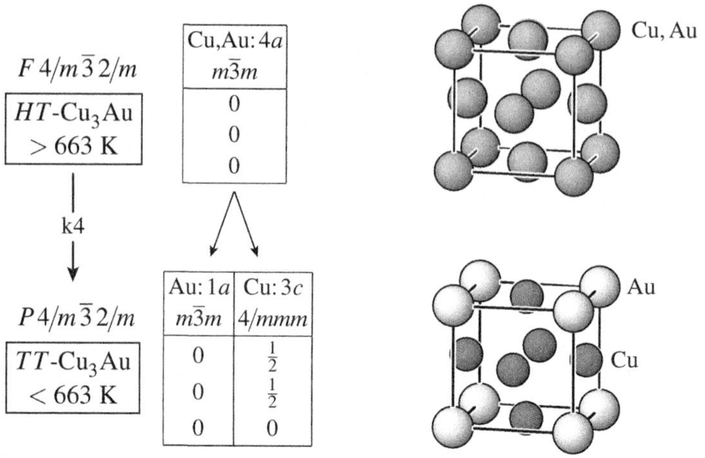

Abb. 1.4: Die Beziehung zwischen fehlgeordnetem und geordnetem Cu_3Au

Das Auftreten von Zwillingskristallen ist eine weitverbreitete Erscheinung. Sie können die Strukturaufklärung erheblich erschweren. Auf Röntgen-Beugungsdiagrammen ist ihr Vorliegen nicht immer erkennbar, und gesetzmäßige Überlagerungen der Röntgen-Reflexe können zur Annahme einer falschen Raumgruppe und auch zu einer falschen Elementarzelle führen. Trotz der falschen Raumgruppe ist es oft möglich, zu einem scheinbar plausiblen Strukturmodell kommen, das sich sogar verfeinern lässt. Fehlerhafte Kristallstrukturbestimmungen sind leider nicht selten, und unerkannte Zwillingskristalle sind eine der Ursachen. Die Konsequenzen sind meistens leichte bis gravierende Fehler bei den Atomabständen; es können sich aber auch falsche Koordinationszahlen und -polyeder bis hin zu einer falschen chemischen Zusammensetzung ergeben. Anwendungen, die auf bestimmten physikalischen Eigenschaften beruhen, zum Beispiel dem piezoelektrischen Effekt, können unmöglich werden, wenn Zwillingskristalle eingesetzt werden. Kenntnisse der gruppentheoretischen Zusammenhänge können helfen, solche Fehler zu vermeiden.

Eine andere Art von Phasentransformation kommt vor, wenn sich statistisch verteilte Atome ordnen. Das wird bei intermetallischen Verbindungen oft beobachtet, ist aber nicht auf diese Substanzklasse beschränkt. Ein Beispiel bietet Cu_3Au. Oberhalb von 390 °C sind die Kupfer- und die Gold-Atome statistisch auf alle Atomlagen einer kubisch-flächenzentrierten Kugelpackung verteilt (Raumgruppe $F\,4/m\,\bar{3}\,2/m$). Beim Abkühlen setzt ein Ordnungsprozess ein; die Au-Atome nehmen nun die Ecken der Elementarzelle ein, und die Cu-Atome befinden sich auf den Flächenmitten. Das ist eine Symmetrieerniedrigung, denn die Elementarzelle ist nun nicht mehr zentriert. Im Raumgruppensymbol steht anstelle des F für flächenzentriert nun ein P für primitiv (Raumgruppe $P\,4/m\,\bar{3}\,2/m$; Abb. 1.4).

Teil 1

Kristallographische Grundlagen

Kristallographische Grundbegriffe, 1. Teil

2

2.1 Vorbemerkung

Die Materie unserer Welt besteht aus Atomen der verschiedenen Elemente. Diese Atome treten aber nicht einzeln auf, sondern in organisierten Verbänden: Als endliche Verbände interessieren uns *Moleküle* (N_2, H_2O, CH_4, NH_3, C_6H_6, ...), als sehr große kondensierte Verbände, in denen sich gleiche Einheiten (fast) beliebig oft geordnet wiederholen, die *Kristalle*.

Moleküle und Kristalle sind zwei Grenzformen der Erscheinung der Materie. Moleküle können zu Kristallen zusammentreten. Kristalle müssen aber nicht aus Molekülen bestehen, ihre Bestandteile können einfache Ionen sein, wie Na^+ und Cl^-, oder komplexe Ionen, wie CO_3^{2-} und NH_4^+, und viele andere. Moleküle und andere solche Bestandteile sollen hier Bausteine genannt werden, wenn sie Bestandteile von Kristallen sind.

Andere Ordnungsformen der Materie, zum Beispiel Gase, Flüssigkeiten, Gläser, teilgeordnete und modulierte Strukturen oder Quasikristalle sollen hier nicht betrachtet werden.

2.2 Kristalle und Gitter

Kristalle sind dadurch ausgezeichnet, dass Teilbereiche durch *Translation* in *gleiche* Teilbereiche überführt werden können.

Die natürlich vorkommenden Kristalle (Bergkristall, Salz, Granat, ...) oder die synthetisch hergestellten (Zucker, $SrTiO_3$, Silicium, ...) können als endliche Ausschnitte aus unendlichen periodischen Strukturen aufgefasst werden. Der Ersatz des endlichen wirklichen Kristalls durch das entsprechende periodische, also unendliche Gebilde ermöglicht häufig eine ausgezeichnete Beschreibung der realen Verhältnisse, so dass die Betrachtung der real nicht vorkommenden unendlichen Idealkristalle von großem Wert ist. Die *Kristallstruktur* ist die räumliche Verteilung der Atome in einem Kristall; sie wird in der Regel mit dem Modell eines unendlichen Idealkristalls beschrieben. Wenn wir im Folgenden von einer Kristallstruktur sprechen, wird immer diese Art der Beschreibung unterstellt.

U. Müller, *Symmetriebeziehungen zwischen Kristallstrukturen*,
https://doi.org/10.1007/978-3-662-67166-5_2

Definition 2.1 Ein *unendlicher Idealkristall* ist eine dreifach periodische Anordnung von Bausteinen im dreidimensionalen Raum.* Die Periodizitätslängen dieser Anordnung dürfen nicht beliebig klein sein.

Die Periodizität der Kristallstrukturen bedeutet, dass sie bei Parallelverschiebungen in bestimmten Richtungen und mit bestimmten Längen mit sich zur Deckung kommen.

Die Dimension $d = 3$ kann verallgemeinert werden zu $d = 1, 2, 3, \ldots$. Damit wird die Betrachtung ebener Anordnungen ($d = 2$) eingeschlossen: Muster von periodischen Tapeten, Pflasterungen, Ziegelwänden und -dächern†, Schnitte durch und Projektionen von dreidimensionalen Kristallen usw. Höherdimensionale Räume mit Dimensionen $d = 4, 5, 6, \ldots$ dienen dazu, Kristallstrukturen von inkommensurablen Strukturen und von Quasikristallen formal zu beschreiben. Zu diesem Zweck sind Superraumgruppen hergeleitet worden, einschließlich einer speziellen Symbolik [43–49]; ihre Behandlung würde den Rahmen dieses Buchs sprengen.

Die Bedingung, dass die Periodizitätsabstände nicht beliebig klein sein dürfen, schließt das Auftreten der homogenen Kontinua unter den Kristallstrukturen aus. In realen Kristallen gibt es wegen der endlichen Größe der Bausteine immer eine untere Grenze der Periodizitätsabstände (>0,1 Nanometer).

Die Bausteine, welche die Kristallstruktur aufbauen, können nicht nur Punkte, Figuren, Pflaster- oder Ziegelsteine, Atome, Moleküle, Ionen usw. sein, sondern auch kontinuierliche Funktionen wie die Elektronendichte.

Ein *makroskopischer Idealkristall* ist ein endlicher Ausschnitt aus einem unendlichen Idealkristall. Makroskopische Idealkristalle kommen tatsächlich nicht vor. Ein *Realkristall* hat nicht nur, wie der makroskopische Idealkristall, eine endliche Größe, sondern zusätzlich Baufehler. Außerdem befinden sich die Atome nicht in den genauen Positionen wie im makroskopischen Idealkristall, sondern führen Schwingungsbewegungen um diese Positionen aus. Das periodische Atommuster des makroskopischen Idealkristalls wird nur von den Gleichgewichtslagen der Schwingungen erfüllt.

Definition 2.2 Eine Verschiebung, welche eine Kristallstruktur mit sich zur Deckung bringt, ist eine *Symmetrie-Translation* (oder einfach *Translation*) dieser Kristallstruktur. Der zugehörige Verschiebungsvektor heißt *Translationsvektor*.

Wegen der Periodizität sind mit einem Translationsvektor alle seine ganzzahligen Vielfachen ebenfalls Translationsvektoren, ebenso mit zwei nichtparallelen Translationsvektoren $\mathbf{t}_1$ und $\mathbf{t}_2$ auch alle ganzzahligen Linearkombinationen:

$$\mathbf{t} = q\mathbf{t}_1 + r\mathbf{t}_2 \qquad q, r \text{ ganzzahlig}$$

Definition 2.3 Die unendliche Menge aller Translationsvektoren $\mathbf{t}_i$ eines unendlichen Idealkristalls ist sein *Vektorgitter* **T**. Die Translationsvektoren heißen *Gittervektoren*.

---

*Der unendliche Idealkristall wird in *International Tables A* und *A1* *crystal pattern* genannt.

†Nur die Muster sind zweidimensional; Pflasterungen, Ziegelwände usw. selbst sind dreidimensionale Körper; ihre Symmetrie ist die einer Schichtgruppe (Abschnitt 7.4).

Das Vektorgitter wird oft einfach *Gitter* genannt. In der Chemie (nicht in der Kristallographie) ist dafür auch der Ausdruck ‚Kristallgitter' gebräuchlich. Vielfach wurde und wird das Wort ‚Gitter' gleichbedeutend mit ‚Struktur' benutzt (z. B. Diamant-Gitter statt Diamant-Struktur). Hier soll wie in *International Tables* zwischen ‚Gitter' und ‚Struktur' unterschieden werden, und ‚Gitter' ist etwas anderes als das folgend genannte ‚Punktgitter' und ‚Teilchengitter'.* Zweidimensionale Gitter werden in der Kristallographie (nicht in der Chemie) zuweilen *Netze* genannt.

Das Vektorgitter **T** einer Kristallstruktur ist eine (unendliche) Menge von Vektoren $\mathbf{t}_i$. Mit Hilfe des Vektorgitters **T** lassen sich leicht andere, anschaulichere Gitter konstruieren. Man wählt einen Ausgangspunkt X_o mit dem Ortsvektor $\mathbf{x}_o$ (Vektor von einem gewählten Ursprung nach X_o). Die Endpunkte X_i aller Vektoren $\mathbf{x}_i = \mathbf{x}_o + \mathbf{t}_i$ bilden das zu X_o und **T** gehörende *Punktgitter*. Die Punkte des Punktgitters haben eine periodische Ordnung, sie sind alle gleich und haben die gleiche Umgebung. Liegen Teilchenschwerpunkte in den Punkten eines Punktgitters, so spricht man von einem *Teilchengitter*. Alle Teilchen des Teilchengitters sind gleich.

Zu jedem (Vektor-)Gitter mit den Gittervektoren $\mathbf{t}_i$ gehören unendlich viele Punktgitter, da für den Ausgangspunkt X_o jeder beliebige Punkt gewählt werden kann. Die Gittervektoren selbst dürfen nicht beliebig kurz sein, denn ihre Länge darf nach Definition 2.1 eine vorgegebene Schranke nicht unterschreiten.

Definition 2.4 Punkte oder Teilchen, die bei einer Translation der Kristallstruktur ineinander übergehen, heißen *translatorisch gleichwertig* oder *translatorisch äquivalent*.

Man vermeide den in der Literatur anstelle von ‚translatorisch gleichwertig' zu findenden Ausdruck ‚identisch', zum Beispiel ‚identische Punkte'. Identisch bedeutet ‚ein und derselbe'. Zwei translatorisch gleichwertige Punkte sind gleich, aber nicht ein- und derselbe Punkt.

2.3 Zweckmäßige Koordinatensysteme, Kristallkoordinaten

Zur analytischen Beschreibung eines geometrischen Sachverhaltes im Raum dient ein Koordinatensystem, bestehend aus einem Nullpunkt (Ursprung) und einer *Basis* $\mathbf{a}, \mathbf{b}, \mathbf{c}$ oder $\mathbf{a}_1, \mathbf{a}_2, \mathbf{a}_3$ aus drei linear unabhängigen, d. h. nicht in einer Ebene liegenden *Basisvektoren*. Jeder Punkt des Raumes besitzt bezüglich dieses Koordinatensystems drei Koordinaten (ein Koordinatentripel). Der Nullpunkt erhält die Koordinaten 0, 0, 0. Ein beliebiger Punkt P hat die Koordinaten x, y, z oder x_1, x_2, x_3. Der Vektor $\vec{OP}$ vom Nullpunkt zum Punkt P ist der Ortsvektor:

$$\vec{OP} = \mathbf{x} = x\mathbf{a} + y\mathbf{b} + z\mathbf{c} = x_1\mathbf{a}_1 + x_2\mathbf{a}_2 + x_3\mathbf{a}_3$$

Ganz analog werden die Punkte P der Ebene mit den Koordinaten x, y oder x_1, x_2 beschrieben, bezogen auf den Nullpunkt (0, 0) und die Basis $\mathbf{a}, \mathbf{b}$ oder $\mathbf{a}_1, \mathbf{a}_2$.

*Die Wörter ‚Gitter' und ‚Struktur' sollten auch nicht miteinander vermengt werden; eine Gerüststruktur (Raumnetzstruktur) aus dreidimensional verknüpften Atomen sollte also nicht ‚Gitterstruktur' genannt werden.

Oft ist es zweckmäßig, ein *kartesisches Koordinatensystem* zu benutzen, bei dem die Basisvektoren senkrecht aufeinander stehen und die Länge 1 haben (*orthonormale Basis*). Es ist üblich, die Winkel zwischen $\mathbf{a}, \mathbf{b}$ und $\mathbf{c}$ mit α (zwischen $\mathbf{b}$ und $\mathbf{c}$), β (zwischen $\mathbf{c}$ und $\mathbf{a}$) und γ (zwischen $\mathbf{a}$ und $\mathbf{b}$) oder entsprechend mit $\alpha_1, \alpha_2, \alpha_3$ zu bezeichnen. Für eine orthonormale Basis gilt dann

$$a = |\mathbf{a}| = b = |\mathbf{b}| = c = |\mathbf{c}| = 1; \quad \alpha = \beta = \gamma = 90^\circ$$

oder $|\mathbf{a}_i| = 1$ und Winkel $(\mathbf{a}_i, \mathbf{a}_k) = 90^\circ$ für $i, k = 1, 2, 3$ und $i \neq k$.

Vor allem bei Kristallen bieten kartesische Koordinatensysteme mit ihren orthonormalen Basen meist keine geeignete Grundlage der Beschreibung. Hier sind Koordinatensysteme zweckmäßiger, die der periodischen Struktur angepasst sind. Als Basisvektoren wählt man daher Gittervektoren, also im allgemeinen keine kartesischen Koordinaten. Die Beschreibung des Gitters einer Kristallstruktur wäre bei Wahl anderer Basen wesentlich umständlicher.

Definition 2.5 Eine Basis aus drei Gittervektoren einer Kristallstruktur heißt eine *kristallographische Basis* dieser Kristallstruktur.*

In bezug auf eine kristallographische Basis hat jeder Gittervektor $\mathbf{t} = t_1\mathbf{a}_1 + t_2\mathbf{a}_2 + t_3\mathbf{a}_3$ *rationale Koeffizienten* t_i. Jeder Vektor mit *ganzzahligen* t_i ist ein Gittervektor.

Unter den (unendlich vielen) kristallographischen Basen einer Kristallstruktur gibt es einige, die eine besonders einfache Beschreibung erlauben und sich als besonders zweckmäßig erwiesen haben. Derartige Basen liegen der Raumgruppenbeschreibung der *International Tables A* zugrunde. Diese Basen werden benutzt, wenn keine besonderen Gründe eine andere Basiswahl nahelegen.

Definition 2.6 Die in *International Tables A* verwendeten kristallographischen Basen sollen *konventionelle Basen* heißen.

Als konventionell aufgestellt gelten Raumgruppentypen, die in *International Tables A* vollständig tabelliert sind (mit vollständigen Koordinatentripeln, Wyckoff-Lagen usw.). Das ist etwas anders als eine standardisierte Aufstellung (vgl. Abschn. 9.1 und 10.3).

Definition 2.7 Eine kristallographische Basis $\mathbf{a}_1, \mathbf{a}_2, \mathbf{a}_3$ eines Vektorgitters heißt *primitive (kristallographische) Basis*, wenn ihre Basisvektoren Gittervektoren sind und *jeder* Gittervektor $\mathbf{t}$ als Linearkombination mit *ganzzahligen* Koeffizienten t_i darstellbar ist:

$$\mathbf{t} = t_1\mathbf{a}_1 + t_2\mathbf{a}_2 + t_3\mathbf{a}_3 \tag{2.1}$$

Zu jedem Vektorgitter gibt es unendlich viele primitive Basen.

Obwohl man immer eine primitive Basis wählen könnte, wäre dies für viele Betrachtungen unzweckmäßig. Daher wird konventionell oft eine nichtprimitive kristallographische Basis gewählt, so dass die Winkel zwischen den Basisvektoren möglichst 90° betragen; die Koeffizienten t_i in Gleichung (2.1) können dann auch bestimmte Bruchzahlen sein (meistens Vielfache von $\frac{1}{2}$). Ist die konventionelle Basis eines Gitters primitiv, so wird häufig

*Das Wort ‚Basis' wurde früher in anderer Bedeutung benutzt, nämlich im Sinne von ‚Zellinhalt'.

auch das Gitter primitiv genannt; ist sie es nicht, so sagt man *„das Gitter ist zentriert"* oder *„die Aufstellung ist zentriert"*. Bekannte Beispiele sind das kubisch-flächenzentrierte Gitter *cF* wie in der kubisch-dichtesten Kugelpackung (Kupfer-Typ) und das kubisch-innenzentrierte Gitter *cI* des Wolfram-Typs. Die Gittertypen werden in Abschnitt 6.2, besprochen.†

Nach Wahl einer kristallographischen Basis und eines Punktes als Nullpunkt ist eine Kristallstruktur leicht zu beschreiben. Dazu definieren wir:

Definition 2.8 Das Parallelepiped, dessen Punkte die Koordinaten

$$0 \leq x, y, z < 1$$

haben, ist die *Elementarzelle* (oder *Zelle*) der Kristallstruktur.

Die Längen a, b, c der Basisvektoren und die Winkel γ, α, β zwischen ihnen heißen die *Gitterkonstanten* oder (besser) *Gitterparameter* (auch Zellparameter).

Die Wahl der Basis und des Nullpunktes bedeutet zugleich die Wahl einer Elementarzelle. Jeder Punkt in dieser Elementarzelle hat drei Ortskoordinaten $0 \leq x, y, z < 1$. Zu jedem Punkt der Kristallstruktur außerhalb der Elementarzelle gibt es einen translatorisch gleichwertigen Punkt innerhalb dieser Zelle, dessen Koordinaten sich nur um ganze Zahlen unterscheiden. Die Addition oder Subtraktion von ganzen Zahlen zu Koordinatenwerten außerhalb der Elementarzelle auf Werte $0 \leq x, y, z < 1$ nennt man *Normierung*. Eine Kristallstruktur kann damit auf zwei verschiedene Weisen aufgebaut werden:

1. Man nimmt die Elementarzelle und addiert oder subtrahiert zu den Koordinaten ihres Inhalts ganze Zahlen. Dies bedeutet eine Verschiebung der Elementarzelle um Gittervektoren. Auf diese Weise wird die ganze Kristallstruktur systematisch aus (unendlich vielen) aneinandergereihten Blöcken aufgebaut, die alle den gleichen Inhalt haben.

2. Man nimmt den Schwerpunkt eines Teilchens in der Elementarzelle und fügt gleiche Teilchen in den Punkten des zugehörigen (unendlichen) Punktgitters hinzu. Sind weitere Teilchen zu berücksichtigen, nimmt man den Schwerpunkt eines noch nicht erfassten Teilchens mit dem zugehörigen Punktgitter hinzu usw. Da in der endlichen Zelle wegen der Mindestabstände zwischen den Teilchen nur endlich viele Teilchenschwerpunkte liegen, entstehen auf diese Weise endlich viele ineinandergestellte Punktgitter oder Teilchengitter, aus denen die Kristallstruktur aufgebaut ist.

Während bei 1. die Struktur aus unendlich vielen endlichen Bereichen (Zellen) aufgebaut wird, entsteht sie bei 2. durch Ineinanderstellen von endlich vielen, aber unendlich ausgedehnten Gebilden (Teilchengittern). Beide Arten der Komposition sind nützlich. Eine dritte Art wird in Abschnitt 6.5 eingeführt.

† Der klaren Begriffsbestimmung zuliebe sollte der Begriff der Zentrierung nicht mit anderer Bedeutung missbraucht werden. Wenn ein Atomcluster mit einem eingelagerten Atom gemeint ist, sollte er nicht „zentrierter Cluster" genannt werden, noch sollte man sagen, „das P-Atom zentriert das F_6-Oktaeder im PF_6^--Ion".

Eine Kristallstruktur lässt sich jetzt auf einfache Weise durch die Maße der Elementarzelle (Längen der Basisvektoren und Winkel zwischen ihnen) und die Angabe des Zellinhaltes (Koordinaten und Art der Teilchen in der Elementarzelle) vollständig beschreiben.

Um verschiedene Angaben über gleiche oder ähnliche Strukturen vergleichen zu können, muss sich die Beschreibung auf gleiche oder ähnliche Zellen beziehen. Die Bedingungen der konventionellen Zellenwahl reichen oft nicht aus, dies zu gewährleisten. Verfahren, die von einer beliebigen, ursprünglich gewählten Zelle zu einer eindeutig bestimmten führen, heißen Reduktionsverfahren. Benutzt werden:

1. die Gewinnung der *reduzierten Zelle*, siehe Abschnitt 9.1 oder *International Tables A* 2016, Kapitel 3.1.3 [15], bzw. 2006, Kapitel 9.2 [14];

2. die Delaunay-Reduktion, siehe Zeitschrift für Kristallographie **84** (1933), Seite 109; *International Tables A* 2016, Abschnitt 3.1.2.3 [15], bzw. 2006, Abschnitt 9.1.8 [14].

.

Die Zellen, zu denen diese beiden Reduktionsverfahren führen, können, aber müssen nicht gleich sein. Die Angabe der Art der Reduktion ist daher wichtig.

Die geometrischen Invarianten einer Kristallstruktur, zum Beispiel die Abstände der Teilchen und die Bindungswinkel (Winkel zwischen den Abstandsvektoren) sind unabhängig von der Wahl des Koordinatensystems (Basis und Nullpunkt). In diesen Größen manifestiert sich das Bindungsverhalten der Atome und Ionen. Darüber hinaus gestatten diese Daten auch den direkten Vergleich verschiedener Teilchen in derselben Kristallstruktur oder einander entsprechender Teilchen in verschiedenen Kristallstrukturen.

2.4 Geraden, Ebenen und reziprokes Gitter

Eine *Gitterrichtung* ist die Richtung parallel zu einem Gittervektor $\mathbf{t}$. Sie wird mit dem Symbol $[u\,v\,w]$ bezeichnet, wobei u, v, w die kleinsten ganzzahligen Koeffizienten des Gittervektors in dieser Richtung sind; u, v und w haben keinen gemeinsamen Teiler. [100], [010] und [001] entspricht den Richtungen von $\mathbf{a}_1$, $\mathbf{a}_2$ bzw. $\mathbf{a}_3$; $[\bar{1}10]$ ist die Richtung des Vektors $-\mathbf{a}_1 + \mathbf{a}_2$.

Eine (Gitter-)Ebene durch Punkte eines Punktgitters gehört zu einer Schar von äquidistanten, parallelen Ebenen. Die Ebene wird mit dem Symbol $(h\,k\,l)$ in runden Klammern bezeichnet; h, k, l sind die ganzzahligen *Millerschen Indices*. Aus der Ebenenschar wird diejenige Ebene ausgewählt, die dem Zellursprung am nächsten liegt ohne selbst durch den Ursprung zu verlaufen; sie schneidet die Koordinatenachsen im Abstand a_1/h, a_2/k, a_3/l vom Ursprung (Abb. 2.1). Eine Ebene parallel zu einem Basisvektor erhält für diese Richtung den Index 0.

Um den rechnerischen Umgang mit Ebenen zu erleichtern, ist es zweckmäßig, jede Ebenenschar durch einen Vektor $\mathbf{t}^*_{hkl} = h\mathbf{a}^*_1 + k\mathbf{a}^*_2 + l\mathbf{a}^*_3$ im reziproken Gitter zu repräsentieren (Abb. 2.2). Das *reziproke Gitter* $\mathbf{T}^*$ ist ein Vektorgitter mit den reziproken Basisvektoren $\mathbf{a}^*_1, \mathbf{a}^*_2, \mathbf{a}^*_3$ (oder $\mathbf{a}^*, \mathbf{b}^*, \mathbf{c}^*$). $\mathbf{t}^*_{hkl}$ steht senkrecht zur Ebene (hkl) und hat die Länge $1/d_{hkl}$, wobei d_{hkl} der Abstand zwischen benachbarten Ebenen der Ebenenschar ist.

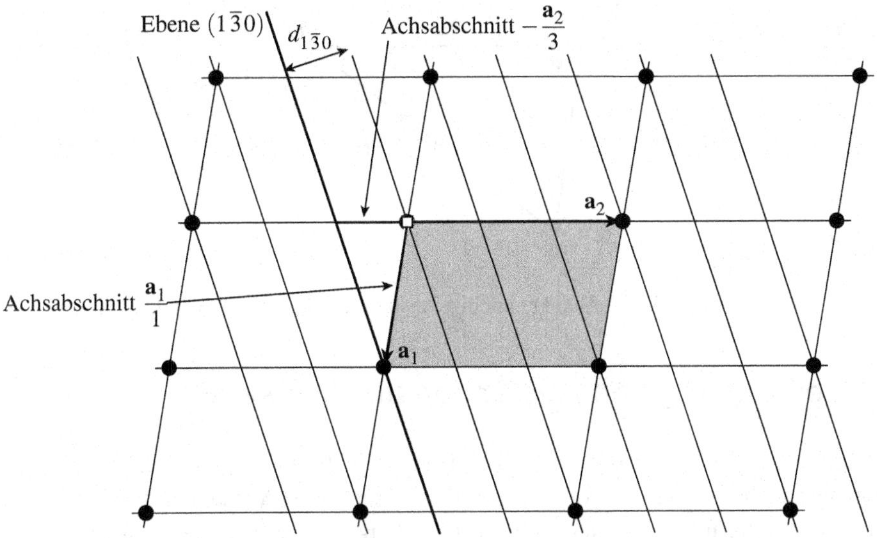

Abb. 2.1: Eine Ebenenschar durch ein Punktgitter. Der dritte Basisvektor ist senkrecht zur Papierebene zu denken

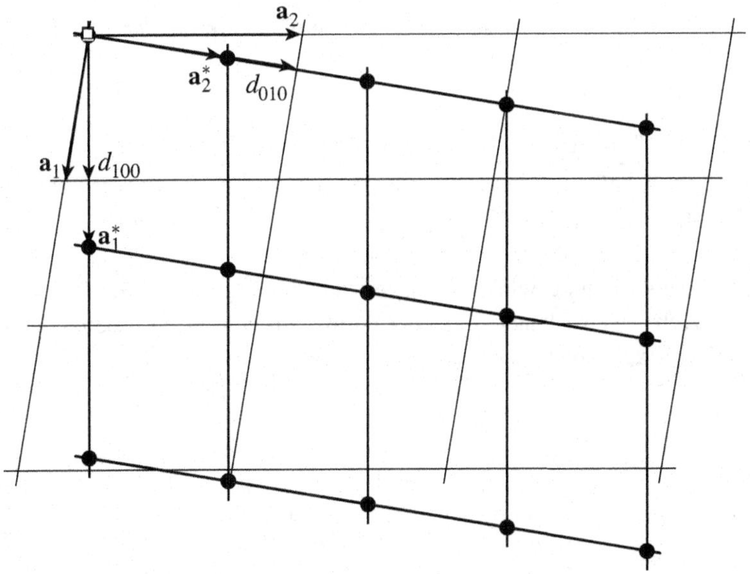

Abb. 2.2: Anordnung des reziproken Gitters relativ zu einem Gitter wenn der dritte Basisvektor und der dritte reziproke Basisvektor senkrecht zur Papierebene stehen

Das reziproke Gitter ist ein essentielles Hilfsmittel bei der Kristallstrukturanalyse, aber für Symmetriebetrachtungen von geringerer Bedeutung. Näheres siehe in Lehrbüchern über Kristallstrukturanalyse (z. B. [50–54]).

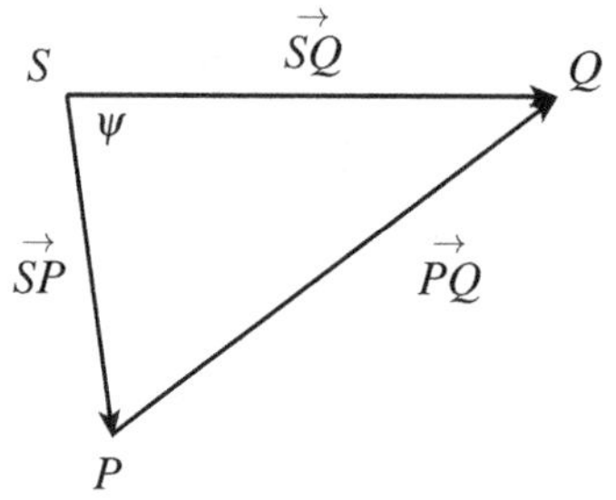

Abb. 2.3: Dreieck der Punkte P, S und Q mit den Abständen PQ, SP und SQ und dem Winkel ψ

2.5 Berechnung von Abständen und Winkeln

Die Verwendung kristallographischer Basen ermöglicht zwar eine einfache Kristallbeschreibung, doch werden die Formeln zur Berechnung von Abständen und Winkeln in der Kristallstruktur umständlicher als bei Verwendung kartesischer Koordinaten.

Es seien P und Q zwei Punkte in einer Kristallstruktur mit den Koordinaten x_p, y_p, z_p bzw. x_q, y_q, z_q und den Ortsvektoren $\mathbf{x}_p$ und $\mathbf{x}_q$ (Vektoren vom Ursprung zu den Punkten P bzw. Q). Dann ist der Abstand r_{pq} zwischen P und Q gleich der Länge des Vektors $\mathbf{x}_q - \mathbf{x}_p = \overrightarrow{PQ}$. Diese Länge r_{pq} ist die Wurzel aus dem Skalarprodukt von $\mathbf{x}_q - \mathbf{x}_p$ mit sich selbst:

$$\begin{aligned} r_{pq}^2 &= (\mathbf{x}_q - \mathbf{x}_p)^2 = \left[(x_q - x_p)\mathbf{a} + (y_q - y_p)\mathbf{b} + (z_q - z_p)\mathbf{c}\right]^2 \\ &= (x_q - x_p)^2 a^2 + (y_q - y_p)^2 b^2 + (z_q - z_p)^2 c^2 + 2(x_q - x_p)(y_q - y_p)ab\cos\gamma \\ &\quad + 2(z_q - z_p)(x_q - x_p)ac\cos\beta + 2(y_q - y_p)(z_q - z_p)bc\cos\alpha \end{aligned}$$

Der Winkel ψ als Bindungswinkel zwischen Teilchen in den Punkten P, Q und S (S ist Scheitelpunkt; Abb. 2.3) wird nach folgender Formel aus dem Skalarprodukt der Vektoren $(\mathbf{x}_p - \mathbf{x}_s)$ und $(\mathbf{x}_q - \mathbf{x}_s)$ berechnet:

$$\begin{aligned} (\mathbf{x}_p - \mathbf{x}_s) \cdot (\mathbf{x}_q - \mathbf{x}_s) &= r_{sp} r_{sq} \cos\psi \\ &= (x_p - x_s)(x_q - x_s)a^2 + (y_p - y_s)(y_q - y_s)b^2 + (z_p - z_s)(z_q - z_s)c^2 \\ &\quad + \left[(x_p - x_s)(y_q - y_s) + (y_p - y_s)(x_q - x_s)\right] ab\cos\gamma \\ &\quad + \left[(z_p - z_s)(x_q - x_s) + (x_p - x_s)(z_q - z_s)\right] ac\cos\beta \\ &\quad + \left[(y_p - y_s)(z_q - z_s) + (z_p - z_s)(y_q - y_s)\right] bc\cos\alpha \end{aligned}$$

Jeder Winkel $\alpha_j = 90^\circ$ vereinfacht die Formel stark. Man erkennt den Vorteil einer orthonormalen Basis, deren Verwendung deshalb in der Kristallphysik üblich ist. Die Formeln vereinfachen sich in ihr zu (e = Längeneinheit der Basis, z. B. $e = 1$ pm):

$$\begin{aligned} r_{pq}^2 &= \left[(x_q - x_p)^2 + (y_q - y_p)^2 + (z_q - z_p)^2\right] e^2 \\ \cos\psi &= r_{sp}^{-1} r_{sq}^{-1} \left[(x_p - x_s)(x_q - x_s) + (y_p - y_s)(y_q - y_s) + (z_p - z_s)(z_q - z_s)\right] e^2 \end{aligned} \tag{2.2}$$

Das Volumen V der Zelle ergibt sich aus der Formel:

$$V^2 = a^2b^2c^2(1 + 2\cos\alpha\cos\beta\cos\gamma - \cos^2\alpha - \cos^2\beta - \cos^2\gamma)$$

Die Gitterparameter $a, b, c, \alpha, \beta, \gamma$ treten nur in den Kombinationen $g_{ii} = a_i^2$ oder $g_{ik} = \mathbf{a}_i \cdot \mathbf{a}_k = a_i a_k \cos\alpha_j$, $i \neq j \neq k \neq i$ auf. Für Berechnungen werden die g_{ik} gebraucht, die sich aus den a_i und α_j berechnen lassen.

Definition 2.9 Die Gesamtheit der Koeffizienten g_{ik} bildet die *Fundamentalmatrix* oder den *metrischen Tensor*:

$$\boldsymbol{G} = \begin{pmatrix} g_{11} & g_{12} & g_{13} \\ g_{21} & g_{22} & g_{23} \\ g_{31} & g_{32} & g_{33} \end{pmatrix} = \begin{pmatrix} a^2 & ab\cos\gamma & ac\cos\beta \\ ab\cos\gamma & b^2 & bc\cos\alpha \\ ac\cos\beta & bc\cos\alpha & c^2 \end{pmatrix}$$

wobei $g_{ik} = g_{ki}$ ist, da $\mathbf{a}_i \cdot \mathbf{a}_k = \mathbf{a}_k \cdot \mathbf{a}_i$ gilt.

Mit p_i, q_i und s_i, $i = 1, 2, 3$, als Koordinaten der Punkte P, Q und S folgen die Formeln:

- *Abstand* $PQ = r_{pq}$: $$r_{pq}^2 = \sum_{i,k} g_{ik}(q_i - p_i)(q_k - p_k) \tag{2.3}$$
- *Abstand* OP *vom Ursprung* O: $OP = r_p$; $r_p^2 = \sum_{i,k} g_{ik} p_i p_k$
- $\sphericalangle$ (PSQ) (*Scheitelpunkt* S): $$\cos(PSQ) = (r_{sp})^{-1}(r_{sq})^{-1} \sum_{i,k} g_{ik}(p_i - s_i)(q_k - s_k) \tag{2.4}$$
- *Volumen* V der Zelle: $$V^2 = \det(\boldsymbol{G}) \tag{2.5}$$

Die Verwendung von $\boldsymbol{G}$ mit den unabhängigen Größen g_{ik} anstelle der sechs Gitterparameter $a, b, c, \alpha, \beta, \gamma$ hat den Vorteil, dass die g_{ik} homogener sind; alle haben zum Beispiel die Einheit Å^2 oder pm^2.

Die Bedeutung der Fundamentalmatrix $\boldsymbol{G}$ erschöpft sich nicht in Abstands- und Winkelberechnungen:

- Mit Hilfe von $\boldsymbol{G}$ lässt sich entscheiden, ob bei einer affinen Abbildung alle Abstände und Winkel invariant bleiben, ob sie also eine Isometrie ist, siehe Abschnitt 3.4.
- Ist $\mathbf{T}^*$ das reziproke Gitter zum Gitter $\mathbf{T}$, so ist $\boldsymbol{G}^*(\mathbf{T}^*) = \boldsymbol{G}^{-1}(\mathbf{T})$ die inverse Matrix von $\boldsymbol{G}$: Die Fundamentalmatrizen von Gitter und reziprokem Gitter sind zueinander invers.

Abbildungen

3

3.1 Abbildungen in der Kristallographie

3.1.1 Ein Beispiel

In den Raumgruppentabellen der *International Tables A* zur Raumgruppe $I4_1/amd$, No. 141, ORIGIN CHOICE 1, finden sich unter der Überschrift ‚Coordinates‘ als erster Block:

$$(0,0,0)+ \qquad (\tfrac{1}{2},\tfrac{1}{2},\tfrac{1}{2})+$$

(1) x,y,z	(2) $\bar{x}+\frac{1}{2},\bar{y}+\frac{1}{2},z+\frac{1}{2}$	(3) $\bar{y},x+\frac{1}{2},z+\frac{1}{4}$	(4) $y+\frac{1}{2},\bar{x},z+\frac{3}{4}$
(5) $\bar{x}+\frac{1}{2},y,\bar{z}+\frac{3}{4}$	(6) $x,\bar{y}+\frac{1}{2},\bar{z}+\frac{1}{4}$	(7) $y+\frac{1}{2},x+\frac{1}{2},\bar{z}+\frac{1}{2}$	(8) $\bar{y},\bar{x},\bar{z}$
(9) $\bar{x},\bar{y}+\frac{1}{2},\bar{z}+\frac{1}{4}$	(10) $x+\frac{1}{2},y,\bar{z}+\frac{3}{4}$	(11) $y,\bar{x},\bar{z}$	(12) $\bar{y}+\frac{1}{2},x+\frac{1}{2},\bar{z}+\frac{1}{2}$
(13) $x+\frac{1}{2},\bar{y}+\frac{1}{2},z+\frac{1}{2}$	(14) $\bar{x},y,z$	(15) $\bar{y}+\frac{1}{2},\bar{x},z+\frac{3}{4}$	(16) $y,x+\frac{1}{2},z+\frac{1}{4}$

Wie in der Kristallographie üblich, werden dabei Minuszeichen über die Symbole gesetzt; $\bar{x}$ bedeutet also $-x$. Diese ‚Koordinatentripel‘ werden meistens in folgender Weise gelesen: Zum Punkt x,y,z des dreidimensionalen Raumes sind folgende Punkte *symmetrisch gleichwertig* oder *symmetrieäquivalent*:

	$(0, 0, 0)+$	$(\frac{1}{2}, \frac{1}{2}, \frac{1}{2})+$
(1)	x, y, z	$x+\frac{1}{2}, y+\frac{1}{2}, z+\frac{1}{2}$
(2)	$-x+\frac{1}{2}, -y+\frac{1}{2}, z+\frac{1}{2}$	$-x, -y, z$
(3)	$-y, x+\frac{1}{2}, z+\frac{1}{4}$	$-y+\frac{1}{2}, x, z+\frac{3}{4}$
…	…	…

Diese Angaben der *International Tables A* bieten aber auch direkt eine Beschreibung der Symmetrieoperationen der Raumgruppe. Im Folgenden soll diese Auffassung im Vordergrund stehen.

U. Müller, *Symmetriebeziehungen zwischen Kristallstrukturen*, https://doi.org/10.1007/978-3-662-67166-5_3

3.1.2 Symmetrieoperationen

Definition 3.1 Eine *Symmetrieoperation* eines Gegenstandes ist eine Abbildung des Raumes auf sich, bei der

1. alle Abstände invariant bleiben,
2. der Gegenstand in sich oder sein Spiegelbild überführt wird.

Ist der Gegenstand eine Kristallstruktur, so heißt die Abbildung eine *kristallographische Symmetrieoperation.*

Nach dieser Auffassung bedeuten die genannten Angaben in den *International Tables A* zur Raumgruppe $I4_1/amd$:

$$x,y,z \;\rightarrow\; x,y,z; \qquad x,y,z \;\rightarrow\; x+\tfrac{1}{2},y+\tfrac{1}{2},z+\tfrac{1}{2};$$
$$x,y,z \;\rightarrow\; \bar{x}+\tfrac{1}{2},\bar{y}+\tfrac{1}{2},z+\tfrac{1}{2}; \qquad x,y,z \;\rightarrow\; \bar{x},\bar{y},z;$$
$$\ldots \qquad \ldots$$

oder

$$\tilde{x},\tilde{y},\tilde{z} = x,y,z; \qquad \tilde{x},\tilde{y},\tilde{z} = x+\tfrac{1}{2},y+\tfrac{1}{2},z+\tfrac{1}{2};$$
$$\tilde{x},\tilde{y},\tilde{z} = \bar{x}+\tfrac{1}{2},\bar{y}+\tfrac{1}{2},z+\tfrac{1}{2}; \qquad \tilde{x},\tilde{y},\tilde{z} = \bar{x},\,\bar{y},\,z;$$
$$\ldots \qquad \ldots$$

Die Angaben der *International Tables A* beschreiben dabei, wie sich die Koordinaten $\tilde{x}$, $\tilde{y}$, $\tilde{z}$ des Bildpunktes aus den Koordinaten x, y, z des Ausgangspunktes berechnen lassen.

In der Kristallographie spielen Abbildungen eine wichtige Rolle. Eine *Abbildung* ist eine Vorschrift, die jedem Punkt im Raum genau einen Bildpunkt zuordnet. Von besonderem Interesse sind die affinen Abbildungen und deren Spezialfall, die isometrischen Abbildungen oder Isometrien, siehe Abschnitt 3.4. Isometrien bilden die Grundlage der Symmetrie der Kristalle.

Definition 3.2 Die Menge aller Symmetrieoperationen einer Kristallstruktur heißt die *Raumgruppe* der Kristallstruktur.

Diese Symmetrien werden mit Hilfe der affinen Abbildungen klassifiziert. Da affine Abbildungen die Isometrien enthalten, sollen sie zuerst behandelt werden.

3.2 Affine Abbildungen

Definition 3.3 Eine Abbildung des Raumes auf sich, die parallele Geraden stets auf parallele Geraden abbildet, heißt *affine Abbildung*. Die affine Abbildung verlangt Geradentreue, Parallelentreue und Teilverhältnistreue.

Winkel und Abstände bleiben bei einer affinen Abbildung nicht notwendigerweise erhalten. Die Abbildung kann also verzerrt sein, wie im Beispiel in Abb. 3.1. Aber entlang einer Geraden bleiben die Verhältnisse von Teillängen zueinander erhalten.

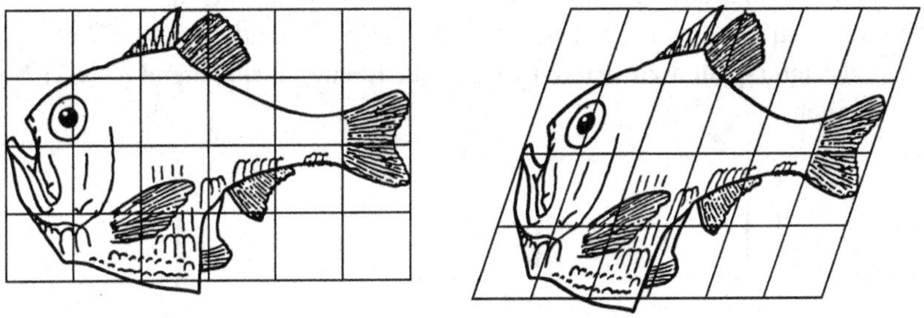

Argyropelecus olfersi *Sternoptyx diaphana*

Abb. 3.1: Beispiel einer affinen Abbildung. Nach einer Vorlage von Sir D'Arcy Wentworth Thompson (1860 – 1948), „On growth and form" (1917). Das rechte Bild ist im Vergleich zur Originalzeichnung (mit rundem Auge) geringfügig verändert damit es eine exakte affine Abbildung ergibt

Eine affine Abbildung läßt sich nach Wahl eines Koordinatensystems stets durch ein Gleichungssystem folgender Form beschreiben. Dabei sind x_1, x_2, x_3 die Koordinaten des Ausgangspunktes und $\tilde{x}_1, \tilde{x}_2, \tilde{x}_3$ die Koordinaten des Bildpunktes:

$$\text{in der Ebene} \quad \left\{ \begin{array}{l} \tilde{x}_1 = W_{11}x_1 + W_{12}x_2 + w_1 \\ \tilde{x}_2 = W_{21}x_1 + W_{22}x_2 + w_2 \end{array} \right.$$

$$\text{im Raum} \quad \left\{ \begin{array}{l} \tilde{x}_1 = W_{11}x_1 + W_{12}x_2 + W_{13}x_3 + w_1 \\ \tilde{x}_2 = W_{21}x_1 + W_{22}x_2 + W_{23}x_3 + w_2 \\ \tilde{x}_3 = W_{31}x_1 + W_{32}x_2 + W_{33}x_3 + w_3 \end{array} \right. \tag{3.1}$$

In Matrixschreibweise ist das:
in der Ebene

$$\begin{pmatrix} x_1 \\ x_2 \end{pmatrix} = \boldsymbol{x}; \quad \begin{pmatrix} \tilde{x}_1 \\ \tilde{x}_2 \end{pmatrix} = \tilde{\boldsymbol{x}}; \quad \begin{pmatrix} w_1 \\ w_2 \end{pmatrix} = \boldsymbol{w}; \quad \begin{pmatrix} W_{11} & W_{12} \\ W_{21} & W_{22} \end{pmatrix} = \boldsymbol{W}$$

im Raum

$$\begin{pmatrix} x_1 \\ x_2 \\ x_3 \end{pmatrix} = \boldsymbol{x}; \quad \begin{pmatrix} \tilde{x}_1 \\ \tilde{x}_2 \\ \tilde{x}_3 \end{pmatrix} = \tilde{\boldsymbol{x}}; \quad \begin{pmatrix} w_1 \\ w_2 \\ w_3 \end{pmatrix} = \boldsymbol{w}; \quad \begin{pmatrix} W_{11} & W_{12} & W_{13} \\ W_{21} & W_{22} & W_{23} \\ W_{31} & W_{32} & W_{33} \end{pmatrix} = \boldsymbol{W} \tag{3.2}$$

Aus den Gleichungen (3.1) wird dann:

$$\begin{pmatrix} \tilde{x}_1 \\ \tilde{x}_2 \\ \tilde{x}_3 \end{pmatrix} = \begin{pmatrix} W_{11} & W_{12} & W_{13} \\ W_{21} & W_{22} & W_{23} \\ W_{31} & W_{32} & W_{33} \end{pmatrix} \begin{pmatrix} x_1 \\ x_2 \\ x_3 \end{pmatrix} + \begin{pmatrix} w_1 \\ w_2 \\ w_3 \end{pmatrix} \tag{3.3}$$

oder kurz $\quad \tilde{\boldsymbol{x}} = \boldsymbol{W}\boldsymbol{x} + \boldsymbol{w} \quad \text{oder} \quad \tilde{\boldsymbol{x}} = (\boldsymbol{W}, \boldsymbol{w})\boldsymbol{x} \quad \text{oder} \quad \tilde{\boldsymbol{x}} = (\boldsymbol{W}|\boldsymbol{w})\boldsymbol{x} \qquad (3.4)$

$\boldsymbol{W}$ heißt der *Matrixanteil*, $\boldsymbol{w}$ der *Spaltenanteil* der Darstellung der Abbildung durch Matrizen. $(\boldsymbol{W}, \boldsymbol{w})$ wird das *Matrix-Spalte-Paar*, $(\boldsymbol{W}|\boldsymbol{w})$ das *Seitz-Symbol* der Abbildung genannt.

Das Rechnen mit Matrix-Spalte-Paaren $(\boldsymbol{W},\boldsymbol{w})$ ist mühsamer als das Rechnen mit quadratischen Matrizen. Es ist zweckmäßig, für affine Abbildungen im Raum (4×4)-Matrizen und Viererspalten zu verwenden (in der Ebene entsprechend (3×3)-Matrizen und Dreierspalten):

$$\boldsymbol{x} \to \mathbb{x} = \left(\begin{array}{c} x \\ y \\ z \\ \hline 1 \end{array}\right) \qquad \tilde{\boldsymbol{x}} \to \tilde{\mathbb{x}} = \left(\begin{array}{c} \tilde{x} \\ \tilde{y} \\ \tilde{z} \\ \hline 1 \end{array}\right) \qquad (\boldsymbol{W},\boldsymbol{w}) \to \mathbb{W} = \left(\begin{array}{ccc|c} & \boldsymbol{W} & & \boldsymbol{w} \\ \hline 0 & 0 & 0 & 1 \end{array}\right)$$

$$\left(\begin{array}{c} \tilde{x} \\ \tilde{y} \\ \tilde{z} \\ \hline 1 \end{array}\right) = \left(\begin{array}{ccc|c} & \boldsymbol{W} & & \boldsymbol{w} \\ \hline 0 & 0 & 0 & 1 \end{array}\right) \left(\begin{array}{c} x \\ y \\ z \\ \hline 1 \end{array}\right) \quad \text{oder} \quad \tilde{\mathbb{x}} = \mathbb{W}\mathbb{x} \tag{3.5}$$

Dabei werden die Dreierspalten durch Zufügen einer 1 zu Viererspalten ergänzt, die (3×3)-Matrizen werden aus $\boldsymbol{W}$ und $\boldsymbol{w}$ zu rechteckigen (3×4)-Matrizen kombiniert und durch ‚Rändern' mit der Zeile $(\ 0\ \ 0\ \ 0\ \ 1\ )$ zu quadratischen (4×4)-Matrizen vergrößert. Diese Spalten werden *erweiterte Spalten*, die Matrizen *erweiterte Matrizen* genannt (augmented matrices).

Die vertikalen und horizontalen Linien in den Matrizen haben keine mathematische Bedeutung und können weggelassen werden. Sie dienen nur dazu, den Matrixanteil, den Spaltenanteil und die Zeile ‚0 0 0 1' deutlich erkennbar zu machen.

Die Nacheinanderausführung zweier affiner Abbildungen ergibt wieder eine affine Abbildung. Ist $\tilde{\mathbb{x}} = \mathbb{W}\mathbb{x}$ die erste Abbildung und $\tilde{\tilde{\mathbb{x}}} = \mathbb{V}\tilde{\mathbb{x}}$ die zweite Abbildung, so ist:

$$\tilde{\tilde{\mathbb{x}}} = \mathbb{V}\mathbb{W}\mathbb{x} = \mathbb{U}\mathbb{x} \tag{3.6}$$

$$\text{wobei} \quad \mathbb{U} = \left(\begin{array}{ccc|c} & \boldsymbol{U} & & \boldsymbol{u} \\ \hline 0 & 0 & 0 & 1 \end{array}\right) = \left(\begin{array}{ccc|c} & \boldsymbol{V} & & \boldsymbol{v} \\ \hline 0 & 0 & 0 & 1 \end{array}\right) \left(\begin{array}{ccc|c} & \boldsymbol{W} & & \boldsymbol{w} \\ \hline 0 & 0 & 0 & 1 \end{array}\right) \tag{3.7}$$

Die (4×4)-Matrix von $(\boldsymbol{U},\boldsymbol{u}) = (\boldsymbol{V},\boldsymbol{v})(\boldsymbol{W},\boldsymbol{w})$ ist also das Produkt der (4×4)-Matrizen von $(\boldsymbol{V},\boldsymbol{v})$ und $(\boldsymbol{W},\boldsymbol{w})$. Es sei U_{ik} das Element von $\mathbb{U}$ im Feld der i-ten Zeile und k-ten Spalte; i wird der Zeilen-, k der Spaltenindex genannt. Die Regeln der Matrizenmultiplikation sind zu beachten, d. h. im Produkt $\mathbb{U} = \mathbb{V}\mathbb{W}$ ergibt sich das Element U_{ik} als das Produkt aus der i-ten Zeile von $\mathbb{V}$ und der k-ten Spalte von $\mathbb{W}$ in folgender Art:

$$U_{ik} = V_{i1}W_{1k} + V_{i2}W_{2k} + V_{i3}W_{3k} + V_{i4}W_{4k}$$

Die Reihenfolge der Matrizen darf nicht vertauscht werden. Außer der Multiplikation zweier quadratischer Matrizen mit gleicher Zeilen- und Spaltenzahl ist auch die Multiplikation einer quadratischen Matrix mit einer rechts stehenden Spalte gleicher Zeilenzahl möglich. Das Resultat ist eine Spalte. Im Produkt $\tilde{\tilde{\mathbb{x}}} = \mathbb{U}\mathbb{x}$ wird das i-te Element $\tilde{\tilde{x}}_i$ der

Spalte $\tilde{\tilde{\mathbb{x}}}$ aus dem Produkt der i-ten Zeile von $\mathbb{U}$ mit der Spalte $\mathbb{x}$ berechnet ($\mathbb{x}$ hat als Spalte natürlich nur einen Zeilenindex):

$$\tilde{\tilde{x}}_i = U_{i1}x_1 + U_{i2}x_2 + U_{i3}x_3 + U_{i4}x_4$$

Eine Spalte wird als (3×1)- bzw. (4×1)-Matrix, eine Zeile als (1×3)- bzw. (1×4)-Matrix aufgefasst.

Die Formulierung der Nacheinanderausführung $\tilde{\tilde{\mathbb{x}}} = \mathbb{V}\mathbb{W}\mathbb{x} = \mathbb{U}\mathbb{x}$ zweier affiner Abbildungen ist in Matrix-Spalte-Schreibweise etwas umständlicher. Die erste Abbildung ist dann $\tilde{\boldsymbol{x}} = \boldsymbol{W}\boldsymbol{x} + \boldsymbol{w}$ und die zweite ist $\tilde{\tilde{\boldsymbol{x}}} = \boldsymbol{V}\tilde{\boldsymbol{x}} + \boldsymbol{v}$. Dann ist:

$$\begin{aligned} \tilde{\tilde{\boldsymbol{x}}} &= \boldsymbol{V}(\boldsymbol{W}\boldsymbol{x} + \boldsymbol{w}) + \boldsymbol{v} = \boldsymbol{V}\boldsymbol{W}\boldsymbol{x} + \boldsymbol{V}\boldsymbol{w} + \boldsymbol{v} && (3.8) \\ &= \boldsymbol{U}\boldsymbol{x} + \boldsymbol{u} \\ \text{Dabei ist:} \quad \boldsymbol{U} &= \boldsymbol{V}\boldsymbol{W} \quad \text{und} \quad \boldsymbol{u} = \boldsymbol{V}\boldsymbol{w} + \boldsymbol{v} && (3.9) \end{aligned}$$

Das Rechnen mit den (4×4)-Matrizen ergibt wegen der Zeile ‚0 0 0 1' dieselben Ergebnisse. Ein weiterer Vorteil der (4×4)-Matrizen wird im nächsten Abschnitt diskutiert.

Die Abbildung mit der (4×4)-Einheitsmatrix $\mathbb{I}$ ergibt dasselbe wie die Abbildung $(\boldsymbol{I}, \boldsymbol{o})$ durch die Einheitsmatrix $\boldsymbol{I}$ und die Null-Spalte $\boldsymbol{o}$, nämlich die Abbildung jedes Punkts auf sich selbst. Sie heißt *identische Abbildung*:

$$\boldsymbol{I} = \begin{pmatrix} 1 & 0 & 0 \\ 0 & 1 & 0 \\ 0 & 0 & 1 \end{pmatrix} \qquad \boldsymbol{o} = \begin{pmatrix} 0 \\ 0 \\ 0 \end{pmatrix} \qquad \mathbb{I} = \left(\begin{array}{ccc|c} 1 & 0 & 0 & 0 \\ 0 & 1 & 0 & 0 \\ 0 & 0 & 1 & 0 \\ \hline 0 & 0 & 0 & 1 \end{array}\right) \qquad \tilde{\boldsymbol{x}} = \boldsymbol{I}\boldsymbol{x} \qquad \tilde{\mathbb{x}} = \mathbb{I}\mathbb{x}$$

Eine *Translation* um den Vektor **t** entspricht der Abbildung $(\boldsymbol{I}, \boldsymbol{t})$ bzw. $\mathbb{T}$ mit $\boldsymbol{t} \neq \boldsymbol{o}$:

$$\boldsymbol{t} = \begin{pmatrix} t_1 \\ t_2 \\ t_3 \end{pmatrix} \qquad \mathbb{T} = \left(\begin{array}{ccc|c} 1 & 0 & 0 & t_1 \\ 0 & 1 & 0 & t_2 \\ 0 & 0 & 1 & t_3 \\ \hline 0 & 0 & 0 & 1 \end{array}\right) \qquad \tilde{\mathbb{x}} = \mathbb{T}\mathbb{x} \tag{3.10}$$

Für die Abbildung $\mathbb{V} = \mathbb{W}^{-1}$ oder $(\boldsymbol{V}, \boldsymbol{v}) = (\boldsymbol{W}, \boldsymbol{w})^{-1}$, die eine gegebene Abbildung $\mathbb{W}$ rückgängig macht, gilt:

$$\mathbb{V}\mathbb{W} = \mathbb{W}^{-1}\mathbb{W} = \mathbb{I} \quad \text{oder} \quad (\boldsymbol{V}, \boldsymbol{v})(\boldsymbol{W}, \boldsymbol{w}) = (\boldsymbol{W}, \boldsymbol{w})^{-1}(\boldsymbol{W}, \boldsymbol{w}) = (\boldsymbol{I}, \boldsymbol{o}) \tag{3.11}$$

Sie heißt Umkehr- oder *inverse Abbildung* zu $\mathbb{W}$. Sie wird aus aus Gleichung (3.11) berechnet:

$$\mathbb{V}\mathbb{W} = \left(\begin{array}{ccc|c} & \boldsymbol{V} & & \boldsymbol{v} \\ \hline 0 & 0 & 0 & 1 \end{array}\right) \left(\begin{array}{ccc|c} & \boldsymbol{W} & & \boldsymbol{w} \\ \hline 0 & 0 & 0 & 1 \end{array}\right) = \left(\begin{array}{ccc|c} & \boldsymbol{I} & & \boldsymbol{o} \\ \hline 0 & 0 & 0 & 1 \end{array}\right)$$

Wegen der Nullen in der vierten Zeile ergibt sich $\boldsymbol{V}\boldsymbol{W} = \boldsymbol{I}$ oder $\boldsymbol{V} = \boldsymbol{W}^{-1}$. In der vierten Spalte von $\mathbb{W}$ steht jedoch unten eine 1, womit sich $\boldsymbol{V}\boldsymbol{w} + \boldsymbol{v} = \boldsymbol{o}$ für die vierte Spalte von

$\mathbb{V}\mathbb{W}$ ergibt. Daraus folgt $\boldsymbol{v} = -\boldsymbol{V}\boldsymbol{w} = -\boldsymbol{W}^{-1}\boldsymbol{w}$ und:

$$\mathbb{W}^{-1} = \left(\begin{array}{ccc|c} & \boldsymbol{W}^{-1} & & -\boldsymbol{W}^{-1}\boldsymbol{w} \\ \hline 0 & 0 & 0 & 1 \end{array}\right) \tag{3.12}$$

$\mathbb{W}$ ist umkehrbar, wenn $\boldsymbol{W}^{-1}$ existiert; das ist dann der Fall, wenn $\det(\boldsymbol{W}) \neq 0$. Solche Abbildungen heißen auch regulär oder nichtsingulär. Ist $\det(\boldsymbol{W}) = W = 0$, so ist das Volumen des Bildes gleich Null und die Abbildung heißt *Projektion*; Projektionen werden im Folgenden nicht betrachtet. Das Volumen des Bildes eines Körpers, zum Beispiel einer Elementarzelle, ist W-mal so groß wie das ursprüngliche Volumen, wobei $\det(\boldsymbol{W}) = W \neq 0$.

Wird das Koordinatensystem geändert, so ändern sich im allgemeinen Matrix und Spalte der affinen Abbildung. Die Matrix $\boldsymbol{W}$ hängt aber nur von der Basisänderung, die Spalte $\boldsymbol{w}$ von der Basis- *und* Ursprungsänderung des Koordinatensystems ab, siehe Abschnitt 3.6. Die Determinante $\det(\boldsymbol{W})$ und die Spur $\mathrm{Sp}(\boldsymbol{W}) = W_{11} + W_{22} + W_{33}$ sind *unabhängig* von der Wahl des Koordinatensystems (in der Ebene $\mathrm{Sp}(\boldsymbol{W}) = W_{11} + W_{22}$). Dasselbe gilt für die Ordnung k; das ist die kleinste positive ganze Zahl, für die $\boldsymbol{W}^k = \boldsymbol{I}$ ist. Dabei ist $\boldsymbol{W}^k$ das Produkt von k Matrizen:

$$\boldsymbol{W}^k = \underbrace{\boldsymbol{W} \cdot \boldsymbol{W} \cdot \ldots \cdot \boldsymbol{W}}_{k-\text{mal}} = \boldsymbol{I} \tag{3.13}$$

Spur, Determinante und Ordnung sind *Invarianten der Abbildung*.

Definition 3.4 Ein Punkt X_F, der bei einer Abbildung auf sich abgebildet wird, heißt *Fixpunkt* dieser Abbildung.

Für affine Abbildungen ergeben sich die Fixpunkte aus der Gleichung:

$$\tilde{\mathbb{x}}_F = \mathbb{x}_F = \mathbb{W}\mathbb{x}_F \tag{3.14}$$

Es sei $\boldsymbol{W}^k = \boldsymbol{I}$. Ist $(\boldsymbol{W}, \boldsymbol{w})^k = (\boldsymbol{I}, \boldsymbol{o})$ bzw. $\mathbb{W}^k = \mathbb{I}$, so hat die Abbildung mindestens einen Fixpunkt. Denn die Menge der Punkte X_i mit den Koordinatenspalten

$$\mathbb{W}\mathbb{x},\ \mathbb{W}^2\mathbb{x},\ \ldots,\ \mathbb{W}^{k-1}\mathbb{x},\ \mathbb{W}^k = \mathbb{I}\mathbb{x} = \mathbb{x}$$

ist endlich, und eine endliche Punktmenge besitzt immer ihren Schwerpunkt als Fixpunkt. Ist $(\boldsymbol{W}, \boldsymbol{w})^k = (\boldsymbol{I}, \boldsymbol{t})$ bzw. $\mathbb{W}^k = \mathbb{T}$ mit $\boldsymbol{t} \neq \boldsymbol{o}$, so hat die Abbildung keinen Fixpunkt.

Eine affine Abbildung $(\boldsymbol{W}, \boldsymbol{o})$ lässt den Ursprung fest, denn $\tilde{\boldsymbol{o}} = \boldsymbol{W}\boldsymbol{o} = \boldsymbol{o}$. Jede affine Abbildung $(\boldsymbol{W}, \boldsymbol{w})$ lässt sich durch Nacheinanderausführung einer Abbildung $(\boldsymbol{W}, \boldsymbol{o})$ und einer Translation $(\boldsymbol{I}, \boldsymbol{w})$ entstanden denken:

$$(\boldsymbol{W}, \boldsymbol{w}) = (\boldsymbol{I}, \boldsymbol{w})(\boldsymbol{W}, \boldsymbol{o}) \tag{3.15}$$

Die durch $(\boldsymbol{W}, \boldsymbol{o})$ beschriebene Abbildung ist der *lineare Anteil*. $(\boldsymbol{I}, \boldsymbol{w})$ beschreibt den *translativen Anteil*.

3.3 Affine Abbildungen von Vektoren

Bei der Abbildung eines Punkts P auf den Punkt $\tilde{P}$ durch eine Translation mit dem Translationsvektor **t**, $\tilde{\boldsymbol{x}} = \boldsymbol{x} + \boldsymbol{t}$, ändern sich seine Koordinaten. Anschaulich ist klar, dass bei der Translation *zweier* Punkte P und Q mit derselben Translation ihr Abstand invariant bleiben muss. Da Punktkoordinaten und Vektorkoeffizienten durch Spalten dargestellt werden, die sich äußerlich nicht unterscheiden, ist eine besondere Kennzeichnung vorzunehmen. Es ist ein Vorteil der erweiterten Spalten, diese Kennzeichnung zu besitzen.

In einem gegebenen Koordinatensystem seien $\mathbb{x}_p$ und $\mathbb{x}_q$ die erweiterten Spalten:

$$\mathbb{x}_p = \begin{pmatrix} x_p \\ y_p \\ z_p \\ \hline 1 \end{pmatrix} \quad \text{und} \quad \mathbb{x}_q = \begin{pmatrix} x_q \\ y_q \\ z_q \\ \hline 1 \end{pmatrix}$$

Dann lautet die erweiterte Spalte der Vektorkoeffizienten des Abstandsvektors **r**:

$$\mathbb{r} = \mathbb{x}_q - \mathbb{x}_p = \begin{pmatrix} x_q - x_p \\ y_q - y_p \\ z_q - z_p \\ \hline 0 \end{pmatrix}$$

Sie hat an letzter Stelle eine 0, denn $1 - 1 = 0$. Spalten von Vektorkoeffizienten werden also anders erweitert als Spalten von Punktkoordinaten.

Es sei T eine Translation, dargestellt durch $(\boldsymbol{I}, \boldsymbol{t})$ bzw. $\mathbb{T}$. Es sei $\boldsymbol{r}$ die Koeffizientenspalte des Abstandsvektors, $\mathbb{r}$ die erweiterte Spalte. In (4×4)-Schreibweise ist das:

$$\tilde{\mathbb{r}} = \mathbb{T}\mathbb{r} \quad \text{oder} \quad \begin{pmatrix} \tilde{r}_1 \\ \tilde{r}_2 \\ \tilde{r}_3 \\ \hline 0 \end{pmatrix} = \left(\begin{array}{ccc|c} & & & t_1 \\ & \boldsymbol{I} & & t_2 \\ & & & t_3 \\ \hline 0 & 0 & 0 & 1 \end{array}\right) \begin{pmatrix} r_1 \\ r_2 \\ r_3 \\ \hline 0 \end{pmatrix} = \begin{pmatrix} r_1 \\ r_2 \\ r_3 \\ \hline 0 \end{pmatrix} \tag{3.16}$$

Bei der Matrizenmultiplikation treffen die $\boldsymbol{t}$-Koeffizienten auf die 0 der $\mathbb{r}$-Spalte und werden dadurch wirkungslos.

Dies gilt natürlich nicht nur für Translationen, sondern allgemein für affine Abbildungen von Vektoren:

$$\tilde{\mathbb{r}} = \mathbb{W}\mathbb{r} \quad \text{und} \quad \boldsymbol{W}\boldsymbol{r} + 0 \cdot \boldsymbol{w} = \boldsymbol{W}\boldsymbol{r} \tag{3.17}$$

Daraus folgt:

Satz 3.5 Während sich die Punktkoordinaten nach $\tilde{\boldsymbol{x}} = (\boldsymbol{W}, \boldsymbol{w})\boldsymbol{x} = \boldsymbol{W}\boldsymbol{x} + \boldsymbol{w}$ transformieren, spüren Vektorkoeffizienten $\boldsymbol{r}$ nur den Matrixanteil $\boldsymbol{W}$:

$$\tilde{\boldsymbol{r}} = (\boldsymbol{W}, \boldsymbol{w})\boldsymbol{r} = \boldsymbol{W}\boldsymbol{r}$$

Der Spaltenanteil $\boldsymbol{w}$ der Abbildung trägt nichts bei.

Dies gilt auch für andere Vektoren, zum Beispiel die Basisvektoren des Koordinatensystems.
Folgerung: Beschreibt $(\boldsymbol{W}, \boldsymbol{w})$ eine affine Abbildung im Punktraum, so beschreibt $\boldsymbol{W}$ die zugehörige Abbildung im Vektorraum.*

3.4 Isometrien

Eine affine Abbildung, bei der alle Abstände und Winkel unverändert bleiben, heißt eine *Isometrie*. Isometrien sind spezielle affine Abbildungen, die alle Gegenstände bei der Abbildung unverzerrt lassen. Eigentlich interessieren sie in der Kristallographie mehr als die allgemeinen affinen Abbildungen. Da der Beschreibungsformalismus aber derselbe ist, wurde er für die allgemeinere Klasse der affinen Abbildungen eingeführt.

Wenn der Bildgegenstand gegenüber dem Original unverzerrt ist, hat er auch das gleiche Volumen. Die Volumenänderung bei einer Abbildung ist durch die Determinante $\det(\boldsymbol{W})$ der Abbildungsmatrix $\boldsymbol{W}$ bestimmt. Also gilt für Isometrien:

$$\det(\boldsymbol{W}) = \pm 1$$

Diese Bedingung ist aber nicht hinreichend. Zusätzlich müssen alle Gitterparameter und somit auch die Fundamentalmatrix $\boldsymbol{G}$ (Seite 19) unverändert bleiben.

Wegen $(\boldsymbol{W}, \boldsymbol{w}) = (\boldsymbol{I}, \boldsymbol{w})(\boldsymbol{W}, \boldsymbol{o})$ entscheidet die Matrix $\boldsymbol{W}$ allein darüber, ob eine Isometrie vorliegt oder nicht, denn $(\boldsymbol{I}, \boldsymbol{w})$ beschreibt immer eine Translation und damit eine Isometrie.

Es sei $\boldsymbol{W}$ die Matrix einer Isometrie $(\boldsymbol{W}, \boldsymbol{w})$ und $\mathbf{a}_1, \mathbf{a}_2, \mathbf{a}_3$ die Basis des Koordinatensystems.

Es ist zweckmäßig, die Basisvektoren als Zeile zu schreiben; der Vektor $\mathbf{x}$ kann dann als Matrix-Produkt der Zeile der Basisvektoren mit der Spalte der Koeffizienten geschrieben werden:

$$(\mathbf{a}_1, \mathbf{a}_2, \mathbf{a}_3) \begin{pmatrix} x_1 \\ x_2 \\ x_3 \end{pmatrix} = x_1\mathbf{a}_1 + x_2\mathbf{a}_2 + x_3\mathbf{a}_3 = \mathbf{x} \tag{3.18}$$

Im Matrix-Formalismus wird eine Zeile als (1×3)-Matrix, eine Spalte als (3×1)-Matrix aufgefasst. Elemente solcher Matrizen werden in der Kristallographie mit Kleinbuchstaben bezeichnet. Eine an der Hauptdiagonalen W_{11}, W_{22}, W_{33} gespiegelte Matrix $\boldsymbol{W}$ heißt die *Transponierte* $\boldsymbol{W}^{\mathrm{T}}$ zu $\boldsymbol{W}$; ist $(W_{ik}) = \boldsymbol{W}$, so ist $\boldsymbol{W}^{\mathrm{T}} = (W_{ki})$.

*In der Mathematik hat ‚Raum' eine andere Bedeutung als im Alltag. Der ‚Punktraum' besteht aus Punkten, der ‚Vektorraum' aus Vektoren. Im Punktraum hat jeder Punkt seine Ortskoordinaten. Den Vektorraum kann man sich als Ansammlung von Pfeilen (Vektoren) vorstellen, die alle von einem gemeinsamen Ursprung ausgehen, jeder mit einer Richtung und Länge; Vektoren sind aber unabhängig von einer Ortslage und dürfen beliebig parallel verschoben werden. Sowohl Punkte wie Vektoren werden durch Zahlentripel charakterisiert, aber zwischen Vektoren gibt es, im Gegensatz zu Punkten, mathematische Operationen; zum Beispiel können Vektoren miteinander addiert oder multipliziert werden, nicht aber Punkte.
Der Raum des Alltags ist der euklidische Raum, in welchem die euklidische Geometrie gilt und jeder Gegenstand zu gegebener Zeit seinen Platz und seine Abmessungen hat. Im affinen Raum können Gegenstände beliebig affin verzerrt sein, Längen und Winkel sind beliebig.

Wir betrachten jetzt die Bilder $\tilde{\mathbf{a}}_k$ der Basisvektoren $\mathbf{a}_k$ unter der Isometrie W, dargestellt durch $(\boldsymbol{W}, \boldsymbol{w})$. Nach Satz 3.5 transformieren sich Vektoren nur mit $\boldsymbol{W}$:

$$\tilde{\mathbf{a}}_k = \mathbf{a}_1 W_{1k} + \mathbf{a}_2 W_{2k} + \mathbf{a}_3 W_{3k} \quad \text{oder} \quad \tilde{\mathbf{a}}_k = \sum_{i=1}^{3} \mathbf{a}_i W_{ik}.$$

In Matrix-Schreibweise ist dies:

$$(\tilde{\mathbf{a}}_1, \tilde{\mathbf{a}}_2, \tilde{\mathbf{a}}_3) = (\mathbf{a}_1, \mathbf{a}_2, \mathbf{a}_3) \begin{pmatrix} W_{11} & W_{12} & W_{13} \\ W_{21} & W_{22} & W_{23} \\ W_{31} & W_{32} & W_{33} \end{pmatrix}$$

$$\text{oder} \quad (\tilde{\mathbf{a}}_1, \tilde{\mathbf{a}}_2, \tilde{\mathbf{a}}_3) = (\mathbf{a}_1, \mathbf{a}_2, \mathbf{a}_3)\boldsymbol{W} \tag{3.19}$$

Man beachte, dass (anders als bei der Multiplikation einer Matrix mit einer Spalte) der *Zeilen*index von $\boldsymbol{W}$ bei der Summation läuft. Der *Spalten*index k von $\boldsymbol{W}$ ist für jeden Bildbasisvektor $\tilde{\mathbf{a}}_i$ fest.

Das Skalarprodukt zweier Bildvektoren ist:

$$\begin{aligned} \tilde{\mathbf{a}}_i \cdot \tilde{\mathbf{a}}_k &= \tilde{g}_{ik} = \left(\sum_{m=1}^{3} \mathbf{a}_m W_{mi} \right) \cdot \left(\sum_{n=1}^{3} \mathbf{a}_n W_{nk} \right) = \\ &= \sum_{m,n=1}^{3} \mathbf{a}_m \cdot \mathbf{a}_n \, W_{mi} W_{nk} = \sum_{m,n=1}^{3} g_{mn} W_{mi} W_{nk} \end{aligned} \tag{3.20}$$

Mit transponierten W_{mi} ist das in Matrixform:

$$\tilde{\boldsymbol{G}} = \boldsymbol{W}^{\mathrm{T}} \boldsymbol{G} \boldsymbol{W} \tag{3.21}$$

Eine Isometrie darf die Gitterparameter nicht verändern, also ist $\tilde{\boldsymbol{G}} = \boldsymbol{G}$ oder:

$$\boldsymbol{G} = \boldsymbol{W}^{\mathrm{T}} \boldsymbol{G} \boldsymbol{W} \tag{3.22}$$

Dies ist die notwendige und hinreichende Bedingung dafür, dass $(\boldsymbol{W}, \boldsymbol{w})$ eine Isometrie beschreibt. Die Gleichung (3.22) dient zur Feststellung, ob eine durch die Matrix $\boldsymbol{W}$ in der vorgegebenen Basis $(\mathbf{a}_1, \mathbf{a}_2, \mathbf{a}_3)$ beschriebene Abbildung eine Isometrie ist.

Beispiel 3.1

Sind die Abbildungen W_1 und W_2 Isometrien, wenn sie in einer hexagonalen Basis ($a = b \neq c$, $\alpha = \beta = 90°$, $\gamma = 120°$) durch die Matrixteile $\boldsymbol{W}_1$ und $\boldsymbol{W}_2$ beschrieben werden?

$$\boldsymbol{W}_1 = \begin{pmatrix} \bar{1} & 0 & 0 \\ 0 & 1 & 0 \\ 0 & 0 & 1 \end{pmatrix} \qquad \boldsymbol{W}_2 = \begin{pmatrix} 1 & \bar{1} & 0 \\ 1 & 0 & 0 \\ 0 & 0 & 1 \end{pmatrix}$$

Die Fundamentalmatrix der hexagonalen Basis ist:

$$\boldsymbol{G} = \begin{pmatrix} a^2 & -a^2/2 & 0 \\ -a^2/2 & a^2 & 0 \\ 0 & 0 & c^2 \end{pmatrix}$$

Für $\boldsymbol{W}_1$ gilt gemäß Gleichung (3.20) :

$$\begin{aligned} \tilde{g}_{11} &= g_{11}(-1)(-1) + g_{12}(-1)(0) + g_{13}(-1)(0) \\ &\quad + g_{21}(0)(-1) + g_{22}(0)(0) + g_{23}(0)(0) \\ &\quad + g_{31}(0)(-1) + g_{32}(0)(0) + g_{33}(0)(0) = g_{11}; \\ \tilde{g}_{12} &= 0 + g_{12}(-1)(+1) + 0 + 0 + 0 + 0 + 0 + 0 + 0 = -g_{12} = a^2/2 \neq g_{12}; \ldots \end{aligned}$$

Also ist $\tilde{\boldsymbol{G}} \neq \boldsymbol{G}$; W_1 stellt *keine* Isometrie dar.

Für $\boldsymbol{W}_2$ gilt: $$\tilde{\boldsymbol{G}} = \boldsymbol{W}_2^{\mathrm{T}} \boldsymbol{G} \boldsymbol{W}_2 = \begin{pmatrix} 1 & 1 & 0 \\ \bar{1} & 0 & 0 \\ 0 & 0 & 1 \end{pmatrix} \begin{pmatrix} g_{11} & g_{12} & 0 \\ g_{12} & g_{11} & 0 \\ 0 & 0 & g_{33} \end{pmatrix} \begin{pmatrix} 1 & \bar{1} & 0 \\ 1 & 0 & 0 \\ 0 & 0 & 1 \end{pmatrix}$$

Daraus ergeben sich die sechs Gleichungen:

$$\tilde{g}_{11} = g_{11} + 2g_{12} + g_{22} = a^2 = g_{11}; \quad \tilde{g}_{12} = -g_{11} - g_{12} = -a^2/2 = g_{12};$$
$$\tilde{g}_{13} = g_{13} + g_{23} = 0 = g_{13}; \quad \tilde{g}_{22} = g_{11} = a^2 = g_{22}; \quad \tilde{g}_{23} = -g_{13} = 0 = g_{23}; \quad \tilde{g}_{33} = g_{33}$$

Die Bedingung (3.22) ist also erfüllt; W_2 beschreibt in dieser Basis eine Isometrie.

Besonders einfach wird die Bedingung (3.22) für eine Orthonormalbasis $\boldsymbol{G} = \boldsymbol{I}$ (Einheitsmatrix). Hier ist die Bedingung:

$$\boldsymbol{W}^{\mathrm{T}} \boldsymbol{I} \boldsymbol{W} = \boldsymbol{I} \quad \text{oder} \quad \boldsymbol{W}^{\mathrm{T}} \boldsymbol{W} = \boldsymbol{I} \tag{3.23}$$

Dies ist aber genau die Bedingung für die inverse Matrix, also gilt:

Satz 3.6 Eine affine Abbildung, bezogen auf eine orthonormale Basis, ist genau dann eine Isometrie, wenn $\boldsymbol{W}^{\mathrm{T}} = \boldsymbol{W}^{-1}$ gilt.

Bemerkung. $\boldsymbol{W}^{\mathrm{T}} = \boldsymbol{W}^{-1}$ sind die bekannten Orthogonalitätsbedingungen:

$$\sum_{k=1}^{3} W_{ik} W_{mk} = \begin{cases} 1 \text{ für } i = m \\ 0 \text{ für } i \neq m \end{cases}; \quad \sum_{k=1}^{3} W_{ki} W_{km} = \begin{cases} 1 \text{ für } i = m \\ 0 \text{ für } i \neq m \end{cases}$$

Beispiel 3.2
Wären die Matrizen $\boldsymbol{W}_1$ und $\boldsymbol{W}_2$ aus Beispiel 3.1 auf eine orthonormale Basis bezogen, so wäre die Abbildung von $\boldsymbol{W}_1$ eine Isometrie. Es gilt nämlich $\boldsymbol{W}_1^{\mathrm{T}} = \boldsymbol{W}_1$, und wegen $\boldsymbol{W}_1^2 = \boldsymbol{I}$ ist auch $\boldsymbol{W}^{\mathrm{T}} \boldsymbol{W} = \boldsymbol{I}$. Für $\boldsymbol{W}_2$ dagegen ist

$$\boldsymbol{W}_2^{-1} = \begin{pmatrix} 0 & 1 & 0 \\ \bar{1} & 1 & 0 \\ 0 & 0 & 1 \end{pmatrix} \neq \boldsymbol{W}_2^{\mathrm{T}}$$

Also beschreibt W_2 keine Isometrie.

Geometrisch betrachtet, ist die Abbildungen $(\boldsymbol{W}_1, \boldsymbol{o})$ im Beispiel 3.1 eine verzerrende Spiegelscherung an der *y*-*z*-Ebene, $(\boldsymbol{W}_2, \boldsymbol{o})$ dagegen eine Drehung um 60°. In Beispiel 3.2 beschreibt $(\boldsymbol{W}_1, \boldsymbol{o})$ eine Spiegelung an der *y*-*z*-Ebene, $(\boldsymbol{W}_2, \boldsymbol{o})$ eine komplizierte verzerrende Abbildung.

Allgemein stellt sich die Frage nach der geometrischen Bedeutung der Abbildungsangaben. Gegeben sei ein Matrix-Spalte-Paar $(\boldsymbol{W}, \boldsymbol{w})$, bezogen auf ein bekanntes Koordinatensystem. Zu welchem Typ (Drehung, Translation, Spiegelung, ...) gehört die durch $(\boldsymbol{W}, \boldsymbol{w})$ beschriebene Abbildung?

Im nächsten Abschnitt werden die Typen von Isometrien besprochen. Die Frage, wie aus $(\boldsymbol{W}, \boldsymbol{w})$ auf den geometrischen Typ der Abbildung geschlossen werden kann, ist Inhalt von Abschnitt 4.3. In Abschnitt 4.4 wird schließlich gezeigt, wie man in einem bekannten Koordinatensystem das Paar $(\boldsymbol{W}, \boldsymbol{w})$ für eine vorgegebene Isometrie bestimmt.

3.5 Typen von Isometrien

Folgende Arten von Isometrien im Raum werden unterschieden: *

1. Die identische Abbildung oder *Identität*, 1 oder I, $\tilde{\boldsymbol{x}} = \boldsymbol{x}$ für alle Punkte. Für die Identität ist $\boldsymbol{W} = \boldsymbol{I}$ (Einheitsmatrix) und $\boldsymbol{w} = \boldsymbol{o}$ (Nullspalte):

$$\tilde{\boldsymbol{x}} = \boldsymbol{I}\boldsymbol{x} + \boldsymbol{o} = \boldsymbol{x}$$

Jeder Punkt ist Fixpunkt.

2. *Translationen* T, $\tilde{\boldsymbol{x}} = \boldsymbol{x} + \boldsymbol{w}$ (Abb. 3.2). Auch für Translationen ist $\boldsymbol{W} = \boldsymbol{I}$, daher kann die Identität I als spezielle Translation mit $\boldsymbol{w} = \boldsymbol{o}$ aufgefasst werden. Für $\boldsymbol{w} \neq \boldsymbol{o}$ gibt es keinen Fixpunkt, denn die Gleichung $\tilde{\boldsymbol{x}} = \boldsymbol{x} = \boldsymbol{x} + \boldsymbol{w}$ hat dann keine Lösung.

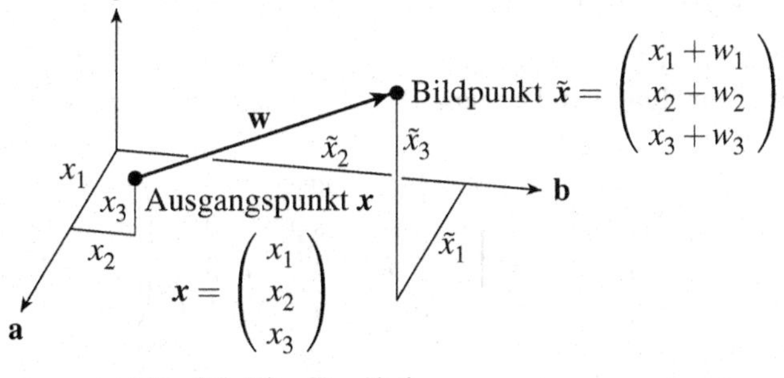

Abb. 3.2: Eine Translation

*Wir bezeichnen Abbildungen mit serifenlosen Buchstaben wie I, T oder W, (3 × 3)-Matrizen mit fetten kursiven Großbuchstaben wie $\boldsymbol{W}$ oder $\boldsymbol{G}$, Spalten (einspaltige Matrizen) mit fetten kursiven Kleinbuchstaben wie $\boldsymbol{w}$ oder $\boldsymbol{x}$ und Vektoren mit fetten Kleinbuchstaben wie **w** oder **x**. Siehe Liste der Symbole auf Seite XVII.

3. *Drehungen* und *Schraubungen*:

$$\tilde{\boldsymbol{x}} = \boldsymbol{W}\boldsymbol{x} + \boldsymbol{w} \quad \text{mit} \quad \det(\boldsymbol{W}) = +1$$

In einem kartesischen Koordinatensystem und Drehung um die **c**-Achse hat $(\boldsymbol{W}, \boldsymbol{w})$ die Form

$$\mathbb{W} = \left(\begin{array}{ccc|c} \cos\varphi & -\sin\varphi & 0 & 0 \\ \sin\varphi & \cos\varphi & 0 & 0 \\ 0 & 0 & +1 & w_3' \\ \hline 0 & 0 & 0 & 1 \end{array}\right)$$

Der Drehwinkel φ ergibt sich aus der *Spur* $\mathrm{Sp}(\boldsymbol{W})$ der (3×3)-Matrix $\boldsymbol{W}$ (d. h. aus der Summe der Elemente der Hauptdiagonalen):

$$1 + 2\cos\varphi = \mathrm{Sp}(\boldsymbol{W}) = W_{11} + W_{22} + W_{33} \tag{3.24}$$

$$\text{oder} \qquad \cos\varphi = \frac{\mathrm{Sp}(\boldsymbol{W}) - 1}{2}$$

a) Ist $w_3' = 0$, so heißt die Isometrie eine Drehung D (Abb. 3.3).

Jede Drehung mit dem *Drehwinkel* $\varphi \neq 0°$ besitzt genau eine Fixgerade $\boldsymbol{u}$, die *Drehachse*. Ihre Richtung ergibt sich durch Lösen der Gleichung

$$\boldsymbol{W}\boldsymbol{u} = \boldsymbol{u}$$

Für die *Zähligkeit* N einer Drehung gilt

$$\varphi = \frac{360°}{N} j$$

mit $j < N$ und j, N ganz und teilerfremd. Das Symbol einer solchen Drehung ist N^j. Für die Ordnung k gilt $k = N$. Die identische Abbildung kann als Drehung mit $\varphi = 0°$ aufgefasst werden.

b) Ist $w_3' \neq 0$, so heißt die Isometrie eine *Schraubung* (Abb. 3.3). Sie kann immer als eine Kopplung von Drehung D und Translation T parallel zur Drehachse angesehen werden:

$$\mathbb{W} = \left(\begin{array}{ccc|c} \cos\varphi & -\sin\varphi & 0 & 0 \\ \sin\varphi & \cos\varphi & 0 & 0 \\ 0 & 0 & 1 & 0 \\ \hline 0 & 0 & 0 & 1 \end{array}\right) \left(\begin{array}{ccc|c} 1 & 0 & 0 & 0 \\ 0 & 1 & 0 & 0 \\ 0 & 0 & 1 & w_3' \\ \hline 0 & 0 & 0 & 1 \end{array}\right)$$

Der Drehwinkel φ von D ist der *Drehwinkel* der Schraubung, die Zähligkeit N von D heißt die *Zähligkeit* der Schraubung. Eine Schraubung besitzt keinen Fixpunkt, ihre *Ordnung* k ist immer unendlich, denn die N-fache Ausführung ergibt nicht die Identität, sondern eine Translation.

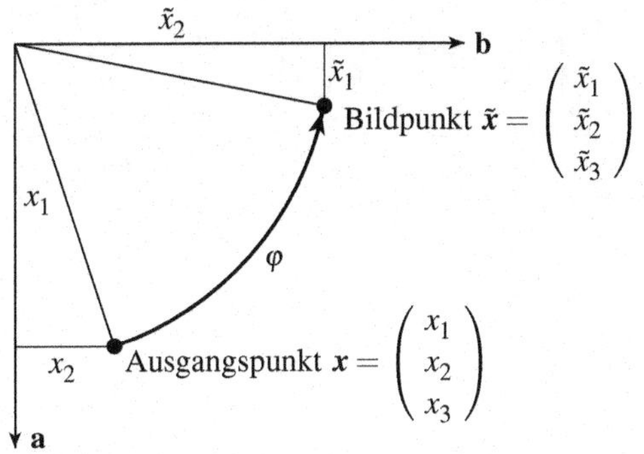

Abb. 3.3: Eine Drehung um die Achse **c** (Blickrichtung); $\tilde{x}_3 = x_3$. Bei einer Schraubung schließt sich an die Drehung eine Verschiebung um den Betrag w'_3 parallel zu **c** an, d. h. $\tilde{x}_3 = x_3 + w'_3$

4. Eine *Inversion* $\overline{1}$ oder $\bar{\mathsf{I}}$ ist eine Isometrie, für die $\boldsymbol{W} = -\boldsymbol{I}$ ist: $\tilde{\boldsymbol{x}} = -\boldsymbol{x} + \boldsymbol{w}$.
Sie ist geometrisch die „Spiegelung" des Raumes am Punkt mit den Koordinaten $\frac{1}{2}\boldsymbol{w}$ und besitzt genau diesen Punkt als Fixpunkt. Der Fixpunkt wird *Inversionspunkt, Inversionszentrum* oder *Symmetriezentrum* genannt. Es gilt $\boldsymbol{W}^2 = \boldsymbol{I}$ und $\overline{1} \times \overline{1} = \overline{1}^2 = 1$.

Im Raum ist $\det(-\boldsymbol{I}) = (-1)^3 = -1$, also ist die Inversion eine spezielle Inversionsdrehung. In der Ebene ist dagegen $\det(-\boldsymbol{I}) = (-1)^2 = +1$, also eine Drehung mit $2\cos\varphi = -2$ oder $\cos\varphi = -1$, also $\varphi = 180°$.

5. Eine *Inversionsdrehung* $\bar{\mathsf{D}}$ ist eine Isometrie des Raumes mit $\det(\boldsymbol{W}) = -1$. Sie kann immer als eine Kopplung von Drehung D und Inversion $\bar{\mathsf{I}}$ aufgefasst werden: $\bar{\mathsf{D}} = \bar{\mathsf{I}}\mathsf{D} = \mathsf{D}\bar{\mathsf{I}}$ (Abb. 3.4). Der Drehwinkel φ von D und damit von $\bar{\mathsf{D}}$ berechnet sich aus

$$\mathrm{Sp}(\boldsymbol{W}) = -(1 + 2\cos\varphi)$$

Spezialfälle sind:

- Die Inversion $\bar{\mathsf{I}}$ als Kopplung der Inversion mit der Drehung um 0° (oder 360°).
- Die Spiegelung m an einer Ebene als Kopplung von $\bar{\mathsf{I}}$ mit der Drehung um 180°; die Spiegelung wird nachfolgend unter 6. behandelt.

Alle Inversionsdrehungen außer der Spiegelung besitzen genau einen Fixpunkt. Die Drehachse der zugehörigen Drehung D heißt die Inversionsdrehachse (oder Drehinversionsachse). Diese Achse wird als ganzes auf sich abgebildet; sie geht durch den Fixpunkt und wird an ihm gespiegelt. Die Inversionsdrehung heißt *N-zählig*, wenn die Drehung D N-zählig ist. Ist N gerade, so ist, wie bei den Drehungen, die Ordnung $k = N$. Für ungerades N ist $k = 2N$: Für $\bar{\mathsf{I}}$ ist $k = 2$; für $\overline{3}$ ist $k = 6$, denn $\overline{3}^3$ ist nicht I, sondern $\bar{\mathsf{I}}$.

6. *Spiegelungen* und *Gleitspiegelungen*. Ist $\boldsymbol{W}$ die Matrix einer zweizähligen Inversionsdrehung, so gilt in einem kartesischen Koordinatensystem und Drehung um die **c**-Achse:

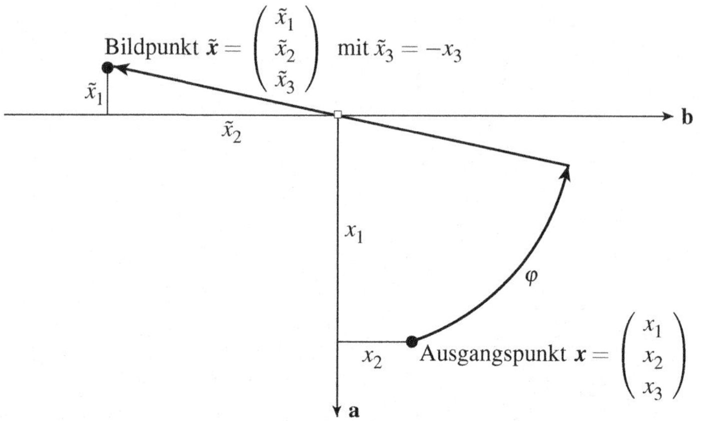

Abb. 3.4: Eine Inversionsdrehung um die Achse **c** (Blickrichtung) mit Fixpunkt im Koordinatenursprung □. Gezeigt ist die Kopplung D$\bar{\text{I}}$, d. h. eine Drehung unmittelbar gefolgt von einer Inversion; dasselbe ergibt sich bei der Kopplung $\bar{\text{I}}$D

$$\boldsymbol{W} = \begin{pmatrix} 1 & 0 & 0 \\ 0 & 1 & 0 \\ 0 & 0 & \bar{1} \end{pmatrix}$$

also $\det(\boldsymbol{W}) = -1$, $\text{Sp}(\boldsymbol{W}) = 1$, $\boldsymbol{W}^2 = \boldsymbol{I}$ und $\boldsymbol{W} \neq \bar{\boldsymbol{I}}$. Die zweimalige Ausführung beschreibt eine Translation:

$$(\boldsymbol{W}, \boldsymbol{w})^2 = (\boldsymbol{W}^2, \boldsymbol{W}\boldsymbol{w} + \boldsymbol{w}) = (\boldsymbol{I}, \boldsymbol{t})$$

Ist $\boldsymbol{t} = \boldsymbol{o}$, so ist die Operation eine *Spiegelung*, für $\boldsymbol{t} \neq \boldsymbol{o}$ heißt sie *Gleitspiegelung* (Abb. 3.5).

a) Spiegelung. Eine Spiegelung lässt alle Punkte einer Ebene fest. Diese *Spiegelebene* geht durch den Punkt X mit $\boldsymbol{x} = \frac{1}{2}\boldsymbol{w}$.

b) Gleitspiegelung. Eine Gleitspiegelung besitzt keinen Fixpunkt. Es gibt jedoch eine *Gleitspiegelebene*, die durch die *reduzierte Abbildung* festgelegt wird:

$$(\boldsymbol{I}, -\boldsymbol{g})(\boldsymbol{W}, \boldsymbol{w}) = (\boldsymbol{W}, \boldsymbol{w} - \boldsymbol{g}) \quad \text{mit} \quad \boldsymbol{g} = \tfrac{1}{2}\boldsymbol{t} = \tfrac{1}{2}(\boldsymbol{W}\boldsymbol{w} + \boldsymbol{w})$$

$\boldsymbol{g}$ ist die Koeffizientenspalte des Gleitvektors; er liegt wegen $\boldsymbol{W}\boldsymbol{g} = \boldsymbol{g}$ parallel zur Gleitspiegelebene. Der Punkt mit den Koordinaten $\boldsymbol{x} = \frac{1}{2}\boldsymbol{w}$ liegt auf der Gleitspiegelebene.

Symmetrieoperationen mit $\det(\boldsymbol{W}) = -1$, d. h. Inversion, Inversionsdrehung, Spiegelung und Gleitspiegelung werden *Symmetrieoperationen zweiter Art* genannt.

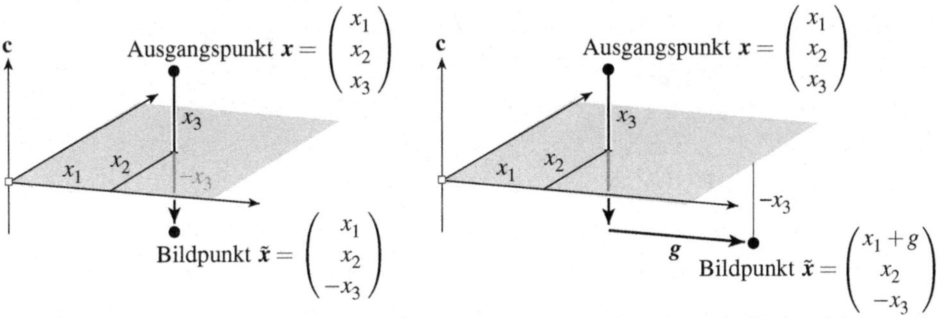

Abb. 3.5: Eine Spiegelung und eine Gleitspiegelung mit Spiegelebene bzw. Gleitspiegelebene senkrecht **c** durch den Koordinatenursprung ▫

3.6 Änderungen des Koordinatensystems

Es gibt manche Gründe, das Koordinatensystem zu wechseln:

1. Wenn dieselbe Kristallstruktur in verschiedenen Koordinatensystemen beschrieben ist, müssen die einen Daten (Gitterparameter, Atomkoordinaten, Parameter der thermischen Schwingung) auf das andere Koordinatensystem transformiert werden, um die Angaben vergleichen zu können. Auch zum Vergleich ähnlicher Kristallstrukturen müssen die Daten auf analoge Koordinatensysteme bezogen sein, wozu gegebenenfalls eine Koordinatentransformation notwendig ist.

2. Bei Phasenumwandlungen sind die Phasen häufig symmetrieverwandt. Oft werden beide Phasen in konventioneller Aufstellung beschrieben, aber die konventionelle Aufstellung der entstehenden Phase ist von derjenigen der ursprünglichen Phase verschieden. In diesem Fall ist ein Wechsel des Koordinatensystems notwendig, damit die Daten der entstehenden Struktur mit den Daten der ursprünglichen vergleichbar sind.

3. In der Kristallphysik werden meistens orthonormale Basen benutzt (z. B. bei der Bestimmung der thermischen Ausdehnung, der Dielektrizitätskonstante, der Elastizität, der Piezoelektrizität). Daher müssen Punktkoordinaten sowie Richtungs- und Ebenenindizes für derartige kristallphysikalische Berechnungen von der konventionellen auf eine orthonormale Basis transformiert werden.

In allen diesen Fällen sind entweder die Ursprünge oder die Basen oder beide verschieden und müssen gewechselt werden. Die dabei anzuwendenden Formeln sollen im Folgenden abgeleitet werden.

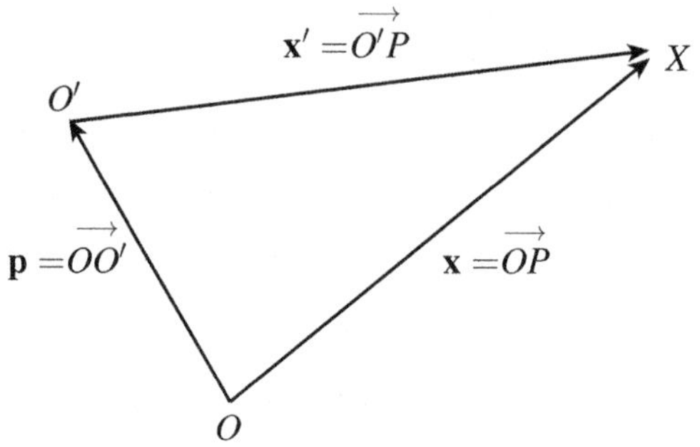

Abb. 3.6: Änderung des Ursprungs O in den neuen Ursprung O'

3.6.1 Ursprungsverschiebung

Es sei, siehe Abb. 3.6:

O	Ursprung des alten Koordinatensystems
$\boldsymbol{x} = \begin{pmatrix} x \\ y \\ z \end{pmatrix}$	Koordinatenspalte des Punktes X im alten Koordinatensystem
O'	Ursprung des neuen Koordinatensystems
$\boldsymbol{x}' = \begin{pmatrix} x' \\ y' \\ z' \end{pmatrix}$	Koordinatenspalte des Punktes X im neuen Koordinatensystem
$\boldsymbol{p} = \begin{pmatrix} x_p \\ y_p \\ z_p \end{pmatrix}$	Koordinatenspalte des neuen Ursprungs O' im alten Koordinatensystem = Verschiebungsvektor $\overrightarrow{OO'} = \mathbf{p}$ für den Ursprung

Dann ist:

$$\mathbf{x}' = \mathbf{x} - \mathbf{p} \tag{3.25}$$

Formal geschrieben ist das:

$$\boldsymbol{x}' = (\boldsymbol{I}, -\boldsymbol{p})\boldsymbol{x} = (\boldsymbol{I}, \boldsymbol{p})^{-1}\boldsymbol{x} \tag{3.26}$$

In erweiterten Matrizen lautet Gleichung (3.26):

$$\mathbb{x}' = \mathbb{P}^{-1}\mathbb{x} \quad \text{mit} \quad \mathbb{P} = \left(\begin{array}{ccc|c} 1 & 0 & 0 & x_p \\ 0 & 1 & 0 & y_p \\ 0 & 0 & 1 & z_p \\ \hline 0 & 0 & 0 & 1 \end{array}\right) \quad \text{und} \quad \mathbb{P}^{-1} = \left(\begin{array}{ccc|c} 1 & 0 & 0 & -x_p \\ 0 & 1 & 0 & -y_p \\ 0 & 0 & 1 & -z_p \\ \hline 0 & 0 & 0 & 1 \end{array}\right) \tag{3.27}$$

Ausgeschrieben lautet das:

$$\begin{pmatrix} x' \\ y' \\ z' \\ 1 \end{pmatrix} = \left(\begin{array}{ccc|c} 1 & 0 & 0 & -x_p \\ 0 & 1 & 0 & -y_p \\ 0 & 0 & 1 & -z_p \\ \hline 0 & 0 & 0 & 1 \end{array}\right) \begin{pmatrix} x \\ y \\ z \\ 1 \end{pmatrix}$$

oder $\quad x' = x - x_p, \quad y' = y - y_p, \quad z' = z - z_p$

Eine Ursprungsverschiebung um (x_p, y_p, z_p) (im alten Koordinatensystem) bewirkt bei den Koordinaten eine Änderung um dieselben Beträge, aber mit umgekehrten Vorzeichen.

Ein Abstandsvektor

$$\mathbb{t} = \begin{pmatrix} t_1 \\ t_2 \\ t_3 \\ \hline 0 \end{pmatrix}$$

wird bei der Transformation $\mathbb{t}' = \mathbb{P}^{-1}\mathbb{t}$ nicht geändert, da die Spalte $\boldsymbol{p}$ wegen der Null bei $\mathbb{t}$ nicht wirksam wird.

3.6.2 Basiswechsel

Bei einem Basiswechsel ohne Ursprungsverschiebung ist der Verschiebungsvektor ein Nullvektor, $\boldsymbol{p} = \boldsymbol{o}$, und es genügt mit einer (3×3)-Matrix $\boldsymbol{P}$ zu rechnen. $\boldsymbol{P}$ kennzeichnet die neuen Basisvektoren als Linearkombinationen der alten Basisvektoren:

$$(\mathbf{a}', \mathbf{b}', \mathbf{c}') = (\mathbf{a}, \mathbf{b}, \mathbf{c})\boldsymbol{P} \quad \text{oder} \quad (\mathbf{a}')^{\mathrm{T}} = (\mathbf{a})^{\mathrm{T}}\boldsymbol{P} \tag{3.28}$$

Für den festen Punkt X sei:

$$\mathbf{a}x + \mathbf{b}y + \mathbf{c}z = \mathbf{a}'x' + \mathbf{b}'y' + \mathbf{c}'z' \qquad \text{oder kurz} \qquad (\mathbf{a})^{\mathrm{T}}\boldsymbol{x} = (\mathbf{a}')^{\mathrm{T}}\boldsymbol{x}'$$

Durch Einsetzen von Gleichung (3.28) ergibt sich daraus:

$$(\mathbf{a})^{\mathrm{T}}\boldsymbol{x} = (\mathbf{a})^{\mathrm{T}}\boldsymbol{P}\boldsymbol{x}' \quad \text{oder} \quad \boldsymbol{x} = \boldsymbol{P}\boldsymbol{x}' \tag{3.29}$$

$$\boldsymbol{x}' = \boldsymbol{P}^{-1}\boldsymbol{x} = (\boldsymbol{P}, \boldsymbol{o})^{-1}\boldsymbol{x} \tag{3.30}$$

Wie an den Gleichungen (3.28), (3.29) und (3.30) zu erkennen, transformiert die Matrix $\boldsymbol{P}$ von den alten auf die neuen Basisvektoren, während die Koordinaten durch die inverse Matrix $\boldsymbol{P}^{-1}$ transformiert werden. Bei der Rücktransformation ist es umgekehrt: $\boldsymbol{P}^{-1}$ transformiert von den neuen auf die alten Basisvektoren und $\boldsymbol{P}$ von den neuen auf die alten Koordinaten.

Beispiel 3.3
Es soll von einer hexagonalen auf die zugehörige (orthorhombische) *orthohexagonale* Basis transformiert werden. Die Umrechnung erfolgt gemäß:

$$\begin{aligned}(\mathbf{a}_{\text{ort}}, \mathbf{b}_{\text{ort}}, \mathbf{c}_{\text{ort}}) &= (\mathbf{a}_{\text{hex}}, \mathbf{b}_{\text{hex}}, \mathbf{c}_{\text{hex}})\boldsymbol{P} \\ &= (\mathbf{a}_{\text{hex}}, \mathbf{b}_{\text{hex}}, \mathbf{c}_{\text{hex}}) \begin{pmatrix} 2 & 0 & 0 \\ 1 & 1 & 0 \\ 0 & 0 & 1 \end{pmatrix} \\ &= (2\mathbf{a}_{\text{hex}} + \mathbf{b}_{\text{hex}}, \mathbf{b}_{\text{hex}}, \mathbf{c}_{\text{hex}})\end{aligned}$$

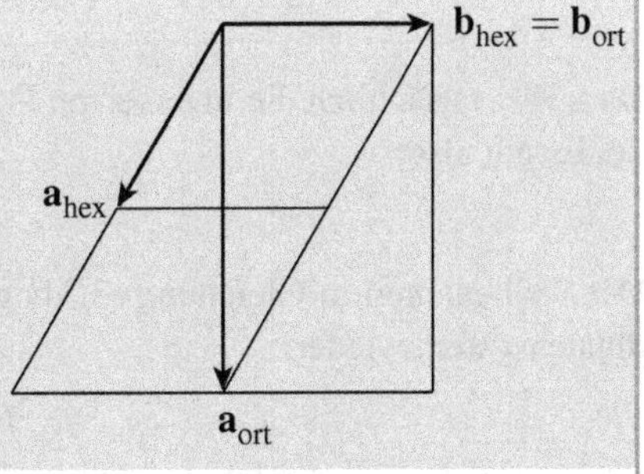

Für die Koordinaten gilt:

$$\boldsymbol{x}_{\text{ort}} = \boldsymbol{P}^{-1}\boldsymbol{x}_{\text{hex}}$$

$$\begin{pmatrix} x_{\text{ort}} \\ y_{\text{ort}} \\ z_{\text{ort}} \end{pmatrix} = \begin{pmatrix} \frac{1}{2} & 0 & 0 \\ -\frac{1}{2} & 1 & 0 \\ 0 & 0 & 1 \end{pmatrix} \begin{pmatrix} x_{\text{hex}} \\ y_{\text{hex}} \\ z_{\text{hex}} \end{pmatrix} = \begin{pmatrix} \frac{1}{2}x_{\text{hex}} \\ -\frac{1}{2}x_{\text{hex}} + y_{\text{hex}} \\ z_{\text{hex}} \end{pmatrix}$$

Statt $\boldsymbol{P}$ rechnerisch zu invertieren, kann $\boldsymbol{P}^{-1}$ dem Bild entnommen werden, indem man die Matrix für die Rücktransformation der Basisvektoren von der orthohexagonalen auf die hexagonale Zelle ableitet.
Man beachte, dass die Komponenten, mit denen $\mathbf{a}_{\text{hex}}$, $\mathbf{b}_{\text{hex}}$ und $\mathbf{c}_{\text{hex}}$ zu multiplizieren sind, *spaltenweise* in der Matrix $\boldsymbol{P}$ stehen, während die Komponenten für die Koordinaten *zeilenweise* in der inversen Matrix $\boldsymbol{P}^{-1}$ stehen.

3.6.3 Allgemeine Änderung des Koordinatensystems

Im allgemeinen müssen sowohl die Basis als auch der Ursprung geändert werden. Die Transformation der Basisvektoren ist unabhängig von der Ursprungsverschiebung und es gilt Gleichung (3.28) wie im vorigen Abschnitt. Die Transformation der Koordinaten erfolgt wiederum mit der inversen Matrix, jedoch muss die Ursprungsverschiebung $\boldsymbol{p}$ berücksichtigt werden, was am einfachsten mit erweiterten Matrizen geschieht. Weil die Ursprungsverschiebung $\boldsymbol{p}$ auf die alte Basis $(\mathbf{a})^{\mathrm{T}}$ bezogen ist, muss sie zuerst durchgeführt werden. Zuerst wird also die Ursprungsverschiebung gemäß Gleichung (3.26) berechnet, und das Ergebnis davon wird dann mit der erweiterten Matrix für die Basistransformation aus Gleichung (3.30) transformiert, d. h. von rechts mit ihr multipliziert. Die Transformationsmatrix für beide Schritte ist also:

$$\mathbb{P}^{-1} = \left(\begin{array}{ccc|c} & \boldsymbol{P}^{-1} & & \boldsymbol{o} \\ \hline 0 & 0 & 0 & 1 \end{array}\right) \left(\begin{array}{ccc|c} & \boldsymbol{I} & & -\boldsymbol{p} \\ \hline 0 & 0 & 0 & 1 \end{array}\right) = \left(\begin{array}{ccc|c} & \boldsymbol{P}^{-1} & & -\boldsymbol{P}^{-1}\boldsymbol{p} \\ \hline 0 & 0 & 0 & 1 \end{array}\right) \tag{3.31}$$

Dass $\mathbb{P}^{-1}$ tatsächlich die Inverse von $\mathbb{P}$ ist, zeigt der Vergleich mit Gleichung (3.12), Seite 26. Es gilt also:

$$\mathbb{x}' = \mathbb{P}^{-1}\mathbb{x} \tag{3.32}$$

Der Spaltenanteil in Gleichung (3.31) gibt die Lage des alten Ursprungs im neuen Koordinatensystem wieder:

$$\boldsymbol{p}' = -\boldsymbol{P}^{-1}\boldsymbol{p} \tag{3.33}$$

Davon überzeugt man sich durch einsetzen von $\mathbb{x} = (0, 0, 0, 1)^{\mathrm{T}}$ in Gleichung (3.32).

Beispiel 3.4

Es soll von einer kubischen auf eine rhomboedrische Elementarzelle mit hexagonaler Achsenwahl transformiert werden, verbunden mit einer Ursprungsverschiebung um $\frac{1}{4}, \frac{1}{4}, \frac{1}{4}$ (im kubischen Koordinatensystem). Wir ersehen der Abbildung:

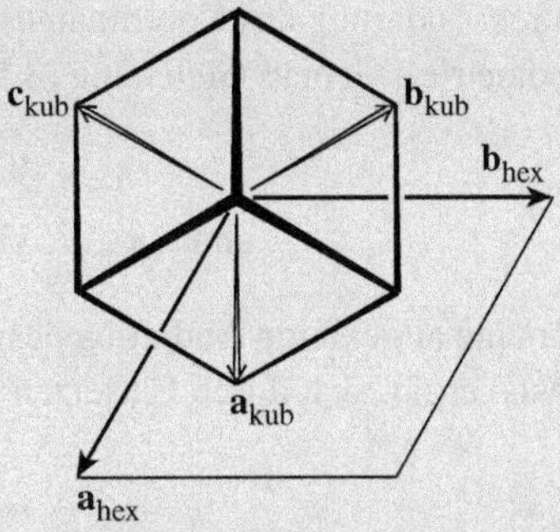

$\mathbf{a}_{\text{hex}} = \mathbf{a}_{\text{kub}} - \mathbf{b}_{\text{kub}}$, $\mathbf{b}_{\text{hex}} = \mathbf{b}_{\text{kub}} - \mathbf{c}_{\text{kub}}$,
$\mathbf{c}_{\text{hex}} = \mathbf{a}_{\text{kub}} + \mathbf{b}_{\text{kub}} + \mathbf{c}_{\text{kub}}$ oder

$$(\mathbf{a}_{\text{hex}}, \mathbf{b}_{\text{hex}}, \mathbf{c}_{\text{hex}}) = (\mathbf{a}_{\text{kub}}, \mathbf{b}_{\text{kub}}, \mathbf{c}_{\text{kub}})\boldsymbol{P} = (\mathbf{a}_{\text{kub}}, \mathbf{b}_{\text{kub}}, \mathbf{c}_{\text{kub}}) \begin{pmatrix} 1 & 0 & 1 \\ -1 & 1 & 1 \\ 0 & -1 & 1 \end{pmatrix}$$

Für die Rücktransformation hexagonal $\to$ kubisch gilt

$\mathbf{a}_{\text{kub}} = \frac{2}{3}\mathbf{a}_{\text{hex}} + \frac{1}{3}\mathbf{b}_{\text{hex}} + \frac{1}{3}\mathbf{c}_{\text{hex}}$, $\mathbf{b}_{\text{kub}} = -\frac{1}{3}\mathbf{a}_{\text{hex}} + \frac{1}{3}\mathbf{b}_{\text{hex}} + \frac{1}{3}\mathbf{c}_{\text{hex}}$,
$\mathbf{c}_{\text{kub}} = -\frac{1}{3}\mathbf{a}_{\text{hex}} - \frac{2}{3}\mathbf{b}_{\text{hex}} + \frac{1}{3}\mathbf{c}_{\text{hex}}$ oder

$$(\mathbf{a}_{\text{kub}}, \mathbf{b}_{\text{kub}}, \mathbf{c}_{\text{kub}}) = (\mathbf{a}_{\text{hex}}, \mathbf{b}_{\text{hex}}, \mathbf{c}_{\text{hex}})\boldsymbol{P}^{-1} = (\mathbf{a}_{\text{hex}}, \mathbf{b}_{\text{hex}}, \mathbf{c}_{\text{hex}}) \begin{pmatrix} \frac{2}{3} & -\frac{1}{3} & -\frac{1}{3} \\ \frac{1}{3} & \frac{1}{3} & -\frac{2}{3} \\ \frac{1}{3} & \frac{1}{3} & \frac{1}{3} \end{pmatrix}$$

Der Spaltenanteil in Gleichung (3.31) ist:

$$-\boldsymbol{P}^{-1}\boldsymbol{p} = -\begin{pmatrix} \frac{2}{3} & -\frac{1}{3} & -\frac{1}{3} \\ \frac{1}{3} & \frac{1}{3} & -\frac{2}{3} \\ \frac{1}{3} & \frac{1}{3} & \frac{1}{3} \end{pmatrix} \begin{pmatrix} \frac{1}{4} \\ \frac{1}{4} \\ \frac{1}{4} \end{pmatrix} = \begin{pmatrix} 0 \\ 0 \\ -\frac{1}{4} \end{pmatrix}$$

Zusammen mit der Ursprungsverschiebung ergeben sich die neuen aus den alten Koordinaten zu:

$$\mathbb{x}_{\text{hex}} = \mathbb{P}^{-1}\mathbb{x}_{\text{kub}} = \left(\begin{array}{ccc|c} \frac{2}{3} & -\frac{1}{3} & -\frac{1}{3} & 0 \\ \frac{1}{3} & \frac{1}{3} & -\frac{2}{3} & 0 \\ \frac{1}{3} & \frac{1}{3} & \frac{1}{3} & -\frac{1}{4} \\ \hline 0 & 0 & 0 & 1 \end{array}\right) \left(\begin{array}{c} x_{\text{kub}} \\ y_{\text{kub}} \\ z_{\text{kub}} \\ \hline 1 \end{array}\right) = \left(\begin{array}{c} \frac{2}{3}x_{\text{kub}} - \frac{1}{3}y_{\text{kub}} - \frac{1}{3}z_{\text{kub}} \\ \frac{1}{3}x_{\text{kub}} + \frac{1}{3}y_{\text{kub}} - \frac{2}{3}z_{\text{kub}} \\ \frac{1}{3}x_{\text{kub}} + \frac{1}{3}x_{\text{kub}} + \frac{1}{3}z_{\text{kub}} - \frac{1}{4} \\ \hline 1 \end{array}\right)$$

Zahlenbeispiele: $(0, 0, 0)_{\text{kub}} \to (0, 0, -\frac{1}{4})_{\text{hex}}$;
$(0{,}54,\ 0{,}03,\ 0{,}12)_{\text{kub}} \to$
$(\frac{2}{3}\,0{,}54 - \frac{1}{3}\,0{,}03 - \frac{1}{3}\,0{,}12,\ \ \frac{1}{3}\,0{,}54 + \frac{1}{3}\,0{,}03 - \frac{2}{3}\,0{,}12,\ \ \frac{1}{3}\,0{,}54 + \frac{1}{3}\,0{,}03 + \frac{1}{3}\,0{,}12 - \frac{1}{4})_{\text{hex}}$
$= (0{,}31,\ 0{,}11,\ -0{,}02)_{\text{hex}}$

3.6.4 Wirkung von Koordinatentransformationen auf Abbildungen

Durch Änderung des Koordinatensystems ändert sich auch die Matrix $\mathbb{W}$ einer Abbildung (Isometrie). Gemäß Gleichung (3.5), Seite 24, gilt für die Koordinaten einer Abbildung:

$$\tilde{\mathbb{x}} = \mathbb{W}\mathbb{x} \quad \text{im alten Koordinatensystem} \tag{3.34}$$

$$\text{und} \quad \tilde{\mathbb{x}}' = \mathbb{W}'\mathbb{x}' \quad \text{im neuen Koordinatensystem} \tag{3.35}$$

Für eine allgemeine Änderung des Koordinatensystems (Änderung des Ursprungs und der Basis) ergibt sich durch Einsetzen von Gleichung (3.32) in Gleichung (3.35):

$$\tilde{\mathbb{x}}' = \mathbb{W}'\mathbb{P}^{-1}\mathbb{x}$$

Die Transformationsmatrix $\mathbb{P}^{-1}$ gilt für alle Punkte, also auch für den Bildpunkt $\tilde{\mathbb{x}}$. Analog zu Gleichung (3.32) gilt somit $\tilde{\mathbb{x}}' = \mathbb{P}^{-1}\tilde{\mathbb{x}}$. Damit ergibt sich aus der vorstehenden Gleichung:

$$\mathbb{P}^{-1}\tilde{\mathbb{x}} = \mathbb{W}'\mathbb{P}^{-1}\mathbb{x}$$

Multiplikation von links mit $\mathbb{P}$:

$$\tilde{\mathbb{x}} = \mathbb{P}\mathbb{W}'\mathbb{P}^{-1}\mathbb{x}$$

Durch Vergleich mit Gleichung (3.34) folgt:

$$\mathbb{W} = \mathbb{P}\mathbb{W}'\mathbb{P}^{-1}$$

Multiplikation von links mit $\mathbb{P}^{-1}$ und von rechts mit $\mathbb{P}$:

$$\mathbb{W}' = \mathbb{P}^{-1}\mathbb{W}\mathbb{P} \tag{3.36}$$

Der Spaltenanteil von $\mathbb{W}'$ errechnet sich zu:

$$\boldsymbol{w}' = -\boldsymbol{P}^{-1}\boldsymbol{p} + \boldsymbol{P}^{-1}\boldsymbol{w} + \boldsymbol{P}^{-1}\boldsymbol{W}\boldsymbol{p} \tag{3.37}$$

Der ganze Formalismus kann durch das Diagramm in Abb. 3.7 dargestellt werden. Die Punkte X (links) und $\tilde{X}$ (rechts) werden durch die ursprünglichen Koordinaten $\boldsymbol{x}$ und $\tilde{\boldsymbol{x}}$ (oben) sowie durch die neuen Koordinaten $\boldsymbol{x}'$ und $\tilde{\boldsymbol{x}}'$ (unten) beschrieben. An den Pfeilen steht die jeweilige Transformation, die von links nach rechts eine Abbildung und von oben nach unten den Koordinatenwechsel beschreibt. Gleichung (3.36) ist aus dem Diagramm direkt ersichtlich (mit $\mathbb{x} = (x, y, z, 1)^{\mathrm{T}}$): Einerseits ist $\tilde{\mathbb{x}}' = \mathbb{W}'\mathbb{x}'$ (unten im Schema), andererseits ist auf dem Umweg über den oberen Teil des Schemas:

$$\tilde{\mathbb{x}}' = \mathbb{P}^{-1}\tilde{\mathbb{x}} = \mathbb{P}^{-1}\mathbb{W}\mathbb{x} = \mathbb{P}^{-1}\mathbb{W}\mathbb{P}\mathbb{x}'$$

Gleichsetzung der Wege ergibt Gleichung (3.36).

Änderung nur des Ursprungs. Wird nur der Ursprung verschoben, so ist der Matrixteil der Transformation die Einheitsmatrix, $\boldsymbol{P} = \boldsymbol{I}$. Aus Gleichung (3.36) wird dann

$$\boldsymbol{W}' = \boldsymbol{I}^{-1}\boldsymbol{W}\boldsymbol{I} = \boldsymbol{W} \tag{3.38}$$

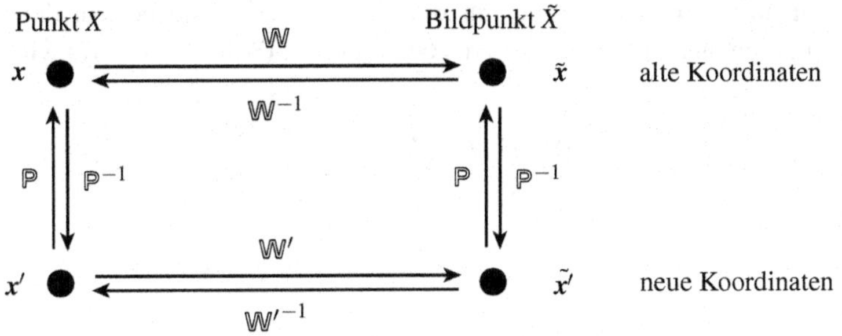

Abb. 3.7: Diagramm der ‚Abbildung von Abbildungen'

Der Spaltenanteil $\boldsymbol{w}'$ von $\mathbb{W}'$ ergibt ich aus Gleichung (3.37):

$$\boldsymbol{w}' = \boldsymbol{w} + \boldsymbol{W}\boldsymbol{p} - \boldsymbol{p} \tag{3.39}$$

Folgerung: Eine Änderung des Ursprungs bei der Koordinatentransformation ändert die Matrix $\boldsymbol{W}$ der Abbildung nicht. Die Änderung der Spalte hängt nicht nur von $\boldsymbol{p}$, sondern auch von $\boldsymbol{W}$ ab.

Beispiel 3.5

In der Raumgruppe $Fddd$, Ursprungswahl 1, gibt es eine zweizählige Schraubenachse in $0, \frac{1}{4}, z$, die ein Atom mit Koordinaten x, y, z auf eine symmetrieäquivalente Position $-x, \frac{1}{2}-y, \frac{1}{2}+z$ abbildet. Beim Wechsel auf die Ursprungswahl 2 muss der Ursprung um $(\frac{1}{8}, \frac{1}{8}, \frac{1}{8})$ verschoben werden. Wie lautet nun die Abbildungsvorschrift?

Bei Ursprungswahl 1 lauten Matrix- und Spaltenteil:

$$\boldsymbol{W} = \begin{pmatrix} -1 & 0 & 0 \\ 0 & -1 & 0 \\ 0 & 0 & 1 \end{pmatrix} \quad \text{und} \quad \boldsymbol{w} = \begin{pmatrix} 0 \\ \frac{1}{2} \\ \frac{1}{2} \end{pmatrix}$$

Zusammen mit der Ursprungsverschiebung $\boldsymbol{p}^{\mathrm{T}} = (\frac{1}{8}, \frac{1}{8}, \frac{1}{8})$ ergibt sich nach Gleichung (3.39):

$$\boldsymbol{w}' = \boldsymbol{w} + \boldsymbol{W}\boldsymbol{p} - \boldsymbol{p} = \begin{pmatrix} 0 \\ \frac{1}{2} \\ \frac{1}{2} \end{pmatrix} + \begin{pmatrix} -1 & 0 & 0 \\ 0 & -1 & 0 \\ 0 & 0 & 1 \end{pmatrix} \begin{pmatrix} \frac{1}{8} \\ \frac{1}{8} \\ \frac{1}{8} \end{pmatrix} - \begin{pmatrix} \frac{1}{8} \\ \frac{1}{8} \\ \frac{1}{8} \end{pmatrix} = \begin{pmatrix} -\frac{1}{4} \\ \frac{1}{4} \\ \frac{1}{2} \end{pmatrix}$$

Zusammen mit dem unveränderten Matrixteil lautet die Abbildungsvorschrift für Ursprungswahl 2 somit:

$$-\tfrac{1}{4}-x,\ \tfrac{1}{4}-y,\ \tfrac{1}{2}+z \quad \text{oder (normiert auf } 0 \le w_i' < 1) \quad \tfrac{3}{4}-x,\ \tfrac{1}{4}-y,\ \tfrac{1}{2}+z$$

Änderung nur der Basis. Wird nur die Basis geändert, so besteht der Spaltenteil der Transformation aus Nullen, $\boldsymbol{p} = \boldsymbol{o}$. Aus Gleichungen (3.36) und (3.37) wird dann:

$$\boldsymbol{W}' = \boldsymbol{P}^{-1}\boldsymbol{W}\boldsymbol{P} \tag{3.40}$$

$$\begin{aligned} \boldsymbol{w}' &= -\boldsymbol{P}^{-1}\boldsymbol{o} + \boldsymbol{P}^{-1}\boldsymbol{w} + \boldsymbol{P}^{-1}\boldsymbol{W}\boldsymbol{o} \\ &= \boldsymbol{P}^{-1}\boldsymbol{w} \end{aligned} \tag{3.41}$$

Eine Transformation der Art $\boldsymbol{W}' = \boldsymbol{P}^{-1}\boldsymbol{W}\boldsymbol{P}$ heißt *Ähnlichkeitstransformation.*

Beispiel 3.6

Nehmen wir die Transformation aus Beispiel 3.3 von einer hexagonalen auf eine orthorhombische Zelle. In der Zelle möge sich eine Gleitspiegelebene befinden, welche ein Atom aus der Lage x, y, z auf die Lage $x, x-y, z+\frac{1}{2}$ abbildet, bezogen auf das hexagonale Koordinatensystem. Wie lautet die Abbildungsvorschrift im orthorhombischen Koordinatensystem?

Der Abbildung $x, x-y, z+\frac{1}{2}$ entspricht die Matrix und Spalte:

$$\boldsymbol{W} = \begin{pmatrix} 1 & 0 & 0 \\ 1 & -1 & 0 \\ 0 & 0 & 1 \end{pmatrix} \qquad \boldsymbol{w} = \begin{pmatrix} 0 \\ 0 \\ \frac{1}{2} \end{pmatrix}$$

Die Transformationsmatrizen aus Beispiel 3.3 sind:

$$\boldsymbol{P} = \begin{pmatrix} 2 & 0 & 0 \\ 1 & 1 & 0 \\ 0 & 0 & 1 \end{pmatrix} \quad \text{und} \quad \boldsymbol{P}^{-1} = \begin{pmatrix} \frac{1}{2} & 0 & 0 \\ -\frac{1}{2} & 1 & 0 \\ 0 & 0 & 1 \end{pmatrix}$$

Mit Gleichung (3.40) und (3.41) berechnen wir für die Abbildung im orthorhombischen Koordinatensystem:

$$\begin{aligned} \boldsymbol{W}' &= \begin{pmatrix} \frac{1}{2} & 0 & 0 \\ -\frac{1}{2} & 1 & 0 \\ 0 & 0 & 1 \end{pmatrix} \begin{pmatrix} 1 & 0 & 0 \\ 1 & -1 & 0 \\ 0 & 0 & 1 \end{pmatrix} \begin{pmatrix} 2 & 0 & 0 \\ 1 & 1 & 0 \\ 0 & 0 & 1 \end{pmatrix} \\ &= \begin{pmatrix} 1 & 0 & 0 \\ 0 & -1 & 0 \\ 0 & 0 & 1 \end{pmatrix} \\ \boldsymbol{w}' &= \begin{pmatrix} \frac{1}{2} & 0 & 0 \\ -\frac{1}{2} & 1 & 0 \\ 0 & 0 & 1 \end{pmatrix} \begin{pmatrix} 0 \\ 0 \\ \frac{1}{2} \end{pmatrix} = \begin{pmatrix} 0 \\ 0 \\ \frac{1}{2} \end{pmatrix} \end{aligned}$$

Das ist gleichbedeutend mit $x, -y, z+\frac{1}{2}$.

3.6.5 Mehrere aufeinanderfolgende Änderungen des Koordinatensystems

Wenn mehrere Koordinatentransformationen nacheinander durchgeführt werden sollen, so ergeben sich die Transformationsmatrizen für die Gesamttransformation vom Anfangs- zum Endkoordinatensystem durch Multiplikation der Matrizen für die einzelnen Schritte. Wenn keinerlei Ursprungsverschiebungen beteiligt sind, genügt es, mit den (3×3)-Matrizen zu rechnen, anderenfalls müssen die (4×4)-Matrizen verwendet werden. Bei den folgenden Ausführungen verwenden wir die (4×4)-Matrizen.

Es seien $\mathbb{P}_1, \mathbb{P}_2, \ldots$ die (4×4)-Matrizen für mehrere aufeinanderfolgende Transformationen und $\mathbb{P}_1^{-1}, \mathbb{P}_2^{-1}, \ldots$ die entsprechenden inversen Matrizen. $\mathbf{a}$, $\mathbf{b}$, $\mathbf{c}$ seien die ursprünglichen Basisvektoren und $\mathbf{a}'$, $\mathbf{b}'$, $\mathbf{c}'$ die neuen Basisvektoren nach der Folge der Transformationen. Es seien $\mathbb{x}$ und $\mathbb{x}'$ die erweiterten Spalten der Koordinaten vor und nach der Folge der Transformationen. Dann gilt:

$$(\mathbf{a}', \mathbf{b}', \mathbf{c}', \boldsymbol{p}) = (\mathbf{a}, \mathbf{b}, \mathbf{c}, 0)\, \mathbb{P}_1 \mathbb{P}_2, \ldots \quad \text{und} \quad \mathbb{x}' = \ldots \mathbb{P}_2^{-1} \mathbb{P}_1^{-1} \mathbb{x}$$

$\boldsymbol{p}$ ist die Ursprungsverschiebung, d. h. die Koordinatenspalte des neuen Ursprungs im alten Koordinatensystem. Man beachte, dass die inversen Matrizen in der umgekehrten Reihenfolge multipliziert werden müssen.

Beispiel 3.7

Nehmen wir die Koordinatentransformation kubisch → rhomboedrisch-hexagonal aus Beispiel 3.4, gefolgt von einer weiteren Transformation zu einer monoklinen Basis, verbunden mit einer zweiten Ursprungsverschiebung $\boldsymbol{p}_2^{\mathrm{T}} = (-\frac{1}{2}, -\frac{1}{2}, 0)$ (im hexagonalen Koordinatensystem).

Die Matrizen für die erste Transformation sind (siehe Beispiel 3.4):

$$\mathbb{P}_1 = \left(\begin{array}{c|c} \boldsymbol{P}_1 & \boldsymbol{p}_1 \\ \hline \boldsymbol{o}^{\mathrm{T}} & 1 \end{array}\right) = \left(\begin{array}{ccc|c} 1 & 0 & 1 & \frac{1}{4} \\ -1 & 1 & 1 & \frac{1}{4} \\ 0 & -1 & 1 & \frac{1}{4} \\ \hline 0 & 0 & 0 & 1 \end{array}\right)$$

$$\text{und} \qquad \mathbb{P}_1^{-1} = \left(\begin{array}{c|c} \boldsymbol{P}_1^{-1} & -\boldsymbol{P}_1^{-1}\boldsymbol{p}_1 \\ \hline \boldsymbol{o}^{\mathrm{T}} & 1 \end{array}\right) = \left(\begin{array}{ccc|c} \frac{2}{3} & -\frac{1}{3} & -\frac{1}{3} & 0 \\ \frac{1}{3} & \frac{1}{3} & -\frac{2}{3} & 0 \\ \frac{1}{3} & \frac{1}{3} & \frac{1}{3} & -\frac{1}{4} \\ \hline 0 & 0 & 0 & 1 \end{array}\right)$$

Für die zweite Transformation (rhomboedrisch-hexagonal → monoklin) mögen die Zellen wie im nebenstehenden Bild in Beziehung stehen. Wir entnehmen dem Bild:

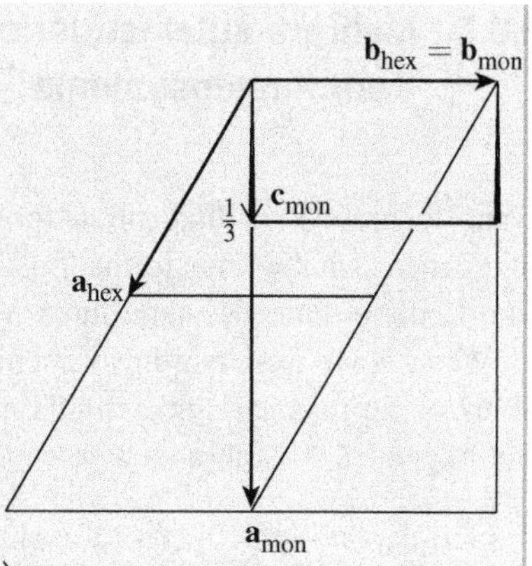

$$(\mathbf{a}_{\text{mon}}, \mathbf{b}_{\text{mon}}, \mathbf{c}_{\text{mon}}) = (\mathbf{a}_{\text{hex}}, \mathbf{b}_{\text{hex}}, \mathbf{c}_{\text{hex}})\boldsymbol{P}_2 = (\mathbf{a}_{\text{hex}}, \mathbf{b}_{\text{hex}}, \mathbf{c}_{\text{hex}})\begin{pmatrix} 2 & 0 & \frac{2}{3} \\ 1 & 1 & \frac{1}{3} \\ 0 & 0 & \frac{1}{3} \end{pmatrix}$$

$$(\mathbf{a}_{\text{hex}}, \mathbf{b}_{\text{hex}}, \mathbf{c}_{\text{hex}}) = (\mathbf{a}_{\text{mon}}, \mathbf{b}_{\text{mon}}, \mathbf{c}_{\text{mon}})\boldsymbol{P}_2^{-1} = (\mathbf{a}_{\text{mon}}, \mathbf{b}_{\text{mon}}, \mathbf{c}_{\text{mon}})\begin{pmatrix} \frac{1}{2} & 0 & -1 \\ -\frac{1}{2} & 1 & 0 \\ 0 & 0 & 3 \end{pmatrix}$$

$$-\boldsymbol{P}_2^{-1}\boldsymbol{p}_2 = -\begin{pmatrix} \frac{1}{2} & 0 & -1 \\ -\frac{1}{2} & 1 & 0 \\ 0 & 0 & 3 \end{pmatrix}\begin{pmatrix} -\frac{1}{2} \\ -\frac{1}{2} \\ 0 \end{pmatrix} = \begin{pmatrix} \frac{1}{4} \\ \frac{1}{4} \\ 0 \end{pmatrix}$$

$$\mathbb{P}_2^{-1} = \left(\begin{array}{c|c} \boldsymbol{P}_2^{-1} & -\boldsymbol{P}_2^{-1}\boldsymbol{p}_2 \\ \hline \boldsymbol{o}^{\mathrm{T}} & 1 \end{array}\right) = \left(\begin{array}{ccc|c} \frac{1}{2} & 0 & -1 & \frac{1}{4} \\ -\frac{1}{2} & 1 & 0 & \frac{1}{4} \\ 0 & 0 & 3 & 0 \\ \hline 0 & 0 & 0 & 1 \end{array}\right)$$

Die Gesamttransformation für die Basisvektoren und Ursprungsverschiebung aus den beiden aufeinanderfolgenden Transformationen ergibt sich gemäß:

$$\mathbb{P}_1\mathbb{P}_2 = \left(\begin{array}{ccc|c} 1 & 0 & 1 & \frac{1}{4} \\ -1 & 1 & 1 & \frac{1}{4} \\ 0 & -1 & 1 & \frac{1}{4} \\ \hline 0 & 0 & 0 & 1 \end{array}\right)\left(\begin{array}{ccc|c} 2 & 0 & \frac{2}{3} & -\frac{1}{2} \\ 1 & 1 & \frac{1}{3} & -\frac{1}{2} \\ 0 & 0 & \frac{1}{3} & 0 \\ \hline 0 & 0 & 0 & 1 \end{array}\right) = \left(\begin{array}{ccc|c} 2 & 0 & 1 & -\frac{1}{4} \\ -1 & 1 & 0 & \frac{1}{4} \\ -1 & -1 & 0 & \frac{3}{4} \\ \hline 0 & 0 & 0 & 1 \end{array}\right)$$

$$(\mathbf{a}_{\text{mon}}, \mathbf{b}_{\text{mon}}, \mathbf{c}_{\text{mon}}, \boldsymbol{p}) = (\mathbf{a}_{\text{kub}}, \mathbf{b}_{\text{kub}}, \mathbf{c}_{\text{kub}}, 0)\,\mathbb{P}_1\mathbb{P}_2 = (\mathbf{a}_{\text{kub}}, \mathbf{b}_{\text{kub}}, \mathbf{c}_{\text{kub}}, 0)\left(\begin{array}{ccc|c} 2 & 0 & 1 & -\frac{1}{4} \\ -1 & 1 & 0 & \frac{1}{4} \\ -1 & -1 & 0 & \frac{3}{4} \\ \hline 0 & 0 & 0 & 1 \end{array}\right)$$

Das ist dasselbe wie:

$\mathbf{a}_{\text{mon}} = 2\mathbf{a}_{\text{kub}} - \mathbf{b}_{\text{kub}} - \mathbf{c}_{\text{kub}}, \quad \mathbf{b}_{\text{mon}} = \mathbf{b}_{\text{kub}} - \mathbf{c}_{\text{kub}}, \quad \mathbf{c}_{\text{mon}} = \mathbf{a}_{\text{kub}}$

mit einer Ursprungsverschiebung von $\boldsymbol{p}^{\mathrm{T}} = (-\frac{1}{4}, \frac{1}{4}, \frac{3}{4})$ im kubischen Koordinatensystem. Die zugehörigen Koordinatentransformationen (kubisch → monoklin) errechnen sich gemäß:

$$\mathbb{x}_{\text{mon}} = \mathbb{P}_2^{-1}\mathbb{P}_1^{-1}\mathbb{x}_{\text{kub}}$$

$$\begin{pmatrix} x_{\text{mon}} \\ y_{\text{mon}} \\ z_{\text{mon}} \\ \hline 1 \end{pmatrix} = \left(\begin{array}{ccc|c} \frac{1}{2} & 0 & -1 & \frac{1}{4} \\ -\frac{1}{2} & 1 & 0 & \frac{1}{4} \\ 0 & 0 & 3 & 0 \\ \hline 0 & 0 & 0 & 1 \end{array}\right) \left(\begin{array}{ccc|c} \frac{2}{3} & -\frac{1}{3} & -\frac{1}{3} & 0 \\ \frac{1}{3} & \frac{1}{3} & -\frac{2}{3} & 0 \\ \frac{1}{3} & \frac{1}{3} & \frac{1}{3} & -\frac{1}{4} \\ \hline 0 & 0 & 0 & 1 \end{array}\right) \begin{pmatrix} x_{\text{kub}} \\ y_{\text{kub}} \\ z_{\text{kub}} \\ \hline 1 \end{pmatrix}$$

$$= \left(\begin{array}{ccc|c} 0 & -\frac{1}{2} & -\frac{1}{2} & \frac{1}{2} \\ 0 & \frac{1}{2} & -\frac{1}{2} & \frac{1}{4} \\ 1 & 1 & 1 & -\frac{3}{4} \\ \hline 0 & 0 & 0 & 1 \end{array}\right) \begin{pmatrix} x_{\text{kub}} \\ y_{\text{kub}} \\ z_{\text{kub}} \\ \hline 1 \end{pmatrix}$$

Das ist dasselbe wie:

$$x_{\text{mon}} = -\tfrac{1}{2}y_{\text{kub}} - \tfrac{1}{2}z_{\text{kub}} + \tfrac{1}{2},\; y_{\text{mon}} = \tfrac{1}{2}y_{\text{kub}} - \tfrac{1}{2}z_{\text{kub}} + \tfrac{1}{4},\; z_{\text{mon}} = x_{\text{kub}} + y_{\text{kub}} + z_{\text{kub}} - \tfrac{3}{4}$$

3.6.6 Berechnung von Ursprungsverschiebungen aus Koordinatentransformationen

Bei Gruppe-Untergruppe-Beziehungen zwischen Raumgruppen sind oft Basistransformationen und Ursprungsverschiebungen notwendig. In *International Tables* A1, Teil 2, sind nach den Basistransformationen die Ursprungsverschiebungen als Zahlentripel $\boldsymbol{p}^{\mathrm{T}} = (x_p, y_p, z_p)$ angegeben. Diese beziehen sich auf das ursprüngliche Koordinatensystem. In Teil 3 desselben Tabellenwerkes sind zusätzlich zu den Basistransformationen die Koordinatentransformationen angegeben; die Ursprungsverschiebungen sind aber nur zusammen mit den Koordinatentransformationen vermerkt, und zwar als additive Zahlen zu den einzelnen Koordinatenwerten. Diese additiven Zahlen sind nichts anderes als die Vektorkoeffizienten des Verschiebungsvektors $\boldsymbol{p}'^{\mathrm{T}} = (x'_p, y'_p, z'_p)$ im *neuen* Koordinatensystem der Untergruppe.

Sollen aus den in den Koordinatentransformationen enthaltenen Ursprungsverschiebungen $\boldsymbol{p}'$ von Teil 3 die zugehörige Ursprungsverschiebung $\boldsymbol{p}$ im ursprünglichen Koordinatensystem berechnet werden, so gilt nach Gleichung (3.33), Seite 38:

$$\boldsymbol{p}' = -\boldsymbol{P}^{-1}\boldsymbol{p} \quad \text{und somit} \quad \boldsymbol{p} = -\boldsymbol{P}\boldsymbol{p}' \tag{3.42}$$

Leider gibt es für dieselbe Gruppe-Untergruppe-Beziehung oft mehrere Möglichkeiten für die Basistransformation und die Ursprungsverschiebung, und in Teil 2 von *International Tables* A1 ist oft eine andere Wahl als in Teil 3 getroffen worden, was wegen der verschiedenen Art der Darstellung nicht immer sofort ersichtlich ist.* Gegebenenfalls

*Die ungleiche Wahl von Basistransformationen und Ursprungsverschiebungen in Teil 2 und Teil 3 von *International Tables* A1 liegt teils an ihrer Entstehungsgeschichte, teils an sachlichen Gründen. Die Tabellen wurden von verschiedenen Autoren unabhängig voneinander erstellt und erst in einem späten Stadium zusammengeführt. Die Unterschiede in der Darstellung und die Gründe dafür sind im Appendix von *International Tables* A1 genannt.

muss $\boldsymbol{p}$ aus $\boldsymbol{p}'$ berechnet werden, es können nicht einfach die Werte bei der entsprechenden Raumgruppe in Teil 2 übernommen werden.

Beispiel 3.8
Bei der Gruppe-Untergruppe-Beziehung $P4_2/mbc \to Cccm$ ist eine Zelltransformation und eine Ursprungsverschiebung erforderlich. In *International Tables* A1, Teil 3, findet man hierfür in der Spalte ‚Axes' die Transformation der Basisvektoren:

$$\mathbf{a}' = \mathbf{a} - \mathbf{b},\ \mathbf{b}' = \mathbf{a} + \mathbf{b},\ \mathbf{c}' = \mathbf{c}$$

Die Transformationsmatrix lautet also:

$$\boldsymbol{P} = \begin{pmatrix} 1 & 1 & 0 \\ -1 & 1 & 0 \\ 0 & 0 & 1 \end{pmatrix}$$

In der Spalte ‚Coordinates' stehen die Koordinatentransformationen $\frac{1}{2}(x-y)+\frac{1}{4}$, $\frac{1}{2}(x+y)+\frac{1}{4}$, z. Daraus folgt eine Ursprungsverschiebung $\boldsymbol{p}'^{\mathrm{T}} = (\frac{1}{4}, \frac{1}{4}, 0)$ im Koordinatensystem von $Cccm$. Im Achsensystem von $P4_2/mbc$ ist die Ursprungsverschiebung dagegen:

$$\begin{pmatrix} x_p \\ y_p \\ z_p \end{pmatrix} = \boldsymbol{p} = -\boldsymbol{P}\boldsymbol{p}' = -\begin{pmatrix} 1 & 1 & 0 \\ -1 & 1 & 0 \\ 0 & 0 & 1 \end{pmatrix}\begin{pmatrix} \frac{1}{4} \\ \frac{1}{4} \\ 0 \end{pmatrix} = \begin{pmatrix} -\frac{1}{2} \\ 0 \\ 0 \end{pmatrix}$$

Für dieselbe Beziehung $P4_2/mbc \to Cccm$ ist in Teil 2 von *International Tables* A1 dieselbe Basistransformation angegeben, aber eine andere Ursprungsverschiebung $(0, \frac{1}{2}, 0)$.

3.6.7 Transformation weiterer kristallographischer Kenngrößen

Wenn die Basisvektoren transformiert werden, wirkt sich das auf alle Größen aus, die von der Aufstellung der Basis abhängen. Ohne Beweis zählen wir im Folgenden einige auf. Da alle genannten Größen Vektoren oder Vektorkoeffizienten sind, sind die Änderungen unabhängig von einer Ursprungsverschiebung; zur Transformation werden nur die (3×3)-Matrizen $\boldsymbol{P}$ und $\boldsymbol{P}^{-1}$ benötigt.

Die Millerschen Indices h,k,l von Gitterebenen werden genauso wie die Basisvektoren transformiert. Die neuen Indices h',k',l' sind also:

$$(h',k',l') = (h,k,l)\,\boldsymbol{P}$$

mit derselben Transformationsmatrix $\boldsymbol{P}$ wie für die Basisvektoren **a**, **b**, **c**.

Die reziproken Gittervektoren $\mathbf{a}^*$, $\mathbf{b}^*$, $\mathbf{c}^*$ stehen senkrecht auf den Ebenen (1 0 0), (0 1 0) und (0 0 1). Sie haben die Längen

$$a^* = 1/d_{100} = bc\sin\alpha/V, \quad b^* = 1/d_{010} = ac\sin\beta/V, \quad c^* = 1/d_{001} = ab\sin\gamma/V$$

mit $V = abc\sqrt{1-\cos^2\alpha-\cos^2\beta-\cos^2\gamma+2\cos\alpha\cos\beta\cos\gamma}$ (Volumen der Elementarzelle) und d_{100} = Abstand zwischen benachbarten Ebenen (1 0 0). Sie werden genauso wie die Koordinaten mit der inversen Matrix $\boldsymbol{P}^{-1}$ transformiert:

$$\begin{pmatrix} \mathbf{a}^{*\prime} \\ \mathbf{b}^{*\prime} \\ \mathbf{c}^{*\prime} \end{pmatrix} = \boldsymbol{P}^{-1} \begin{pmatrix} \mathbf{a}^{*} \\ \mathbf{b}^{*} \\ \mathbf{c}^{*} \end{pmatrix}$$

Die Koeffizienten u, v, w eines Translationsvektors $\mathbf{t} = u\mathbf{a} + v\mathbf{b} + w\mathbf{c}$ werden ebenfalls mit der inversen Matrix $\boldsymbol{P}^{-1}$ transformiert:

$$\begin{pmatrix} u' \\ v' \\ w' \end{pmatrix} = \boldsymbol{P}^{-1} \begin{pmatrix} u \\ v \\ w \end{pmatrix}$$

3.7 Übungsaufgaben

Lösungen auf Seite 349

3.1. Zirkon, $ZrSiO_4$, viele Seltenerdphosphate, -arsenate, -vanadate, Anatas (TiO_2) u.a. kristallisieren in der Raumgruppe $I4_1/amd$, Raumgruppen-Nr. 141. In den *International Tables A* sind für die Ursprungswahl 2 unter der Überschrift positions unter anderem folgende Koordinatentripel zu finden:

(8) $\bar{y}+\frac{1}{4}, \bar{x}+\frac{1}{4}, \bar{z}+\frac{3}{4}$ (10) $x+\frac{1}{2}, y, \bar{z}+\frac{1}{2}$

Formulieren Sie diese Koordinatentripel als:

a) Abbildungen, die den Punkt X mit den Koordinaten x, y, z auf den Punkt $\tilde{X}$ mit den Koordinaten $\tilde{x}, \tilde{y}, \tilde{z}$ werfen,

b) Matrix-Spalte-Paare,

c) (4×4)-Matrizen.

d) Wenden Sie Gleichung (3.6), nacheinander auf die gegebenen (4×4)-Matrizen an. Hängt das Ergebnis von der Reihenfolge ab?

e) Wandeln Sie die Ergebnisse wieder in Koordinatentripel um und vergleichen Sie diese mit den Angaben der *International Tables A* zur Raumgruppe $I4_1/amd$, Ursprungswahl 2.

3.2. Für ein physikalisches Problem ist es notwendig, die Raumgruppe $I4_1/amd$ auf eine primitive Basis zu beziehen. Als diese wird gewählt

$$\mathbf{a}_P = \mathbf{a},\ \mathbf{b}_P = \mathbf{b},\ \mathbf{c}_P = \tfrac{1}{2}(\mathbf{a}+\mathbf{b}+\mathbf{c})$$

Würde man diese Basis zur Beschreibung der Raumgruppe in den *International Tables A* zugrunde legen, so wären die Angaben der *International Tables A*, Ursprungswahl 2, zu ändern, wie in Abschnitt 3.6 (S. 35) beschrieben.

a) Wie sieht die Matrix der Basistransformation aus?

b) Wie sind die Punktkoordinaten zu transformieren?

c) Die Symmetrieoperationen (8) und (10) sind in Aufgabe 3.1 genannt, Symmetrieoperation (15) lautet $\bar{y}+\frac{3}{4},\bar{x}+\frac{1}{4},z+\frac{3}{4}$. Wie sehen die Symmetrieoperationen (8), (10), (15) und $(15)+(\frac{1}{2},\frac{1}{2},\frac{1}{2})$ in der neuen Basis aus?

d) Wie würden die entsprechenden Einträge in den *International Tables A* lauten, wenn diese primitive Basis zugrunde gelegt wäre? Beachten Sie die Normierung, d. h. Translationen werden durch Addition ganzer Zahlen auf Zahlenwerte von 0 bis <1 umgerechnet.

3.3. Eine Untergruppe der Raumgruppe $P\bar{6}m2$ ist $P\bar{6}2m$ mit den Basisvektoren $\mathbf{a}'=2\mathbf{a}+\mathbf{b}$, $\mathbf{b}'=-\mathbf{a}+\mathbf{b}$, $\mathbf{c}'=\mathbf{c}$ und einer Ursprungsverschiebung $\boldsymbol{p}^{\mathrm{T}}=(\frac{2}{3},\frac{1}{3},0)$. Wievielfach ist die Elementarzelle von $P\bar{6}2m$ vergrößert? Wie sind die Koordinaten umzurechnen?

3.4. Das Koordinatensystem einer (innenzentrierten) tetragonalen Raumgruppe soll zuerst auf ein orthorhombisches Koordinatensystem mit den Basisvektoren $\mathbf{a}'=\mathbf{a}+\mathbf{b}$, $\mathbf{b}'=-\mathbf{a}+\mathbf{b}$, $\mathbf{c}'=\mathbf{c}$ und der Ursprungsverschiebung $\boldsymbol{p}_1^{\mathrm{T}}=(0,\frac{1}{2},0)$ transformiert werden, gefolgt von einer zweiten Transformation in ein monoklines System mit $\mathbf{a}''=\mathbf{a}'$, $\mathbf{b}''=-\mathbf{b}'$, $\mathbf{c}''=-\frac{1}{2}(\mathbf{a}'+\mathbf{c}')$ und einer Ursprungsverschiebung um $\boldsymbol{p}_2^{\mathrm{T}}=(-\frac{1}{8},\frac{1}{8},-\frac{1}{8})$ (bezogen auf das orthorhombische Koordinatensystem). Welche sind die Transformationen der Basisvektoren und der Koordinaten vom tetragonalen in das monokline Koordinatensystem? Welche ist die Ursprungsverschiebung? Ändert sich das Volumen der Elementarzelle?

3.5. Die Gruppe-Untergruppe-Beziehung $Fm\bar{3}c \rightarrow I4/mcm$ (unter Beibehaltung der c-Achse) erfordert eine Basistransformation und eine Ursprungsverschiebung. In *International Tables A*1, Teil 3, findet man als Basistransformation $\frac{1}{2}(\mathbf{a}-\mathbf{b}), \frac{1}{2}(\mathbf{a}+\mathbf{b}), \mathbf{c}$ und die Koordinatentransformation $x-y+\frac{1}{2},\ x+y,\ z$. Welche ist die zugehörige Ursprungsverschiebung im Koordinatensystem von $Fm\bar{3}c$? Man vergleiche das Ergebnis mit der angegebenen Ursprungsverschiebung $\frac{1}{4},\frac{1}{4},0$ in Teil 2 des genannten Tabellenwerks.

Kristallographische Grundbegriffe, 2. Teil

4

4.1 Beschreibung der Kristallsymmetrie in den International Tables A: Positions

Die Symmetrieoperationen der Kristalle werden in den *International Tables A* auf drei verschiedene Weisen dargestellt:

1. Durch ein oder mehrere Diagramme der Symmetrieelemente, siehe Abschnitt 6.4.1.
2. Durch ein Diagramm der ‚general positions', siehe Abschnitt 6.4.4.
3. Durch die Koordinatentripel der ‚general positions', siehe Abschnitt 3.1.1. Wie dort gezeigt, können die Koordinatenangaben nicht nur als Koordinaten der Bildpunkte, sondern auch als *Beschreibung der Abbildung* angesehen werden; siehe auch Abschnitt 6.4.3.

Die Angaben in den *International Tables A* im obersten Block der ‚Positions', wie sie am Beispiel der Raumgruppe $I4_1/amd$ am Anfang von Abschnitt 3.1.1 gezeigt sind, beschreiben die Gleichung (3.1) (Seite 23) in einer Art Kurzschriftform:

- die linke Seite ($\tilde{x} =, \tilde{y} =, \tilde{z} =$) wird fortgelassen
- alle Glieder mit Koeffizienten $W_{ik} = 0$ und $w_i = 0$ entfallen

Der Ausdruck (2) $\bar{x}+\frac{1}{2}, \bar{y}+\frac{1}{2}, z+\frac{1}{2}$ bedeutet also:

$$\boldsymbol{W} = \begin{pmatrix} -1 & 0 & 0 \\ 0 & -1 & 0 \\ 0 & 0 & 1 \end{pmatrix}, \quad \boldsymbol{w} = \begin{pmatrix} \frac{1}{2} \\ \frac{1}{2} \\ \frac{1}{2} \end{pmatrix}$$

Ausdruck (3) $\bar{y}, x+\frac{1}{2}, z+\frac{1}{4}$ ist eine Kurzschriftform des Matrix-Spalte-Paars:

$$\boldsymbol{W} = \begin{pmatrix} 0 & -1 & 0 \\ 1 & 0 & 0 \\ 0 & 0 & 1 \end{pmatrix}, \quad \boldsymbol{w} = \begin{pmatrix} 0 \\ \frac{1}{2} \\ \frac{1}{4} \end{pmatrix}$$

Auf diese Weise stellen die *International Tables A* das analytisch-geometrische Rüstzeug zur Beschreibung der Kristallsymmetrie zur Verfügung.

U. Müller, *Symmetriebeziehungen zwischen Kristallstrukturen*,
https://doi.org/10.1007/978-3-662-67166-5_4

4.2 Kristallographische Symmetrieoperationen

Definitionsgemäß sind kristallographische Symmetrieoperationen stets Isometrien, aber nicht jede Isometrie kann eine kristallographische Symmetrieoperation sein. Dies liegt an der Periodizität der Kristalle sowie an der Einschränkung, dass die Periodizitätslängen nicht beliebig klein sein dürfen.

Ein Kristall sei auf ein Koordinatensystem mit primitiver Basis bezogen, Definition 2.7. Dann entspricht jeder seiner Symmetrieoperationen ein Matrix-Spalte-Paar $(\boldsymbol{W}, \boldsymbol{w})$. Dabei gibt es unendlich viele Translationen $(\boldsymbol{I}, \boldsymbol{w})$: Jedes ganzzahlige Tripel $\boldsymbol{w}$ beschreibt eine Translation. Es gibt aber nur endlich viele Matrix-Teile $\boldsymbol{W}$, wie aus folgender Betrachtung hervorgeht.

Satz 4.1 Zu jeder Raumgruppe, dargestellt durch Matrix-Spalte-Paare $(\boldsymbol{W}, \boldsymbol{w})$ der Symmetrieoperationen, gibt es nur endlich viele Matrizen $\boldsymbol{W}$.

Die Matrix $\boldsymbol{W}$ bildet die Basis $(\mathbf{a}_1, \mathbf{a}_2, \mathbf{a}_3)$ auf die Vektoren $(\tilde{\mathbf{a}}_1, \tilde{\mathbf{a}}_2, \tilde{\mathbf{a}}_3)$ ab. Für die Menge aller $\boldsymbol{W}$ gibt es die Menge der Bildbasen. Jeder Basisvektor ist ein Gittervektor und damit ist auch sein Bildvektor ein Gittervektor, denn das Gitter muss unter $\boldsymbol{W}$ auf sich abgebildet werden, andernfalls läge keine Symmetrieoperation vor. Die Menge der Enden aller Bildvektoren eines Basisvektors, zum Beispiel $\mathbf{a}_i$, liegt auf einer Kugel vom Radius a_i. Gäbe es unendlich viele Bildvektoren $\tilde{\mathbf{a}}_i$, so müssten deren Endpunkte auf dieser Kugel mindestens einen Häufungspunkt besitzen, um den herum die Endpunkte beliebig dicht liegen. Da mit je zwei Gittervektoren auch deren Differenz ein Gittervektor ist, gäbe es damit beliebig kurze Gittervektoren. Also kann es nur endlich viele Bildvektoren $\tilde{\mathbf{a}}_i$ für jedes i geben und damit nur endlich viele Matrizen $\boldsymbol{W}$.

Diese Schlussweise ist offensichtlich unabhängig von der Dimension d des Raumes. Die mögliche Maximalzahl verschiedener Matrizen steigt allerdings mit d stark an: Sie ist 2 für $d = 1$, 12 für $d = 2$, 48 für $d = 3$ und 1152 für $d = 4$.

Die zweite Einschränkung betrifft die möglichen Zähligkeiten N bei Drehungen. Die obige Betrachtung der Matrizen $\boldsymbol{W}$ zeigt zugleich, dass die Zähligkeiten ganzzahlig sein müssen, wenn eine primitive Basis gewählt wurde, denn dann sind alle Gittervektoren ganzzahlig. Andererseits lässt sich die Matrix jeder Drehung bei Bezug auf eine geeignete orthonormale Basis wie folgt formulieren:

$$\boldsymbol{W} = \begin{pmatrix} \cos\varphi & -\sin\varphi & 0 \\ \sin\varphi & \cos\varphi & 0 \\ 0 & 0 & 1 \end{pmatrix}$$

Die Spur $\mathrm{Sp}(\boldsymbol{W})$ (Summe der Elemente in der Hauptdiagonale der Matrix) ist also einerseits $\mathrm{Sp}(\boldsymbol{W}) = n$, n ganz, andererseits ist $\mathrm{Sp}(\boldsymbol{W}) = 1 + 2\cos\varphi$.

Die Spur ist unabhängig von der Basis. Daher gilt für kristallographische Symmetrieoperationen:

$$1 + 2\cos\varphi = n, \quad n \text{ ganz}$$

Daraus ergeben sich als mögliche Werte von φ:

$$\varphi = 0^\circ,\ 60^\circ,\ 90^\circ,\ 120^\circ,\ 180^\circ,\ 240^\circ,\ 270^\circ \text{ und } 300^\circ$$

Für die Zähligkeit N bedeutet das: $N = 1, 2, 3, 4$ oder 6. Das gleiche gilt für die Zähligkeiten der Inversionsdrehungen, da jede der Drehungen mit der Inversion gekoppelt werden kann.

Die Typen kristallographischer Symmetrieoperationen werden in der Kristallographie durch ihre **Hermann-Mauguin-Symbole** bezeichnet (Abb. 4.1 und 4.2). Diese lauten:

- 1 für die identische Abbildung.
- $\overline{1}$ („eins quer") für die Inversion.

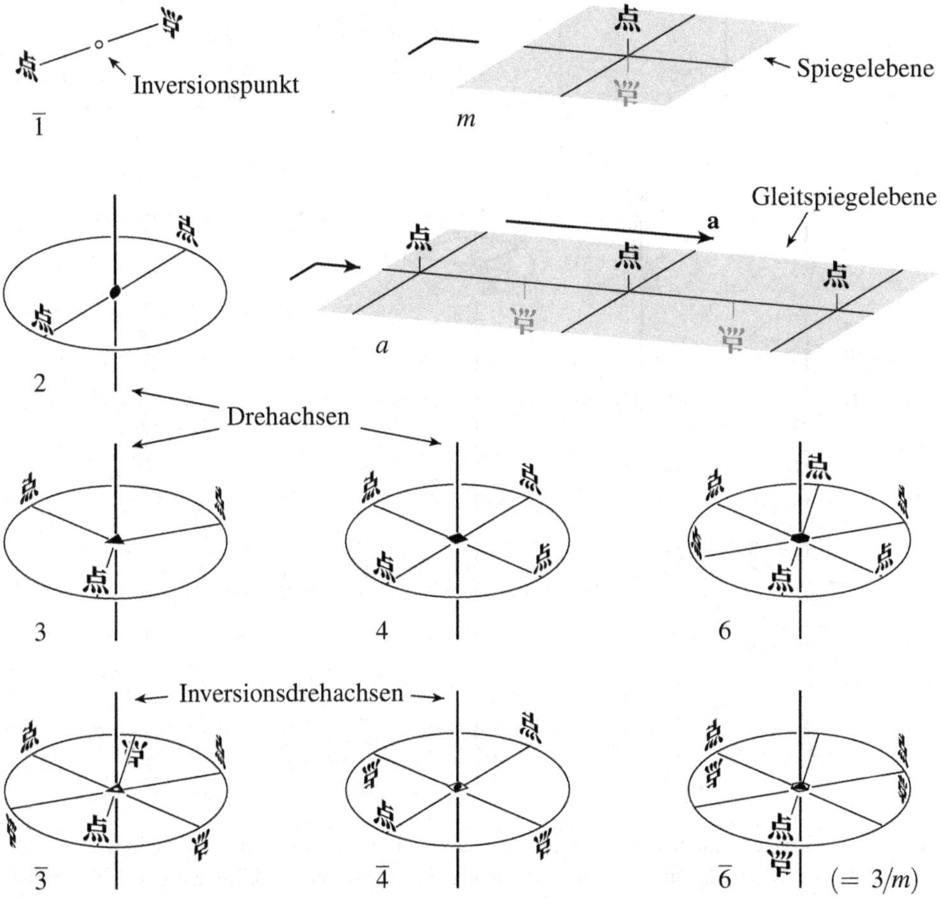

Abb. 4.1: Die Wirkung verschiedener Symmetrieoperationen auf den Punkt 点 (chinesisches Zeichen für Punkt, chinesisch gesprochen diǎn, japanisch ten). Die Symmetrieoperationen sind mit ihren Hermann-Mauguin-Symbolen und ihren graphischen Symbolen bezeichnet

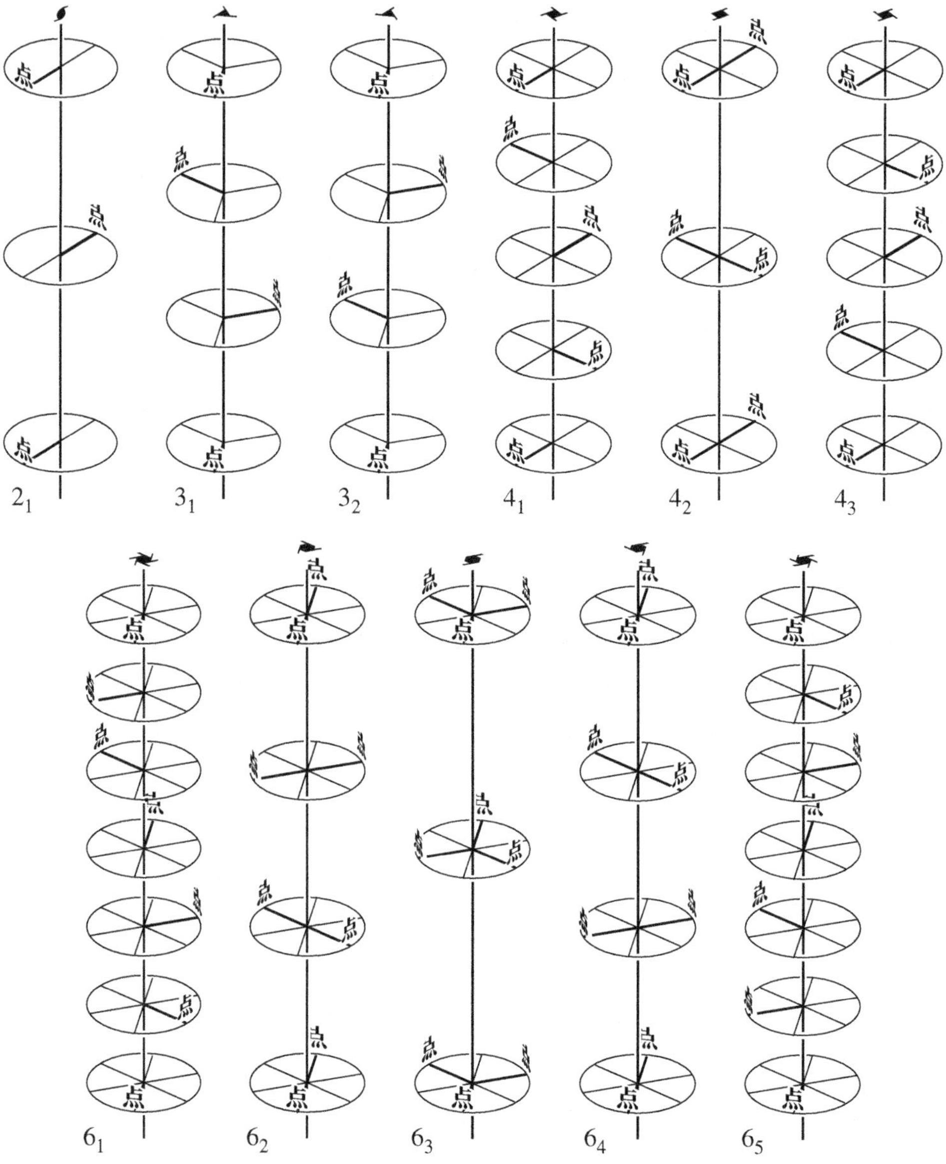

Abb. 4.2: Die kristallographischen Schraubenachsen mit ihren Hermann-Mauguin- und Bildsymbolen. Die Achsen 3_1, 4_1, 6_1 und 6_2 sind rechtsgängig, 3_2, 4_3, 6_5 und 6_4 linksgängig. Gezeichnet ist jeweils eine Translationslänge in Achsenrichtung

- Drehungen: Eine Zahl N, $N = 2, 3, 4, 6$. Sie entspricht der Zähligkeit. Wenn nötig, wird die Potenz der Drehung gekennzeichnet, zum Beispiel bedeutet $6^{-1} = 6^5$ die Drehung um $-60° = 300°$.
- Schraubungen: N_p bezeichnet eine Schraubung, bestehend aus der Drehung N gekoppelt mit einer Translation parallel zur Drehachse um p/N des kürzesten Gitterabstands in dieser Richtung. Mögliche Symbole sind: 2_1, 3_1, 3_2, 4_1, 4_2, 4_3, 6_1, 6_2, 6_3, 6_4 und 6_5.
- Inversionsdrehungen: $\overline{3}$, $\overline{4}$ und $\overline{6}$.
- Spiegelungen: m (wie *mirror* oder *miroir*). m ist dasselbe wie $\overline{2}$.
- Gleitspiegelungen: Der Buchstabe m wird durch ein Symbol für den Gleitvektor $\mathbf{v}$ ersetzt. Der Vektor $\mathbf{v}$ liegt parallel zur Gleitspiegelebene, seine Länge ist ein halber Gittervektor. In den konventionellen Aufstellungen kommen hauptsächlich vor:

  a, b oder c, wenn der Gleitvektor $\frac{1}{2}\mathbf{a}$, $\frac{1}{2}\mathbf{b}$ oder $\frac{1}{2}\mathbf{c}$ ist; bei Ebenengruppen wird dafür g verwendet.

  n bei Gleitvektoren $\frac{1}{2}(\pm\mathbf{a}\pm\mathbf{b})$, $\frac{1}{2}(\pm\mathbf{b}\pm\mathbf{c})$, $\frac{1}{2}(\pm\mathbf{c}\pm\mathbf{a})$ oder $\frac{1}{2}(\pm\mathbf{a}\pm\mathbf{b}\pm\mathbf{c})$;

  d bei Gleitvektoren $\frac{1}{4}(\pm\mathbf{a}\pm\mathbf{b})$, $\frac{1}{4}(\pm\mathbf{b}\pm\mathbf{c})$, $\frac{1}{4}(\pm\mathbf{c}\pm\mathbf{a})$ oder $\frac{1}{4}(\pm\mathbf{a}\pm\mathbf{b}\pm\mathbf{c})$.

  e steht für ein und dieselbe Gleitspiegelebene mit zwei zueinander senkrechten Gleitvektoren $\frac{1}{2}\mathbf{a}$, $\frac{1}{2}\mathbf{b}$ oder $\frac{1}{2}\mathbf{c}$.

  Zu den besonderen Zeichen g_1 und g_2 bei nichtkonventionellen Aufstellungen von tetragonalen Raumgruppen siehe Abschnitt 10.3.3.

Die genannten Symbole der einzelnen kristallographischen Symmetrieoperationen sagen zunächst nichts über die Richtung der Dreh- oder Inversionsdrehachse aus. Wie in Abschnitt 6.3.1 genauer ausgeführt, wird die Richtung dadurch zum Ausdruck gebracht, an welcher Stelle die Achse im Hermann-Mauguin-Symbol genannt wird.

In der Ebene gibt es die gleichen Zähligkeiten für Drehungen, da die analoge Betrachtung der Spur zu der Gleichung $2\cos\varphi = n$ mit den gleichen Lösungen für φ und N führt. An Symmetrieoperationen mit $\det(\boldsymbol{W}) = -1$ dagegen gibt es in der Ebene nur einen Typ, die Spiegelung oder Gleitspiegelung an einer Linie, dargestellt in einer geeigneten Basis durch:

$$\boldsymbol{W} = \begin{pmatrix} -1 & 0 \\ 0 & 1 \end{pmatrix}$$

Zu jeder Drehung gehört eine Drehachse. In der Symmetrie eines Kristalls können diese Drehachsen nur ganz bestimmte Winkel zueinander einnehmen, andernfalls würden durch Kombination Drehungen entstehen, deren Spur nicht ganzzahlig ist. Auch auf diese Weise lässt sich verstehen, dass es für einen Kristall nur endlich viele Matrizen $\boldsymbol{W}$ geben kann. Die verschiedenen Möglichkeiten der Mengen $\{\boldsymbol{W}\}$ zusammenpassender Matrizen $\boldsymbol{W}$ lassen sich so ableiten; es sind die 32 Kristallklassen,.

4.3 Geometrische Interpretation des Matrix-Spalte-Paares $(\boldsymbol{W}, \boldsymbol{w})$ einer kristallographischen Symmetrieoperation

Es sei das Matrix-Spalte-Paar $(\boldsymbol{W}, \boldsymbol{w})$ einer kristallographischen Symmetrieoperation W gegeben, und es sei das Koordinatensystem bekannt, das der Beschreibung zugrunde liegt (ohne dieses ist eine geometrische Interpretation ausgeschlossen).

Das folgende Rezept lässt sich in weiten Teilen auch auf allgemeine Isometrien anwenden, die Beschränkung in der Zähligkeit entfällt dann. Man vergleiche auch Abschnitt 3.5.

Zunächst wird der Matrixteil $\boldsymbol{W}$ ausgewertet:

- $\det(\boldsymbol{W}) = +1$: Drehung; $\det(\boldsymbol{W}) = -1$: Inversionsdrehung;
- Drehwinkel φ aus $\cos\varphi = \frac{1}{2}(\pm \mathrm{Sp}(\boldsymbol{W}) - 1)$ (4.1)
  Das $+$-Zeichen gilt für Drehungen, das $-$-Zeichen für Inversionsdrehungen.

Das ergibt folgende Tabelle:

	$\det(\boldsymbol{W}) = +1$					$\det(\boldsymbol{W}) = -1$				
$\mathrm{Sp}(\boldsymbol{W})$	3	2	1	0	−1	−3	−2	−1	0	1
Typ	1	6	4	3	2	$\overline{1}$	$\overline{6}$	$\overline{4}$	$\overline{3}$	$\overline{2} = m$
Ordnung	1	6	4	3	2	2	6	4	6	2

Charakterisierung der kristallographischen Symmetrieoperationen

Zu jeder Symmetrieoperation, die Translation ausgenommen, gehört ein *Symmetrieelement*. Das ist ein Punkt, eine Gerade oder eine Ebene, die bei Ausführung der Symmetrieoperation ihre Lage im Raum behält.

1. Typ 1 oder $\overline{1}$:

- 1: Identität oder Translation mit $\boldsymbol{w}$ als Spalte des Translationsvektors
- $\overline{1}$: Inversion; Symmetrieelement ist der *Inversionspunkt F* (Inversionszentrum, Symmetriezentrum):

$$\boldsymbol{x}_F = \frac{1}{2}\boldsymbol{w} \tag{4.2}$$

2. Alle anderen Operationen haben eine feste Achse (Dreh- bzw. Inversionsdrehachse), deren Richtung man aus $\boldsymbol{Wu} = \boldsymbol{u}$ (Drehungen) oder $\boldsymbol{Wu} = -\boldsymbol{u}$ (Inversionsdrehungen) ausrechnet. Bei der Spiegelung und Gleitspiegelung ist nicht die Achse das Symmetrieelement, sondern eine Spiegel- bzw. Gleitspiegelebene; die Richtung der Achse ist die Ebenennormale.

3. Ist $\boldsymbol{W}$ die Matrix einer Drehung oder Spiegelung und k deren Ordnung, d. h. $\boldsymbol{W}^k = \boldsymbol{I}$, so berechnen sich die *Schraub-* oder *Gleitkoeffizienten* $\frac{1}{k}\boldsymbol{t}$ gemäß:

$$\frac{1}{k}\boldsymbol{t} = \frac{1}{k}\left(\boldsymbol{W}^{k-1} + \boldsymbol{W}^{k-2} + \ldots + \boldsymbol{W} + \boldsymbol{I}\right)\boldsymbol{w} \tag{4.3}$$

Ist $\boldsymbol{t} = \boldsymbol{o}$, so liegt eine Drehung oder Spiegelung vor. Wenn $\boldsymbol{t} \neq \boldsymbol{o}$ ist es eine Schraubung oder Gleitspiegelung; zu ihr gehört die *reduzierte Operation*:

$$(\boldsymbol{I}, -\frac{1}{k}\boldsymbol{t})(\boldsymbol{W}, \boldsymbol{w}) = (\boldsymbol{W}, \boldsymbol{w} - \frac{1}{k}\boldsymbol{t}) = (\boldsymbol{W}, \boldsymbol{w}') \tag{4.4}$$

Die Spalte $\frac{1}{k}\boldsymbol{t}$ heißt der *Schraub-* oder *Gleitanteil* der Spalte $\boldsymbol{w}$. Die Spalte $\boldsymbol{w}' = \boldsymbol{w} - \frac{1}{k}\boldsymbol{t}$ bestimmt die *Lage* des zugehörigen Symmetrieelements. Daher heißt $\boldsymbol{w}'$ auch der Lageanteil von $\boldsymbol{w}$. Hat $\boldsymbol{W}$ Hauptdiagonalform, d. h. sind nur die Koeffizienten $W_{ii} \neq 0$, so gilt $W_{ii} = \pm 1$ und w_i ist ein Schraub- oder Gleitkoeffizient für $W_{ii} = +1$ und ein Lagekoeffizient für $W_{ii} = -1$.

4. Die Fixpunkte ergeben sich durch Lösen der Gleichung (3.14):

$$\boldsymbol{W}\boldsymbol{x}_F + \boldsymbol{w} = \boldsymbol{x}_F$$

Bei Schraubungen und Gleitspiegelungen hat diese Gleichung keine Lösung; die Lage der Schraubenachse bzw. Gleitspiegelebene ergibt sich vielmehr aus der reduzierten Operation, Gleichung (4.4):

$$\boldsymbol{W}\boldsymbol{x}_F + \boldsymbol{w}' = \boldsymbol{x}_F \tag{4.5}$$

Für die konventionellen Paare $(\boldsymbol{W}, \boldsymbol{w})$, die in Kurzschriftform als ‚General Position' in den *International Tables A* aufgeführt sind, siehe Abschnitt 3.1.1, ist die geometrische Bedeutung in den Raumgruppentabellen unter ‚symmetry operations' aufgeführt. Die Numerierung der Koordinatentripel ermöglicht dabei die einfache Zuordnung; weitere Erläuterungen folgen in Abschnitt 6.4.3.

4.4 Bestimmung des Matrix-Spalte-Paares für eine Isometrie

Das Matrix-Spalte-Paar $(\boldsymbol{W}, \boldsymbol{w})$ enthält 12 Koeffizienten, die bestimmt werden müssen. Dazu ist die Kenntnis der Koordinaten von vier Bildpunkten notwendig. Der direkteste Weg geht über die Bilder des Ursprungs und der drei Endpunkte X_o, Y_o und Z_o der Basisvektoren.

1. Ist $\tilde{O}$ das Bild des Ursprungs O, so gilt:

$$\tilde{\boldsymbol{o}} = \boldsymbol{W}\boldsymbol{o} + \boldsymbol{w} = \boldsymbol{w} \tag{4.6}$$

Die Koordinaten $\tilde{\boldsymbol{o}}$ von $\tilde{O}$ sind also die Koeffizienten von $\boldsymbol{w}$.

2. Für die Punkte X_o, Y_o und Z_o gilt:

$$\boldsymbol{x}_o = \begin{pmatrix} 1 \\ 0 \\ 0 \end{pmatrix}, \quad \boldsymbol{y}_o = \begin{pmatrix} 0 \\ 1 \\ 0 \end{pmatrix}, \quad \boldsymbol{z}_o = \begin{pmatrix} 0 \\ 0 \\ 1 \end{pmatrix}$$

Ist $\boldsymbol{w}$ bestimmt, so ergibt sich die Matrix $\boldsymbol{W}$ sofort aus ihren Bildern, denn es gilt:

$$\tilde{\boldsymbol{x}}_o = \boldsymbol{W}\boldsymbol{x}_o + \boldsymbol{w}, \quad \tilde{\boldsymbol{y}}_o = \boldsymbol{W}\boldsymbol{y}_o + \boldsymbol{w}, \quad \tilde{\boldsymbol{z}}_o = \boldsymbol{W}\boldsymbol{z}_o + \boldsymbol{w} \quad \text{oder} \tag{4.7}$$

$$\tilde{\boldsymbol{x}}_o = \begin{pmatrix} W_{11} \\ W_{21} \\ W_{31} \end{pmatrix} + \boldsymbol{w}, \quad \tilde{\boldsymbol{y}}_o = \begin{pmatrix} W_{12} \\ W_{22} \\ W_{32} \end{pmatrix} + \boldsymbol{w}, \quad \tilde{\boldsymbol{z}}_o = \begin{pmatrix} W_{13} \\ W_{23} \\ W_{33} \end{pmatrix} + \boldsymbol{w} \tag{4.8}$$

Einsetzen der Koordinaten von $\tilde{\boldsymbol{x}}_o, \tilde{\boldsymbol{y}}_o, \tilde{\boldsymbol{z}}_o$ liefert die Matrix $\boldsymbol{W}$.

Zur Kontrolle des Ergebnisses eignet sich die Berechnung der Fixpunkte, der Spur, der Determinante, der Ordnung und/oder anderer bekannter Größen. Sind die Bilder $\tilde{O}, \tilde{X}_o, \tilde{Y}_o$ oder $\tilde{Z}_o$ nicht leicht zu ermitteln, muss die Abbildung anderer Punkte herangezogen werden. Die Rechnungen werden dann umständlicher.

4.5 Übungsaufgabe

Lösungen auf Seite 351

4.1. Die in den Aufgaben **3.1.** und **3.2.** (S. 47f.) genannten Symmetrieoperationen (8), (10), (15), $(15) + (\frac{1}{2}, \frac{1}{2}, \frac{1}{2}) = (15)_2$ und $(15)_{2n}$ sollen geometrisch interpretiert werden ($(15)_{2n}$ steht für normiert). Verwenden Sie die in Aufgabe **3.1.** erhaltenen Matrizen und wenden Sie das Verfahren an, das in Abschnitt 4.3 beschrieben ist. Bestimmen Sie für die genannten Operationen jeweils:

a) Die Determinante $\det(\boldsymbol{W})$ und die Spur $\mathrm{Sp}(\boldsymbol{W})$,

b) daraus den Typ der Symmetrieoperation,

c) die Richtung der Drehachse oder Ebenennormalen,

d) die Schraub- und Gleitkomponenten,

e) die Lage des Symmetrieelements,

f) das Hermann-Mauguin-Symbol der Symmetrieoperation.

g) Für welche Operationen gibt es Fixpunkte?

Vergleichen Sie die Ergebnisse mit den Abbildungen in *International Tables A* zur Raumgruppe $I4_1/amd$, Ursprungswahl 2.

Aus der Gruppentheorie

5

5.1 Zwei Beispiele von Gruppen

Wir betrachten zwei Mengen:

1. die Menge $\mathbb{Z}$ der ganzen Zahlen.
   Die Menge $\mathbb{Z} = \{0, \pm 1, \pm 2, \ldots\}$ ist unendlich. Bei Addition von zwei Zahlen z_1 und z_2 ist die Summe wieder eine ganze Zahl $z_3 = z_1 + z_2$. Es gibt die Zahl 0 mit der Eigenschaft $z + 0 = z$ für jedes z. Schließlich gibt es zu jedem z die Zahl $-z$ mit der Eigenschaft $z + (-z) = 0$. Außerdem gilt immer $z_1 + z_2 = z_2 + z_1$.

2. die Symmetrie $\mathcal{G}$ eines Quadrates.
   Die Menge $\mathcal{G}$ besteht aus acht Elementen $g_1, g_2, \ldots, g_8$. Diese sind, vergleiche Abb. 5.1, die Drehung *4* um 90° im Gegenuhrzeigersinn, *2* um 180°, 4^{-1} um −90° (gleichbedeutend zu 4^3 um 270°), die Spiegelungen m_x, m_y, m_+ und m_- an den Linien m_x, m_y, m_+ und m_- und schließlich die (identische) Abbildung *1*, die jeden Punkt auf

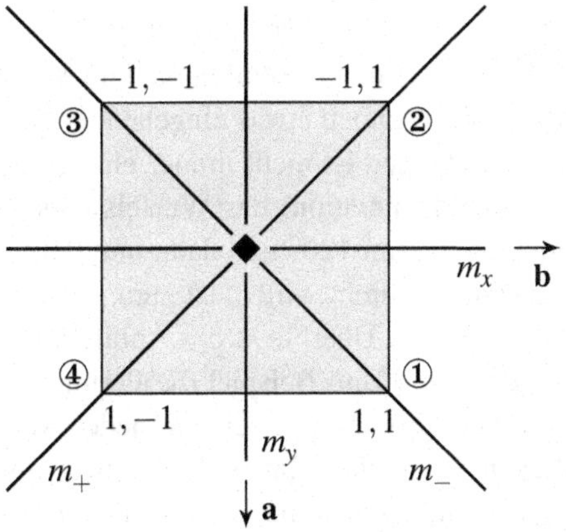

Abb. 5.1: Das Quadrat und seine Symmetrieelemente (Drehpunkt ◆ und vier Spiegellinien)

U. Müller, *Symmetriebeziehungen zwischen Kristallstrukturen*,
https://doi.org/10.1007/978-3-662-67166-5_5

sich abbildet. Jede dieser Abbildungen bildet das Quadrat auf sich ab; jede Kombination (Nacheinanderausführung) zweier Abbildungen liefert wieder eine Abbildung der Figur auf sich. Kombination einer beliebigen Abbildung g mit 1 reproduziert g, und zu jeder Abbildung g gibt es die „inverse Abbildung" g^{-1}, so dass g kombiniert mit g^{-1} die identische Abbildung ergibt. Im Gegensatz zu $\mathbb{Z}$ liefert die Kombination zweier Elemente nicht immer dasselbe Element: 4 und m_x ergeben m_-, wenn 4 zuerst, aber m_+, wenn m_x zuerst ausgeführt wird.

Noch eine wichtige Eigenschaft besitzen beide Mengen bezüglich der gewählten Verknüpfungen Addition und Kombination. Für drei Elemente z_1, z_2, z_3 bzw. g_1, g_2, g_3, ist es gleichgültig, welche Elemente zuerst verknüpft werden, solange die Reihenfolge nicht geändert wird:

$$(z_1 + z_2) + z_3 = z_4 + z_3 = z_6$$

ergibt immer das gleiche Resultat wie

$$z_1 + (z_2 + z_3) = z_1 + z_5 = z_6$$

Ebenso gilt

$$(g_1 \circ g_2) \circ g_3 = g_4 \circ g_3 = g_6 = g_1 \circ (g_2 \circ g_3) = g_1 \circ g_5 = g_6$$

wobei die Nacheinanderausführung durch das Zeichen $\circ$ ausgedrückt wird (gesprochen g_1 gefolgt von g_2). Man sagt: „Die Mengen $\mathbb{Z}$ und $\mathcal{G}$ sind *assoziativ* bezüglich der genannten Verknüpfungen".

Die genannten Eigenschaften haben die Mengen $\mathbb{Z}$ und $\mathcal{G}$ mit vielen anderen Mengen gemeinsam. Für alle solche Mengen ist der Begriff *Gruppe* eingeführt worden.

Ein Beispiel für eine nicht-assoziative Verknüpfung der Elemente der Menge $\mathbb{Z}$ ist die Subtraktion. So ist $(5-3)-2 = 2-2 = 0$, dagegen ist $5-(3-2) = 5-1 = 4 \neq 0$. Im übrigen brauchen wir uns um die Assoziativität nicht zu sorgen: Abbildungen sind assoziativ, und hier werden Gruppen von Abbildungen im Vordergrund stehen.

Das Beispiel der Gruppe $\mathcal{G}$ soll noch etwas eingehender behandelt werden. Das Nacheinanderausführen von Abbildungen ist nicht immer einfach zu überschauen. Die Frage: „Welche Abbildung (Symmetrieoperation) des Würfels entsteht, wenn er zuerst um die Richtung [111] (Raumdiagonale) um 120° und dann um [010] (Kantenrichtung) um 270° jeweils im Gegenuhrzeigersinn gedreht wird?" ist zum Beispiel für manchen nicht leicht zu beantworten. Es erleichtert den Überblick, die Abbildungen durch analytische Hilfsmittel zu ersetzen. Solche können zum Beispiel die Permutationen der Ecken ①, ②, ③ und ④ oder die Matrizen der Abbildungen sein. Zu jeder Abbildung gehört dann genau eine Permutation der Ecken sowie eine Matrix. Es ist zweckmäßig, den Ursprung in das Zentrum des Quadrats zu legen; dann ist die Spalte $\boldsymbol{w}$ in der Matrix $(\boldsymbol{W}, \boldsymbol{w})$ die Nullspalte $\boldsymbol{o}$, und es genügt alleine die Matrix $\boldsymbol{W}$ zu betrachten. Der Kombination der Abbildungen entspricht dann die Verknüpfung der Permutationen oder die Multiplikation der Matrizen, siehe Tab. 5.1 und Tab. 5.2. Die Schreibweise in Tab. 5.1 ist so zu verstehen: (3) bedeutet, die Ecke ③ bleibt in ihrer Position; (1 3) bedeutet, die Ecken ① und ③ vertauschen ihre Plätze; (1 2 3 4) bedeutet zyklisches Vertauschen der Ecken, ①→②→③→④→① .

Tabelle 5.1: Symmetrieoperationen des Quadrates und zugehörige Permutationen der Ecken, siehe Abb. 5.1

1	(1)(2)(3)(4)	2	(1 3)(2 4)
4	(1 2 3 4)	4^{-1}	(1 4 3 2)
m_x	(1 2)(3 4)	m_y	(1 4)(2 3)
m_+	(2)(4)(1 3)	m_-	(1)(3)(2 4)

Tabelle 5.2: Matrizen der Symmetrieoperationen des Quadrates

$$\boldsymbol{W}(1) = \begin{pmatrix} 1 & 0 \\ 0 & 1 \end{pmatrix} \quad \boldsymbol{W}(2) = \begin{pmatrix} \bar{1} & 0 \\ 0 & \bar{1} \end{pmatrix} \quad \boldsymbol{W}(4) = \begin{pmatrix} 0 & \bar{1} \\ 1 & 0 \end{pmatrix} \quad \boldsymbol{W}(4^{-1}) = \begin{pmatrix} 0 & 1 \\ \bar{1} & 0 \end{pmatrix}$$

$$\boldsymbol{W}(m_x) = \begin{pmatrix} \bar{1} & 0 \\ 0 & 1 \end{pmatrix} \quad \boldsymbol{W}(m_y) = \begin{pmatrix} 1 & 0 \\ 0 & \bar{1} \end{pmatrix} \quad \boldsymbol{W}(m_+) = \begin{pmatrix} 0 & \bar{1} \\ \bar{1} & 0 \end{pmatrix} \quad \boldsymbol{W}(m_-) = \begin{pmatrix} 0 & 1 \\ 1 & 0 \end{pmatrix}$$

Mit Permutationen ergibt sich für die eingangs genannte Ausführung von 4 und m_x:

4 zuerst, dann m_x

	①	②	③	④
4	↓	↓	↓	↓
	②	③	④	①
m_x	↓	↓	↓	↓
	①	④	③	②

Das entspricht der Permutation (1)(3)(2 4), also m_-

m_x zuerst, dann 4

	①	②	③	④
m_x	↓	↓	↓	↓
	②	①	④	③
4	↓	↓	↓	↓
	③	②	①	④

Das entspricht der Permutation (2)(4)(1 3), also m_+

Bei Verwendung von Matrizen ist zu beachten, dass die Matrix der ersten Operation rechts stehen muss, denn sie wird gemäß $\tilde{\boldsymbol{x}} = \boldsymbol{W}\boldsymbol{x}$ auf die rechts stehende Koordinatenspalte $\boldsymbol{x}$ angewandt:

4 zuerst, dann m_x

$$\begin{matrix} \boldsymbol{W}(m_x) & \boldsymbol{W}(4) \end{matrix}$$
$$\begin{pmatrix} \bar{1} & 0 \\ 0 & 1 \end{pmatrix}\begin{pmatrix} 0 & \bar{1} \\ 1 & 0 \end{pmatrix} = \begin{pmatrix} 0 & 1 \\ 1 & 0 \end{pmatrix} = \boldsymbol{W}(m_-)$$

m_x zuerst, dann 4

$$\begin{matrix} \boldsymbol{W}(4) & \boldsymbol{W}(m_x) \end{matrix}$$
$$\begin{pmatrix} 0 & \bar{1} \\ 1 & 0 \end{pmatrix}\begin{pmatrix} \bar{1} & 0 \\ 0 & 1 \end{pmatrix} = \begin{pmatrix} 0 & \bar{1} \\ \bar{1} & 0 \end{pmatrix} = \boldsymbol{W}(m_+)$$

Wenn die Gruppe nicht zu viele Elemente besitzt, können die Ergebnisse der Verknüpfungen in einer *Gruppentafel* zusammengestellt werden, siehe Tab. 5.3. Die zuerst ausgeführte Operation steht in die Kopfzeile, die zweite in der linken Spalte, das Ergebnis der Verknüpfung im Schnittfeld der Spalte und Zeile. Vergleiche mit den Resultaten der Verknüpfung von 4 und m_x.

Tabelle 5.3: Gruppentafel der Symmetriegruppe des Quadrats

	1	2	4	4^{-1}	m_x	m_+	m_y	m_-	← erste Symmetrieoperation
1	1	2	4	4^{-1}	m_x	m_+	m_y	m_-	
2	2	1	4^{-1}	4	m_y	m_-	m_x	m_+	
4	4	4^{-1}	2	1	m_+	m_y	m_-	m_x	
4^{-1}	4^{-1}	4	1	2	m_-	m_x	m_+	m_y	
m_x	m_x	m_y	m_-	m_+	1	4^{-1}	2	4	
m_+	m_+	m_-	m_x	m_y	4	1	4^{-1}	2	
m_y	m_y	m_x	m_+	m_-	2	4	1	4^{-1}	
m_-	m_-	m_+	m_y	m_x	4^{-1}	2	4	1	

↑
zweite Symmetrieoperation

5.2 Grundbegriffe der Gruppentheorie

Mit den *Gruppen-Axiomen* (*Gruppen-Postulaten*) formalisieren wir die Beobachtungen von Abschnitt 5.1 [55]. Sie lauten:

1. *Abgeschlossenheit*: Eine *Gruppe* ist eine Menge $\mathcal{G}$ von Elementen g_i, zwischen denen eine Verknüpfung besteht, so dass jedem geordneten Paar g_i, g_k genau ein Element $g_j \in \mathcal{G}$ zugeordnet ist:
$$g_j = g_i \circ g_k$$
Bemerkungen
   - Die Schreibweise $g_j \in \mathcal{G}$ bedeutet, g_j ist ein Element der Menge $\mathcal{G}$.
   - Wir verwenden: kalligraphische Buchstaben wie $\mathcal{G}, \mathcal{H}$ für Gruppen; serifenlose, geneigte Kleinbuchstaben oder Ziffern wie $g, h, 4$ für Gruppenelemente; kursive Großbuchstaben wie A, B für beliebige Mengen; kursive Kleinbuchstaben wie a, b für deren Elemente. Gruppen und Mengen werden auch mit geschweiften Klammern bezeichnet wie $\{g_1, g_2, \ldots\} = \mathcal{G}$ oder $\{a_1, a_2, \ldots\} = A$. $\{\boldsymbol{W}\}$ steht für eine Gruppe von Abbildungsmatrizen $\boldsymbol{W}_1, \boldsymbol{W}_2, \ldots$.
   - Oft wird die Verknüpfung ‚*Multiplikation*' genannt und das Ergebnis das ‚*Produkt*', auch wenn die Verknüpfung eine andere ist. Das Verknüpfungszeichen $\circ$ wird dabei weggelassen.
   - Meist ist klar, welcher Art die Verknüpfung ist. Manchmal ist eine Angabe aber notwendig, zum Beispiel ob die Verknüpfung in $\mathbb{Z}$ die Addition oder die Multiplikation sein soll.
   - In der Kristallographie gilt: Wenn Abbildungen von Punkten (oder Koordinaten) durch Matrizen ausgedrückt werden, wird bei einer Folge von Abbildungen die erste Operation rechts, die zweite links geschrieben, siehe Abschnitt 5.1.
   - Bei einer Symmetriegruppe sind die Symmetrieoperationen die Elemente der Gruppe. Die Symmetrieelemente (Inversionspunkte, Dreh-, Inversionsdreh- und

Schraubenachsen, Spiegel- und Gleitspiegelebenen) sind nicht die Elemente der Gruppe. Diese unglückliche Terminologie ist historisch bedingt.

2. Die Verknüpfung ist assoziativ, siehe Abschnitt 5.1.

3. Es gibt ein *Einheits-Element* (*Eins-Element*, *Identität*, neutrales Element) $g_1 = e$ mit der Eigenschaft:

$$eg_i = g_i e = g_i \text{ für alle } g_i \in \mathcal{G}.$$

4. Zu jedem $g \in \mathcal{G}$ gibt es ein $x \in \mathcal{G}$, so dass $xg = gx = e$ gilt. x wird als das *inverse Element* von g bezeichnet und meist g^{-1} geschrieben.
Das inverse Element zu g^{-1} ist g. Wenn $g \neq g^{-1}$ ist, treten immer Paare g und g^{-1} auf.

Einige weitere Grundbegriffe sind für das folgende notwendig.

a) Die Anzahl $|\mathcal{G}|$ der Elemente einer Gruppe $\mathcal{G}$ heißt die *Ordnung der Gruppe*. Ist $|\mathcal{G}|$ nicht endlich (z. B. bei $\mathbb{Z}$), so heißt $\mathcal{G}$ *Gruppe unendlicher Ordnung* oder *unendliche Gruppe*.

b) Es sei $g \in \mathcal{G}$. Dann sind wegen Axiom 1 auch $gg = g^2$, $ggg = g^3, \ldots$ Elemente von $\mathcal{G}$. Ist $|\mathcal{G}|$ endlich, so muss es eine kleinste Zahl k geben, so dass $g^k = e$ gilt. Die Zahl k heißt die *Ordnung des Elements* g (nicht zu verwechseln mit der Ordnung der Gruppe). Ist $|\mathcal{G}|$ unendlich, so kann auch k unendlich sein. Die Gruppe $\mathbb{Z}$ aus Abschnitt 5.1 hat zum Beispiel (außer 0) nur Elemente unendlicher Ordnung.

c) Gilt $g_i g_k = g_k g_i$ für alle Elementpaare $g_i, g_k \in \mathcal{G}$, so heißt $\mathcal{G}$ eine *kommutative* oder *Abelsche Gruppe* (nach dem Mathematiker NIELS ABEL, 1802–1829).

d) Eine beliebige Untermenge $A = \{a_1, a_2, a_3, \ldots\} \subseteq \mathcal{G}$ heißt *Komplex* aus $\mathcal{G}$. Ein Komplex erfüllt im allgemeinen nicht die Gruppen-Axiome. Mit g_iA wird die Menge $\{g_ia_1, g_ia_2, g_ia_3, \ldots\}$ der Produkte von g_i mit den Elementen von A bezeichnet; Ag_i bezeichnet die Menge $\{a_1g_i, a_2g_i, a_3g_i, \ldots\}$. Ist $B = \{b_1, b_2, b_3, \ldots\} \subseteq \mathcal{G}$ ebenfalls ein Komplex aus $\mathcal{G}$, so ist AB die Menge aller Produkte der Form a_ib_k, $AB = \{a_1b_1, a_2b_1, a_3b_1, \ldots, a_1b_2, \ldots, a_ib_k, \ldots\}$; BA ist die Menge aller Produkte der Form b_ia_k.

e) Erfüllt der Komplex $H \subseteq \mathcal{G}$ die Gruppen-Axiome, so ist er eine *Untergruppe*, geschrieben $\mathcal{H} \leq \mathcal{G}$. Gibt es Elemente in $\mathcal{G}$, die nicht in $\mathcal{H}$ vorkommen, ist also $\mathcal{H}$ (als Menge) kleiner als $\mathcal{G}$, so heißt $\mathcal{H}$ eine *echte Untergruppe* von $\mathcal{G}$, $\mathcal{H} < \mathcal{G}$. Analog heißt $\mathcal{G} \geq \mathcal{H}$ *Obergruppe* von $\mathcal{H}$ und $\mathcal{G} > \mathcal{H}$ *echte Obergruppe* von $\mathcal{H}$. $\mathcal{G} \leq \mathcal{G}$ als Untergruppe von sich selbst und das (für sich stets eine Gruppe bildende) Eins-Element e heißen auch die *trivialen Untergruppen* von $\mathcal{G}$. Wenn wir e als Gruppe ansehen, schreiben wir $\{e\}$.

Definition 5.1 $\mathcal{H} < \mathcal{G}$ heißt *maximale Untergruppe* von $\mathcal{G}$, wenn es keine Gruppe $\mathcal{Z}$ gibt, für die $\mathcal{H} < \mathcal{Z} < \mathcal{G}$ gilt. Ist $\mathcal{H}$ eine maximale Untergruppe von $\mathcal{G}$, so ist $\mathcal{G}$ eine *minimale Obergruppe* von $\mathcal{H}$, $\mathcal{G} > \mathcal{H}$.

f) Ein Komplex von Elementen $g_1, g_2, \ldots$ heißt ein Satz von *Erzeugenden* von $\mathcal{G}$ (generators), wenn $\mathcal{G}$ (d. h. alle Elemente von $\mathcal{G}$) durch fortgesetzte Verknüpfung der Erzeugenden gewonnen werden kann. Die Symmetriegruppe des Quadrats kann zum Beispiel erzeugt werden aus $\{4, m_x\}$ oder $\{m_x, m_+\}$ oder $\{1, 4^{-1}, m_x, m_y\}$ oder $\{4, 2, 4^{-1}, m_-, m_+\}$ oder aus allen Elementen von $\mathcal{G}$.

Beispiel 5.1
Erzeugung der Symmetriegruppe des Quadrats aus den Erzeugenden $\{4, m_x\}$:
$4 \circ m_x \to m_-$; $m_x \circ m_- \to 4^{-1}$; $4 \circ m_- \to m_y$; $4 \circ m_y \to m_+$; $m_x \circ m_y \to 2$; $4 \circ 4^{-1} \to 1$

g) Eine Gruppe $\mathcal{G}$ heißt *zyklisch*, wenn sie aus einem ihrer Elemente $a \in \mathcal{G}$ (bei unendlichen Gruppen a und a^{-1}) erzeugt werden kann. Für endliche zyklische Gruppen ist die Ordnung von a die Gruppenordnung. Die Ordnung von $(\mathbb{Z}, +)$ ist unendlich, siehe oben, Buchstabe **b**); Erzeugende sind $a = 1$ und $a^{-1} = -1$.

h) Gruppen kleiner Ordnung können übersichtlich durch ihre Gruppentafel dargestellt werden, siehe das Beispiel in Tabelle 5.3. Die Verknüpfung ab von a und b steht im Schnittpunkt der Spalte von a und der Zeile von b. In der Gruppentafel steht in jeder Zeile und in jeder Spalte jedes Element genau einmal.

Frage. Woran erkennt man in einer Gruppentafel Elemente der Ordnung 2? (Antwort auf Seite 352).

i) Gruppen, die bis auf die Namen oder Symbole die gleiche Gruppentafel besitzen (eventuell nach Umordnung der Zeilen und/oder Spalten), heißen *isomorph*. Diese Definition wird allerdings unhandlich für Gruppen größerer Ordnung und sinnlos für unendliche Gruppen. Die wesentliche Eigenschaft ‚gleiche Gruppentafeln' lässt sich aber ohne Bezug auf die Gruppentafel definieren.

Es seien $\mathcal{G} = \{g_1, g_2, \ldots\}$ und $\mathcal{G}' = \{g'_1, g'_2, \ldots\}$ zwei Gruppen. ‚Gleiche Gruppentafel' bedeutet, dass sich für einander entsprechende Elemente g_i und g'_i bzw. g_k und g'_k immer auch die Produkte $g_i g_k$ und $g'_i g'_k$ entsprechen. Davon geht die Definition aus.

Definition 5.2 Zwei Gruppen $\mathcal{G}$ und $\mathcal{G}'$ sind isomorph, $\mathcal{G} \cong \mathcal{G}'$, wenn

(i) es eine umkehrbare Abbildung von $\mathcal{G}$ auf $\mathcal{G}'$ gibt, $g_i \rightleftarrows g'_i$

(ii) für jedes Paar $g_i, g_k \in \mathcal{G}$ das Produkt $g'_i g'_k$ der Bilder g'_i und g'_k gleich dem Bild $(g_i g_k)'$ des Produktes $g_i g_k$ ist. Formal: $g'_i g'_k = (g_i g_k)'$. Das Bild des Produkts ist gleich dem Produkt der Bilder.

Die Isomorphie gestattet eine Einteilung aller Gruppen in *Isomorphieklassen* von isomorphen Gruppen. Eine solche Klasse wird manchmal eine *abstrakte Gruppe* genannt, die Gruppen selbst *Realisierungen* der abstrakten Gruppe. Im gruppentheoretischen Sinne sind verschiedene Realisierungen derselben abstrakten Gruppe nicht unterschieden. Insbesondere ermöglicht die Isomorphie einer Gruppe von Abbildungen zu einer entsprechenden Matrix- oder Permutationsgruppe die analytische Behandlung der geometrischen Gruppe. Dies wurde schon im Beispiel von Abschnitt 5.1 ausgenutzt. Dort wurden drei Realisierungen verwendet:

1. die Gruppe der Abbildungen $\{1, 4, \ldots, m_-\}$;
2. die Permutationsgruppe, deren Elemente in Tab. 5.1 aufgeführt sind;
3. die Gruppe der in Tab. 5.2 genannten Matrizen.

5.3 Nebenklassenzerlegung einer Gruppe

Es sei $\mathcal{G}$ eine Gruppe und $\mathcal{H} < \mathcal{G}$ eine echte Untergruppe. Dann wird eine *Nebenklassenzerlegung* von $\mathcal{G}$ nach $\mathcal{H}$ wie folgt definiert:

1. Die Untergruppe $\mathcal{H}$ ist die erste *Nebenklasse* (englisch *coset*).

2. Ist $g_2 \in \mathcal{G}$, aber $g_2 \notin \mathcal{H}$, so bildet der Komplex $g_2\mathcal{H}$ die zweite Nebenklasse (linke Nebenklasse, da g_2 links steht).
Kein Element von $g_2\mathcal{H}$ ist Element von $\mathcal{H}$, und alle Elemente von $g_2\mathcal{H}$ sind untereinander verschieden. Die Nebenklassen $\mathcal{H}$ und $g_2\mathcal{H}$ haben daher je $|\mathcal{H}|$ Elemente.

3. Ist $g_3 \in \mathcal{G}$ aber $g_3 \notin \mathcal{H}$ und $g_3 \notin g_2\mathcal{H}$, so bildet der Komplex $g_3\mathcal{H}$ die dritte (linke) Nebenklasse. Die Elemente von $g_3\mathcal{H}$ sind untereinander verschieden und kein Element von $g_3\mathcal{H}$ kommt in $\mathcal{H}$ oder $g_2\mathcal{H}$ vor, die Elemente sind also alle neu.

4. So fährt man fort, bis kein Element von $\mathcal{G}$ mehr übrig ist. Man hat dann $\mathcal{G}$ in *linke Nebenklassen* nach $\mathcal{H}$ zerlegt. Analog erfolgt eine Zerlegung in rechte Nebenklassen $\mathcal{H}, \mathcal{H}g_2, \ldots$.

5. Die Anzahl der rechten oder linken Nebenklassen ist gleich und heißt der *Index* von $\mathcal{H}$ in $\mathcal{G}$.

Aus 1. bis 5. folgt, dass jedes Element von $\mathcal{G}$ in genau einer Nebenklasse vorkommt und dass jede Nebenklasse $|\mathcal{H}|$ Elemente enthält. Nur die erste Nebenklasse bildet eine Gruppe, nur sie enthält das Eins-Element. Ferner folgt aus $h_j\mathcal{H} = \mathcal{H}$, dass jedes Element $g_i h_j$ der Nebenklasse $g_i\mathcal{H}$ zur Erzeugung der Nebenklasse benutzt werden kann.

Mit $h_i \in \mathcal{H}$ und $n = |\mathcal{H}|$ verteilen sich die Elemente $g_i \in \mathcal{G}$ also wie folgt auf die linken Nebenklassen:

erste Nebenklasse	zweite Nebenklasse	dritte Nebenklasse	…	i-te Nebenklasse
$\mathcal{H} =$	$g_2\mathcal{H} =$	$g_3\mathcal{H} =$	…	$g_i\mathcal{H} =$
$e = h_1$	$g_2 e$	$g_3 e$	…	$g_i e$
h_2	$g_2 h_2$	$g_3 h_2$	…	$g_i h_2$
h_3	$g_2 h_3$	$g_3 h_3$	…	$g_i h_3$
$\vdots$	$\vdots$	$\vdots$	$\vdots$	$\vdots$
h_n	$g_2 h_n$	$g_3 h_n$	…	$g_i h_n$

insgesamt i Nebenklassen. Sie enthalten alle gleich viele Elemente.
In keiner befinden sich Elemente einer anderen Nebenklasse

Beispiel 5.2
Einige Nebenklassenzerlegungen der Symmetriegruppe des Quadrats, $\mathcal{G} = \{1, 2, 4, 4^{-1}, m_x, m_y, m_+, m_-\}$ (vgl. Abb. 5.1 und Tab. 5.3):

Zerlegung nach $\mathcal{H} = \{1, 2\}$

	1. Nebenklasse	2. Nebenklasse	3. Nebenklasse	4. Nebenklasse
linke Nebenklassen	$1 \circ \mathcal{H} = \{1, 2\}$	$4 \circ \mathcal{H} = \{4, 4^{-1}\}$	$m_x \circ \mathcal{H} = \{m_x, m_y\}$	$m_+ \circ \mathcal{H} = \{m_+, m_-\}$
rechte Nebenklassen	$\mathcal{H} \circ 1 = \{1, 2\}$	$\mathcal{H} \circ 4 = \{4, 4^{-1}\}$	$\mathcal{H} \circ m_x = \{m_x, m_y\}$	$\mathcal{H} \circ m_+ = \{m_+, m_-\}$

Es gibt vier Nebenklassen, der Index beträgt 4. Außerdem sind in diesem Fall die linken und rechten Nebenklassen gleich.

Zerlegung nach $\mathcal{H} = \{1, m_x\}$

	1. Nebenklasse	2. Nebenklasse	3. Nebenklasse	4. Nebenklasse
linke Nebenklassen	$1 \circ \mathcal{H} = \{1, m_x\}$	$4 \circ \mathcal{H} = \{4, m_-\}$	$2 \circ \mathcal{H} = \{2, m_y\}$	$4^{-1} \circ \mathcal{H} = \{4^{-1}, m_+\}$
rechte Nebenklassen	$\mathcal{H} \circ 1 = \{1, m_x\}$	$\mathcal{H} \circ 4 = \{4, m_+\}$	$\mathcal{H} \circ 2 = \{2, m_y\}$	$\mathcal{H} \circ 4^{-1} = \{4^{-1}, m_-\}$

Linke und rechte Nebenklassen sind ungleich.

Aus der Nebenklassenzerlegung einer endlichen Gruppe folgt der *Satz von Lagrange* (JOSEPH-LOUIS LAGRANGE, 1736–1813):

Satz 5.3 Ist $\mathcal{G}$ eine endliche Gruppe und $\mathcal{H} < \mathcal{G}$, so ist die Ordnung $|\mathcal{H}|$ von $\mathcal{H}$ ein Teiler der Ordnung $|\mathcal{G}|$ von $\mathcal{G}$.

Es gibt nämlich i Nebenklassen mit je $|\mathcal{H}|$ Elementen, jedes Element von $\mathcal{G}$ kommt genau einmal vor, also ist $|\mathcal{G}| = |\mathcal{H}| \cdot i$. Der Index ist also

$$i = \frac{|\mathcal{G}|}{|\mathcal{H}|} \tag{5.1}$$

Aus Satz 5.3 folgt, dass eine Gruppe von Primzahlordnung p nur triviale Untergruppen besitzt. Für die Symmetriegruppe des Quadrats der Ordnung 8 kann es nur Untergruppen der Ordnung 1 ($\{1\}$, trivial), 2, 4 und 8 ($\mathcal{G}$, trivial) geben.

Für unendliche Gruppen ist Gleichung (5.1) sinnlos. Wenn die Elemente der unendlichen Gruppe in einer Reihe geordnet sind, lässt sich jedoch aus dieser Reihe zum Beispiel jedes zweite Element herausnehmen. Die Anzahl der übrigen Elemente ist dann ‚halb so groß', obwohl es immer noch unendlich viele Elemente sind. Werden aus der unendlichen Gruppe $\mathbb{Z}$ der ganzen Zahlen alle ungeraden Zahlen entfernt, so bleibt die Gruppe der geraden Zahlen übrig. Das ist eine Untergruppe von $\mathbb{Z}$ vom Index 2. $\mathbb{Z}$ wurde so nämlich in zwei Nebenklassen zerlegt: in die Untergruppe $\mathcal{H}$ der geraden Zahlen und in eine Nebenklasse mit den ungeraden Zahlen:

erste Nebenklasse $\mathcal{H} =$		zweite Nebenklasse $1+\mathcal{H} =$	
	$e = 0$		$1+0=1$
-2	2	$1+(-2)=-1$	$1+2=3$
-4	4	$1+(-4)=-3$	$1+4=5$
$\vdots$	$\vdots$	$\vdots$	$\vdots$

Für Raumgruppen gilt ähnliches. Raumgruppen sind unendliche Gruppen, bestehend aus unendlich vielen Symmetrieoperationen. Man kann aber sagen, „die Untergruppe einer Raumgruppe vom Index 2 besteht aus halb so vielen Symmetrieoperationen". Dabei ist ‚halb so viel' im gleichen Sinne zu verstehen, wie „die Anzahl der geraden Zahlen ist halb so viel wie die Anzahl aller ganzen Zahlen". Für den endlichen Index zwischen zwei unendlichen Gruppen schreiben wir:

$$i = |\mathcal{G} : \mathcal{H}|$$

5.4 Konjugation

Die Nebenklassenzerlegung einer Gruppe $\mathcal{G}$ teilt die Elemente von $\mathcal{G}$ in Klassen ein; jedes Element gehört zu genau einer (Neben-)Klasse. Die Klassen sind gleich groß, aber die Elemente einer Klasse sind sehr verschieden. Zum Beispiel gehört zu den Elementen der Untergruppe (ersten Nebenklasse) das Eins-Element, die Ordnung aller anderen Elemente ist größer als 1. In diesem Abschnitt wird eine andere Klasseneinteilung der Elemente von $\mathcal{G}$ betrachtet: Diejenige in Konjugiertenklassen. Konjugiertenklassen sind im allgemeinen verschieden groß (lang), aber die Elemente einer Klasse haben vieles gemeinsam.

Definition 5.4 Die Elemente g_i und g_j, $g_i, g_j \in \mathcal{G}$ heißen *konjugiert in* $\mathcal{G}$, wenn es ein Element $g_m \in \mathcal{G}$ gibt, so dass $g_j = g_m^{-1} g_i g_m$ gilt. Die Menge der Elemente, die zu g_i konjugiert sind, wenn g_m alle Elemente von $\mathcal{G}$ durchläuft, heißt die *Konjugiertenklasse* von g_i.

Anders ausgedrückt: g_i kann durch g_m in g_j *transformiert* werden. Es kann mehrere Elemente $g_m, g_n, \ldots \in \mathcal{G}$ geben, die g_i in g_j transformieren. Die Rechenvorschrift $g_j = g_m^{-1} g_i g_m$ wird Konjugation genannt.

Bezogen auf Symmetriegruppen bedeutet das: zwei Symmetrieoperationen einer Symmetriegruppe $\mathcal{G}$ sind konjugiert, wenn sie durch eine andere Symmetrieoperation derselben Gruppe $\mathcal{G}$ ineinander transformiert werden.

Beispiel 5.3
In der Symmetriegruppe des Quadrats (Abb. 5.1) werden die Spiegelungen m_+ und m_- durch die Drehung 4 ineinander transformiert:

$$\overset{m_+}{\begin{pmatrix} 0 & \bar{1} \\ \bar{1} & 0 \end{pmatrix}} = \overset{4^{-1}}{\begin{pmatrix} 0 & 1 \\ \bar{1} & 0 \end{pmatrix}} \overset{m_-}{\begin{pmatrix} 0 & 1 \\ 1 & 0 \end{pmatrix}} \overset{4}{\begin{pmatrix} 0 & \bar{1} \\ 1 & 0 \end{pmatrix}}$$

Dasselbe bewirken die Drehung 4^{-1} und die Spiegelungen m_x und m_y, während die übrigen Symmetrieoperationen des Quadrats m_+ und m_- unverändert lassen. Die Spiegelungen m_+ und m_- sind konjugiert in der Symmetriegruppe des Quadrats. Zusammen bilden sie eine Konjugiertenklasse.

Eigenschaften der Konjugation:

1. Jedes Element von $\mathcal{G}$ gehört zu genau einer Konjugiertenklasse.
2. Die Anzahl der Elemente einer Konjugiertenklasse (die *Länge* der Konjugiertenklasse) ist verschieden; sie ist aber immer ein Teiler der Ordnung von $\mathcal{G}$.
3. Ein Element $g_i \in \mathcal{G}$ heißt *selbstkonjugiert*, wenn für alle $g_m \in \mathcal{G}$ die Gleichung gilt:

$$g_m^{-1} g_i g_m = g_i \tag{5.2}$$

   Da Gleichung (5.2) äquivalent zu $g_i g_m = g_m g_i$ ist, sagt man auch: „g_i *ist* mit allen Elementen von $\mathcal{G}$ *vertauschbar*."
4. Bei Abelschen Gruppen folgt aus Gleichung (5.2), dass jedes Element selbstkonjugiert ist, also eine Konjugiertenklasse für sich bildet. Ebenso bildet das Einselement $e \in \mathcal{G}$ jeder Gruppe eine Klasse für sich.
5. Elemente der gleichen Konjugiertenklasse besitzen die gleiche Ordnung.

Definition 5.5 Untergruppen $\mathcal{H}, \mathcal{H}' < \mathcal{G}$ heißen *konjugierte Untergruppen* in $\mathcal{G}$, wenn es ein Element $g_m \in \mathcal{G}$ gibt, so dass $\mathcal{H}' = g_m^{-1} \mathcal{H} g_m$ gilt. Die Menge der Untergruppen, die zu $\mathcal{H}$ konjugiert sind, wenn g_m alle Elemente von $\mathcal{G}$ durchläuft, bildet eine Konjugiertenklasse.

Beispiel 5.4
Wie in Beispiel 5.3 erklärt, sind m_+ und m_- konjugierte Elemente der Symmetriegruppe $\mathcal{G}$ des Quadrats. Die Gruppen $\{1, m_+\}$ und $\{1, m_-\}$ sind konjugierte Untergruppen von $\mathcal{G}$ weil $4^{-1}\{1, m_+\}4 = \{1, m_-\}$. Diese zwei Gruppen bilden eine Konjugiertenklasse. Die konjugierten Untergruppen $\{1, m_x\}$ und $\{1, m_y\}$ bilden eine weitere Konjugiertenklasse; $4^{-1}\{1, m_x\}4 = \{1, m_y\}$.

Satz 5.6 Konjugierte Untergruppen sind isomorph und haben somit die gleiche Ordnung.

Die Menge aller Untergruppen von $\mathcal{G}$ wird durch Konjugation in *Konjugiertenklassen von Untergruppen* eingeteilt. Untergruppen derselben Konjugiertenklasse sind isomorph. Die Anzahl der Untergruppen in einer solchen Klasse ist ein Teiler der Ordnung $|\mathcal{G}|$. Jede Untergruppe von $\mathcal{G}$ gehört zu genau einer Konjugiertenklasse. Verschiedene Konjugiertenklassen können verschiedene Mengen von Untergruppen enthalten.

Auf konjugierte Untergruppen von Raumgruppen gehen wir in Kapitel 8 näher ein.

Definition 5.7 Es sei $\mathcal{H} < \mathcal{G}$. Gilt $g_m^{-1}\mathcal{H}\,g_m = \mathcal{H}$ für alle $g_m \in \mathcal{G}$, so heißt $\mathcal{H}$ ein *Normalteiler* von $\mathcal{G}$: $\mathcal{H} \lhd \mathcal{G}$ (auch *invariante* oder *selbstkonjugierte Untergruppe* genannt).

Die Gleichung $g_m^{-1}\mathcal{H}\,g_m = \mathcal{H}$ ist gleichwertig mit $\mathcal{H}\,g_m = g_m\mathcal{H}$. Für einen Normalteiler liefern also rechte und linke Nebenklassenzerlegung die gleichen Nebenklassen. Der Begriff Normalteiler kann auch durch diese Eigenschaft der Nebenklassenzerlegung definiert werden. Daraus folgt dann die Selbstkonjugiertheit in $\mathcal{G}$. Im Beispiel 5.2 ist $\{1, 2\}$ Normalteiler, $\{1, 2\} \lhd \mathcal{G}$, aber nicht $\{1, m_x\}$.

Jede Gruppe $\mathcal{G}$ hat zwei triviale Normalteiler: Das Einselement e und sich selbst ($\mathcal{G}$). Alle anderen Normalteiler heißen *echte Normalteiler*.

5.5 Faktorgruppe und Homomorphismen

Die Nebenklassen einer Gruppe $\mathcal{G}$ nach einem Normalteiler $\mathcal{N} \lhd \mathcal{G}$ bilden eine Gruppe $\mathcal{F}$, welche die *Faktorgruppe* von $\mathcal{G}$ nach $\mathcal{N}$ genannt wird, $\mathcal{F} = \mathcal{G}/\mathcal{N}$. Dabei werden die Nebenklassen als die neuen Gruppenelemente betrachtet. Das Verknüpfungsgesetz ist die Komplexmultiplikation, siehe Abschnitt 5.2, Buchstabe **d**. Der Übergang von Gruppenelementen zu Nebenklassen ist anschaulich vergleichbar mit dem Verpacken von Streichhölzern in Streichholzschachteln: Zunächst hat man es mit den Streichhölzern selbst zu tun; nach dem Verpacken sieht man nur noch die (nun gefüllten) Schachteln als neue Elemente und hantiert mit diesen.

Beispiel 5.5
Die Punktgruppe $3m$ besteht aus den Elementen 1, 3, 3^{-1}, m_1, m_2, m_3. Ihre Untergruppe 3 besteht aus den Elementen 1, 3, 3^{-1}; sie ist zugleich die erste Nebenklasse der Nebenklassenzerlegung von $3m$ nach 3. Der Komplex $m_1\{1, 3, 3^{-1}\} = \{m_1, m_2, m_3\}$ bildet die zweite Nebenklasse; linke und rechte Nebenklasse stimmen überein, die Untergruppe 3 ist also Normalteiler. Die Faktorgruppe $3m/3$ besteht aus den beiden Elementen $\{1, 3, 3^{-1}\}$ und $\{m_1, m_2, m_3\}$. Es werden also nur noch die Drehungen gemeinsam und die Spiegelungen gemeinsam als je ein Element betrachtet. Der Normalteiler, in diesem Beispiel $\{1, 3, 3^{-1}\}$, ist das Eins-Element der Faktorgruppe.

Faktorgruppen spielen nicht nur in der Gruppentheorie, sondern auch in der Kristallographie und in der Darstellungstheorie eine wichtige Rolle. Allgemein gilt:

Der Normalteiler $\mathcal{N}$ der Gruppe $\mathcal{G}$ ist das Einselement der Faktorgruppe $\mathcal{F} = \mathcal{G}/\mathcal{N}$.

Das inverse Element zu $g_i\mathcal{N}$ ist $g_i^{-1}\mathcal{N}$.

Beispiel 5.6
Es sei $\mathcal{G}$ die Gruppe des Quadrats (vgl. Abschnitt 5.1) und $\mathcal{N}$ der Normalteiler $\{1,2\} \lhd \mathcal{G}$. Die Gruppentafel der Faktorgruppe $\mathcal{F}$ ist:

	$\{1,2\}$	$\{4,4^{-1}\}$	$\{m_x,m_y\}$	$\{m_+,m_-\}$
$\{1,2\}$	$\{1,2\}$	$\{4,4^{-1}\}$	$\{m_x,m_y\}$	$\{m_+,m_-\}$
$\{4,4^{-1}\}$	$\{4,4^{-1}\}$	$\{1,2\}$	$\{m_+,m_-\}$	$\{m_x,m_y\}$
$\{m_x,m_y\}$	$\{m_x,m_y\}$	$\{m_+,m_-\}$	$\{1,2\}$	$\{4,4^{-1}\}$
$\{m_+,m_-\}$	$\{m_+,m_-\}$	$\{m_x,m_y\}$	$\{4,4^{-1}\}$	$\{1,2\}$

Das Eins-Element ist $\{1,2\}$. Die Gruppentafel ist gleich derjenigen der Punktgruppe $mm2$, die Faktorgruppe ist also isomorph zu $mm2$.

Im vorstehenden Beispiel ist $\mathcal{F}$ isomorph zu einer Untergruppe von $\mathcal{G}$. Das muss keineswegs sein; bei Raumgruppen sind sehr häufig Faktorgruppen nicht isomorph zu einer Untergruppe. Der grundsätzliche Unterschied zwischen den Faktorgruppen $\mathcal{F}$ und den Untergruppen $\mathcal{H}$ einer Gruppe $\mathcal{G}$ lässt sich an einem geometrischen Vergleich erkennen:

Eine Untergruppe entspricht einem Schnitt durch einen Körper; im Schnitt ist nicht der ganze Körper zu sehen, sondern nur ein Teil, von diesem aber alle Einzelheiten. Eine Faktorgruppe entspricht einer Projektion des Körpers auf eine Ebene: Jedes Volumenelement des Körpers trägt zum Bild bei, doch wird immer eine Säule von Volumenelementen auf ein Bildelement projiziert, die Individualität der Elemente des Körpers geht verloren.

Normalteiler und Faktorgruppen sind eng mit den homomorphen Abbildungen oder Homomorphismen verknüpft.

Definition 5.8 Eine Abbildung $\mathcal{G} \to \mathcal{G}'$ heißt *homomorph* oder ein *Homomorphismus*, wenn mit $g_i \to g_i'$ und $g_k \to g_k'$ auch für alle Paare $g_i, g_k \in \mathcal{G}$ gilt:

$$(g_i g_k)' = g_i' g_k' \qquad (5.3)$$

Das Bild des Produktes ist gleich dem Produkt der Bilder.

Dies ist auch die Bedingung des Isomorphismus, siehe Abschnitt 5.2, Buchstabe **i**. Während aber beim Isomorphismus jedem Bildelement genau ein Ausgangselement zugeordnet ist, die Abbildung daher umgekehrt werden kann, gibt es bei der Definition des Homomorphismus keine Aussage darüber, wieviele Elemente von $\mathcal{G}$ auf ein Element von $\mathcal{G}'$ abgebildet werden. Der Isomorphismus ist also ein spezieller Homomorphismus.

Beispiel 5.7
$\mathcal{G} = \{\boldsymbol{W}_1, \dots, \boldsymbol{W}_8\}$ sei die Gruppe der Abbildungsmatrizen des Quadrats (Tab. 5.2, S. 59). Ihre Determinanten haben den Zahlenwert $\det(\boldsymbol{W}_i) = \pm 1$. Wenn wir jeder der Matrizen ihre Determinante zuordnen, so ist dies eine homomorphe Abbildung der Gruppe $\mathcal{G}$ der Matrizen auf die Gruppe der Zahlen $\mathcal{G}' = \{-1, 1\}$; -1 und 1 bilden eine Gruppe bezüglich der Multiplikation als Verknüpfung. Gleichung (5.3) ist erfüllt, weil $\det(\boldsymbol{W}_i\boldsymbol{W}_k) = \det(\boldsymbol{W}_i)\det(\boldsymbol{W}_k)$. Die Abbildung ist nicht umkehrbar, denn die Determinante 1 wurde vier der Matrizen zugeordnet und die Determinante -1 den anderen vier.

Die nähere Analyse zeigt, dass ein Homomorphismus eine sehr enge Beziehung zwischen $\mathcal{G}$ und $\mathcal{G}'$ bedingt, siehe zum Beispiel im Lehrbuch von LEDERMANN [55].

Satz 5.9 Es sei $\mathcal{G} \rightarrow \mathcal{G}'$ ein Homomorphismus von $\mathcal{G}$ auf $\mathcal{G}'$. Dann wird ein Normalteiler $\mathcal{K} \trianglelefteq \mathcal{G}$ auf e', das Einselement von $\mathcal{G}'$, abgebildet, und die Nebenklassen $g_i\mathcal{K}$ werden auf die übrigen Elemente von $g_i' \in \mathcal{G}'$ abgebildet. Die Faktorgruppe $\mathcal{G}/\mathcal{K}$ ist also isomorph zu $\mathcal{G}'$. Der Normalteiler $\mathcal{K}$ heißt der Kern des Homomorphismus. Ist $\mathcal{K} = e$, so ist der Homomorphismus ein Isomorphismus, d. h. $\mathcal{G}'$ ist isomorph zu $\mathcal{G}$.

Satz 5.9 ist von überragender Bedeutung für die Kristallographie. Setzen wir für $\mathcal{G}$ die Raumgruppe einer Kristallstruktur, für $\mathcal{K}$ die Gruppe aller Translationen dieser Struktur und für $\mathcal{G}'$ die Punktgruppe der makroskopischen Symmetrie des Kristalls; nach diesem Satz ist dann die Punktgruppe eines Kristalls isomorph ist zur Faktorgruppe der Raumgruppe nach der Gruppe ihrer Translationen. Darauf gehen wir im Abschnitt 6.1.2 näher ein.

5.6 Operation einer Gruppe auf einer Menge

Für die Kristallchemie sind Gruppen trotz ihrer Wichtigkeit nicht von primärem Interesse. Natürlich werden sie benötigt, da die Symmetrie der Kristalle durch Isometrie-Gruppen beschrieben wird; sie bilden die Basis aller Betrachtungen, und die Kenntnis des Umgangs mit ihnen ist Grundlage jeder tiefergehenden Beschäftigung mit kristallchemischen Zusammenhängen. Primär aber liegt das Interesse bei den Kristallstrukturen selbst, bei ihrem Aufbau aus Partialstrukturen symmetrisch gleichwertiger Bausteine und bei der Wechselwirkung zwischen Teilchen gleicher oder verschiedener Partialstrukturen. Dahinter steckt die Symmetriegruppe der Kristallstruktur. Was also eigentlich interessiert, ist der Einfluss der Gruppe auf die Punkte (Teilchenschwerpunkte) des Punktraumes: Welche Punkte werden symmetrisch gleichwertig, welche sind invariant unter welchen Symmetrieoperationen usw. Das Konzept ‚*Operation einer Gruppe auf einer Menge*' befasst sich mit solchen Fragen. Es ist aber sehr viel allgemeiner, da die Gruppen und die Mengen beliebig sein können. Ähnlich wie für Gruppen gibt es *Postulate*, die erfüllt sein müssen:

Es sei $\mathcal{G}$ eine Gruppe mit Elementen $g_1 = e, g_2, \ldots, g_i, \ldots$ und M eine Menge mit Elementen $m_1, m_2, \ldots, m_i, \ldots$.

Definition 5.10 Die Gruppe $\mathcal{G}$ operiert auf der Menge M, wenn gilt:

1. Für jedes $g_i \in \mathcal{G}$ und jedes $m \in M$ ist $m_i = g_i m$ ein eindeutig bestimmtes Element $m_i \in M$.
2. Für jedes $m \in M$ und das Einheitselement $e \in \mathcal{G}$ gilt $em = m$.
3. Für jedes Paar $g_i, g_k \in \mathcal{G}$ und jedes $m \in M$ gilt $g_k(g_i m) = (g_k g_i)m$.

Definition 5.11 Die Menge der Elemente $m_i \in M$, die als $m_i = g_i m$ erhalten werden, wenn g_i die Gruppe $\mathcal{G}$ durchläuft, heißt das $\mathcal{G}$-Orbit von m oder kurz das *Orbit* $\mathcal{G}m$.

Auf Kristalle angewandt bedeutet das: $\mathcal{G}$ sei die Raumgruppe einer Kristallstruktur und m sei ein Atom aus der Menge M aller Atome. Das Orbit $\mathcal{G}m$ ist die Menge aller Atome, die zum Atom m im Kristall symmetrieäquivalent sind. Allgemeiner formulieren wir für Kristalle:

Definition 5.12 Die Abbildung eines Punktes X_o durch die Symmetrieoperationen einer Raumgruppe liefert eine unendliche Punktmenge, die als das *$\mathcal{G}$-Orbit (kristallographisches Punkt-Orbit)* von X_o oder kurz als $\mathcal{G}X_o$ bezeichnet wird.

Ein $\mathcal{G}$-Orbit ist unabhängig davon, welcher seiner Punkte als Ausgangspunkt X_o gewählt wird. Die verschiedenen $\mathcal{G}$-Orbits des Punktraums haben keine gemeinsamen Punkte. Hätten zwei $\mathcal{G}$-Orbits einen Punkt gemeinsam, so wären sie identisch. Die Raumgruppe bewirkt also eine Einteilung des Punktraumes in $\mathcal{G}$-Orbits. Kristallographische Punkt-Orbits werden im Abschnitt 6.5 eingehender behandelt.

Beispiel 5.8
Die Raumgruppe von Zinkblende ist $F\bar{4}3m$ (Abb. 1.1). Ein Zink-Atom befinde sich im Punkt $X_{\mathrm{Zn}} = (\frac{1}{4}, \frac{1}{4}, \frac{1}{4})$. Durch die Symmetrieoperationen von $F\bar{4}3m$ befinden sich weitere symmetrieäquivalente Zink-Atome in den Punkten $\frac{3}{4}, \frac{3}{4}, \frac{1}{4}$, $\frac{3}{4}, \frac{1}{4}, \frac{3}{4}$ und $\frac{1}{4}, \frac{3}{4}, \frac{3}{4}$ sowie in unendlich vielen weiteren Punkten, die sich aus den genannten Punkten durch Addition von (q, r, s) ergeben, mit $q, r, s =$ beliebig positiv oder negativ ganzzahlig. Die Gesamtheit dieser symmetrieäquivalenten Zink-Lagen bildet ein (kristallographisches Punkt-)Orbit. Ausgehend von $X_{\mathrm{S}} = (0, 0, 0)$ nehmen die Schwefel-Atome ein zweites Orbit ein.

Definition 5.13 Die Menge aller $g_i \in \mathcal{G}$, für die $g_i m = m$ gilt, heißt der Stabilisator $\mathcal{S}$ von m in $\mathcal{G}$.

In einem Kristall ist der Stabilisator von m in $\mathcal{G}$ die Menge aller Symmetrieoperationen der Raumgruppe $\mathcal{G}$, die das Atom m auf sich selbst abbilden. Der Stabilisator ist nichts anderes als die Lagesymmetrie des Punktes X_o, in dem sich das Atom befindet (Abschnitt 6.1.1). Für das Beispiel der Zinkblende gilt: Sowohl das Orbit der Zn-Atome wie das Orbit der S-Atome hat als Stabilisator die Punktgruppe $\bar{4}3m$.

Der Stabilisator ist eine Untergruppe von $\mathcal{G}$: $\mathcal{S} \leq \mathcal{G}$. Bildet das Element $g_k \in \mathcal{G}$, $g_k \notin \mathcal{S}$, das Element $m \in M$ auf $m_k \in M$ ab, so tun dies offensichtlich auch die Elemente $g_k\mathcal{S} \subset \mathcal{G}$. Genau eines dieser Elemente bildet m auf m_k ab.

Satz 5.14 Ist $|\mathcal{G}|$ die Ordnung der endlichen Gruppe $\mathcal{G}$ und $|\mathcal{S}|$ die Ordnung des Stabilisators $\mathcal{S}$ des Elements $m \in M$, so ist $L = |\mathcal{G}|/|\mathcal{S}|$ die *Länge des Orbits* $\mathcal{G}m$.

Bei Symmetriegruppen ist mit ‚Länge' nichts anderes gemeint, als ‚Anzahl der symmetrieäquivalenten Punkte'. Zum Beispiel hat die Symmetriegruppe $\mathcal{G}$ des Quadrats die

Ordnung $|\mathcal{G}| = 8$. Der Eckpunkt $m =$ ① des Quadrats (Abb. 5.1) wird durch die Symmetrieoperationen 1 und m_- auf sich selbst abgebildet, der Stabilisator ist also die Gruppe $\mathcal{S} = \{1, m_-\}$ mit der Ordnung $|\mathcal{S}| = 2$ (Lagesymmetriegruppe von Punkt ①). Die Länge des Orbits $\mathcal{G}m$ ist $L = 8/2 = 4$; es gibt vier Punkte, die zum Punkt ① symmetrieäquivalent sind.

5.7 Übungsaufgaben

Lösungen auf Seite 352

5.1. Wie erkennt man an der Gruppentafel, ob das Ergebnis der Verknüpfungen unabhängig von der Reihenfolge der Elemente ist?

5.2. Welche sind die Ordnungen der Symmetrieoperationen der Symmetriegruppe des Quadrates in Abschnitt 5.1 (man verwechsle nicht die Ordnungen der Symmetrieoperationen mit der Ordnung der Gruppe)?

5.3. Zählen Sie die Elemente der Symmetriegruppe eines trigonalen Prismas auf. Welche Ordnung hat die Gruppe? Stellen Sie die Permutationsgruppe für die Ecken eines trigonalen Prismas in der Art wie in Tab. 5.1 auf (nummerieren Sie die Ecken der unteren Basisfläche mit 1, 2, 3 und die der oberen mit 4, 5, 6, wobei Ecke 4 über Ecke 1 liegt). Stellen Sie durch Nacheinanderausführen der Permutationen fest, welche Symmetrieoperation sich ergibt, wenn zuerst die Inversionsdrehung $\overline{6}$ und dann die horizontale Spiegelung m_z ausgeführt wird. Verfahren Sie entsprechend für andere Kombinationen von Symmetrieoperationen und stellen Sie die Gruppentafel auf.

5.4. Bilden und vergleichen Sie die rechte und linke Nebenklassenzerlegung von $\overline{6}m2$ (Symmetriegruppe des trigonalen Prismas) nach der Untergruppe $\{1, 3, 3^{-1}\}$. Was fällt auf? Welcher ist der Index? Dasselbe für die Untergruppe $\{1, m_1\}$ ($m_1 =$ Spiegelung, bei der die Ecken 1 und 4 auf sich selbst abgebildet werden). Was ist diesmal anders?

5.5. Welche Nebenklassen sind Untergruppen von $\mathcal{G}$?

5.6. Warum ist eine Untergruppe vom Index 2 immer Normalteiler?

5.7. Die zweidimensionale Symmetriegruppe $4mm$ des Quadrates und ihre Gruppentafel wird in Abschnitt 5.1 behandelt.

a) Welche sind die Untergruppen von $4mm$ und wie findet man sie? Welche davon sind maximal?

b) Warum können m_x und m_+ nicht Elemente derselben Untergruppe sein?

c) Welche Untergruppen sind zueinander konjugiert und was bedeutet das geometrisch?

d) Welche der Untergruppen sind Normalteiler?

e) Zeichnen Sie einen hierarchisch geordneten Verband aller Untergruppen nach folgenden Vorgaben: $4mm$ steht an der Spitze; alle Untergruppen derselben Ordnung stehen in derselben Zeile; jede Gruppe ist mit jeder ihrer maximalen Untergruppen durch eine Linie verbunden; konjugierte Untergruppen sind durch waagerechte Linien verbunden.

5.8. Notieren Sie die Nebenklassenzerlegung der Gruppe $\mathbb{Z}$ der ganzen Zahlen nach der Untergruppe der durch 5 teilbaren Zahlen $\{0, \pm 5, \pm 10, \pm 15, \dots\}$. Welchen Index hat die Untergruppe $\{0, \pm 5, \pm 10, \pm 15, \dots\}$? Ist diese Untergruppe Normalteiler?

5.9. In Beispiel 5.6 ist die Gruppentafel der Faktorgruppe $\mathcal{F} = \mathcal{G}/\{\mathit{1}, \mathit{2}\}$ der Gruppe $\mathcal{G}$ des Quadrats angegeben. Ist $\mathcal{F}$ eine Abelsche Gruppe?

Kristallographische Grundbegriffe, 3. Teil

6

In diesem Kapitel soll das in den Kapiteln 3 (Abbildungen) und 5 (Gruppen) Behandelte auf die Symmetrie der Kristalle angewandt werden. Dabei wird es auch um eine Klärung der Begriffe gehen, da durch die unglückliche, historisch bedingte Nomenklatur allerlei Verwirrung gestiftet wird.

6.1 Raumgruppen und Punktgruppen

Das Wort ‚Punktgruppe' wird für zwei verschiedene Begriffe benutzt, die eng verwandt, aber nur scheinbar identisch sind:

1. die Symmetrie eines Moleküls (oder sonstiger endlicher Teilchen-Anordnung) oder die Umgebung eines Punktes in einer Kristallstruktur (Lagesymmetrie);
2. die Symmetrie eines makroskopischen ideal ausgebildeten Kristalls.

Wir betrachten zunächst die Molekülsymmetrie.

6.1.1 Molekülsymmetrie

Gegeben sei ein Molekül aus endlich vielen Atomen. Die Menge aller Isometrien, welche das Molekül auf sich abbilden (als ganzes festlassen), heißt die *Molekülsymmetrie*.

Definition 6.1 Die Molekülsymmetrie bildet eine Gruppe, welche die *Punktgruppe* $\mathcal{P}_M$ *des Moleküls* genannt wird.

Punktgruppen werden mit Hermann-Mauguin- oder Schoenflies-Symbolen bezeichnet, die in den Abschnitten 6.3.1 und 6.3.2 erklärt werden.

Wenn das Molekül aus endlich vielen Atomen besteht und durch endlich viele Isometrien auf sich abgebildet wird, ist die Gruppe $\mathcal{P}_M$ endlich. Bei linearen Molekülen wie H_2 und CO_2 ist die Gruppe jedoch unendlich (wegen der unendlichzähligen Molekülachse).

Polymere Moleküle bestehen im Prinzip auch aus endlich vielen Atomen, jedoch ist es praktikabler, sie wie Ausschnitte aus unendlich großen Molekülen zu behandeln, so

U. Müller, *Symmetriebeziehungen zwischen Kristallstrukturen*,
https://doi.org/10.1007/978-3-662-67166-5_6

wie Kristalle als Ausschnitte aus unendlichen Idealkristallen behandelt werden. Hat ein (unendlich langes) Idealmolekül Translationssymmetrie in einer Richtung, so ist seine Symmetriegruppe eine *Balkengruppe*. Hat es einen schichtförmigen Aufbau mit Translationssymmetrie in zwei Dimensionen, dann ist es eine *Schichtgruppe*. Mit Schichtgruppen werden dreidimensionale Objekte beschrieben, die nur in zwei Dimensionen Translationssymmetrie haben, zum Beispiel eine einzelne Schicht aus einem Schichtsilicat. Balken- und Schichtgruppen werden in Abschnitt 7.4 behandelt.

Moleküle haben immer eine Ausdehnung im dreidimensionalen Raum, sie sind immer dreidimensionale Objekte. Wenn in der chemischen Literatur von ein- oder zweidimensionalen Molekülen die Rede ist, sind meistens Moleküle gemeint, deren Atome über *kovalente chemische Bindungen* zu Strängen oder Schichten zusammengefügt sind. Wenn Physiker von ein- oder zweidimensionalen Strukturen sprechen, haben sie meistens stark anisotrope physikalische Eigenschaften im Sinn, zum Beispiel die elektrische Leitfähigkeit. Trotzdem gilt: Die Strukturen sind immer dreidimensional; ein- oder zweidimensionale Strukturen existieren nicht, auch wenn sie so genannt werden. Die Projektion einer Schicht auf eine parallele Ebene ist jedoch zweidimensional.

Die Punktgruppen werden nach ihrer Äquivalenz in *Punktgruppentypen* eingeteilt.

Definition 6.2 Zwei Punktgruppen $\mathcal{P}_{\mathrm{M1}}$ und $\mathcal{P}_{\mathrm{M2}}$ gehören zum gleichen Punktgruppentyp, wenn nach Wahl geeigneter Basen (Ursprung ist jeweils der Schwerpunkt) die Matrixgruppen von $\mathcal{P}_{\mathrm{M1}}$ und $\mathcal{P}_{\mathrm{M2}}$ übereinstimmen.

Alle Symmetrieoperationen eines endlich großen Moleküls lassen immer seinen Schwerpunkt fest. Wird dieser als Ursprung gewählt, dann werden alle Symmetrieoperationen durch Matrix-Spalte-Paare der Art $(\boldsymbol{W}, \boldsymbol{o})$ dargestellt. In der Praxis ist das gleichbedeutend mit der Beschränkung auf die Matrixteile $\boldsymbol{W}$, d. h. auf (3×3)-Matrizen.

Ein beliebiger Punkt (z. B. Atommittelpunkt) eines Moleküls kann auch von anderen Symmetrieoperationen als der Identität auf sich abgebildet (festgelassen) werden.

Definition 6.3 Ein Punkt in einem Molekül hat eine bestimmte *Lagesymmetrie* $\mathcal{S}$ (*Lagesymmetriegruppe*, site symmetry group). Sie besteht aus all den Symmetrieoperationen der Punktgruppe des Moleküls, welche den Punkt festlassen.

Die Lagesymmetriegruppe $\mathcal{S}$ ist stets eine Untergruppe der Punktgruppe des Moleküls: $\mathcal{S} \leq \mathcal{P}_{\mathrm{M}}$. Die Gruppe $\mathcal{S}$ entspricht dem Stabilisator, siehe Definition 5.13.

Definition 6.4 Ist die Lagesymmetrie $\mathcal{S}$ für einen Punkt X des Moleküls nur die identische Abbildung, $\mathcal{S} = \mathcal{I}$, so befindet sich der Punkt in der *allgemeinen Lage*. Andernfalls, bei $\mathcal{S} > \mathcal{I}$, befindet sich der Punkt in einer *speziellen Lage*.

In diesem Zusammenhang bedeutet der Ausdruck ‚Lage‘ nicht ‚ein bestimmter Platz im Raum‘, sondern ist im Sinne von Punktlage gemäß Definition 6.6 zu verstehen. Jede Punktgruppe hat nur *eine* allgemeine Lage, die in fast allen Fällen aus mehreren symmetrieäquivalenten Punkten besteht. Die Punktgruppe kann aber mehrere spezielle Lagen haben.

Die Punktgruppe $\mathcal{P}_M$ des Moleküls operiert auf dem Molekül im Sinne von Abschnitt 5.6. Analog zur Definition 5.12 bildet die Menge der Punkte, die symmetrieäquivalent zum Punkt X sind, das *Orbit von X unter* $\mathcal{P}_M$. Nach Satz 5.14 ist die Länge des $\mathcal{P}_M$-Orbits eines Punktes X_a allgemeiner Lage $L = |\mathcal{P}_M|$, d. h. es gibt $|\mathcal{P}_M|$ symmetrisch gleichwertige Punkte allgemeiner Lage. Für Punkte X_s spezieller Lage mit der Lagesymmetrie der Ordnung $|\mathcal{S}|$ gibt es $|\mathcal{P}|/|\mathcal{S}|$ symmetrisch gleichwertige Punkte. Die Länge eines Orbits wird Zähligkeit genannt.

Satz 6.5 Die *Zähligkeit* (multiplicity) eines Punktes allgemeiner Lage im Molekül ist gleich der Gruppenordnung $|\mathcal{P}_M|$. Ist $|\mathcal{S}|$ die Ordnung der Lagesymmetrie eines Punktes spezieller Lage, so ist das Produkt aus der Zähligkeit Z_s dieses Orbits und $|\mathcal{S}|$ gleich der Zähligkeit Z_a des Punktes allgemeiner Lage:

$$|\mathcal{S}| \cdot Z_s = Z_a.$$

Beispiel 6.1

Die Symmetrie des NH_3-Moleküls besteht aus den Drehungen 1, 3, 3^{-1} und drei Spiegelungen m_1, m_2, m_3. Sie ist also eine Gruppe der Ordnung 6. Die Atome nehmen zwei spezielle Orbits ein:
N-Atom mit $|\mathcal{S}_N| = 6$ und $Z_N = 1$ und drei H-Atome mit $|\mathcal{S}_H| = 2$ und $Z_H = 3$.
Für jedes der Wasserstoffatome sind die Symmetrieverhältnisse die gleichen. Insgesamt gibt es nur drei Typen von Orbits in diesem Fall:

1. Spezielle Lage auf der dreizähligen Drehachse. Es gibt nur ein Teilchen (N-Atom).
2. Spezielle Lage auf einer Spiegelebene. Es gibt drei symmetrisch gleichwertige Teilchen (H-Atome).
3. Allgemeine Lage überall sonst mit sechs gleichwertigen Teilchen (im Beispiel nicht verwirklicht).

Definition 6.6 Zwei $\mathcal{P}_M$-Orbits O_1 und O_2 gehören zur selben *Punktlage* (Wyckoff position), wenn nach Wahl zweier beliebiger Punkte $P_1 \in O_1$ und $P_2 \in O_2$ ihre Lagesymmetrien $\mathcal{S}_1$ und $\mathcal{S}_2$ in $\mathcal{P}_M$ konjugiert sind, wenn es also irgendeine Symmetrieoperation $g \not\subset \mathcal{S}_1, \mathcal{S}_2$ der Punktgruppe $\mathcal{P}_M$ gibt, für welche die Gleichung erfüllt ist:

$$\mathcal{S}_2 = g^{-1}\mathcal{S}_1 g \qquad g \not\subset \mathcal{S}_1, \mathcal{S}_2$$

Beispiel 6.2

Das Muster der Atome eines Metall-Porphirin-Komplexes hat die gleiche zweidimensionale Punktgruppe wie das Quadrat (vgl. Abb. 5.1). Die Atome C^1, C^6, C^{11}, C^{16} sind symmetrieäquivalent, sie bilden ein Orbit. Die Atome H^1, H^6, H^{11}, H^{16} bilden ein zweites Orbit. Das Atom C^1 befindet sich auf der Spiegellinie m_y, seine Lagesymmetriegruppe ist $\mathcal{S}(C^1) = \{1, m_y\}$. Die Lagesymmetriegruppe des Atoms H^6 ist $\mathcal{S}(H^6) = \{1, m_x\}$.

Aus der Gruppentafel (Tab. 5.3) ergibt sich:

$$4^{-1}\{1, m_y\}4 = \{1, m_x\}$$

Die Lagesymmetrie des Atoms C^1 ist also konjugiert zu der von H^6; die Orbits der Atome C^1 und H^6, d. h. die Punkte C^1, C^6, C^{11}, C^{16}, H^1, H^6, H^{11} und H^{16} gehören zur selben Punktlage. Das Orbit der vier Atome N^1, N^2, N^3 und N^4 gehört zu einer anderen Punktlage: N^1 befindet sich auf der Spiegellinie m_- mit der Lagesymmetriegruppe $\mathcal{S}(N^1) = \{1, m_-\}$. $\{1, m_-\}$ und $\{1, m_y\}$ sind verschiedene Lagesymmetriegruppen; für keine Symmetrieoperation g des Quadrats gilt $m_- = g^{-1}m_y g$. Alle anderen C- und H-Atome haben die Lagesymmetriegruppe $\{1\}$ (allgemeine Punktlage).

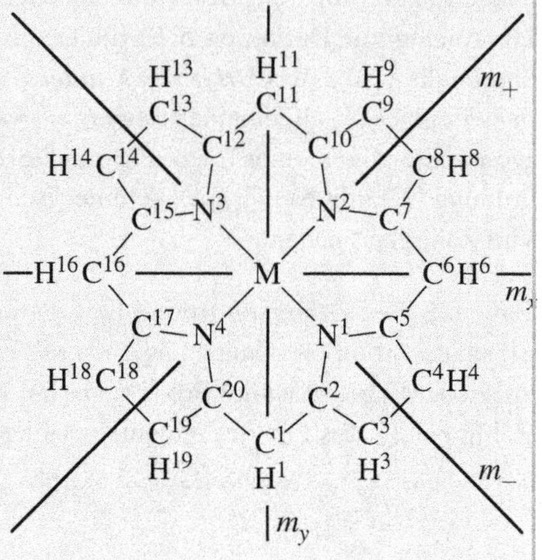

Das Beispiel zeigt: Die Punkte C^1, C^6, C^{11}, C^{16}, die als symmetrieäquivalente Punkte ein Orbit bilden, gehören zur selben Punktlage wie H^1, H^6, H^{11}, H^{16}. Atome auf speziellen Lagen gehören dann zur selben Punktlage, wenn die Symmetrieelemente, auf denen sie sich befinden, über eine Symmetrieoperation der Punktgruppe äquivalent sind. Die Spiegellinien m_x und m_y sind über die vierzählige Drehung äquivalent und somit konjugiert, und alle Punkte auf diesen Spiegellinien (ausgenommen ihr Schnittpunkt) gehören zur selben Punktlage. Der Schnittpunkt (Lage des M-Atoms) hat eine andere Lagesymmetrie und eine andere Punktlage. Die Spiegellinien m_+, m_- sind nicht konjugiert zu m_x, m_y; Punkte darauf gehören zwei verschiedenen Punktlagen an; sie haben aber denselben Punktgruppentyp.

Man lasse sich nicht durch die Einzahlform des Wortes ‚Punktlage' irritieren. Zu einer Punktlage können mehrere Orbits gehören, und jedes Orbit kann aus vielen Punkten (z. B. Atommittelpunkten) bestehen.

6.1.2 Die Raumgruppe und ihre Punktgruppe

Die 230 Raumgruppentypen (nicht Raumgruppen, siehe Abschn. 6.1.3 und 6.6) wurden 1891 durch FEDOROW und SCHOENFLIES, etwas später durch BARLOW abgeleitet. Der periodische Aufbau der Kristalle wurde 20 Jahre später (1912) durch die ersten Röntgen-Beugungsexperimente an Kristallen von LAUE, FRIEDRICH und KNIPPING nachgewiesen. Zwar war er schon lange vorher vermutet worden; Symmetriebetrachtungen konnten aber nur an makroskopischen Kristallen angestellt werden. Wie Moleküle besitzen sie eine endliche Punktgruppe. Heute wissen wir, dass Kristalle endliche Stücke periodischer Strukturen sind, und das Problem der makroskopischen Kristallsymmetrie stellt sich anders als bei Molekülen.

Makroskopische Kristalle entstehen durch Kristallwachstum, wobei sich die Flächen des Kristalls parallel verschieben. Nicht die Flächen bleiben invariant, sondern ihre Normalen. Diese sind Richtungen und haben somit Vektorcharakter. Auch bei Kristallen, deren äußere Symmetrie durch die Umstände beim Wachstum gestört ist, ergibt sich die eigentliche Symmetrie des ideal gewachsenen Kristalls aus den Normalen: Die Bündel der Vektoren der Flächennormalen sind gegen Störungen solcher Art nicht anfällig.

Definition 6.7 Die Punktgruppe einer Kristallstruktur ist die Symmetriegruppe des Bündels der Flächennormalenvektoren auf den Kristallflächen.

Es sind dabei alle Arten von Flächen zu beachten, die bei einer Kristallsorte auftreten, auch sehr kleine Flächen, die bei einzelnen Kristallindividuen fehlen können.

Nach Wahl eines Koordinatensystems werden die zugehörigen Symmetrieoperationen nicht durch Matrix-Spalte-Paare $(\boldsymbol{W}, \boldsymbol{w})$, sondern nur durch die Matrix-Anteile $\boldsymbol{W}$ beschrieben, siehe Abschnitt 3.2. Daher ist die Gruppe $\mathcal{P} = \{\boldsymbol{W}\}$ endlich, siehe Abschnitt 4.2, Satz 4.1.

Die Menge *aller* Translationen einer Raumgruppe $\mathcal{G}$ bildet eine Gruppe $\mathcal{T}$, die Translationengruppe. Durch Konjugation ergibt sich aus einer Translation immer wieder eine Translation (vgl. Gleichungen (3.10) und (3.12), Seite 26):

$$\mathbb{W}^{-1}\mathbb{T}\mathbb{W} = \left(\begin{array}{c|c} \boldsymbol{I} & \boldsymbol{W}^{-1}\boldsymbol{t} \\ \hline \boldsymbol{o}^{\mathrm{T}} & 1 \end{array}\right) = \left(\begin{array}{c|c} \boldsymbol{I} & \boldsymbol{t}' \\ \hline \boldsymbol{o}^{\mathrm{T}} & 1 \end{array}\right) = \mathbb{T}' \tag{6.1}$$

Deshalb gilt:

Satz 6.8 Die Translationengruppe $\mathcal{T}$ ist nicht nur eine Untergruppe der Raumgruppe $\mathcal{G}$, sondern sogar ein Normalteiler: $\mathcal{T} \lhd \mathcal{G}$.

Wie sieht nun die Nebenklassenzerlegung, siehe Abschnitt 5.3, von $\mathcal{G}$ nach $\mathcal{T}$ aus? Betrachten wir ein Beispiel:

Beispiel 6.3

Linke Nebenklassenzerlegung der Raumgruppe $Pmm2 = \{1, 2, m_x, m_y, t_1, t_2, t_3, \ldots\}$ nach der Translationengruppe $\mathcal{T} = \{1, t_1, t_2, t_3, \ldots\}$:

1. Nebenklasse		2. Nebenklasse		3. Nebenklasse		4. Nebenklasse	
$1 \circ \mathcal{T} =$	$1 \circ 1,$	$2 \circ \mathcal{T} =$	$2 \circ 1,$	$m_x \circ \mathcal{T} =$	$m_x \circ 1,$	$m_y \circ \mathcal{T} =$	$m_y \circ 1,$
	$1 \circ t_1,$		$2 \circ t_1,$		$m_x \circ t_1,$		$m_y \circ t_1,$
	$1 \circ t_2,$		$2 \circ t_2,$		$m_x \circ t_2,$		$m_y \circ t_2,$
	$1 \circ t_3,$		$2 \circ t_3,$		$m_x \circ t_3,$		$m_y \circ t_3,$
	$\vdots$		$\vdots$		$\vdots$		$\vdots$

Wir stellen uns also $\mathcal{T}$ als (unendliche) Kolonne der Translationen vor. Die erste Nebenklasse wird durch die identische Abbildung *1* repräsentiert, dargestellt durch $(\boldsymbol{I}, \boldsymbol{o})$. Irgendeine andere Symmetrieoperation W (im Beispiel die zweizählige Drehung *2*), dargestellt durch $(\boldsymbol{W}_2, \boldsymbol{w}_2)$, repräsentiert die zweiten Nebenklasse. Die anderen Symmetrieoperationen dieser Nebenklasse werden dann dargestellt durch $(\boldsymbol{I}, \boldsymbol{t}_i)(\boldsymbol{W}_2, \boldsymbol{w}_2) = (\boldsymbol{W}_2, \boldsymbol{w}_2 + \boldsymbol{t}_i)$, so dass alle Elemente der zweiten Nebenklasse die gleiche Matrix $\boldsymbol{W}_2$ besitzen. Es kann keine Elemente mit der Matrix $\boldsymbol{W}_2$ geben, die nicht in der zweiten Kolonne vorkommen usw.

Satz 6.9 Bei der Nebenklassenzerlegung von $\mathcal{G}$ nach $\mathcal{T}$ stehen in jeder Nebenklasse genau die Elemente, welche den gleichen Matrixteil besitzen. Jede Matrix $\boldsymbol{W}$ ist für ‚ihre' Nebenklasse charakteristisch.

Es gibt daher genauso viele Nebenklassen von $\mathcal{G}/\mathcal{T}$ wie Matrizen $\boldsymbol{W}$. Fasst man jede Nebenklasse als ein neues (unendlich großes) Gruppenelement auf, dann ist die aus diesen Elementen bestehende Gruppe nichts anderes als die Faktorgruppe $\mathcal{G}/\mathcal{T}$.

Die Multiplikation eines Elementes der i-ten mit einem der k-ten Nebenklasse ergibt:

$$(\boldsymbol{W}_k, \boldsymbol{w}_k + \boldsymbol{t}_m)(\boldsymbol{W}_i, \boldsymbol{w}_i + \boldsymbol{t}_n) = (\boldsymbol{W}_k\boldsymbol{W}_i, \boldsymbol{w}_k + \boldsymbol{t}_m + \boldsymbol{W}_k\boldsymbol{w}_i + \boldsymbol{W}_k\boldsymbol{t}_n)$$

Das ist ein Element der Nebenklasse mit $\boldsymbol{W}_j = \boldsymbol{W}_k\boldsymbol{W}_i$. Ferner ist:

$$(\boldsymbol{W}_i, \boldsymbol{w}_i)(\boldsymbol{W}_i^{-1}, \boldsymbol{w}_j) = (\boldsymbol{I}, \boldsymbol{W}_i\boldsymbol{w}_j + \boldsymbol{w}_i) = (\boldsymbol{I}, \boldsymbol{t}_k)$$

Die Nebenklassen als Elemente der Faktorgruppe $\mathcal{G}/\mathcal{T}$ haben damit (bis auf die Bezeichnung) die gleiche Multiplikationstafel wie ihre Matrixteile, durch die sie charakterisiert sind.

Satz 6.10 Die Faktorgruppe $\mathcal{G}/\mathcal{T}$ ist isomorph zur Punktgruppe $\mathcal{P}$, oder: Die Punktgruppe $\mathcal{P}$ ist ein homomorphes Bild der Raumgruppe $\mathcal{G}$ mit der Translationengruppe $\mathcal{T}$ als Kern, siehe Abschnitt 5.5, Satz 5.9.

Die Punktgruppen der Kristalle werden wie die Punktgruppen der Moleküle klassifiziert. Die Punktgruppen der Moleküle wirken auf Punkte, also im Punktraum; die Punktgruppen der Kristalle bilden Vektoren aufeinander ab, sie operieren im Vektorraum.

Definition 6.11 Zwei kristallographische Punktgruppen $\mathcal{P}_1$ und $\mathcal{P}_2$ gehören zum gleichen Punktgruppentyp, meist *Kristallklasse* genannt, wenn sich je eine Basis finden lässt, so dass die Matrixgruppen $\{\boldsymbol{W}_1\}$ von $\mathcal{P}_1$ und $\{\boldsymbol{W}_2\}$ von $\mathcal{P}_2$ übereinstimmen.

Es gibt 32 Kristallklassen im Raum und zehn in der Ebene.

6.1.3 Klassifikation der Raumgruppen

Eine Einteilung von Mengen heißt Klassifikation, wenn jede der Mengen in genau einer Klasse vorkommt. Die Klassifikation der kristallographischen Punktgruppen bewirkt zugleich eine Klassifikation der Raumgruppen in 32 *Kristallklassen von Raumgruppen*. Andere Klasseneinteilungen sind aber wichtiger. Hier sollen drei besprochen werden: Die Einteilung der Raumgruppen in 7 Kristallsysteme, die Einteilung in 219 affine Äquivalenzklassen und die Einteilung in 230 kristallographische (oder positiv-affine) Äquivalenzklassen oder kristallographische Raumgruppentypen. Letztere werden häufig *die* 230

Raumgruppen genannt, obwohl es sich nicht um Raumgruppen, sondern um 230 Klassen von jeweils unendlich vielen äquivalenten Raumgruppen handelt (siehe Abschn. 6.6).

Unter den 32 Kristallklassen gibt es sieben, zu denen Punktgruppen von Gittern gehören. Diese sieben Punktgruppen werden *Holoedrien* genannt. Alle Punktgruppen lassen sich diesen Holoedrien eindeutig zuordnen. Eine Punktgruppe $\mathcal{P}$ gehört zu derjenigen Holoedrie $\mathcal{H}$, für die gilt:

1. $\mathcal{P} \leq \mathcal{H}$,
2. der Index $|\mathcal{H}|/|\mathcal{P}|$ ist möglichst klein.

Mit den Punktgruppen sind auch die Raumgruppen den Holoedrien zugeordnet.

Definition 6.12 Die den sieben Holoedrien zugeordneten Raumgruppen bilden die sieben *Kristallsysteme von Raumgruppen.*

Die Kristallsysteme sind: triklin, monoklin, orthorhombisch, tetragonal, trigonal, hexagonal und kubisch. Trigonal und hexagonal stehen wegen ihrer engen Verwandtschaft benachbart.

Die Kristallsysteme und die Kristallklassen der Raumgruppen bilden die Basis für die Reihenfolge der Tabellen der *International Tables A*.

Die Einteilung der Raumgruppen in Kristallsysteme ist gröber als diejenige in Kristallklassen. Eine feinere Einteilung, also eine Unterteilung der Kristallklassen, ist wünschenswert, denn zum Beispiel gehören zur Kristallklasse 2 Raumgruppen mit 2_1-Schraubungen (und keinen Drehungen 2), Symbol $P2_1$, und solche mit nur Drehungen, $P2$. Diese befinden sich bis jetzt in einer Klasse. Sie können folgendermaßen getrennt werden.

Jede Raumgruppe wird auf ein zu ihr passendes Koordinatensystem bezogen, am besten das konventionelle kristallographische Koordinatensystem. Dann wird jede Raumgruppe durch die Menge $\{(\boldsymbol{W}, \boldsymbol{w})\}$ ihrer Matrix-Spalte-Paare beschrieben.

Definition 6.13 Zwei Raumgruppen $\mathcal{G}_1$ und $\mathcal{G}_2$ gehören zum gleichen *affinen Raumgruppentyp* oder heißen affin-äquivalent, wenn nach Wahl je eines geeigneten Koordinatensystems die Mengen $\{(\boldsymbol{W}_1, \boldsymbol{w}_1)\}$ und $\{(\boldsymbol{W}_2, \boldsymbol{w}_2)\}$ ihrer Matrix-Spalte-Paare übereinstimmen. Sie gehören zum gleichen *kristallographischen Raumgruppentyp*, wenn die Mengen $\{(\boldsymbol{W}_1, \boldsymbol{w}_1)\}$ und $\{(\boldsymbol{W}_2, \boldsymbol{w}_2)\}$ ihrer Matrix-Spalte-Paare nach Wahl je eines geeigneten *rechtshändigen* Koordinatensystems übereinstimmen.

Es gibt im Raum 219 affine Raumgruppentypen. Sie heißen so, weil zur Transformation vom geeigneten Koordinatensystem von $\mathcal{G}_1$ auf das von $\mathcal{G}_2$ im allgemeinen eine affine Transformation durchgeführt werden muss, d. h. unter Verzerrung der Längen des Koordinatensystems. $\mathcal{G}_1$ und $\mathcal{G}_2$ sind zwei *verschiedene* Raumgruppen vom selben Raumgruppentyp, wenn sich ihre *Gittermaße unterscheiden.*

Die 230 kristallographischen Raumgruppentypen ergeben sich, wenn nur rechtshändige Koordinatensysteme zugelassen sind. In der Chemie kann der Unterschied zwischen Rechts- und Links-Molekülen sehr wichtig sein, in der Kristallographie sind Rechts-Schrauben (z. B. 4_1) von Links-Schrauben (z. B. 4_3) zu unterscheiden. Daher die Bedingung, dass die Händigkeit des Koordinatensystems übereinstimmen muss.

Diese Einschränkung bewirkt eine feinere Klassifikation. Elf affine Raumgruppentypen spalten unter der engeren Bedingung für die kristallographischen Typen in je ein enantiomorphes Paar auf (bezeichnet durch Hermann-Mauguin-Symbole, siehe Abschnitt 6.3.1):

$P3_1 — P3_2$	$P3_121 — P3_221$	$P3_112 — P3_212$	$P4_1 — P4_3$
$P4_122 — P4_322$	$P4_12_12 — P4_32_12$	$P6_1 — P6_5$	$P6_2 — P6_4$
$P6_122 — P6_522$	$P6_222 — P6_422$	$P4_132 — P4_332$.	

Eine zweckmäßige Art, um in der Praxis zu überprüfen, ob Raumgruppen äquivalent sind, besteht im Vergleich der Hermann-Mauguin-Symbole oder im Vergleich der Raumgruppen-Diagramme der *International Tables A*, siehe Abschnitt 6.4.

6.2 Das Gitter einer Raumgruppe

Das Vektorgitter **T** wird in der Kristallographie auf eine Gitterbasis $\mathbf{a}_1$, $\mathbf{a}_2$, $\mathbf{a}_3$ bezogen, wobei alle Gittervektoren ganzzahlige Linearkombinationen $\mathbf{t} = t_1\mathbf{a}_1 + t_2\mathbf{a}_2 + t_3\mathbf{a}_3$ der Basisvektoren sind; siehe Definition 2.5. Die stets so wählbare kristallographische Basis wird *primitive* Basis genannt, siehe Definition 2.7. In der Kristallographie wird aber eine *konventionelle kristallographische Basis* so gewählt, dass die Matrizen der Symmetrieoperationen möglichst benutzerfreundlich sind, siehe Definition 2.6, und die Fundamentalmatrix (metrischer Tensor, Seite 19) möglichst einfache Formeln für Winkel-, und Abstandsberechnungen liefert. Dies wird vor allem erreicht, wenn die Basisvektoren parallel zu Symmetrieachsen oder senkrecht zu Symmetrieebenen gewählt werden, also ‚symmetrieadaptiert' sind. Dabei wird in Kauf genommen, dass die konventionelle Basis nicht immer primitiv ist; siehe die Bemerkungen nach Definition 2.7.

Definition 6.14 Ein Gitter, dessen konventionelle Basis primitiv ist, heißt primitives Gitter. Die anderen Gitter heißen *zentrierte Gitter*.

Ein Gitter ist nicht an sich primitiv oder zentriert, sondern es wird erst durch die Basiswahl (künstlich) dazu gemacht. Bei den konventionellen Basen der Kristallographie ergeben sich als vorkommende Zentrierungstypen die Seitenflächenzentrierung A in der b–c-Ebene, B in der a–c-Ebene, C in der a–b-Ebene, die allseitige Flächenzentrierung F, die Innen- oder Raumzentrierung I und die rhomboedrische Zentrierung R (Abb. 6.1).

Bezogen auf eine primitive Basis haben die Matrizen der Translationen die Form $(\boldsymbol{I}, \boldsymbol{t})$, wobei $\boldsymbol{t}$ eine Spalte *ganzer* Zahlen ist. Bezogen auf eine zentrierte Basis gibt es Gittervektoren mit Bruchzahlen als Koeffizienten.

Die Zelle eines *primitiven* Gitters hat außer dem Nullvektor (Nullpunkt) keine in der Zelle endenden Vektoren (in der Zelle liegenden Punkte). Die konventionellen *zentrierten* Gitter haben zentrierende Vektoren mit den Koeffizienten:

$A\ 0,\frac{1}{2},\frac{1}{2}$ $\quad B\ \frac{1}{2},0,\frac{1}{2}$ $\quad C\ \frac{1}{2},\frac{1}{2},0$ $\quad F\ 0,\frac{1}{2},\frac{1}{2}\ \ \frac{1}{2},0,\frac{1}{2}\ \ \frac{1}{2},\frac{1}{2},0$

$I\ \frac{1}{2},\frac{1}{2},\frac{1}{2}$ $\quad R\ \frac{2}{3},\frac{1}{3},\frac{1}{3}\ \ \frac{1}{3},\frac{2}{3},\frac{2}{3}$

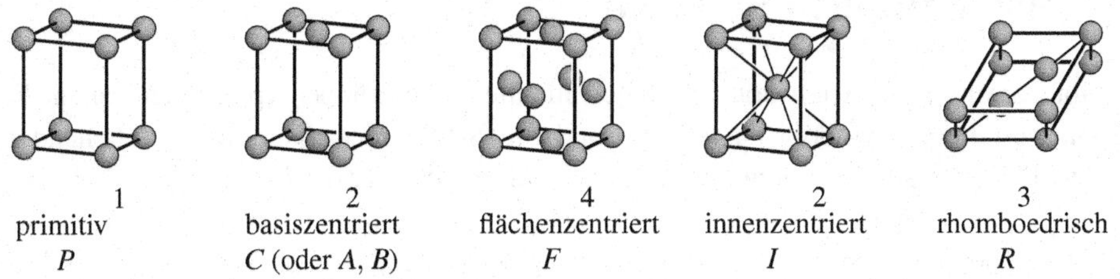

Abb. 6.1: Elementarzellen zentrierter Basen und ihre Symbole. Die Zahlen geben an, ‚wievielfach primitiv‘ die jeweilige Zelle ist (d. h. um welchen Faktor die Elementarzelle großer ist als die zugehörige primitive Zelle)

Die unendliche Menge aller möglichen Gitter werden in Klassen eingeteilt, genannt Bravais-Typen (auch Bravais-Gitter). Diese Einteilung geschieht am einfachsten nach den Raumgruppen der Punktgitter.

Definition 6.15 Zwei Punktgitter gehören zum gleichen *Bravais-Typ*, wenn ihre Raumgruppen zum gleichen Raumgruppentyp gehören.

Es gibt nach dieser Definition 14 Bravais-Typen, die nach AGUSTE BRAVAIS benannt sind, der sie zuerst 1850 vollständig ableitete. Da zu jedem Punktgitter auch ein Vektorgitter gehört, werden so auch die Vektorgitter klassifiziert (Tab. 6.1).

Tabelle 6.1: Die 14 Bravais-Typen

Name (Kurzform)	Metrik des Gitters	Zentrierung
triklin-primitiv (*aP*)	$a \neq b \neq c$; $\alpha \neq \beta \neq \gamma \neq 90°$	
monoklin-primitiv (*mP*)	$a \neq b \neq c$; $\alpha = \gamma = 90°$; $\beta \neq 90°$	
monoklin-basiszentriert (*mC*)	$a \neq b \neq c$; $\alpha = \gamma = 90°$; $\beta \neq 90°$	$\frac{1}{2}, \frac{1}{2}, 0$
orthorhombisch-primitiv (*oP*)	$a \neq b \neq c$; $\alpha = \beta = \gamma = 90°$	
orthorhombisch-basiszentriert (*oC*)	$a \neq b \neq c$; $\alpha = \beta = \gamma = 90°$	$\frac{1}{2}, \frac{1}{2}, 0$
orthorhombisch-flächenzentriert (*oF*)	$a \neq b \neq c$; $\alpha = \beta = \gamma = 90°$	$0, \frac{1}{2}, \frac{1}{2}$; $\frac{1}{2}, 0, \frac{1}{2}$; $\frac{1}{2}, \frac{1}{2}, 0$
orthorhombisch-innenzentriert (*oI*)	$a \neq b \neq c$; $\alpha = \beta = \gamma = 90°$	$\frac{1}{2}, \frac{1}{2}, \frac{1}{2}$
tetragonal-primitiv (*tP*)	$a = b \neq c$; $\alpha = \beta = \gamma = 90°$	
tetragonal-innenzentriert (*tI*)	$a = b \neq c$; $\alpha = \beta = \gamma = 90°$	$\frac{1}{2}, \frac{1}{2}, \frac{1}{2}$
hexagonal-primitiv (*hP*)	$a = b \neq c$; $\alpha = \beta = 90°$; $\gamma = 120°$	
trigonal-rhomboedrisch (*hR*)*	$a = b \neq c$; $\alpha = \beta = 90°$; $\gamma = 120°$	$\frac{2}{3}, \frac{1}{3}, \frac{1}{3}$; $\frac{1}{3}, \frac{2}{3}, \frac{2}{3}$
rhomboedrisch-primitiv (*rP*)*	$a = b = c$; $\alpha = \beta = \gamma \neq 90°$	
kubisch-primitiv (*cP*)	$a = b = c$; $\alpha = \beta = \gamma = 90°$	
kubisch-flächenzentriert (*cF*)	$a = b = c$; $\alpha = \beta = \gamma = 90°$	$0, \frac{1}{2}, \frac{1}{2}$; $\frac{1}{2}, 0, \frac{1}{2}$; $\frac{1}{2}, \frac{1}{2}, 0$
kubisch-innenzentriert (*cI*)	$a = b = c$; $\alpha = \beta = \gamma = 90°$	$\frac{1}{2}, \frac{1}{2}, \frac{1}{2}$

* *hR* und *rP* sind identisch, aber mit verschiedener Aufstellung der Basisvektoren

Das Symbol $\neq$ schließt den Fall einer zufälligen Übereinstimmung innerhalb der experimentellen Fehlergrenzen ein

6.3 Raumgruppen-Symbole

Es gibt verschiedene Arten von Symbolen für die Raumgruppentypen. Hier sollen die Hermann-Mauguin-Symbole ausführlich und die Schoenflies-Symbole kurz behandelt werden. Daneben wurden vor allem in der russischen Literatur die Fedorow-Symbole verwendet [57]. Zur Historie siehe Kapitel 20. Da die Hermann-Mauguin-Symbole keine Information über die Lage des gewählten Ursprungs enthalten, diese aber manchmal wichtig ist, wurden von HALL entsprechend ergänzte Symbole eingeführt [56].

6.3.1 Hermann-Mauguin-Symbole

Die Urform der *Hermann-Mauguin-Symbole* stammt von CARL HERMANN (1898–1961) [58]; sie wurden von CHARLES MAUGUIN (1878–1958) in eine handliche Form gebracht [59]. Sie werden auch als *Internationale Symbole* bezeichnet. Die Symbole waren ursprünglich als Angabe eines *Erzeugendensystems der Raumgruppe* konzipiert, siehe Abschnitt 5.2, Buchstabe **f**. Dabei wurde nicht ein System mit möglichst wenigen Erzeugenden gewählt, sondern eines, mit dessen Hilfe die Raumgruppe möglichst einfach und übersichtlich erzeugt werden kann (Näheres in *International Tables A* 2016, Abschnitt 1.4.3 [15] bzw. Abschnitt 8.3.5 bei früheren Auflagen [14]).

Im Laufe der Zeit hat die Tendenz gewechselt: In den *International Tables A* bezeichnet ein Hermann-Mauguin-Symbol die *Symmetrie* in ausgezeichneten Richtungen, den *Blickrichtungen*. Die Symmetrie in einer Blickrichtung **u** bedeutet die Gesamtheit $\{\mathsf{W}_i\}$ der Symmetrieoperationen W_i, deren Dreh-, Schrauben- und Inversionsdrehachsen oder Normalen von Spiegel- und Gleitspiegelebenen parallel zu **u** verlaufen (d. h. Ebenen senkrecht zu **u**).

Eine Richtung **u** nicht-trivialer Symmetrie (d. h. höher als 1 oder $\bar{1}$) ist immer eine Gitterrichtung, ebenso ist die Ebene senkrecht zu **u** stets eine Gitterebene. Um die ‚*Symmetrie in einer Symmetrierichtung* **u**' zu erkennen, ist es zweckmäßig, eine auf **u** bezogene Zelle zu definieren, d. h. eine symmetrieadaptierte Zelle (symmetry-adapted cell).

Definition 6.16 Eine Zelle, aufgespannt von einem kürzesten Gittervektor in Richtung **u** und einer *primitiven Basis* in der Ebene senkrecht zu **u** heißt eine *symmetrieadaptierte Zelle* oder *auf* **u** *bezogene Zelle.*

Ist diese Zelle primitiv, so ist die Symmetrie in Richtung **u** *einheitlich*: Parallel zu **u** treten nur Drehachsen oder Schraubenachsen derselben Sorte auf, zum Beispiel nur Drehachsen 2 oder nur Schraubenachsen 2_1 oder nur Schraubenachsen 4_2; senkrecht zu **u** gibt es nur eine Sorte von Spiegelebenen oder Gleitspiegelebenen, zum Beispiel nur Spiegelebenen *m* oder nur Gleitspiegelebenen *n*.

Ist die Zelle zentriert, so treten mit Drehungen auch Schraubungen und mit Spiegelungen auch Gleitspiegelungen auf, oder es gibt *verschiedene* Sorten von Schraubungen oder Gleitspiegelungen *nebeneinander*. Die Nacheinanderausführung einer Drehung und einer zentrierenden Translation ergibt nämlich eine Schraubung, die von Spiegelung und

Translation eine Gleitspiegelung. Beispiele: in der Raumgruppe $C2$ gibt es parallel liegende 2- und 2_1-Achsen; in der Raumgruppe $I4$ gibt es 4- und 4_2-Achsen; 3, 3_1 und 3_2 in der Raumgruppe $R3$; Gleitspiegelebenen c und n in der Raumgruppe Cc.

Verschiedene Blickrichtungen können symmetrisch äquivalent sein, zum Beispiel die drei vierzähligen Achsen des Würfels parallel zu den Kanten oder seine vier dreizähligen Achsen in den Raumdiagonalen. Solche Blickrichtungen werden zu Symmetrieklassen oder *Blickrichtungs-Systemen* zusammengefasst. In den Kristallen gibt es maximal drei Klassen von symmetrisch gleichwertigen Richtungen nicht-trivialer Symmetrie. Von jeder dieser Klassen wird ein Vertreter gewählt, eine *repräsentative Blickrichtung*, wobei Richtung und Gegenrichtung als *eine* Blickrichtung aufgefasst werden.

In den *International Tables A* wird im vollständigen Hermann-Mauguin-Symbol (full symbol) zunächst der konventionelle Gittertyp aufgeführt (*P*, *A*, *B*, *C*, *F*, *I* oder *R*; Abschnitt 6.2).

Das vollständige Hermann-Mauguin-Symbol führt dann für jede repräsentative Blickrichtung ein Erzeugendensystem ihrer Symmetriegruppe auf. Sind Normalen von Spiegel- oder Gleitspiegelebenen parallel zu Dreh- oder Schraubenachsen, so werden beide durch einen Bruchstrich getrennt, zum Beispiel $2/c$, $6_3/m$ (statt $3/m$ schreibt man aber $\overline{6}$). Drehungen haben Vorrang vor Schraubungen, Spiegelungen vor Gleitspiegelungen.

Im **vollständigen Hermann-Mauguin-Symbol** wird die *Art der Symmetrie* durch den *Bestandteil*, die *Orientierung* der Symmetrierichtung durch die *Stelle im Symbol* angezeigt. Die Reihenfolge, in der die repräsentativen Blickrichtungen genannt werden, hängt vom Kristallsystem ab. Das Kristallsystem und die Anzahl der repräsentativen Blickrichtungen ist am Hermann-Mauguin-Symbol zu erkennen:

1. *Keine* Blickrichtung: *triklin* (nur $P1$ und $P\overline{1}$).

2. *Eine* Blickrichtung, zweizählige Symmetrie: *monoklin*. Die repräsentative Blickrichtung ist in der Kristallographie meist **b**, in Physik und Chemie oft **c**, gelegentlich **a**. Im vollständigen Hermann-Mauguin-Symbol für monokline Raumgruppen wird (wie im orthorhombischen System) auch die Symmetrie in **a**-, **b**- und **c**-Richtung angegeben, wobei die beiden Nicht-Symmetrie-Richtungen mit ‚1' gekennzeichnet sind. Beispiele: $P211$ (**a**-Achsenaufstellung), $P121$ (**b**-Achsenaufstellung), $P112$ (**c**-Achsenaufstellung); $P1m1$ (**b**-Achsenaufstellung), $P11m$ (**c**-Achsenaufstellung); $C12/c1$ (**b**-Achsenaufstellung); $A112/a$ (**c**-Achsenaufstellung); $P12_1/c1$ (**b**-Achsenaufstellung) $P112_1/a$ (**c**-Achsenaufstellung). Wenn eine nichtkonventionelle Achsenaufstellung gewählt wird, muss das vollständige Symbol angegeben werden, das gekürzte Symbol (siehe unten) reicht dann nicht aus.

3. *Drei* aufeinander senkrechte repräsentative Blickrichtungen parallel zu den Koordinatenachsen, *nur zweizählige* Symmetrien: *orthorhombisch*. Die Reihenfolge der repräsentativen Blickrichtungen ist **a**, **b**, **c**. Beispiele: $P222_1$, $I222$, $Cmc2_1$, $P2_1/n2_1/n2/m$, $F2/d2/d2/d$.

4. *Eine* repräsentative Blickrichtung mit *mehr als zweizähliger* Symmetrie in der Punktgruppe (3, $\overline{3}$, 4, $\overline{4}$, $4/m$, 6, $\overline{6}$ oder $6/m$): *trigonale*, *tetragonale* oder *hexagonale* Raum-

gruppen. Die Richtung dieser repräsentativen Blickrichtung ist **c**. Die anderen repräsentativen Blickrichtungen liegen senkrecht zu **c** und sind maximal zweizählig. Die Reihenfolge der repräsentativen Blickrichtungen im Hermann-Mauguin-Symbol ist **c**, **a**, **a** − **b**. Beispiele: $P3\,1\,c$, $P3\,c\,1$, $P6_5\,2\,2$, $P\bar{6}2m$, $P\bar{6}m2$, $P6_3/m\,2/c\,2/m$. Gibt es in den beiden Richtungen **a** und **a** − **b** keine Symmetrieachsen, werden sie nur in Ausnahmefällen benannt, d. h. es wird nur das gekürzte Hermann-Mauguin-Symbol angegeben. Beispiele: $P4_1$, $P6/m$ (gleichbedeutend mit $P4_1\,1\,1$ und $P6/m\,1\,1$).

Bei rhomboedrischem R-Gitter gibt es nur zwei repräsentative Blickrichtungen: **c** und **a** bei Wahl des hexagonalem Koordinatensystem. Bei Wahl des rhomboedrischem Koordinatensystem (d. h. $a = b = c$; $\alpha = \beta = \gamma \neq 90°$) sind die repräsentative Blickrichtungen **a** + **b** + **c** und **a** − **b**. Beispiele: $R3$, $R\bar{3}$, $R3\,2$, $R3m$, $R3c$, $R\bar{3}\,2/m$, $R\bar{3}\,2/c$.

5. Eine Symmetrieklasse aus *vier* Richtungen dreizähliger Achsen parallel zu den vier Raumdiagonalen des Würfels: *kubisch*. Eine weitere repräsentative Blickrichtung parallel zu den drei Kanten und in manchen Fällen noch eine repräsentative Blickrichtung parallel zu den sechs Flächendiagonalen. Die Reihenfolge im Hermann-Mauguin-Symbol ist **a** (Würfelkante), **a** + **b** + **c** (Würfeldiagonale); wenn vorhanden zusätzlich **a** + **b** (Flächendiagonale).

Achtung: Im Gegensatz zu den trigonalen oder rhomboedrischen Raumgruppen steht bei kubischen Raumgruppen der Bestandteil 3 oder $\bar{3}$ nicht direkt hinter dem Gittersymbol, sondern an dritter Stelle.
Beispiele: $P2\,3$ ($P3\,2\,1$ und $P3\,1\,2$ sind trigonal), $I2_1/a\bar{3}$, $P4_2\,3\,2$, $F\bar{4}3m$, $P4_2/m\bar{3}\,2/n$.

Besonderheiten:

1. Die Anwesenheit von Inversionspunkten wird nur bei $P\bar{1}$ genannt. In allen anderen Fällen gilt: Inversionspunkte sind dann und nur dann vorhanden, wenn es entweder ungeradzahlige Inversionsdrehungen gibt, oder wenn eine geradzahlige Dreh- oder Schraubenachse senkrecht zu einer Spiegel- oder Gleitspiegelebene vorhanden ist (z. B. $2/m$, $2_1/c$, $4_1/a$, $4_2/n$, $6_3/m$). Dies ist bei manchen Raumgruppentypen nur am vollständigen Symbol erkennbar.

2. $P\bar{4}2m$ und $P\bar{4}m2$ sind Hermann-Mauguin-Symbole verschiedener Raumgruppentypen. $P3$, $P3_1$, $R3$, $R3c$ sind korrekte Symbole, nicht dagegen $P3\,2$ oder $P3c$. Bei letzteren *muss* die Symmetrie in Richtung **a** *und* **a** − **b** angegeben werden: $P3\,2\,1$ und $P3\,1\,2$, $P3\,c\,1$ und $P3\,1\,c$ sind jeweils Paare verschiedener Raumgruppentypen.

3. In zwei Fällen ist es notwendig von der Regel abzuweichen, Drehungen gegenüber Schraubungen bevorzugt anzugeben. Es gäbe sonst zwei Raumgruppentypen mit dem Hermann-Mauguin-Symbol $I2\,2\,2$ und zwei mit $I2\,3$. Bei diesen vier Raumgruppentypen laufen zweizählige Drehachsen und wegen der I-Zentrierung auch zweizählige Schraubenachsen parallel zu den Koordinatenachsen. Für jeweils einen Typ wird das genannte Symbol gewählt (hier *kreuzen sich* nicht-parallele Achsen 2); die anderen erhalten die Symbole $I2_1\,2_1\,2_1$ und $I2_1\,3$ (bei ihnen laufen die Achsen 2 windschief aneinander vorbei).

Tabelle 6.2: Beispiele für gekürzte und vollständige Hermann-Mauguin-Symbole

gekürzt	vollständig	gekürzt	vollständig	gekürzt	vollständig
Cm	$C1m1$	$Pbcm$	$P2/b2_1/c2_1/m$	$P\bar{3}c1$	$P\bar{3}2/c1$
$P2_1/c$	$P12_1/c1$	$Cmcm$	$C2/m2/c2_1/m$	$P6/mcc$	$P6/m2/c2/c$
$C2/c$	$C12/c1$	$P4_2/nmc$	$P4_2/n2_1/m2/c$	$Fd\bar{3}m$	$F4_1/d\bar{3}2/m$

Im **gekürzten Hermann-Mauguin-Symbol** (short symbol) wird die Symmetrieinformation des vollständigen Symbols reduziert, womit die Symbole handlicher, jedoch noch hinreichend informativ sind (das Symbol enthält immer noch mindestens ein Erzeugendensystem der Raumgruppe). Im gekürzten Symbol werden die Spiegel- und Gleitspiegelebenen des vollständigen Symbols beibehalten; weggelassen werden immer nur Achsen. Im gekürzten Symbol von zentrosymmetrischen orthorhombischen Raumgruppen sind nur drei Ebenen genannt, zum Beispiel $Pbam$ (vollständig: $P2_1/b2_1/a2/m$). Siehe Tab. 6.2.

Bei gekürzten Symbolen monokliner Raumgruppen werden nur C-Zentrierungen und c-Gleitspiegelebenen verwendet. Will man davon abweichen, muss das vollständige Symbol angeben werden, zum Beispiel $A112/m$, nicht $A2/m$; $P12_1/n1$, nicht $P2_1/n$ (obwohl $P2_1/n$ häufig in der Literatur zu finden ist).

Im nur sehr selten verwendeten *erweiterten Hermann-Mauguin-Symbol* (extended symbol) wird fast die gesamte Symmetrie in jeder betreffenden repräsentativen Blickrichtung aufgeführt. Dazu zählen zusätzlich vorhandene Schraubenachsen und Gleitspiegelebenen bei zentrierten Gittern. Wir gehen hier nicht näher darauf ein; Details siehe in *International Tables A* 2016 Abschnitt 1.5.4 [15], Abschnitt 4 in früheren Auflagen [14].

Das gekürzte Hermann-Mauguin-Symbol kann zum vollständigen ergänzt werden und aus diesem lassen sich alle Symmetrieoperationen der Raumgruppe ableiten. Einige Vertrautheit im Umgang mit den Hermann-Mauguin-Symbolen ist allerdings notwendig, bevor man sie auch in schwierigeren Fällen sicher handhaben kann. Das liegt vor allem daran, dass die Hermann-Mauguin-Symbole von der Orientierung der Raumgruppensymmetrie zur konventionellen Basis abhängen. Diese Eigenschaft macht sie aussagekräftiger, aber auch unhandlicher. Verschiedene Symbole können denselben Raumgruppentyp bedeuten.

Beispiel 6.4

$P2/m2/n2_1/a$, $P2/m2_1/a2/n$, $P2_1/b2/m2/n$, $P2/n2/m2_1/b$, $P2/n2_1/c2/m$ und $P2_1/c2/n2/m$ bezeichnen denselben orthorhombischen Raumgruppentyp No. 53 ($Pmna$).

$P2_1/n2_1/m2_1/a$, $P2_1/n2_1/a2_1/m$, $P2_1/m2_1/n2_1/b$, $P2_1/b2_1/n2_1/m$, $P2_1/m2_1/c2_1/n$ und $P2_1/c2_1/m2_1/n$ sind die Hermann-Mauguin-Symbole eines anderen orthorhombischen Raumgruppentyps, No. 62 ($Pnma$).

Das jeweils zuerst genannte Symbol gehört zur konventionellen Aufstellung. Die anderen fünf sind nichtkonventionelle Aufstellungen, deren Basis jeweils anders orientiert ist. Weitere Details zu nichtkonventionellen Aufstellungen werden in Abschnitt 10.3 behandelt.

Das Punktgruppen-Symbol der Raumgruppe ergibt sich folgendermaßen aus dem Hermann-Mauguin-Symbol:

1. das Gittersymbol wird fortgelassen (P, A, B, C, F, I oder R),
2. alle Schraubkomponenten werden gestrichen (tiefgestellte Ziffern entfallen),
3. die Buchstaben (a, b, c, n, d, e) für Gleitspiegelungen werden durch m ersetzt.

Beispiele: $C2/c \rightarrow 2/m$
$P2/m2/n2_1/a$ (kurz $Pmna$) $\rightarrow 2/m2/m2/m$ (kurz mmm)
$I\bar{4}2d \rightarrow \bar{4}2m$
$I4_1/a\bar{3}2/d$ (kurz $Ia\bar{3}d$) $\rightarrow 4/m\bar{3}2/m$ (kurz $m\bar{3}m$)

6.3.2 Schoenflies-Symbole

Die Schoenflies-Symbole sind 35 Jahre älter als die Hermann-Mauguin-Symbole. Sie sind gegenüber ihrer ursprünglichen Form teilweise etwas geändert worden.

Anstelle der Inversionsdrehungen werden Drehspiegelungen verwendet. Eine Drehspiegelung ergibt sich aus der Kopplung einer Drehung mit einer Spiegelung an einer Ebene senkrecht zur Drehachse. Drehspiegelung und Inversionsdrehung beschreiben identische Sachverhalte, jedoch sind die Zähligkeiten paarweise verschieden, sofern sie nicht durch 4 teilbar sind:

Drehspiegelung (Schoenflies)	S_1	S_2	S_3	S_4	S_6
Inversionsdrehung (Hermann-Mauguin)	$\bar{2} = m$	$\bar{1}$	$\bar{6}$	$\bar{4}$	$\bar{3}$

In Abschnitt 6.1.2 werden die Raumgruppen entsprechend der Zugehörigkeit ihrer Punktgruppen den Kristallklassen zugeteilt. ARTHUR SCHOENFLIES (1853–1928) hat Symbole für diese Kristallklassen (Punktgruppentypen) in folgender Art eingeführt:

C_1 keine Symmetrie.

C_i ein Inversionszentrum ist einziges Symmetrieelement.

C_s eine Spiegelebene ist einziges Symmetrieelement.

C_N eine N-zählige Drehachse ist einziges Symmetrieelement.

S_N eine N-zählige Drehspiegelachse ist einziges Symmetrieelement; Nur S_4 findet Verwendung, Ersatz für S_3 und S_6 siehe nachfolgend.

C_{Ni} es ist eine N-zählige Drehachse (N ungerade) und ein Inversionszentrum auf der Achse vorhanden. Identisch mit S_M mit $M = 2 \cdot N$.

D_N senkrecht zu einer N-zähligen Drehachse sind N zweizählige Drehachsen vorhanden.

C_{Nh} es ist eine vertikale N-zählige Drehachse und eine horizontale Spiegelebene vorhanden. C_{3h} ist identisch mit S_3. Wenn N gerade ist, ist auch ein Inversionszentrum vorhanden.

C_{Nv} eine N-zählige vertikale Drehachse befindet sich in der Schnittlinie von N vertikalen Spiegelebenen.

D_{Nh} neben einer N-zähligen vertikalen Drehachse sind N horizontale zweizählige Achsen, N vertikale Spiegelebenen und eine horizontale Spiegelebene vorhanden. Wenn N gerade ist, ist auch ein Inversionszentrum vorhanden.

D_{Nd} die N-zählige vertikale Drehachse enthält eine $2N$-zählige Drehspiegelachse, N horizontale zweizählige Achsen liegen winkelhalbierend zwischen N vertikalen Spiegelebenen. Wenn N ungerade ist, ist auch ein Inversionszentrum vorhanden. Identisch mit S_{Mv} mit $M = 2 \cdot N$.

O_h Oktaeder- und Würfelsymmetrie.

O wie O_h, jedoch ohne Spiegelebenen (Drehungen des Oktaeders).

T_d Tetraedersymmetrie.

T_h Symmetrie eines Oktaeders mit zwei- statt vierzähligen Achsen.

T wie T_d und T_h, jedoch ohne Spiegelebenen (Drehungen des Tetraeders).

Besondere nichtkristallographische Punktgruppen

I_h Ikosaeder- und Pentagondodekaedersymmetrie.

I wie I_h, jedoch ohne Spiegelebenen (Drehungen des Ikosaeders).

$C_{\infty v}$ Symmetrie eines Kegels.

$D_{\infty h}$ Symmetrie eines Zylinders.

K_h Symmetrie einer Kugel.

Die zu einer Kristallklasse gehörenden Raumgruppentypen wurden von SCHOENFLIES einfach durchnummeriert; sie werden mit einer hochgestellten Indexzahl unterschieden. Die Reihenfolge der Kristallklassen in den Raumgruppen-Tabellen ist nicht immer gleich geblieben; seit die Raumgruppentypen in *International Tables* im Jahr 1952 von 1 bis 230 durchnummeriert wurden, ist diese Reihenfolge kaum mehr zu ändern.

In Tabelle 6.3 sind einige Schoenflies-Symbole den entsprechenden Hermann-Mauguin-Symbolen gegenübergestellt.

Die Raumgruppen-Symbole von Schoenflies haben den Vorteil, dass sie den Raumgruppentyp eindeutig und unabhängig von der Basiswahl (Aufstellung) kennzeichnen. Sie haben den Nachteil, dass sie direkt nur etwas über die Punktgruppen-Symmetrie aussagen. Es gibt keine Angabe des Gittertyps, der nur indirekt aus dem hochgestellten Index hervorgeht.

Schoenflies-Symbole sind kurz und prägnant, enthalten aber weniger Information als Hermann-Mauguin-Symbole. Schoenflies-Symbole sind weiterhin sehr beliebt in der Spektroskopie, in der Quantenchemie und zur Bezeichnung der Symmetrie von Molekülen. In der Kristallographie finden sie kaum noch Anwendung.

6.4 Beschreibung der Raumgruppen-Symmetrie in den International Tables A

Die Symmetrie für jeden Raumgruppen-Typ wird in den *International Tables A* durch Diagramme, eine Liste der Symmetrieoperationen und eine Tabelle der Punktlagen dargelegt.

Tabelle 6.3: Gegenüberstellung von Schoenflies- und Hermann-Mauguin-Symbolen der kristallographischen und einiger weiterer Punktgruppentypen sowie Beispiele für einige Raumgruppentypen

Schoen-flies	Hermann-Mauguin	Schoen-flies	Hermann-Mauguin	Schoen-flies	Hermann-Mauguin kurz	Hermann-Mauguin vollständig
Punktgruppentypen						
C_1	1	C_i	$\bar{1}$	C_s	m	
C_2	2	C_{2h}	$2/m$	C_{2v}	$mm2$	
C_3	3	$C_{3h} = S_3$	$\bar{6} = 3/m$	C_{3v}	$3m$	
C_4	4	C_{4h}	$4/m$	C_{4v}	$4mm$	
C_6	6	C_{6h}	$6/m$	C_{6v}	$6mm$	
S_4	$\bar{4}$	$C_{3i} = S_6$	$\bar{3}$	$C_{\infty v}$	∞m	
D_2	222	$D_{2d} = S_{4v}$	$\bar{4}2m$	D_{2h}	mmm	$2/m2/m2/m$
D_3	32	D_{3h}	$\bar{6}2m$	D_{3d}	$\bar{3}m$	$\bar{3}2/m$
D_4	422	$D_{4d} = S_{8v}$	$\bar{8}2m$	D_{4h}	$4/mmm$	$4/m2/m2/m$
D_5	52	D_{5h}	$\overline{10}2m$	D_{5d}	$\bar{5}m$	$\bar{5}2/m$
D_6	622	$D_{6d} = S_{12v}$	$\overline{12}2m$	D_{6h}	$6/mmm$	$6/m2/m2/m$
				$D_{\infty h}$	∞/mm	$\infty/m2/m = \bar{\infty}2/m$
T	23	T_d	$\bar{4}3m$	T_h	$m\bar{3}$	$2/m\bar{3}$
		O	432	O_h	$m\bar{3}m$	$4/m\bar{3}2/m$
		I	235	I_h	$m\bar{3}\bar{5}$	$2/m\bar{3}\bar{5}$
Raumgruppentypen						
C_1^1	$P1$	C_i^1	$P\bar{1}$	C_s^1	Pm	$P1m1$
C_2^1	$P2$	C_2^2	$P2_1$	C_{2h}^5	$P2_1/c$	$P12_1/c1$
D_2^1	$P222$	C_{2v}^{12}	$Cmc2_1$	D_{2h}^{16}	$Pnma$	$P2_1/n2_1/m2_1/a$
C_{4h}^6	$I4_1/a$	D_{2d}^3	$P\bar{4}2_1m$	D_{4h}^9	$P4_2/mmc$	$P4_2/m2/m2/c$
C_{3i}^2	$R\bar{3}$	C_{6h}^2	$P6_3/m$	D_{6h}^4	$P6_3/mmc$	$P6_3/m2/m2/c$
T_d^2	$F\bar{4}3m$	O^3	$F432$	O_h^5	$Fm\bar{3}m$	$F4/m\bar{3}2/m$

6.4.1 Diagramme der Symmetrieelemente

Wir wählen als Beispiel den Raumgruppentyp $Pbcm$, No. 57. Auf der linken Seite des Seitenpaars in den *International Tables A* finden sich drei Diagramme, die in Projektion auf die Papierebene die geometrischen Orte der Symmetrieelemente einer Elementarzelle darstellen (Abb. 6.2). Wie bei allen orthorhombischen Raumgruppentypen hat jedes der drei Diagramme zwei Raumgruppensymbole. Das Symbol in der Überschrift und über dem ersten Bild bezeichnet die konventionelle Aufstellung. Die anderen fünf Symbole beziehen sich auf nichtkonventionelle Aufstellungen. Wird das Buch so gedreht, dass die Schrift des Raumgruppensymbols an einem Diagramm aufrecht steht, weist die **a**-Achse im Diagramm nach unten und die **b**-Achse nach rechts. Seit der 6. Auflage von *International Tables A* (2016) ist die Orientierung von je zwei Achsen mit a, b oder c im Diagramm bezeichnet; die dritte Achse weist senkrecht zur Papierebene auf den Betrachter, ausgehend vom Ursprung, der sich an der mit 0 bezeichneten Ecke befindet; diese Bezeichnungen gelten nur für die konventionelle Aufstellung $Pbcm$.

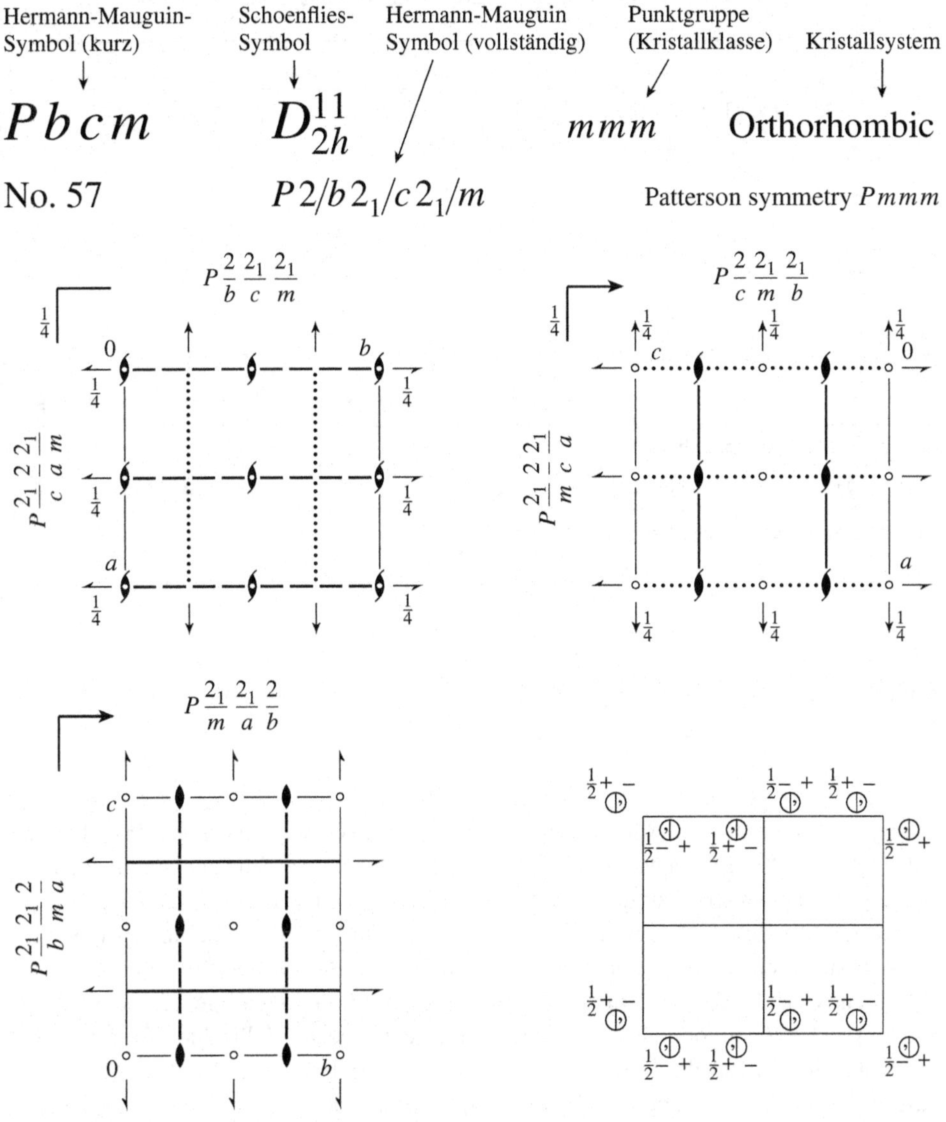

Abb. 6.2: Überschrift und Diagramme aus *International Tables A* für den orthorhombischen Raumgruppentyp *Pbcm*. Achsenrichtung bei aufrechter Schrift: b (→), a (↓)

Die Symmetrieelemente sind durch graphische Symbole bezeichnet (Tab. 6.4). Die Art des Symmetrieelements und seine Richtung gehen aus dem Symbol hervor. Bei Inversionspunkten und bei Achsen und Ebenen parallel zur Papierebene ist die Höhe z in Richtung **c** (Blickrichtung) als Bruchzahl $0 < z < \frac{1}{2}$ an das betreffende Symbol angefügt, wenn $z \neq 0$. Alle Symmetrieelemente in der Höhe z wiederholen sich noch einmal in der Höhe $z + \frac{1}{2}$.

Tabelle 6.4: Die wichtigsten graphischen Symbole für Symmetrieelemente

$\bar{1}$	○								

Achsen senkrecht zur Papierebene

2	⬮	2_1	⬮	$\bar{1}$ auf 2	⬮	$\bar{1}$ auf 2_1	⬮		
3	▲	3_1	▲	3_2	▲	$\bar{3}$	△		
4	◆	4_1	◆	4_2	◆	4_3	◆	$\bar{1}$ auf 4 ◇	$\bar{1}$ auf 4_2 ◇
6	⬢	6_1	⬢	6_2	⬢	6_3	⬢	6_4 ◀	6_5 ⬢
$\bar{1}$ auf 6 ⬡		$\bar{1}$ auf 6_3 ⬢		$\bar{4}$	◈	$\bar{6}$	⬣		

Achsen parallel zur Papierebene

2	← →	2_1	← — →	4	▮—	$\bar{4}$	▯—	4_1	▮—	4_2	▮—

Achsen schräg zur Papierebene

2	⬦•	2_1	⬦•	3	◥	$\bar{3}$	◥	3_1	◥	3_2	◥

Ebenen parallel zur Papierebene; Achsenrichtung ⌐→b ↓a

m	⌐—	a	⌐↓	b	⌐→	n	⌐↘	e	⌐→↓

Ebenen senkrecht zur Papierebene; Achsenrichtung ⌐→b ↓a

m	——	b	— — — —	c	⋯⋯	n	—·—·—	d	—·→·—	e	—⋯—⋯—

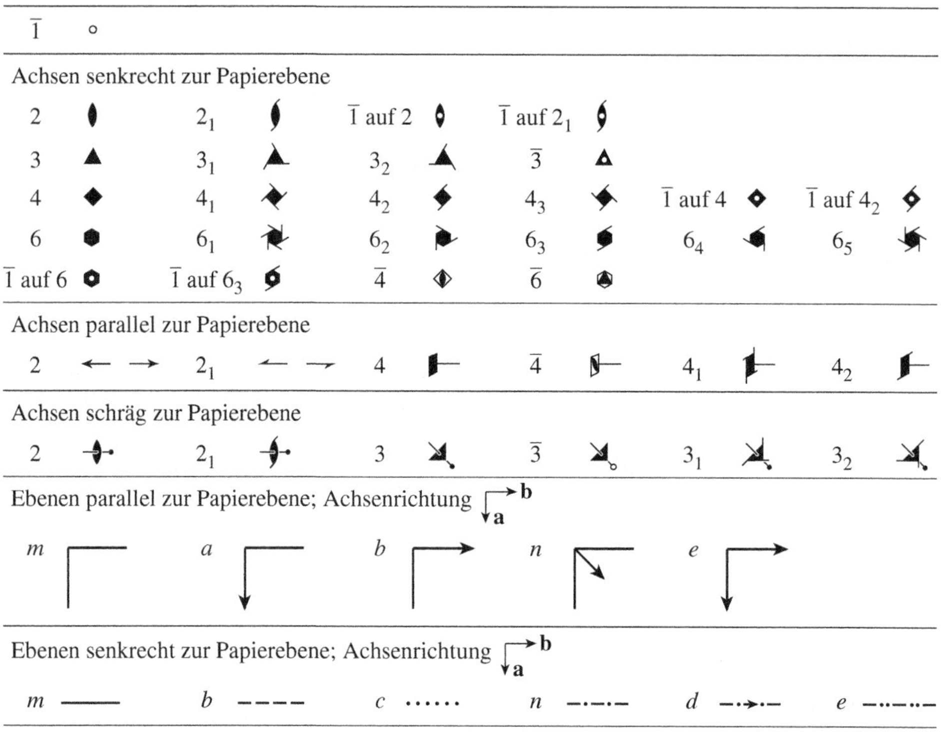

Trikline und monokline Raumgruppentypen sind ebenfalls durch die drei Projektionen entlang der drei Koordinatenachsen beschrieben, die sich aber auf die konventionelle Aufstellung beziehen, die in der Überschrift genannt ist. Die Achsen sind in den Diagrammen bezeichnet. Monokline Raumgruppen sind dabei in den beiden Aufstellungen mit symmetrisch ausgezeichneter b- und c-Achse behandelt. In allen Fällen, in denen nicht nur diese monokline Achse, sondern auch noch eine andere Richtung ausgezeichnet ist (Zentrierungsvektor, Gleitkomponente), werden drei verschiedene Zellwahlen (cell choices) unterschieden, so dass die Darstellung der Raumgruppentypen $C2$, Pc, Cm, Cc, $C2/m$, $P2/c$, $P2_1/c$ und $C2/c$ nicht wie üblich zwei, sondern acht Seiten pro Raumgruppentyp benötigt.

Von tetragonalen, trigonalen, hexagonalen und kubischen Raumgruppentypen gibt es je nur ein Diagramm in Projektion längs **c**, mit der Standard-Orientierung **a** nach unten und **b** nach rechts. Trigonale Raumgruppen mit rhomboedrischem Gitter sind für rhomboedrische (primitive) Zelle und hexagonale (rhomboedrisch zentrierte) Zelle beschrieben; die Diagramme für beide Beschreibungen sind identisch. Bei kubischen Raumgruppentypen mit F-Gitter umfasst die Darstellung der Symmetrieelemente nur ein viertel der Zelle, da der Inhalt der übrigen drei viertel derselbe ist.

6.4.2 Liste der Punktlagen

Für jeden Raumgruppentyp gibt es eine Tabelle der Punktlagen unter der Überschrift ‚Positions'. Für den Raumgruppentyp $Pbcm$ lautet sie:

Multiplicity, Wyckoff letter, Site symmetry			Coordinates			
8	e	1	(1) x,y,z	(2) $\bar{x},\bar{y},z+\frac{1}{2}$	(3) $\bar{x},y+\frac{1}{2},\bar{z}+\frac{1}{2}$	(4) $x,\bar{y}+\frac{1}{2},\bar{z}$
			(5) $\bar{x},\bar{y},\bar{z}$	(6) $x,y,\bar{z}+\frac{1}{2}$	(7) $x,\bar{y}+\frac{1}{2},z+\frac{1}{2}$	(8) $\bar{x},y+\frac{1}{2},z$
4	d	$..m$	$x,y,\frac{1}{4}$	$\bar{x},\bar{y},\frac{3}{4}$	$\bar{x},y+\frac{1}{2},\frac{1}{4}$	$x,\bar{y}+\frac{1}{2},\frac{3}{4}$
4	c	$2..$	$x,\frac{1}{4},0$	$\bar{x},\frac{3}{4},\frac{1}{2}$	$\bar{x},\frac{3}{4},0$	$x,\frac{1}{4},\frac{1}{2}$
4	b	$\bar{1}$	$\frac{1}{2},0,0$	$\frac{1}{2},0,\frac{1}{2}$	$\frac{1}{2},\frac{1}{2},\frac{1}{2}$	$\frac{1}{2},\frac{1}{2},0$
4	a	$\bar{1}$	$0,0,0$	$0,0,\frac{1}{2}$	$0,\frac{1}{2},\frac{1}{2}$	$0,\frac{1}{2},0$

Die Zähligkeit (multiplicity) in der ersten Spalte gibt an, wie viele symmetrieäquivalente Punkte eines Orbits der Punktlage sich in der Elementarzelle befinden. Mit den Wyckoff-Buchstaben in der zweiten Spalte sind die Punktlagen alphabetisch von unten nach oben nummeriert. An der untersten Stelle steht immer a mit der Punktlage der höchsten Lagesymmetrie. Punktlagen werden üblicherweise mit der Zähligkeit und dem Wyckoff-Buchstaben bezeichnet, zum Beispiel $4c$ für die dritte Punktlage in der vorstehenden Liste.

Die Lagesymmetrie in der dritten Spalte ist orientiert angegeben, mit der gleichen Reihenfolge wie bei den Blickrichtungen im Raumgruppensymbol (S. 83f.). Diejenigen repräsentativen Blickrichtungen, die keine Symmetrie höher als 1 oder $\bar{1}$ aufweisen, sind durch einen Punkt . gekennzeichnet. Bei der Punktlage $4d$ steht zum Beispiel $..m$; die Lagesymmetrie ist also eine Spiegelung an einer Ebene senkrecht zur dritten Blickrichtung, hier **c**.

Die allgemeine Punktlage bildet immer den obersten Block der Liste der Punktlagen; sie wird durch den ‚höchsten' notwendigen Kleinbuchstaben des Alphabets bezeichnet (bei $Pbcm$ ist das e), und sie hat stets die Lagesymmetrie 1. Die allgemeine Lage von $Pmmm$ trägt ausnahmsweise den Buchstaben α, weil $Pmmm$ 27 Punktlagen hat, also eine mehr, als es Buchstaben im Alphabet gibt.

Die Koordinatentripel der allgemeinen Punktlage sind nummeriert, bei $Pbcm$ von (1) bis (8). In Abschnitt 4.1 wird gezeigt, wie sich aus diesen Angaben die darin beschriebene Symmetrieoperation ergibt: Man schreibt die Koordinatentripel in Matrix-Spalte-Paare um und bestimmt deren geometrische Bedeutung nach der Methode von Abschnitt 4.3:

$$(1): \begin{pmatrix} 1 & 0 & 0 \\ 0 & 1 & 0 \\ 0 & 0 & 1 \end{pmatrix}, \begin{pmatrix} 0 \\ 0 \\ 0 \end{pmatrix} \quad (2): \begin{pmatrix} -1 & 0 & 0 \\ 0 & -1 & 0 \\ 0 & 0 & 1 \end{pmatrix}, \begin{pmatrix} 0 \\ 0 \\ \frac{1}{2} \end{pmatrix} \quad \ldots \quad (8): \begin{pmatrix} -1 & 0 & 0 \\ 0 & 1 & 0 \\ 0 & 0 & 1 \end{pmatrix}, \begin{pmatrix} 0 \\ \frac{1}{2} \\ 0 \end{pmatrix}$$

Die allgemeine Punktlage ist zwar die wichtigste, aber nur eine der Möglichkeiten, die Raumgruppen-Symmetrie wiederzugeben. Zusätzlich wird zu jedem Matrix-Spalte-Paar die zugehörige Symmetrieoperation explizit angegeben, siehe den nächsten Abschnitt.

6.4.3 Symmetrie-Operationen zur allgemeinen Punktlage

Die Symmetrieoperationen sind unter der Überschrift ‚Symmetry operations' aufgezählt, meistens auf der linken Seite. Dort findet sich jeweils neben der Nummer des Koordinatentripels der allgemeinen Punktlage die zugehörige Symmetrieoperation. Für unser Beispiel des Raumgruppentyps $Pbcm$ lauten die Angaben:

(1) 1	(2) $2(0,0,\frac{1}{2})\quad 0,0,z$	(3) $2(0,\frac{1}{2},0)\quad 0,y,\frac{1}{4}$	(4) $2\quad x,\frac{1}{4},0$
(5) $\bar{1}\quad 0,0,0$	(6) $m\quad x,y,\frac{1}{4}$	(7) $c\quad x,\frac{1}{4},z$	(8) $b\quad 0,y,z$

Dies ist so zu lesen:

Die Symmetrieoperation (1) ist die Identität;

(2) ist eine zweizählige Drehung um die Achse $0,0,z$ mit Verschiebung um $(0,0,\frac{1}{2})$, d. h. eine zweizählige Schraubung;

(3) ist eine zweizählige Drehung um die Achse $0,y,\frac{1}{4}$ mit Verschiebung um $(0,\frac{1}{2},0)$, d. h. eine zweizählige Schraubung;

(4) ist eine zweizählige Drehung um die Achse $x,\frac{1}{4},0$;

(5) ist eine Inversion am Punkt $0,0,0$;

(6) ist eine Spiegelung an der Ebene $x,y,\frac{1}{4}$;

(7) ist eine Gleitspiegelung mit Gleitrichtung c an einer Gleitspiegelebene $x,\frac{1}{4},z$;

(8) ist eine Gleitspiegelung mit Gleitrichtung b an einer Gleitspiegelebene $0,y,z$.

Allgemein besteht der Eintrag aus folgenden Daten:

1. (n) Nummer des Koordinatentripels
2. Hermann-Mauguin-Symbol der Operation, zum Beispiel 2 oder c. Der Drehsinn ist mit $^+$ oder $^-$ gekennzeichnet, zum Beispiel $\bar{4}^+$ oder $\bar{4}^-$. Ist ein Zahlentripel in Klammern angehängt, zum Beispiel $2(0,0,\frac{1}{2})$, so gibt dieses die Spalte des Schraub- oder Gleitvektors an.
3. Parameterdarstellung des Symmetrieelements (Punkt, Achse oder Ebene), zum Beispiel $0,0,z$ oder $0,y,\frac{1}{4}$ oder $x,\frac{1}{4},z$. Bei Inversionsdrehungen sind Drehachse und Inversionspunkt aufgeführt, zum Beispiel $\bar{4}^-\quad 0,\frac{1}{2},z;\ 0,\frac{1}{2},\frac{1}{4}$.

Bei Raumgruppen mit zentriertem Gitter gibt es mehrere Blöcke, für $0,0,0$ und je einen für jeden Zentrierungsvektor, der über dem Block genannt ist, zum Beispiel ‚For $(\frac{1}{2},\frac{1}{2},\frac{1}{2})+$ set'. Nur in den letzteren Blöcken treten Translationen als Symmetrieoperationen auf, die zum Beispiel mit $t(\frac{1}{2},\frac{1}{2},\frac{1}{2})$ bezeichnet sind. Weitere ausführliche Angaben finden sich, wie für alle Bestandteile der Raumgruppen-Tabellen, in der ‚Gebrauchsanleitung' in Kapitel 2.1 der *International Tables* A 2016 (Guide to the use of the space-group tables).

6.4.4 Diagramme der allgemeinen Punktlage

Für die allgemeine Punktlage gibt es jeweils nur ein Diagramm in der Standard-Orientierung (**a** nach unten, **b** nach rechts; Abb. 6.2 rechts unten). Bei monoklinen Raumgruppentypen gibt es je ein Diagramm für die beiden Aufstellungen ‚unique axis b' und ‚unique axis c'. Die Umrisse der Zelle sind mit dünnen Linien gezeichnet, auch die Geraden $x, \frac{1}{2}, 0$ und $\frac{1}{2}, y, 0$ ($x = y$ für die hexagonale Zelle) sind eingetragen. Der Ausgangspunkt des Orbits liegt im Innern der Zelle in der Nähe des Nullpunktes (linke obere Ecke) etwas über der Papierebene, was durch die Höhenangabe $+$ (für $+z$) angedeutet wird. Wiedergegeben sind die Punkte des Orbits in und in der nächsten Umgebung der Elementarzelle; ihre Höhenangaben sind mit $\frac{1}{2}+$ (für $\frac{1}{2}+z$), $-$ (für $-z$), $\frac{1}{2}-$ (für $\frac{1}{2}-z$) usw. an die Punkte geschrieben (entsprechend für y bei monokliner b-Achsenaufstellung).

Die Punkte sind durch Kreise dargestellt. Zu jedem Punkt gehört genau eine Symmetrieoperation, welche den Ausgangspunkt des Punkt-Orbits in den betrachteten Punkt abbildet. Die Bildpunkte von Symmetrieoperationen zweiter Art, d. h. solche mit $\det(\boldsymbol{W}) = -1$ für ihren Matrixteil $\boldsymbol{W}$, sind durch ein Komma im Zentrum des Kreises gekennzeichnet. Wäre der Ausgangspunkt der Schwerpunkt eines rechten Handschuhs, so wären die Punkte mit Komma Schwerpunkte linker Handschuhe. Liegen parallel zur Papierebene Spiegelebenen, so fallen die Projektionspunkte äquivalenter Punkte zusammen. In diesem Fall ist der Kreis durch einen Vertikalstrich halbiert, genau einer der beiden Halbkreise trägt ein Komma, und die Höhenangaben der beiden Hälften liegen symmetrisch zur Höhenangabe der die beiden Punkte verknüpfenden Spiegel- oder Gleitspiegelebene.

Eine Besonderheit bieten die Diagramme für die etwas unübersichtlichen kubischen Raumgruppen (wenn zur Hand, schlage man die Seiten für eine kubische Raumgruppe in *International Tables A* auf). Die Punkte des Orbits bilden durch Verbindungslinien hervorgehobene Polyeder um den Ursprung und um dessen translatorisch gleichwertige Punkte. In den älteren Auflagen von *International Tables A* bis 2006 bilden drei Diagramme zwei stereoskopische Bildpaare, mit denen die Konfigurationen räumlich angesehen werden können. Man betrachte das linke Bild mit dem linken Auge und das mittlere mit dem rechten Auge oder das mittlere Bild mit dem linken Auge und das rechte mit dem rechten Auge; die Qualität der Bilder lässt leider etwas zu wünschen übrig. Seit der 6. Auflage von *International Tables A* 2016 gibt es keine stereoskopischen Bildpaare mehr, aber für die Raumgruppentypen Nr. 221 ($Pm\overline{3}m$) bis 230 ($Ia\overline{3}d$) gibt es etwas übersichtlichere Bilder mit leicht geneigten Elementarzellen und schattierten Polyedern.

6.5 Allgemeine und spezielle Punktlagen der Raumgruppen

Wie bei den Molekülsymmetrie-Gruppen $\mathcal{P}_{\mathrm{M}}$ wird auch bei den Raumgruppen $\mathcal{G}$ die *Lagesymmetrie-Gruppe* $\mathcal{S}_X$ eines Punktes X als die Untergruppe derjenigen Symmetrieoperationen von $\mathcal{G}$ definiert, welche X fest lassen, siehe Definition 6.3. Wie dort wird zwischen *allgemeinen* und *speziellen Punktlagen* unterschieden, Definition 6.4. Allerdings ist bei den Raumgruppen nicht ohne weiteres klar, dass die Ordnung $|\mathcal{S}|$ von $\mathcal{S}$ endlich sein muss. Das ergibt sich aus:

Satz 6.17 Die Matrix-Spalte-Paare $(\boldsymbol{W}_k, \boldsymbol{w}_k)$ der Elemente $s_k \in \mathcal{S}$ haben verschiedene Matrix-Anteile W_k; jedes W_k kann höchstens einmal auftreten.

Hätten nämlich zwei Gruppenelemente $s_m \in \mathcal{S}$ und $s_n \in \mathcal{S}$ dieselben Matrizen, $\boldsymbol{W}_m = \boldsymbol{W}_n$, so wäre nach den Rechenvorschriften (3.10) und (3.12) von Seite 26:

$$\mathbb{W}_m \mathbb{W}_n^{-1} = \left(\begin{array}{c|c} \boldsymbol{W}_m & \boldsymbol{w}_m \\ \hline \boldsymbol{o}^{\mathrm{T}} & 1 \end{array}\right) \left(\begin{array}{c|c} \boldsymbol{W}_n^{-1} & -\boldsymbol{W}_n^{-1}\boldsymbol{w}_n \\ \hline \boldsymbol{o}^{\mathrm{T}} & 1 \end{array}\right) = \left(\begin{array}{c|c} \boldsymbol{I} & \boldsymbol{w}_m - \boldsymbol{w}_n \\ \hline \boldsymbol{o}^{\mathrm{T}} & 1 \end{array}\right) = \mathbb{T}$$

Das ist eine Translation. Translationen haben aber keine Fixpunkte und können daher nicht zur Lagesymmetrie gehören. Weil aber die Gruppe $\{\boldsymbol{W}\}$ *aller* Matrix-Anteile von $\mathcal{G}$ endlich ist, siehe Abschnitt 4.2, ist es auch $\mathcal{S}$.

Die Punktlagen der Raumgruppen $\mathcal{G}$ liefern die eigentliche Grundlage für die kurze vollständige Angabe einer Kristallstruktur. In Abschnitt 2.3 haben wir den Aufbau der Kristallstruktur auf zweierlei Art beschrieben:

1. aus aneinandergereihten Elementarzellen;
2. aus ineinandergestellten Punktgittern.

Jetzt kann hinzugefügt werden:

3. Ausgehend vom Schwerpunkt eines Teilchens in der Elementarzelle werden die Schwerpunkte des zugehörigen (unendlichen) $\mathcal{G}$-Orbits hinzugefügt. Man fährt fort mit dem Schwerpunkt eines noch nicht erfassten Teilchens usw. und erhält so endlich viele $\mathcal{G}$-Orbits, aus denen die Kristallstruktur aufgebaut ist.

Während die Koordinatentripel der Punkte von Punktgruppen individuelle Punkte bezeichnen, sind die Koordinatentripel bei den Punktlagen der Raumgruppen als Vertreter ihrer Punktgitter zu verstehen. Die aus der allgemeinen Punktlage abzuleitenden Matrix-Spalte-Paare stehen nicht mehr für einzelne Abbildungen, sondern für Nebenklassen von $\mathcal{G}$ nach $\mathcal{T}$. Die Zähligkeit (multiplicity) Z in der ersten Spalte der Daten steht jetzt für das Produkt aus Ordnung der Kristallklasse und Zahl der Zentrierungsvektoren, für die speziellen Punktlagen dividiert durch Ordnung $|\mathcal{S}|$ der Lagesymmetrie-Gruppe $\mathcal{S}$. Das ist nichts anderes als die Zahl der symmetrieäquivalenten Punkte in der Elementarzelle.

Eine Punktlage besteht aus unendlich vielen $\mathcal{G}$-Orbits, wenn im Koordinatentripel des repräsentierenden Punktes wenigstens ein freier Parameter vorkommt, siehe das folgende Beispiel. Gibt es keinen freien Parameter, wie in der Punktlage $4b$ $\bar{1}$ $\frac{1}{2},0,0$ des Raumgruppentyps $Pbcm$, so besteht die Punktlage nur aus einem $\mathcal{G}$-Orbit.

Beispiel 6.5
Im Raumgruppentyp $Pbcm$ gehören die $\mathcal{G}$-Orbits $\mathcal{G}X_1$ für $X_1 = 0{,}094, \frac{1}{4}, 0$ und $\mathcal{G}X_2$ für $X_2 = 0{,}137, \frac{1}{4}, 0$ zur selben Punktlage (Wyckoff position) $4c$ $x, \frac{1}{4}, 0$ mit der Lagesymmetrie 2. Zu X_1 und X_2 gehört *dieselbe* Lagesymmetrie-Gruppe $\mathcal{S}$, bestehend aus Identität und zweizähliger Drehung, aber die Orbits sind verschieden.

6.5.1 Die allgemeine Punktlage einer Raumgruppe

Die besondere Bedeutung der allgemeinen Punktlage einer Raumgruppe $\mathcal{G}$ wurde schon mehrfach hervorgehoben. Die in den *International Tables A* aufgeführten (nummerierten) Koordinatentripel des obersten Blocks der ‚Positions' (Abschnitt 6.4.2) können als Kurzschriftform der Matrix-Spalte-Paare von Symmetrieoperationen interpretiert werden. Sie bilden ein Repräsentantensystem der Nebenklassen von $\mathcal{G}/\mathcal{T}$, d. h. sie enthalten aus jeder Nebenklasse genau einen Vertreter. Die Wahl der Vertreter ist an sich beliebig. Sie wird durch die Festlegung $0 \leq w_i < 1$ für die Koeffizienten der Spalten $\boldsymbol{w}$ normiert. Die zu $(\boldsymbol{W}, \boldsymbol{w})$ gehörende Nebenklasse enthält dann genau alle Matrix-Spalte-Paare $(\boldsymbol{W}, \boldsymbol{w}+\boldsymbol{t})$, wobei $\boldsymbol{t}$ die Koeffizienten-Spalten aller Translationen durchläuft. Die Anzahl der Vertreter ist wegen der Isomorphie von Faktorgruppe $\mathcal{G}/\mathcal{T}$ und Punktgruppe $\mathcal{P}$ gleich der Punktgruppenordnung $|\mathcal{P}|$.

Für primitive Gitter ist $\boldsymbol{t}$ ein Tripel ganzer Zahlen, für zentrierte Gitter kommen rationale Zahlen hinzu. Dadurch wird die Normierung der Repräsentanten mehrdeutig. Tatsächlich wurde der Repräsentant in einigen Fällen geändert. Zum Beispiel findet steht beim Raumgruppentyp $Cmma$ (ab 2002 $Cmme$ genannt) in den *International Tables* von 1952 $\frac{1}{2}-x, \bar{y}, z$, seit 1983 $\bar{x}, \bar{y}+\frac{1}{2}, z$. Der Grund liegt darin, dass 1952 und 1983 die Auswahl der Vertreter und ihre Reihenfolge nach verschiedenen Verfahren festgelegt wurde.

Auf Grund des Baus der Raumgruppen ist es also möglich, die Menge aller unendlich vielen Symmetrieoperationen durch endlich viele Angaben zu erfassen. Die ganzzahligen Translationen sind dabei durch die Art der Darstellung ausgezeichnet, die zentrierenden Translationen stehen etwas am Rande. Die Basen der *International Tables A* sind so gewählt, dass alle vorkommenden Matrizen ganzzahlig sind.

6.5.2 Die speziellen Punktlagen einer Raumgruppe

Für die Ordnung der Lagesymmetrie-Gruppen spezieller Punktlagen gilt $|\mathcal{S}| > 1$. Mit $\mathcal{S}$ bildet auch die Menge der Matrix-Anteile $\boldsymbol{W}$ der Elemente von $\mathcal{S}$ eine Gruppe, die isomorph zur Gruppe der $\{(\boldsymbol{W}, \boldsymbol{w})\}$ von $\mathcal{S}$ ist. $\{\boldsymbol{W}\}$ ist aber eine Untergruppe der Matrix-Gruppe der Punktgruppe $\mathcal{P}$ von $\mathcal{G}$. Daraus ergibt sich:

Satz 6.18 Jede Lagesymmetrie-Gruppe $\mathcal{S}$ einer Raumgruppe $\mathcal{G}$ ist isomorph zu einer Untergruppe der Punktgruppe $\mathcal{P}$ von $\mathcal{G}$.

Zur Lagesymmetrie-Gruppe $\mathcal{S}$ eines beliebigen Punktes P spezieller Lage gibt es immer unendlich viele konjugierte Gruppen $\mathcal{S}_i$. Wegen der dreidimensionalen Periodizität des Gitters gibt es nämlich zu P eine unendliche Menge von symmetrisch gleichwertigen Punkten P_i, also Punkten des Orbits von P, und deren Lagesymmetrie-Gruppen sind konjugiert. Besteht $\mathcal{S}$ aus Drehungen um eine Achse, so besitzen alle Punkte des Orbits $\mathcal{G}P$, die sich auf der Drehachse befinden, *dieselbe* Gruppe $\mathcal{S}$. Es bleibt aber immer noch eine unendliche Schar von parallelen Achsen und damit unendlich viele verschiedene Gruppen $\mathcal{S}_i$. Entsprechendes gilt für die Punkte auf einer Spiegelebene; sie haben dieselbe

Lagesymmetrie-Gruppe, aber es gibt unendlich viele dieser Gruppen auf der unendlichen Schar von parallelen Ebenen.

Im allgemeinen gibt es mehrere gleichartige Lagesymmetrie-Gruppen. So liegen die Inversionszentren in zentrosymmetrischen Raumgruppen, die einem Zentrum $\overline{1}$ im Ursprung translatorisch gleichwertig sind, in den Punkten P_k mit ganzzahligen Koordinaten. Weitere Scharen translatorisch äquivalenter Inversionszentren befinden sich in $\frac{1}{2},0,0$; $0,\frac{1}{2},0$; $0,0,\frac{1}{2}$; $\frac{1}{2},\frac{1}{2},0$; $\frac{1}{2},0,\frac{1}{2}$; $0,\frac{1}{2},\frac{1}{2}$ und $\frac{1}{2},\frac{1}{2},\frac{1}{2}$. Sie ergeben sich aus Gleichung (4.2), wonach sich Fixpunkte bei $\boldsymbol{x}_F = \frac{1}{2}\boldsymbol{w}$ befinden, mit den Translationen $\boldsymbol{w} = (1,0,0)$; $(0,1,0)$; $(0,0,1)$; $(1,1,0)$; $(1,0,1)$; $(0,1,1)$ und $(1,1,1)$. Daher hat jede zentrosymmetrische Raumgruppe acht nicht translatorisch äquivalente Inversionszentren in einer primitiven Elementarzelle, die aber durch andere Symmetrieoperationen symmetrisch äquivalent werden können.

Beispiel 6.6
Wie ein Blick in *International Tables A* zeigt, gibt es für $Pmmm$, No. 47, acht Sorten von Inversionszentren (hier sind die Zentren $\overline{1}$ in den acht Punktlagen mit Lagesymmetrie mmm versteckt). Bei $Pbcm$, No. 57, sind es nur zwei Punktlagen mit $\overline{1}$, je mit Multiplizität 4, weil je vier der Inversionszentren über die Spiegelebenen und Drehachsen symmetrisch äquivalent sind.

Die Koordinatentripel der speziellen Punktlagen sind nur noch als solche interpretierbar, nicht mehr als die Beschreibung von Abbildungen. Der erste Repräsentant wird nämlich nicht nur durch die identische, sondern durch $\mathcal{S}$ Abbildungen invariant gelassen und durch jeweils $\mathcal{S}$ Abbildungen in andere Repräsentanten überführt.

Für die Praxis spielen zwei Gesichtspunkte bei den speziellen Punktlagen eine Rolle:

1. Die speziellen Lagen besitzen in Raumgruppen höherer Symmetrie oft Zähligkeiten, die zu der Anzahl bestimmter gleichartiger Teilchen in der Elementarzelle passen, während die Zähligkeit der allgemeinen Punktlage für diese Teilchen zu hoch ist. Für sie kommt dann nur eine spezielle Punktlage in Betracht. Weitere Teilchen müssen dann eventuell andere spezielle Punktlagen einnehmen, im Einklang mit der chemischen Zusammensetzung. Zum Beispiel enthält die Elementarzelle von CaF_2 vier Ca^{2+}-Ionen (Zähligkeit 4). Für die F^--Ionen kommt dann nur eine Punktlage der Zähligkeit 8 in Betracht.

2. Soll ein Baustein einer Kristallstruktur eine spezielle Punktlage besetzen, so kann die Symmetrie seiner Umgebung nicht höher sein als die Eigensymmetrie des Bausteins. Zum Beispiel kann der Schwerpunkt eines tetraedrischen Moleküls nicht in einer speziellen Lage liegen, deren Lagesymmetrie die Inversion enthält. Diese Auswahlregel schränkt die Lagemöglichkeiten häufig ein.

6.6 Der Unterschied zwischen Raumgruppe und Raumgruppentyp

Wiederholt haben wir darauf hingewiesen, dass Raumgruppe und Raumgruppentyp nicht verwechselt werden sollten. Wie in Abschnitt 6.1.3 ausgeführt, ist ein Raumgruppentyp eine Klasse aus unendlich vielen äquivalenten Raumgruppen. Sowohl Raumgruppe wie auch Raumgruppentyp haben die durch ein Raumgruppensymbol bezeichnete Symmetrie mit den zugehörigen Symmetrie-Matrizen $\{(\boldsymbol{W}, \boldsymbol{w})\}$.

Während das Gitter beim Raumgruppentyp beliebige Maße hat, hat das Gitter einer Raumgruppe festliegende Gitterparameter mit dem zu einer Kristallstruktur passenden Koordinatensystem. Atome befinden sich an festgelegten Orten.

Ein Beispiel für den Unterschied bieten die Strukturen von Rutil und Trirutil (Abb. 12.8). Beide Strukturen gehören demselben Raumgruppen**typ** $P4_2/mnm$ an, aber beim Trirutil ist der Basisvektor **c** und die Zahl der Atome in der Elementarzelle verdreifacht. Die Symmetrie der beiden individuellen Strukturen, Rutil und Trirutil, wird ebenfalls mit dem Symbol $P4_2/mnm$ bezeichnet. Rutil und Trirutil haben jeweils ein definiertes Gitter, die Gitter stimmen aber nicht überein; es handelt sich in diesem Fall um das Symbol für zwei *verschiedene Raumgruppen*.

Es mag zunächst etwas verwirrend erscheinen, wenn dasselbe Symbol für den Raumgruppentyp und für die einzelnen Raumgruppen dieses Typs verwendet wird. Tatsächlich bereitet das keine Schwierigkeiten, denn eine Raumgruppe dient immer nur zur Bezeichnung der Symmetrie einer bestimmten Kristallstruktur unter Nennung der Gitterparameter.

Anders gesagt: Eine Raumgruppe ist die Gruppe der Symmetrieoperationen einer bestimmten Kristallstruktur einschließlich der metrischen Werte ihrer Translationen. Es gibt unendlich viele Raumgruppen. Ein Raumgruppentyp ist eine von 230 Möglichkeiten, wie kristallographische Symmetrieoperationen im Raum kombiniert werden können, mit numerisch nicht festgelegten Werten für die Translationen.

Eine Tabelle in *International Tables A* ist an erster Stelle die Tabelle eines Raumgruppentyps mit beliebigen Werten für die Gitterparameter, beliebiger Besetzung von Punktlagen und beliebigen Atomkoordinaten. Wenn aber die Symmetrie einer bestimmten Struktur mit definierten Gitterparametern und Atomkoordinaten beschrieben wird, dann wird daraus die Tabelle einer individuellen Raumgruppe.

In *International Tables A*1 sind die Untergruppen der Raumgruppen tabelliert. Gruppe-Untergruppe-Beziehungen existieren nur zwischen Raumgruppen, nicht zwischen Raumgruppentypen. Es sind zwar keine Zahlenwerte für die Gitterparameter tabelliert, aber für jede Gruppe-Untergruppe-Beziehung ist völlig eindeutig, wie sich die Gitterparameter der Untergruppe aus denen der Ausgangsgruppe ergeben.

In Tab. 6.5 findet sich eine weitere Gegenüberstellung von Raumgruppe und Raumgruppentyp.

Tabelle 6.5: Gegenüberstellung von Raumgruppe und Raumgruppentyp

Raumgruppe	**Raumgruppentyp**
Geometrischer Raum (Vektorraum, euklidischer Raum)	Algebraischer Raum (Punktraum, affiner Raum)
Symmetrie wird als Deckoperation verstanden, als Abbildung auf sich selbst. Erlaubt sind Translationen und Drehungen als kongruente Abbildungen sowie Spiegelungen, Inversion und Drehinversion.	Die affine Abbildung des Vektorraums verlangt Geradentreue, Teilverhältnistreue und Parallelentreue, lässt sonst aber beliebige Verzerrungen zu.
Im Vektorraum können Abstände und Winkel gemessen werden, wenn die Beträge von drei Basisvektoren und die Winkel zwischen ihnen bekannt sind.	Im affinen Raum sind die Gitterpunkte jeweils als Koordinatentripel natürlicher Zahlen x, y, z gegeben, ohne Festlegung metrischer Beziehungen.
Eine Tabelle in *International Tables A* beschreibt nur dann eine Raumgruppe, wenn auch die Gitterparameter genannt sind.	Ohne Angabe der Gitterparameter, also beliebigen Werten für die Translationen $t(1,0,0)$, $t(0,1,0)$ und $t(0,0,1)$, enthalten die *International Tables A* die 230 Raumgruppentypen.

6.7 Übungsaufgaben

Lösungen auf Seite 355

6.1. Nennen Sie das Kristallsystem der folgenden Raumgruppen:
$P4_1 32$; $P4_1 22$; $F d d d$; $P1 2/c 1$; $P\bar{4}n2$; $P\bar{4}3n$; $R\bar{3}m$; $Fm\bar{3}$.

6.2. Was ist der Unterschied der Raumgruppen $P6_3 mc$ und $P6_3 cm$?

6.3. Zu welchen Kristallklassen (Punktgruppentypen) gehören folgende Raumgruppen?
$P2_1 2_1 2_1$; $P6_3/mcm$; $P2_1/c$; $Pa\bar{3}$; $P4_2/m2_1/b2/c$?

Unter- und Obergruppen der Punkt- und Raumgruppen

7

Strukturelle Verwandtschaft bedingt Symmetrie-Verwandtschaft. Andere Symmetrie kann vorkommen, wenn zwei Substanzen bei gleichem Aufbau eine andere chemische Zusammensetzung haben. Bei unveränderter chemischer Zusammensetzung treten Änderungen der Symmetrie bei Phasenübergängen auf oder dann, wenn statt einer isotropen Umgebung anisotrope mechanische Kräfte, elektrische oder magnetische Felder einwirken. Ein Teil der Symmetrie eines Moleküls oder Kristalls geht dabei verloren („die Symmetrie wird gebrochen"). In den genannten Fällen besteht häufig eine Gruppe-Untergruppe-Beziehung zwischen den Raumgruppen der verschiedenen Substanzen oder Zustandsformen. Es ist daher zweckmäßig, die Grundlagen solcher Symmetriebeziehungen zu betrachten.

7.1 Untergruppen der Punktgruppen der Moleküle

In diesem Abschnitt sollen diejenigen Molekülsymmetrien mit ihren Untergruppen beschrieben werden, die auch in der Form kristallographischer Punktgruppen auftreten. Ein Untergruppen-Diagramm für nichtkristallographische Punktgruppen findet sich zum Beispiel in *International Tables A* 2016 Abschnitt 3.2.1.4, Fig. 3.2.1.6 [15], bzw. 2006, Abschnitt 10.1.4, Fig. 10.1.4.3 [14].

Die Beziehung zwischen einer Punktgruppe und ihren Untergruppen lassen sich (außer in Tabellen) auch durch Diagramme darstellen. Zwei Gesichtspunkte sind wesentlich:

1. Möglichst viele solcher Beziehungen den Diagrammen entnehmen zu können;
2. Mit möglichst wenigen und möglichst übersichtlichen Diagrammen auszukommen.

Jede kristallographische Punktgruppe ist Untergruppe entweder einer kubischen Punktgruppe vom Typ $4/m\bar{3}2/m$ (Kurzsymbol $m\bar{3}m$) der Ordnung 48 oder einer hexagonalen Punktgruppe vom Typ $6/m2/m2/m$ ($6/mmm$) der Ordnung 24. Es werden daher nur zwei Diagramme zur Darstellung aller Untergruppen-Beziehungen gebraucht.

In den Diagrammen der Abb. 7.1 und 7.2 ist das Symbol jeder Punktgruppe mit denen ihrer *maximalen* Untergruppen durch Geraden verbunden. Die links angeschriebene

U. Müller, *Symmetriebeziehungen zwischen Kristallstrukturen*,
https://doi.org/10.1007/978-3-662-67166-5_7

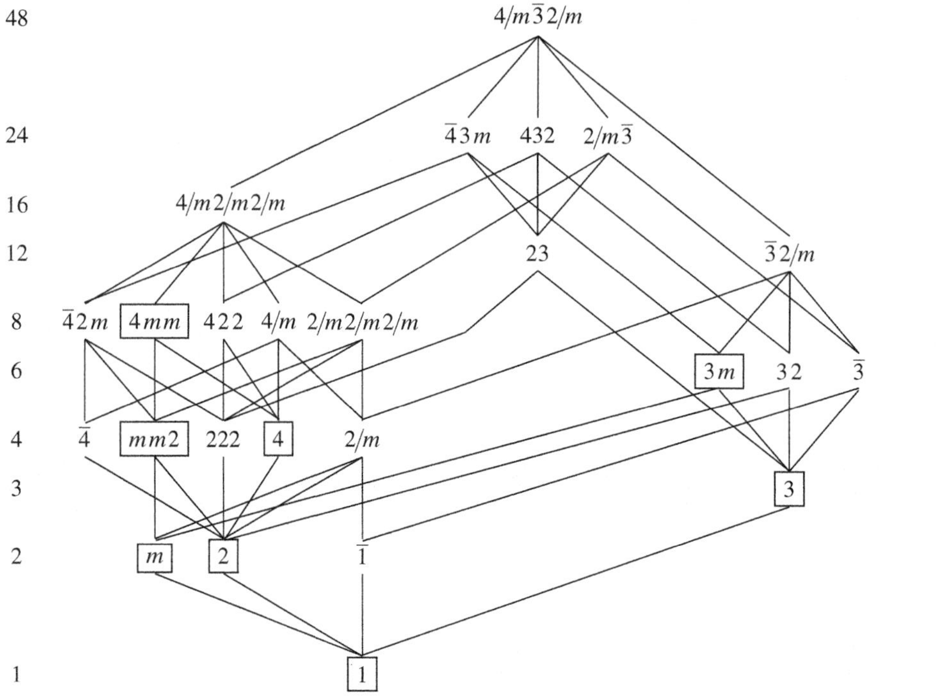

Abb. 7.1: Untergruppen-Diagramm (komprimiert) der Punktgruppe $4/m\bar{3}2/m$ ($m\bar{3}m$). Die Ordnung in der linken Spalte ist in logarithmischer Abfolge aufgetragen. Polare Gruppen sind eingerahmt

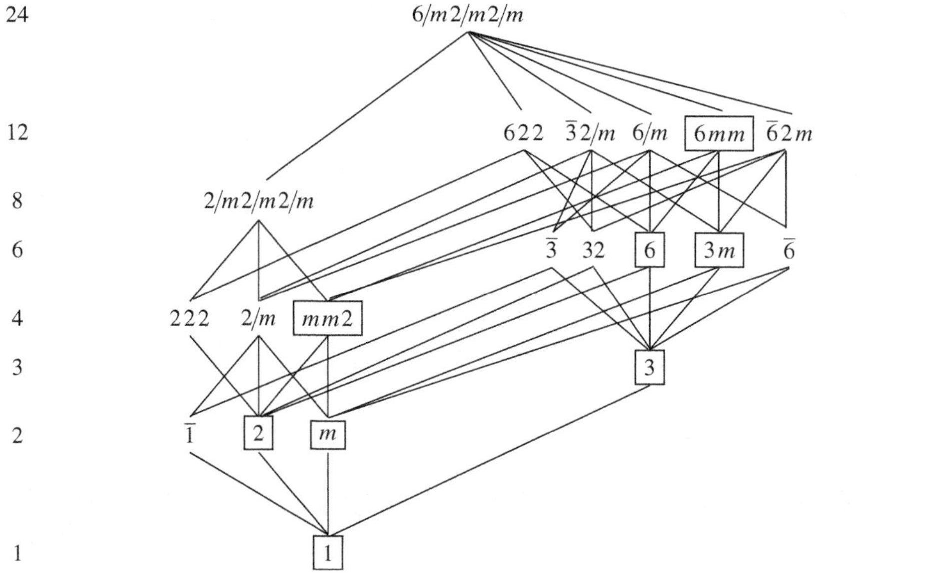

Abb. 7.2: Untergruppen-Diagramm (komprimiert) der Punktgruppe $6/m2/m2/m$ ($6/mmm$). Polare Gruppen sind eingerahmt

Ordnung der Kristallklasse entspricht der Höhe im Diagramm. Es handelt sich um komprimierte Diagramme, in denen Untergruppen des gleichen Typs nur einmal vorkommen. Zum Beispiel hat $4/m\bar{3}2/m$ tatsächlich drei Untergruppen des Typs $4/m2/m2/m$, mit der vierzähligen Drehachse jeweils längs x, y und z, aber $4/m2/m2/m$ ist nur einmal genannt. Die vollständigen Diagramme, in denen alle Untergruppen aufgeführt wären (z. B. drei Mal $4/m2/m2/m$), würden mehr Platz benötigen; in Abb. 7.1 würden beispielsweise 98 Hermann-Mauguin-Symbole mit einer verwirrenden Vielfalt von Verbindungslinien erscheinen.

Manche Punktgruppentypen kommen in beiden Diagrammen vor.

Wir nennen eine Richtung *einzigartig*, wenn sie keiner anderen Richtung symmetrisch gleichwertig ist, auch nicht ihrer Gegenrichtung. Die zehn eingerahmten Punktgruppen der Diagramme Abb. 7.1 und 7.2 haben mindestens eine einzigartige Richtung. Sie heißen *polare Punktgruppen*. Bestimmte Eigenschaften, zum Beispiel ein elektrisches Dipolmoment, setzen eine polare Punktgruppe voraus.

Die Abbildungen 7.1 und 7.2 geben nur die Symmetriebeziehungen wieder. Beim Übergang Gruppe $\mathcal{G} \rightarrow$ Untergruppe $\mathcal{H}$ ändern sich auch die Äquivalenz-Verhältnisse im Molekül:

1. Die Lagesymmetrie kann reduziert werden, oder
2. die Punkt-Orbits mit symmetrisch gleichwertigen Atomen können in verschiedene Orbits aufspalten, oder
3. beides kann gleichzeitig geschehen.

Oft ist mit dieser Symmetrie-Verminderung ein Beweglichwerden der Atome verbunden: In der hohen Symmetrie festliegende oder gekoppelte Parameter (Koordinatenwerte, Parameter der thermischen Schwingung) werden frei oder entkoppelt.

7.2 Untergruppen der Raumgruppen

Wenn Kristallstrukturen verwandt sind oder wenn die eine sich durch einen Phasenübergang in die andere unter Erhaltung der Bauprinzipien umwandelt, sind auch die Symmetrien der Kristallstrukturen miteinander verwandt. Einfache Beispiele für solche Verwandtschaft haben wir in Abschnitt 1.2 vorgestellt, und zahlreiche weitere werden in Teil 2 behandelt.

‚Verwandte Symmetrie' bedeutet dabei:

1. Die Symmetrie der einen Kristallstruktur ist eine Untergruppe der Symmetrie der anderen; oder
2. beide Kristallstrukturen besitzen eine gemeinsame Obergruppe, d. h. sie haben verschiedene Teilsymmetrien einer höheren Symmetrie; oder

3. beide Kristallstrukturen besitzen eine gemeinsame Untergruppe, haben also einen Teil der Symmetrie gemeinsam, ohne dass die eine in der anderen enthalten ist. Dieser Fall erfordert allerdings besonderes Augenmaß, denn im Prinzip lassen sich immer unendlich viele gemeinsame Untergruppen finden und damit sinnlose ‚Symmetrieverwandtschaften' konstruieren.

Symmetriebeziehungen sind ihrerseits oft ein Anzeichen für das Vorliegen struktureller Beziehungen, und es lohnt daher, ihnen nachzugehen. Das muss mit Umsicht geschehen, wie das Beispiel des Struktur-Paares $CO_2 - FeS_2$ zeigt, die beide zum gleichen Raumgruppentyp $Pa\overline{3}$ gehören und die gleiche Punktlagenbesetzung aufweisen, trotzdem aber nicht dem gleichen Strukturtyp zugerechnet werden können, da sie verschiedenen Bauprinzipien gehorchen (vgl. Seite 139).

In der Praxis wird gesucht, welche Gruppen zwischen der Ausgangs-Raumgruppe $\mathcal{G}$ und der gesuchten Untergruppe $\mathcal{H}$ liegen. Zuerst werden die maximalen Untergruppen $\mathcal{H}_{1i}$ von $\mathcal{G}$ bestimmt, siehe Definition 5.1, dann deren maximale Untergruppen $\mathcal{H}_{2k}$ usw., bis die gewünschte Untergruppe $\mathcal{H}$ mit dem Index $i = |\mathcal{G} : \mathcal{H}|$ erreicht ist. Es wird so eine Kette oder mehrere Ketten von Gruppe-Untergruppe-Beziehungen erhalten, die von $\mathcal{G}$ bis $\mathcal{H}$ gelangen. Dabei müssen die Indizes $|\mathcal{G} : \mathcal{H}_{1i}|$, $|\mathcal{H}_{1i} : \mathcal{H}_{2k}|$, usw. Teiler des Index $|\mathcal{G} : \mathcal{H}|$ sein (Satz 5.3 von LAGRANGE, Seite 64).

Bei diesem Verfahren kommt einem ein Satz von C. HERMANN sehr zustatten. Zunächst definieren wir drei spezielle Sorten von Untergruppen der Raumgruppen.

Es sei $\mathcal{G}$ eine Raumgruppe mit der Untergruppe der Translationen (Normalteiler) $\mathcal{T}_{\mathcal{G}}$ und der Punktgruppe $\mathcal{P}_{\mathcal{G}}$, und es sei $\mathcal{H} < \mathcal{G}$ eine echte Untergruppe mit entsprechend $\mathcal{T}_{\mathcal{H}}$ und $\mathcal{P}_{\mathcal{H}}$.

Definition 7.1 $\mathcal{H} < \mathcal{G}$ heißt *translationengleich*, wenn $\mathcal{G}$ und $\mathcal{H}$ dieselbe Translationengruppe haben, $\mathcal{T}_{\mathcal{H}} = \mathcal{T}_{\mathcal{G}}$, und somit $\mathcal{H}$ einer niedrigersymmetrischen Kristallklasse als $\mathcal{G}$ angehört, $\mathcal{P}_{\mathcal{H}} < \mathcal{P}_{\mathcal{G}}$.

Definition 7.2 $\mathcal{H} < \mathcal{G}$ heißt *klassengleich*, wenn $\mathcal{G}$ und $\mathcal{H}$ derselben Kristallklasse angehören, $\mathcal{P}_{\mathcal{H}} = \mathcal{P}_{\mathcal{G}}$, und somit $\mathcal{H}$ über weniger Translationen als $\mathcal{G}$ verfügt, $\mathcal{T}_{\mathcal{H}} < \mathcal{T}_{\mathcal{G}}$.

Definition 7.3 Eine klassengleiche Untergruppe heißt *isomorphe Untergruppe*, wenn $\mathcal{G}$ und $\mathcal{H}$ zum gleichen affinen Raumgruppentyp gehören.

Isomorphe Untergruppen sind ein Sonderfall der klassengleichen Untergruppen. Eine isomorphe Untergruppe hat entweder das gleiche Standard-Hermann-Mauguin-Symbol wie die Obergruppe oder das des enantiomorphen Partners.

Anmerkung: Die genannte Definition der isomorphen Untergruppen bezieht sich darauf, dass die Raumgruppe und ihre Untergruppe die ‚gleiche Gruppentafel' haben (vgl. Abschn. 5.2). Nicht gemeint ist der Fall, wenn eine Raumgruppe zwei oder mehr Untergruppen hat, die untereinander isomorph sind, ohne mit der Raumgruppe isomorph zu sein. Hier gibt es manchmal sprachliche Missverständnisse.

Definition 7.4 $\mathcal{H}$ heißt *allgemeine Untergruppe*, wenn $\mathcal{T}_{\mathcal{H}} < \mathcal{T}_{\mathcal{G}}$ und $\mathcal{P}_{\mathcal{H}} < \mathcal{P}_{\mathcal{G}}$ ist.

Eine allgemeine Untergruppe ist weder translationen- noch klassengleich.

Der bemerkenswerte *Satz von Hermann* [60] lautet dann:

Satz 7.5 Eine *maximale* Untergruppe einer Raumgruppe ist entweder translationengleich oder klassengleich.

Der Beweis dieses Satzes erfolgt durch die Konstruktion einer Zwischengruppe $\mathcal{Z}$, $\mathcal{G} \geq \mathcal{Z} \geq \mathcal{H}$, bestehend aus denjenigen Nebenklassen von $\mathcal{G}$, die, eventuell mit weniger Translationen, bei $\mathcal{H}$ vorkommen. $\mathcal{Z}$ ist offensichtlich eine translationengleiche Untergruppe von $\mathcal{G}$ und eine klassengleiche Obergruppe von $\mathcal{H}$. Für eine maximale Untergruppe muss entweder $\mathcal{Z} = \mathcal{G}$ oder $\mathcal{Z} = \mathcal{H}$ gelten.

Aufgrund des Satzes von Hermann genügt es, nur die translationengleichen und die klassengleichen Untergruppen zu betrachten. Angaben zu den maximalen Untergruppen jedes Raumgruppentyps enthalten die Raumgruppen-Tabellen der *International Tables*, Bände *A* und *A*1 (Band *A* nur bis zur 5. Auflage, 2006). In Band *A* 2006 stehen sie unter den Überschriften ‚Maximal non-isomorphic subgroups' und ‚Maximal isomorphic subgroups of lowest index'. Dort sind aber bei den klassengleichen Untergruppen mit vergrößerter konventioneller Zelle (unter **IIb**) nur die Raumgruppentypen der Untergruppen aufgezählt, nicht alle Untergruppen selbst. Zudem fehlen in Band *A* die wichtigen Angaben zu eventuell notwendigen Ursprungsverschiebungen. Die vollständige Tabellierung aller Untergruppen findet sich im Band *A*1 [16], der erstmals 2004 erschienen ist.

Die Beschreibung der Daten und die Gebrauchsanweisung stehen in Band *A* 2006, Abschnitt 2.2.15, bzw. in Band *A*1, Kapitel 2.1 und 3.1. Außerdem können die maximalen Untergruppen der Raumgruppen über das Internet im *Bilbao Crystallographic Server* gesucht werden, siehe Abschnitt 24.1.1.

Es gibt weitergehende Einschränkungen für die maximalen Untergruppen der Raumgruppen als den Satz von HERMANN. Hier sollen ohne Beweis einige Sätze aufgeführt werden, die beim Aufstellen von Untergruppen-Tabellen und bei der praktischen Anwendung von Gruppe-Untergruppe-Beziehungen nützlich sind. Die Beweise finden sich in *International Tables* *A*1 in Kapitel 1.5 (Auflage 2004) bzw. Kapitel 1.3 (Auflage 2010) in einem theoretischen Kapitel von G. NEBE.

Satz 7.6 Zu jeder Raumgruppe $\mathcal{G}$ gibt es *unendlich viele maximale* Untergruppen $\mathcal{H}$. Sie sind Raumgruppen und haben Primzahlpotenz-Index p^1, p^2 oder p^3; $p > 1$.

Bemerkungen

1. Eine Untergruppe von zum Beispiel Index 6 kann nicht maximal sein.

2. Primzahlen p^1 gelten für trikline, monokline und orthorhombische Raumgruppen $\mathcal{G}$;
   p^1 und p^2 für trigonale, tetragonale und hexagonale $\mathcal{G}$;
   p^1, p^2 und p^3 für kubische $\mathcal{G}$.

3. Für die möglichen Zahlenwerte der Primzahlen p gelten, je nach $\mathcal{G}$ und Untergruppe, bestimmte Einschränkungen (z. B. nur Primzahlen der Sorte $p = 6n + 1$ mit n = ganzzahlig). Siehe Kapitel 21.

4. Ein Index von $p = 1$ zeigt keine Gruppe-Untergruppe-Beziehung an und ist nicht erlaubt. Er würde $\mathcal{H} = \mathcal{G}$ bedeuten, d.h. eine isotype Struktur (Abschnitt 9.5).

Satz 7.7 Es gibt nur endlich viele *maximale nicht-isomorphe* Untergruppen $\mathcal{H}$ von $\mathcal{G}$, denn es gilt: Ist i der Index von $\mathcal{H}$ in $\mathcal{G}$, $i = |\mathcal{G} : \mathcal{H}|$, so kann $\mathcal{H}$ nicht-isomorph zu $\mathcal{G}$ nur dann sein, wenn i ein Teiler der Ordnung $|\mathcal{P}|$ der Punktgruppe $\mathcal{P}$ von $\mathcal{G}$ ist.

Da die Ordnungen der kristallographischen Punktgruppen nur die Faktoren 2 und 3 enthalten, kann es nicht-isomorphe maximale Untergruppen nur vom Index 2, 3, 4 und 8 geben. Der Index 8 ist jedoch ausgeschlossen. Tatsächlich werden diese Möglichkeiten nicht voll ausgenutzt. In triklinen, monoklinen, orthorhombischen und tetragonalen Raumgruppen haben alle maximalen nicht-isomorphen Untergruppen den Index 2; in trigonalen und hexagonalen Raumgruppen den Index 2 oder 3; nur in kubischen kommen die Indizes 2, 3 und 4 vor.

Es kann auch isomorphe Untergruppen dieser Indizes, zum Beispiel vom Index 2, geben. Eine Raumgruppe vom Typ $P1$ hat beispielsweise sieben Untergruppen vom Index 2, die alle isomorph sind.

Satz 7.8 Die Anzahl N der Untergruppen vom Index 2 einer Raumgruppe $\mathcal{G}$ ist

$$N = 2^n - 1, \qquad 0 \leq n \leq 6$$

Diese Sätze zeigen, dass es zwar unendlich viele maximale Untergruppen für jede Raumgruppe gibt, aber nur endlich viele davon können nicht-isomorph zur Ausgangs-Raumgruppe sein.

7.2.1 Maximale translationengleiche Untergruppen

Besonders einfach liegen die Verhältnisse bei den translationengleichen Untergruppen. Sie können nur nicht-isomorphe Untergruppen sein, denn die (endliche) Punktgruppe wird verkleinert. Alle Translationen bleiben erhalten, es fallen ganze Nebenklassen der Zerlegung von $\mathcal{G}$ nach $\mathcal{T}$ fort. Da die Faktorgruppe $\mathcal{G}/\mathcal{T}$ isomorph zur Punktgruppe $\mathcal{P}$ ist, können die Punktgruppen-Diagramme der Abb. 7.1 und 7.2 herangezogen werden. An die Stelle der Punktgruppensymbole treten Raumgruppensymbole. Da es zehn kubische Raumgruppentypen der Kristallklasse $m\bar{3}m$ gibt, gibt es auch zehn Diagramme entsprechend Abb. 7.1. Es sind aber weitere Diagramme erforderlich, denn zum Beispiel $Pbcm$ tritt nicht als translationengleiche Untergruppe einer Raumgruppe von $m\bar{3}m$ auf. Die Abb. 7.3 und 7.4 sind Beispiele solcher Diagramme.

Die translationengleichen Untergruppen $\mathcal{H}$ einer Raumgruppe $\mathcal{G}$ sind in den Untergruppen-Tabellen von *International Tables* A 2006 unter **I** vollständig aufgeführt. Da jedes

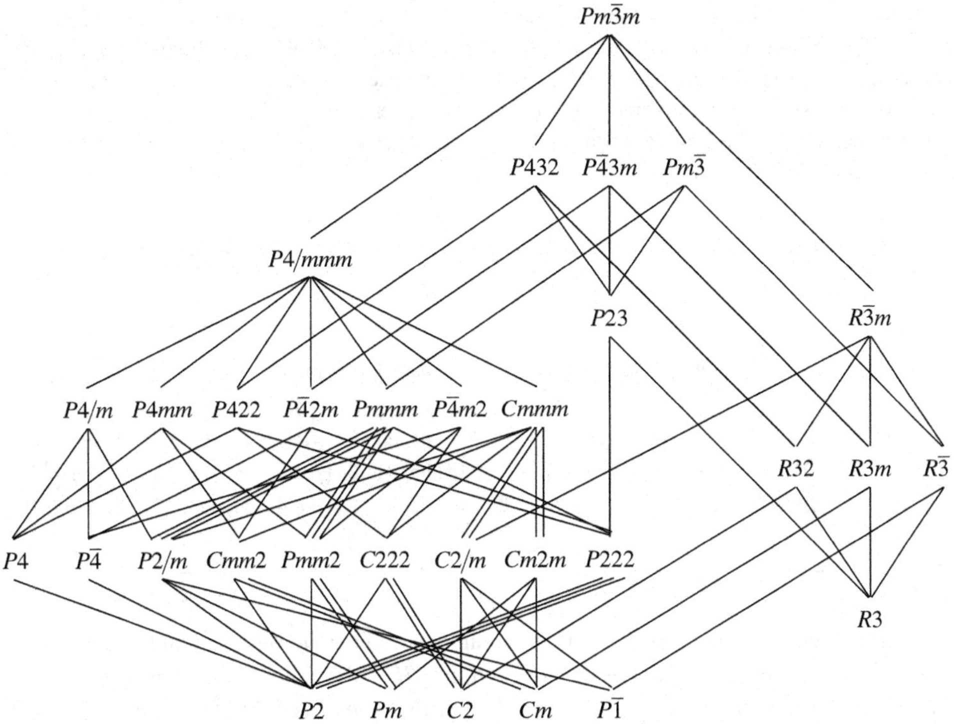

Abb. 7.3: Diagramm (komprimiert) der translationengleichen Untergruppen von $Pm\bar{3}m$. Jede Konjugiertenklasse von maximalen Untergruppen ist durch eine Linie dargestellt. Es gibt zum Beispiel drei nichtkonjugierte Untergruppen vom Typ $Pmm2$ von $Pmmm$, nämlich $Pmm2$, $Pm2m$ und $P2mm$, die gemeinsam mit der konventionellen Aufstellung $Pmm2$ bezeichnet sind. In Gruppen höherer Ordnung können diese konjugiert werden; in $Pm\bar{3}$ gibt es nur eine Klasse von drei konjugierten $Pmm2$. Die triviale Untergruppe $P1$ ist nicht aufgeführt

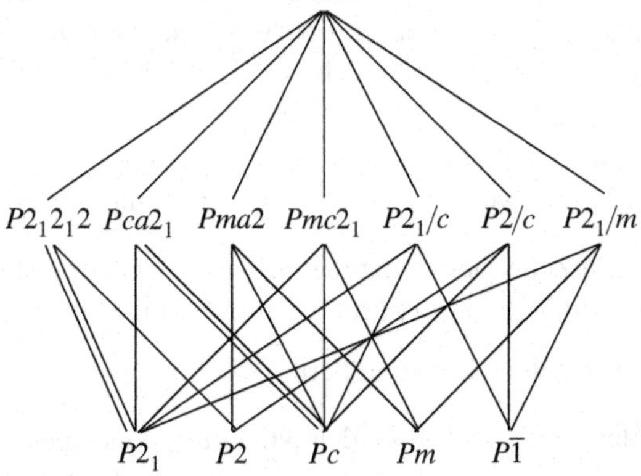

Abb. 7.4: Diagramm (komprimiert) der translationengleichen Untergruppen von $Pbcm$. Zur Art der Darstellung siehe Abb. 7.3

Tabelle 7.1: Nebenklassenzerlegung der Raumgruppe $\mathcal{G} = Pmm2$ nach der Gruppe der Translationen $\mathcal{T}$ (vgl. Beispiel 6.3). Die bei der Symmetriereduktion entfallenden Gruppenelemente zur translationengleichen Untergruppe $P2$ und zur klassengleichen Untergruppe $Pcc2$ mit verdoppelten Basisvektor **c** sind durchgestrichen. Für $Pcc2$ sind die Elemente von $\mathcal{T}$ mit $(p,q,0)$, $(p,q,1)$, ... bezeichnet, was für die Translationen $p\mathbf{a}, q\mathbf{b}, 0\mathbf{c}$, $p\mathbf{a}, q\mathbf{b}, \pm 1\mathbf{c}$, ... steht, mit $p, q = 0, \pm 1, \pm 2, \ldots$; $(0,0,0)$ ist die Identitätstranslation

translationengleiche Untergruppe $P2$			
1. Nebenklasse	2. Nebenklasse	3. Nebenklasse	4. Nebenklasse
$1 \circ 1$	$2 \circ 1$	~~$m_x \circ 1$~~	~~$m_y \circ 1$~~
$1 \circ t_1$	$2 \circ t_1$	~~$m_x \circ t_1$~~	~~$m_y \circ t_1$~~
$1 \circ t_2$	$2 \circ t_2$	~~$m_x \circ t_2$~~	~~$m_y \circ t_2$~~
$1 \circ t_3$	$2 \circ t_3$	~~$m_x \circ t_3$~~	~~$m_y \circ t_3$~~
$1 \circ t_4$	$2 \circ t_4$	~~$m_x \circ t_4$~~	~~$m_y \circ t_4$~~
$\vdots$	$\vdots$	$\vdots$	$\vdots$

klassengleiche Untergruppe $Pcc2$ ($\mathbf{c}' = 2\mathbf{c}$)			
1. Nebenklasse	2. Nebenklasse	3. Nebenklasse	4. Nebenklasse
$1 \circ (p,q,0)$	$2 \circ (p,q,0)$	~~$m_x \circ (p,q,0)$~~	~~$m_y \circ (p,q,0)$~~
~~$1 \circ (p,q,1)$~~	~~$2 \circ (p,q,1)$~~	$m_x \circ (p,q,1)$	$m_y \circ (p,q,1)$
$1 \circ (p,q,2)$	$2 \circ (p,q,2)$	~~$m_x \circ (p,q,2)$~~	~~$m_y \circ (p,q,2)$~~
~~$1 \circ (p,q,3)$~~	~~$2 \circ (p,q,3)$~~	$m_x \circ (p,q,3)$	$m_y \circ (p,q,3)$
$1 \circ (p,q,4)$	$2 \circ (p,q,4)$	~~$m_x \circ (p,q,4)$~~	~~$m_y \circ (p,q,4)$~~
$\vdots$	$\vdots$	$\vdots$	$\vdots$

$\mathcal{H}$ ganze Nebenklassen von $\mathcal{G}/\mathcal{T}$ enthält, kann man einfach die Repräsentanten dieser Nebenklassen durch ihre Nummern (n) angeben, um $\mathcal{H}$ vollständig zu charakterisieren. Das Standard-Koordinatensystem von $\mathcal{H}$ muss nicht das von $\mathcal{G}$ sein. Notfalls ist eine Koordinatentransformation durchzuführen um die *Standard*-Daten von $\mathcal{H}$ zu erhalten, siehe Abschnitt 3.6.

Eine translationengleiche Untergruppe hat immer eine niedrigere Raumgruppennummer. Das gilt nicht für klassengleiche Untergruppen.

7.2.2 Maximale nicht-isomorphe klassengleiche Untergruppen

Auch diese Untergruppen können für jede Raumgruppe vollständig aufgeführt werden. In den *International Tables* ist dies in Band *A* (bis 2006) allerdings nur teilweise geschehen, eine vollständige Liste ist in Band *A*1 enthalten. Bei klassengleichen Untergruppen wird $\mathcal{T}$ und damit jede Nebenklasse in der Faktorgruppe $\mathcal{G}/\mathcal{T}$ verkleinert, jedoch bleibt die Anzahl der Nebenklassen erhalten (Tab. 7.1). Aus praktischen Gründen (es gibt keinen gruppentheoretischen Grund) werden zwei Möglichkeiten unterschieden:

1. Die konventionelle Zelle bleibt erhalten, d. h. es gehen nur zentrierende Translationen verloren (natürlich nur bei zentrierten Aufstellungen möglich)

2. Die konventionelle Zelle wird vergrößert

Fall 1 kann ganz ähnlich behandelt werden wie translationengleiche Untergruppen, da die Repräsentanten von $\mathcal{G}$ (entweder ohne oder mit zentrierender Translation) in $\mathcal{H}$ erhalten bleiben. Daher werden solche Untergruppen in Band *A* als **IIa** vollständig aufgeführt und wie unter **I** charakterisiert. Die Untergruppen mit vergrößerter konventioneller Zelle des

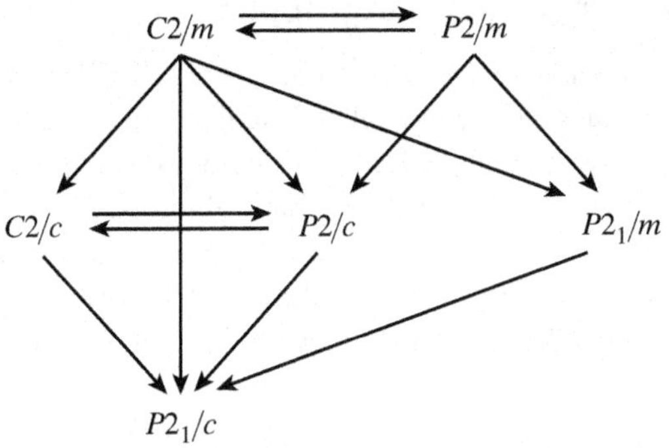

Abb. 7.5: Diagramm der maximalen klassengleichen Untergruppen der Raumgruppen der Kristallklasse $2/m$. Jede Raumgruppe $\mathcal{G}$ ist mit ihren maximalen Untergruppen $\mathcal{H}$ durch einen Pfeil verbunden; $\mathcal{H}$ steht im Diagramm tiefer als $\mathcal{G}$. Kann der Typ $\mathcal{G}$ auch als Untergruppe von $\mathcal{H}$ auftreten, so sind beide Symbole auf gleicher Höhe angeordnet und die Pfeile zeigen die möglichen Richtungen Gruppe → Untergruppe an. Alle Indizes sind 2

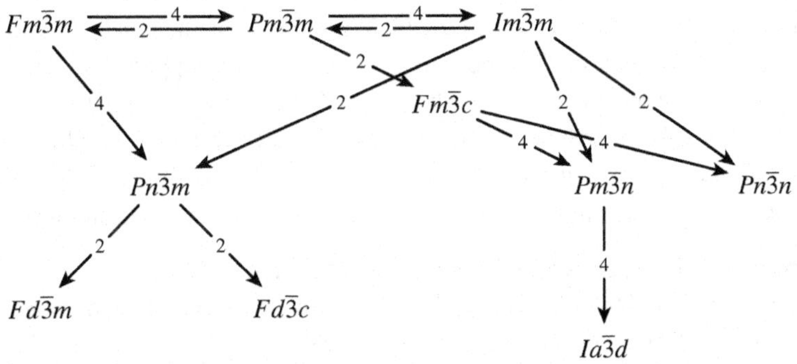

Abb. 7.6: Diagramm der maximalen klassengleichen Untergruppen von Raumgruppen der Kristallklasse $m\overline{3}m$. Zur Erklärung siehe Abb. 7.5. Die Indizes sind in die Pfeile geschrieben

Falles 2 würden wegen der anderen Zelle andere Koordinatentripel haben als $\mathcal{G}$. Daher sind für diese in Band *A* unter **IIb** nur die Art der Zellvergrößerung und die *Typen* der Untergruppen, aber weder die tatsächliche Anzahl noch die Repräsentanten zu finden. Beispielsweise steht in Band *A* bei den **IIb**-Untergruppen von $Pmmm$ der Eintrag $Pccm$ für zwei, der Eintrag $Cmmm$ für vier und $Fmmm$ für acht verschiedene Untergruppen. In Band *A*1 sind diese Untergruppen vollständig aufgeführt.

Auch für die klassengleichen Untergruppen können nicht nur Tabellen, sondern auch Diagramme aufstellt werden, eines für jede Kristallklasse. Ohne Berücksichtigung der immer vorhandenen isomorphen Untergruppen, ergeben sich 29 Diagramme, einige sehr einfach, andere mehr oder weniger komplex. Als Beispiele sind in den Abbildungen 7.5 und 7.6 die Diagramme der Kristallklassen $2/m$ und $m\overline{3}m$ wiedergegeben. Alle 29 Diagramme der klassengleichen Untergruppen sind in *International Tables A*1 zu finden.

7.2.3 Maximale isomorphe Untergruppen

Die Anzahl der maximalen isomorphen Untergruppen ist immer unendlich; es lässt sich deshalb nur eine kleine Auswahl individuell aufschreiben. In den *International Tables* sind in Band *A* 2006 nur einige wenige mit den kleinsten Indizes aufgenommen worden, unter der Überschrift ‚IIc Maximal isomorphic subgroups of lowest index'. In Band *A*1 sind alle bis zum Index 4 einzeln genannt. Zusätzlich sind dort Serien, welche die ganze unendliche Menge der isomorphen Untergruppen mit Hilfe von Parameterwerten erfassen. Zu den möglichen Indexwerten bei isomorphen Untergruppen siehe Kapitel 21.

7.3 Minimale Obergruppen der Raumgruppen

Während Untergruppen von Raumgruppen mit endlichem Index immer Raumgruppen sind, gilt diese Einschränkung nicht für Obergruppen. Dies braucht uns aber keine Sorge zu bereiten, solange wir uns mit realen Kristallstrukturen beschäftigen, deren Symmetrie mit Raumgruppen beschrieben werden kann. Quasikristalle und inkommensurabel modulierte Strukturen, die mit Superraumgruppen im vier- oder fünfdimensionalen Raum zu beschreiben sind, bleiben dann außer Betracht. Wir betrachten auch nicht die Schwarz-Weiß-Raumgruppen (Schubnikow-Gruppen; magnetische Raumgruppen), bei denen bestimmte Symmetrieoperationen mit einem Farbwechsel verknüpft sind; im Hermann-Mauguin-Symbol werden solche Symmetrieoperationen mir einem Strich $'$ versehen, zum Beispiel $R\bar{3}c'$, siehe *International Tables A* 2016, Kapitel 3.6 [61] und dort zitierte Literatur.

In Umkehrung zur Definition der maximalen Untergruppen von Raumgruppen gilt:

Definition 7.9 $\mathcal{H}$ sei eine maximale translationengleiche, klassengleiche oder isomorphe Untergruppe der Raumgruppe $\mathcal{G}$, $\mathcal{H} < \mathcal{G}$. Dann ist $\mathcal{G}$ eine translationengleiche, klassengleiche bzw. isomorphe *minimale Obergruppe* von $\mathcal{H}$.

Selbst bei Beschränkung auf Raumgruppen sind Obergruppen weit vielfältiger als Untergruppen. Untergruppen ergeben sich nämlich immer durch Wegnahme von vorhandenen Symmetrieoperationen; Obergruppen ergeben sich dagegen durch Hinzufügen von Symmetrieoperationen.

Beispiel 7.1
Aus der Raumgruppe $P\bar{1}$ ergibt sich durch Wegnahme der Inversionspunkte *eine* translationengleiche, maximale Untergruppe $P1$ vom Index 2. Werden dagegen zu $P1$ Inversionspunkte hinzugefügt, ohne die Maße der Elementarzelle zu verändern, gibt es unendlich viele Möglichkeiten, wo diese Inversionspunkte plaziert werden können. $P1$ hat deshalb unendlich viele minimale translationengleiche Obergruppen $P\bar{1}$ vom Index 2.

In *International Tables A* 2006 und *A*1 sind die Tabellen der Obergruppen Umkehrungen der Untergruppe-Tabellen. Wenn eine Raumgruppe $\mathcal{H}$ als maximale Untergruppe einer Raumgruppe $\mathcal{G}$ vorkommt, dann wird $\mathcal{G}$ als Obergruppe in der Tabelle der Raumgruppe $\mathcal{H}$ aufgeführt. Die Tabelle enthält nur translationengleiche und nicht-isomorphe klassengleiche Obergruppen, wobei die Obergruppen nicht einzeln genannt werden, sondern jeweils nur einmal das konventionelle Symbol für eine Obergruppe desselben Typs. In den Tabellen gibt es weder Angaben zur Anzahl der Obergruppen desselben Typs noch über Ursprungsverschiebungen.

In der zweiten Auflage der *International Tables* A1 (2010) sind aber in der ‚Gebrauchsanleitung' (Kapitel 2.1, Guide to the subgroup tables and graphs) Verfahren angegeben und an Beispielen erläutert, wie die exakten Daten der minimalen Obergruppen abgeleitet werden können. Dies gilt sofern die Raumgruppe $\mathcal{H}$ weder triklin noch monoklin ist und die Obergruppe $\mathcal{G}$ selbst eine Raumgruppe ist.

Eine Raumgruppe $\mathcal{G}$, die einem anderen Kristallsystem als die Raumgruppe $\mathcal{H}$ angehört, kann nur dann Obergruppe $\mathcal{G} > \mathcal{H}$ sein, wenn das Gitter von $\mathcal{H}$ die metrischen Bedingungen des Gitters von $\mathcal{G}$ erfüllt oder in der Praxis annähernd erfüllt. Wenn zum Beispiel $\mathcal{H}$ orthorhombisch und $\mathcal{G}$ tetragonal ist, kann $\mathcal{G}$ nur Obergruppe sein, wenn $a = b$ für die Gitterparameter von $\mathcal{H}$ gilt.

Beispiel 7.2

Für die Raumgruppe $P2_1 2_1 2$ sind in *International Tables*, Bände *A* 2006 und *A*1, folgende translationengleiche orthorhombische Obergruppen mit ihren gekürzten Hermann-Mauguin-Symbolen aufgeführt. Die vollständigen Symbole sind hier hinzugefügt:

$Pbam$	$P2_1/b2_1/a2/m$	$Pccn$	$P2_1/c2_1/c2/n$	$Pbcm$	$P2/b2_1/c2_1/m$
$Pnnm$	$P2_1/n2_1/n2/m$	$Pmmn$	$P2_1/m2_1/m2/n$	$Pbcn$	$P2_1/b2/c2_1/n$

An der Reihenfolge der 2_1-Achsen in den vollständigen Symbolen ist zu erkennen: $Pbam$, $Pccn$, $Pnnm$ und $Pmmn$ sind Obergruppen mit gleich orientiertem Koordinatensystem. Nicht genannt ist, dass von diesen nur $Pbam$ eine Obergruppe ohne verschobenen Ursprung ist; um das herauszufinden, muss man in Band *A*1 bei den genannten Raumgruppen die Untergruppe $P2_1 2_1 2$ suchen; dort sind die Ursprungsverschiebungen angegeben.

$Pbcm$ und $Pbcn$ sind selbst tatsächlich keine Obergruppen, sondern nur die konventionellen Symbole für die Raumgruppen von vier anderen tatsächlichen Obergruppen mit vertauschten Achsen und verschobenem Ursprung; $Pbcm$ steht für die Obergruppen $P2_1/b2_1/m2/a$ und $P2_1/m2_1/a2/b$ ohne vertauschte Achsen; $Pbcn$ steht für $P2_1/c2_1/n2/b$ und $P2_1/n2_1/c2/a$ (zu Hermann-Mauguin-Symbolen für nichtkonventionelle Aufstellungen siehe Abschnitt 10.3). Den Tabellen ist nicht direkt zu ersehen, dass $Pbam$, $Pccn$, $Pnnm$ und $Pmmn$ für je eine Obergruppe stehen, während es bei $Pbcm$ und $Pbcn$ je zwei sind. Das lässt sich aber mit dem Verfahren berechnen, das in Abschnitt 2.1.7 der zweiten Auflage der *International Tables* A1 (2010) beschrieben ist.

Außerdem sind vier translationengleiche tetragonale Obergruppen tabelliert: $P42_12$, $P4_22_12$, $P\bar{4}2_1m$ und $P\bar{4}2_1c$. Diese sind allerdings nur dann Obergruppen, wenn die Bedingung $a = b$ für die Raumgruppe $P2_1 2_1 2$ erfüllt ist (oder in der Praxis annähernd erfüllt ist, d. h. $a \approx b$).

7.4 Schichtgruppen und Balkengruppen

Definition 7.10 Die Symmetrieoperationen eines Objekts im dreidimensionalen Raum bilden eine *Schichtgruppe*, wenn es nur in zwei Dimensionen periodisch ist, d. h. nur in zwei Dimensionen über Translationssymmetrie verfügt; sie bilden eine *Balkengruppe*, wenn es nur in einer Dimension periodisch ist.

Die Symmetrieoperationen eines Objekts im zweidimensionalen Raum bilden eine *Friesgruppe*, wenn es nur in einer Dimension periodisch ist.

Schicht-, Balken- und Friesgruppen werden *subperiodische Gruppen* genannt.

Es gibt noch eine Reihe weitere Bezeichnungen für diese Gruppen (unvollständige Aufzählung):

> Schichtgruppe, Netzgruppe; englisch: layer group, layer space group, net group, diperiodic group in three dimensions, two-dimensional group in three dimensions.
>
> Balkengruppe, Kettengruppe; englisch: rod group, stem group, linear space group, one-dimensional group in three dimensions.
>
> Friesgruppe, Bandgruppe, Bandornamentgruppe; englisch: frieze group, ribbon group, line group in two dimensions.

Die in der Literatur auch anzutreffenden Bezeichnungen ‚zweidimensionale Raumgruppe' anstelle von Schichtgruppe und ‚eindimensionale Raumgruppe' anstelle von Balkengruppe sind irreführend und sollten nicht verwendet werden, denn darunter sind Ebenengruppen bzw. Liniengruppen zu verstehen.

Schicht- und Balkengruppen wurden von C. HERMANN abgeleitet [62]. Sie sind in *International Tables*, Band *E* [63], im gleichen Stil wie die Raumgruppen in Band *A* zusammengestellt (einschließlich ihrer maximalen Untergruppen). In *International Tables E* werden die Bezeichnungen layer group, rod group und frieze group verwendet.

Wie bei Raumgruppen sind die Zähligkeiten von Drehungen bei Schichtgruppen auf 1, 2, 3, 4 und 6 beschränkt. Es gibt deshalb nur eine endliche Zahl von Schichtgruppentypen, nämlich 80. Bei Balkengruppen ist die Zähligkeit einer Drehung um eine Achse parallel zur Richtung mit Translationssymmetrie nicht beschränkt; es gibt also unendlich viele Typen von Balkengruppen. Bei Beschränkung auf die Zähligkeiten 1, 2, 3, 4 und 6 gibt es 75 Balkengruppentypen. Bei Friesgruppen kann die Zähligkeit einer Drehung maximal 2 sein; es gibt 7 Typen von Friesgruppen.

Schichtgruppen sind nicht zu verwechseln mit Ebenengruppen. Bei einer Ebenengruppe ist der Raum auf zwei Dimensionen beschränkt, im Prinzip also auf eine unendlich dünne Ebene. Ein (idealisiert) unendlich ausgedehntes, planares Molekül wie eine Graphen-Schicht hat immer eine Ausdehnung in der dritten Dimension (senkrecht zur Molekülebene); seine Symmetrie kann grundsätzlich nur mit einer Schichtgruppe bezeichnet werden. Die Symmetrie des *Musters* der Graphen-Schicht, also ihre Projektion auf eine parallele Ebene, kann dagegen mit einer Ebenengruppe bezeichnet werden. Bei Schichten, die mehrere Atomlagen dick sind, zum Beispiel bei einer Silicat- oder einer CdI_2-Schicht, kann die Symmetrie nicht mit solch einer Projektion auf zwei Dimensionen beschreiben werden.

Zur Bezeichnung der Symmetrie von Schichtgruppen werden in *International Tables E* Symbole verwendet, die völlig den Hermann-Mauguin-Symbolen der Raumgruppen entsprechen. Als Richtung **c** gilt dabei die Richtung senkrecht zur Schicht. Schraubenachsen und Gleitvektoren von Gleitspiegelungen können nur senkrecht zu **c** verlaufen. Der einzige Unterschied zu den Raumgruppen-Symbolen ist die Verwendung der Kleinbuchstaben p und c anstelle von P und C für den ersten Buchstaben, der den Gittertyp (Zentrierung) anzeigt, zum Beispiel $p4/nmm$ (a-, b, f, i und r-Zentrierungen gibt es bei Schichtgruppen nicht). Bei Verwendung eines dieser Symbole ist ausdrücklich zu erwähnen, ob von einer Schichtgruppe oder einer Ebenengruppe die Rede ist, denn die Symbole beginnen in beiden Fällen mit denselben Buchstaben (p oder c), und in einigen Fällen wird eine Schichtgruppe mit demselben Symbol wie eine Ebenengruppe bezeichnet.

Bei Balkengruppen gibt es keine Zentrierungen. Zur Unterscheidung von den Schichtgruppen beginnt das Symmetriesymbol mit einem geneigten $\mathscr{p}$ in (nordamerikanischer) Schreibschrift, zum Beispiel $\mathscr{p}4_2/mmc$. Die Richtung **c** ist die Richtung mit der Translationssymmetrie. Schraubenachsen und Gleitvektoren von Gleitspiegelungen können nur parallel zu **c** verlaufen. Nichtkonventionelle Aufstellungen mit Translationssymmetrie längs **a** oder **b** können durch ein tiefgesetztes a oder b bezeichnet werden, zum Beispiel $\mathscr{p}_a 2_1 am$ (konventionell $\mathscr{p}mc2_1$).

Kettenförmige Polymermoleküle neigen dazu, sich miteinander zu verfilzen. In diesem Fall haben sie keine übergeordnete Symmetrie; die Symmetrie ist auf die Lokalsymmetrie in der unmittelbaren Umgebung eines Atoms beschränkt. In kristallinen Polymeren sind die Moleküle gezwungen, sich auszurichten und eine symmetrische Konformation anzunehmen. Das kann eine kristallographische Symmetrie sein, aber häufig ist die Symmetrie des Einzelmoleküls trotz der kristallinen Matrix nicht kristallographisch.

Kristalline Kettenpolymere nehmen häufig helikale (spiralförmige) Molekülstrukturen an. In der Polymerchemie wird ein helikales Molekül als N/r-Helix bezeichnet, wobei N die Anzahl der Wiederholungseinheiten* in einer Translationsperiode ist und r die zugehörige Anzahl der 360°-Windungen längs der Molekülachse ist. Das zugehörige Hermann-Mauguin-Symbol der Schraubenachse N_q ergibt sich gemäß [64, 65]:

$$Nn \pm 1 = rq \tag{7.1}$$

Dabei sind die ganzen Zahlen $n = 0, 1, 2, \ldots$ und q ($0 < q < N$) so zu wählen, dass die Gleichung erfüllt ist. In einer Helix, die mit einem Hermann-Mauguin-Symbol bezeichnet ist, sine alle Wiederholungseinheiten symmetrieäquivalent. Das ist bei nichtkristallographischen Schraubenachsen mit $N = 5$ oder $N > 6$ allenfalls näherungsweise erfüllt, aber in der Polymerchemie werden sie nach dem Äquivalenzpostulat [66] so behandelt, als wären sie symmetrieäquivalent. Die chemische Händigkeit der Helix ist aus dem N/r-Symbol nicht ersichtlich; sie wird mit den zusätzlichen Buchstaben M (minus; oder L) und P (oder

* ‚Wiederholungseinheit' und ‚Monomereneinheit' können identisch sein, aber in einem Fall wie Polyethylen, $(CH_2)_\infty$, ist die Wiederholungseinheit CH_2 während das chemische Monomere C_2H_4 ist.

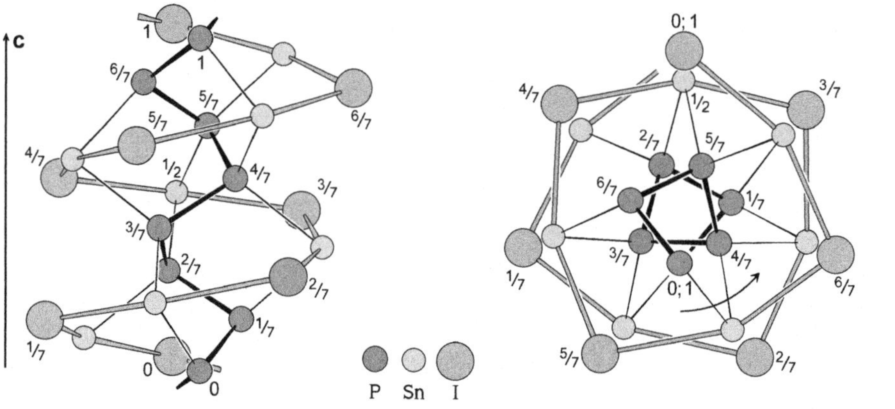

Abb. 7.7: $7/2$ P-Helix im Zinniodidphospid SnIP mit 7_4-Schraubenachse; Balkengruppe $p7_421$ [67]. Die Zahlen sind z-Koordinaten. Im Kristall verlaufen kristallographische zweizählige Drehachsen quer zur Helix in Blickrichtung durch die Atome in $z = 0$ und $z = \frac{1}{2}$

R) für links bzw. rechts bezeichnet. Das Plus-Zeichen in Gleichung (7.1) gilt für P-Helices, das Minus-Zeichen für M-Helices.

Beispiel 7.3

Zinniodidphosphid SnIP besteht aus $7/2$-Helices von Polyphosphid-Ionen $(P^-)_\infty$ um die sich $7/2$-Helices $(SnI^+)_\infty$ winden (Abb. 7.7) [67]. Es kommen 7 P-Atome bzw. 7 SnI-Wiederholungseinheiten auf zwei Kettenwindungen. Im racemischen Kristall kommen rechts- und linksgängige Helices vor, die in sehr guter Näherung die nichtkristallographischen Symmetrien $p7_421$ und $p7_321$ erfüllen. Gleichung (7.1) ist erfüllt, wenn $7 \times 1 + 1 = 2 \times 4$ oder $7 \times 1 - 1 = 2 \times 3$, d. h. $q = 4$ oder $q = 3$, und das zugehörige Hermann-Mauguin-Symbol der Schraubenachse ist 7_4 oder 7_3, je nachdem ob sie rechts- oder linksgängig ist. In Abb. 7.7 rechts ist unten ein Drehwinkel nach rechts von $360°/7 = 51{,}4°$ eingezeichnet; nach einem siebtel Drehung befindet sich dort in Höhe $z = \frac{4}{7}$ das zu $z = 0$ symmetrieäquivalente P-Atom; es handelt sich also um eine 7_4-Schraubenachse.

Das N/r-Symbol kann nicht eindeutig aus dem Hermann-Mauguin-Symbol abgeleitet werden, denn nicht nur eine $7/2$ P-Helix sondern auch eine $7/9$- oder jede andere $7/(2$ modulo $7)$-P-helix und jede $7/(5$ modulo $7)$-M-Helix hat auch eine 7_4-Schraubenachse.

Kristallographische N_q Schraubenachsen werden als rechtshändig bezeichnet, wenn $q < \frac{1}{2}N$ und als linkshändig, wenn $q > \frac{1}{2}N$. Diese Händigkeit muss nicht mit der chemischen P- oder M-Händigkeit übereinstimmen. Zum Beispiel hat eine rechtshändige $3/1$ P-Helix eine rechtshändige 3_1 Schraubenachse, aber eine rechtshändige $3/2$ P-Helix hat eine linkshändige 3_2 Schraubenachse. Um auch für nichtkristallograpische Schraubenachsen eine einheitliche Bezeichnung für die Händigkeit bei jeder Zähligkeit zu haben, definieren wir:

Definition 7.11 Eine Schraubenachse N_q von beliebiger Zähligkeit N heißt rechtshändig, wenn $q < \frac{1}{2}N$ und linkshändig, wenn $q > \frac{1}{2}N$.

Die zuweilen unterschiedliche Händigkeit liegt an der unterschiedlichen Betrachtungsweise: In der Chemie hängt die *P*- oder *M*-Händigkeit von der helikalen Folge der chemischen Bindungen entlang der Polymerkette ab; für die Symmetrielehre ist die Existenz von chemischen Bindungen unerheblich. Zum Beispiel ist in Abb. 7.7 die Symmetrie der Schraubenachse 7_4, unabhängig davon, wo oder ob überhaupt chemische Bindungen eingezeichnet sind.

Im Kristall wird die kristallographische Balken-Lagesymmetrie *querende Balkengruppe* genannt [65]. Sie ist eine gemeinsame Untergruppe der molekularen Balkengruppe und der Raumgruppe des Kristalls (siehe Abschnitt 7.4.1). Im Fall von SnIP ist sie $\not{p}121$; das ist eine Untergruppe von $\not{p}7_421$ bzw. $\not{p}7_321$ und der Raumgruppe $P\,1\,2/c\,1$ des Kristalls.

Eine etwas abweichende Symbolik für Schicht- und Balkengruppen, die vor dem Erscheinen der *International Tables E* (2002) verwendet wurde, stammt von Bohm und Dornberger-Schiff [69]. Es wird das Hermann-Mauguin-Symbol einer Raumgruppe verwendet, wobei die Richtungen ohne Translationssymmetrie in Klammern geschrieben werden. Auch hier soll **c** die ausgezeichnete Richtung sein. Beispiele: Schichtgruppe $P(4/n)mm$ [kurz] oder $P(4/n)2_1/m2/m$ [vollständiges Symbol]; Balkengruppe $P4_2/m(mc)$ [kurz] oder $P4_2/m(2/m2/c)$ [vollständig].

Eine Schichtgruppe ist die Untergruppe einer Raumgruppe, bei der alle Translationen entfallen sind, die eine Komponente in der Raumdimension senkrecht zur Schicht haben. Sie entspricht der Faktorgruppe der Raumgruppe nach der Gruppe aller Translationen mit Komponente in der betreffenden Richtung. Die Schichtgruppe $pmm2$ ist zum Beispiel eine Untergruppe der Raumgruppe $Pmm2$; sie ist isomorph zur Faktorgruppe $Pmm2\,/\,\mathcal{T}_z$, wobei $\mathcal{T}_z$ die Gruppe der Translationen mit z-Komponente ist.

Beispiel 7.4
Die Symmetriegruppe einer Graphenschicht ist, wie die einer Bienenwabe, die Schichtgruppe $p6/m2/m2/m$ (kurz $p6/mmm$; $P(6/m)mm$ in Bohm-Dornberger-Schiff Bezeichnung).

Beispiel 7.5
Die Symmetriegruppe für ein Quecksilberoxid-Molekül ist die Balkengruppe $\not{p}2/m2/c2_1/m$ (kurz $\not{p}mcm$; $P(mc)m$ in Bohm-Dornberger-Schiff Bezeichnung):

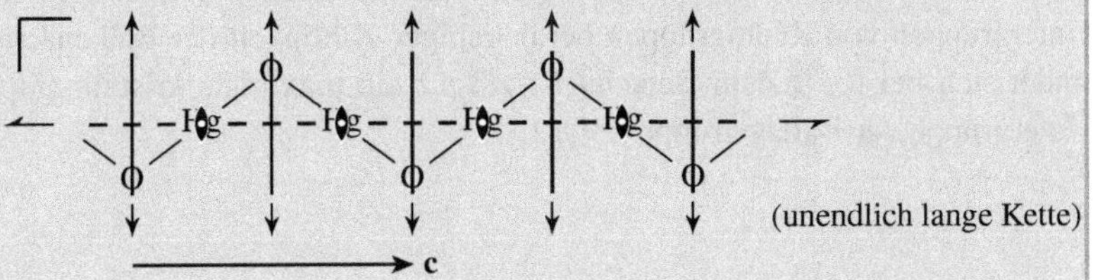

7.4.1 Querende Schicht- und Balkengruppen

Einem Punkt in einer Raumgruppe kommt eine Punktlagesymmetrie zu. Sie ist eine Untergruppe der Raumgruppe. Wenn sich der Schwerpunkt eines Moleküls dort befindet, ist die Punktlagesymmetrie die maximale Punktsymmetrie, die das Molekül im Kristall haben kann. Anders gesagt, die Symmetrie des Moleküls im Kristall ist eine gemeinsame Untergruppe der Raumgruppe und der Punktsymmetrie des freien Moleküls.

Bei schichtförmigen Molekülen, deren Symmetrie im freien Zustand eine Schichtgruppe ist, und bei kettenförmigen Polymermolekülen, denen eine Balkengruppe zukommt, ist das auch so: die Molekülsymmetrie im Kristall ist eine gemeinsame Untergruppe der Raumgruppe und der Schicht- bzw. Balkengruppe des Einzelmoleküls. Diese gemeinsame Untergruppe ist wiederrum eine Schicht- bzw. Balkengruppe. Wir können sie Schicht-Lagesymmetrie bzw. Balken-Lagesymmetrie nennen. Andere Bezeichnungen sind *querende Schichtgruppe* und *querende Balkengruppe* (sectional layer group, penetration rod group).

Definition 7.12 In einem Kristall ist eine querende Schichtgruppe diejenige Untergruppe seiner Raumgruppe, die aus den Symmetrieoperationen besteht, die eine durchquerende kristallographische Ebene invariant lassen. Eine querende Balkengruppe ist diejenige Untergruppe seiner Raumgruppe, die aus den Symmetrieoperationen besteht, die eine durchquerende kristallographische Gerade invariant lassen.

Querende Schicht- und Balkengruppen hängen von der Lage der Ebene bzw. Geraden relativ zur Raumgruppe ab. Mit ‚Lage' ist die Orientierung und die Position der Ebene bzw. Geraden gemeint, wobei die Position mit den Koordinaten eines Punkts auf der Ebene bzw. Geraden spezifiziert wird.

Querende Schichtgruppen der Raumgruppen sind in *International Tables E*, Teile 5 und 6, tabelliert [63]. Allerdings sind sie dort nicht ohne weiteres auffindbar, weil sie unter den nichtssagenden Titeln *Scanning of space groups* und *The scanning tables* aufgeführt sind. Die Bezeichnung geht auf das Verfahren zurück, wie sie hergeleitet wurden: Eine Ebene wird parallel durch die Raumgruppe geschoben (‚gescannt'), wobei sie je nach Lage mal die eine, mal die andere Schichtsymmetrie erfüllt. Querende Schichtgruppen dienen nicht nur zur Bezeichnung der Schicht-Lagesymmetrie von schichtförmigen Molekülen in Kristallen, sondern auch von Grenzflächen in Kristallen.

Querende Balkengruppen der Raumgruppen sind weder in *International Tables E* noch sonstwo tabelliert, und sie können auch nicht mit dem Bilbao Crystallographic Server aufgefunden werden. Ein Verfahren, um die maximalen kristallographischen Balken-Untergruppen von Raumgruppen bei beliebiger Zähligkeit der Balkenachse zu ermitteln, findet sich bei [65]. Zum Beispiel ist $\not{p}3_2 12$ die maximale kristallographische Balken-Untergruppe der Balkengruppe $\not{p}9_5 12$.

7.5 Übungsaufgaben

Lösungen auf Seite 355

Aufgabe zu Obergruppen siehe Aufgabe 10.5.
Aufgaben zu translationengleichen, klassengleichen und isomorphen Untergruppen sind am Ende der Kapitel 12, 13 und 14.

7.1. Welche Balken- oder Schichtsymmetrie haben die folgenden polymeren Moleküle oder Ionen?

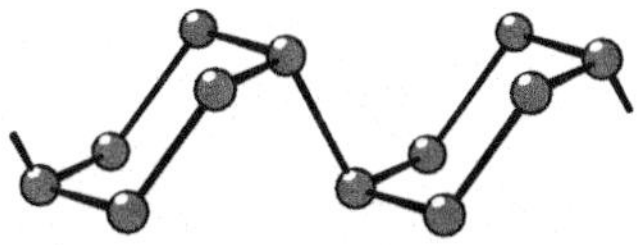

$^1_\infty P_6^{4-}$ in BaP_3

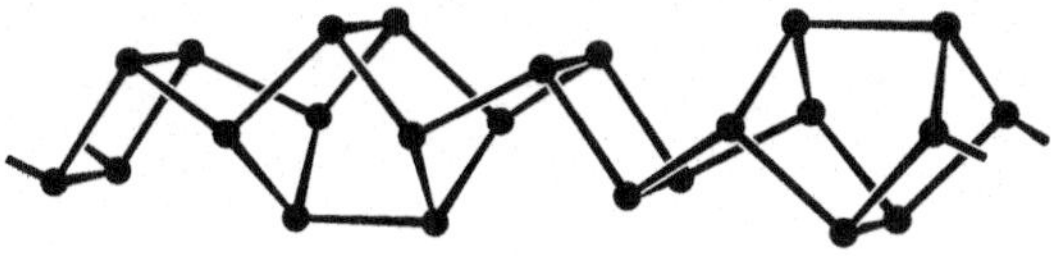

$^1_\infty P_{12}$ in $(CuI)_8P_{12}$

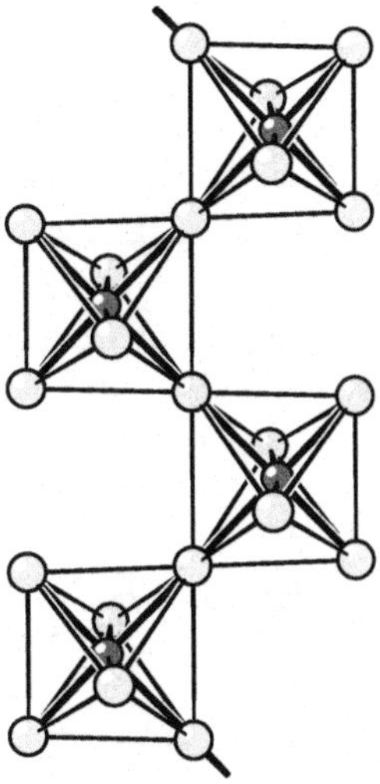

$^1_\infty CrF_5^{2-}$ in Rb_2CrF_5

$^2_\infty Si_2O_5^{2-}$ in Kaolinit

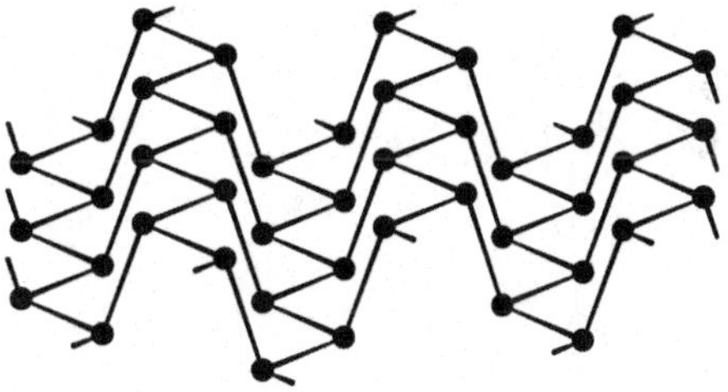

schwarzer Phosphor

Konjugierte Untergruppen und Normalisatoren 8

Dieses Kapitel ist mathematisch-abstrakt und dient als theoretische Grundlage für das folgende Kapitel. Praktiker, die mehr an der Bestimmung und Beschreibung von Kristallstrukturen interessiert sind, werden in der Regel ohne die Theorie auskommen und können das Kapitel überschlagen.

8.1 Konjugierte Untergruppen von Raumgruppen

Konjugierte Untergruppen einer Gruppe werden auf Seite 66 definiert (Definition 5.5). In diesem Abschnitt betrachten wir anhand von Beispielen einige Beziehungen bei konjugierten Untergruppen von Raumgruppen.

$\mathcal{G}$ sei eine Raumgruppe und $\mathcal{H}$ sei eine Untergruppe von $\mathcal{G}$, $\mathcal{H} < \mathcal{G}$. Zu $\mathcal{H}$ kann es konjugierte Gruppen geben, die mit $\mathcal{H}'$, $\mathcal{H}''$, ... bezeichnet seien. $\mathcal{H}$, $\mathcal{H}'$, $\mathcal{H}''$, ... bilden gemeinsam eine *Konjugiertenklasse*. Konjugiert bedeutet: die Gruppen $\mathcal{H}$, $\mathcal{H}'$, $\mathcal{H}''$, ... gehören dem gleichen Raumgruppentyp an, sie haben gleiche Gittermaße, und sie sind über Symmetrieoperationen von $\mathcal{G}$ äquivalent. Man sagt, „$\mathcal{H}$, $\mathcal{H}'$, $\mathcal{H}''$, ... sind konjugiert in $\mathcal{G}$“ oder „$\mathcal{H}'$, $\mathcal{H}''$, ... sind konjugiert zu $\mathcal{H}$ in $\mathcal{G}$“.

Konjugierte Untergruppen kommen bei Raumgruppen auf zweierlei Arten zustande:

1. Orientierungs-Konjugation. Die konjugierten Untergruppen unterscheiden sich in der Orientierung ihrer Elementarzellen. Die Orientierungen lassen sich durch eine Symmetrieoperation von $\mathcal{G}$ aufeinander abbilden. Ein Beispiel bieten die orthorhombischen Untergruppen von hexagonalen Raumgruppen (Abb. 8.1); die drei Elementarzellen sind um 120° gegeneinander gedreht, d. h. sie sind über eine dreizählige Drehung der hexagonalen Raumgruppe äquivalent. Die in einer sechszähligen Drehachse enthaltene zweizählige Achse bleibt in den Untergruppen erhalten; über die entfallene dreizählige Drehung sind die Untergruppen konjugiert in $\mathcal{G}$.

2. Translations-Konjugation. Die einfach-primitive Elementarzelle der Untergruppen $\mathcal{H}$, $\mathcal{H}'$, $\mathcal{H}''$, ... muss um einen (ganzzahligen) Faktor ≥ 3 größer sein als die primitive Zelle von $\mathcal{G}$. Die Konjugierten unterscheiden sich darin, welche Auswahl der Symmetrieelemente von $\mathcal{G}$ bei der Zellvergrößerung fortfällt. Sind die Elementarzellen der konjugierten

U. Müller, *Symmetriebeziehungen zwischen Kristallstrukturen*,
https://doi.org/10.1007/978-3-662-67166-5_8

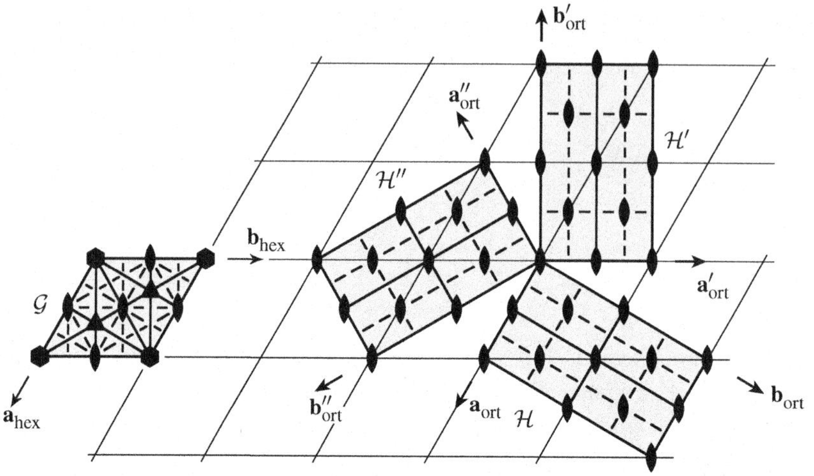

Abb. 8.1: Konjugierte (C-zentrierte) orthorhombische Untergruppen ($\mathcal{H} = Cmm2$) einer hexagonalen Raumgruppe ($\mathcal{G} = P6mm$) mit drei unterschiedlichen Orientierungen

Untergruppen $\mathcal{H}$, $\mathcal{H}'$, $\mathcal{H}''$, ... nach den üblichen Konventionen aufgestellt, so unterscheiden sich die Lagen ihrer Zellursprünge; in $\mathcal{G}$ werden die Lagen der Zellursprünge von $\mathcal{H}$, $\mathcal{H}'$, $\mathcal{H}''$, ... über Translationsvektoren von $\mathcal{G}$ aufeinander abgebildet, die nicht zu $\mathcal{H}$ gehören.

In Abb. 8.2 ist ein Beispiel gezeigt, bei dem die Elementarzelle einer zentrosymmetrischen Raumgruppe $\mathcal{G}$ (z. B. $P\bar{1}$) verdreifacht wird. Es gibt drei Untergruppen $\mathcal{H}$, $\mathcal{H}'$ und $\mathcal{H}''$, die in $\mathcal{G}$ konjugiert sind. Bei jeder von ihnen ist ein anderes Drittel der ursprünglichen Inversionszentren erhalten geblieben. $\mathcal{H}$, $\mathcal{H}'$ und $\mathcal{H}''$ können über den Translationsvektor **b** von $\mathcal{G}$ aufeinander abgebildet werden. Statt der anfangs symmetrieäquivalenten Punkte ● gibt es jetzt drei Sorten von Punkten, ●, ⊗ und ◎. Die drei Muster der Punkte sind völlig gleichwertig; durch Vertauschen der ‚Farben' der Punkte ergibt sich dasselbe Muster.

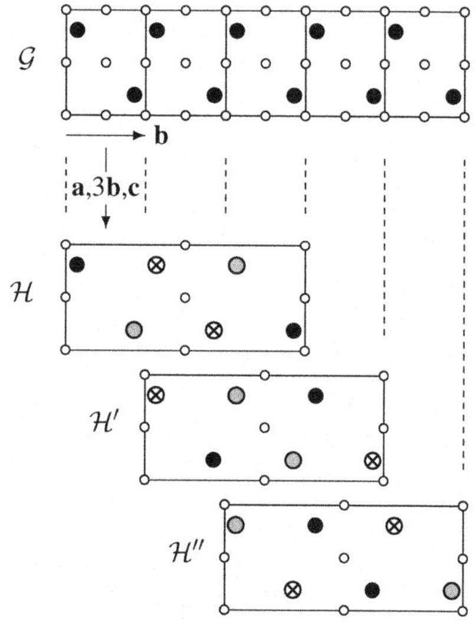

Abb. 8.2: Auftreten von konjugierten Untergruppen bei Verdreifachung der Elementarzelle

Ein weiteres Beispiel ist in Abb. 8.3 gezeigt. Hier wird die Elementarzelle einer zentrosymmetrischen Raumgruppe $\mathcal{G}$ in zwei Schritten vervierfacht. Beim ersten Schritt wird der Basisvektor **b** verdoppelt, und die Hälfte der Inversionszentren fällt weg. Es gibt zwei gleichartige Untergruppen $\mathcal{H}_1$ und $\mathcal{H}_2$, bei denen jeweils die andere Hälf-

Erster Schritt:
Verdoppelung des Basisvektors $\mathbf{b}' = 2\mathbf{b}$.

$\mathcal{H}_1$ und $\mathcal{H}_2$ sind nicht über die Translation $\mathbf{b}$ von $\mathcal{G}$ symmetrieäquivalent; sie sind nicht konjugiert, sondern par in $\mathcal{G}$.

zwei über die Translation $\mathbf{b}$ von $\mathcal{G}$ gleichwertige Beschreibungen *derselben* Untergruppe $\mathcal{H}_1$. Beide Zellen enthalten dieselbe Untermenge von Inversionszentren von $\mathcal{G}$ (die Lage der Inversionszentren ist identisch). Es gibt keine Konjugierten.

Zweiter Schritt: erneute Verdoppelung des Basisvektors $\mathbf{b}'$.

$\mathcal{H}_3$ und $\mathcal{H}'_3$ sind zwei in $\mathcal{G}$ konjugierte Untergruppen. Sie sind zwei verschiedene Raumgruppen, die verschiedene Untermengen der Inversionszentren von $\mathcal{G}$ enthalten. Sie sind über die Translation $\mathbf{b}$ von $\mathcal{G}$ konjugiert.

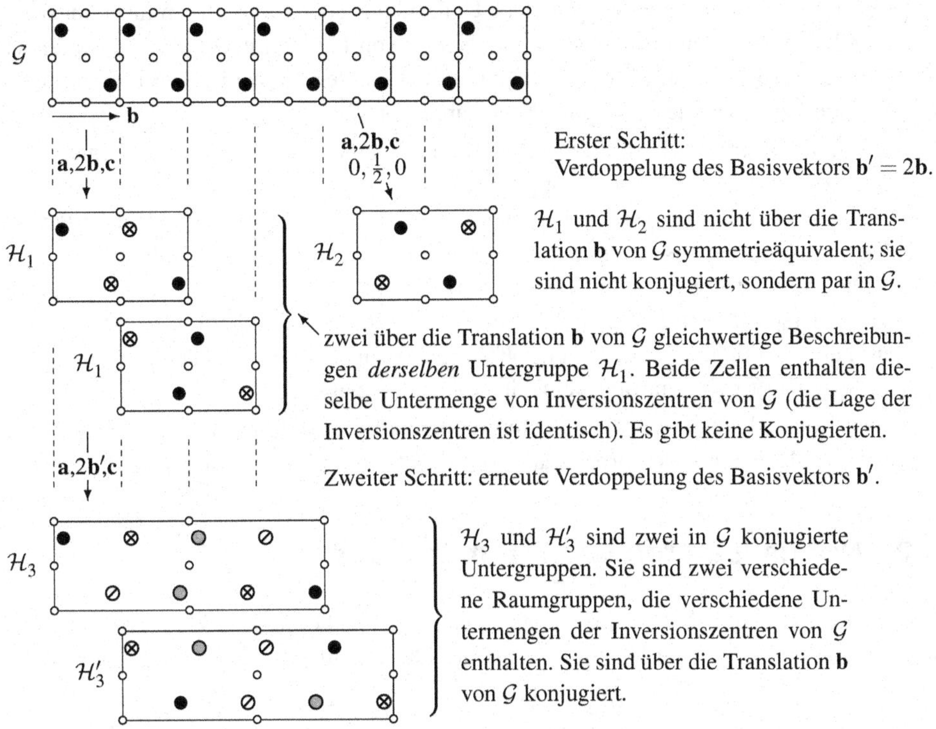

Abb. 8.3: Beispiel für das Auftreten von konjugierten Untergruppen bei Verlust von Translationssymmetrie unter Vervierfachung der Elementarzelle

te der Inversionszentren weggefallen ist. $\mathcal{H}_1$ und $\mathcal{H}_2$ sind aber nicht in $\mathcal{G}$ konjugiert, sie sind nicht über eine Symmetrieoperation von $\mathcal{G}$ äquivalent; die Zellursprünge sind um $\frac{1}{2}\mathbf{b}$ gegenseitig verschoben. Die Muster der inäquivalenten Punkte ● und ⊗ sind nicht gleich und können auch nicht durch Vertauschen der ‚Farben' zur Deckung gebracht werden. Wir kommen darauf in Abschnitt 8.3 zurück, wo wir mit Definition 8.2 nichtkonjugierte Untergruppen dieser Art *pare Untergruppen* nennen.

Die beiden Elementarzellen, die für die Untergruppe $\mathcal{H}_1$ in Abb. 8.3 gezeigt sind, unterscheiden sich in der Lage ihrer Ursprünge, die über den Translationsvektor $\mathbf{b}$ von $\mathcal{G}$ äquivalent sind. Trotzdem liegen in diesem Fall keine konjugierten Untergruppen vor; beide Elementarzellen erfassen nämlich genau dieselbe Auswahl der verbliebenen Inversionszentren. Für die Beschreibung und die Verteilung der Punkte ● und ⊗ ist es gleichgültig, ob die eine oder die andere Urpsrungsposition gewählt wird. $\mathcal{H}_1$ ist eine Untergruppe von $\mathcal{G}$ vom Index 2, und beim Index 2 gibt es nie konjugierte Untergruppen.

Anders ist die Situation, wenn die Elementarzelle zum zweiten Mal verdoppelt wird. Bei den Schritten $\mathcal{H}_1 \rightarrow \mathcal{H}_3$ und $\mathcal{H}_1 \rightarrow \mathcal{H}'_3$ fällt jeweils wiederum die Hälfte der Inversionszentren fort. $\mathcal{H}_3$ und $\mathcal{H}'_3$ sind zwei verschiedene Untergruppen, die in $\mathcal{G}$ (aber nicht in $\mathcal{H}_1$) konjugiert sind. Ihre in Abb. 8.3 gezeigten Elementarzellen sind durch die Translation

b von $\mathcal{G}$ äquivalent. Sie haben verschiedene Untermengen der verbliebenen Inversionszentren. Die beiden Verteilungsmuster der vier Sorten von Punkten ●, ⊗, ○ und ⊘ sind aber völlig gleichwertig, wie durch Vertauschen ihrer ‚Farben' erkennbar ist. Der Index von $\mathcal{H}_3$ in $\mathcal{G}$ ist 4 und $\mathcal{H}_3$ ist keine maximale Untergruppe von $\mathcal{G}$.

Nicht immer führt der Fortfall von Translationssymmetrie zu konjugierten Untergruppen. Ist der Ursprung einer Raumgruppe in einer Richtung nicht durch die Symmetrie fixiert, so ergeben Zellvergrößerungen in dieser Richtung keine konjugierten Untergruppen. Zum Beispiel gibt es bei isomorphen Untergruppen von $Pca2_1$, bei denen der Basisvektor **c** um einen beliebigen ganzzahligen Faktor vervielfacht ist, keine konjugierten Untergruppen, da der Ursprung von $Pca2_1$ in Richtung **c** „schwimmt". Darüber hinaus gibt es noch weitere Fälle, bei denen trotz Zellvergrößerung um einen Faktor ≥ 3 keine konjugierten Untergruppen auftreten. Ein Beispiel ist in Abb. 8.4 gezeigt.

Translationengleiche maximale Untergruppen können nur orientierungs-konjugiert sein, klassengleiche und isomorphe maximale Untergruppen nur translations-konjugiert.

8.2 Normalisatoren von Raumgruppen

Gemäß Definition 5.5 sind zwei Gruppen $\mathcal{H}$ und $\mathcal{H}'$ dann konjugierte Untergruppen in $\mathcal{G}$, wenn $\mathcal{H}$ auf $\mathcal{H}'$ mit einem Element $g_m \in \mathcal{G}$ durch Konjugation abgebildet werden kann:

$$\mathcal{H}' = g_m^{-1}\mathcal{H}\,g_m \qquad g_m \notin \mathcal{H}$$

Es gibt dann aber immer noch andere Elemente g_i von $\mathcal{G}$, die $\mathcal{H}$ auf *sich selbst* abbilden. Zu ihnen gehören mindestens die Elemente von $\mathcal{H}$ selbst, es kann aber noch weitere Elemente mit dieser Eigenschaft geben.

Definition 8.1 Alle Elemente $g_i \in \mathcal{G}$, die eine Untergruppe $\mathcal{H} < \mathcal{G}$ gemäß $\mathcal{H} = g_i^{-1}\mathcal{H}\,g_i$ auf sich selbst abbilden, sind für sich genommen wieder die Elemente einer Gruppe. Diese Gruppe heißt *Normalisator von $\mathcal{H}$ bezüglich $\mathcal{G}$* und wird mit $\mathcal{N}_\mathcal{G}(\mathcal{H})$ bezeichnet. Mathematisch ausgedrückt:

$$\mathcal{N}_\mathcal{G}(\mathcal{H}) = \{g_i \in \mathcal{G} \mid g_i^{-1}\mathcal{H}\,g_i = \mathcal{H}\} \tag{8.1}$$

Der Ausdruck zwischen den geschweiften Klammern ist zu lesen: „alle Elemente g_i in $\mathcal{G}$, für die $g_i^{-1}\mathcal{H}\,g_i = \mathcal{H}$ gilt".

Der Normalisator ist eine Zwischengruppe zwischen $\mathcal{G}$ und $\mathcal{H}$: $\mathcal{H} \trianglelefteq \mathcal{N}_\mathcal{G}(\mathcal{H}) \leq \mathcal{G}$. Er hängt von $\mathcal{G}$ und $\mathcal{H}$ ab. $\mathcal{H}$ ist Normalteiler von $\mathcal{N}_\mathcal{G}(\mathcal{H})$.

Ein besonderer Normalisator ist der *euklidische Normalisator* einer Raumgruppe. Das ist der Normalisator einer Raumgruppe $\mathcal{G}$ bezüglich der Obergruppe $\mathcal{E}$, der euklidischen Gruppe:

$$\mathcal{N}_\mathcal{E}(\mathcal{G}) = \{b_i \in \mathcal{E} \mid b_i^{-1}\mathcal{G}\,b_i = \mathcal{G}\}$$

Die euklidische Gruppe $\mathcal{E}$ umfasst die Gesamtheit der Isometrien des dreidimensionalen Raums, also alle längentreuen Abbildungen. Alle Raumgruppen sind Untergruppen von $\mathcal{E}$.

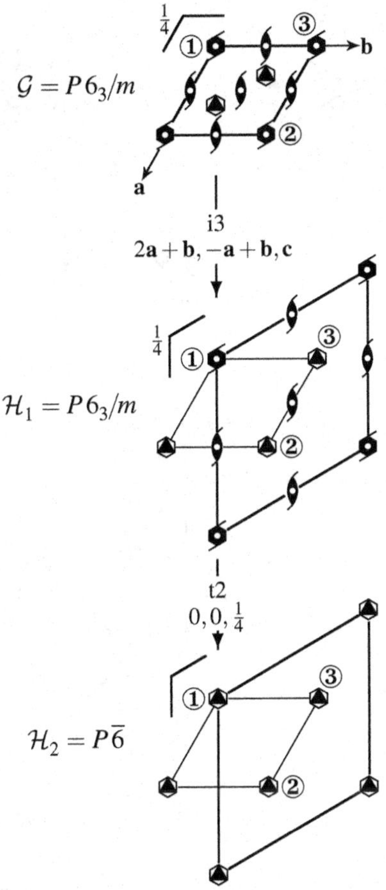

Abb. 8.4: Von der Gruppe $\mathcal{G}$ gibt es drei konjugierte Untergruppen des Typs $\mathcal{H}_1$, aber nur eine Untergruppe $\mathcal{H}_2$. Die drei Konjugierten zu $\mathcal{H}_1$ unterscheiden sich in ihrer Ursprungslage. Bei $\mathcal{H}_2$ wird unabhängig davon, ob der Ursprung in Position ①, ② oder ③ gewählt wird, immer dieselbe Untergruppe erfasst

Betrachten wir als Beispiele die Bilder der Symmetrieelemente der Raumgruppen in der linken Hälfte von Abb. 8.5. Wir erkennen jeweils ein Muster, dessen Symmetrie höher ist als die Symmetrie der Raumgruppe selbst. Die Symmetrieoperationen, mit denen gleiche Symmetrieelemente einer Raumgruppe $\mathcal{G}$ aufeinander abgebildet werden, bilden ihrerseits wieder eine Gruppe (nicht notwendigerweise eine Raumgruppe), und diese ist nichts anderes als der euklidische Normalisator von $\mathcal{G}$. In Abb. 8.5 sind die euklidischen Normalisatoren in der rechten Hälfte gezeigt. Der euklidische Normalisator $\mathcal{N}_{\mathcal{E}}(\mathcal{G})$ beschreibt sozusagen die „Symmetrie der Symmetrie“ von $\mathcal{G}$. Eine synonyme Bezeichnung ist *Cheshire-Gruppe* (so benannt nach einer Katze, der „Cheshire cat“, aus dem Märchen „Alices Abenteuer im Wunderland“; zuerst sitzt die Katze grinsend in einem Baum, später ist die Katze weg, aber ihr Grinsen bleibt zurück) [70].

$\mathcal{N}_{\mathcal{E}}(P\,3\,m\,1) = P^1\,6/m\,2/m\,2/m$
$\frac{1}{3}(2\mathbf{a}+\mathbf{b}),\ \frac{1}{3}(-\mathbf{a}+\mathbf{b}),\ \varepsilon\mathbf{c}$

$P\,3\,m\,1$

$P\,4_2/m\,2_1/n\,2/m$
$(P\,4_2/mnm)$

$\mathcal{N}_{\mathcal{E}}(P\,4_2/mnm) = P\,4/m\,2/m\,2/m$
$\frac{1}{2}(\mathbf{a}-\mathbf{b}),\ \frac{1}{2}(\mathbf{a}+\mathbf{b}),\ \frac{1}{2}\mathbf{c}$

$P\,2_1/b\,2_1/c\,2_1/a$
$(P\,b\,c\,a)$

$\mathcal{N}_{\mathcal{E}}(P\,b\,c\,a) = P\,2/m\,2/m\,2/m$
$\frac{1}{2}\mathbf{a},\ \frac{1}{2}\mathbf{b},\ \frac{1}{2}\mathbf{c}$
wenn $a = b = c$: $\mathcal{N}_{\mathcal{E}}(P\,b\,c\,a) = P\,2/m\,\overline{3}$

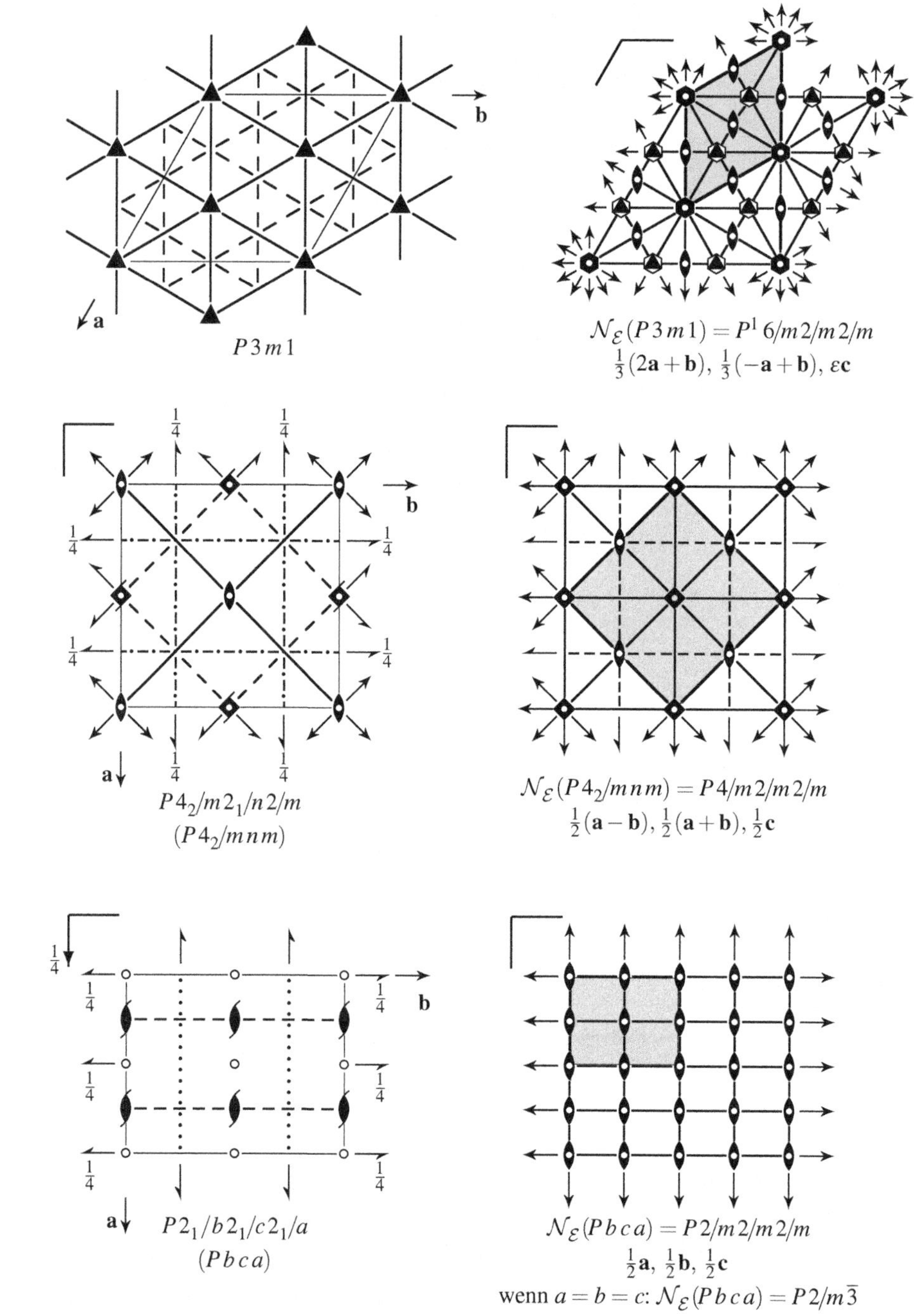

Abb. 8.5: Beispiele für euklidische Normalisatoren von Raumgruppen. Grau unterlegt: Elementarzellen der euklidischen Normalisatoren. Bei $P^1\,6/mmm$ wurden die 2_1-Achsen und die zwischen den Spiegelebenen zusätzlich vorhandenen Gleitspiegelebenen zur besseren Übersichtlichkeit nicht eingezeichnet. ε = infinitesimal kleine Zahl

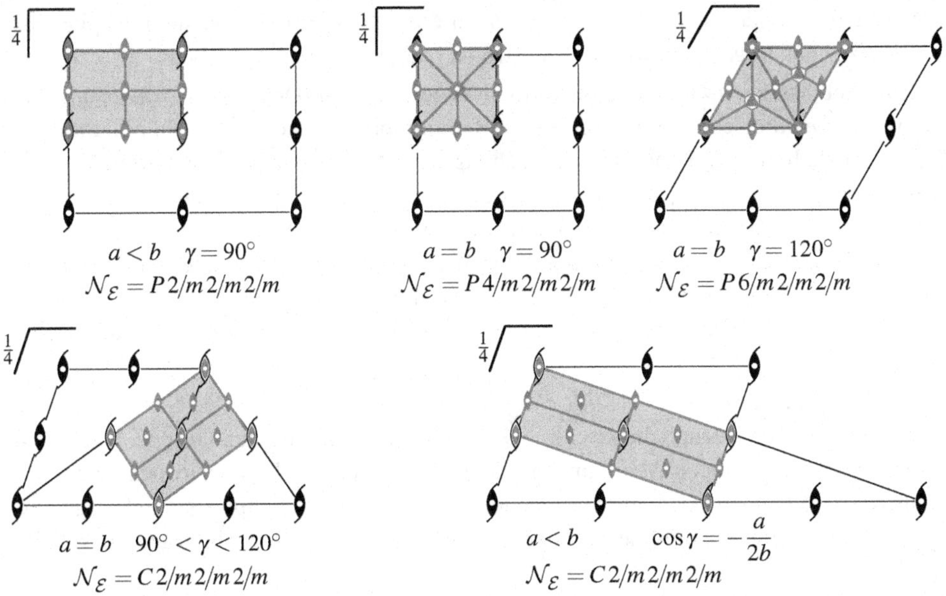

Abb. 8.6: Euklidische Normalisatoren für die Raumgruppe $P\,1\,1\,2_1/m$ bei spezieller Metrik der Elementarzelle; **a** nach unten, **b** nach rechts, monokline Achse **c** senkrecht zur Papierebene. Die grau unterlegte Zelle entspricht jeweils der Zelle des Normalisators, von dem nur die Symmetrieachsen und Spiegelebenen parallel zu **c** abgebildet sind, und dessen dritter Basisvektor $\frac{1}{2}\mathbf{c}$ beträgt

Meistens hat $\mathcal{N}_{\mathcal{E}}(\mathcal{G})$ eine kleinere Elementarzelle als $\mathcal{G}$ (Abb. 8.5). Bei Raumgruppen, deren Ursprung in einer oder mehreren Richtungen „schwimmt", d. h. nicht durch die Symmetrie fixiert ist, ist die Elementarzelle des euklidischen Normalisators in den betreffenden Richtungen sogar ein infinitesimal kleiner Betrag ε. Gehört $\mathcal{G}$ zum Beispiel zur Kristallklasse $mm2$ mit der Gitterbasis $\mathbf{a}, \mathbf{b}, \mathbf{c}$, dann hat $\mathcal{N}_{\mathcal{E}}(\mathcal{G})$ die Gitterbasis $\frac{1}{2}\mathbf{a}, \frac{1}{2}\mathbf{b}, \varepsilon\mathbf{c}$. $\mathcal{N}_{\mathcal{E}}(\mathcal{G})$ ist dann keine Raumgruppe mehr (bei einer Raumgruppe dürfen die Basisvektoren nicht beliebig klein sein); dies wird im Symbol des Normalisators durch eine hochgestellte ^{1}, ^{2} oder ^{3} kenntlich gemacht, je nach der Zahl der betreffenden Richtungen.

In vielen Fällen von triklinen, monoklinen und orthorhombischen Raumgruppen hängt $\mathcal{N}_{\mathcal{E}}(\mathcal{G})$ auch von der Metrik der Elementarzelle von $\mathcal{G}$ ab. Zum Beispiel ist der euklidische Normalisator von $Pbca$ normalerweise $Pmmm$ mit halbierten Gitterparametern, aber er ist $Pm\overline{3}$, wenn $a = b = c$ (Abb. 8.5). Der euklidische Normalisator von $P2_1/m$ ist im allgemeinen $P2/m$ mit halbierten Gitterparametern; bei spezieller Metrik der Zelle ist er aber $Pmmm$, $Cmmm$, $P4/mmm$ oder $P6/mmm$ (Abb. 8.6). Normalisatoren bei spezieller Metrik sind bei translationengleichen Untergruppen zu beachten; zum Beispiel hat eine translationengleiche orthorhombische Untergruppe einer tetragonalen Raumgruppe immer noch die tetragonale Zellmetrik $a = b \neq c$ (in der Praxis $a \approx b$).

Tabellen der euklidischen Normalisatoren für alle Raumgruppen finden sich in *International Tables A* ab der Auflage von 1987 in Kapitel 15. Die euklidischen Normalisatoren bei spezieller Metrik der Elementarzelle sind dort erst ab der 5. Auflage (2002–2006) mit aufgelistet; sie finden sich auch bei [71]. In der 6. Auflage (2016) sind sie in Kapitel 3.5. Ein Auszug aus *International Tables A* 2016 ist in Tab. 9.1 wiedergegeben.

Zum Schluss seien zwei weitere Normalisatoren genannt. Der *affine Normalisator* bildet wie der euklidische Normalisator eine Raumgruppe auf sich selbst ab, erlaubt dabei aber zusätzlich eine Dehnung oder Stauchung des Gitters. Zum Beispiel werden in der Raumgruppe $P2_1/b2_1/c2_1/a$ (mit $a \neq b \neq c$) nur parallele 2_1-Achsen durch den euklidischen Normalisator aufeinander abgebildet; der affine Normalisator bildet dagegen auch die verschieden orientierten Achsen aufeinander ab. Der affine Normalisator der Gruppe $\mathcal{G}$ ist der Normalisator bezüglich der affinen Gruppe, der Gruppe aller (auch nicht längentreuen) Abbildungen. Der affine Normalisator ist eine Obergruppe des euklidischen Normalisators.

Der *chiralitätserhaltende euklidische Normalisator* $\mathcal{N}_{\mathcal{E}^+}(\mathcal{G})$ ist der Normalisator einer Raumgruppe $\mathcal{G}$ bezüglich der chiralitätserhaltenden euklidischen Gruppe. Das ist die Gruppe aller längentreuen Abbildungen des dreidimensionalen Raums, jedoch unter Ausschluss von Symmetrieoperationen zweiter Art (Inversion, Drehinversion, Spiegelung, Gleitspiegelung). Der chiralitätserhaltende Normalisator ist eine Untergruppe des euklidischen Normalisators:

$$\mathcal{G} \leq \mathcal{N}_{\mathcal{E}^+}(\mathcal{G}) \leq \mathcal{N}_{\mathcal{E}}(\mathcal{G})$$

Wenn $\mathcal{N}_{\mathcal{E}}(\mathcal{G})$ zentrosymmetrisch ist, ist $\mathcal{N}_{\mathcal{E}^+}(\mathcal{G})$ die nichtzentrosymmetrische Untergruppe von $\mathcal{N}_{\mathcal{E}}(\mathcal{G})$ vom Index 2, die Obergruppe von $\mathcal{G}$ ist. Wenn $\mathcal{N}_{\mathcal{E}}(\mathcal{G})$ nichtzentrosymmetrisch ist, sind $\mathcal{N}_{\mathcal{E}^+}(\mathcal{G})$ und $\mathcal{N}_{\mathcal{E}}(\mathcal{G})$ identisch. Chiralitätserhaltende euklidische Normalisatoren sind in *International Tables A* ab der 6. Auflage (2016) tabelliert.

8.3 Die Anzahl der konjugierten Untergruppen. Pare Untergruppen

$\mathcal{N}_{\mathcal{G}}(\mathcal{H})$, der Normalisator von $\mathcal{H}$ bezüglich $\mathcal{G}$, ist nach Gleichung (8.1) die Gruppe aller Elemente $g_m \in \mathcal{G}$, die $\mathcal{H}$ durch Konjugation auf sich selbst abbilden. Diese Gruppenelemente sind auch Elemente von $\mathcal{N}_{\mathcal{E}}(\mathcal{H})$, des euklidischen Normalisators von $\mathcal{H}$.

$\mathcal{N}_{\mathcal{G}}(\mathcal{H})$ ist die größte gemeinsame Untergruppe von $\mathcal{G}$ und $\mathcal{N}_{\mathcal{E}}(\mathcal{H})$; sie besteht aus der Schnittmenge der Symmetrieoperationen von $\mathcal{G}$ und $\mathcal{N}_{\mathcal{E}}(\mathcal{H})$. Diese Eigenschaft ist von besonderem Wert; der Normalisator $\mathcal{N}_{\mathcal{G}}(\mathcal{H})$ kann damit in einfacher Weise mit Hilfe der tabellierten euklidischen Normalisatoren der Raumgruppen ermittelt werden.

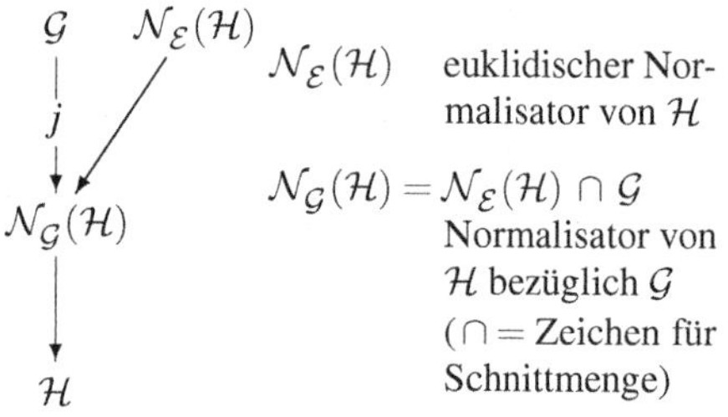

Index j = Zahl der Konjugierten von $\mathcal{H}$ in $\mathcal{G}$

Der Index j von $\mathcal{N}_{\mathcal{G}}(\mathcal{H})$ in $\mathcal{G}$ entspricht der Anzahl der Konjugierten von $\mathcal{H}$ in $\mathcal{G}$ [72]. Die Pfeile im nebenstehenden Diagramm bezeichnen Gruppe-Untergruppe-Beziehungen, die nicht maximal sein müssen; außerdem können Raumgruppen zusammenfallen. Es kann $\mathcal{N}_{\mathcal{E}}(\mathcal{H}) = \mathcal{N}_{\mathcal{G}}(\mathcal{H})$ sein, oder $\mathcal{G} = \mathcal{N}_{\mathcal{G}}(\mathcal{H})$

oder $\mathcal{N}_{\mathcal{G}}(\mathcal{H}) = \mathcal{H}$; der Pfeil dazwischen entfällt dann jeweils. Wenn $\mathcal{G} = \mathcal{N}_{\mathcal{G}}(\mathcal{H})$, dann ist $j = 1$, und es gibt neben $\mathcal{H}$ keine konjugierten Untergruppen; das gilt, wenn $\mathcal{H}$ Normalteiler von $\mathcal{G}$ ist.

Beispiel 8.1

Wie viele maximale konjugierte Untergruppen $Cmcm$ hat die Raumgruppe $P6_3/mmc$?

Der euklidische Normalisator von $Cmcm$ ist $Pmmm$ mit halbierten Basisvektoren (Tab. 9.1). Da $Cmcm$ eine maximale Untergruppe von $P6_3/mmc$ ist, muss $\mathcal{N}_{\mathcal{G}}(\mathcal{H})$ gleich $\mathcal{G}$ oder gleich $\mathcal{H}$ sein. In diesem Fall ist $\mathcal{N}_{\mathcal{G}}(\mathcal{H}) = \mathcal{H}$, und der Index 3 von $\mathcal{N}_{\mathcal{G}}(\mathcal{H})$ in $\mathcal{G}$ zeigt drei Konjugierte von $Cmcm$ in $P6_3/mmc$ an. Sie haben die drei Orientierungen wie in Abb. 8.1. Im nebenstehenden Diagramm sind die Basisvektoren jeder Raumgruppe als Vektorsummen der Basisvektoren **a**, **b**, **c** von $\mathcal{G}$ angegeben.

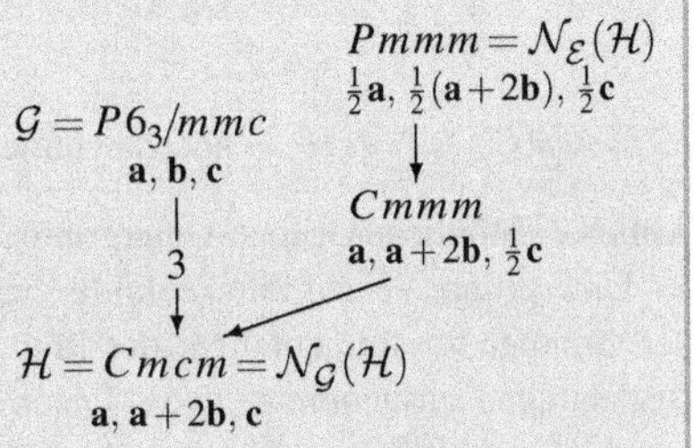

Unter den Untergruppen einer Raumgruppe $\mathcal{G}$ kann es mehrere Konjugiertenklassen geben, $\mathcal{H}_1, \mathcal{H}'_1, \mathcal{H}''_1, \ldots,\ \mathcal{H}_2, \mathcal{H}'_2, \mathcal{H}''_2, \ldots,\ \ldots,$ die alle dem gleichen Raumgruppentyp angehören und deren Elementarzellen die gleichen Maße haben.

Definition 8.2 Untergruppen $\mathcal{H}_1, \mathcal{H}_2, \ldots < \mathcal{Z} \leq \mathcal{G}$, die *nicht* in $\mathcal{G}$, aber in einem der euklidischen Normalisatoren $\mathcal{N}_{\mathcal{E}}(\mathcal{G})$ oder $\mathcal{N}_{\mathcal{E}}(\mathcal{Z})$ konjugiert sind, nennen wir *pare Untergruppen* von $\mathcal{G}$ (subgroups on a par)*. Sie gehören verschiedenen Konjugiertenklassen an; sie haben die gleichen Gittermaße und denselben Raumgruppentyp.

Pare Untergruppen sind uns bereits in Abb. 8.3 begegnet. Dort sind $\mathcal{H}_1$ und $\mathcal{H}_2$ pare Untergruppen von $\mathcal{G}$; sie sind *nicht* über eine Symmetrieoperation von $\mathcal{G}$ symmetrieäquivalent. $\mathcal{H}_3$ und $\mathcal{H}'_3$ sind pare Untergruppen von $\mathcal{H}_1$; sie sind also nicht in $\mathcal{H}_1$ konjugiert, aber sie sind in $\mathcal{G}$ und auch in $\mathcal{N}_{\mathcal{E}}(\mathcal{H}_1)$ konjugiert. Konkrete Beispiele für pare Untergruppen werden in Beispiel 8.2 und in Abschnitt 12.2 behandelt.

Pare Untergruppen $\mathcal{H}_1, \mathcal{H}_2, \ldots$, die maximale Untergruppen von $\mathcal{G}$ sind, sind in $\mathcal{N}_{\mathcal{E}}(\mathcal{G})$ konjugiert. Es gilt dann eine der in Abb. 8.7 gezeigten Beziehungen. Die dort genannten Indices i und j zeigen, wie viele dieser Konjugiertenklassen es gibt und wie viele Konjugierte in jeder von ihnen vorkommen. Jede Konjugiertenklasse der paren Untergruppen enthält gleich viele Konjugierte. Die Gesamtmenge $i \cdot j$ umfasst alle Konjugierten in allen Konjugiertenklassen der paren Untergruppen; für diese Menge gibt es in der Literatur den Ausdruck ‚euklidisch äquivalente Untergruppen‘ [72, 77], der jedoch missverständlich ist, weil er nur anwendbar ist, wenn $\mathcal{H}_1, \mathcal{H}_2, \ldots$ maximale Untergruppen von $\mathcal{G}$ sind.

Wenn $\mathcal{H}$ keine maximale Untergruppe von $\mathcal{G}$ ist, kann es pare Untergruppen geben, die konjugiert in $\mathcal{N}_{\mathcal{E}}(\mathcal{Z})$ sind, dem euklidischen Normalisator einer Zwischengruppe $\mathcal{Z}$, $\mathcal{G} > \mathcal{Z} > \mathcal{H}$. Wenn $\mathcal{H}$ eine maximale Untergruppe von $\mathcal{Z}$ ist, kann man mit einem der

*Lateinisch par = gleichartig, ebenbürtig. Wir vermeiden den Ausdruck ‚äquivalente Untergruppen‘, der in der Literatur verschiedene Bedeutungen hat.

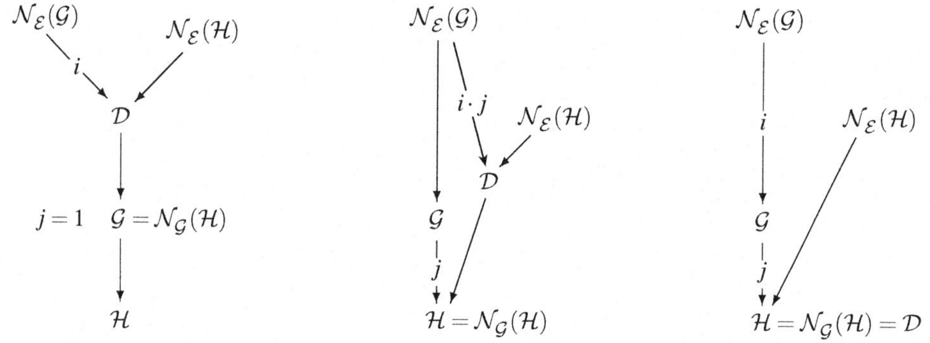

$\mathcal{D}=\mathcal{N}_\mathcal{E}(\mathcal{G})\cap\mathcal{N}_\mathcal{E}(\mathcal{H})$ = höchstsymmetrische gemeinsame Untergruppe von $\mathcal{N}_\mathcal{E}(\mathcal{G})$ und $\mathcal{N}_\mathcal{E}(\mathcal{H})$

Abb. 8.7: Mögliche Gruppe-Untergruppe-Beziehungen zwischen der Raumgruppe $\mathcal{G}$, ihrer maximalen Untergruppe $\mathcal{H}$ und ihren euklidischen Normalisatoren. Außer $\mathcal{G}$ und $\mathcal{H}$ können zwei oder mehr der Gruppen zusammenfallen; der Pfeil zwischen ihnen entfällt dann. Die Gruppe-Untergruppe-Beziehungen, ausgenommen von $\mathcal{G}$ nach $\mathcal{H}$, müssen nicht maximal sein.
Index j [von $\mathcal{N}_\mathcal{G}(\mathcal{H})$ in $\mathcal{G}$] = Anzahl der Konjugierten zu $\mathcal{H}$ in $\mathcal{G}$ in einer Konjugiertenklasse;
Index i = Anzahl der Konjugiertenklassen

Schemata von Abb. 8.7 untersuchen, ob es pare Untergruppen (verschiedene Konjugiertenklassen) gibt; dabei ist $\mathcal{Z}$ anstelle von $\mathcal{G}$ einzusetzen.

Beispiel 8.2

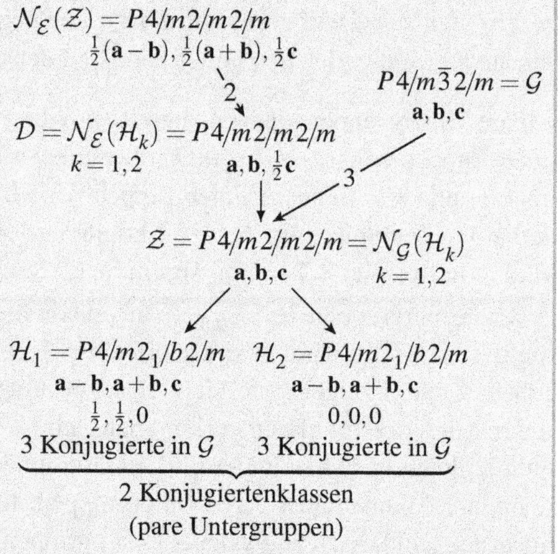

vergleiche mit dem linken Diagramm von Abb. 8.7 und setze dort $\mathcal{Z}$ statt $\mathcal{G}$, $\mathcal{D}=\mathcal{N}_\mathcal{E}(\mathcal{H}_k)$ und $i=2$

Von der Raumgruppe des Perowskits, $\mathcal{G}=Pm\bar{3}m$, zur Raumgruppe $P4/mbm$ werden zwei Schritten des Symmetrieabbaus benötigt. Wie den nebenstehenden Beziehungen zu entnehmen ist, gibt es zwei verschiedene, pare Untergruppen $P4/mbm$, $\mathcal{H}_1$ und $\mathcal{H}_2$, mit dem tetragonalen **c**-Vektor parallel zum kubischen **c** und mit den Ursprungslagen $\frac{1}{2},\frac{1}{2},0$ bzw. $0,0,0$ im Koordinatensystem von $\mathcal{G}$. Sie sind konjugiert in $\mathcal{N}_\mathcal{E}(\mathcal{Z})$, dem euklidischen Normalisator der Zwischengruppe $\mathcal{Z}$, und gehören zwei Konjugiertenklassen an. Der Index von $\mathcal{N}_\mathcal{G}(\mathcal{H}_k)$ in $\mathcal{G}$ beträgt 3. Somit gibt es von $\mathcal{H}_1$ und $\mathcal{H}_2$ je drei Konjugierte in $\mathcal{G}$; sie haben **c** parallel zu **a**, **b** oder **c** des kubischen $\mathcal{G}$. Die Existenz von zwei paren Untergruppen $\mathcal{H}_1$ und $\mathcal{H}_2$ mit **c** parallel zu kubisch-**c** ist am Index 2 von $\mathcal{D}$ in $\mathcal{N}_\mathcal{E}(\mathcal{Z})$ erkennenbar. Sie ermöglichen zwei verschiedene Arten der Verzerrung der Perowskit-Struktur (Abb. 8.8).

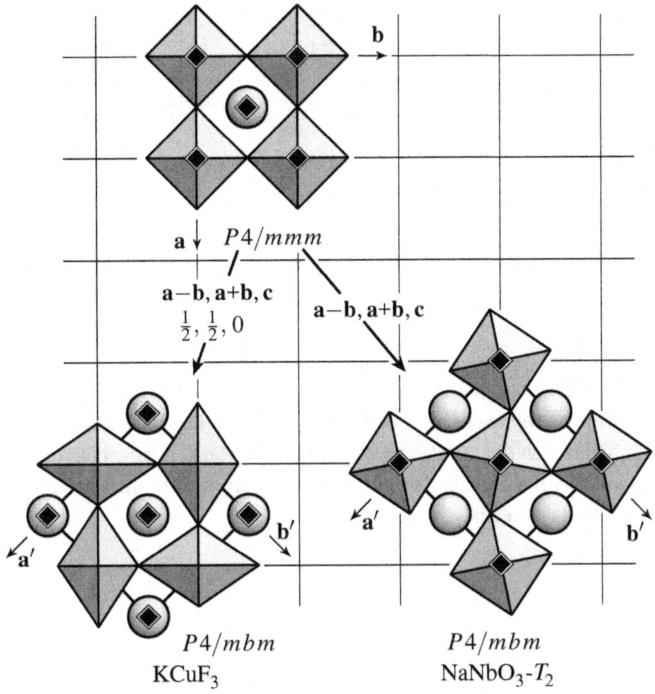

Abb. 8.8: Zwei Varianten der Perowskit-Struktur mit verschiedenen Arten der Verzerrung der Koordinationsoktaeder in zwei verschiedenen, paren Untergruppen (klassengleich vom Index 2). Bei der Zellvergrößerung von $P4/mmm$ nach $P4/mbm$ fallen in einem Fall die vierzähligen Drehachsen durch die Oktaedermitten, im anderen Fall diejenigen durch die Kationen (Kugeln) weg

In einem Stammbaum von Gruppe-Untergruppe-Beziehungen, bei dem man sich für die Untergruppen von $\mathcal{G}$ interessiert, genügt im allgemeinen jeweils nur ein Repräsentant einer Konjugiertenklasse, da alle Repräsentanten aus der Sicht von $\mathcal{G}$ symmetrieäquivalent und somit völlig gleich sind. Pare (nichtkonjugierte) Untergruppen, auch solche, die im euklidischen Normalisator $\mathcal{N}_{\mathcal{E}}(\mathcal{Z})$ einer Zwischengruppe $\mathcal{Z}$ konjugiert sind, müssen aber gegebenenfalls alle aufgeführt werden, obwohl auch sie vom gleichen Raumgruppentyp sind und die gleichen Gittermaße haben. Im Stammbaum in Beispiel 8.2 ist von jeder Konjugiertenklasse nur ein Repräsentant aufgeführt. Das vollständige Diagramm, in dem alle konjugierten Untergruppen genannt sind, ist in Abb. 8.9 gezeigt.

In *International Tables* A1 sind von jeder Raumgruppe alle maximalen Untergruppen einzeln tabelliert. In Teil 2 der Tabellen sind die konjugierten maximalen Untergruppen alle genannt, wobei eine Klammer anzeigt, welche zur selben Konjugiertenklasse gehören. In Teil 3 der Tabellen (Beziehungen der Punktlagen) ist von jeder Konjugiertenklasse nur ein Repräsentant tabelliert. Wenn orientierungs-konjugierte Untergruppen existieren, sind aber deren Basistransformationen genannt. Die Beziehungen der Punktlagen zwischen Gruppe und Untergruppe sind bei konjugierten Untergruppen immer gleich.

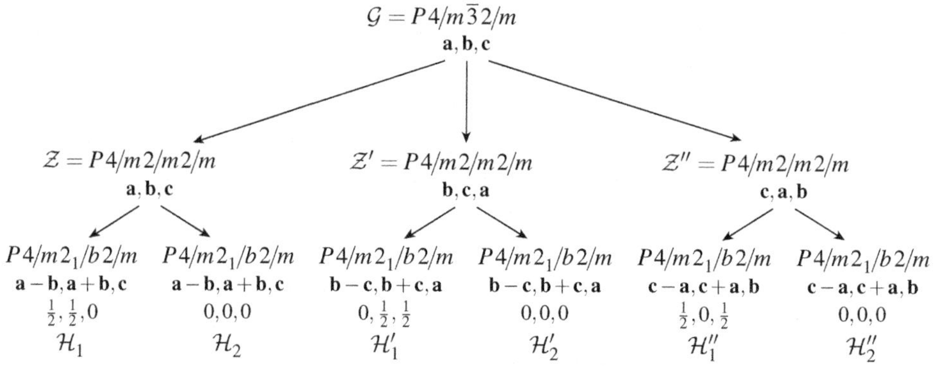

Abb. 8.9: Vollständiges Diagramm der Gruppe-Untergruppe-Beziehungen von Beispiel 8.2 mit allen konjugierten Untergruppen (ohne euklidische Normalisatoren). Die Basisvektoren der Untergruppen sind als Linearkombinationen der Basisvektoren **a**, **b** und **c** von $\mathcal{G}$ angegeben, und die Ursprungslagen beziehen sich auf das Koordinatensystem von $\mathcal{G}$. Untergruppen, die in $\mathcal{G}$ konjugiert sind, sind durch Striche $'$ und $''$ unterschieden

8.4 Übungsaufgaben

Tabelle von Normalisatoren auf Seite 131. Zur Lösung einiger Aufgaben ist Zugriff auf *International Tables A* und *A*1 erforderlich. Lösungen auf Seite 356

8.1. Von jeder kubischen Raumgruppe gibt es vier konjugierte maximale rhomboedrische Untergruppen. Sind diese orientierungs- oder translationskonjugiert?

8.2. Man nehme die Bilder mit den Symmetrieelementen in den *International Tables A* zu Hilfe. Zeichnen Sie je ein Diagramm mit den Symmetrieelementen der „Symmetrie der Symmetrie" der folgenden Raumgruppen: $P2_1\,2_1\,2_1$, $Pbam$, $P4_1$. Welche Hermann-Mauguin-Symbole und welche Basisvektoren haben die euklidischen Normalisatoren? Hat eine der orthorhombischen Raumgruppen einen höhersymmetrischen Normalisator wenn $a = b$?

8.3. Es sei $\mathcal{G} = R\bar{3}m$ und $\mathcal{H} = P\bar{3}m1$ mit gleichen Gitterparametern (bei hexagonaler Aufstellung der Elementarzelle). Stellen Sie mit Hilfe von *International Tables A* 2006 oder *A*1 einen Stammbaum von Gruppe-Untergruppe-Beziehungen unter Einschluss von $\mathcal{N}_{\mathcal{E}}(\mathcal{H})$ und $\mathcal{N}_{\mathcal{G}}(\mathcal{H})$ auf. Wie viele konjugierte Untergruppen gibt es von $\mathcal{H}$ in $\mathcal{G}$?

8.4. Zeigen Sie mit Hilfe der Normalisatoren, warum es in Abb. 8.4 von der Untergruppe $\mathcal{H}_1$ drei, von $\mathcal{H}_2$ dagegen nur eine Konjugierte in $\mathcal{G}$ gibt.

8.5. Wie viele pare Untergruppen $\mathcal{H} = P6_3/mmc$ mit verdoppeltem **c** gibt es von $\mathcal{G} = P6/mmm$? Gibt es konjugierte von $\mathcal{H}$ in $\mathcal{G}$?

Äquivalente Beschreibungen von Kristallstrukturen und Chiralität

9

9.1 Standardisierte Beschreibung von Kristallstrukturen

Zur eindeutigen Beschreibung einer Kristallstruktur gehören mindestens folgende Angaben:

1. Die Maße des Gitters, ausgedrückt durch die Gitterparameter a, b, c, α, β, γ;
2. die Raumgruppe (Hermann-Mauguin-Symbol, eventuell ihre Nummer nach *International Tables*), gegebenenfalls mit Angabe der Ursprungswahl (origin choice 1 oder 2);
3. für jedes mit Atomen besetzte Punkt-Orbit die Koordinaten von einem seiner Atome.

Hierfür gibt es im Prinzip unendlich viele Möglichkeiten. Um verschiedene Kristallstrukturen miteinander vergleichen zu können, um sie systematisch zu ordnen und um sie in Datenbanken handhaben zu können, ist eine möglichst einheitliche und gleichartige Beschreibung der Vielzahl von Strukturen zweckdienlich. Deshalb wurden im Laufe der Jahre Regeln für eine standardisierte Beschreibung entwickelt, nämlich [73, 74]:

- Für die Raumgruppe wird die konventionelle Aufstellung gemäß *International Tables A* gewählt. Gibt es dort Wahlmöglichkeiten, so gilt: Ursprung in einem Inversionszentrum, wenn vorhanden (origin choice 2); hexagonale Achsen bei rhomboedrischen Raumgruppen; monokline Achse b und 'cell choice' 1 bei monoklinen Raumgruppen.
- Wenn es dann noch Freiheiten bei der Festlegung der Elementarzelle gibt, wird die reduzierte Zelle gewählt (vgl. Seite 16). Detaillierte Vorschriften zur Definition einer solchen Zelle finden sich in *International Tables A* 2006, Kapitel 9.2. [14] bzw. 2016, Kapitel 3.1.3 [15]. Die wichtigsten davon sind:

  $a \leq b \leq c; \qquad |\cos\gamma| \leq \dfrac{a}{2b}; \qquad |\cos\beta| \leq \dfrac{a}{2c}; \qquad |\cos\alpha| \leq \dfrac{b}{2c};$

  Alle Winkel $60^\circ \leq \alpha,\ \beta,\ \gamma \leq 90^\circ$ oder alle $90^\circ \leq \alpha,\ \beta,\ \gamma \leq 120^\circ$
- Ortskoordinaten für jedes repräsentative Atom eines Punkt-Orbits mit $0 \leq x < 1$, $0 \leq y < 1$, $0 \leq z < 1$ und einem Minimum für $\sqrt{x^2 + y^2 + z^2}$.

U. Müller, *Symmetriebeziehungen zwischen Kristallstrukturen*,
https://doi.org/10.1007/978-3-662-67166-5_9

- Reihenfolge der Atome nach der Reihenfolge der Wyckoff-Symbole in *International Tables A* (von oben nach unten); bei gleichen Wyckoff-Symbolen nach zunehmenden Koordinatenwerten von x, dann y, dann z geordnet.

Mit dem Programm STRUCTURE TIDY [75] können beliebige Datensätze in eine solchermaßen standardisierte Form gebracht werden.

9.2 Äquivalente Beschreibungen von Kristallstrukturen

Die im vorigen Abschnitt aufgeführten Regeln wurden und werden sehr häufig nicht befolgt. Neben Nachlässigkeit oder Unkenntnis der Regeln gibt es dafür oft gute Gründe. So wird man bei Molekülen die Koordinaten der zugehörigen Atome vorzugsweise so wählen, dass sie demselben Molekül angehören und in der Reihenfolge ihrer Verknüpfung aufgelistet werden, auch wenn dann gegen die Regeln verstoßen wird.

Die standardisierte Beschreibung kann dazu führen, dass zwei ähnliche Strukturen verschieden dokumentiert werden, so dass ihre Verwandtschaft kaum zu erkennen ist oder gar verschleiert wird. Um Verwandtschaften herausarbeiten zu können, muss häufig auf die standardisierte Beschreibung verzichtet werden. Verwandtschaften lassen sich am besten überblicken, wenn die Elementarzellen in ihren Maßen und Achsenverhältnissen gleichartig aufgestellt sind und sich die Baueinheiten an entsprechenden Orten in der Zelle befinden. Die Koordinaten einander entsprechender Atome sollen möglichst ähnliche Zahlenwerte haben. Zelltransformationen und damit verbundene Koordinatenumrechnungen sollten nach Möglichkeit vermieden werden, auch wenn dabei Raumgruppen in nichtkonventionellen Aufstellungen herangezogen werden müssen.

Selbst bei Einhaltung der Regeln gibt es fast immer mehrere Möglichkeiten, um ein und dieselbe Kristallstruktur zu beschreiben. Für die Kochsalz-Struktur (Raumgruppe $Fm\bar{3}m$) kann zum Beispiel der Ursprung in ein Na^+- oder in ein Cl^--Ion gelegt werden, wodurch sich zwei verschiedene Koordinatensätze ergeben. In diesem Falle ist die Äquivalenz beider Beschreibungen leicht erkennbar; in anderen Fällen ist das keineswegs so einfach.

Bei allen Raumgruppen mit Ausnahme von $Im\bar{3}m$ und $Ia\bar{3}d$ gibt es immer mehrere mögliche äquivalente Koordinatensätze für die Atomlagen, mit welchen genau dieselbe Kristallstruktur bei unveränderter Aufstellung der Raumgruppe erfasst wird. Für die Raumgruppe $\mathcal{G}$ beträgt die Anzahl der äquivalenten Koordinatensätze exakt i, wobei i der Index von $\mathcal{G}$ im euklidischen Normalisator $\mathcal{N}_{\mathcal{E}}(\mathcal{G})$ ist [76, 77]. Bei der Nebenklassenzerlegung von $\mathcal{N}_{\mathcal{E}}(\mathcal{G})$ nach $\mathcal{G}$ ergeben sich nämlich i Nebenklassen (vgl. Abschn. 5.3. Jede davon entspricht einem äquivalenten Koordinatensatz.

Um von einem zu einem anderen äquivalenten Koordinatensatz zu kommen, dienen die Angaben zu den euklidischen Normalisatoren, die in *International Tables A* aufgelistet sind. Ein Auszug davon findet sich in Tabelle 9.1. In den Spalten unter *Euclidean normalizer* $\mathcal{N}_{\mathcal{E}}(\mathcal{G})$ sind das (Raum-)Gruppensymbol und die Basisvektoren des euklidischen Normalisators angegeben (Vektorsummen aus den Basisvektoren von $\mathcal{G}$). Bei Raumgruppen mit nicht fixiertem Ursprung wie zum Beispiel $I4$ wird die Zahl der Dimensionen, für die dies gilt, durch eine hochgestellte Zahl im Symbol für $\mathcal{N}_{\mathcal{E}}(\mathcal{G})$ angezeigt, zum Beispiel

Tabelle 9.1: Euklidische Normalisatoren einiger Raumgruppen. Auszug aus *International Tables A*, 6. Auflage (2016) [15], Tabellen 3.5.2.3 und 3.5.2.4; Tabellen 15.2.1.3 und 15.2.1.4 in der 5. Auflage (2002–2006) [14]; Tabelle 15.3.2 in den Auflagen 1987–1998

Space group $\mathcal{G}$	Euclidean normalizer $\mathcal{N}_{\mathcal{E}}(\mathcal{G})$ and chirality-preserving normalizer $\mathcal{N}_{\mathcal{E}^+}(\mathcal{G})$		Additional generators of $\mathcal{N}_{\mathcal{E}}(\mathcal{G})$			Index of $\mathcal{G}$ in $\mathcal{N}_{\mathcal{E}}(\mathcal{G})$
Hermann-Mauguin symbol	Symbol	Basis vectors	Translations	Inversion through a centre at	Further generators	
$P1\,2_1/m\,1$ *	$P1\,2/m\,1$	$\frac{1}{2}\mathbf{a}, \frac{1}{2}\mathbf{b}, \frac{1}{2}\mathbf{c}$	$\frac{1}{2},0,0;\ 0,\frac{1}{2},0;\ 0,0,\frac{1}{2}$			$8\cdot1\cdot1$
$P1\,2_1/m\,1$ †	$Bmmm$	$\frac{1}{2}(\mathbf{a}+\mathbf{c}), \frac{1}{2}\mathbf{b}, \frac{1}{2}(-\mathbf{a}+\mathbf{c})$	$\frac{1}{2},0,0;\ 0,\frac{1}{2},0;\ 0,0,\frac{1}{2}$		z, y, x	$8\cdot1\cdot2$
$C1\,2/m\,1$ *	$P1\,2/m\,1$	$\frac{1}{2}\mathbf{a}, \frac{1}{2}\mathbf{b}, \frac{1}{2}\mathbf{c}$	$\frac{1}{2},0,0;\ 0,0,\frac{1}{2}$			$4\cdot1\cdot1$
$P2_1\,2_1\,2_1$ *	$Pmmm$	$\frac{1}{2}\mathbf{a}, \frac{1}{2}\mathbf{b}, \frac{1}{2}\mathbf{c}$	$\frac{1}{2},0,0;\ 0,\frac{1}{2},0;\ 0,0,\frac{1}{2}$	$0,0,0$		$8\cdot2\cdot1$
	$\mathcal{N}_{\mathcal{E}^+}(\mathcal{G})$: $P222$	$\frac{1}{2}\mathbf{a}, \frac{1}{2}\mathbf{b}, \frac{1}{2}\mathbf{c}$	$\frac{1}{2},0,0;\ 0,\frac{1}{2},0;\ 0,0,\frac{1}{2}$			$8\cdot1$
$Cmcm$	$Pmmm$	$\frac{1}{2}\mathbf{a}, \frac{1}{2}\mathbf{b}, \frac{1}{2}\mathbf{c}$	$\frac{1}{2},0,0;\ 0,0,\frac{1}{2}$			$4\cdot1\cdot1$
$Ibam$*	$Pmmm$	$\frac{1}{2}\mathbf{a}, \frac{1}{2}\mathbf{b}, \frac{1}{2}\mathbf{c}$	$\frac{1}{2},0,0;\ 0,\frac{1}{2},0$			$4\cdot1\cdot1$
$I4$	$P^1\,4/mmm$	$\frac{1}{2}(\mathbf{a}-\mathbf{b}), \frac{1}{2}(\mathbf{a}+\mathbf{b}), \varepsilon\mathbf{c}$	$0,0,t$	$0,0,0$	y, x, z	$\infty\cdot2\cdot2$
	$\mathcal{N}_{\mathcal{E}^+}(\mathcal{G})$: $P^1 422$	$\frac{1}{2}(\mathbf{a}-\mathbf{b}), \frac{1}{2}(\mathbf{a}+\mathbf{b}), \varepsilon\mathbf{c}$	$0,0,t$		$y, x, \bar{z}$	$\infty\cdot2$
$P4/n$	$P4/mmm$	$\frac{1}{2}(\mathbf{a}-\mathbf{b}), \frac{1}{2}(\mathbf{a}+\mathbf{b}), \frac{1}{2}\mathbf{c}$	$\frac{1}{2},\frac{1}{2},0;\ 0,0,\frac{1}{2}$		y, x, z	$4\cdot1\cdot2$
$I422$	$P4/mmm$	$\frac{1}{2}(\mathbf{a}-\mathbf{b}), \frac{1}{2}(\mathbf{a}+\mathbf{b}), \frac{1}{2}\mathbf{c}$	$0,0,\frac{1}{2}$	$0,0,0$		$2\cdot2\cdot1$
	$\mathcal{N}_{\mathcal{E}^+}(\mathcal{G})$: $P422$	$\frac{1}{2}(\mathbf{a}-\mathbf{b}), \frac{1}{2}(\mathbf{a}+\mathbf{b}), \frac{1}{2}\mathbf{c}$	$0,0,\frac{1}{2}$			$2\cdot1$
$P\bar{4}2c$	$P4/mmm$	$\frac{1}{2}(\mathbf{a}-\mathbf{b}), \frac{1}{2}(\mathbf{a}+\mathbf{b}), \frac{1}{2}\mathbf{c}$	$\frac{1}{2},\frac{1}{2},0;\ 0,0,\frac{1}{2}$	$0,0,0$		$4\cdot2\cdot1$
$I\bar{4}2d$	$P4_2/nnm$	$\frac{1}{2}(\mathbf{a}-\mathbf{b}), \frac{1}{2}(\mathbf{a}+\mathbf{b}), \frac{1}{2}\mathbf{c}$	$0,0,\frac{1}{2}$	$\frac{1}{4},0,\frac{1}{8}$		$2\cdot2\cdot1$
$P3_2 21$	$P6_4 22$	$\mathbf{a}+\mathbf{b}, -\mathbf{a}, \frac{1}{2}\mathbf{c}$	$0,0,\frac{1}{2}$		$\bar{x}, \bar{y}, z$	$2\cdot2$
$P\bar{3}m1$	$P6/mmm$	$\mathbf{a}, \mathbf{b}, \frac{1}{2}\mathbf{c}$	$0,0,\frac{1}{2}$		$\bar{x}, \bar{y}, z$	$2\cdot1\cdot2$
$R\bar{3}m$ (hex.)	$R\bar{3}m$ (hex.)	$-\mathbf{a}, -\mathbf{b}, \frac{1}{2}\mathbf{c}$	$0,0,\frac{1}{2}$			$2\cdot1\cdot1$
$P\bar{6}$	$P6/mmm$	$\frac{1}{3}(2\mathbf{a}+\mathbf{b}), \frac{1}{3}(-\mathbf{a}+\mathbf{b}), \frac{1}{2}\mathbf{c}$	$\frac{2}{3},\frac{1}{3},0;\ 0,0,\frac{1}{2}$	$0,0,0$	y, x, z	$6\cdot2\cdot2$
$P6_3/m$	$P6/mmm$	$\mathbf{a}, \mathbf{b}, \frac{1}{2}\mathbf{c}$	$0,0,\frac{1}{2}$		y, x, z	$2\cdot1\cdot2$
$P6_3mc$	$P^1\,6/mmm$	$\mathbf{a}, \mathbf{b}, \varepsilon\mathbf{c}$	$0,0,t$	$0,0,0$		$\infty\cdot2\cdot1$
$P6_3/mmc$	$P6/mmm$	$\mathbf{a}, \mathbf{b}, \frac{1}{2}\mathbf{c}$	$0,0,\frac{1}{2}$			$2\cdot1\cdot1$
$Pm\bar{3}m$	$Im\bar{3}m$	$\mathbf{a}, \mathbf{b}, \mathbf{c}$	$\frac{1}{2},\frac{1}{2},\frac{1}{2}$			$2\cdot1\cdot1$
$Fm\bar{3}m$	$Pm\bar{3}m$	$\frac{1}{2}\mathbf{a}, \frac{1}{2}\mathbf{b}, \frac{1}{2}\mathbf{c}$	$\frac{1}{2},\frac{1}{2},\frac{1}{2}$			$2\cdot1\cdot1$

* ohne spezielle Gittermetrik † wenn $a = c$, $90° < \beta < 120°$

$P^1 4/mmm$. Außerdem sind die Basisvektoren von $\mathcal{N}_{\mathcal{E}}(\mathcal{G})$ in diesen Richtungen infinitesimal klein, was durch den Zahlenfaktor ε bei den Basisvektoren zum Ausdruck gebracht wird. In der letzten Spalte ist der Index von $\mathcal{G}$ in $\mathcal{N}_{\mathcal{E}}(\mathcal{G})$ angegeben. Die Zahl entspricht der Anzahl der äquivalenten Koordinatenbeschreibungen für eine Struktur in der Raumgruppe $\mathcal{G}$. Mit den Koordinatentransformationen, die in der Spalte *Additional generators of* $\mathcal{N}_{\mathcal{E}}(\mathcal{G})$ angegeben sind, kann von einem Koordinatensatz zu den äquivalenten Koordinatensätzen umgerechnet werden. Das Symbol t steht dabei für eine Translation mit beliebigem Betrag. Bei chiralen Kristallstrukturen sind noch ein paar Besonderheiten zu beachten (s. nächster Abschnitt).

Beispiel 9.1
Kochsalz kristallisiert in der Raumgruppe $Fm\bar{3}m$. Der euklidische Normalisator ist $\mathcal{N}_{\mathcal{E}}(Fm\bar{3}m) = Pm\bar{3}m\ (\frac{1}{2}\mathbf{a},\ \frac{1}{2}\mathbf{b},\ \frac{1}{2}\mathbf{c})$ mit Index $i = 2$. Es gibt also zwei mögliche Koordinatensätze. Der eine ergibt sich aus dem anderen gemäß der *additional generators of* $\mathcal{N}_{\mathcal{E}}(\mathcal{G})$ in Tab. 9.1 durch Addition von $\frac{1}{2}, \frac{1}{2}, \frac{1}{2}$:

Na	4*a*	0, 0, 0	und	Na	4*b*	$\frac{1}{2},\frac{1}{2},\frac{1}{2}$
Cl	4*b*	$\frac{1}{2},\frac{1}{2},\frac{1}{2}$		Cl	4*a*	0, 0, 0

Beispiel 9.2
$WOBr_4$ kristallisiert in der Raumgruppe $I4$ mit folgenden Atomkoordinaten [78]:

	x	*y*	*z*
W	0	0	0,078
O	0	0	0,529
Br	0,260	0,069	0,0

Der euklidische Normalisator von $I4$ ist $P^1 4/mmm$ mit den Basisvektoren $\frac{1}{2}(\mathbf{a}-\mathbf{b})$, $\frac{1}{2}(\mathbf{a}+\mathbf{b})$, $\varepsilon\mathbf{c}$. Der Index von $I4$ in $P^1 4/mmm$ ist $\infty \cdot 2 \cdot 2$, also unendlich groß (wegen des infinitesimal kleinen Basisvektors $\varepsilon\mathbf{c}$). Durch Addition von $0, 0, t$ zu den Koordinaten aller Atome kommt man zu einem neuen, äquivalenten Koordinatensatz. Dafür gibt es unendlich viele Möglichkeiten, da t ein beliebiger Zahlenwert sein kann. Der Index $\infty \cdot 2 \cdot 2$ bringt zum Ausdruck, dass es zu jedem dieser unendlich vielen Koordinatensätze jeweils noch vier äquivalente Koordinatensätze gibt. Sie ergeben sich durch Inversion an $0, 0, 0$ und durch die Transformation y, x, z. Die äquivalenten Koordinatensätze sind somit:

(1)	W	0	0	$0{,}078+t$	(2)	0	0	$-0{,}078-t$
	O	0	0	$0{,}529+t$		0	0	$-0{,}529-t$
	Br	0,260	0,069	$0{,}0+t$		−0,260	−0,069	$0{,}0-t$
(3)	W	0	0	$0{,}078+t$	(4)	0	0	$-0{,}078-t$
	O	0	0	$0{,}529+t$		0	0	$-0{,}529-t$
	Br	0,069	0,260	$0{,}0+t$		−0,069	−0,260	$0{,}0-t$

mit t = beliebig. In Abb. 9.1 sind die Verhältnisse illustriert.

9.3 Chiralität

Definition 9.1 Ein Objekt ist *chiral*, wenn es nicht durch Rotation und Translation mit seinem durch Inversion erzeugten Abbild zur Deckung gebracht werden kann.

Die Symmetriegruppe eines chiralen Objekts enthält keine Symmetrieoperationen zweiter Art, also keine Inversion, Drehinversion, Spiegelung oder Gleitspiegelung. Es gibt

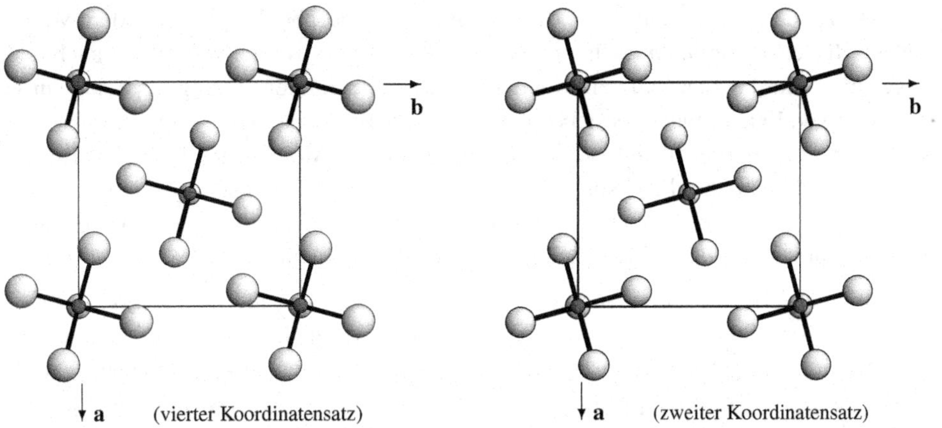

Abb. 9.1: Zwei äquivalente Beschreibungen für die Kristallstruktur von $WOBr_4$. Zwei weitere ergeben sich durch Inversion und unendlich viele mehr durch Verschiebung des Ursprungs parallel zu **c**

jeweils zwei enantiomorphe Formen, die durch Inversion ineinander überführt werden. Weitere Begriffe in diesem Zusammenhang sind [79, 80]:

Absolute Konfiguration	Räumliche Anordnung der Atome in einem chiralen Molekül und ihre geeignete Bezeichnung (z. B. mit (*R*), (*S*) usw.)
Absolute (Kristall-)Struktur	Räumliche Anordnung der Atome in einem chiralen Kristall und seine Beschreibung (Gitterparameter, Raumgruppe, Atomkoordinaten)
Enantiomorphes*	ein Objekt aus einem Paar von Objekten entgegengesetzter Händigkeit
Enantiomeres*	ein Molekül aus einem Paar mit entgegengesetzter Händigkeit (spezielle Bezeichnung für Enantiomorphe bei Molekülen)
Racemat	äquimolare Mischung von Enantiomeren
Chiralitätssinn (Händigkeit)	Eigenschaft, die Enantiomorphe voneinander unterscheidet; die beiden Enantiomorphen eines Paares haben entgegengesetzte Händigkeit (links oder rechts)
Achiral	Objekt, das durch Rotation oder Translation mit seinem invertierten Abbild zur Deckung gebracht werden kann

* auch das Enantiomorph, das Enantiomer, eingedeutscht aus dem Englischen

Es ist zu unterscheiden: die Symmetrie eines Moleküls, bezeichnet durch seine Punktgruppe; die Symmetrie des Kristalls, bezeichnet durch seine Raumgruppe; die Symmetrie der Raumgruppe, bezeichnet durch ihren euklidischen Normalisator.

Raumgruppen sind genau dann chiral, wenn ihr euklidischer Normalisator keine Symmetrieoperation zweiter Art hat. Das sind die Raumgruppen mit Schraubenachsen 3_1 oder 3_2, 4_1 oder 4_3, 6_1 oder 6_5 sowie 6_2 oder 6_4, wenn von diesen jeweils nur eine der beiden Sorten vorhanden ist. Es gibt elf Paare von enantiomorphen Raumgruppen (siehe Seite 80; die Begriffe ‚enantiomorphe Raumgruppe' und ‚chirale Raumgruppe' sind synonym).

Eine enantiomorphe Raumgruppe ist eine hinreichende, aber keine notwendige Voraussetzung für eine chirale Kristallstruktur. Die Chiralität der Kristallstruktur ist auch dann gegeben, wenn die Bausteine eines Kristalls in einer achiralen Raumgruppe aus nur einer Sorte von Enantiomeren bestehen oder wenn die Bausteine (ohne selbst chiral sein zu müssen) chiral im Kristall angeordnet sind. Die einzelnen Molekülstränge im $WOBr_4$ sind zum Beispiel nicht chiral (Beispiel 9.2 und Abb. 9.1); die quadratisch-pyramidalen Moleküle erfüllen die Punktsymmetrie $4mm$, die Stränge der längs **c** assoziierten Moleküle die Balkensymmetrie $\not{p}\,4mm$. Die Kristallstruktur ist dagegen chiral.

Chirale Kristallstrukturen sind nur mit Raumgruppen ohne Inversionspunkte, Drehinversionsachsen, Spiegel- und Gleitspiegelebenen kompatibel; diese Symmetrieelemente würden nämlich die entgegengesetzten Enantiomeren erzeugen, die Substanz wäre ein Racemat. Es gibt 65 Raumgruppentypen, in denen chirale Strukturen kristallisieren können; sie werden *Sohncke-Raumgruppentypen* genannt (nach L. SOHNCKE, der sie als erster abgeleitet hat).* Zu den Sohncke-Raumgruppentypen gehören die elf Paare von enantiomorphen Raumgruppentypen und weitere 43 achirale Raumgruppentypen. Details sind bei [80] beschrieben. Bei chiralen Kristallstrukturen in achiralen Raumgruppen sind die enantiomorphen Strukturen über den euklidischen Normalisator ihrer Raumgruppe äquivalent. Die Gesamtzahl der äquivalenten Koordinatensätze, einschließlich der enantiomorphen Paare, ergibt sich wie im vorigen Abschnitt beschrieben. Sollen die äquivalenten Koordinatensätze einer chiralen Kristallstruktur ohne Einbeziehung der Enantiomorphen ermittelt werden, muss statt des euklidischen der chiralitätserhaltende euklidische Normalisator $\mathcal{N}_{\mathcal{E}^+}(\mathcal{G})$ verwendet werden.

Der chiralitätserhaltende euklidische Normalisator ist bei den elf Paaren von enantiomorphen Raumgruppentypen identisch mit dem euklidischen Normalisator. Bei den anderen 43 Sohncke-Raumgruppentypen ist der chiralitätserhaltende euklidische Normalisator eine nichtzentrosymmetrische Untergruppe vom Index 2 des euklidischen Normalisators.

Beispiel 9.3

In NaP bilden die Phosphor-Atome Spiralketten mit der nicht kristallographisch bedingten Symmetrie (Balkengruppe) $\not{p}\,4_322$ [81]. Die Ketten winden sich um 2_1-Achsen parallel zu **b** in der Raumgruppe $\mathcal{G} = P2_1\,2_1\,2_1$.

Der euklidische Normalisator $\mathcal{N}_{\mathcal{E}}(\mathcal{G})$ ist $Pmmm$ mit halbierten Basisvektoren (vgl. Tab. 9.1); der chiralitätserhaltende euklidische Normalisator $\mathcal{N}_{\mathcal{E}^+}(\mathcal{G})$ ist dessen nichtzentrosymmetrische Untergruppe $P222$. Der Index 16 von $\mathcal{G}$ in $\mathcal{N}_{\mathcal{E}}(\mathcal{G})$ zeigt uns 16 äquivalente Beschreibungsmöglichkeiten, nämlich 8 enantiomorphe Paare. Der Index von $\mathcal{G}$ in $\mathcal{N}_{\mathcal{E}^+}(\mathcal{G})$ ist 8. Das entspricht den acht äquivalenten Beschreibungsmöglichkeiten, die sich unter Erhalt der Chiralität ergeben, durch Anwendung der Translationen:

$$0,0,0;\ \tfrac{1}{2},0,0;\ 0,\tfrac{1}{2},0;\ 0,0,\tfrac{1}{2};\ \tfrac{1}{2},\tfrac{1}{2},0;\ \tfrac{1}{2},0,\tfrac{1}{2};\ 0,\tfrac{1}{2},\tfrac{1}{2}\ \text{und}\ \tfrac{1}{2},\tfrac{1}{2},\tfrac{1}{2}$$

* Der Unterschied zwischen chiralen Raumgruppen und Sohncke-Raumgruppen ist vielen Strukturforschern nicht bewusst; häufig wird von chiralen Raumgruppen gesprochen, obwohl Sohncke-Raumgruppen gemeint sind.

Die übrigen acht, mit entgegengesetztem Chiralitätssinn, folgen aus denselben Translationen und zusätzlicher Inversion.
Durch die Inversion werden die linksgängigen $\not{p}\,4_3 22$-Schrauben in rechtsgängige $\not{p}\,4_1 22$-Schrauben transformiert. $\not{p}\,4_3 22$- und $\not{p}\,4_1 22$-Schrauben sind enantiomorph.
Die Chiralität ist eine Eigenschaft der polymeren $(P^-)_\infty$-Ionen.
Die Raumgruppe $P2_1 2_1 2_1$ ist selbst nicht chiral, aber sie enthält keine Symmetrieoperationen zweiter Art; sie ist eine Sohncke-Raumgruppe. Sowohl die links- wie die rechtsgängige Form von NaP kann in der Raumgruppe $P2_1 2_1 2_1$ kristallisieren.

Wenn die Raumgruppe selbst chiral ist, also zu den elf Paaren von enantiomorphen Raumgruppentypen gehört, ist das enantiomorphe Paar von Strukturen nicht über den euklidischen Normalisator äquivalent. Bei der Ermittlung der Zahl der äquivalenten Beschreibungsmöglichkeiten mit Hilfe des euklidischen Normalisators erhält man deshalb nur solche mit derselben Händigkeit. Von Quarz gibt es zum Beispiel zwei enantiomorphe Formen in den Raumgruppen $P3_1 21$ (Links-Quarz) und $P3_2 21$ (Rechts-Quarz).Wie in Beispiel 9.4 ausgeführt, gibt es für Rechts-Quarz vier äquivalente Koordinatensätze. Für Links-Quarz gibt es ebenfalls vier äquivalente Koordinatensätze, die sich nicht über den euklidischen Normalisator von Rechts-Quarz erzeugen lassen. Um bei einer enantiomorphen Raumgruppe den Koordinatensatz des entgegengesetzten Enantiomorphen zu erhalten, müssen die Koordinaten an 0, 0, 0 invertiert werden und es muss die entgegengesetzte enantiomorphe Raumgruppe gewählt werden.

Während die nichtchirale Raumgruppe $P2_1 2_1 2_1$ sowohl mit $\not{p}\,4_3 22$- wie mit $\not{p}\,4_1 22$-Spiralen von NaP kompatibel ist, sind die spiralförmigen Baugruppen in Rechts-Quarz nicht mit der Raumgruppe $P3_1 21$ von Links-Quarz vereinbar.

Beispiel 9.4
Die Kristallstruktur von Quarz ist etwa hundertmal bestimmt worden. Rechts-Quarz kristallisiert in der Raumgruppe $P3_2 21$ mit den Atomkoordinaten:

	x	y	z
Si	0,470	0	$\frac{1}{6}$
O	0,414	0,268	0,286

Der euklidische Normalisator ist $P6_4 22$ (Tab. 9.1). Der Index 4 zeigt vier äquivalente Koordinatensätze an. Die anderen drei ergeben sich gemäß Tab. 9.1 durch die Translation $0, 0, \frac{1}{2}$, die Transformation $-x, -y, z$ sowie durch Translation und Transformation:

Si	0,470	0	$\frac{2}{3}$	–0,470	0	$\frac{1}{6}$	–0,470	0	$\frac{2}{3}$
O	0,414	0,268	0,786	–0,414	–0,268	0,286	–0,414	–0,268	0,786

Die vier Möglichkeiten sind in Abb. 9.2 gezeigt.

Anmerkung: Dass ‚Rechts-Quarz' linkshändige Schraubenachsen 3_2 hat, ist historisch bedingt. Die Begriffe ‚Rechts-Quarz' und ‚Links-Quarz' wurden im neunzehnten Jahrhundert von CHR. S. WEISS aufgrund der Kristallmorphologie geprägt, zu Zeiten, als es noch

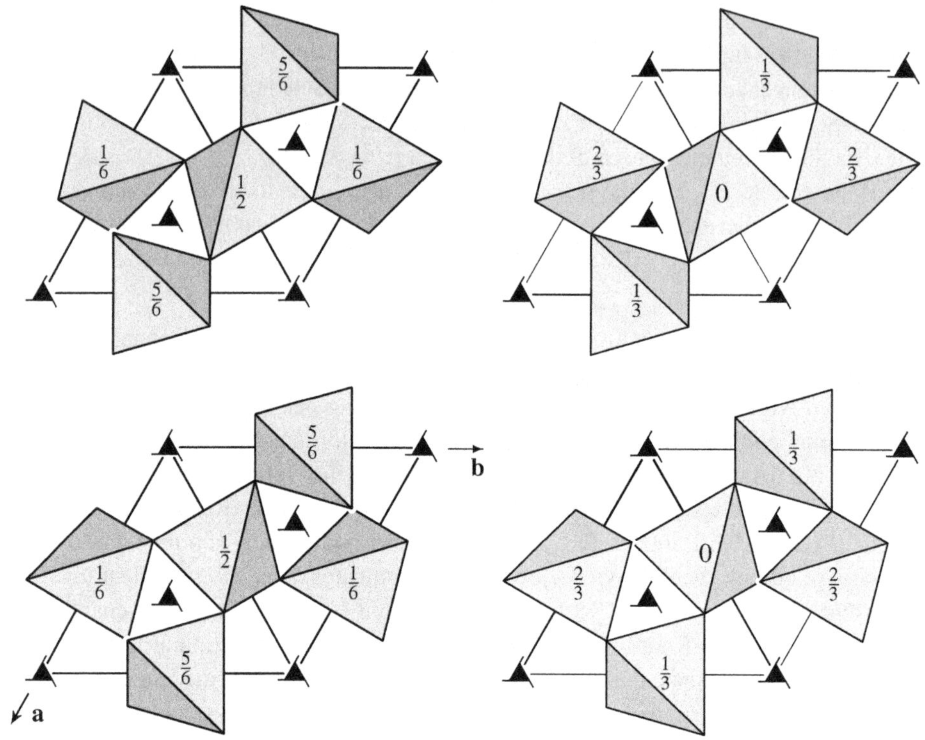

Abb. 9.2: Die vier äquivalenten Beschreibungen für die Kristallstruktur von Rechts-Quarz. Die Zahlen in den SiO_4-Tetraedern sind die z-Koordinaten der Si-Atome

keine Theorie der Raumgruppen gab und die experimentelle Strukturbestimmung nicht möglich war. Zufällig dreht Rechts-Quarz die Ebene von polarisiertem Licht rechts herum. Quarz in der Raumgruppe $P3_2\,2\,1$ hat chemisch linksgängige 3/1 M-Helices $(Si–O–)_3$ parallel zu **c**, mit drei Wiederholungseinheiten pro Translationsperiode. $AlPO_4$ hat die gleiche Struktur; chemisch linkssgängige 3/2 M-Helices $(Al–O–P–O–)_3$, haben drei Wiederholungseinheiten auf zwei Windungen pro verdoppelter Translationsperiode 2**c**; die Raumgruppe ist $P3_1\,2\,1$. Während die chemische Händigkeit übereinstimmt, hat die kristallographische Schraubenachse die entgegengesetzte Händigkeit (vgl. S. 112).

9.4 Falsch zugeordnete Raumgruppen

Dank der schnellen Datensammlung bei der Röntgenbeugung und der leistungsfähigen Rechner und Rechenprogramme hat die Zahl der Kristallstrukturbestimmungen stark zugenommen. Oft werden die Rechner als „schwarze Kästen“ mit voreingestellten Routinen eingesetzt, ohne dass sich der Benutzer Gedanken darüber macht, was der Rechner tut. Dementsprechend häuft sich die Zahl der fehlerhaften Strukturbestimmungen. Einer der häufigsten Fehler ist die Wahl einer falschen Raumgruppe, insbesondere eine mit zu geringer Symmetrie [82–91]. Dies ist immer dann der Fall, wenn der euklidische Normalisator $\mathcal{N}_{\mathcal{E}}(\mathcal{G})$ der gewählten Raumgruppe $\mathcal{G}$ weniger als i äquivalente Koordinatensätze erzeugt (i = Index von $\mathcal{G}$ in $\mathcal{N}_{\mathcal{E}}(\mathcal{G})$). Die zutreffende Raumgruppe ist dann eine Zwischengruppe zwischen $\mathcal{G}$ und $\mathcal{N}_{\mathcal{E}}(\mathcal{G})$. Eine weitere Ursache für falsch gewählte Raumgruppen sind Zwillingskristalle, siehe Abschnitt 18.4.

Beispiel 9.5

LaB_2C_2 wurde in der Raumgruppe $P\bar{4}2c$ mit dem zuerst genannten Koordinatensatz beschrieben [92]. Der euklidische Normalisator ist $P4/mmm$ mit $\frac{1}{2}(\mathbf{a}-\mathbf{b})$, $\frac{1}{2}(\mathbf{a}+\mathbf{b})$, $\frac{1}{2}\mathbf{c}$. Der Index von $P\bar{4}2c$ in $P4/mmm$ beträgt 8. Mit Hilfe von Tab. 9.1 kommen wir auf vermeintlich acht äquivalente Koordinatensätze:

	x	y	z	$\frac{1}{2}+x$	$\frac{1}{2}+y$	z	x	y	$\frac{1}{2}+z$	$\frac{1}{2}+x$	$\frac{1}{2}+y$	$\frac{1}{2}+z$
La	0	0	0	$\frac{1}{2}$	$\frac{1}{2}$	0	0	0	$\frac{1}{2}$	$\frac{1}{2}$	$\frac{1}{2}$	$\frac{1}{2}$
B	$\frac{1}{2}$	0,226	$\frac{1}{4}$	0	0,726	$\frac{1}{4}$	$\frac{1}{2}$	0,226	$\frac{3}{4}$	0	0,726	$\frac{3}{4}$
C	0,173	$\frac{1}{2}$	$\frac{1}{4}$	0,673	0	$\frac{1}{4}$	0,173	$\frac{1}{2}$	$\frac{3}{4}$	0,673	0	$\frac{3}{4}$
	$-x$	$-y$	$\frac{1}{2}-z$	$\frac{1}{2}-x$	$\frac{1}{2}-y$	$\frac{1}{2}-z$	$-x$	$-y$	$-z$	$\frac{1}{2}-x$	$\frac{1}{2}-y$	$-z$
La	0	0	$\frac{1}{2}$	$\frac{1}{2}$	$\frac{1}{2}$	$\frac{1}{2}$	0	0	0	$\frac{1}{2}$	$\frac{1}{2}$	0
B	$\frac{1}{2}$	−0,226	$\frac{1}{4}$	0	0,274	$\frac{1}{4}$	$\frac{1}{2}$	−0,226	$\frac{3}{4}$	0	0,274	$\frac{3}{4}$
C	−0,173	$\frac{1}{2}$	$\frac{1}{4}$	0,337	0	$\frac{1}{4}$	−0,173	$\frac{1}{2}$	$\frac{3}{4}$	0,337	0	$\frac{3}{4}$

Folgende Lagen sind in $P\bar{4}2c$ symmetrieäquivalent [14, 15]:

$0,0,0$ und $0,0,\frac{1}{2}$ — $\frac{1}{2},\frac{1}{2},0$ und $\frac{1}{2},\frac{1}{2},\frac{1}{2}$ — $\frac{1}{2},y,\frac{3}{4}$ und $\frac{1}{2},-y,\frac{3}{4}$ — $0,y,\frac{3}{4}$ und $0,-y,\frac{3}{4}$
$\frac{1}{2},y,\frac{1}{4}$ und $\frac{1}{2},-y,\frac{1}{4}$ — $0,y,\frac{1}{4}$ und $0,-y,\frac{1}{4}$ — $x,\frac{1}{2},\frac{3}{4}$ und $-x,\frac{1}{2},\frac{3}{4}$ — $x,0,\frac{3}{4}$ und $-x,0,\frac{3}{4}$
$x,\frac{1}{2},\frac{1}{4}$ und $-x,\frac{1}{2},\frac{1}{4}$ — $x,0,\frac{1}{4}$ und $-x,0,\frac{1}{4}$

Die Atome der untereinanderstehenden Koordinatensätze gehören deshalb jeweils zum selben Koordinatensatz in $P\bar{4}2c$. Tatsächlich gibt es nur vier verschiedene Koordinatensätze. Die Raumgruppe $P\bar{4}2c$ hat eine zu geringe Symmetrie. Die richtige Raumgruppe ist eine Obergruppe von $P\bar{4}2c$, und zwar $P4_2/mmc$ [91].

Solche Fehler führen zu unzuverlässigen oder gar fehlerhaften Atomkoordinaten und interatomaren Abständen, die gelegentlich zu grotesken Fehlinterpretationen oder „Deutungen" geführt haben. Die meisten Strukturbeschreibungen mit zu niedriger Symmetrie betreffen Raumgruppen mit nicht fixiertem Ursprung oder nicht erkannter rhomboedrischer Symmetrie. Die Raumgruppe Cc wird besonders häufig falsch gewählt [82, 83, 85].

Da euklidische Normalisatoren von der Metrik der Elementarzelle abhängen, muss auch auf diese geachtet werden. Wenn die zutreffende Raumgruppe eine andere Metrik hat, sind die Koordinaten zur korrekten Beschreibung auf die Elementarzelle dieser Raumgruppe umzurechnen. Bei Kristallstrukturbestimmungen sollte deshalb immer überprüft werden, ob die Gitterbasis auf ein Kristallsystem höherer Symmetrie transformiert werden kann. Als Beispiel sei auf die Übungsaufgabe 9.7 verwiesen.

9.5 Isotypie und Strukturtypen

Definition 9.2 Die Kristallstrukturen zweier Verbindungen sind *isotyp*, wenn sie das gleiche Bauprinzip und die gleiche oder die enantiomorphe Raumgruppe haben.

Genauer ausgedrückt:

Die Kristallstrukturen zweier Verbindungen sind *kristallchemisch isotyp*, wenn sie den gleichen oder den enantiomorphen Raumgruppentyp mit ähnlichen relativen Gitterabmessungen haben, die gleichen Punktlagen in gleicher Anzahl mit genau oder annähernd den gleichen Koordinaten mit Atomen besetzt sind und die geometrischen Beziehungen und chemischen Bindungen zwischen den Atomen ähnlich sind.

Ein *Strukturtyp* umfasst eine Reihe von isotypen Kristallstrukturen. Er wird nach einem *Prototyp* benannt; das ist eine willkürlich gewählte Verbindung mit dieser Struktur, die meistens schon lange bekannt ist.

Die Definition fasst Begriffe zusammen, die 1990 von einer Kommission der Internationalen Union für Kristallographie formuliert wurden [93]. Die Umsetzung, um Kristallstrukturen bestimmten Strukturtypen in einer Datenbank zuzuordnen, wird bei [94] beschrieben.

„Gleiche Punktlage" bedeutet dasselbe wie gleiches Wyckoff-Symbol, sofern die Strukturdaten beider Verbindungen in gleicher Weise standardisiert wurden. Dafür wurde der Begriff „isopunktuell" (isopointal) eingeführt, der aber etwas irreführend sein kann, weil bei gleicher Punktlage die Punkte selber und ihre Umgebung nicht gleich sein müssen.

Zur Besetzung bestimmter Punktlagen wird zuweilen die *Wyckoff-Sequenz* angegeben. Sie besteht aus den Wyckoff-Buchstaben der mit Atomen besetzten Punktlagen. Zum Beispiel bedeutet die Wyckoff-Sequenz dc^4a in der Raumgruppe $Pnma$, dass in einer asymmetrischen Einheit die Punktlagen d und a mit je einem Atom besetzt sind und die Punktlage c mit vier Atomen, die sich in ihren Koordinaten unterscheiden. Über die Werte der freien Parameter der Punktlagen $8d$ (x, y, z) und $4c$ $(x, \frac{1}{4}, z)$ wird keine Aussage gemacht; nur bei $4a$ $(0, 0, 0)$ stehen die Werte fest. Wenn eine Punktlage freie Parameter hat, sagt die Wyckoff-Sequenz nichts über die Atomlagen aus. Zum Beispiel ist e der Wyckoff-Buchstabe für die allgemeine Lage x, y, z in der Raumgruppe $P2_1/c$; die Wyckoff-Sequenz e^4 besagt dann nur, dass sich 4 Sorten von Atomen an beliebigen Stellen befinden.

Gleiche Punktlage ist eine notwendige, aber keinesfalls ausreichende Bedingung für isotype Kristallstrukturen. Wenn eine Punktlage freie Parameter der Atomkoordinaten hat, dürfen sich die Atomkoordinaten bei den einander zugeordneten Atomen nur wenig voneinander unterscheiden. Anderenfalls wäre die Bedingung „ähnliche geometrische Beziehungen" nicht erfüllt. Die Nachbarschaftsverhältnisse um jedes Atom müssen gleichartig sein, die Koordinationspolyeder müssen also im Wesentlichen gleich sein und in gleicher Art miteinander verknüpft sein.

Man kann sich eine isotype Struktur aus der anderen entstanden denken, indem die Atome eines Elements durch Atome eines anderen Elements ausgetauscht werden, unter Beibehaltung der Positionen in der Kristallstruktur (Eins-zu-eins-Beziehung aller Atomlagen). Die Absolutwerte für die Gitterabmessungen und die interatomaren Abstände dürfen sich unterscheiden, aber die Winkel zwischen den Basisvektoren und die relativen Gitterabmessungen (Achsenverhältnisse) müssen ähnlich sein.

Eine affine Verzerrung des Gitters ist also erlaubt, aber eine ganz scharfe Definition des Begriffs Isotypie ist nicht möglich. Es lässt sich nämlich nicht klar beantworten, wie groß die Abweichungen sein dürfen, wenn auffällige Unterschiede bei freien Parametern für die Atomlagen oder bei den Achsenverhältnissen auftreten. Wenn alle Parameter durch die Symmetrie fixiert sind, ist die Situation klar. NaCl und MgO sind eindeutig isotyp. Pyrit und festes Kohlendioxid sind dagegen nicht als isotyp anzusehen, trotz gewisser Übereinstimmungen:

	Pyrit [95] $Pa\bar{3}$		CO_2 [96] $Pa\bar{3}$	
	$a = 542$ pm		$a = 562$ pm	
	Fe 4*a* 0 0 0		C 4*a* 0 0 0	
	S 8*c* *x x x*		O 8*c* *x x x*	
	mit $x = 0{,}384$		mit $x = 0{,}118$	
Interatomare	S–S	1×218 pm	C=O	2×115 pm
Abstände um	Fe–S	6×226 pm	C···O	6×311 pm
das erstgenannte	S···S	6×307 pm	O···O	6×318 pm
Atom bis 345 pm		6×332 pm		6×345 pm

Offenbar weichen die Parameter x zu sehr voneinander ab. Bei CO_2 sind zwei O-Atome entlang einer dreizähligen Drehachse nur 115 pm von einem C-Atom entfernt; bei Pyrit beträgt der entsprechende Fe···S-Abstand 360 pm, während sechs andere S-Atome nur 226 pm vom Fe-Atom entfernt sind. Das C-Atom ist nur an zwei andere Atome gebunden, das Fe-Atom an sechs. Der CO_2-Kristall besteht aus CO_2-Molekülen, im Pyrit-Kristall liegt ein Raumnetz vor, bei dem Fe^{2+}-Ionen über Disulfid-Ionen $[S–S]^{2-}$ verknüpft sind.

Um den Grad der Abweichungen zu quantifizieren, sind *Abweichungsparameter* definiert worden [97–99]. Sind die Daten von zwei zu vergleichenden Strukturen in gleicher Art standardisiert, so kann eine Kennzahl $\Delta(x)$ berechnet werden, in der die Koordinatenabweichungen aller Atome zusammengefasst sind:

$$\Delta(x) = \frac{\sum m\sqrt{(x_1 - x_2)^2 + (y_1 - y_2)^2 + (z_1 - z_2)^2}}{\sum m} \tag{9.1}$$

Dabei sind x_1, y_1, z_1 die Koordinaten eines Atoms der einen Struktur und x_2, y_2, z_2 diejenigen des entsprechenden Atoms der zweiten Struktur. m ist die zugehörige Multiplizität der Punktlage. Es wird über alle Atome der asymmetrischen Einheit addiert. Mit einer zweiten Kennzahl $\Delta(a)$ werden die Achsenverhältnisse in Relation gesetzt:

$$\Delta(a) = \frac{(b_1/a_1)(c_1/a_1)}{(b_2/a_2)(c_2/a_2)} \geq 1 \tag{9.2}$$

Beide Kennzahlen können zu einem Abweichungsparameter Δ zusammengefasst werden:

$$\Delta = [\sqrt{2}\Delta(x) + 1]\Delta(a) - 1 \tag{9.3}$$

Beide Datensätze müssen so standardisiert sein, dass sich der kleinstmögliche Wert für Δ ergibt.

Tabelle 9.2: Vergleich von Strukturdaten einiger Vertreter des Chalkopyrit-Typs ABX_2, Raumgruppe $I\bar{4}2d$ [99].
Punktlagen: A in 4*b* $(0,0,\frac{1}{2})$; B in 4*a* $(0,0,0)$; X in 8*d* $(x,\frac{1}{4},\frac{1}{8})$. Der Winkel ψ gibt die Verdrehung der BX_4-Koordinationstetraeder um **c** relativ zu **a** an. Die Δ-Werte gelten im Vergleich zu $CuGaTe_2$, das als Idealvertreter angenommen wurde. ICSD = Laufende Nummer in der ICSD-Datenbank [4]

Formel ABX_2	c/a	x	Bindungswinkel X–A–X /° 2×	4×	Bindungswinkel X–B–X /° 2×	4×	Bindungslängen A–X /pm	B–X /pm	ψ/°	Δ	ICSD
$CuGaTe_2$	1,98	0,2434	110,7	108,9	109,2	109,6	262	258	0,2	–	74456
$CuFeS_2$	1,97	0,2426	111,1	108,7	109,5	109,5	230	226	0,9	0,006	2518
$InLiTe_2$	1,95	0,2441	111,5	108,5	110,3	109,1	277	273	0,3	0,016	59112
$AgGaS_2$	1,79	0,2092	119,5	104,7	111,1	108,7	256	228	4,3	0,133	23618
$LiPN_2$	1,56	0,1699	129,7	100,7	114,5	107,0	209	164	10,8	0,335	66007
$LiBO_2$	1,55	0,1574	130,2	100,0	113,4	107,5	196	148	12,8	0,355	34156
$NaPN_2$	1,40	0,1239	137,5	97,5	115,2	106,5	241	164	18,6	0,532	241818

Bei völliger Übereinstimmung beider Strukturen ist $\Delta = 0$. Für das Beispiel Pyrit – CO_2 ergibt sich $\Delta = 0{,}43$. In Tab. 9.2 sind als weitere Beispiele Strukturdaten zu Vertretern des Chalkopyrit-Typs angegeben. Im Chalkopyrit ($CuFeS_2$) sind Cu- und Fe-Atome tetraedrisch von S-Atomen koordiniert; die Tetraeder sind miteinander über Ecken verknüpft. Bei den am Ende der Liste angegebenen Verbindungen $LiPN_2$, $LiBO_2$ und $NaPN_2$ gibt es erhebliche Abweichungen von den Idealwerten $c/a = 2{,}0$, $x = 0{,}25$ (Ortsparameter der X-Atome) und $\psi = 0°$ (Verdrehungswinkel der Tetraeder); die Tetraeder sind stark verzerrt. Trotzdem bleibt die generelle Verknüpfung der Atome im Prinzip gleich, und man könnte diese Verbindungen noch als isotyp zum $CuFeS_2$ ansehen. Da die Schwefel-Atome im Chalkopyrit für sich genommen eine kubisch-dichteste Kugelpackung bilden, haben sie bezüglich der Umgebung mit ihresgleichen die Koordinationszahl 12. Im $LiPN_2$, $LiBO_2$ und $NaPN_2$ sind die N- bzw. O-Atome jedoch nur von sechs Atomen der gleichen Sorte unmittelbar umgeben. Das hängt mit den deutlich kürzeren P–N- und B–O-Bindungen zusammen.

In solchen Fällen empfiehlt es sich, mit dem Begriff ‚Isotypie' behutsam umzugehen und die Verwandtschaft lieber durch eine geeignete Umschreibung aufzuzeigen. Parameter wie der Drehwinkel ψ oder der Abweichungsparameter Δ leisten hierbei gute Dienste. Ein weiteres Beispiel für zwei Kristallstrukturen, die scheinbar isotyp sind, es aber definitiv nicht sind, wird in Abschnitt 14.3.2 behandelt; das Beispiel zeigt auch, dass Δ nur einen groben Hinweis gibt, ob zwei Strukturen isotyp sind oder nicht.

In Tab. 9.3 ist zusammengefasst, wann zwei Kristallstrukturen als isotyp gelten können.

Tabelle 9.3: Regeln zur Bestimmung, ob zwei Kristallstrukturen isotyp sind

	erfüllt für CO_2–Pyrit	erfüllt für $CuFeS_2$–$InLiTe_2$	erfüllt für $CuFeS_2$–$LiBO_2$	erfüllt für α-$NaFeO_2$–$CuFeO_2$†
Gleichartige chemische Zusammensetzung*	ja	ja	ja	ja
Gleicher Raumgruppentyp	ja	ja	ja	ja
Gleiche Besetzung von Punktlagen*	ja	ja	ja	ja
Ähnliche Achsenverhältnisse	ja	ja	ungefähr	ungefähr
Annähernd übereinstimmende Atomkoordinaten	nein	ja	ungefähr	nein
Kleiner Abweichungsparameter Δ	0,43	0,01	0,35	0,17
Ähnliche geometrische Beziehungen zwischen allen Atomen (Abstände, Winkel und Bindungen zu Nachbaratomen, Koordinationspolyeder)	nein	ja	ungefähr	nein
	nicht isotyp	isotyp	annähernd isotyp	nicht isotyp

* Die Zusammensetzung muss verschieden sein, aber die relativen Atomzahlen in der chemischen Formel müssen übereinstimmen. Punktlagen dürfen statistisch partiell besetzt sein.

† siehe Seite 219

Definition 9.3 Zwei Kristallstrukturen sind *homöotyp*, wenn sie ähnlich sind, aber die vorstehenden Bedingungen für die Isotypie nicht erfüllen, weil [93]:

1. ihre Raumgruppen verschieden sind und eine Gruppe-Untergruppe-Beziehung zwischen ihnen besteht,
2. mit einer Atomsorte besetzte Lagen der einen Struktur von mehreren Atomsorten in der anderen Struktur geordnet eingenommen werden (Substitutionsderivate),
3. oder sich die geometrischen Eigenschaften unterscheiden (deutlich abweichende Achsenverhältnisse, Winkel oder Atomkoordinaten).

Substitutionsderivate sind zum Beispiel C (Diamant) – ZnS (Zinkblende) – $CuFeS_2$. Die Verwandtschaft solcher Strukturen, deren Raumgruppen verschieden sind, lässt sich besonders gut mit kristallographischen Gruppe-Untergruppe-Beziehungen aufzeigen. Homöotyp sind auch Substanzen, bei denen eine Baugruppe aus mehreren Atomen den Platz eines Einzelatoms einnimmt. Bekannte Beispiele dafür sind die Nowotny-Phase Mn_5Si_3C als Analogon zur Apatit-Struktur $Ca_5(PO_4)_3F$ [100] und $K_2[PtCl_6]$ als Analogon zu CaF_2 ($PtCl_6^{2-}$-Ionen auf den Ca-Lagen).

Haben zwei Ionenverbindungen den gleichen Strukturtyp, aber so, dass die Kationenplätze der einen Verbindung von den Anionen der anderen eingenommen werden und umgekehrt („Vertauschen von Anionen und Kationen"), so werden sie zuweilen als „Antitypen" bezeichnet. Beispiel: Li_2O kristallisiert im „anti-CaF_2-Typ", d. h. die Li^+-Ionen besetzen die Plätze der F^--Ionen und die O^{2-}-Ionen die Plätze der Ca^{2+}-Ionen.

9.6 Übungsaufgaben

Lösungen auf Seite 357

9.1. Viele Tetraphenylphosphonium-Salze mit quadratisch-pyramidalen oder mit oktaedrischen Anionen kristallisieren in der Raumgruppe $P4/n$. Für $P(C_6H_5)_4[MoNCl_4]$ sind die Koordinaten (bei Ursprungswahl 2, d. h. in einem Inversionszentrum) [101]:

	x	*y*	*z*		*x*	*y*	*z*
P	$\frac{1}{4}$	$\frac{3}{4}$	0	Mo	$\frac{1}{4}$	$\frac{1}{4}$	0,121
C 1	0,362	0,760	0,141	N	$\frac{1}{4}$	$\frac{1}{4}$	–0,093
C 2	0,437	0,836	0,117	Cl	0,400	0,347	0,191

(Werte für die H-Atome und für C 3 bis C 6 weggelassen)

Mit wie vielen äquivalenten Koordinatensätzen kann die Struktur beschrieben werden? Wie lauten die zugehörigen Koordinaten?

9.2. Die Vanadiumbronzen β'-$Cu_{0,26}V_2O_5$ [102] und β-$Ag_{0,33}V_2O_5$ [103] kristallisieren monoklin, beide in der Raumgruppe $C2/m$ (die Lagen der Cu- bzw. Ag-Atome sind nur partiell besetzt). Die Koordinaten sind (ohne O-Atome):

β'-$Cu_{0,26}V_2O_5$
$a = 1524$, $b = 361$, $c = 1010$ pm, $\beta = 107{,}25°$

	x	*y*	*z*
Cu	0,530	0	0,361
V1	0,335	0	0,096
V2	0,114	0	0,120
V3	0,287	0	0,407

β-$Ag_{0,33}V_2O_5$
$a = 1539$, $b = 361$, $c = 1007$ pm, $\beta = 109{,}7°$

	x	*y*	*z*
Ag	0,996	0	0,404
V1	0,117	0	0,119
V2	0,338	0	0,101
V3	0,288	0	0,410

Sind die beiden Strukturen (abgesehen von den verschiedenen Besetzungsdichten der Cu- und Ag-Lagen) isotyp oder homöotyp?

9.3. Sind die folgend genannten drei Kristallstrukturen isotyp?

$NaAg_3O_2$ [104] *Ibam*
$a = 616$, $b = 1044$, $c = 597$ pm

		x	*y*	*z*
Na	4*b*	$\frac{1}{2}$	0	$\frac{1}{4}$
Ag1	4*c*	0	0	0
Ag2	8*e*	$\frac{1}{4}$	$\frac{1}{4}$	$\frac{1}{4}$
O	8*j*	0,289	0,110	0

Na_3AlP_2 [105] *Ibam*
$a = 677$, $b = 1319$, $c = 608$ pm

		x	*y*	*z*
Al	4*a*	0	0	$\frac{1}{4}$
Na1	4*b*	$\frac{1}{2}$	0	$\frac{1}{4}$
Na2	8*j*	0,312	0,308	0
P	8*j*	0,196	0,101	0

Pr_2NCl_3 [106] *Ibam*
$a = 1353$, $b = 685$, $c = 611$ pm

		x	*y*	*z*
N	4*a*	0	0	$\frac{1}{4}$
Cl 1	4*b*	0	$\frac{1}{2}$	$\frac{1}{4}$
Cl 2	8*j*	0,799	0,180	0
Pr	8*j*	0,094	0,177	0

9.4. Sind die beiden Kristallstrukturen isotyp?

Na_6FeS_4 [107] $P6_3mc$
$a = 895$, $c = 691$ pm

		x	*y*	*z*
Na1	6*c*	0,146	–0,146	0,543
Na2	6*c*	0,532	0,468	0,368
Fe	2*b*	$\frac{1}{3}$	$\frac{2}{3}$	0,25
S1	2*b*	$\frac{1}{3}$	$\frac{2}{3}$	0,596
S2	6*c*	0,188	–0,188	0,143

Ca_4OCl_6 [108, 109] $P6_3mc$
$a = 907$, $c = 686$ pm

		x	*y*	*z*
Ca1	2*b*	$\frac{1}{3}$	$\frac{2}{3}$	0,427
Ca2	6*c*	0,198	–0,198	0,0
O	2*b*	$\frac{1}{3}$	$\frac{2}{3}$	0,106
Cl 1	6*c*	0,136	–0,136	0,385
Cl 2	6*c*	0,464	0,536	0,708

9.5. Im Jahr 2001 wurde publiziert, Rambergit habe eine „Anti-Wurtzit"-Struktur mit der entgegengesetzten absoluten Konfiguration zu Wurtzit [110]. Warum ist diese Aussage unsinnig?

Wurtzit (ZnS)	$P6_3mc$		
$a = 382,\ c = 626$ pm			
	x	y	z
Zn	$\frac{1}{3}$	$\frac{2}{3}$	0
S	$\frac{1}{3}$	$\frac{2}{3}$	0,375

Rambergit (MnS)	$P6_3mc$		
$a = 398,\ b = 645$ pm			
	x	y	z
Mn	$\frac{2}{3}$	$\frac{1}{3}$	0
S	$\frac{2}{3}$	$\frac{1}{3}$	0,622

9.6. Nachfolgend sind die Kristalldaten für zwei Verbindungen aufgeführt. Entscheiden Sie, ob die genannten Raumgruppen eventuell falsch sind.

GeS_2-Ii [111]	$I\bar{4}2d$		
$a = 548,\ c = 914$ pm			
	x	y	z
Ge	0	0	0
S	0,239	$\frac{1}{4}$	$\frac{1}{8}$

Na_2HgO_2 [112]	$I422$		
$a = 342,\ b = 1332$ pm			
	x	y	z
Na	0	0	0,325
Hg	0	0	0
O	0	0	0,147

9.7. Die publizierten Gitterparameter von Na_4AuCoO_5 [113] lassen vermuten, dass die Struktur nicht monoklin ist (Raumgruppe $P2_1/m$), sondern orthorhombisch B-zentriert. Welche Raumgruppe trifft zu, welche sind die Ortskoordinaten?

$a = 555{,}7,\ b = 1042,\ c = 555{,}7$ pm, $\beta = 117{,}39°$

	x	y	z		x	y	z
Au	0	0	0	Co	0,266	$\frac{3}{4}$	0,266
Na1	0,332	0,000	0,669	O1	0,713	0,383	0,989
Na2	0,634	$\frac{3}{4}$	0,005	O2	0,989	0,383	0,711
Na3	0,993	$\frac{1}{4}$	0,364	O3	0,433	$\frac{1}{4}$	0,430

10 Hinweise zum Umgang mit Raumgruppen

10.1 Punktlagen der Raumgruppen

Die (unendlich große) Menge symmetrieäquivalenter Punkte in einer Raumgruppe $\mathcal{G}$ wird $\mathcal{G}$-Orbit oder *kristallographisches Punkt-Orbit* (auch Punktkonfiguration) genannt, vgl. Definitionen D 5.11 und D 5.12 [114–117]. Wenn klar ist, dass von Punkten in einer Raumgruppe die Rede ist, sagen wir einfach auch Orbit oder Punkt-Orbit. Eine *Punktlage* (Wyckoff position) besteht aus genau einem Orbit, wenn die zugehörigen Ortskoordinaten vollständig durch die Symmetrie fixiert sind (z. B. $\frac{1}{4}, \frac{1}{4}, \frac{1}{4}$). Wenn jedoch eine oder mehrere frei variable Koordinaten beteiligt sind (z. B. x in $x, \frac{1}{4}, 0$), umfasst die Punktlage unendlich viele Orbits; sie unterscheiden sich in den Werten der variablen Koordinate(n), vgl. Definition 6.6 sowie Abschnitt 6.5. Die Menge von Punkten, die zum Beispiel in der Raumgruppe $Pbcm$ symmetrieäquivalent zu 0,391, $\frac{1}{4}$, 0 sind, bildet ein Orbit. Die zu 0,468, $\frac{1}{4}$, 0 gehörende Menge von Punkten gehört zur selben Punktlage 4c von $Pbcm$, aber zu einem anderen Orbit (mit anderer x-Koordinate).

Zur Bezeichnung einer Punktlage in einer Raumgruppe ist das *Wyckoff-Symbol* gebräuchlich. Es besteht aus der Zähligkeit (Multiplizität) und dem Wyckoff-Buchstaben, zum Beispiel 4c, siehe Abschnitt 6.4.2.

Eine Konsequenz dieser Bezeichnungsweise ist die Abhängigkeit der Zähligkeit von der Größe der gewählten Elementarzelle. Zum Beispiel sind bei rhomboedrischen Raumgruppen die Zähligkeiten um den Faktor drei größer, wenn die Elementarzelle nicht auf rhomboedrische, sondern auf hexagonale Achsen bezogen wird.

Bei vielen Raumgruppen gibt es mehrere gleichartige Punktlagen, die gemeinsam einen Wyckoff-Satz bilden (auch Konfigurationslage genannt [114]; Wyckoff set). Diese Punktlagen werden durch den affinen Normalisator aufeinander abgebildet. Der *affine Normalisator* bildet wie der euklidische Normalisator (Abschn. 8.2) eine Raumgruppe auf sich selbst ab, erlaubt dabei aber zusätzlich eine Dehnung oder Stauchung des Gitters.

U. Müller, *Symmetriebeziehungen zwischen Kristallstrukturen*,
https://doi.org/10.1007/978-3-662-67166-5_10

Beispiel 10.1
Im Raumgruppentyp No. 23, $I222$, gibt es sechs Punktlagen mit der Lagesymmetrie 2, die zusammen einen Wyckoff-Satz bilden:

$4e$ $(x, 0, 0)$ und $4f$ $(x, 0, \frac{1}{2})$ auf zweizähligen Drehachsen parallel zu **a**,
$4g$ $(0, y, 0)$ und $4h$ $(\frac{1}{2}, y, 0)$ auf zweizähligen Drehachsen parallel zu **b**,
$4i$ $(0, 0, z)$ und $4j$ $(0, \frac{1}{2}, z)$ auf zweizähligen Drehachsen parallel zu **c**.

Im vorstehenden Beispiel sind (sofern $a \neq b \neq c$) die Lagen $4e$, $4f$ jedoch anders zu bewerten als die Lagen $4g$, $4h$ und anders als $4i$, $4j$, da sie auf verschieden orientierten Achsen liegen. $4e$ und $4f$ sind dagegen gleichwertig; sie werden durch den euklidischen Normalisator aufeinander abgebildet (sie sind im euklidischen Normalisator äquivalent).

Wie in Abschnitt 9.2 ausgeführt, gibt es zur Beschreibung ein- und derselben Kristallstruktur in der Regel mehrere gleichwertige Möglichkeiten, die sich mit Hilfe des euklidischen Normalisators ineinander umrechnen lassen. Beim Wechsel von einer zu einer anderen Beschreibung kann es zu einem Vertauschen von Punktlagen unter den im euklidischen Normalisator äquivalenten Punktlagen kommen. Wird der Ursprung der Raumgruppe $I222$ um $0, 0, \frac{1}{2}$ verschoben, dann kommen Atome von der Punktlage $4e$ auf $4f$ und umgekehrt. Ähnlich ist das für die Na- und Cl-Atome in Beispiel 9.1.

Bei monoklinen Raumgruppen können für dieselbe Struktur verschiedene Elementarzellen gewählt werden, deren Basen sich durch Transformationen wie $\mathbf{a} \pm n\mathbf{c}$, $\mathbf{b}$, $\mathbf{c}$ (n = ganze Zahl) ineinander umrechnen lassen. Auch dabei kann es zu einem Vertauschen von Wyckoff-Symbolen kommen. Dasselbe gilt für Transformationen bei der Raumgruppe $P\bar{1}$.

Beispiel 10.2
In der Raumgruppe $P12_1/c1$ gibt es vier Sorten von Inversionszentren:
$2a$, $0, 0, 0$; $2b$, $\frac{1}{2}, 0, 0$;
$2c$, $0, 0, \frac{1}{2}$; $2d$, $\frac{1}{2}, 0, \frac{1}{2}$.
Bei der Transformation auf eine Zelle mit der Basis $\mathbf{a}+\mathbf{c}$, $\mathbf{b}$, $\mathbf{c}$ (grau unterlegt) behalten die Punktlagen $2a$ und $2c$ ihre Wyckoff-Symbole, die anderen beiden werden vertauscht $2b \rightleftharpoons 2d$.

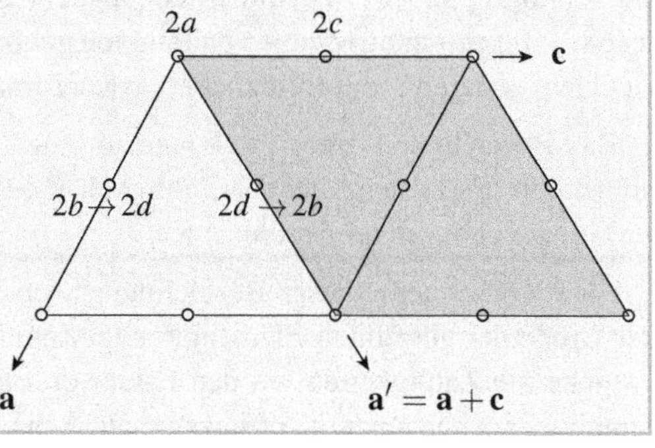

10.2 Beziehungen zwischen den Punktlagen bei Gruppe-Untergruppe-Beziehungen

Für jede Gruppe-Untergruppe-Beziehung $\mathcal{G} \to \mathcal{H}$ muss stets sorgfältig verfolgt werden, welche Punktlagen sich in der Untergruppe $\mathcal{H}$ aus den mit Atomen besetzten Punktlagen der Raumgruppe $\mathcal{G}$ ergeben. Nur wenn für alle Atome klare Zusammenhänge von Gruppe zu Untergruppe bestehen, kann die Gruppe-Untergruppe-Beziehung korrekt und sinnvoll sein.

An den Atomlagen lässt sich sehr gut verfolgen, wie sich in einer Folge von Gruppe-Untergruppe-Beziehungen die Symmetrie schrittweise verringert. Anfangs befinden sich die Atome in der Regel auf speziellen Lagen, d. h. sie befinden sich auf bestimmten Symmetrieelementen mit festgelegten Zahlenwerten für die Koordinaten, und ihnen kommt eine definierte Lagesymmetrie zu. Von Gruppe zu Untergruppe treten bei den Atomlagen nach und nach folgende Veränderungen einzeln oder gemeinsam auf [118]:

1. Einzelne Werte der Koordinaten x, y, z werden frei, d. h. die Atome können von den festen Werten einer speziellen Punktlage abrücken;
2. Die Lagesymmetrie verringert sich;
3. Das Punkt-Orbit spaltet sich in mehrere voneinander unabhängige Orbits auf.

Wenn der Index der Symmetriereduktion 2 ist, wird entweder die Lagesymmetrie verringert oder das Orbit spaltet sich auf; beides erfolgt nicht zugleich.

Zwischen den Punkten eines Orbits und den zugehörigen Punkten in einer Untergruppe gibt es eine Eins-zu-eins-Beziehung. Beide umfassen in gleichen Volumina gleich viele Punkte. Die Zähligkeit einer Punktlage findet sich dementsprechend in den Zähligkeiten der zugehörigen Punktlagen der Untergruppe wieder. Bei unverändert großer Elementarzelle muss die Summe der Zähligkeiten der Punktlagen der Untergruppe gleich der Zähligkeit der Ausgangspunktlage sein. Aus einer Punktlage der Zähligkeit 6 kann sich zum Beispiel eine der Zähligkeit 6 ergeben, oder sie kann sich in zwei der Zähligkeit 3 aufspalten, oder in zwei mit Zähligkeiten 2 und 4, oder in drei mit Zähligkeit 2. Ist die Elementarzelle der Untergruppe um einen Faktor f vergrößert oder verkleinert, dann muss auch die Summe der Zähligkeiten mit diesem Faktor f multipliziert werden.

Die Beziehungen zwischen den Punktlagen von Gruppe und Untergruppe sind eindeutig, sofern die relative Lage der Elementarzellen von Gruppe und Untergruppe eindeutig festgelegt ist. Meistens gibt es mehrere Möglichkeiten für die gegenseitige Lage; die Punktlagen-Beziehungen können sich für verschiedene (willkürlich wählbare) relative Ursprungslagen zwischen Gruppe und Untergruppe unterscheiden.

Die Beziehungen zwischen den Punktlagen der Raumgruppen und ihren Untergruppen können aus den Angaben in *International Tables A* abgeleitet werden. Besser ist es, statt dieser oft mühsamen und fehleranfälligen Arbeit die Tabellen der *International Tables A*1 zu verwenden. Dort ist für alle maximalen Untergruppen aller Raumgruppen tabelliert, wie sich die Punktlagen einer Raumgruppe in die Punktlagen ihrer Untergruppe transformieren. Die aufgeführten Beziehungen *gelten nur für die jeweils angegebenen Basistransformationen und Ursprungsverschiebungen.* Bei anderen Basistransformationen oder Ursprungsverschiebungen kann es zu Vertauschungen der Wyckoff-Symbole zwischen den im euklidischen Normalisator äquivalenten Punktlagen kommen. Außerdem gibt es beim Bilbao Crystallographic Server das Rechenprogramm WYCKSPLIT, das die Beziehungen berechnen kann, nachdem die Raumgruppe, Untergruppe, Basistransformation und Ursprungsverschiebung eingegeben wurde (siehe Kapitel 24, Tab. 24.1).

10.3 Nichtkonventionelle Aufstellungen von Raumgruppen

In der Regel empfiehlt es sich, Kristallstrukturen unter Einhaltung der konventionellen Aufstellungen der Raumgruppen zu beschreiben, unter Beachtung der in Abschnitt 9.1 genannten Standardisierungsregeln. Standardisierte Aufstellungen können jedoch zur Folge haben, dass miteinander verwandte, ähnliche Kristallstrukturen verschieden zu beschreiben sind, wodurch der Vergleich erschwert wird und die Verwandtschaft kaum mehr erkennbar ist. Beim Vergleich von Kristallstrukturen ist es vorzuziehen, alle Elementarzellen möglichst gleichartig aufzustellen und Zelltransformationen, so weit möglich, zu vermeiden, auch wenn dann von den konventionellen Aufstellungen der Raumgruppen abgewichen werden muss. In diesem Abschnitt geben wir Hinweise zum Umgang mit nichtkonventionellen und nichtstandard Aufstellungen.

Eine konventionelle Aufstellung ist nicht dasselbe wie eine Standardaufstellung. Eine Standardaufstellung erfüllt die Bedingungen, die in Abschnitt 9.1 genannt sind. Konventionell ist eine Aufstellung, wenn sie in *International Tables A* vollständig tabelliert ist, mit allen Koordinatentripeln, Wyckoff-Lagen usw. Alle tabellierten ‚cell choices' von monoklinen Raumgruppen mit *b* und *c* (aber nicht *a*) als monokliner Achse sind konventionelle Aufstellungen, ebenso die tabellierten Wahlmöglichkeiten für den Ursprung und rhomboedrische Raumgruppen mit rhomboedrischer und mit hexagonaler Basis. Nicht vollständig tabellierte Aufstellungen sind nichtkonventionell.

10.3.1 Orthorhombische Raumgruppen

Bei orthorhombischen Raumgruppen ist es relativ häufig zweckmäßig, Aufstellungen zu wählen, die von der Auflistung in den *International Tables A* abweichen. Dies liegt an der Gleichwertigkeit der Achsenrichtungen **a**, **b** und **c** im orthorhombischen System, die im allgemeinen Fall sechs mögliche Aufstellungen für eine Raumgruppe zulassen. Die sechs Möglichkeiten sind zwar in den *International Tables A* 2016 in Tabelle 1.5.4.4 aufgezählt [119] (Tab. 4.3.2.1 in früheren Auflagen [120]), aber nur eine davon gilt als konventionell und ist vollständig tabelliert. Die anderen Aufstellungen ergeben sich durch Vertauschen der Achsen. Die sechs Möglichkeiten sind:

1. Konventionelle Aufstellung: $\mathbf{a\,b\,c}$
2. Zyklisches Vertauschen „vorwärts": $\mathbf{c\,a\,b}$
3. Zyklisches Vertauschen „rückwärts": $\mathbf{b\,c\,a}$
4. Vertauschen von **a** und **b**: $\mathbf{b\,a\,\bar{c}}$ oder $\mathbf{b\,\bar{a}\,c}$ oder $\mathbf{\bar{b}\,a\,c}$
5. Vertauschen von **a** und **c**: $\mathbf{c\,b\,\bar{a}}$ oder $\mathbf{c\,\bar{b}\,a}$ oder $\mathbf{\bar{c}\,b\,a}$
6. Vertauschen von **b** und **c**: $\mathbf{a\,c\,\bar{b}}$ oder $\mathbf{a\,\bar{c}\,b}$ oder $\mathbf{\bar{a}\,c\,b}$

Die Schreibweise $\mathbf{c\,a\,b}$ bedeutet: die ursprüngliche **a**-Achse befindet sich nun in Position **b** usw., oder: aus **a** mach **b**, aus **b** mach **c**, aus **c** mach **a**. Bei den Möglichkeiten 4 bis 6 (Vertauschen von zwei Achsen) muss bei einer Achse die Richtung umgekehrt werden, um die Rechtshändigkeit des Koordinatensystems zu wahren.

Das Vertauschen der Achsen hat folgende Konsequenzen:

1. Die Gitterparameter *a, b, c* müssen vertauscht werden.
2. Im Hermann-Mauguin-Symbol muss die Reihenfolge der Symmetrieelemente vertauscht werden.
3. Die Bezeichnungen der Gleitrichtungen *a, b, c* im Hermann-Mauguin-Symbol müssen vertauscht werden. *m, n, d* und *e* ändern sich nicht.
4. Die Bezeichnungen der Zentrierungen *A, B, C* müssen vertauscht werden. *P, F* und *I* ändern sich nicht.
5. In den Koordinatentripeln der Punktlagen müssen die Reihenfolge und die Bezeichnungen vertauscht werden. Bei Umkehrung einer Achsrichtung muss das Vorzeichen der zugehörigen Koordinaten umgekehrt werden. Die Wyckoff-Symbole ändern sich im allgemeinen nicht. Vorsicht ist geboten, wenn am Symbol nicht erkennbar ist, ob oder wie die Achsen vertauscht wurden (siehe Beispiele 10.5 und 10.6).
6. Die Bezeichnungen der Dreh- und Schraubenachsen ändern sich nicht.

Die Wyckoff-Symbole und die Koordinatentripel für die allgemeine Lage und die speziellen Lagen von nichtkonventionellen Aufstellungen der orthorhombischen Raumgruppen können mit dem Programm WYCKPOS des BILBAO CRYSTALLOGRAPHIC SERVERS ermittelt werden (s. Abschn. 24.1).

Beispiel 10.3
Zwei Möglichkeiten zum Vertauschen der Achsen bei der Raumgruppe $P2/b2_1/c2_1/m$ ($Pbcm$, No. 57) und ihrer Punktlage 4*c* (x, $\frac{1}{4}$, 0):

abc: $P2/b2_1/c2_1/m$ $x, \frac{1}{4}, 0$ **abc**: $P2/b2_1/c2_1/m$ $x, \frac{1}{4}, 0$

bca: $P2_1/b2_1/m2/a$ $\frac{1}{4}, 0, z$ **ac$\bar{\mathbf{b}}$**: $P2/c2_1/m2_1/b$ $x, 0, -\frac{1}{4}$

Beispiel 10.4
Zwei Möglichkeiten zum Vertauschen der Achsen bei der Raumgruppe $C2/m2/c2_1/m$ ($Cmcm$, No. 63) und ihrer Punktlage 8*g* (x, y, $\frac{1}{4}$) mit $x = 0{,}17$ und $y = 0{,}29$:

abc: $C2/m2/c2_1/m$ $0{,}17, 0{,}29, \frac{1}{4}$ **abc**: $C2/m2/c2_1/m$ $0{,}17, 0{,}29, \frac{1}{4}$

cab: $A2_1/m2/m2/a$ $\frac{1}{4}, 0{,}17, 0{,}29$ **$\bar{\mathbf{b}}$ac**: $C2/c2/m2_1/m$ $-0{,}29, 0{,}17, \frac{1}{4}$

In den meisten Fällen geht aus dem nichtkonventionellen Hermann-Mauguin-Symbol eindeutig hervor, wie es sich von der konventionellen Aufstellung unterscheidet. Es gibt aber Ausnahmen, wie in den folgenden zwei Beispielen gezeigt.

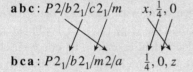

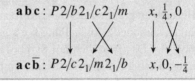

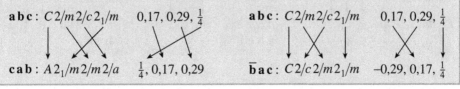

Beispiel 10.5

Bei der Raumgruppe $P222_1$ (No. 17) befindet sich die Punktlage $2a$ (x, 0, 0) auf zweizähligen Drehachsen parallel zu **a**, und die Punktlage $2c$ (0, y, $\frac{1}{4}$) auf zweizähligen Drehachsen parallel zu **b**. Folgende zwei Möglichkeiten zum Vertauschen der Achsen ergeben das gleiche nichtkonventionelle Raumgruppensymbol:

	$2a$	$2c$		$2a$	$2c$
a b c : $P222_1$	$x, 0, 0$	$0, y, \frac{1}{4}$	**a b c** : $P222_1$	$x, 0, 0$	$0, y, \frac{1}{4}$
c a b : $P2_122$	$0, y, 0$	$\frac{1}{4}, 0, z$	**c b $\bar{\mathbf{a}}$** : $P2_122$	$0, 0, \bar{z}$	$\frac{1}{4}, y, 0$

Nach zyklischem vertauschen befinden sich die zweizähligen Drehachsen der Punktlage $2a$ parallel zu **b** in 0, y, 0. Vertauschen von **a** mit **c** ergibt dagegen zweizählige Drehachsen parallel zu **b** in $\frac{1}{4}$, y, 0. Am nichtkonventionellen Symbol $P2_122$ ist nicht erkennbar, wie die Basisvektoren vertauscht wurden und wo sich die Drehachsen befinden. In solchen Fällen ist dem zyklischen Vertauschen der Vorzug zu geben.

Beispiel 10.6

Die Raumgruppe $Cmme$ ($C2/m2/m2/e$, No. 67) hat eine Untergruppe $Ibca$ ($I2_1/b2_1/c2_1/a$, No. 73) mit verdoppeltem **c**-Vektor. Aus der Punktlage $4d$ (0, 0, $\frac{1}{2}$) von $Cmme$ wird $8c$ (x, 0, $\frac{1}{4}$) von $Ibca$ mit $x \approx 0$.

Ausgehend von $Bmem$, einer nichtkonventionellen Aufstellung (**b c a**) von $Cmme$, kommt man zur selben Untergruppe $Ibca$ bei Verdoppelung von **b**. Die Punktlage $4d$ von $Bmem$ ist (0, $\frac{1}{2}$, 0), woraus (0, $\frac{1}{4}$, z) von $Ibca$ wird ($z \approx 0$). Nach *International Tables A* ist (0, $\frac{1}{4}$, z) nicht die Punktlage $8c$, sondern $8e$ von $Ibca$, hat also eine andere Bezeichnung als wenn von $Cmme$ ausgegangen wird. Wird aber auch bei $Ibca$ die nichtkonventionelle Aufstellung **b c a** gewählt, erhält die Lage (0, $\frac{1}{4}$, z) das Punktlagesymbol $8c$. Das lässt sich am Symbol $Ibca$ jedoch nicht erkennen, da ein zyklisches Vertauschen der Achsen nichts am Symbol ändert. In diesem Fall muss ausdrücklich auf die vertauschten Achsen und Wyckoff-Symbole hingewiesen werden, um Verwirrung zu vermeiden.

	$4d$		$4d$		$4d$
$C2/m2/m2/e$	$0, 0, \frac{1}{2}$	$B2/m2/e2/m$	$0, \frac{1}{2}, 0$	$B2/m2/e2/m$	$0, \frac{1}{2}, 0$
↓ **a, b, 2c**	↓ ↓ ↓	↓ **a, 2b, c**	↓ ↓ ↓	↓ **a, 2b, c**	↓ ↓ ↓
$I2_1/b2_1/c2_1/a$	$x, 0, \frac{1}{4}$	$I2_1/b2_1/c2_1/a$	$0, \frac{1}{4}, z$	$I2_1/b2_1/c2_1/a$	$0, \frac{1}{4}, z$
	$8c$	(**a′b′c′**)	$8e$	(**b′c′a′**)	$8c$

10.3.2 Monokline Raumgruppen

Das Vertauschen der Achsen wirkt sich bei monoklinen Raumgruppen genauso aus wie bei orthorhombischen Raumgruppen. Zusätzlich ist auf das Vertauschen der Winkel α, β, γ zu

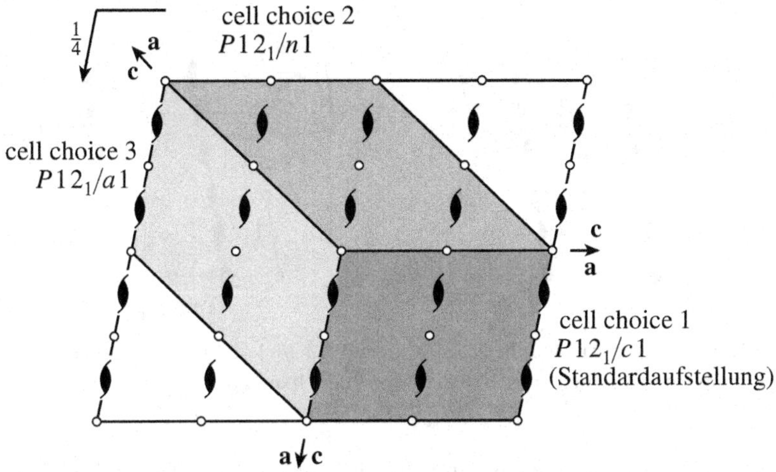

Abb. 10.1: Die drei Zellauswahlen für die Raumgruppe No. 14, $P2_1/c$, bei monokliner Achse b

achten. In *International Tables A* sind die Aufstellungen mit **b** und **c** als monokliner Achse tabelliert. Aufstellungen mit monokliner Achse **a** können aus diesen Aufstellungen in der gleichen Weise erhalten werden, wie im vorigen Abschnitt beschrieben.

Bei monoklinen Raumgruppen mit Zentrierungen oder mit Gleitspiegelebenen kommen noch einige Besonderheiten hinzu. Für diese werden jeweils drei Zellauswahlen aufgeführt (cell choice 1, 2 oder 3). Die monokline Vorzugsrichtung und die Zellauswahl lassen sich eindeutig am vollständigen Hermann-Mauguin-Symbol erkennen (Abb. 10.1). Wird eine andere als die Standardaufstellung gewählt ($P1\,2_1/c\,1$ in Abb. 10.1), *muss* das vollständige Symbol angegeben werden; das kurze Symbol $P2_1/c$ bezieht sich immer nur auf die Standardaufstellung. Beim Wechsel von einer Zellwahl auf eine andere ändert sich nicht nur das Hermann-Mauguin-Symbol, sondern auch der monokline Winkel.

Speziell bei den Raumgruppen Cc und $C2/c$ ist beim Vertauschen der Achsen besondere Vorsicht geboten. Werden die Achsen **a** und **c** vertauscht (unter Beibehaltung der Zelle und $-\mathbf{b}$ als monokliner Achse), so ergibt sich der Wechsel im Raumgruppensymbol:

$$C1\,2/c\,1 \text{ (cell choice 1)} \quad \longrightarrow \quad A1\,2/a\,1$$

$A1\,2/a\,1$ ist keine konventionelle Aufstellung. Eine der in *International Tables* aufgelisteten Aufstellungen ist $A1\,2/n\,1$ (cell choice 2). $A1\,2/n\,1$ und $A1\,2/a\,1$ beschreiben dieselbe Raumgruppe, jedoch mit verschiedenen Positionen für den Ursprung. Die Raumgruppe besitzt sowohl a- wie auch n-Gleitspiegelebenen; diejenige, die im Symbol genannt ist, befindet sich in $y = 0$, die andere in $y = \frac{1}{4}$. Der Wechsel von $A1\,2/a\,1$ nach $A1\,2/n\,1$, unter Beibehaltung der Achsenrichtungen, ist mit einer Ursprungsverschiebung $0, \frac{1}{4}, \frac{1}{4}$ verbunden (Abb. 10.2).

Der Wechsel der monoklinen Achse von **b** nach **c** ergibt sich durch zyklisches Vertauschen, $\mathbf{abc} \to \mathbf{cab}$. Aus $C1\,2/c\,1$ wird dann $A1\,1\,2/a$. Beim Vertauschen von **b** mit **c**, $\mathbf{abc} \to \mathbf{ac\bar{b}}$, ist wieder auf die Lage des Ursprungs zu achten. Aus $C1\,2/c\,1$ wird dann

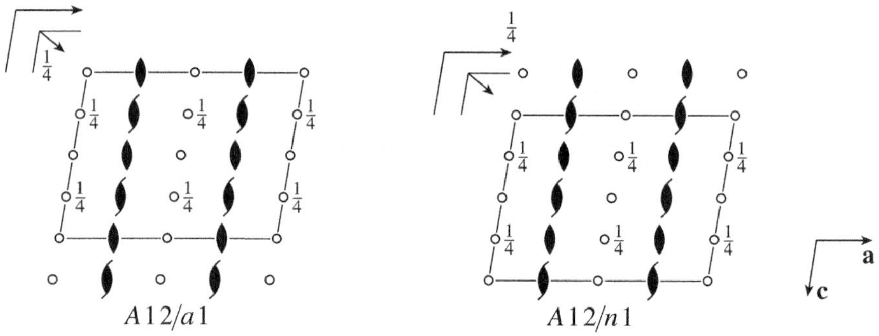

Abb. 10.2: Die beiden Aufstellungen $A\,1\,2/a\,1$ und $A\,1\,2/n\,1$ derselben Raumgruppe bei gleichen Achsenrichtungen unterscheiden sich in der Lage ihrer Ursprünge

$B\,1\,1\,2/b$, mit Gleitspiegelebenen b in $z = 0$ und n in $z = \frac{1}{4}$. $B\,1\,1\,2/b$ war die Aufstellung für monokline Achse **c** in den alten Ausgaben der *International Tables* (bis 1969). Seit der Auflage von 1983 ist dagegen $B\,1\,1\,2/n$ genannt (monoklin *c*, cell choice 2), mit Gleitspiegelebenen n in $z = 0$ und b in $z = \frac{1}{4}$. $B\,1\,1\,2/b$ und $B\,1\,1\,2/n$ unterscheiden sich in der Nullpunktslage um $\frac{1}{4}, 0, \frac{1}{4}$. Die Bezeichnung der Wyckoff-Symbole in den alten Ausgaben der *International Tables* (bis 1969) stimmt nicht mit den neueren Ausgaben überein.

Wenn man die Wahl hat, sollten nichtkonventionelle monokline Aufstellungen bevorzugt werden, die sich durch zyklisches Vertauschen ergeben. Dann sind die Koordinatentripel in gleicher Weise zu vertauschen, aber keine Nullpunktsverschiebungen zu beachten. Die Wyckoff-Buchstaben bleiben gleich. Außerdem bleibt der monokline Winkel gleich (β bei monokliner Achse **b**). Beim Vertauschen von **a** mit **c** bleibt β nur erhalten, wenn die Richtung **b** umgekehrt wird, anderenfalls ist β durch $180° - \beta$ zu ersetzen.

Manchmal ist es zweckmäßig, nichtkonventionelle zentrierte Aufstellungen zu wählen. Zum Beispiel hat die Raumgruppe $C\,m\,c\,m$ eine Untergruppe $P\,1\,1\,2_1/m$, die auch mit $C\,1\,1\,2_1/m$ aufstellbar ist. Durch letztere wird eine Zelltransformation vermieden:

$$C\,2/m\,2/c\,2_1/m \;\xrightarrow{\frac{1}{2}(\mathbf{a}-\mathbf{b}),\,\mathbf{b},\,\mathbf{c}}\; P\,1\,1\,2_1/m$$

$$C\,2/m\,2/c\,2_1/m \;\longrightarrow\; C\,1\,1\,2_1/m$$

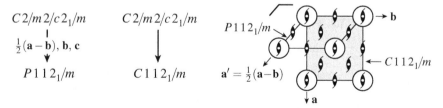

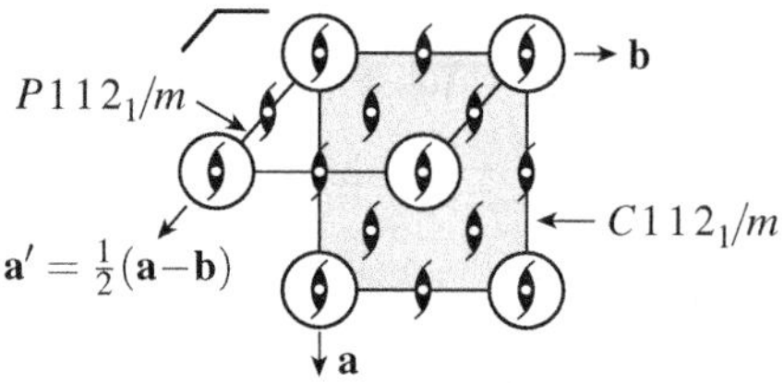

Ein Nachteil bei nichtkonventionellen Zentrierungen ist das Fehlen von Tabellen mit den Koordinatentripeln für die Wyckoff-Lagen. Wyckoff-Symbole sind nur dann eindeutig, die zugehörigen Koordinatentripel explizit angegeben sind.

10.3.3 Tetragonale Raumgruppen

Bei tetragonalen Raumgruppen ist es zuweilen zweckmäßig, *C*-zentrierte anstelle von primitiven Aufstellungen oder flächenzentrierte anstelle von innenzentrierten Aufstellungen zu wählen. Die Achsen **a** und **b** verlaufen dann diagonal zu den Achsen der konventionellen Aufstellungen (Abb. 10.3). Dies ist zum Beispiel bei der Beziehung von einer flächenzentrierten kubischen Raumgruppe zu einer tetragonalen Untergruppe zu erwägen, die dann bei unveränderten Achsen mit einer *F*- anstelle einer (konventionellen) *I*-Zelle beschrieben wird. Vor allem wenn eine weitere Untergruppe folgt, die wieder eine Zelle mit der Metrik der ursprünglichen *F*-Zelle erfordert, kann dies zweckmäßig sein; dadurch werden zwei Zelltransformationen vermieden.

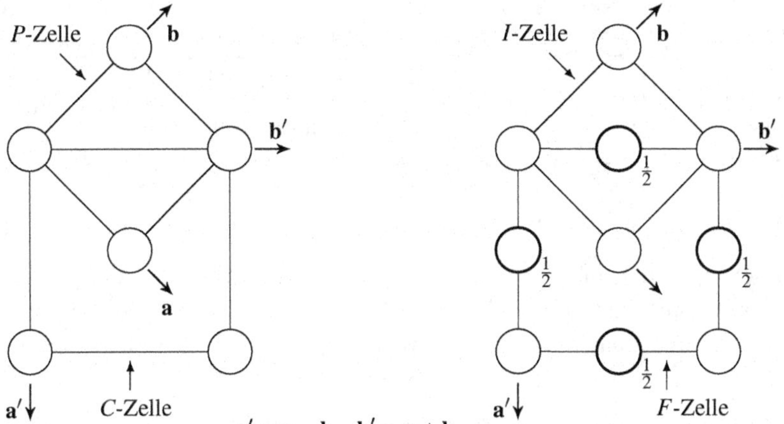

$\mathbf{a}' = \mathbf{a} - \mathbf{b} \quad \mathbf{b}' = \mathbf{a} + \mathbf{b}$

Abb. 10.3: Relative Orientierung von *C*- und *F*-zentrierten tetragonalen Elementarzellen

Im Hermann-Mauguin-Symbol der nichtkonventionell zentrierten Aufstellung sind die Symmetrieelemente bezüglich der Richtungen **a** und $\mathbf{a} - \mathbf{b}$ zu vertauschen. Außer den Buchstaben für die Zentrierungen müssen auch noch folgende der Buchstaben für Gleitspiegelebenen geändert werden:

	Aufstellung (Zentrierung)		Gleitspiegel-ebenen $\perp$ **c**		Gleitspiegel-ebenen $\perp$ **a**	
konventionell	P	I	a	n	b	n
	$\downarrow$	$\downarrow$	$\downarrow$	$\downarrow$	$\downarrow$	$\downarrow$
nichtkonventionell	C	F	d	e	g_1	g_2

Die Gleitspiegelebenen g_1 und g_2 verlaufen senkrecht zu $\mathbf{a}' - \mathbf{b}'$ und $\mathbf{a}' + \mathbf{b}'$ (in der nichtkonventionellen Aufstellung) und haben die Gleitkomponenten $\frac{1}{4}, \frac{1}{4}, 0$ bzw. $\frac{1}{4}, \frac{1}{4}, \frac{1}{2}$.

Beispiel 10.7

$NiCr_2O_4$ hat oberhalb von 47 °C die kubische Spinell-Struktur. Beim Abkühlen verzerrt sich die Struktur geringfügig und wird tetragonal [121]. Bei Beschreibung der tetragonalen Struktur mit einer flächenzentrierten statt der (konventionellen) innenzentrierten Aufstellung, wird das geringe Ausmaß der Verzerrung bei den O-Atomkoordinaten viel besser erkennbar (Stammbaum von Gruppe-Untergruppe-Beziehungen gemäß Merkblatt auf Seite 161):

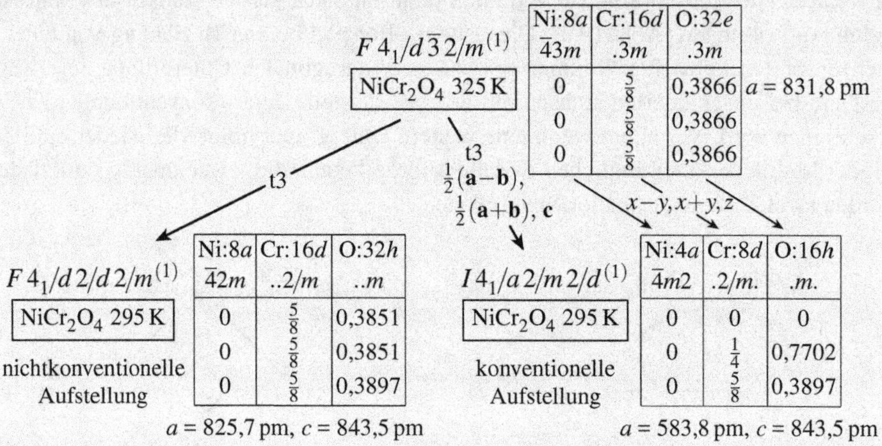

Umrechnung $I\,4_1/a\,2/m\,2/d \rightarrow F\,4_1/d\,2/d\,2/m$ gemäß **a**+**b**, –**a**+**b**, **c** und $\frac{1}{2}(x+y), \frac{1}{2}(-x+y), z$

Man beachte die Reihenfolge in den Hermann-Mauguin-Symbolen, auch bei den Lagesymmetrien, und die halbierten Zähligkeiten in den Wyckoff-Symbolen bei der konventionellen Aufstellung $I\,4_1/a\,2/m\,2/d$ (wegen der halb so großen Elementarzelle).

Beispiel 10.8

Wechsel bei zwei tetragonalen Raumgruppen auf doppelt so große Elementarzellen mit diagonal verlaufenden Achsen **a** und **b**:

Nachteilig wie bei allen nichtkonventionellen Zentrierungen ist das Fehlen von Tabellen der Koordinaten der Punktlagen. Bei der Umrechnung muss man vor allem bei Raumgruppen mit *d*-Gleitspiegelebenen aufpassen. Bei der im Beispiel 10.7 genannten Raumgruppe $I\,4_1/a\,m\,d$ ($I\,4_1/a\,2/m\,2/d$) ist es zum Beispiel nicht gleichgültig, ob die Umrechnung $I\,4_1/a\,m\,d \rightarrow F\,4_1/d\,d\,m$ gemäß **a**+**b**, –**a**+**b**, **c** oder **a**–**b**, **a**+**b**, **c** erfolgt, weil sich die *d*-Gleitrichtungen unterscheiden. Bei der letztgenannten Umrechnung resultieren falsche Gleitrichtungen, wenn nicht in der Gruppe-Untergruppe-Beziehung eine Ursprungsverschiebung um $-\frac{1}{4}, -\frac{1}{4}, -\frac{1}{4}$ vorgenommen wird. Bei Raumgruppen mit zwei Wahlmöglichkeiten für die Lage des Ursprungs können bei der Umrechnung unterschiedliche Ursprungsverschiebungen vonnöten sein, je nach Ursprungswahl.

10.3.4 Rhomboedrische Raumgruppen

Bei rhomboedrischen Raumgruppen können Basistransformationen besonders unübersichtlich sein. Außerdem ist zu beachten, ob sich die Aufstellung auf ‚rhomboedrische' oder auf ‚hexagonale' Achsen bezieht. Bei den Transformationen werden leicht Fehler begangen.

Jede kubische Raumgruppe hat rhomboedrische Untergruppen, bei denen die dreizähligen Achsen in einer der vier Richtungen der Würfeldiagonalen erhalten bleiben. Nur bei primitiven kubischen Raumgruppen hat die konventionelle Zelle einer maximalen rhomboedrischen Untergruppe die gleiche Elementarzelle, sofern rhomboedrische Achsen gewählt werden. Die maximalen rhomboedrischen Untergruppen von F- und I-zentrierten kubischen Raumgruppen können ohne Zelltransformationen abgeleitet werden, wenn nichtkonventionelle F- oder I-zentrierte Aufstellungen mit rhomboedrischen Achsen gewählt werden (d. h. mit $a = b = c$, $\alpha = \beta = \gamma \approx 90°$). Das Raumgruppensymbol beginnt dann mit $F\overline{3}$, $F3$, $I\overline{3}$ oder $I3$, zum Beispiel $F\overline{3}m$ anstelle von $R\overline{3}m^{(\mathrm{rh})}$ (nicht zu verwechseln mit $Fm\overline{3}$).

Bei ‚hexagonalen' Achsen gibt es die Möglichkeiten der ‚obvers-' und der ‚revers'-Aufstellung, von denen obvers die konventionelle ist. Sie unterscheiden sich in der Art der Zentrierung der hexagonalen Zelle, nämlich $\pm(\frac{2}{3}, \frac{1}{3}, \frac{1}{3})$ bei obvers und $\pm(\frac{1}{3}, \frac{2}{3}, \frac{1}{3})$ bei revers. Manchmal können Zelltransformationen vermieden werden, wenn die revers-Aufstellung gewählt wird. Wenn zum Beispiel aus einer rhomboedrischen Raumgruppe unter Verdoppelung der (hexagonalen) c-Achse eine rhomboedrische Untergruppe hervorgeht, dann müssen entweder die Richtungen von **a** und **b** umgekehrt werden, oder die Richtungen können beibehalten werden, wenn eine der beiden Raumgruppen revers aufgestellt wird. Da dies im Hermann-Mauguin-Symbol nicht zum Ausdruck gebracht werden kann, muss es speziell erwähnt werden, am besten durch ein hochgestelltes $^{(\mathrm{rev})}$ nach dem betreffenden Hermann-Mauguin-Symbol.

10.3.5 Hexagonale Raumgruppen

Hexagonale Raumgruppen sind früher gelegentlich mit einer H-Zelle oder einer C-Zelle beschrieben worden. Diese ergeben sich aus der konventionellen Zelle gemäß:

Basisvektoren der H-Zelle: $2\mathbf{a}+\mathbf{b}$, $-\mathbf{a}+\mathbf{b}$, $\mathbf{c}$

Basisvektoren der C-Zelle: $2\mathbf{a}+\mathbf{b}$, $\mathbf{b}$, $\mathbf{c}$ oder $\mathbf{a}$, $\mathbf{a}+2\mathbf{b}$, $\mathbf{c}$

Die C-Zelle (orthohexagonale Zelle) entspricht der Zelle orthorhombischer Untergruppen von hexagonalen Raumgruppen. Die H-Zelle ist in den Positionen $\pm(\frac{2}{3}, \frac{1}{3}, 0)$ zentriert. Beide Zellen bringen im allgemeinen keine besonderen Vorteile mit sich und werden nur selten verwendet.

10.4 Übungsaufgaben

Lösungen auf Seite 360

10.1. Wie werden die Wyckoff-Symbole vertauscht, wenn eine Zelle der Raumgruppe $P\bar{1}$ auf eine andere mit Basisvektoren **a**, **b**, **a** + **b** + **c** umgerechnet wird? Stellen Sie dazu die Transformationsmatrizen $\boldsymbol{P}$ und $\boldsymbol{P}^{-1}$ auf. Die Wyckoff-Symbole sind: $1a$ $(0,0,0)$; $1b$ $(0,0,\frac{1}{2})$; $1c$ $(0,\frac{1}{2},0)$; $1d$ $(\frac{1}{2},0,0)$; $1e$ $(\frac{1}{2},\frac{1}{2},0)$; $1f$ $(\frac{1}{2},0,\frac{1}{2})$; $1g$ $(0,\frac{1}{2},\frac{1}{2})$; $1h$ $(\frac{1}{2},\frac{1}{2},\frac{1}{2})$; $2i$ (x,y,z).

10.2. Wie lautet das Hermann-Mauguin-Symbol der Raumgruppe $P2_1/n2_1/m2_1/a$ für die Achsenaufstellungen **c**, **a**, **b** und **b**, $\bar{\mathbf{a}}$, **c**? Welche sind die zugehörigen Koordinaten des Punktes 0,24, $\frac{1}{4}$, 0,61?

10.3. Was ist zu beachten, wenn bei der Raumgruppe $C\,1\,2/c\,1$ die Achsen **a** und **b** vertauscht werden?

10.4. Wie lautet das Hermann-Mauguin-Symbol der Raumgruppe $P4_2/n2_1/c2/m$ bei C-zentrierter Aufstellung?

10.5. In *International Tables* sind bei der Raumgruppe $P2_1/c$ ($P\,1\,2_1/c\,1$, No. 14) unter anderen folgende Obergruppen mit ihren Standard-Symbolen tabelliert; die vollständigen Symbole sind hier in Klammern zusätzlich angegeben:

$Pnna$ ($P2/n2_1/n2/a$); $Pcca$ ($P2_1/c2/c2/a$); $Pccn$ ($P2_1/c2_1/c2/n$); $Cmce$ ($C2/m2/c2_1/e$).

Bei den Obergruppen sind immer nur die Standard-Symbole tabelliert, auch wenn dazu eine Basistransformation notwendig ist, die aber nicht angegeben ist. Wie lauten die Hermann-Mauguin-Symbole der Obergruppen, wenn deren Achsen genauso aufgestellt sind wie bei $P\,1\,2_1/c\,1$? Muss in einigen Fällen für $P\,1\,2_1/c\,1$ eine andere Zellaufstellung gewählt werden, damit die Obergruppe die gleichen Achsrichtungen haben kann? Welche Bedingung muss die Zelle von $P\,1\,2_1/c\,1$ erfüllen, damit die genannten Raumgruppen tatsächlich Obergruppen sein können?

Teil 2

Symmetriebeziehungen zwischen den Raumgruppen zur Darstellung von Zusammenhängen zwischen Kristallstrukturen

Allgemeine Darstellungsform für Symmetriebeziehungen zwischen den Raumgruppen

11

Eine überzeugende Bestätigung für die Richtigkeit des in der Einleitung abgehandelten Symmetrieprinzips (Seite 3) zeigt sich bei konsequenter Anwendung der Gruppentheorie in der Kristallchemie. Besonders eindrucksvoll wird dabei der dort genannte Gesichtspunkt 2 unterstrichen. Störfaktoren wie kovalente chemische Bindungen, freie Elektronenpaare einzelner Atome oder der Jahn-Teller-Effekt rufen zwar in aller Regel Symmetrieerniedrigungen gegenüber denkbaren Idealmodellen hervor, die gruppentheoretische Analyse zeigt jedoch, dass die Symmetriereduktion oft der kleinstmögliche Schritt ist, dass also der Übergang von einer Raumgruppe in eine *maximale* Untergruppe vorliegt.

Bleiben bei einer solchen Symmetriereduktion alle Translationen erhalten, so bezeichnen wir die maximale Untergruppe $\mathcal{H}$ als *translationengleich* zur Raumgruppe $\mathcal{G}$. CARL HERMANN hat diese Untergruppen *zellengleich* genannt. Da jedoch der letztgenannte Ausdruck zu Missverständnissen geführt hat, wurde er durch den Terminus *translationengleich* ersetzt, der inzwischen international Verwendung findet.* Am Ende von Abschnitt 12.2 wird erläutert, warum dieser Terminus weniger missverständlich ist.

Fallen bei einer Symmetriereduktion Translationen weg, so ist die maximale Untergruppe $\mathcal{H}$ entweder *klassengleich* zur Raumgruppe $\mathcal{G}$ oder – als wichtiger Spezialfall von klassengleich – *isomorph.* Der Wegfall von Translationen ist gleichbedeutend mit einer Vergrößerung der primitiven Elementarzelle, entweder durch Vergrößerung der konventionellen Elementarzelle oder durch Wegfall von Zentrierungen. In den Anfängen der Entwicklung wurden statt isomorph auch die etwas irreführenden Begriffe *äquivalent* und *isosymbolisch* (mit demselben Hermann-Mauguin-Symbol) verwendet. Enantiomorphe Raumgruppen wie $P3_1$ und $P3_2$ sind isomorph, auch wenn sie in *International Tables* als verschiedene, nicht ‚isosymbolische' Raumgruppentypen tabelliert sind.

*Auch im Englischen werden die deutschen Ausdrücke *translationengleiche* und *klassengleiche* verwendet, und zwar mit der Endung *-e* unabhängig davon, welche die deutschen Deklinationsendungen wären. Englischsprachige Fachleute konnten sich bei der International Union of Crystallography auf keine treffende englische Ausdrücke mit derselben Bedeutung einigen und haben beschlossen, die deutschen Ausdrücke offiziell beizubehalten. Die Kürzel „*t*-subgroup" und „*k*-subgroup" sind unglücklich, weil bei „*t*-subgroup" nicht ersichtlich ist, ob der Verlust oder der Erhalt der Translationen gemeint ist. Die Ausdrücke *translation-equivalent* und *class-equivalent,* die nur von einigen nicht-englischsprachigen Autoren benutzt werden, treffen die Bedeutung nicht. Ein paar amerikanische Autoren verwenden die Bezeichnungen *equi-translational* und *equi-class.*

U. Müller, *Symmetriebeziehungen zwischen Kristallstrukturen,*
https://doi.org/10.1007/978-3-662-67166-5_11

Die genannten Begriffe der Raumgruppentheorie erlauben es nun, verwandtschaftliche Beziehungen zwischen zwei Kristallstrukturen in straffer Form in einem *Bärnighausen-Stammbaum* zu formulieren. Wenn die Raumgruppe der niedrigersymmetrischen Struktur eine maximale Untergruppe der Raumgruppe der höhersymmetrischen Struktur ist, gibt es nur einen Schritt der Symmetriereduktion. Ist sie keine maximale Untergruppe, trennen wir die Symmetriereduktion in eine Kette von aufeinanderfolgenden Schritten auf, von denen jeder einem Symmetrieabbau zu einer maximalen Untergruppe entspricht. Es genügt deshalb, nur einen dieser Schritte im einzelnen zu diskutieren.

Für die beiden Strukturen, deren Beziehung wir aufzeigen wollen, schreiben wir ihre Raumgruppen untereinander und deuten die Richtung der Symmetriereduktion durch einen verbindenden Pfeil an; siehe das Beispiel im weißen Feld des Merkblatts auf der gegenüberliegenden Seite.

Da sie aussagekräftiger sind, ist es besser, immer nur die vollständigen Hermann-Mauguin-Symbole zu verwenden. In die Mitte des Pfeils schreiben wir die Art der maximalen Untergruppe und den Index der Symmetriereduktion, wobei wir für *translationengleich* die Abkürzung t, für *klassengleich* k und für *isomorph* i verwenden. Falls sich bei der Symmetriereduktion die Größe der Elementarzelle oder deren Aufstellung ändert, geben wir zusätzlich die Basisvektoren der Elementarzelle der maximalen Untergruppe als Linearkombination der Basisvektoren der höhersymmetrischen Zelle an.

Es empfiehlt sich, im Interesse der besseren Überschaubarkeit, so wenig wie möglich von Zelltransformationen Gebrauch zu machen. Viel besser ist es, die Möglichkeiten der Hermann-Mauguin-Symbolik bei der Formulierung der Raumgruppen voll auszuschöpfen, also gegebenenfalls Raumgruppensymbole zu wählen, die nicht den konventionellen Aufstellungen der *International Tables* entsprechen (vgl. Abschnitt 10.3).

Sollte es notwendig sein, den Ursprung der Elementarzelle beim Übergang in eine Untergruppe zu verschieben, weil anderenfalls die konventionelle Lage des Ursprungs einer Raumgruppe aufgegeben werden müsste, so werden auch noch die Koordinaten x_p, y_p, z_p des neuen Ursprungs im (alten) Koordinatensystem der höhersymmetrischen Raumgruppe angegeben. Ursprungsverschiebungen sind der Überschaubarkeit zwar auch abträglich, und sie können durchaus lästig sein. Trotzdem empfiehlt es sich, bei der Wahl des Ursprungs die Konventionen gemäß *International Tables* einzuhalten, da sonst im Interesse der Eindeutigkeit allzuviele zusätzliche Angaben notwendig wären. Achtung beim Umrechnen von Koordinatenwerten bei Ursprungsverschiebungen! Die neuen Koordinaten ergeben sich nicht durch Addition von x_p, y_p, z_p zu den alten Koordinaten; siehe Abschnitte 3.6.3 und 3.6.6.

Basistransformationen und Ursprungsverschiebungen sind essentielle Angaben, die keinesfalls weggelassen werden sollten, wenn sie auftreten.

Hinweis: In *International Tables A*1 werden im vorderen Tabellenteil (Teil 2) die Ursprungsverschiebungen im Koordinatensystem der höhersymmetrischen Raumgruppe aufgelistet. Im Tabellenteil mit den Punktlagenbeziehungen (Teil 3) sind sie jedoch nur als Bestandteil der Koordinatentransformationen verzeichnet, und somit im Koordinatensystem der Untergruppe; um daraus die Ursprungsverschiebung im Koordinatensystem der Ausgangsgruppe zu erhalten, muss man gemäß Gleichung (3.42), Seite 45, umrechnen. *Diese*

Merkblatt über die allgemeine Form zur Darstellung des kleinsten Schrittes der Symmetriereduktion zwischen verwandten Kristallstrukturen

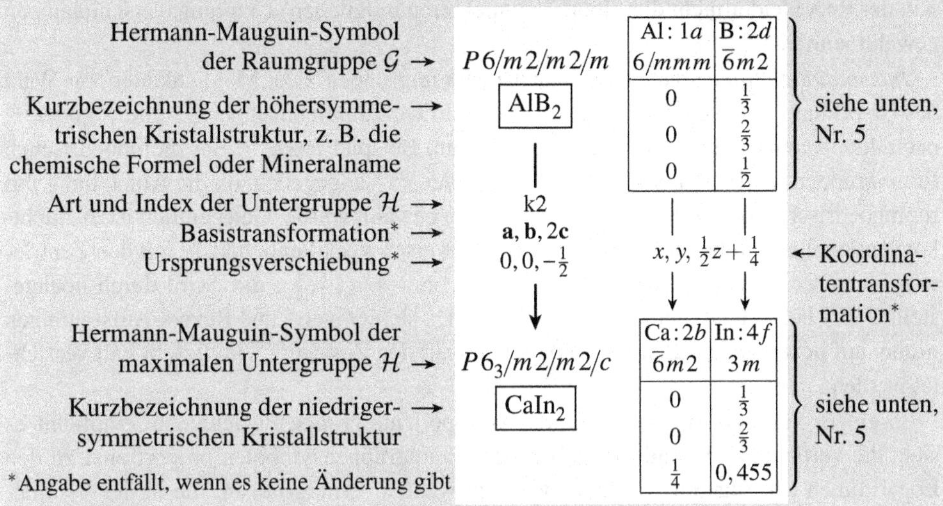

*Angabe entfällt, wenn es keine Änderung gibt

Erläuterungen

1. Mögliche Arten von maximalen Untergruppen $\mathcal{H}$ der Raumgruppe $\mathcal{G}$:

Symbol	Begriff	Bedeutung
t	translationengleich	$\mathcal{G}$ und $\mathcal{H}$ haben das gleiche Gitter; die Symmetrie der Kristallklasse von $\mathcal{H}$ ist geringer als die von $\mathcal{G}$
k	klassengleich	$\mathcal{G}$ und $\mathcal{H}$ haben die gleiche Kristallklasse; $\mathcal{H}$ hat weniger Translationssymmetrie als $\mathcal{G}$
i	isomorph	$\mathcal{G}$ und $\mathcal{H}$ haben den gleichen oder den enantiomorphen Raumgruppentyp; $\mathcal{H}$ hat weniger Translationssymmetrie

2. Der Index i einer Untergruppe ist die Anzahl der Restklassen von $\mathcal{H}$ in $\mathcal{G}$; $i > 1$. $\mathcal{H}$ hat $1/i$ so viele Symmetrieoperationen wie $\mathcal{G}$.
3. Transformation der Gitterbasis: Aufgeführt werden die drei Basisvektoren der zu $\mathcal{H}$ gehörenden Elementarzelle als Linearkombinationen der Basisvektoren **a**, **b**, **c** von $\mathcal{G}$.
4. Ursprungsverschiebung: das Koordinatentripel des Ursprungs von $\mathcal{H}$ wird im Koordinatensystem von $\mathcal{G}$ angegeben.
5. Zusätzliche Angaben: falls der Platz es zulässt, werden die Atomlagen neben den Raumgruppensymbolen so aufgeführt:

Elementsymbol: Wyckoff-Symbol Punktlagesymmetrie
x y z

Es werden die Koordinatenwerte eines Atoms in der asymmetrischen Einheit aufgeführt. Zahlenwerte, die durch die Symmetrie fixiert sind, werden als 0 oder als Bruchzahl angegeben, z. B. 0, $\frac{1}{4}$, $\frac{1}{2}$. Freie Parameter werden als Dezimalzahlen angegeben, z. B. 0,0, 0,25, 0,53. Das Symbol der Punktlagesymmetrie sollte möglichst in derselben Zeile wie das Raumgruppensymbol stehen.

Umrechnung muss durchgeführt werden, man kann nicht einfach die Ursprungsverschiebung aus Teil 2 übernehmen, weil für dasselbe Gruppe-Untergruppe-Paar in Teil 2 und Teil 3 in der Regel leider nicht dieselben (von mehreren möglichen) Ursprungsverschiebungen gewählt wurden.

International Tables bieten bei manchen Raumgruppen zwei Möglichkeiten zur Wahl des Ursprungs (origin choice 1 oder 2). Die Wahl wird durch eine hochgestellte $^{(1)}$ oder $^{(2)}$ nach dem Raumgruppensymbol bezeichnet, zum Beispiel $P4/n^{(2)}$. Bei rhomboedrischen Raumgruppen wird durch hochgestelltes $^{(\mathrm{rh})}$ oder $^{(\mathrm{hex})}$ angegeben, ob die Aufstellung mit rhomboedrischen oder mit hexagonalen Achsen gewählt wurde. Gelegentlich ist die nichtkonventionelle rhomboedrische Aufstellung ‚revers' zweckdienlich, d. h. mit den Zentrierungsvektoren $\pm(\frac{1}{3},\frac{2}{3},\frac{1}{3})$ anstelle von ‚obvers' mit $\pm(\frac{2}{3},\frac{1}{3},\frac{1}{3})$; dies wird durch hochgestelltes $^{(\mathrm{rev})}$ bezeichnet, zum Beispiel $R\overline{3}^{(\mathrm{rev})}$. Da sich Obvers- und Revers-Aufstellungen immer auf hexagonale Achsen beziehen, kann auf den Zusatz $^{(\mathrm{hex})}$ in diesem Fall verzichtet werden.

In einem Stammbaum mit mehreren Gruppe-Untergruppe-Beziehungen empfiehlt es sich, die vertikalen Abstände zwischen den Raumgruppensymbolen proportional zu den Logarithmen der zugehörigen Indexwerte zu wählen. Untergruppen, die in der Symmetriehierarchie gleich weit weg vom Aristotyp sind (den gleichen Index zum Aristotyp haben), stehen dann auf gleicher Höhe in derselben Zeile. Isotype Strukturen gehören nicht in einen Stammbaum als „Untergruppen" vom Index 1 (t1 oder i1).

Das Program `SUBGROUPGRAPH` des Bilbao Crystallographic Servers ist nützlich, um erste graphische Skizzen von Gruppe-Untergruppe-Ketten anzufertigen (Abschn. 24.1.1). Aber das Programm positioniert die Raumgruppensymbole nicht proportional zu den Logarithmen der Indexwerte, und es kann keine Basistransformationen und keine Ursprungsverschiebungen einfügen, womit essentielle Information nicht wiedergegeben wird. Außerdem kennt es nur die Standardaufstellungen der Raumgruppen, was unnötig viele Basistransformationen und damit zusammenhängende Koordinatenumrechnungen erfordert; dadurch werden die Zusammenhänge oft schwer überschaubar. Das Programm selbst ist nicht dazu geeignet, einen Bärnighausen-Stammbaum korrekt aufzuzeichnen.

Wenn es von einer Raumgruppe zu einer allgemeinen Untergruppe mehrere Wege über verschiedene Zwischengruppen gibt, ist es in der Regel weder notwendig noch sinnvoll, alle diese Wege aufzuführen. Es lässt sich kein allgemeines Rezept dafür geben, welcher von mehreren möglichen Wegen bevorzugt werden sollte. Man sollte sich aber von kristallchemischen und -physikalischen Aspekten leiten lassen und die Wahl nicht einem Computer überlassen. Vorrangig sollten aufgeführt werden:

1. Zwischengruppen, für die Vertreter tatsächlich bekannt sind.
2. Bei verschiedenen Modifikationen derselben Substanz: Zwischengruppen, die bei gesichert beobachteten Phasenumwandlungen einen physikalisch realisierbaren Weg des Symmetrieabbaus aufzeigen. Bei Phasenumwandlungen, die von bestimmten Schwingungen (soft modes) getrieben werden, sind diejenigen Raumgruppen zu berücksichtigen, die mit der Symmetrie (irreduziblen Darstellung) dieser Schwingungen vereinbar sind.

3. Bei der Betrachtung von Substitutionsderivaten: Zwischengruppen, bei denen sich das betrachtete Punkt-Orbit in geeigneter Weise in unabhängige Orbits aufspaltet. In diesen Zwischengruppen sind nämlich bereits Substitutionsderivate möglich, auch wenn noch keine Vertreter bekannt sind.

Die Darstellung von Strukturzusammenhängen über Symmetriebeziehungen zwischen den Raumgruppen hat nur dann einen Wert, wenn die üblichen kristallographischen Daten der einander zugeordneten Strukturen mit angegeben werden. Die bloße Nennung der beteiligten Raumgruppen hat wenig Aussagekraft. Insbesondere ist es wichtig, die Ortskoordinaten aller Atome einer asymmetrischen Einheit für jede Struktur aufzuführen. Hierbei kommt es darauf an, die Strukturen so zu dokumentieren, dass deren enge Verwandtschaft auch deutlich hervortritt. Insbesondere sollten die zur asymmetrischen Einheit gehörenden Atome der betrachteten Strukturen in strenger Korrespondenz zueinander stehen, damit die Ortsparameter der Atome unmittelbar verglichen werden können. Die in den Folgekapiteln abgehandelten Beispiele sind selbstverständlich im Sinne dieser Empfehlung dokumentiert worden, und man gewinnt infolgedessen bei diesen Beispielen rasch den Eindruck davon, wie eng die verwandtschaftlichen Beziehungen tatsächlich sind.

Um eine gleichartige Dokumentation aller zu vergleichenden Strukturen zu erreichen, müssen die entsprechenden Daten oft erst aufeinander abgestimmt und umgerechnet werden. Für fast alle Raumgruppen gibt es nämlich mehrere gleichwertige Möglichkeiten, um ein und dieselbe Kristallstruktur zu dokumentieren. Außerdem sollte unter mehreren symmetrieäquivalenten Atomlagen die jeweils passende ausgewählt werden. Es ist keineswegs einfach zu erkennen, ob zwei verschieden dokumentierte Strukturen gleich sind oder nicht (in der Literatur finden sich zahlreiche Beispiele ‚neuer' Strukturen, die längst bekannt waren). Näheres dazu siehe in Abschnitt 9.2.

Soweit die Platzverhältnisse es erlauben, ist es hilfreich, die Wyckoff-Symbole, die Lagesymmetrie und die Ortsparameter der Atome neben den Raumgruppensymbolen im Stammbaum der Gruppe-Untergruppe-Beziehungen zu verzeichnen. Wenn der Platz dafür nicht ausreicht, müssen diese Angaben in einer gesonderten Tabelle aufgeführt werden.

Beachte: Ein Bärnighausen-Stammbaum ist ein nach unten offener Baum und kein geschlossener Graph. Aus mathematischer Sicht könnten die Zweige in einem geschlossenen Graphen bis zu einer gemeinsamen Untergruppe aller Raumgruppen weitergeführt werden. In der Kristallchemie betrachten wir jedoch den Symmetrieabbau aufgrund von Atomsubstitutionen und/oder Verzerrungen, und eine Fortsetzung bis zu einer allen gemeinsamen Untergruppe wäre sinnlos.

Symmetriebeziehungen zwischen verwandten Kristallstrukturen

12

In diesem Kapitel erläutern wir an einfachen Beispielen die verschiedenen Arten von Gruppe-Untergruppe-Beziehungen, die zwischen zwei verwandten (homöotypen) Kristallstrukturen von Bedeutung sind, und wie Bärnighausen-Stammbäume aufgestellt werden.*

12.1 Die Raumgruppe einer Struktur ist translationengleiche maximale Untergruppe der Raumgruppe einer anderen Struktur

Die Beziehung zwischen Pyrit und PdS_2

Die Raumgruppe $Pbca$ von PdS_2 ist translationengleiche maximale Untergruppe von $Pa\overline{3}$, der Raumgruppe des Pyrits (FeS_2). Bei der Symmetrieerniedrigung sind die dreizähligen Achsen der kubischen Raumgruppe weggefallen; der Index ist also 3. Erhalten geblieben sind die zweizähligen Schraubenachsen parallel zu den Würfelkanten und die Gleitspiegelebenen senkrecht dazu. Das ließe sich so formulieren:

$$P2_1/a\overline{3} \;\text{—t3}\rightarrow\; P2_1/a\overline{1}$$

Das zweite Symbol entspricht jedoch nicht der konventionellen Form bei orthorhombischer Symmetrie. Dort sind die Würfelkanten nicht mehr gleichwertig, so dass $P2_1/a\overline{1}$ durch $P2_1/b2_1/c2_1/a$ oder durch das gekürzte Hermann-Mauguin-Symbol $Pbca$ ersetzt werden muss. Wie in Abb. 12.1 vermerkt, sind die Lageparameter der Atome nur wenig verändert. Dennoch unterscheiden sich die Strukturen erheblich, da bei PdS_2 die c-Achse stark gedehnt ist. Diese Dehnung hängt mit der Tendenz des zweiwertigen Palladiums zu quadratisch-planarer Koordination zusammen (Elektronenkonfiguration d^8). Dagegen sind die zweiwertigen Eisen-Atome in Pyrit oktaedrisch koordiniert.

*Dieses Kapitel enthält teilweise Text und Abbildungen die auch in *International Tables* A1, Kapitel 1.6, enthalten sind [16]. `https://it.iucr.org/A1b/ch1o6v0001/ch1o6.pdf`. Wiedergabe mit Genehmigung durch International Union of Crystallography.

U. Müller, *Symmetriebeziehungen zwischen Kristallstrukturen*,
https://doi.org/10.1007/978-3-662-67166-5_12

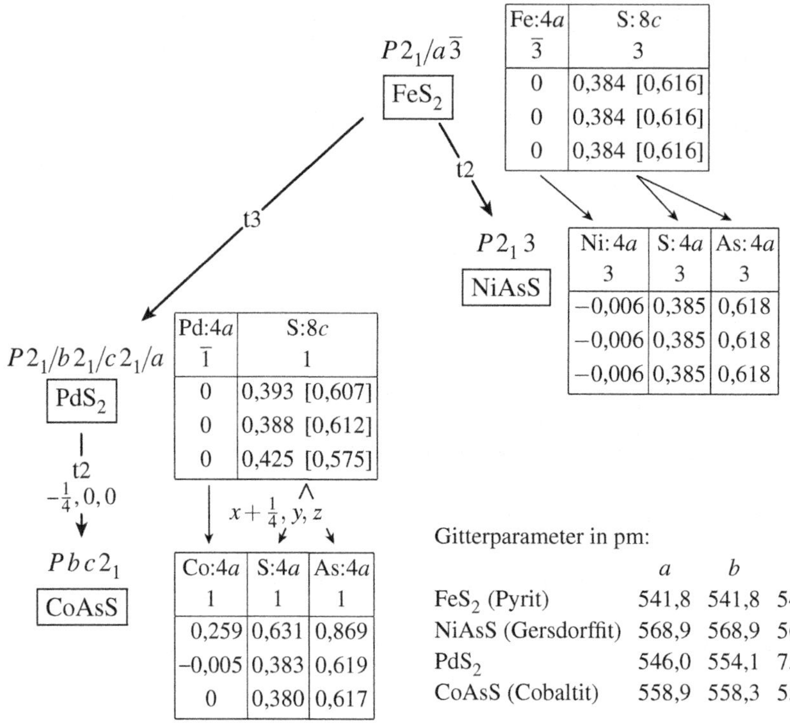

Gitterparameter in pm:

	a	*b*	*c*	Literatur
FeS_2 (Pyrit)	541,8	541,8	541,8	[95]
NiAsS (Gersdorffit)	568,9	568,9	568,9	[123]
PdS_2	546,0	554,1	753,1	[124]
CoAsS (Cobaltit)	558,9	558,3	558,1	[125]

Abb. 12.1: Stammbaum von Gruppe-Untergruppe-Beziehungen für die Strukturfamilie des Pyrits. In eckigen Klammern stehende Koordinatenwerte gehören zu symmetrieäquivalenten Positionen (sie werden normalerweise nicht genannt)

Im streng mathematischen Sinn sind die Raumgruppen von FeS_2 und PdS_2 wegen der verschiedenen Gitterparameter nicht wirklich translationengleich. Im strengen Sinn würde aber auch FeS_2 bei 25,0 °C eine andere Raumgruppe als bei 25,1 °C haben, wegen der thermischen Ausdehnung. Bei einer solch strengen Behandlung könnten überhaupt keine Beziehungen aufgestellt werden. Es ist also ein Abstrahieren von den streng mathematischen Vorschriften notwendig. Wir behandeln die Gitter der beiden homöotypen Strukturen so, als seien sie zunächst noch gleich oder ‚aneinandergeklammert' und erlauben dann ein Lösen der Klammer (‚Urklammernäherung'; parent clamping approximation [122]). Anders gesagt: Wir erlauben eine affine Verzerrung. Auch der Begriff ‚isotyp', mit dem wir die Gleichartigkeit der Kristallstrukturen von NaCl, KCl und MgO mit übereinstimmender Raumgruppe zum Ausdruck bringen, erlaubt ausdrücklich eine affine Verzerrung (aber weder eine Änderung bei der Besetzung der Punktlagen noch größere Abweichungen bei den Atomkoordinaten).

Für das zulässige Ausmaß der Abweichungen lässt sich keine allgemeine Vorschrift aufstellen. Sie sollten mit kristallographischem, chemischem und physikalischem Sachverstand beurteilt werden (siehe dazu auch die Ausführungen zur Isotypie in Abschnitt

9.5). Erlaubt ist alles, was zu tieferen Einsichten in Strukturzusammenhänge führt. Empfohlen wird dennoch ein behutsamer Umgang mit Toleranzen.

Beim Übergang von $Pa\overline{3}$ nach $Pbca$ spaltet sich keine der besetzten Punktlagen auf, aber ihre Lagesymmetrie verringert sich. Ohne den Abbau von $\overline{3}$ nach $\overline{1}$ wäre die quadratische Koordination der Pd-Atome nicht möglich.

Ternäre Varianten des Pyrit-Typs

Werden die Plätze der Schwefel-Atome des Pyrits oder des PdS_2 durch zwei verschiedene Atomsorten im Verhältnis 1 : 1 geordnet substituiert, so erzwingt dies einen Übergang in Untergruppen. Es kommen nur solche Untergruppen in Betracht, bei denen sich das Punkt-Orbit der Schwefel-Atome in symmetrieunabhängige Orbits aufspaltet. Bei den ausgewählten Beispielen NiAsS (Gersdorffit) und CoAsS (Cobaltit) besteht die Symmetriereduktion im Wegfall der Inversionspunkte von $Pa\overline{3}$ bzw. $Pbca$, und damit ist der Index jeweils 2.

Bei beiden Beispielen bleibt die Lagesymmetrie der sich aufspaltenden Punkt-Orbits erhalten (Punktgruppe 3 bei NiAsS, 1 bei CoAsS). Bei Untergruppen vom Index 2 gilt immer: entweder spaltet sich ein Punkt-Orbit auf oder es gibt eine Reduktion der Lagesymmetrie. Parameterveränderungen der Atomlagen sind nicht notwendig, sie sind aber je nach Lagesymmetrie möglich. In unseren Beispielen gibt es kleine Parameterverschiebungen. Im Falle von NiAsS kann es wegen der Lagesymmetrie 3 nur Verschiebungen entlang der dreizähligen Achsen geben.

Die Relationen zwischen FeS_2, PdS_2, NiAsS und CoAsS sind nach der auf dem Merkblatt (Seite 161) beschriebenen Darstellungsform in Abb. 12.1 zusammengefasst. $Pbc2_1$ ist eine nichtkonventionelle Aufstellung der Raumgruppe $Pca2_1$ mit vertauschten Achsen a und b. Mit dieser Aufstellung wird eine Basistransformation auf dem Wege von PdS_2 nach CoAsS vermieden. Man beachte die Ursprungsverschiebung; bei $Pca2_1$, und damit auch bei $Pbc2_1$, liegt der Ursprung auf einer der 2_1-Achsen und somit anders als bei $Pbca$. Zur Ursprungsverschiebung um $-\frac{1}{4}, 0, 0$ im Koordinatensystem von $Pbca$ gehört eine Änderung der Atomkoordinaten um $+\frac{1}{4}, 0, 0$, also mit umgekehrtem Vorzeichen.

Die Ordnungsvarianten NiAsS und CoAsS können nur über die gemeinsame Obergruppe $P2_1/a\overline{3}$ verknüpft werden. Ein direkter Gruppe-Untergruppe-Bezug von $P2_13$ nach $Pbc2_1$ ist nicht möglich, da in $P2_13$ keine Gleitspiegelebenen mehr enthalten sind. Die genannten Verbindungen liegen also in verschiedenen Zweigen des Pyrit-Stammbaums. Der Unterschied zwischen NiAsS und CoAsS liegt in der unterschiedlichen Verteilung der Atome (Abb. 12.2).

Der kristallchemische Zusammenhang zwischen α- und β-Zinn

Graues Zinn (α-Sn) hat die kubische Struktur des Diamant-Typs. Unter hohem Druck wandelt es sich in tetragonales, weißes Zinn (β-Sn) um. Der Vergleich der Gitterparameter der beiden Modifikationen (Abb. 12.3) lässt auf den ersten Blick keine verwandtschaftliche Beziehung vermuten. Man kann sich die Struktur von β-Zinn aber aus derjenigen des α-Zinns durch Stauchung längs einer Würfelkante entstanden denken, ohne dass sich dabei

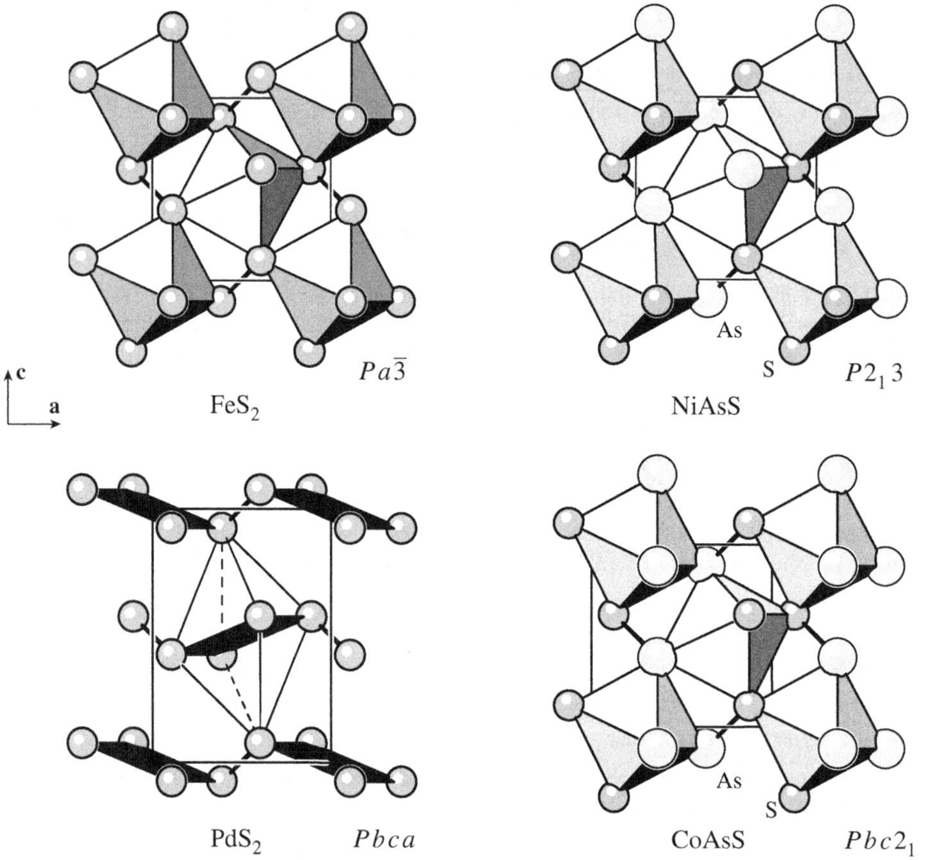

Abb. 12.2: Aufsicht auf die Elementarzellen von Pyrit, NiAsS, PdS_2 und CoAsS

die Koordinatentripel x, y, z der Zinn-Atome verändern. Die Verzerrung ist gewaltig: der Gitterparameter c verkleinert sich von 649 pm auf 318 pm, und in dieser Richtung rücken die Atome auf diesen Abstand zusammen. Die Koordinationszahl eines Zinn-Atoms erhöht sich dadurch von 4 auf 6. Zugleich wird das Gitter in der a-b-Ebene geweitet. Das Zellvolumen verringert sich auf 79 % des ursprünglichen Wertes.

Gruppentheoretisch gesehen entspricht die Umwandlung von α-Zinn nach β-Zinn dem Übergang in eine translationengleiche maximale Untergruppe vom Index 3 gemäß:

$$F\,4_1/d\,\bar{3}\,2/m \;\text{—t3}\rightarrow\; F\,4_1/d\,\bar{1}\,2/m$$

Wegen der erwähnten Stauchung ist das Kristallsystem nicht mehr kubisch, sondern nur noch tetragonal, und so muss das Raumgruppensymbol nach den Konventionen für das tetragonale System umformuliert werden, nämlich:

$$F\,4_1/d\,\bar{3}\,2/m \;\text{—t3}\rightarrow\; F\,4_1/d\,2/d\,2/m$$

Für jede allseitig flächenzentrierte tetragonale Zelle lässt sich eine halb so große innenzentrierte Zelle wählen. Die neuen Achsen $\mathbf{a}'$ und $\mathbf{b}'$ der kleinen Zelle liegen in Richtung

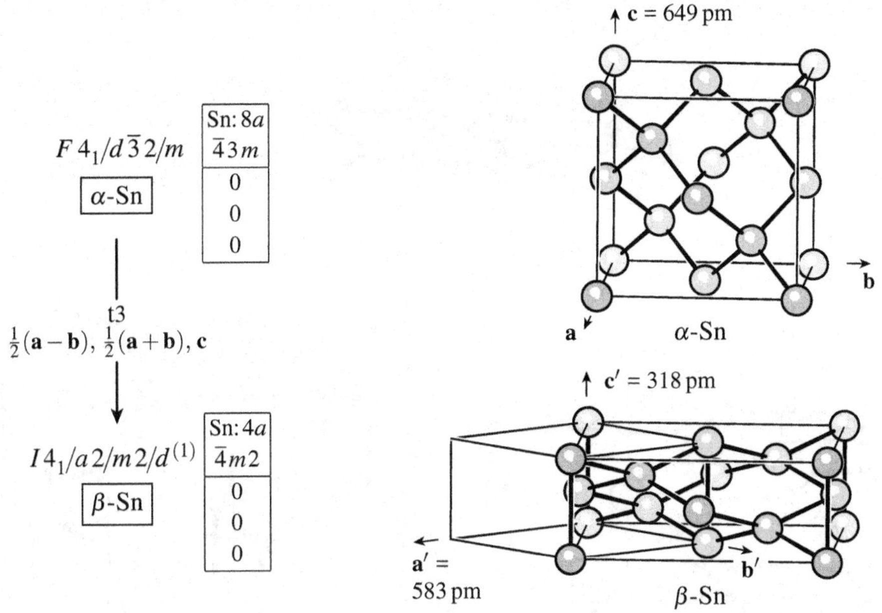

Abb. 12.3: Die Beziehung zwischen α- und β-Zinn und ihre Elementarzellen. Die konventionelle Zelle von β-Zinn ($\mathbf{a}'$, $\mathbf{b}'$, $\mathbf{c}'$) ist für den Vergleich weniger gut geeignet als die flächenzentrierte Zelle mit $\mathbf{a} = \sqrt{2}\mathbf{a}'$

der Diagonalen der ursprünglichen Zelle, und sie sind halb so lang wie diese Diagonalen (vgl. Abb. 10.3, Seite 153). Wird β-Zinn, wie üblich, in der kleineren Elementarzelle beschreiben, so muss auch das Raumgruppensymbol geändert werden, und das Symbol ist dann $I\,4_1/a\,2/m\,2/d$ (kurz $I\,4_1/amd$), wie in Abb. 12.3 angegeben. In der auf Seite 161 vorgestellten Darstellungsform für Gruppe-Untergruppe-Beziehungen ist die besprochene Relation links in Abb. 12.3 wiedergegeben.

Die gruppentheoretische Beziehung darf nicht dazu verleiten, daraus auf einen Mechanismus für den Ablauf der Phasenumwandlung zu schließen. Unter Druck erfolgt keine kontinuierliche Verformung eines α-Zinn-Einkristalls zu einem β-Zinn-Einkristall. Vielmehr entstehen in der Matrix des α-Zinns Keime von β-Zinn, die dann auf Kosten des α-Zinns wachsen. Der strukturelle Umbau erfolgt nur an den Phasengrenzen zwischen dem schrumpfenden α-Zinn und dem wachsenden β-Zinn.

12.2 Die maximale Untergruppe ist klassengleich

Zwei Abkömmlinge des AlB_2-Typs

Zur Illustration von klassengleichen Untergruppen betrachten wir das Beispiel von zwei Strukturen, die sich vom AlB_2-Typ ableiten. AlB_2 hat eine einfache hexagonale Struktur in der Raumgruppe $P6/mmm$. In Richtung **c** wechseln Aluminium-Atome und Schichten aus Bor-Atomen einander ab; die Bor-Atomschichten sind planar und von der gleichen

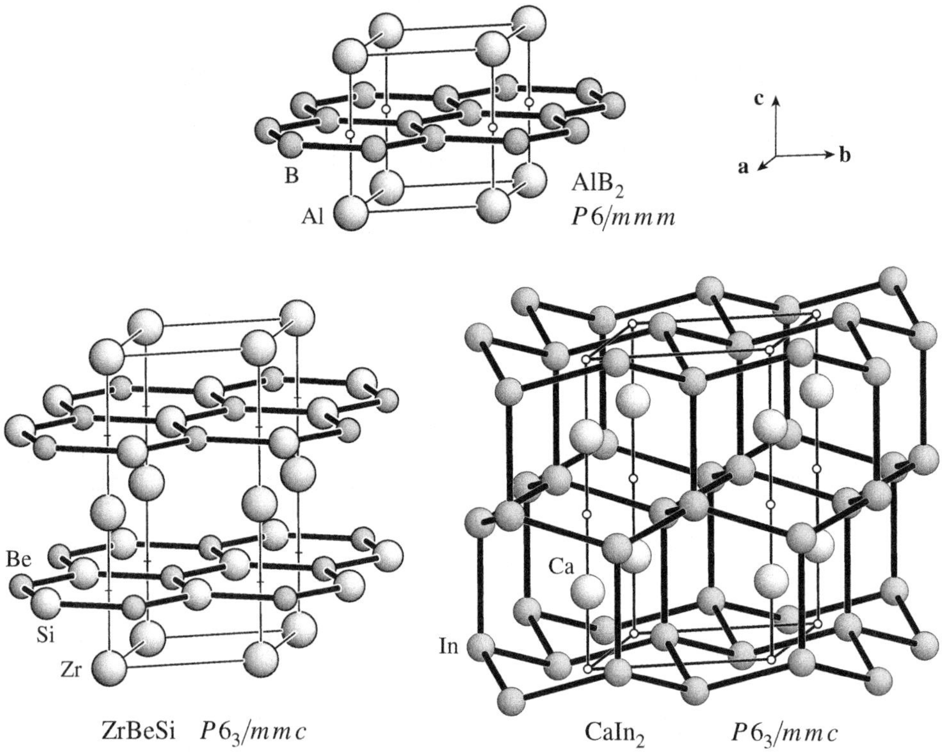

Abb. 12.4: Die Strukturen von AlB_2, ZrBeSi und $CaIn_2$. Die Spiegelebenen senkrecht zu **c** in $P6_3/mmc$ liegen bei $z = \frac{1}{4}$ und $z = \frac{3}{4}$

Art wie im Graphit (Abb. 12.4) [126]. Analog ist der ZrBeSi-Typ aufgebaut [127]. An die Stelle der Bor-Atomschichten treten Schichten, in denen Be- und Si-Atome einander abwechseln (die Schicht entspricht einer Schicht im hexagonalen Bornitrid BN). Damit können die Inversionspunkte in den Mitten der Sechserringe der Schichten nicht erhalten bleiben, wohl aber diejenigen in den Zr-Atomen, die die Al-Positionen ersetzen. Das erfordert einen Abbau der Symmetrie zur klassengleichen Raumgruppe $P6_3/mmc$ mit verdoppeltem **c**-Vektor.

Die Verdoppelung von c ist der wesentliche Aspekt der Symmetriereduktion beim Übergang zum ZrBeSi-Typ. Dabei fällt die Hälfte aller Translationen weg; es liegt also eine Symmetriereduktion vom Index 2 vor. Mit dem Wegfall dieser Translationen längs **c** entfällt die Hälfte der Inversionspunkte, die Hälfte der Symmetrieachsen senkrecht zu **c** und die Hälfte der Spiegelebenen senkrecht zu **c**. Anstelle der Spiegelebenen senkrecht zu [210] (letztes m im Hermann-Mauguin-Symbol) gibt es jetzt Gleitspiegelebenen c. Die Punktlage $2d$ der Bor-Atome in AlB_2 spaltet sich in zwei symmetrieunabhängige Punktlagen $2c$ und $2d$ in der Untergruppe auf (Abb. 12.5 links), so dass nun die Besetzung mit zwei verschiedenen Atomspezies möglich ist.

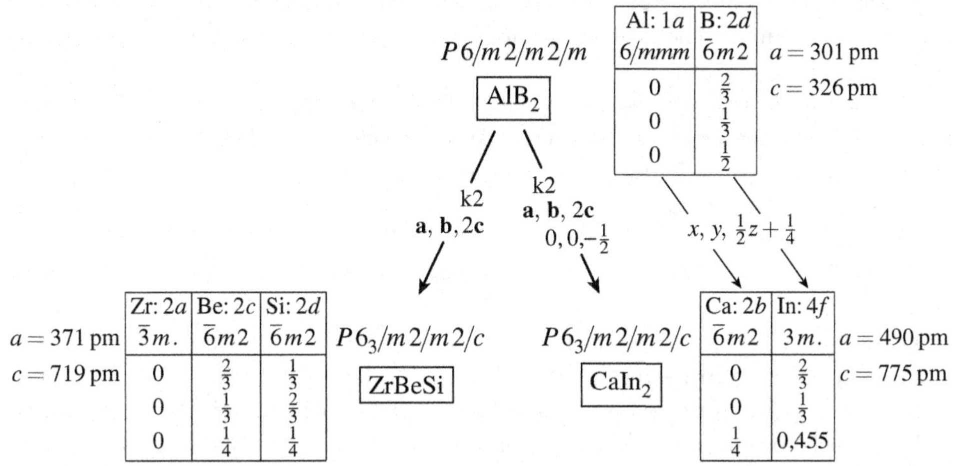

Abb. 12.5: Zwei Hettotypen des AlB_2-Typs mit gleichem Raumgruppentyp und verdoppelter **c**-Achse, jedoch verschiedenen Ursprungslagen. Wegen der Verdoppelung der **c**-Achse halbieren sich die z-Koordinaten. Wegen der Ursprungsverschiebung um $0, 0, -\frac{1}{2}$ muss im rechten Zweig außerdem $\frac{1}{4}$ zu den z-Koordinaten addiert werden

Abb. 12.4 und 12.5 zeigen uns noch eine Besonderheit. Von $P6/mmm$ gibt es zwei *verschiedene* klassengleiche Untergruppen desselben Typs $P6_3/mmc$ mit verdoppeltem Basisvektor **c**. Die zweite Möglichkeit ist bei $CaIn_2$ realisiert [128, 129]. Hier sind aus den graphitartigen Schichten des AlB_2-Typs gewellte Schichten aus In-Atomen geworden, ähnlich wie im grauen Arsen; Indium-Atome aus benachbarten Schichten kommen sich dabei paarweise so nahe, dass sich letztlich ein dreidimensionales Netzwerk wie im Lonsdaleit (hexagonaler Diamant) ergibt. Das abwechselnde Herausrücken der Atome erlaubt keine Spiegelebene mehr innerhalb der Schicht; benachbarte Schichten sind jedoch zueinander spiegelsymmetrisch. Die Ca-Atome befinden sich auf Spiegelebenen, jedoch nicht mehr auf Inversionspunkten. Der Unterschied der beiden Untergruppen $P6_3/mmc$ liegt in der Auswahl der Symmetrieelemente, die bei der Verdoppelung von c fortfallen.

Bei der konventionellen Beschreibung der Raumgruppen gemäß *International Tables* soll der Ursprung der Raumgruppe $P6_3/mmc$ in einem Inversionspunkt liegen. Die Lage des Ursprungs des AlB_2-Typs in einem Al-Atom kann beim Symmetrieabbau zu ZrBeSi beibehalten bleiben (d. h. Ursprung im Zr-Atom). Beim Abbau zu $CaIn_2$ muss der Ursprung dagegen in die Mitte eines Sechserringes verschoben werden. In Bezug auf die Zelle des Aristotyps ist das eine Verschiebung um $0, 0, -\frac{1}{2}$, und so ist es im Gruppe-Untergruppe-Pfeil in Abb. 12.5 vermerkt. Auf die neuen Atomkoordinaten, die sich auf das Achsensystem der Untergruppe beziehen, wirkt sich die Ursprungsverschiebung in der Addition des Zahlenwerts $+\frac{1}{4}$ aus, also mit *umgekehrtem* Vorzeichen als im Gruppe-Untergruppe-Pfeil angegeben. Außerdem muss wegen der Verdoppelung von c der ursprüngliche Wert von $z = \frac{1}{2}$ halbiert werden. Die neue z-Koordinate des In-Atoms ist also ungefähr $z' \approx \frac{1}{2}z + \frac{1}{4} = \frac{1}{2} \cdot \frac{1}{2} + \frac{1}{4} = \frac{1}{2}$. Sie darf aber nicht genau diesen Wert haben, denn sonst wäre keine Symmetriereduktion eingetreten und die Raumgruppe wäre immer noch $P6/mmm$. Mit dem Symmetrieabbau ist die Atomverrückung auf $z' = 0{,}455$ notwendigerweise verbunden.

Die Atomverrückung darf allerdings nicht beliebig groß sein, will man zwei Strukturen noch als miteinander verwandt ansehen. Es lässt sich keine allgemeine Vorschrift aufstellen, in welchem Ausmaß Verrückungen von Atomlagen erlaubt sind. Wie bei den erlaubten Abweichungen der Gitter (Abschnitt 12.1) lasse man sich von kristallchemischem und physikalischem Sachverstand leiten.

Bei der Beziehung $AlB_2 \rightarrow$ ZrBeSi wird die Lagesymmetrie $\bar{6}m2$ der Bor-Atome beibehalten, und die Punktlage spaltet sich auf. Bei der Beziehung $AlB_2 \rightarrow CaIn_2$ ist es umgekehrt, die Lage spaltet sich nicht auf, die Atome bleiben symmetrieäquivalent, aber ihre Lagesymmetrie verringert sich auf $3m1$, und die z-Koordinate wird frei.

Bei klassengleichen Untergruppen vom Index 2 gibt es häufig zwei oder vier, manchmal sogar acht verschiedene Untergruppen desselben Raumgruppentyps, die sich in der Ursprungslage unterscheiden. Es ist wichtig, die richtige dieser Untergruppen mit der richtigen Ursprungsverschiebung zu wählen. In *International Tables* Band *A*1 sind alle dieser Untergruppen tabelliert, nicht jedoch in Band *A*. Es handelt sich um pare Untergruppen, die also nicht konjugiert sind, sondern verschiedenen Konjugiertenklassen angehören (vgl. Abschnitt 8.3).

Was wir hier beispielhaft behandelt haben, ist in der Kristallchemie eine weitverbreitete Erscheinung. Zu einer Vielzahl von Kristallstrukturen gibt es sogenannte ‚Überstrukturen', die durch Abbau von Translationssymmetrie entstehen. Im Röntgenbeugungsdiagramm zeigen sie schwache ‚Überstrukturreflexe' zwischen den starken Reflexen der Basisstruktur. Während der Ausdruck ‚Überstruktur' den Sachverhalt nur in qualitativer Weise umreißt, führt die gruppentheoretische Betrachtungsweise zu einer präzisen Formulierung.

Die Beziehung zwischen $In(OH)_3$ und $CaSn(OH)_6$

Neben der Vergrößerung der Elementarzelle wie im vorstehenden Beispiel kann der Verlust von Translationssymmetrie auch ohne Vergrößerung der konventionellen Elementarzelle erfolgen, wenn zentrierende Translationen wegfallen. Die primitive Elementarzelle ist in jedem Fall vergrößert. Als Beispiel betrachten wir die Beziehung von Indiumhydroxid [130, 131] und $CaSn(OH)_6$, das als Mineral Burtit vorkommt [132, 133]. Alle wesentlichen Angaben über die Strukturen sind in Abb. 12.6 zusammengestellt. Im unteren Teil der Abbildung sind die Symmetrieelemente der beiden Raumgruppen in der Art der *International Tables* gezeigt. Man beachte ihre Auslichtung beim Symmetrieabbau $I2/m\bar{3}$ —k2→ $P2/n\bar{3}$.

Die Struktur von $In(OH)_3$ ist eng verwandt mit der Struktur von Skutterudit, $CoAs_3$ [134, 135]. In diesem liegen eckenverknüpfte $CoAs_6$-Oktaeder vor, die gegenseitig so verdreht sind, dass sich jeweils vier Oktaederecken nahe kommen und ein leicht verzerrtes Quadrat bilden, der Formulierung $Co_4^{3+}(As_4^{4-})_3$ entsprechend. Im $In(OH)_3$ treten $(OH^-)_4$-Quadrate an die Stelle der As_4^{4-}-Quadrate, mit O-Atomen in den Ecken und Wasserstoffbrücken auf den Kanten. Durch den Verlust der Innenzentrierung spaltet sich die Indium-Atomlage von $In(OH)_3$ in zwei unabhängige Lagen auf, die im Burtit von Calcium- und

$a = 797$ pm

$I\,2/m\,\bar{3}$

$In(OH)_3$

In: 8*c*	O: 24*g*	$\frac{1}{2}$H: 24*g*	$\frac{1}{2}$H: 24*g*
$.\bar{3}.$	*m..*	*m..*	*m..*
$\frac{1}{4}$	0	0	0
$\frac{1}{4}$	0,319	0,308	0,446
$\frac{1}{4}$	0,171	0,045	0,176

k2

$P\,2/n\,\bar{3}^{(1)}$

$CaSn(OH)_6$

Ca: 4*b*	Sn: 4*c*	O: 24*h*	$\frac{1}{2}$H: 24*h*	$\frac{1}{2}$H: 24*h*
$\bar{3}$	$\bar{3}$	1	1	1
$\frac{1}{4}$	$\frac{3}{4}$	−0,019	−0,037	−0,053
$\frac{1}{4}$	$\frac{3}{4}$	0,316	0,285	0,430
$\frac{1}{4}$	$\frac{3}{4}$	0,171	0,049	0,186

$a = 815$ pm

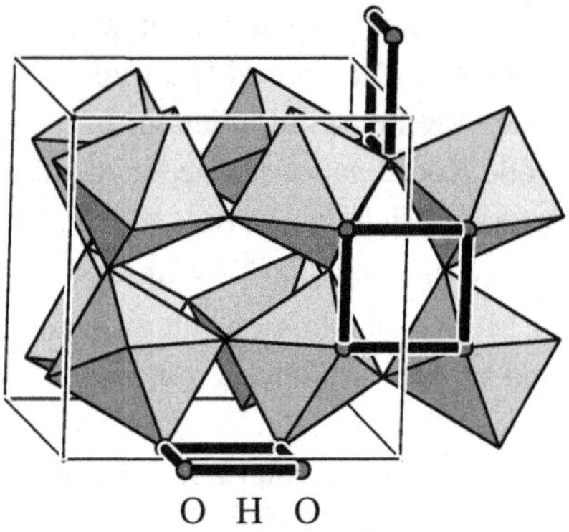

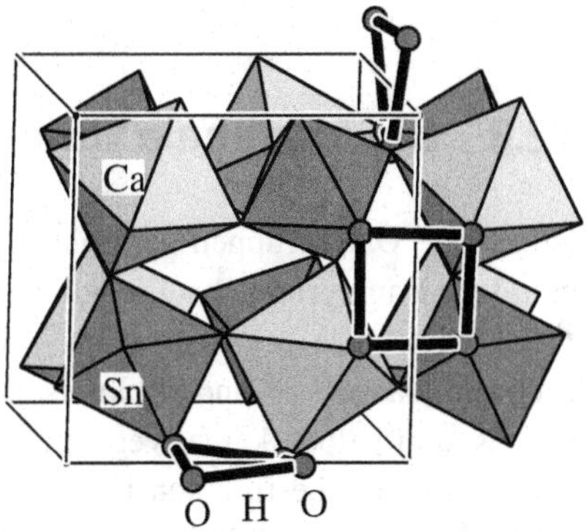

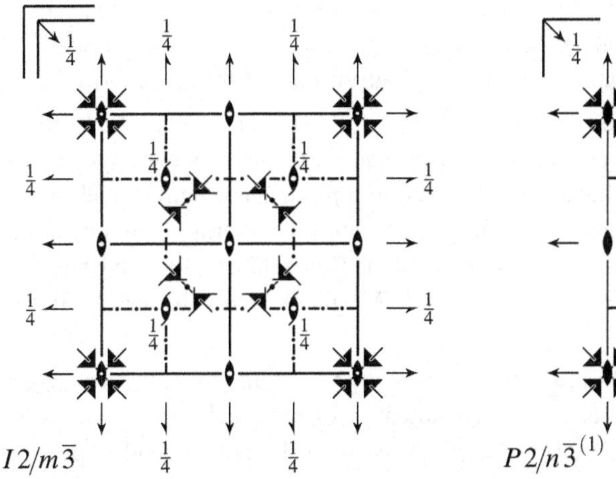

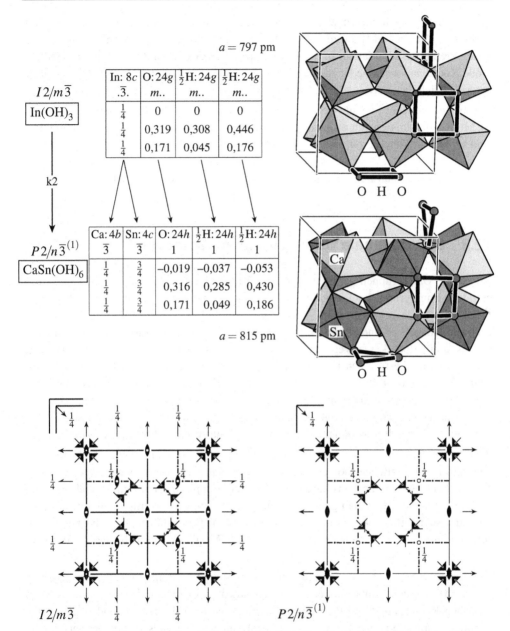

Abb. 12.6: Die Beziehung zwischen $In(OH)_3$ und $CaSn(OH)_6$. Die H-Atome sind auf zwei Plätzen zwischen den benachbarten O-Atomen fehlgeordnet, O–H···O und O···H–O, und besetzen deshalb ihre Positionen statistisch im Mittel zur Hälfte (ausgedrückt durch die Schreibweise $\frac{1}{2}$H; Daten aus Neutronenbeugung). Drei der (verzerrten) $(OH^-)_4$-Quadrate sind in den Bildern rechts durch dicke Bindungen hervorgehoben.

Anmerkung für die, die ganz genau hinsehen: Durch die Längenverdoppelung der Translationsvektoren in den Richtungen [111], [11$\bar{1}$], [1$\bar{1}$1] und [$\bar{1}$11] werden 3_1-Achsen zu 3_2-Achsen und umgekehrt

Zinn-Atomen eingenommen werden. Außerdem gehen die Spiegelebenen verloren, auf denen sich Die O- und H-Atome im $In(OH)_3$ befinden, womit diese Atome einen zusätzlichen Freiheitsgrad erhalten. In der Untergruppe $P2/n\bar{3}$ werden dadurch unterschiedlich große Koordinationsoktaeder für die Ca- und Sn-Atome möglich. Die $(OH^-)_4$-Quadrate verdrillen sich dabei etwas.

Das Beispiel zeigt, warum der Begriff ,zellengleich' anstelle von ,translationengleich' zu Missverständnissen führen kann. Die Elementarzellen von $In(OH)_3$ und $CaSn(OH)_6$ sind annähernd gleich groß, und trotzdem liegt keine ,zellengleiche' Untergruppe vor, da die eine Elementarzelle zentriert ist, die andere nicht. Das Volumen der primitiven Zellen unterscheidet sich um den Faktor 2, $CaSn(OH)_6$ hat halb so viele Translationen wie $In(OH)_3$.

12.3 Die maximale Untergruppe ist isomorph

Isomorphe Untergruppen sind eine spezielle Kategorie von klassengleichen Untergruppen. Jede Raumgruppe hat unendlich viele maximale isomorphe Untergruppen. Als Index i sind Primzahlen $p \neq 1$ möglich, bei tetragonalen und hexagonalen Raumgruppen auch Primzahlquadrate p^2 und bei kubischen Raumgruppen nur Kubikzahlen p^3 von Primzahlen. Es sind jedoch keineswegs alle Primzahlen erlaubt. Die Primzahl 2 ist häufig nicht erlaubt, und bei bestimmten Untergruppen gibt es besondere Einschränkungen (z. B. nur Primzahlen $p = 6n + 1$) [136, 137]; Näheres siehe Kapitel 21. Obwohl in der Regel, im Einklang mit dem Symmetrieprinzip, nur kleine Werte für den Index auftreten (vgl. Seite 3, Teilaspekt 2), kommen zunächst kurios anmutende Werte wie 13, 19, 31 oder 37 bei kristallchemischen Betrachtungen durchaus vor (siehe Aufgabe 14.2 für zwei Beispiele).

In *International Tables A* (Auflagen von 1983 bis 2006) sind nur isomorphe Untergruppen mit kleinstmöglichen Indices tabelliert. Sieht man dort nach, besteht die Gefahr, die Möglichkeit des Übergangs in eine isomorphe Untergruppe zu übersehen. Umgekehrt kann es auch geschehen, dass man glaubt, eine nicht aufgeführte Untergruppe mit einem höheren Index sei möglich, obwohl ihr Index eine verbotene Primzahl ist. Deshalb ist es besser, *International Tables A*1 zu Rate zu ziehen, wo alle Möglichkeiten vollständig aufgezählt sind.

Da isomorphe Untergruppen (außer bei enantiomorphen Raumgruppentypen) dasselbe Hermann-Mauguin-Symbol haben, ist es bei ihnen besonders wichtig, den Unterschied zwischen Raumgruppe und Raumgruppentyp zu beachten. In den folgenden Beispielen gehören Gruppe und Untergruppe zum selben Raumgruppentyp, sie sind aber verschiedene Raumgruppen, deren Gitter sich unterscheiden. Das Volumen der Elementarzelle der Untergruppe ist um den Faktor i vergrößert.

Die Beziehung zwischen CuF_2 und VO_2

Als Beispiel für den Übergang in eine isomorphe Untergruppe betrachten wir den leicht überschaubaren Fall des Strukturpaares CuF_2 – VO_2. Die Zusammenhänge gehen aus

$P1\,2_1/a\,1$

CuF$_2$

Cu: $2b$	F: $4e$
$\bar{1}$	1
0	0,295
0	0,297
$\frac{1}{2}$	0,756

i2
a, **b**, 2**c**

$x,\ y,\ \frac{1}{2}z;\ +(0,\ 0,\ \frac{1}{2})$

$P1\,2_1/a\,1$

VO$_2$

V: $4e$	O: $4e$	O: $4e$
1	1	1
0,026	0,299	0,291
0,021	0,297	0,288
0,239	0,401	0,894

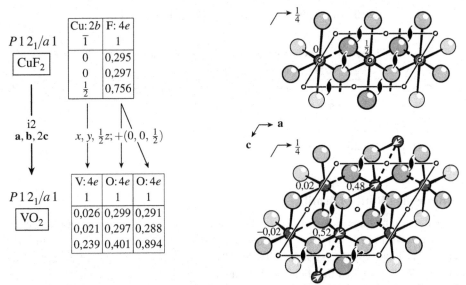

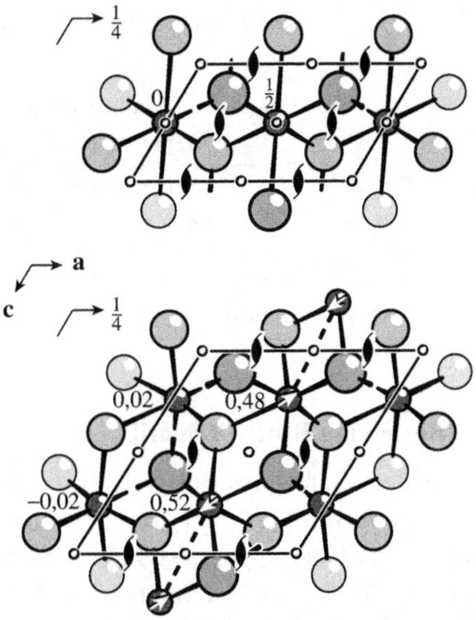

Abb. 12.7: Die Beziehung zwischen CuF$_2$ und VO$_2$. Zahlen in den Bildern sind y-Koordinaten der Metallatome. Die weißen Pfeile über vier Vanadium-Atomen im unteren Bild deuten die Richtung ihrer Verrückung an

Abb. 12.7 hervor. Die z-Koordinaten werden beim Übergang CuF$_2$ $\rightarrow$ VO$_2$ halbiert, bedingt durch die Verdoppelung des Basisvektors **c**. Atome aus der im CuF$_2$ benachbarten Elementarzelle fallen nun in die verdoppelte Zelle, wobei sich aus den ursprünglichen Koordinaten $x,\ y,\ z+1$ ungefähr, aber keinesfalls genau, die Koordinaten $x,\ y,\ \frac{1}{2}z+\frac{1}{2}$ ergeben; lägen sie genau dort, so wäre die Symmetrie nicht verringert. Bei den Vanadium-Atomen besteht keine Notwendigkeit, das Atom in $\sim(x,\ y,\ \frac{1}{2}z+\frac{1}{2})$ gesondert aufzuführen. Die Metallatomlage spaltet sich nämlich nicht auf; aus den Cu-Lagen $0,\ 0,\ \frac{1}{2}$ und $0,\ 0,\ \frac{3}{2}$ wird das V-Paar 0,026, 0,021, 0,239 und −0,026, −0,021, 0,761, dessen Atome über den Inversionspunkt in $0,\ 0,\ \frac{1}{2}$ symmetrieäquivalent sind. Die Multiplizitäten der Wyckoff-Symbole zeigen, dass sich die Zahl aller Atome in der Elementarzelle verdoppelt.

Die Kristalldaten sind in Tabelle 12.1 zu finden. Die Bilder der Elementarzellen in Abb. 12.7 zeigen den Wegfall der Hälfte aller Inversionspunkte und Schraubenachsen, der aus der Verdoppelung des Gitterparameters c folgt. Während sich im CuF$_2$ die Cu-Atome auf Inversionspunkten in den Mitten der Koordinationsoktaeder befinden, sind die V-Atome (Elektronenkonfiguration d^1) im VO$_2$ paarweise in Richtung **c** aufeinander zugerückt, mit alternierenden V$\cdots$V-Abständen von 262 und 317 pm infolge Spinpaarung entlang des kürzeren dieser Abstände (zwei dieser V–V-Kontakte sind in Abb. 12.7 durch gestrichelte Bindungslinien angedeutet). Außerdem ist eine auf 176 pm verkürzte V=O-Bindung vorhanden; die übrigen V–O-Bindungen sind 186 bis 206 pm lang. (Beim Aufheizen wird die Spinpaarung bei 68°C aufgehoben, die V$\cdots$V-Abstände werden gleich und VO$_2$ wird metallisch im Rutil-Typ; vgl. Aufgabe 12.6).

Tabelle 12.1: Kristalldaten der Verbindungen zu Abschnitt 12.3

	Gitterparameter				Raumgruppe	Z	Literatur
	a/pm	b/pm	c/pm	β/°			
CuF_2	536,2	456,9	330,9	121,1	$P 1 2_1/a 1$ (No. 14)	2	[138]
VO_2	538,3	453,8	575,2	122,7	$P 1 2_1/a 1$ (No. 14)	4	[139]
TiO_2 (Rutil)	459,4	459,4	295,9		$P 4_2/mnm$ (No. 136)	2	[140]
$CoSb_2O_6$ (Trirutil)	465,0	465,0	927,6		$P 4_2/mnm$ (No. 136)	2	[141]

Die Beziehung Rutil – Trirutil

Ein weiteres einfaches Beispiel für die Beziehung zwischen isomorphen Raumgruppen stammt von BILLIET [142] und betrifft das Strukturpaar Rutil – Trirutil. Wie aus Tab. 12.1 und Abb. 12.8 hervorgeht, ist die c-Achse des Trirutils im Vergleich zu der des Rutils verdreifacht. Dadurch ist es möglich, unter Beibehaltung des Raumgruppentyps $P 4_2/mnm$, eine geordnete Verteilung zweier Sorten von Kationen im Verhältnis 1 : 2 zu realisieren. Es gibt nämlich die entsprechende isomorphe Untergruppe vom Index 3, was der Begriff

$P 4_2/m 2_1/n 2/m$

TiO$_2$ (Rutil)

Ti: $2a$	O: $4f$
mmm	$m2m$
0	0,305
0	x
0	0

i3
a, **b**, 3**c**

$x, y, \frac{1}{3}z$; $\pm(0, 0, \frac{1}{3})$

$P 4_2/m 2_1/n 2/m$

CoSb$_2$O$_6$ (Trirutil)

Co: $2a$	Sb: $4e$	O: $4f$	O: $8j$
mmm	$m2m$	$m2m$	$..m$
0	0	0,308	0,303
0	0	x	x
0	0,336	0	0,326

Die Aufspaltung der Punktlage $2a$ (Rutil) in die Punktlagen $2a$ und $4e$ (Trirutil) beruht auf der Verdreifachung der Elementarzelle. Aus den translatorisch äquivalenten Lagen 0, 0, 0; 0, 0, 1; 0, 0, 2 im Rutil werden 0, 0, 0; 0, 0, $\sim \frac{1}{3}$; 0, 0, $\sim \frac{2}{3}$ im Trirutil

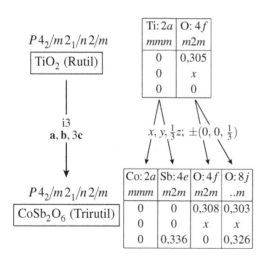

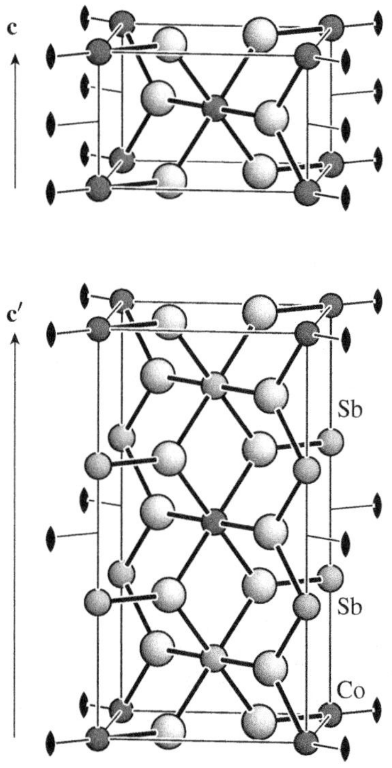

Abb. 12.8: Gruppe-Untergruppe-Beziehung Rutil – Trirutil. Zur Verdeutlichung der Auslichtung der Symmetrieelemente sind die zweizähligen Drehachsen in den Elementarzellen eingezeichnet

‚Trirutil' sehr schön widerspiegelt. Der begrifflichen Klarheit zuliebe sollte dieser Begriff nur verwendet werden, wenn er in dieser Art gruppentheoretisch klar fundiert ist. Der Index 3 ist der kleinstmögliche Index für eine isomorphe Untergruppe von $P4_2/mnm$. Einen „Dirutil" kann es mit diesem Raumgruppentyp nicht geben, weshalb diese Bezeichnung nicht verwendet werden sollte, auch wenn sich aus dem Rutil-Typ auf anderem Wege niedrigersymmetrische, nichttetragonale Strukturvarianten mit verdoppelter *c*-Achse entwickeln lassen [143, 144].

12.4 Die Untergruppe ist weder translationengleich noch klassengleich

Allgemeine Untergruppen sind solche, die weder translationen- noch klassengleich sind. Sie können nie maximale Untergruppen sein, es muss mindestens eine Zwischengruppe geben. Ausgehend von einem hochsymmetrischen Aristotyp, tritt relativ häufig der Fall auf, bei dem die Symmetrie zuerst zu einer translationengleichen Untergruppe abgebaut werden muss, gefolgt von einer klassengleichen Untergruppe.

Die Beziehung zwischen NiAs und MnP

Die Phasenumwandlung vom NiAs-Typ zum MnP-Typ ist bei einer Reihe von Verbindungen eingehend untersucht worden (z. B. VS, MnAs) [145, 146]. Die Symmetriereduktion umfasst zwei Schritte (Abb. 12.9). Im ersten Schritt geht die hexagonale Symmetrie verloren, wozu eine leichte Verzerrung des Gitters ausreichen würde. Die orthorhombische Untergruppe hat eine *C*-zentrierte Zelle. Wegen der Zentrierung ist die Zelle translationengleich, obwohl sie doppelt so groß ist. Beim zweiten Schritt wird die Zentrierung aufgehoben, womit die Hälfte der Translationen verloren geht; es handelt sich also um eine klassengleiche Reduktion vom Index 2.

Die Bilder in Abb. 12.9 zeigen, welche Symmetrieelemente bei den beiden Schritten des Symmetrieabbaus verloren gehen. Im zweiten Schritt entfällt unter anderem die Hälfte der Inversionspunkte. Hier ist Vorsicht geboten: die entfallenden Inversionspunkte der Raumgruppe $Cmcm$ ($C2/m2/c2_1/m$) sind nämlich diejenigen der Punktlagen $4a$ $(0,0,0)$ und $4b$ $(\frac{1}{2},0,0)$, während diejenigen der Punktlage $8d$ $(\frac{1}{4},\frac{1}{4},0)$ erhalten bleiben. Da auch in der Untergruppe $Pmcn$ ($P2_1/m2_1/c2_1/n$) der Ursprung in einem Inversionspunkt liegen soll, ist eine Ursprungsverschiebung erforderlich. Die Verschiebung um $-\frac{1}{4},-\frac{1}{4},0$ bedingt eine Addition von $\frac{1}{4},\frac{1}{4},0$ bei den Koordinaten.

Nach Addition von $\frac{1}{4},\frac{1}{4},0$ zu den in Abb. 12.9 genannten Koordinaten für die Raumgruppe $Cmcm$ kommen wir zu Idealwerten einer unverzerrten Struktur in $Pmcn$. Wegen der fehlenden Verzerrung wäre die Symmetrie aber immer noch $Cmcm$. Erst durch die Verrückung der Atome von den Idealwerten kommen wir zur Raumgruppe $Pmcn$. Die Abweichungen betreffen vor allem die *y*-Koordinate des Mn-Atoms (0,196 statt $\frac{1}{4}$) und die *z*-Koordinate des P-Atoms (0,188 statt $\frac{1}{4}$). Das sind zwar deutliche Abweichungen, aber doch klein genug, um MnP mit gutem Grund als Verzerrungsvariante des NiAs-Typs bezeichnen zu können.

$a = 362$ pm $c = 504$ pm

$P6_3/m\,2/m\,2/c$

NiAs

Ni: $2a$	As: $2c$
$\bar{3}m$	$\bar{6}m2$
0	$\frac{1}{3}$
0	$\frac{2}{3}$
0	$\frac{1}{4}$

t3

a, **a**+2**b**, **c**

$x - \frac{1}{2}y,\ \frac{1}{2}y,\ z$

$C\,2/m\,2/c\,2_1/m$

$4a$	$4c$
$2/m..$	$m2m$
0	0
0	0,333
0	$\frac{1}{4}$

k2

$-\frac{1}{4}, -\frac{1}{4}, 0$

$x+\frac{1}{4}, y+\frac{1}{4}, z$

$P\,2_1/m\,2_1/c\,2_1/n$

MnP

Mn: $4c$	P: $4c$
$m..$	$m..$
$\frac{1}{4}$	$\frac{1}{4}$
0,196	0,569
0,006	0,188

$a = 317$ pm $b = 592$ pm $c = 526$ pm

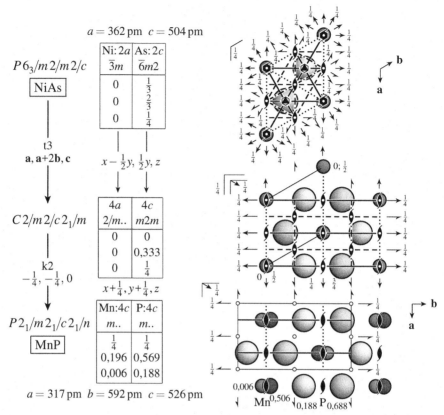

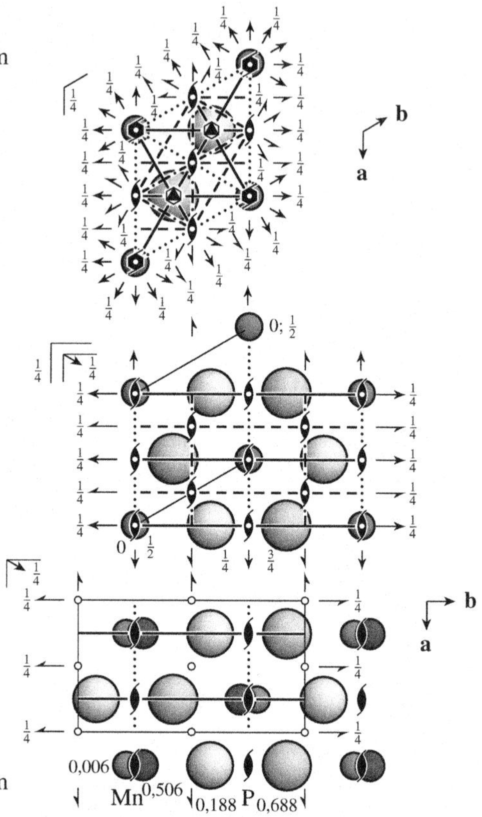

Abb. 12.9: Die Beziehung zwischen NiAs und MnP. Die Zahlen in den rechten Bildern sind z-Koordinaten [147]

12.5 Die Raumgruppen von zwei Kristallstrukturen haben eine gemeinsame Obergruppe

Zwei Strukturen können eng verwandt sein, ohne über eine direkte Gruppe-Untergruppe-Beziehung zusammenzuhängen. Dieser Fall tritt in der Kristallchemie recht häufig auf.

Die in Abschnitt 12.1 genannten Strukturen von NiAsS und CoAsS bieten ein Beispiel. Beide Strukturen können als Ordnungsvarianten des höhersymmetrischen Pyrit-Typs interpretiert werden, womit sich zwanglos eine Verknüpfung ergibt. Eine Beziehung über eine gemeinsame Obergruppe herzustellen, kann auch dann nützlich sein, wenn kein passender Strukturtyp mit dieser Raumgruppe bekannt ist. Wieder lässt sich der Grundgedanke am besten durch ein Beispiel verdeutlichen.

Tabelle 12.2: Kristalldaten zu $RbAuCl_4$ und $RbAuBr_4$

	a/pm	b/pm	c/pm	β/°	Raumgruppe	Literatur
$RbAuCl_4$	976,0	590,2	1411,6	120,05	$I12/c1$ (No. 15)	[148]
$RbAuBr_4$	1029,9	621,4	743,6	121,33	$P12_1/a1$ (No. 14)	[149]

Die Beziehung zwischen $RbAuCl_4$ und $RbAuBr_4$

Die Rubidium-halogenidoaurate(III) $RbAuCl_4$ und $RbAuBr_4$ kristallisieren beide monoklin, haben aber verschieden große Elementarzellen und auch verschiedene Raumgruppen. Bei Wahl der in Tab. 12.2 genannten Aufstellungen lassen schon die metrischen Verhältnisse eine enge Beziehung vermuten. Der wesentliche Unterschied hängt offenbar mit dem Gitterparameter c zusammen, der bei $RbAuCl_4$ etwa doppelt so groß ist wie bei $RbAuBr_4$.

Mit Hilfe von *International Tables* (Band *A* bis 2006 oder *A*1) lässt sich rasch herausfinden, dass sowohl $I12/c1$ als auch $P12_1/a1$ durch klassengleichen Symmetrieabbau aus der gemeinsamen Obergruppe $C12/m1$ (No. 12) hervorgehen können (Abb. 12.10; in Band *A*1, Teil 3, ist $I12/a1$ als Untergruppe von $C12/m1$ angegeben; $I12/c1$ ist dieselbe Untergruppe mit Achsen a und c vertauscht).

Beim unkritischen Nachschlagen der Untergruppen könnte der Gedanke aufkommen, die Raumgruppe von $RbAuBr_4$ sei eine maximale Untergruppe derjenigen von $RbAuCl_4$. In *International Tables* *A*1 ist nämlich bei der Raumgruppe $I12/a1$ die klassengleiche Untergruppe $P12_1/c1$ genannt; nach Vertauschen von a und c ist das dasselbe wie $I12/c1$ bzw. $P12_1/a1$. Dies kommt jedoch nicht in Betracht: Die Beziehung $I12/c1$ –k2→ $P12_1/a1$ gilt nur für eine unverändert große Elementarzelle.

In Abb. 12.11 sind die Symmetriebilder der drei Raumgruppen im Stile der *International Tables* wiedergegeben. Es wird empfohlen, diese Bilder genau zu betrachten, um sich an Hand der Details die unterschiedliche Art der Auslichtung von Symmetrieelementen infolge des Wegfalls von Translationen zu verdeutlichen.

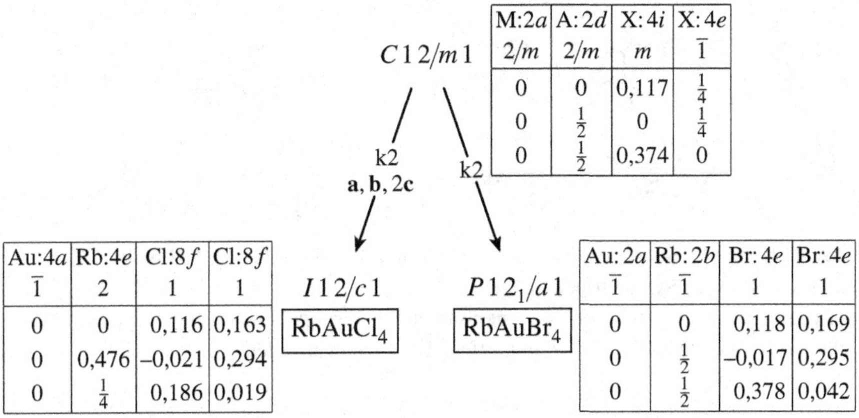

Abb. 12.10: Die Symmetrieverwandtschaft zwischen $RbAuCl_4$ und $RbAuBr_4$

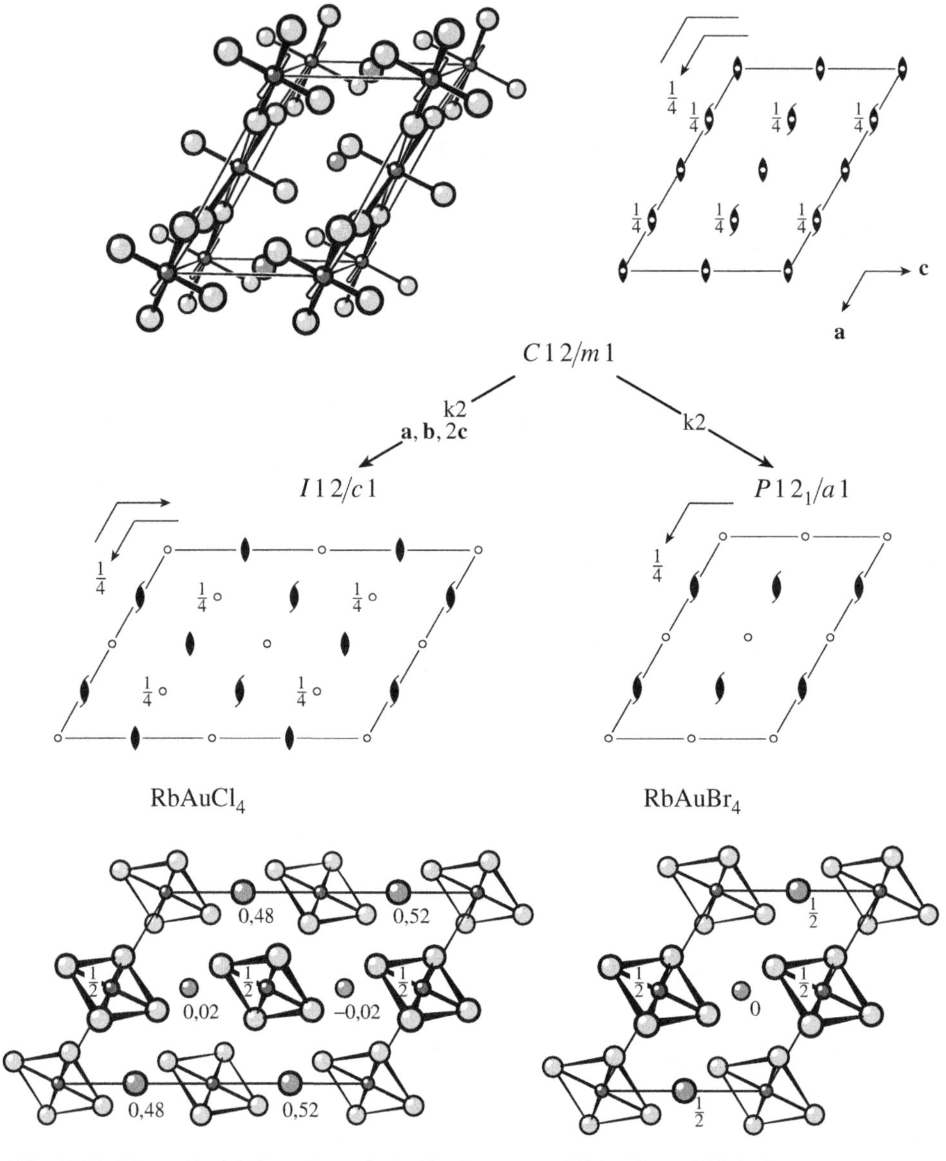

Abb. 12.11: Unten: Projektionen längs **b** der Strukturen von $RbAuCl_4$ und $RbAuBr_4$.
Mitte: die zugehörigen Symmetrieelemente.
Oben: hypothetischer Aristotyp in der gemeinsamen Obergruppe; im perspektivischen Bild sind die zusätzlichen Au–Halogen-Kontakte durch offene Bindungen angedeutet

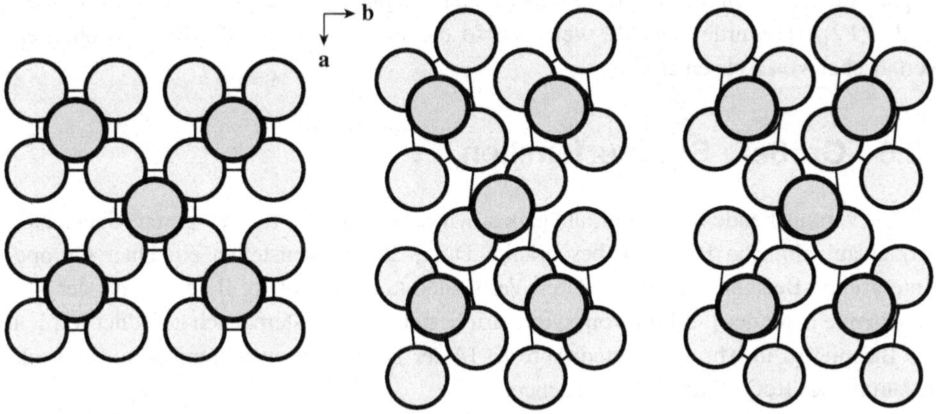

Abb. 12.12: Tetragonale MX_4^--Schicht wie im $TlAlF_4$-Typ und die verzerrte Variante, die bei $RbAuCl_4$ alternierend in zwei Orientierungen auftritt

Der untere Teil von Abb. 12.11 zeigt die Kristallstrukturen der beiden Aurate. Die Gleichartigkeit des Bauprinzips ist offensichtlich. In Bezug auf die Lage der Au- und Rb-Atome stimmen die Strukturen sogar fast vollständig überein. Unterschiedlich ist nur die relative Lage der quadratischen AuX_4^--Ionen in der Abfolge längs **c**. Während in $RbAuBr_4$ die aufeinanderfolgenden $AuBr_4^-$-Ionen gleichsinnig gegen die Projektionsrichtung geneigt sind, wechselt bei den $AuCl_4^-$-Ionen in $RbAuCl_4$ die Orientierung zwischen zwei Alternativen.

Warum kristallisieren die Aurate nicht in der gemeinsamen Obergruppe? Die Antwort ergibt sich nach Konstruktion der hypothetischen Struktur in der Raumgruppe $C\,1\,2/m\,1$. Dort wären nämlich die dreiwertigen Gold-Atome sechsfach von Halogen-Atomen koordiniert; mit ihrer d^8-Elektronenkonfiguration sollte es aber eine quadratische Koordination sein. In Abb. 12.11 ist oben links durch offen gezeichnete Bindungsstriche dargestellt, welche die zusätzlichen Au–Halogen-Kontakte wären; diese wären genauso lang wie die fett gezeichneten Au–Halogen-Bindungen in der *ab*-Ebene. Für eine unverzerrt oktaedrische Koordination wäre noch eine erhebliche metrische Anpassung der Elementarzelle erforderlich, mit $a = b \approx 800\,\text{pm}$ und $a/b = 1$ statt $a/b = 1{,}65$ (Abb. 12.12).

Wenn schon eine Realisierung der Halogenoaurat-Struktur in der Obergruppe $C\,1\,2/m\,1$ nicht möglich ist, so könnte doch eine ähnliche Verbindung in der höhersymmetrischen Struktur kristallisieren. Erforderlich wäre ein dreiwertiges Kation, das eine Tendenz zu oktaedrischer Koordination aufweist. Tatsächlich ist dafür bislang kein Beispiel in der Raumgruppe $C\,1\,2/m\,1$ bekannt. Das Muster der eckenverknüpften Oktaeder in der *ab*-Ebene ist jedoch dasjenige des $TlAlF_4$-Typs in der Raumgruppe $P4/mmm$ [150] (vergleiche dazu die Übungsaufgabe 12.7). Tatsächlich kann man zu diesem Strukturtyp kommen, wobei zusätzlich zur metrischen Anpassung auf $a/b = 1$ noch eine erhebliche scherende Deformation des Gitters erforderlich ist, bei welcher der monokline Winkel von $\beta \approx 121°$ auf $90°$ verkleinert werden muss.

Die Aufstellungen der Raumgruppen $I\,1\,2/c\,1$ (Standard: $C\,1\,2/c\,1$) und $P\,1\,2_1/a\,1$ (Standard: $P\,1\,2_1/c\,1$) wurde gewählt, weil sich so die Beziehung zum $TlAlF_4$-Typ ohne ein Vertauschen von Achsen ergibt.

12.6 Größere Strukturfamilien

In den vorangehenden Abschnitten haben wir uns zugunsten einer guten Überschaubarkeit auf einfache Beispiele beschränkt. Durch Zusammenstellen einzelner Gruppe-Untergruppe-Beziehungen zu größeren Verbänden können größere Bereiche aus der Kristallchemie unter der Leitlinie von Symmetriebeziehungen systematisch geordnet werden. Als Beispiel ist in Abb. 12.13 und Abb. 12.14 der Bärnighausen-Stammbaum der Strukturfamilie des ReO_3-Typs wiedergegeben.

Der Stammbaum enthält zwei Zweige. Derjenige, der in Abb. 12.13 gezeigt ist, enthält Hettotypen, die sich durch Substitutionen der Metallatome ergeben, wobei zum Teil zusätzliche Symmetrieerniedrigungen durch Verzerrungen auftreten, hervorgerufen durch den Jahn-Teller-Effekt (Cu(II)-, Mn(III)-Verbindungen), kovalente Bindungen (As–As-Bindungen bei $CoAs_3$) oder Wasserstoffbrücken. Einen Ausschnitt aus diesem Stammbaum, die Beziehung $CoAs_3$ (oder $In(OH)_3$) $\rightarrow$ $CaSn(OH)_6$, haben wir in einem vorhergehenden Abschnitt betrachtet, Seite 172 und Abb. 12.6. Die Beziehung $ReO_3 \rightarrow VF_3$ (FeF_3) wird in Abschnitt 14.2.1 und Abb. 14.4 eingehender betrachtet.

Vom zweiten Zweig des Stammbaums ist in Abb. 12.13 links oben nur die Raumgruppe $P4/m\,2/m\,2/m$ angegeben; die Fortsetzung folgt in Abb. 12.14. In diesem Zweig kommt nur eine Verbindung vor, WO_3, davon aber eine Reihe von polymorphen Formen, die sich temperatur- und druckabhängig ineinander umwandeln:

$$\begin{array}{ccccccccccc} HT & \overset{1170\,\mathrm{K}}{\rightleftharpoons} & \alpha & \overset{990\,\mathrm{K}}{\rightleftharpoons} & \beta & \overset{600\,\mathrm{K}}{\rightleftharpoons} & \gamma & \overset{290\,\mathrm{K}}{\rightleftharpoons} & \delta & \overset{230\,\mathrm{K}}{\rightleftharpoons} & \varepsilon \\ &&&&&&&& \upharpoonleft\downharpoonright{>}300\,\mathrm{MPa} && \\ &&&&&&&& HP && \end{array}$$

Da alle Umwandlungen außer $HT \rightleftharpoons \alpha$ und $\beta \rightleftharpoons \gamma$ starke Hysterese zeigen, sind die angegebenen Umwandlungstemperaturen nur grobe Richtwerte. Alle genannten Modifikationen sind Varianten des ReO_3-Typs mit drei verschiedenen Arten von Verzerrungen, nämlich:

1. Herausrückung der W-Atome aus den Mitten der Koordinationsoktaeder;
2. gegenseitige Verdrehung der Oktaeder;
3. Deformation der Oktaeder.

(Von WO_3 gibt es weitere, hier nicht genannte Modifikationen, die sich nicht vom ReO_3-Typ ableiten).

Auch die Hochtemperaturform HT-WO_3 (1200 K), welche die höchstsymmetrische Modifikation ist, ist nicht kubisch. Sie hat W-Atome, die parallel zu **c** aus den Oktaedermitten gerückt sind, verbunden mit einer leichten Dehnung der Oktaeder in dieser Richtung. In einem Strang der eckenverknüpften Oktaeder längs **c** ergeben sich so abwechselnd kurze

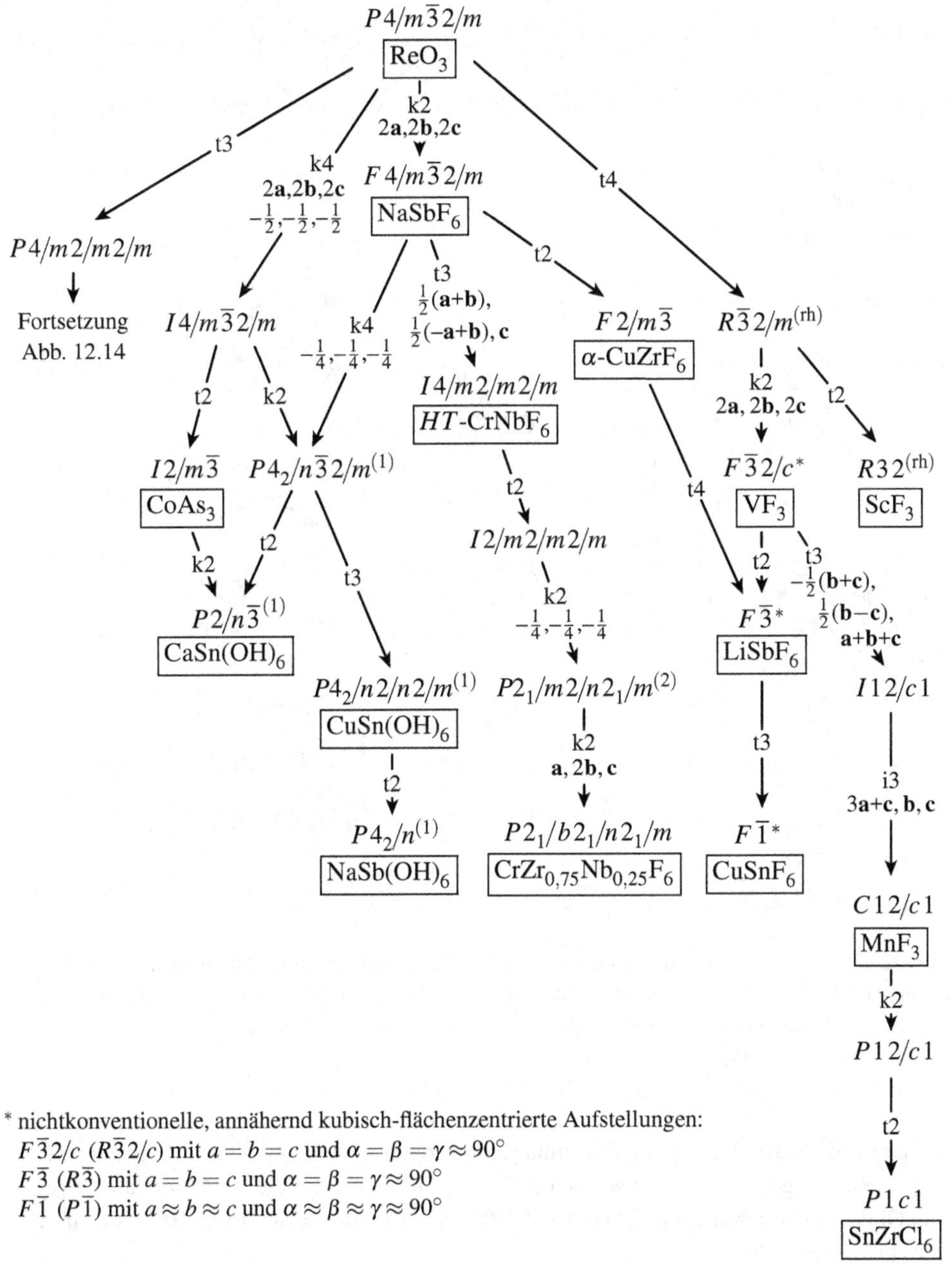

Abb. 12.13: Strukturfamilie der Hettotypen des ReO_3-Typs. Atomparameter und andere kristallographische Daten siehe bei [151]

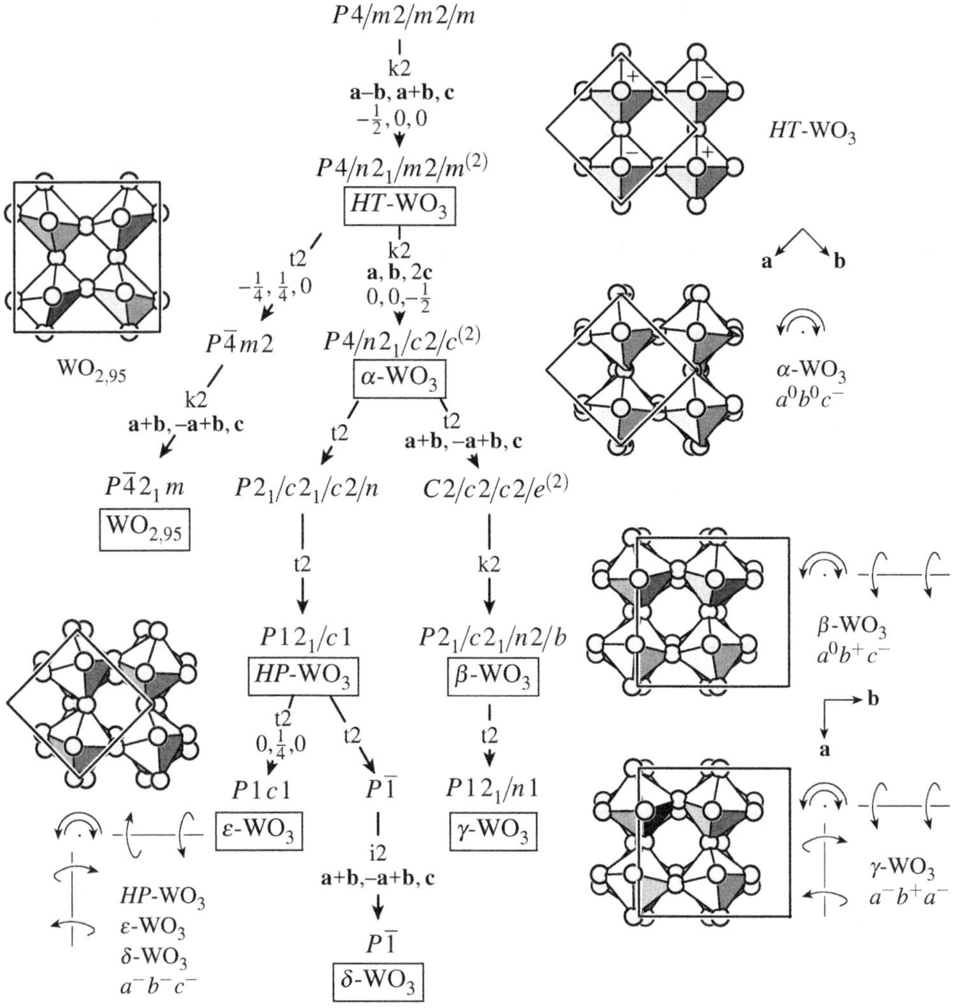

Abb. 12.14: Fortsetzung des linken Zweigs von Abb. 12.13 mit polymorphen Formen von WO_3. + und – im Bild rechts oben deuten an, in welcher Richtung die W-Atome aus den Oktaedermitten herausgerückt sind. Die gebogenen Pfeile zeigen an, wie hintereinanderliegende Oktaeder im Vergleich zum ReO_3-Typ verdreht sind

und lange W–O-Bindungen. In benachbarten Strängen sind die W-Atome in entgegengesetzten Richtungen herausgerückt. Bei β-, γ- und δ-WO_3 sind die W-Atome auf jeweils eine Oktaederkante hin verschoben, bei ε-WO_3 und der Hochdruckform *HP*-WO_3 hin zu einer Oktaederfläche.

Bei den niedriger symmetrischen Modifikationen sind die Oktaeder zusätzlich in unterschiedlicher Weise gegenseitig verdreht. Das wird häufig mit der Glazer-Notation bezeichnet [152, 153], die für ‚Doppelperowskite' entwickelt wurde. Bezogen auf die Richtungen **a**, **b** und **c** der verachtfachten kubischen Perowskit- bzw. ReO_3-Zelle bedeutet zum Bei-

Tabelle 12.3: Kristalldaten zu verschiedenen Modifikationen von Wolframtrioxid

	Raumgruppe	a/pm	b/pm	c/pm	α/°	β/°	γ/°	Literatur
HT-WO_3 (1200 K)	$P4/nmm$	530,3	530,3	393,5				[154, 160]
α-WO_3 (1100 K)	$P4/ncc$	528,9	528,9	786,3				[154, 155, 160]
HP-WO_3 (570 MPa, 293 K)	$P1\,2_1/c\,1$	526,1	512,8	765		92,1		[156, 160]
ε-WO_3 (230 K)	$P1\,c\,1$	527,8	516,2	767,5		91,7		[157]
β-WO_3 (623 K)	$Pcnb$	733,1	757,3	774,0				[155, 160]
γ-WO_3 (573 K)	$P1\,2_1/n\,1$	732,7	756,4	772,7		90,5		[155, 160]
δ-WO_3 (293 K)	$P\bar{1}$	731,3	752,5	768,9	88,8	90,9	90,9	[158]
$WO_{2,95}$	$P\bar{4}2_1m$	739	739	388				[159]

spiel $a^+b^-c^0$: in Richtung **a** hintereinanderliegende Oktaeder sind gleichsinnig um **a** verdreht, in Richtung **b** hintereinanderliegende Oktaeder sind gegensinnig um **b** verdreht, und in Richtung **c** hintereinanderliegende Oktaeder sind nicht verdreht. Bei α-WO_3 liegt nur eine entgegengesetzte Verdrehung benachbarter Oktaeder um **c** vor, $a^0b^0c^-$. Bei β-WO_3 sind die Oktaeder zusätzlich gleichsinnig um **b** verdreht, $a^0b^+c^-$, bei γ-WO_3 außerdem entgegengesetzt um **a** um den gleichen Betrag wie bei **c**, $a^-b^+a^-$. Nach einer Studie soll die zuvor als *HP*-WO_3 beschriebene Phase auch zwischen der α- und β-Phase im Temperaturbereich von 1070 K bis 990 K vorkommen [160].

Die Kristalldaten (Tab. 12.3) und die Atomkoordinaten aller Atome (Tab. 12.4) zeigen, wie gering die Abweichungen zwischen den WO_3-Modifikationen sind.

Die Bedeutung von Gruppe-Untergruppe-Beziehungen bei Phasenumwandlungen ist Gegenstand von Kapitel 16.

Weitere, zum Teil recht umfangreiche Stammbäume von Strukturfamilien sind im Laufe der Jahre erstellt worden. Zu nennen sind die Hettotypen des Perowskits, mit einer großen Zahl von Verzerrungs- und Substitutionsvarianten [1, 161–164], die Strukturfamilien des Rutils [143, 144, 165], des CaF_2-Typs [143], des AlB_2-Typs [166], des $ThCr_2Si_2$- (oder $BaAl_4$-)Typs [167, 170] und anderen intermetallischen Verbindungen [168, 169], von Zeolithen [171–173], Heusler-Legierungen [176], Antiperowskite [177], Metallhydride [174, 175], Hydroxidhalogenide [178] und von Tetraphenylphosphonium-Salzen [179, 180]. Viele weitere werden im zusammenfassenden Artikel [180] zitiert. Eine umfassende Sammlung bis 2022 findet sich bei [181].

Tabelle 12.4: Atomkoordinaten der in Tab. 12.3 genannten Modifikationen von Wolframtrioxid

	W			O			O		
	x	y	z	x	y	z	x	y	z
HT-WO$_3$	$\frac{1}{4}$	$\frac{1}{4}$	0,066	$\frac{1}{4}$	$\frac{1}{4}$	0,506	$\frac{1}{2}$	$\frac{1}{2}$	0
$x, y, \frac{1}{2}z+\frac{1}{4}$ ↓									
α-WO$_3$	$\frac{1}{4}$	$\frac{1}{4}$	0,283	$\frac{1}{4}$	$\frac{1}{4}$	0,503	0,525	0,475	$\frac{1}{4}$
HP-WO$_3$	0,256	0,268	0,288	0,255	0,173	0,512	0,558	0,454	0,301
$x, y-\frac{1}{4}, z$ ↓							−0,042	0,039	0,202
ε-WO$_3$*	0,255	0,030	0,287	0,252	−0,082	0,509	0,541	0,214	0,292
	−0,256	0,490	−0,288	−0,254	0,566	0,494	0,451	0,294	−0,284
$\frac{1}{2}(x+y),$							−0,035	−0,206	0,216
$\frac{1}{2}(-x+y), z$ ↓							0,033	−0,279	−0,209
β-WO$_3$	0,252	0,029	0,283	0,220	−0,013	0,502	0,502	−0,032	0,279
							0,283	0,269	0,259
γ-WO$_3$	0,253	0,026	0,283	0,212	−0,002	0,500	0,498	−0,036	0,279
	0,246	0,033	0,781	0,277	0,028	0,000	0,000	0,030	0,218
							0,282	0,264	0,277
							0,214	0,257	0,742
δ-WO$_3$	0,257	0,026	0,285	0,210	−0,018	0,506	0,499	−0,035	0,289
	0,244	0,031	0,782	0,288	0,041	0,004	0,001	0,034	0,211
$\frac{1}{2}(x+y),$	0,250	0,528	0,216	6 zusätzliche O-Atome			0,287	0,260	0,284
$\frac{1}{2}(-x+y)-\frac{1}{4}, z$ ↓	0,250	0,534	0,719	bei ca. $\frac{1}{2}-x, \frac{1}{2}+y, \frac{1}{2}-z$			0,212	0,258	0,729
WO$_{2,95}$	0,243	0,743	0,070	0,237	0,737	0,507	0,498	0,708	−0,024

* Koordinaten um $x-0{,}245$, $y+\frac{1}{2}$, $z+0{,}037$ verschoben gegen die Literaturwerte [157]

12.7 Übungsaufgaben

Zur Lösung der Aufgaben ist der Zugriff auf *International Tables A* und *A*1 notwendig.
Lösungen auf Seite 362

12.1. Machen Sie eine (möglichst vergrößerte) Kopie von Abb. 12.2. Zeichnen Sie in der Art der *International Tables* sämtliche Symmetrieelemente in die vier Elementarzellen ein. Welche Symmetrieelemente fallen jeweils fort?

12.2. Die Kristalldaten für Tiefquarz sind in Beispiel 9.4 (S. 135) genannt ($a = 491$ pm, $c = 541$ pm). Beim Erwärmen über 573 °C wandelt er sich in Hochquarz um, Raumgruppe $P6_222$, $a = 500$ pm, $c = 546$ pm, mit den Atomlagen Si, $\frac{1}{2}$, 0, $\frac{1}{2}$ und O, 0,416, 0,208, $\frac{2}{3}$ [182]. Bringen Sie die beiden Strukturen in Beziehung zueinander. Um welche Art von Beziehung handelt es sich? Worauf ist bei den Atomkoordinaten zu achten? Welche zusätzlichen Freiheitsgrade ergeben sich in der niedriger-symmetrischen Form?

12.3. Die Kristalldaten für α-$AlPO_4$ sind [183]:

$P3_121$ $a = 494$ pm, $c = 1095$ pm

	x	y	z		x	y	z
Al	0,466	0	$\frac{1}{3}$	O1	0,416	0,292	0,398
P	0,467	0	$\frac{5}{6}$	O2	0,416	0,257	0,884

Welche Symmetriebeziehung besteht zur Struktur von Quarz? (vgl. Aufgabe 12.2.)

12.4. Die Mehrzahl der Metalle kristallisiert mit einer der folgend genannten Kugelpackungen.

kubisch-dichteste Kugelpackung (Cu-Typ) $Fm\bar{3}m$	hexagonal-dichteste Kugelpackung (Mg-Typ) $P6_3/mmc$ $c/a = 1{,}633$	kubisch-innenzentrierte Kugelpackung (W-Typ) $Im\bar{3}m$
x y z	x y z	x y z
0 0 0	$\frac{1}{3}$ $\frac{2}{3}$ $\frac{1}{4}$	0 0 0

Wie und von welchen dieser Kugelpackungen leiten sich die Strukturen von Indium, α-Quecksilber, Protactinium und α-Uran ab?

In $I4/mmm$	α-Hg $R\bar{3}m$	Pa $I4/mmm$	α-U $Cmcm$
$a = 325{,}1$ $c = 494{,}7$	$a = 346{,}5$ $c = 667{,}7$ (hex. Achsen)	$a = 392{,}5$ $c = 324{,}0$	$a = 285{,}4$ $b = 586{,}8$ $c = 495{,}8$ pm
x y z	x y z	x y z	x y z
0 0 0	0 0 0	0 0 0	0 0,398 $\frac{1}{4}$

12.5. Wie leitet sich die Struktur von Tl_7Sb_2 [184] von einer der in Aufgabe 12.4 genannten Kugelpackungen ab?

$Im\bar{3}m$ $a = 1162$ pm

	x	y	z		x	y	z
Tl1	0	0	0	Tl3	0,350	0,350	0
Tl2	0,330	0,330	0,330	Sb	0,314	0	0

12.6. Normales VO_2 (sog. Phase M_1) wandelt sich bei Temperaturen über 68 °C reversibel in die Rutil-Struktur um (Phase R). Dabei nimmt seine elektrische Leitfähigkeit dramatisch zu (Übergang vom Isolator zum Metall). Wenn Vanadium zu einem geringen Teil durch Chrom ersetzt ist, gibt es eine weitere Modifikation (sog. Phase M_2 [185]). Erstellen Sie mit Hilfe der Daten aus Abb. 12.7 und 12.8 einen Stammbaum, der diese Strukturen in Beziehung zueinander setzt. Beachten Sie, dass die Raumgruppe No. 14 in verschiedenen Arten aufgestellt werden kann ($P1\,2_1/a\,1$, $P1\,2_1/n\,1$, $P1\,2_1/c\,1$). Als Zwischengruppe tritt noch der $CaCl_2$-Typ auf (vgl. Abb. 1.2).

Phase M_2 $A1\,1\,2/m$ $a = 452{,}6$ $b = 906{,}6$ $c = 579{,}7$ pm $\gamma = 91{,}9°$

	x	y	z		x	y	z		x	y	z
V1	0	0	0,281	O1	0,294	0,148	0,248	O3	0,201	0,400	$\frac{1}{2}$
V2	0,531	0,269	$\frac{1}{2}$	O2	0,209	0,397	0				

12.7. Nachfolgend sind die Kristalldaten für zwei Modifikationen von $TlAlF_4$ bei zwei verschiedenen Temperaturen angegeben [150]. Stellen Sie die Gruppe-Untergruppe-Beziehung zwischen ihnen auf. Was ist bei den Modifikationen verschieden? Obwohl sich die Zellvolumina um einen Faktor von ca. 4 unterscheiden, ist der Index nur 2; wie kann das sein?

$TlAlF_4$-*tP*6, 300 °C $P4/mmm$
$a = 364{,}9$ $c = 641{,}4$ pm

	x	*y*	*z*		*x*	*y*	*z*
Tl	$\frac{1}{2}$	$\frac{1}{2}$	$\frac{1}{2}$	F1	$\frac{1}{2}$	0	0
Al	0	0	0	F2	0	0	0,274

$TlAlF_4$-*tI*24, 200 °C $I4/mcm$
$a = 514{,}2$ $c = 1280{,}7$ pm

	x	*y*	*z*		*x*	*y*	*z*
Tl	0	$\frac{1}{2}$	$\frac{1}{4}$	F1	0,276	0,224	0
Al	0	0	0	F2	0	0	0,137

$TlAlF_4$-*tP*6 ist als $TlAlF_4$-Typ bekannt.

12.8. Stellen Sie die Symmetriebeziehungen zwischen Böhmit (γ-AlOOH) [186, 187] und den Alkalihydroxid-Hydraten [188] auf. Lassen Sie die H-Atomlagen außer Betracht. Es liegen Schichten aus kantenverknüpften Oktaedern parallel zur *ac*-Ebene vor. Die Al–O-Bindungen in den (verzerrten) Koordinationsoktaedern sind im Mittel 191 pm lang; die Abstände Rb–O sind ca. 1,56 mal und K–O ca. 1,51 mal länger. Dies spiegelt sich ungefähr in den Gitterparametern *a* und *c* wider.

γ-AlOOH $Cmcm$
$a = 286{,}8$ $b = 1223{,}2$
$c = 369{,}5$ pm

	x	*y*	*z*
Al	0	0,179	$\frac{1}{4}$
O1	0	0,206	$\frac{3}{4}$
O2	$\frac{1}{2}$	0,083	$\frac{1}{4}$

$RbOH{\cdot}OH_2$ $Cmc2_1$
$a = 412{,}0$ $b = 1124{,}4$
$c = 608{,}0$ pm

	x	*y*	*z*
Rb	0	0,152	$\frac{1}{4}$
O1	0	0,163	0,75
O2	$\frac{1}{2}$	–0,032	0,146

$KOH{\cdot}OH_2$ $P112_1/a$
$a = 788{,}7$ $b = 583{,}7$
$c = 585{,}1$ pm $\gamma = 109{,}7°$

	x	*y*	*z*
K	0,075	0,298	0,254
O1	0,085	0,343	0,754
O2	0,237	–0,055	0,137

12.9. Die in Abb. 12.14 genannte Raumgruppe $P4/ncc$ von α-WO_3 hat auf halben Weg zwischen den *c*-Gleitspiegelebenen auch *n*-Gleitspiegelebenen mit Gleitkomponente $\frac{1}{2}(\mathbf{a}+\mathbf{b}) + \frac{1}{2}\mathbf{c}$. Sie ist eine Untergruppe von $P4/nmm$ (*HT*-WO_3), bei der stattdessen Gleitspiegelebenen mit Gleitrichtung $\frac{1}{2}(\mathbf{a}+\mathbf{b})$ vorhanden sind, aber die *n*-Gleitspiegelebenen scheinbar fehlen. Da bei einer Symmetriereduktion nur Symmetrieelemente wegfallen können, aber keinesfalls hinzukommen dürfen, scheint hier ein Fehler vorzuliegen. Klären Sie den Widerspruch auf.

12.10. Wenn die Legierung $MoNi_4$ von 1200 °C abgeschreckt wird, kristallisiert sie im Cu-Typ mit ungeordneter Verteilung der Atome. Wird sie dann stundenlang bei ca. 840 °C getempert, so ordnen sich die Atome zu einer Überstruktur des Cu-Typs [189]. Stellen Sie die Symmetriebeziehung zwischen der ungeordneten und der geordneten Legierung auf.

$MoNi_4$ im Cu-Typ
$Fm\bar{3}m$ $a = 361{,}2$ pm

		x	*y*	*z*
Mo, Ni	4*a*	0	0	0

$MoNi_4$ geordnet
$I4/m$ $a = 572{,}0$ pm, $c = 356{,}4$ pm

		x	*y*	*z*
Mo	2*a*	0	0	0
Ni	8*h*	0,400	0,200	0

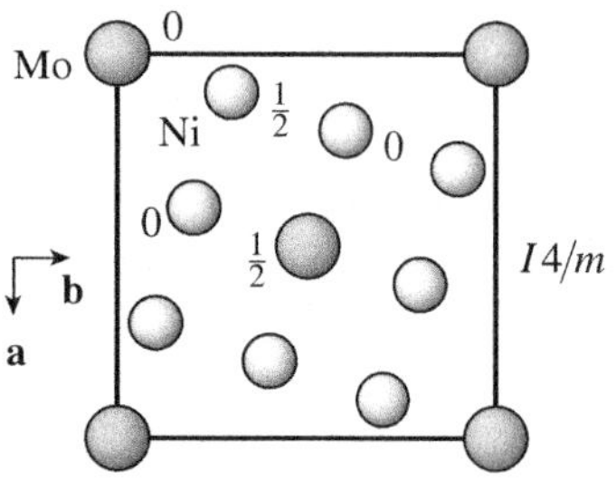

12.11. Ungeordnetes β-Messing (CuZn) kristallisiert im W-Typ: $I4/m\bar{3}2/m$, $a = 295{,}2$ pm, Cu und Zn statistisch in der Lage 2*a* (0, 0, 0). γ-Messing (Cu_5Zn_8) ist geordnet: $I\bar{4}3m$, $a = 886{,}6$ pm, mit den Atomkoordinaten [190]:

	x	*y*	*z*		*x*	*y*	*z*
Cu1	0,328	*x*	*x*	Zn1	0,608	*x*	*x*
Cu2	0,356	0	0	Zn2	0,312	*x*	0,037

Welche Gruppe-Untergruppe-Beziehung besteht zwischen β- und γ-Messing? Anmerkung: im γ-Messing gibt es, im Vergleich zu β-Messing, eine vakante Atomlage.

Fallen und Stolpersteine beim Aufsuchen von Gruppe-Untergruppe-Beziehungen

13

Das Aufsuchen von kristallographischen Gruppe-Untergruppe-Beziehungen ist leider nicht frei von Stolpersteinen. Beim unkritischen Auflisten solcher Beziehungen können leicht Fehler unterlaufen.

Mit Raumgruppensymbolen allein lässt sich keine Beziehungen aufzeigen. Zu einer Raumgruppe gehört immer auch ein bestimmtes Gitter mit festgelegter Metrik. Kristallchemisch vergleichen wir Kristallstrukturen, und zu deren Charakterisierung gehört nicht nur das Raumgruppensymbol, sondern auch die Maße des Gitters und die Ortskoordinaten aller Atome. Bei Gruppe-Untergruppe-Beziehungen muss der Größe und Orientierung der Elementarzellen und der relativen Lage der Nullpunkte besondere Aufmerksamkeit gelten. Außerdem müssen sich die Ortskoordinaten der Atome aller Untergruppen zwanglos aus denjenigen der Ausgangsgruppe ergeben. Dabei sind maßvolle Abweichungen in der Gittermetrik und Verrückungen der Atomlagen erlaubt und oft auch notwendig (siehe Abschnitte 12.1 und 12.2).

Mögliche Fehlerursachen können sein:

- Notwendige, aber nicht beachtete Ursprungsverschiebungen
- Falsche Ursprungsverschiebungen
- Fehlerhafte Basis- und/oder Koordinatentransformationen
- Überflüssige Basistransformationen, zum Beispiel solche, die nur deshalb durchgeführt werden, um nichtkonventionelle Raumgruppenaufstellungen zu vermeiden
- Fehler beim Umgang mit nichtkonventionellen Raumgruppenaufstellungen
- Mangelnde Unterscheidung von Raumgruppe und Raumgruppentyp; Gruppe-Untergruppe-Beziehungen gibt es nur zwischen Raumgruppen, nicht zwischen Raumgruppentypen. Dazu gehört, dass das Volumen der primitiven Elementarzelle einer Untergruppe nicht verkleinert sein darf (abgesehen von metrischen Anpassungen)
- Nicht vorhandene oder falsche Beziehungen zwischen den Atomlagen von Gruppe und Untergruppe

U. Müller, *Symmetriebeziehungen zwischen Kristallstrukturen*,
https://doi.org/10.1007/978-3-662-67166-5_13

- Nicht zusammenpassende Raumgruppenaufstellungen oder Koordinatensätze für homöotype Strukturen
- Wenn die Gruppe-Untergruppe-Beziehungen richtig sind, aber Ursprungsverschiebungen oder Basistransformationen nicht genannt werden, können sich daraus Folgefehler oder Missverständnisse ergeben

Nachfolgend wird anhand von Beispielen gezeigt, wie es zu solchen Fehlern kommen kann.

13.1 Urspungsverschiebungen

β-K_2CO_3 und β-Na_2CO_3 haben sehr ähnliche Strukturen und eine ähnliche Metrik der Elementarzellen (Abb. 13.1) [191]. In Richtung **c** sind Stränge von hintereinanderliegenden Alkalimetall-Ionen vorhanden, neben Strängen, in denen sich Alkalimetall-Ionen und Carbonat-Ionen abwechseln. Die Carbonat-Ionen sind ungefähr, aber nicht genau senkrecht zu **c** ausgerichtet. Bei β-K_2CO_3 sind sie um die Richtung **b**, bei β-Na_2CO_3 um **a** verdreht. Zwischen den Raumgruppen $C\,1\,2/c\,1$ und $C\,2/m\,1\,1$ der beiden Verbindungen gibt es keine Gruppe-Untergruppe-Beziehung. In *International Tables* A 1983–2006 und $A1$ sind aber die Raumgruppen $Cmce$ und $Cmcm$ als mögliche Kandidaten für eine gemeinsame Obergruppe zu finden. In den Listen der Obergruppen sind Ursprungsverschiebungen in *International Tables* weder in Band A noch $A1$ angegeben; sie sind nur bei den Untergruppen in Band $A1$ verzeichnet. Dort finden wir für die Beziehung $Cmce \longrightarrow C\,1\,2/c\,1$

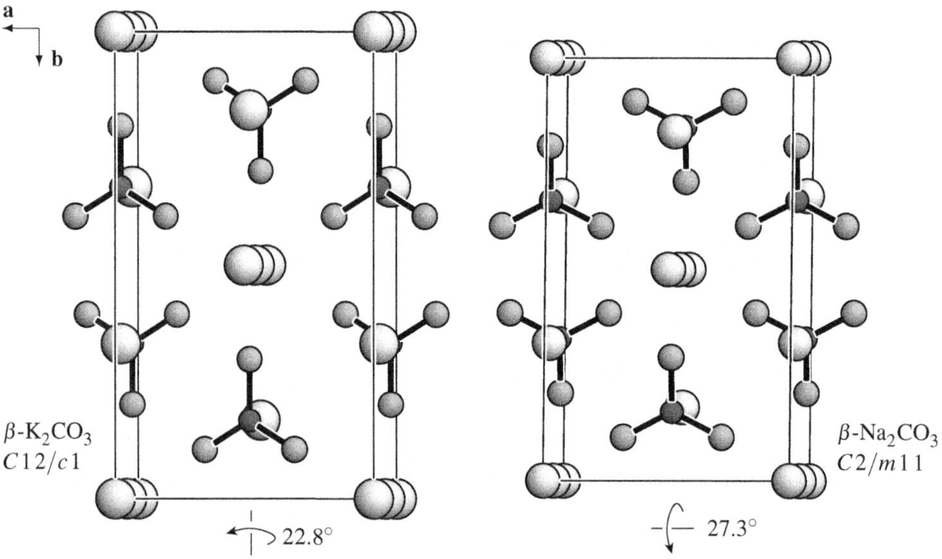

Abb. 13.1: Ansichten der Elementarzellen von β-K_2CO_3 und β-Na_2CO_3. Die Verdrehungswinkel der CO_3^{2-}-Ionen beziehen sich auf eine Ebene senkrecht zu **c**

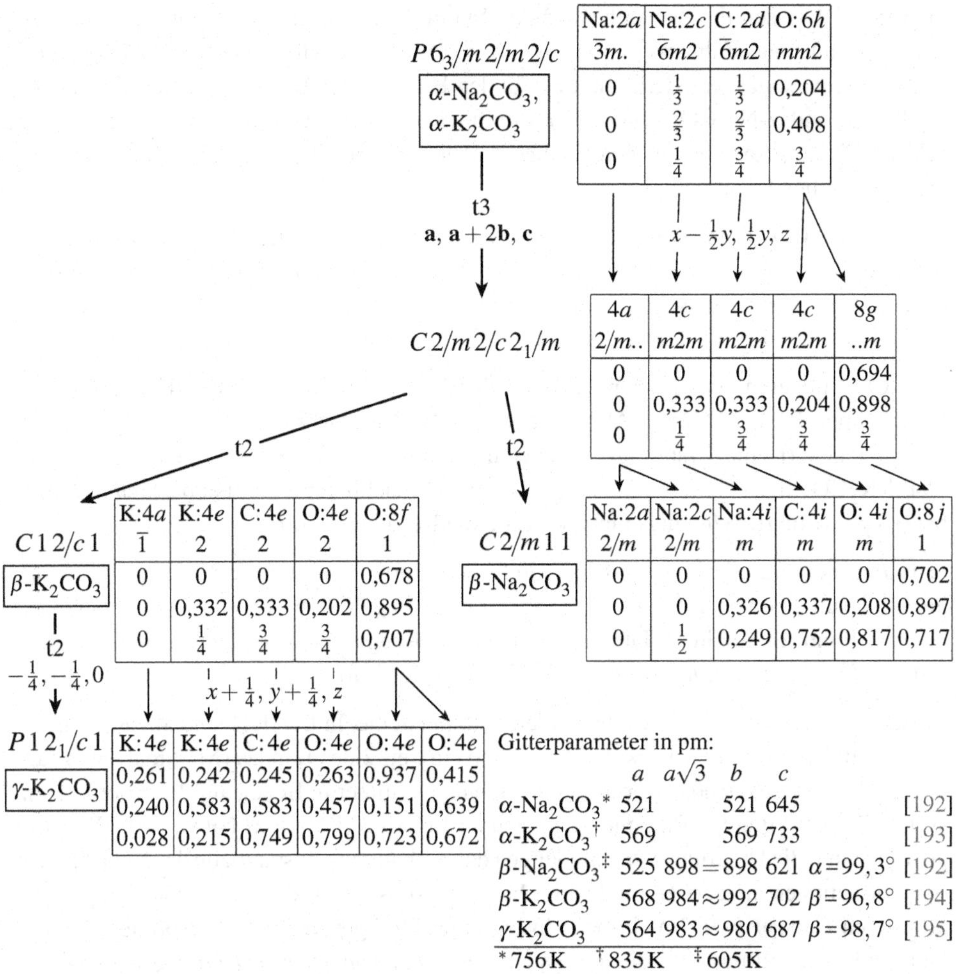

Abb. 13.2: Stammbaum von Gruppe-Untergruppe-Beziehungen für einige Modifikationen der Alkalicarbonate K_2CO_3 und Na_2CO_3 (bei α-K_2CO_3 sind die O-Atome fehlgeordnet). Die Position $8g$ von $C2/m2/c2_1/m$ kommt vom symmetrieäquivalenten Punkt 0,592, 0,796, $\frac{3}{4}$ der Punktlage $6h$ von $P6_3/m2/m2/c$

eine Ursprungsverschiebung um $\frac{1}{4}, \frac{1}{4}, 0$ (oder $-\frac{1}{4}, -\frac{1}{4}, 0$); bei den anderen Beziehungen gibt es keine Ursprungsverschiebungen ($Cmce \longrightarrow C2/m11$, $Cmcm \longrightarrow C12/c1$, $Cmcm \longrightarrow C2/m11$). Da die Koordinatenwerte für alle Atome von β-K_2CO_3 und β-Na_2CO_3 sehr ähnlich sind, kommt die Ursprungsverschiebung nicht in Betracht. $Cmce$ scheidet deshalb als gemeinsame Obergruppe aus; sie zu wählen wäre ein grober Fehler. Die zutreffende gemeinsame Obergruppe kann nur $Cmcm$ sein.

Für die Raumgruppe $Cmcm$ spricht ein weiteres Argument: sie weist den Weg zu einem hexagonalen Aristotyp in der Raumgruppe $P6_3/mmc$ (Abb. 13.2). Die Einzelbilder in Abb. 13.1 lassen die pseudohexagonale Symmetrie der Carbonate gut erkennen, und dazu passt auch das Zahlenverhältnis $a\sqrt{3} \approx b$. Tatsächlich wird der hexagonale Aristotyp in diesem Fall sogar realisiert, und zwar in den Hochtemperaturmodifikationen α-K_2CO_3 (> 420°C) und α-Na_2CO_3 (> 400°C). Bei ihnen befinden sich die CO_3^{2-}-Ionen auf dreizähligen Drehachsen und auf Spiegelebenen senkrecht zu **c**. In den β-Modifikationen sind die CO_3^{2-}-Ionen leicht gekippt.

Für β-Na_2CO_3 haben wir die nichtkonventionelle Aufstellung $C2/m\,1\,1$ mit monokliner a-Achse gewählt um eine Basistransformation zu vermeiden (Standardaufstellung ist $C\,1\,2/m\,1$; a und b vertauscht). Dadurch springt die große Ähnlichkeit bei den Koordinatenwerten von β-K_2CO_3 und β-Na_2CO_3 (Abb. 13.2) sofort ins Auge.

K_2CO_3 bildet unterhalb von 250 °C eine weitere Modifikation (γ-K_2CO_3) in der Raumgruppe $P\,1\,2_1/c\,1$, die in Abb. 13.2 auch aufgeführt ist. Zur Beziehung $C\,1\,2/c\,1 \longrightarrow P\,1\,2_1/c\,1$ gehört eine Ursprungsverschiebung um $-\frac{1}{4},-\frac{1}{4},0$, d. h. zu allen Koordinaten von β-K_2CO_3 muss $\frac{1}{4},\frac{1}{4},0$ addiert werden, was tatsächlich zu den beobachteten Werten bei γ-K_2CO_3 führt. Wäre dies nicht so, wäre die Beziehung falsch.*

In *International Tables A* sind für jede Raumgruppe die maximalen Untergruppen aufgezählt [Auflagen von 1983 bis 2006; ab der 6. Auflage (2016) sind diese Angaben nicht mehr in Band *A* enthalten]. Die zugehörigen Ursprungsverschiebungen fehlen jedoch in Band *A*. Sie sind nur in *International Tables A*1 aufgeführt.

Aber auch *International Tables A*1 bietet Stolpersteine. In Band *A*1 sind alle Raumgruppen mit allen Untergruppen zweimal tabelliert. In Teil 2 des Bandes (Maximal subgroups of the space groups) sind Ursprungsverschiebungen immer in Bezug auf das Koordinatensystem der betreffenden Raumgruppe genannt. In Teil 3 (Relations between the Wyckoff position) sind die Ursprungsverschiebungen dagegen nur als Bestandteile der Koordinatentransformationen angegeben, und somit beziehen sie sich auf das Koordinatensystem der jeweiligen *Untergruppe*. Im Gruppe-Untergruppe-Pfeil geben wir die Ursprungsverschiebung in Bezug auf das Koordinatensystem der *höhersymmetrischen Raumgruppe* an; die zugehörigen Werte ergeben sich aus den Angaben in Band *A*1, Teil 3, erst durch Transformation auf das Koordinatensystem der höhersymmetrischen Raumgruppe. Siehe dazu die Ausführungen in Abschnitt 3.6.6 und Beispiel 3.8. Diese Umrechnung *muss* gegebenenfalls durchgeführt werden, man kann sie nicht einfach in Teil 2 von Band *A*1 nachsehen. In Band *A*1 sind nämlich für ein und dasselbe Gruppe-Untergruppe-Paar in Teil 2 und in Teil 3 in der Regel nicht dieselben Ursprungsverschiebungen gewählt worden (häufig haben sie entgegengesetzte Richtung). Zum Beispiel entsprechen die Angaben zur Beziehung $C\,1\,2/c\,1 \rightarrow P\,1\,2_1/c\,1$ in Abb. 13.2 den Angaben zur Raumgruppe $C\,1\,2/c\,1$ in Band *A*1, Teil 3, während in Teil 2 eine Ursprungsverschiebung von $\frac{1}{4},\frac{1}{4},0$ genannt ist.

---

*Natriumcarbonat nimmt zwischen 360 °C und −143 °C eine Struktur an (γ-Na_2CO_3), bei der die Verdrehung der CO_3^{2-}-Ionen von Elementarzelle zu Elementarzelle verschieden ist und dabei einer Sinuswelle folgt, deren Periodizität nicht kompatibel mit der Periodizität des Kristallgitters ist [196–199]. Solche Strukturen werden inkommensurabel modulierte Strukturen genannt. Sie können nicht mit dreidimensionalen Raumgruppen erfasst werden, sondern benötigen eine Erweiterung in höherdimensionale Räume (Superraumgruppen)

13.2 Pare Untergruppen

In *International Tables A* 1983–2006 ist die Aufzählung der Untergruppen nicht vollständig. Nur bei den translationengleichen Untergruppen und den unter ‚**IIa**' genannten Untergruppen (klassengleiche mit Verlust von Zentrierungen) ist das Raumgruppensymbol mehrmals wiederholt, wenn es mehrere Untergruppen desselben Typs gibt. Sie unterscheiden sich in der Auswahl der Symmetrieoperationen der Raumgruppe, die in der Untergruppe erhalten bleiben; welche das sind, ergibt sich aus den aufgezählten Erzeugenden. Bei den klassengleichen Untergruppen unter ‚**IIb**', mit vergrößerter konventioneller Elementarzelle, wird jeder Raumgruppentyp dagegen nur einmal genannt, auch wenn es mehrere Untergruppen dieses Typs gibt; außerdem fehlt die Aufzählung der verbliebenen Erzeugenden. Die in Band *A* fehlenden Angaben finden sich in Band *A*1; dort sind alle maximalen Untergruppen der Raumgruppen vollständig aufgeführt.

Mehrere gleichartige und doch verschiedene Untergruppen desselben Raumgruppentyps und mit gleichen Gittermaßen können konjugierte Untergruppen sein, oder sie können pare Untergruppen sein, die verschiedenen Konjugiertenklassen angehören. Siehe Definition 8.2 (Abschn. 8.3) und den dort anschließenden Text.

Konjugierte Untergruppen sind aus der Sicht des Aristotyps symmetrisch gleichwertig; es genügt, eine davon zu berücksichtigen, siehe Abschnitt 8.1 und Text im Anschluss an Abb. 8.8. Dagegen müssen die Konjugiertenklassen (nichtkonjugierte pare Untergruppen) alle im Auge behalten werden. Pare Untergruppen kommen häufig bei klassengleichen maximalen Untergruppen vom Index 2 vor. Sie unterscheiden sich in der Lage ihrer Ursprünge. Wie verschieden die Strukturen bei paren Untergruppen sein können, zeigen die Beispiele in Abb. 8.8 und Abb. 12.4. Es ist also von Bedeutung, die richtige unter mehreren paren Untergruppen auszuwählen. Auch in Abb. 15.1, ergibt sich die richtige Raumgruppe von KN_3 nur mit der angegebenen Ursprungsverschiebung.

Die unkritische Verwendung des Programms `MAXSUB` des Bilbao Crystallographic Server kann zu dem Fehler verleiten, nur eine Untergruppe eines Typs zu wählen, obwohl es mehrere davon in verschiedenen Konjugiertenklassen gibt (s. Abschn. 24.1.1).

13.3 Falsche Zelltransformationen

Bei der Suche nach möglichen Wegen für den Symmetrieabbau von einem gegebenen Aristotyp zu einem gegebenen Hettotyp wird man zuerst alle maximalen Untergruppen des Aristotyps notieren, dann deren maximale Untergruppen usw., bis der Hettotyp erreicht ist. Für jede Gruppe-Untergruppe-Beziehung ist dabei Buch zu führen über Zelltransformationen und Ursprungsverschiebungen. Am Ende müssen alle Zelltransformationen und Ursprungsverschiebungen zum richtigen Gitter und Ursprung des Hettotyps führen.

Die Kristallstruktur von β-$IrCl_3$ kann als NaCl-Typ beschrieben werden, bei dem zwei drittel der Kationenpositionen vakant sind [200]. Die Abmessungen der Elementarzelle entsprechen:

$$a = \sqrt{2}a_{\text{NaCl}} \quad b = 3\sqrt{2}b_{\text{NaCl}} \quad c = 2c_{\text{NaCl}} \quad (\text{mit } a_{\text{NaCl}} \approx 490{,}5 \text{ pm})$$

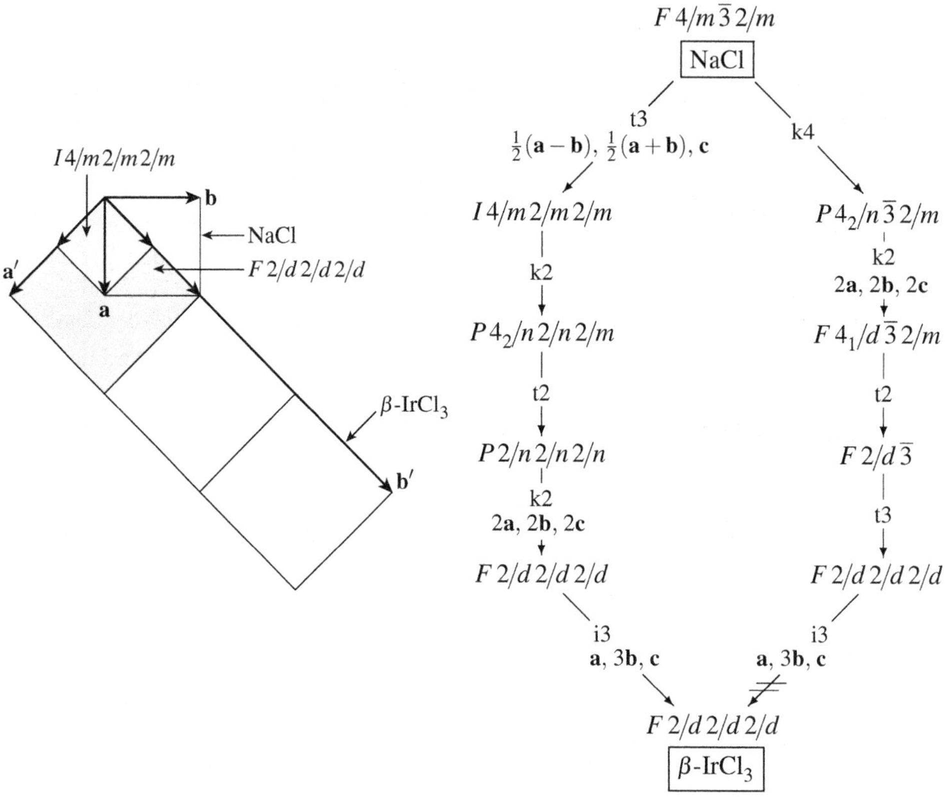

Abb. 13.3: Symmetrieabbau vom NaCl-Typ zum $IrCl_3$ unter Wegnahme von $\frac{2}{3}$ der Kationen. Der rechte Zweig ist fehlerhaft. Das Bild links zeigt die Beziehungen zwischen den Basisvektoren der Raumgruppen im linken Zweig (notwendige Ursprungsverschiebungen sind nicht vermerkt)

Die Raumgruppe ist $F\,d\,d\,d$. In Abb. 13.3 sind zwei Wege des Symmetrieabbaus gezeigt. Von diesen ist der rechte jedoch falsch; er führt nicht zur richtigen Elementarzelle. Dass die beiden Wege nicht zum selben Ziel führen, zeigen auch die Indexwerte; Multiplikation aller Indexwerte ergibt links 72, rechts 144. Dass ein Fehler vorliegt, wäre in Abb. 13.3 sofort zu erkennen, wenn die vertikalen Abstände zwischen den Raumgruppensymbolen immer proportional zum Logarithmus des Index gezeichnet worden wären.

Die Multiplikation der Transformationsmatrizen der nacheinander vorkommenden Basistransformationen in Abb. 13.3 ergibt die jeweilige Gesamttransformation und zeigt das falsche Ergebnis im rechten Zweig:

$$\text{linker Zweig:}\quad \begin{pmatrix} \frac{1}{2} & \frac{1}{2} & 0 \\ -\frac{1}{2} & \frac{1}{2} & 0 \\ 0 & 0 & 1 \end{pmatrix} \begin{pmatrix} 2 & 0 & 0 \\ 0 & 2 & 0 \\ 0 & 0 & 2 \end{pmatrix} \begin{pmatrix} 1 & 0 & 0 \\ 0 & 3 & 0 \\ 0 & 0 & 1 \end{pmatrix} = \begin{pmatrix} 1 & 3 & 0 \\ -1 & 3 & 0 \\ 0 & 0 & 2 \end{pmatrix}$$

$$\text{rechter Zweig:}\quad \begin{pmatrix} 2 & 0 & 0 \\ 0 & 2 & 0 \\ 0 & 0 & 2 \end{pmatrix} \begin{pmatrix} 1 & 0 & 0 \\ 0 & 3 & 0 \\ 0 & 0 & 1 \end{pmatrix} = \begin{pmatrix} 2 & 0 & 0 \\ 0 & 6 & 0 \\ 0 & 0 & 2 \end{pmatrix}$$

Man beachte, dass die Matrizen von aufeinanderfolgenden Basistransformationen in der Reihenfolge $\boldsymbol{P}_1\boldsymbol{P}_2\ldots$ zu multiplizieren sind, während die inversen Matrizen, die für die Koordinatentransformationen benötigt werden, in der umgekehrten Reihenfolge zu multiplizieren sind, $\ldots\boldsymbol{P}_2^{-1}\boldsymbol{P}_1^{-1}$ (oder $\ldots\mathbb{P}_2^{-1}\mathbb{P}_1^{-1}$ wenn Ursprungsverschiebungen vorkommen); siehe Abschn. 3.6.5.

13.4 Falsche Aufstellungen von Raumgruppen

Bei einer Gruppe-Untergruppe-Beziehung muss die Aufstellung der Untergruppe mit der zugehörigen Basistransformation im Einklang stehen. Gadoliniumferrat $GdFeO_3$ [201, 202] ist eine von vielen Varianten des Perowskit-Typs mit gegenseitig verdrehten Koordinationsoktaedern um die Fe-Atome, die in drei Richtungen miteinander eckenverknüpft sind. Die Raumgruppe wird üblicherweise mit *Pbnm* angegeben (nichtkonventionelle Aufstellung von *Pnma*), da so dieselbe Achsenrichtung **c** wie bei den tetragonalen Perowskit-Varianten beibehalten werden kann.

Werden die Fe-Lagen mit zwei verschiedenen Atomsorten im Verhältnis 1 : 1 besetzt, muss die Symmetrie weiter erniedrigt werden, wofür bei unveränderten Achsen die beiden translationengleichen Untergruppen $P2_1/b11$ und $P12_1/n1$ in Betracht kommen, beide mit monoklinem Winkel von $\alpha \approx 90°$ bzw. $\beta \approx 90°$. Das sind zwei Aufstellungen des Raumgruppentyps $P12_1/c1$, was aber nicht zur Annahme führen darf, die beiden Untergruppen seien gleich; es sind zwei verschiedene Raumgruppen in verschiedenen Konjugiertenklassen.

Von *Pbnm* ($P2_1/b2_1/n2_1/m$) bleibt bei $P2_1/b11$ die 2_1-Achse längs **a** als monokline Achse erhalten, bei $P12_1/n1$ ist es diejenige längs **b**. Die Umstellung von $P12_1/n1$ auf $P12_1/c1$ würde außerdem eine schiefwinklige Elementarzelle mit $\beta \approx 144°$ ergeben.

In beiden Untergruppen sind die Punktlagen der Fe-Atome in je zwei unabhängige Lagen aufgespalten. Für die Untergruppe $P12_1/n1$ sind über 200 Vertreter als $BaLaRuO_6$-Typ bekannt, wobei die Koordinationsoktaeder um La erheblich größer sind als um Ru. Das ist möglich, weil in dieser Raumgruppe jedes LaO_6-Oktaeder mit sechs RuO_6-Oktaedern und umgekehrt verknüpft ist. In der Untergruppe $P2_1/b11$ wäre jedes Oktaeder dagegen mit vier Oktaedern derselben Sorte und zwei der anderen Sorte verknüpft, was nur möglich ist, wenn die Oktaeder etwa gleich groß sind. Es sind nur wenige Perowskit-Varianten der Untergruppe $P2_1/b11$ bekannt, und nur mit gleichen Atomen in allen Oktaedern ($LaVO_3$-Typ). Bei der Suche von Untergruppen mit dem Programm `MAXSUB` des Bilbao Crystallographic Servers ist hier besondere Vorsicht geboten, siehe Abschnitt 24.1.1. Weitere Aspekte zu verschiedenen Aufstellungen monokliner Raumgruppen siehe im nächsten Abschnitt.

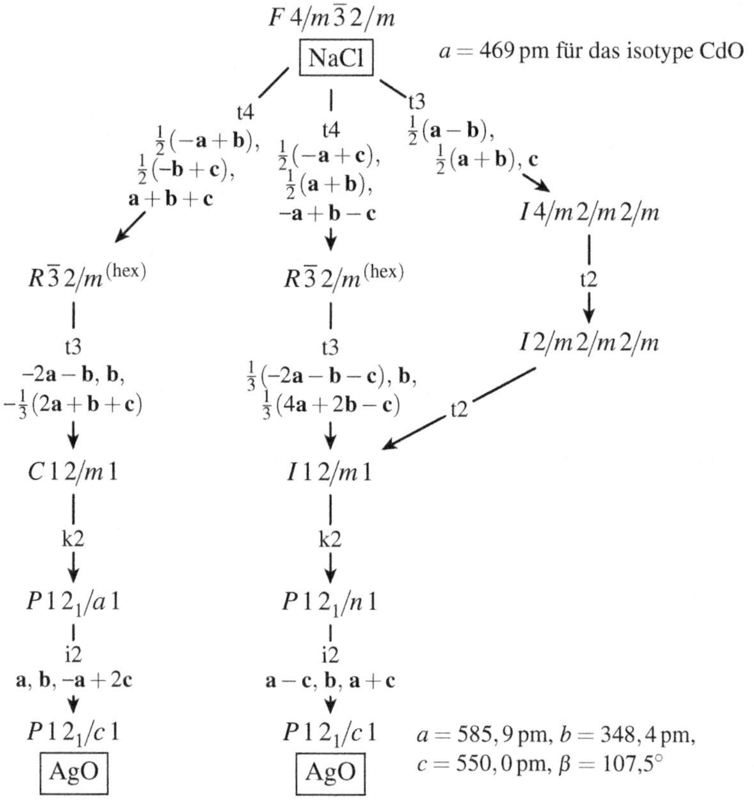

Abb. 13.4: Drei Wege des Symmetrieabbaus vom NaCl-Typ zur monoklinen Struktur von AgO. Der Weg links führt aber zu einem anders aufgestellten Gitter einer konjugierten Untergruppe

13.5 Verschiedene Wege des Symmetrieabbaus

In Sequenzen von Gruppe-Untergruppe-Beziehungen gibt es häufig verschiedene Wege vom Aristo- zu einem Hettotyp, d. h. über verschiedene Zwischengruppen. Treten dabei Zelltransformationen oder Ursprungsverschiebungen auf, so müssen diese auf allen Wegen zu ein- und demselben Gitter führen, mit derselben Zellgröße, Zellorientierung und Ursprungslage. Die aufeinanderfolgende Multiplikation aller Transformationsmatrizen muss auf jedem Weg zu den gleichen Basisvektoren und zur selben Ursprungsverschiebung für den Hettotyp führen. Wenn Ursprungsverschiebungen vorkommen, verwende man die (4×4)-Matrizen, anderenfalls genügen die (3×3)-Matrizen.

Das Silberoxid AgO ist als $Ag(I)Ag(III)O_2$ zu formulieren. Die Kristallstruktur seiner monoklinen Modifikation ist eine Variante des NaCl-Typs, mit Verzerrungen, um den Koordinationserfordernissen der Silber-Atome zu entsprechen: linear für Ag(I) und quadratisch für Ag(III) [203–205]. Der Symmetrieabbau von der Raumgruppe des NaCl-Typs ($F\,m\overline{3}\,m$) kann über eine tetragonale oder über eine rhomboedrische Zwischengruppe erfolgen (Abb. 13.4). Dabei kann die tetragonale c-Achse in Richtung **a**, **b** oder **c** von

$Fm\overline{3}m$ orientiert sein, und für die c-Achse der (hexagonal aufgestellten) rhomboedrischen Raumgruppe kommt die Richtung irgendeiner der vier Raumdiagonalen der NaCl-Elementarzelle in Betracht. Es ist in diesem Fall durchaus mühsam, zwei Wege zu finden, die zum selben Gitter des AgO führen. Es gibt nämlich insgesamt 24 in $Fm\overline{3}m$ konjugierte Untergruppen $P1\,2_1/c\,1$, mit sechs verschiedenen Orientierungen für die monokline b-Achse. Dass der mittlere und der rechte Zweig in Abb. 13.4 zur selben Untergruppe führen, zeigt sich beim Ausmultiplizieren der Transformationsmatrizen auf den Wegen bis zur Zwischengruppe $I1\,2/m\,1$, bei welcher die Wege über $R\overline{3}m$ und $I4/mmm$ wieder zusammentreffen. Die Multiplikation der Matrizen auf dem Weg über $R\overline{3}m$ ergibt:

$$\begin{pmatrix} -\frac{1}{2} & \frac{1}{2} & -1 \\ 0 & \frac{1}{2} & 1 \\ \frac{1}{2} & 0 & -1 \end{pmatrix} \begin{pmatrix} -\frac{2}{3} & 0 & \frac{4}{3} \\ -\frac{1}{3} & 1 & \frac{2}{3} \\ -\frac{1}{3} & 0 & -\frac{1}{3} \end{pmatrix} = \begin{pmatrix} \frac{1}{2} & \frac{1}{2} & 0 \\ -\frac{1}{2} & \frac{1}{2} & 0 \\ 0 & 0 & 1 \end{pmatrix}$$

Das entspricht der Matrix für die einzige Transformation auf dem Weg über $I4/mmm$. Nach dem weiteren Symmetrieabbau bis $P1\,2_1/c\,1$ ergibt sich die Transformationsmatrix für die Umrechnung der Basisvektoren vom NaCl-Typ zum AgO zu:

$$\begin{pmatrix} \frac{1}{2} & \frac{1}{2} & 0 \\ -\frac{1}{2} & \frac{1}{2} & 0 \\ 0 & 0 & 1 \end{pmatrix} \begin{pmatrix} 1 & 0 & 1 \\ 0 & 1 & 0 \\ -1 & 0 & 1 \end{pmatrix} = \begin{pmatrix} \frac{1}{2} & \frac{1}{2} & \frac{1}{2} \\ -\frac{1}{2} & \frac{1}{2} & -\frac{1}{2} \\ -1 & 0 & 1 \end{pmatrix}$$

Die Determinante dieser Matrix beträgt 1, die Elementarzelle hat somit dasselbe Volumen wie die NaCl-Zelle. Für den linken Zweig von Abb. 13.4 ist die Transformation anders:

$$\begin{pmatrix} -\frac{1}{2} & 0 & 1 \\ \frac{1}{2} & -\frac{1}{2} & 1 \\ 0 & \frac{1}{2} & 1 \end{pmatrix} \begin{pmatrix} -2 & 0 & -\frac{2}{3} \\ -1 & 1 & -\frac{1}{3} \\ 0 & 0 & -\frac{1}{3} \end{pmatrix} \begin{pmatrix} 1 & 0 & -1 \\ 0 & 1 & 0 \\ 0 & 0 & 2 \end{pmatrix} = \begin{pmatrix} 1 & 0 & -1 \\ -\frac{1}{2} & -\frac{1}{2} & -\frac{1}{2} \\ -\frac{1}{2} & \frac{1}{2} & -\frac{1}{2} \end{pmatrix}$$

Die verschiedenen Ergebnisse zeigen die verschiedenen Orientierungen der AgO-Zellen. Die Determinante der letzten Matrix beträgt ebenfalls 1. Das Produkt der ersten beiden der vorstehenden Matrizen ergibt die Basisvektoren der Zwischengruppen $C1\,2/m\,1$ und $P1\,2_1/a\,1$:

$$\begin{pmatrix} 1 & 0 & 0 \\ -\frac{1}{2} & -\frac{1}{2} & -\frac{1}{2} \\ -\frac{1}{2} & \frac{1}{2} & -\frac{1}{2} \end{pmatrix}$$

Die Beträge ihrer Basisvektoren ergeben sich mit dem Wert a_{cub} des kubischen Aristotyps:

$$a_a = a(P2_1/a) = a_{\text{cub}}\sqrt{1^2 + (-\tfrac{1}{2})^2 + (-\tfrac{1}{2})^2} = a_{\text{cub}}\sqrt{\tfrac{3}{2}}$$
$$b_a = b(P2_1/a) = a_{\text{cub}}\sqrt{(-\tfrac{1}{2})^2 + (\tfrac{1}{2})^2} = a_{\text{cub}}\sqrt{\tfrac{1}{2}}$$
$$c_a = c(P2_1/a) = a_{\text{cub}}\sqrt{(-\tfrac{1}{2})^2 + (-\tfrac{1}{2})^2} = a_{\text{cub}}\sqrt{\tfrac{1}{2}}$$

Den Winkel β errechnen wir gemäß Gleichung (2.2), Seite 19, und mit $x_s = y_s = z_s = 0$:

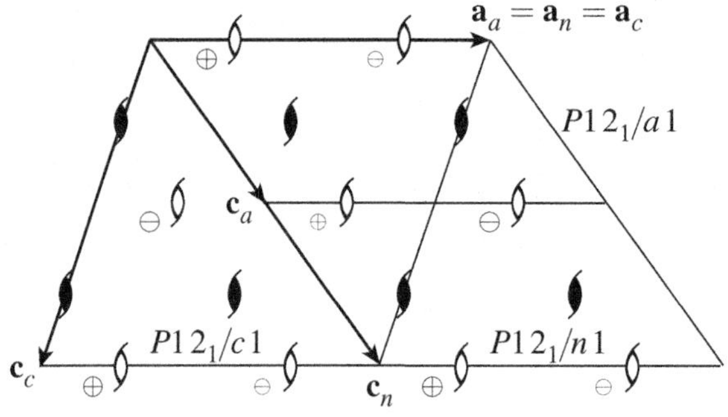

Die hohl gezeichneten 2_1-Achsen entfallen bei der Verdopplung der $P1\,2_1/a\,1$-Zelle
⊕ und ⊖ bezeichnen über die Gleitspiegelebene äquivalente Punkte, wobei groß und klein gezeichnete Punkte nur in der kleinen $P1\,2_1/a\,1$-Zelle symmetrieäquivalent sind

Abb. 13.5: Elementarzellen der für die Raumgruppe $P1\,2_1/a\,1$ und ihrer isomorphen Untergruppe mit verdoppelter Zelle in den Aufstellungen $P1\,2_1/n\,1$ und $P1\,2_1/c\,1$. Die Indices a, n und c bezeichnen die zugehörige Zelle

$$\cos\beta(P2_1/a) = a_a^{-1} \cdot c_c^{-1}[1 \cdot 0 + (-\tfrac{1}{2}) \cdot (-\tfrac{1}{2}) + (-\tfrac{1}{2}) \cdot (-\tfrac{1}{2})]a_{\text{cub}}^2 = 0{,}5774$$
$$\beta(P2_1/a) = 54{,}7^\circ$$

Aus dieser schiefwinkligen Elementazelle ergibt sich die übliche Zelle für AgO bei der Zellverdopplung im letzten Schritt im linken Zweig von Abb. 13.4, $P1\,2_1/a\,1$ —i2→ $P1\,2_1/c\,1$. Die zugehörige Basistransformation **a**, **b**, –**a** + 2**c** ist in *International Tables* A1 für die isomorphen Untergruppen von $P1\,2_1/a\,1$ mit Index 2 allerdings nicht aufgezählt. Genannt sind dort die isomorphen Untergruppen $P1\,2_1/a\,1$ und $P1\,2_1/n\,1$. $P1\,2_1/n\,1$ ($\mathbf{a}_a$, $\mathbf{b}_a$, $2\mathbf{c}_a$) ist identisch mit $P1\,2_1/c\,1$ ($\mathbf{a}_a$, $\mathbf{b}_a$, $-\mathbf{a}_a+2\mathbf{c}_a$), wie Abb. 13.5 zeigt.

Das Beispiel zeigt, wie unübersichtlich die Verhältnisse wegen der verschiedenen Aufstellungsmöglichkeiten von monoklinen Raumgruppen werden können. Außerdem ist immer Vorsicht geboten, wenn rhomboedrische Raumgruppen vorkommen, weil dann häufig unübersichtliche Basistransformationen auftreten, bei denen sich Fehler einschleichen können. Das Programm SUBGROUPGRAPH des Bilbao Crystallographic Server, das Gruppe-Untergruppe-Beziehungen aufzeichnen kann (Abschn. 24.1.1), macht keinen Versuch, verschiedene Zwischengruppen so auszuwählen, dass sich für ein und dieselbe Untergruppe jeweils die gleiche Transformationsmatrix ergibt.

13.6 Unerlaubtes Hinzufügen von Symmetrieoperationen

Eine Untergruppe hat immer eine verringerte Symmetrie und somit weniger Symmetrieoperationen. Zum Fehler, Symmetrieoperationen hinzuzufügen, kann man verleitet werden, wenn Symmetrieoperationen, die im Aristotyp vorhanden sind, in einer Sequenz von Gruppe-Untergruppe-Beziehungen anfangs weggenommen und später wieder hinzugefügt werden. Dies ist auch dann nicht erlaubt, wenn der Hettotyp selbst korrekt ist; in diesem Fall muss ein anderer Weg gefunden werden.

Zum Beispiel ist es nicht erlaubt, von einem Aristotyp, der zweizählige Drehachsen hat, eine Untergruppe mit 2_1-Achsen zu nehmen und dann in einer folgenden Untergruppe die Drehachsen wieder auftauchen zu lassen. Die Raumgruppe $Ccce$ hat zum Beispiel zwei Untergruppen vom Typ $Pnna$ ($Pnna$ und $Pnnb$), und jede von diesen hat eine Untergruppe vom Typ $P1\,2/n\,1$. Von den folgenden vier Stammbäumen sind die beiden ersten falsch:

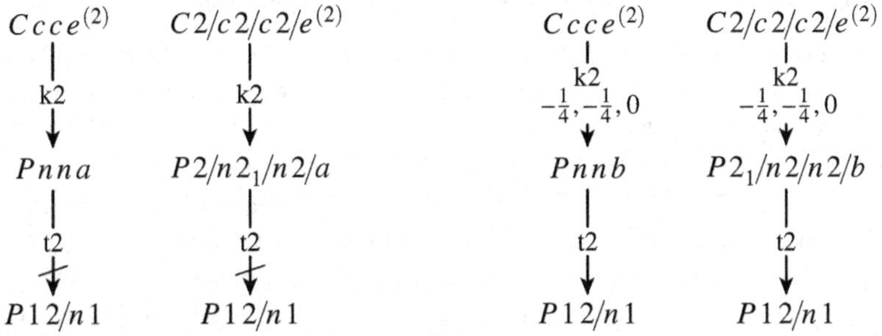

Die beiden ersten Stammbäume stellen dieselbe Beziehung dar, einmal mit kurzen, einmal mit vollständigen Hermann-Mauguin-Symbolen. Mit den vollständigen Symbolen ist der Fehler erkennbar: $P2/n2_1/n2/a$ hat in der b-Richtung keine 2- sondern 2_1-Achsen, womit die 2-Achsen der Untergruppe $P1\,2/n\,1$ ausgeschlossen sind. Die beiden rechten Stammbäume, die eine andere Beziehung zweimal wiedergeben, sind richtig ($Pnnb$ ist eine nichtkonventionelle Aufstellung von $Pnna$). Das Beispiel zeigt auch, warum es besser ist, vollständige Hermann-Mauguin-Symbole zu verwenden.

Bei primitiven Untergruppen von zentrierten Raumgruppen sind häufig Zelltransformationen notwendig, bei denen sich die neuen Basisvektoren durch Vektorsummen von Bruchteilen der alten Basisvektoren ergeben. Zum Beispiel gehört zur Beziehung

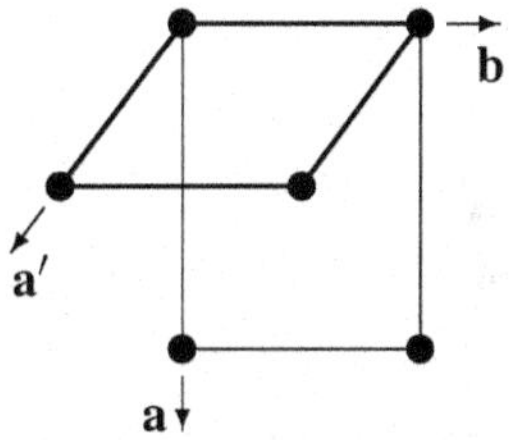

$$C2/m2/c2_1/m \text{ —t2→ } P1\,1\,2_1/m$$

die Zelltransformation $\frac{1}{2}(\mathbf{a}-\mathbf{b}), \mathbf{b}, \mathbf{c}$.

Solche Beziehungen kommen häufig vor, wenn die Untergruppe monoklin oder triklin ist oder wenn rhomboedrische Raumgruppen auftreten. Dies darf nicht zu dem Glauben verleiten, Vektorsummen mit Bruchteilen von Basisvektoren seien allgemein erlaubt. Sie sind nur dann erlaubt, wenn dies mit entsprechenden Zentrierungen im Einklang steht. Keinesfalls dürfen neue Translationen hinzugefügt werden. Bei der Beziehung $P2/m2/c2_1/m$ —t2→ $P1\,1\,2_1/m$ ist die genannte Zelltransformation nicht erlaubt.

13.7 Übungsaufgaben

Lösungen auf Seite 366

13.1. Zwei Kristallstrukturen haben ähnliche Elementarzellen und ähnliche Atomparameter für alle Atome. Die eine kristallisiert in der Raumgruppe $P2_12_12_1$, die andere in $P112_1/a$. Finden Sie mit Hilfe von *International Tables A* 1983–2006 oder *A*1 die zwei Raumgruppen, die als gemeinsame minimale Obergruppen in Betracht kommen könnten. Nur eine davon ist korrekt; welche ist es?

13.2. Wo ist der Fehler bei den Zelltransformationen im rechten Zweig des Stammbaums von Abb. 13.3? Ergänzen Sie im linken Zweig die fehlenden Ursprungsverschiebungen und die Beziehungen der besetzten Punktlagen. Achtung: Beim Schritt $P2/n2/n2/n \rightarrow F2/d2/d2/d$ gibt es acht pare Untergruppen mit acht möglichen Ursprungsverschiebungen.

NaCl-Typ $Fm\overline{3}m$				β-IrCl$_3$	$Fddd$[1]			Von den Literaturwerten [200]
($a = 490{,}5$ pm)				$a = 695$	$b = 2082$	$c = 981$ pm		umgerechnet von Ursprungswahl
	x	y	z		x	y	z	2 auf 1, außerdem Achsen $\mathbf{b}$ und $\mathbf{c}$
M	0	0	0	Ir	$\frac{1}{4}$	0,167	$\frac{1}{4}$	vertauscht um die Richtung $\mathbf{c}$
Cl	0	0	$\frac{1}{2}$	Cl1	0,220	$\frac{1}{2}$	$\frac{1}{2}$	beibehalten zu können
				Cl2	0,247	0,162	0,488	

13.3. Gibt es von $Pm\overline{3}m$ eine isomorphe Untergruppe vom Index 8?

13.4. Gibt es einen Fehler bei folgenden Beziehungen?

$$C2/m2/c2_1/m$$

i3   t2

$\mathbf{a}, 3\mathbf{b}, \mathbf{c}$ $\frac{1}{2}(\mathbf{a} - \mathbf{b}), \mathbf{b}, \mathbf{c}$

$C2/m2/c2_1/m$ $P112_1/m$

t2   i3

$\frac{1}{2}\mathbf{a} - \frac{1}{6}\mathbf{b}, \mathbf{b}, \mathbf{c}$ $\mathbf{a}, 3\mathbf{b}, \mathbf{c}$

$$P112_1/m$$

13.5. Am Ende des vorigen Abschnitts wird gesagt, die Zelltransformation $\frac{1}{2}(\mathbf{a} - \mathbf{b}), \mathbf{b}, \mathbf{c}$ sei bei der Beziehung $P2/m2/c2_1/m \;—\text{t2}\rightarrow\; P112_1/m$ nicht erlaubt. Warum ist das so?

Kristallstrukturen, die sich von dichtesten Kugelpackungen ableiten lassen

14

14.1 Besetzung von Lücken in dichtesten Kugelpackungen

In vorangegangenen Kapiteln wird gezeigt, wie sich die Verwandtschaften zwischen einem Aristotyp und seinen Substitutionsderivaten mit Hilfe von Gruppe-Untergruppe-Beziehungen erfassen lassen. In gleicher Weise kann die Herausnahme von Atomen zu einer Defekt-Struktur und ebenso die Besetzung von Lücken in einer Struktur behandelt werden. Atome werden also durch Lücken ersetzt oder Lücken werden mit Atomen gefüllt. Ein bekanntes Beispiel für diese Art der Betrachtung ist die Beschreibung von CdI_2 als hexagonal-dichteste Kugelpackung von Iod-Atomen, in welcher die Hälfte der Oktaederlücken mit Cadmium-Atomen besetzt ist.

Von dieser Betrachtungsweise rührt auch die Bezeichnung „Einlagerungsverbindungen“ her, zu denen unter anderen die Übergangsmetallhydride und -carbide gezählt werden. Bei der Bildung von Übergangsmetallhydriden durch Reaktion der Metalle mit Wasserstoff ist ein Besetzen von Lücken mit Atomen tatsächlich ausführbar. Das gilt auch für etliche andere Verbindungen, zum Beispiel für die Elektrodenmaterialien von Lithium-Ionenbatterien, in die Li^+-Ionen elektrochemisch reversibel ein- und ausgelagert werden (z. B. $x\,Li^+ + Li_{1-x}CoO_2 + x\,e^- \rightleftharpoons LiCoO_2$). In den meisten Fällen lässt sich die Einlagerung von Atomen in eine vorgegebene Wirtsstruktur, unter Erhaltung ihrer Struktur, jedoch nicht tatsächlich durchführen. Die Einlagerung findet dann nur in Gedanken statt. Alle Verwandtschaften, die in diesem Kapitel behandelt werden, sind in dieser Art gedanklich oder formalistisch-beschreibend. Trotzdem ist der Formalismus sehr nützlich, denn er lässt viele Zusammenhänge erkennen. Viele mehr oder weniger komplizierte Kristallstrukturen können mit dem gleichen Konzept entwickelt werden und von gut bekannten, einfachen Strukturtypen hergeleitet werden. Formal werden dabei die Lücken wie „Null-Atome“ behandelt, es erfolgt also eine „Substitution“ von Lücken gegen Atome.

Im Grunde sind auch die in den vorangegangenen Kapiteln behandelten Verwandtschaftsbeziehungen von Substitutionsderivaten rein gedanklich. Die Erzeugung von

U. Müller, *Symmetriebeziehungen zwischen Kristallstrukturen*,
https://doi.org/10.1007/978-3-662-67166-5_14

Zinkblende aus Diamant durch Substitution von Kohlenstoff-Atomen gegen Zink- und Schwefel-Atome ist nicht tatsächlich ausführbar. Gleichwohl müssen wir uns des kristallchemischen und physikalischen Unterschieds zwischen der (gedanklichen) Substitution von Atomen und dem Füllen von Lücken bewusst sein. Die Nachbarschaftsverhältnisse um die Atome und die Art ihrer Verknüpfung bleiben nämlich bei der Substitution von Atomen gegen Atome gleich, wohingegen sie sich beim Besetzen von Lücken drastisch ändern.

Eine sehr große Anzahl von anorganischen Kristallstrukturen lässt sich von den dichtesten Kugelpackungen herleiten, wenn darin ein Teil der Oktaeder- oder Tetraederlücken besetzt wird. In allen dichtesten Kugelpackungen ist die Zahl der Oktaederlücken gleich groß wie die Zahl der Kugeln, und die Zahl der Tetraederlücken ist doppelt so groß. Aus der chemischen Zusammensetzung ergibt sich, welcher Anteil der Lücken besetzt sein muss. Bei einem Pentahalogenid MX_5, dessen Halogen-Atome eine dichteste Kugelpackung bilden und dessen M-Atome Oktaederlücken besetzen, muss genau ein fünftel der Oktaederlücken besetzt sein. Die Elementarzelle der hexagonal-dichtesten Kugelpackung enthält zwei, diejenige der kubisch-dichtesten Kugelpackung vier Oktaederlücken. Um ein fünftel der Lücken besetzen zu können, muss die Elementarzelle zunächst um den Faktor fünf (oder ein Vielfaches davon) vergrößert werden. Vergrößerung der Elementarzelle bedeutet Wegnahme von Translationssymmetrie und Auslichtung bei den weiteren Symmetrieelementen der Kugelpackung. Das bedeutet: die Raumgruppen der abgeleiteten Strukturen müssen Untergruppen der Raumgruppe der Kugelpackung sein, und es muss mindestens eine klassengleiche Gruppe-Untergruppe-Beziehung vorkommen.

Als Aristotyp eignet sich die Kugelpackung selbst, bei der sich aus den anfangs symmetrieäquivalenten Lücken nichtäquivalente Lagen ergeben, wenn einige davon mit Atomen besetzt werden. Als Aristotyp kann genausogut dieselbe Kugelpackung mit vollständig besetzten Oktaederlücken verwendet werden, bei der einzelne Lücken freigemacht werden oder partiell durch andere Atome substituiert werden. Der Aristotyp kann also gleichermaßen zum Beispiel die kubisch-dichteste Kugelpackung oder der NaCl-Typ verwendet werden.

Zusätzlich zur Besetzung von Lücken können natürlich auch die Atomlagen der Kugelpackung selbst von mehreren verschiedenen Atomspezies eingenommen werden; zur Vielfalt dieser Strukturen siehe zum Beispiel bei [206]. Außerdem können zu einem gewissen Grad einige Kugellagen vakant bleiben. Ein Beispiel ist der Perowskit-Typ ($CaTiO_3$), bei dem die Ca- und O-Atome gemeinsam eine dichteste Kugelpackung bilden, mit Ti-Atomen in einem viertel der Oktaederlücken. Bleibt die Ca-Lage vakant, so entspricht das dem ReO_3-Typ.

14.2 Besetzung von Oktaederlücken in der hexagonal-dichtesten Kugelpackung

14.2.1 Rhomboedrische Hettotypen

Abb. 14.1 zeigt einen Ausschnitt aus der hexagonal-dichtesten Kugelpackung mit verdreifachter Elementarzelle in der a, b-Ebene; ist auch die Gitterkonstante c verdreifacht, ist die Zelle neunfach größer, aber mit einer rhomboedrischen Zentrierung in $\pm(\frac{2}{3}, \frac{1}{3}, \frac{1}{3})$ ist die primitive Zelle nur verdreifacht. Das entspricht der allgemeinen üblichen Wahl der Elementarzelle für rhomboedrische Raumgruppen.

Der Stammbaum in Abb. 14.2 zeigt, wie sich die Strukturen einiger rhomboedrisch kristallisierender Verbindungen von der hexagonal-dichtesten Kugelpackung ableiten lassen. In Abb. 14.2 sind die Raumgruppen von $\mathcal{G}_1$ bis $\mathcal{G}_9$ nummeriert, worauf später Bezug genommen wird.

Die Elementarzelle des Aristotyps enthält zwei Kugeln in der Punktlage $2d$, $\pm(\frac{2}{3}, \frac{1}{3}, \frac{1}{4})$, sowie zwei Oktaederlücken in $2a$ mit den Koordinaten 0, 0, 0 und 0, 0, $\frac{1}{2}$. In der maximalen translationengleichen Untergruppe $P\overline{3}2/m1$ sind die Oktaederlücken bereits nicht mehr symmetrieäquivalent; wird die eine davon besetzt und die andere freigelassen, so ergibt sich der CdI_2-Typ. Bei diesem Schritt der Symmetriereduktion ist noch keine Vergrößerung der Zelle notwendig.

Nach der Verdreifachung der (primitiven) Zelle enthält diese sechs Oktaederlücken. Sie sind in Abb. 14.2 jeweils durch sechs Kästchen symbolisiert und mit den zugehörigen

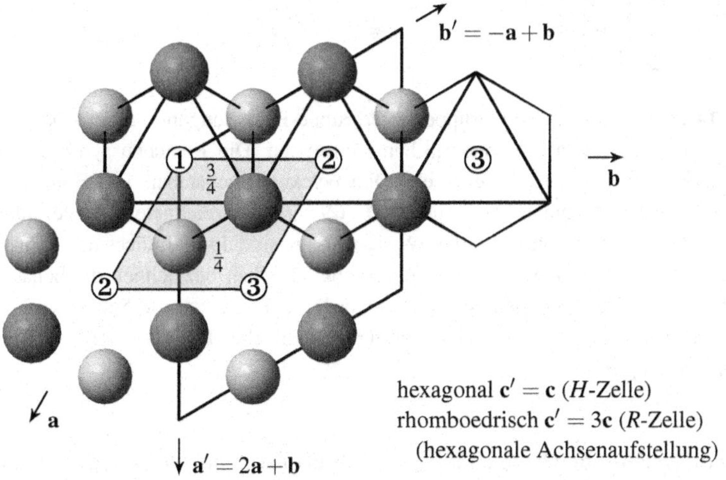

Abb. 14.1: Ausschnitt aus der hexagonal-dichtesten Kugelpackung. Grau unterlegt: Elementarzelle, Raumgruppe $P6_3/m2/m2/c$. Große Zelle: Basisfläche der verdreifachten Zelle mit $\mathbf{c}' = \mathbf{c}$ für hexagonale und $\mathbf{c}' = 3\mathbf{c}$ für rhomboedrische Untergruppen. Die angegebenen z-Koordinaten der Kugeln beziehen sich auf $\mathbf{c}' = \mathbf{c}$. Mit ①, ② und ③ sind die sechserlei Oktaederlücken in $z = 0$ und $z = \frac{1}{2}$ (bei $\mathbf{c}' = \mathbf{c}$) bzw. $z = 0$ und $z = \frac{1}{6}$ (bei $\mathbf{c}' = 3\mathbf{c}$) markiert

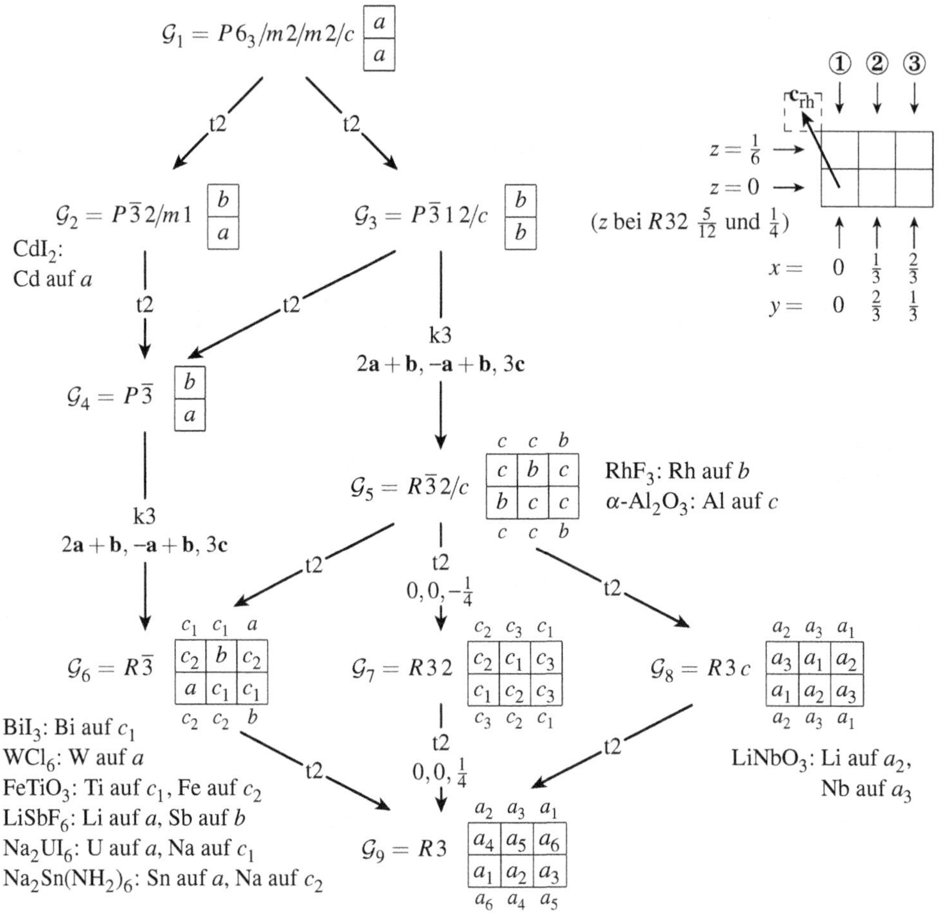

Abb. 14.2: Stammbaum von Gruppe-Untergruppe-Beziehungen von der hexagonal-dichtesten Kugelpackung zu einigen rhomboedrischen Hettotypen. Die Kästchen symbolisieren die Oktaederlücken, die Buchstaben sind die zugehörigen Wyckoff-Buchstaben. Das Bildchen rechts oben zeigt die zugehörigen Koordinaten (vgl. die mit ①, ② und ③ bezeichneten Oktaederlücken in Abb. 14.1). Verschiedene Punkt-Orbits derselben Wyckoff-Lage sind durch Indices (a_1, a_2 usw.) unterschieden. Wyckoff-Buchstaben über und unter den sechs Kästchen bezeichnen die benachbarten Oktaederlücken (wegen der rhomboedrischen Symmetrie befinden sich die Sechsergruppen von Oktaederlücken schräg versetzt übereinander, dem rhomboedrischen Basisvektor $\mathbf{c}_{rh}$ im Bildchen rechts oben entsprechend) [207]

Wyckoff-Buchstaben bezeichnet; symmetrieäquivalente Oktaederlücken haben die gleiche Bezeichnung. Bei nebeneinanderliegenden Kästchen haben die zughörigen Oktaeder eine gemeinsame Kante, bei übereinanderliegenden eine gemeinsame Fläche und bei schräg übereinanderliegenden eine gemeinsame Ecke.

Beim schrittweisen Symmetrieabbau werden die Lücken sukzessive symmetrieunabhängiger, erkennbar an der Zunahme der verschiedenen Wyckoff-Bezeichnungen. In der

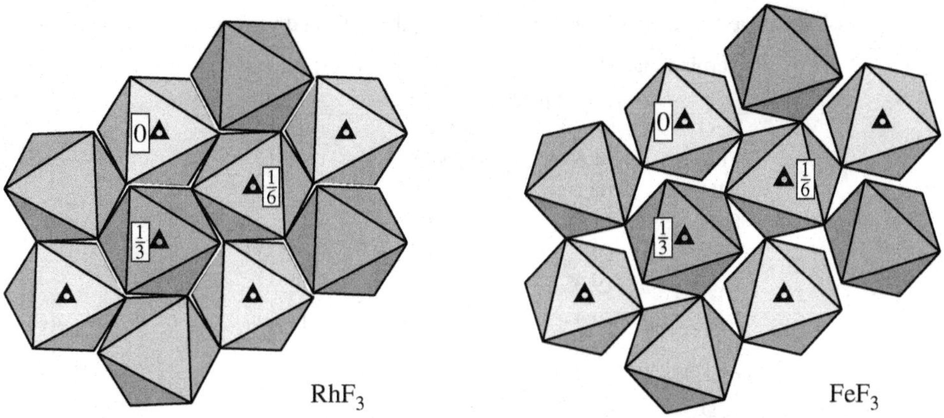

Abb. 14.3: Gegenseitige Verdrehung der besetzten Oktaeder im RhF_3-Typ um die dreizähligen Achsen der Raumgruppe $R\overline{3}2/c$. Die Ecken der Elementarzelle befinden sich jeweils in den Mitten der hell gezeichneten Oktaeder in $z = 0$. Zahlenwerte = z-Koordinaten der Metallatome. Es ist nur die halbe Elementarzelle in Richtung **c** gezeigt

Raumgruppe $R3$ sind sie schließlich alle verschieden. Die Atome der Kugelpackung bleiben bei allen aufgeführten Raumgruppen symmetrieäquivalent, ausgenommen bei $R32$ und $R3$ mit je zwei unabhängigen Lagen.

Bei Verbindungen der Zusammensetzung AX_3 (z.B. Trihalogenide, X-Atome bilden die Kugelpackung) muss ein Drittel der sechs Oktaederlücken mit A-Atomen besetzt werden, d. h. zwei werden besetzt und vier bleiben frei. Wir bringen dies durch die Schreibweise $A_2\square_4X_6$ oder $A\square_2X_3$ zum Ausdruck. Folgende Strukturtypen sind dafür bekannt:

> BiI_3 in $R\overline{3}$. Es handelt sich um eine Schichtenstruktur, deren besetzte Oktaeder miteinander kantenverknüpft sind (Lage c_1 von $R\overline{3}$ in Abb. 14.2).
>
> RhF_3 in $R\overline{3}2/c$. Alle besetzten Oktaeder sind über gemeinsame Ecken verknüpft (Lage b von $R\overline{3}2/c$ in Abb. 14.2).

Durch Vertauschen von besetzten und unbesetzten Oktaederlücken beim RhF_3 bleiben wir in der Raumgruppe $R\overline{3}2/c$. Jetzt sind vier Lücken besetzt (Lage c von $R\overline{3}2/c$) und zwei frei, und die Zusammensetzung ist $\square A_2X_3$. Dies entspricht der Struktur von α-Al_2O_3 (Korund). So gesehen sind RhF_3 und α-Al_2O_3 formal äquivalente Strukturen. Kristallchemisch sind sie es nicht: im α-Al_2O_3 gibt es flächen- und kantenverknüpfte besetzte Oktaeder, im RhF_3 nur eckenverknüpfte. Der kristallchemische Unterschied zeigt sich auch beim Vergleich mit den Strukturen weiterer Trifluoride. Die Symmetrie der Raumgruppe $R\overline{3}2/c$ lässt es zu, die Kugelpackung zu verzerren, indem die Oktaeder um die dreizähligen Achsen gegenseitig verdreht werden (Abb. 14.3) [208]. Die gemeinsamen Ecken der besetzten Oktaeder in einem Trifluorid dienen dabei als ‚Scharniere', unter Veränderung der Bindugswinkel A–F–A (Tab. 14.1). In der unverzerrten dichtesten Kugelpackung beträgt dieser Winkel 131,8°. Beim Al_2O_3 ist ein gegenseitiges Verdrehen der Oktaeder dagegen kaum möglich, weil die kantenverknüpften Oktaeder starr miteinander verbunden sind.

Tabelle 14.1: Einige Daten zu Strukturen von Trifluoriden AF_3 und verwandten Verbindungen

Verbindung	Drehwinkel der Oktaeder	Bindungswinkel A—X—A	Literatur
ReO_3	0°	180°	[209]
TiF_3	11,6°	170,6°	[212]
AlF_3	14,1°	157,0°	[210]
FeF_3	17,0°	152,1°	[211–213]
VF_3	19,1°	149,1°	[214]
CoF_3	19,3°	148,8°	[215]
GaF_3	20,4°	146,8°	[216]
InF_3	20,6°	146,8°	[217]
CrF_3	21,8°	144,8°	[218]
AlD_3	24,2°	140,7°	[219]
MoF_3	24,4°	141,0°	[220]
TeO_3	25,9°	137,9°	[221]
RhF_3	27,7°	135,4°	[222]
$TmCl_3$-III	29,3°	132,8°	[223]
IrF_3	30,3°	131,6°	[215]
$CaCO_3$	40,1°	(118,2°)	[224]

Werden in einem Trifluorid die Oktaeder soweit verdreht bis der Bindungswinkel A–F–A 180° beträgt, dann resultiert der ReO_3-Typ. Dieser hat eine höhere Symmetrie, nämlich kubisch in der Raumgruppe $Pm\bar{3}m$. Das ist eine Obergruppe von $R\bar{3}2/c$. Die Trifluorid-Strukturen können also auch als Hettotypen des ReO_3-Typs angesehen werden, von dem sie sich umso stärker unterscheiden, je weiter der A–F–A-Bindungswinkel von 180° abweicht. Im ReO_3 befinden sich große Lücken, die kuboktaedrisch von je 12 Sauerstoff-Atomen umgeben sind. Beim Verdrehen der Oktaeder rücken sechs der umgebenden Atome in die Lücke, und sie wird kleiner. Beim Erreichen der hexagonal-dichtesten Kugelpackung wird diese Lücke zu einer Oktaederlücke. Die Verdrehung kann sogar noch weitergehen, zu einer „überdichten" Kugelpackung. Dies ist beim Calcit ($CaCO_3$) der Fall; Calcit enthält C-Atome in den Mitten bestimmter Oktaederflächen; das C-Atom zieht drei O-Atome in einem Carbonat-Ion an sich und quetscht sie zusammen.

Die Verdrehung der Oktaeder beim FeF_3 (VF_3-Typ) liegt halbwegs zwischen den beiden Extremen. In Abb. 14.4 sind die Gruppe-Untergruppe-Beziehungen einerseits vom ReO_3-Typ, andererseits von der hexagonal-dichtesten Kugelpackung aufgeführt. Die Raumgruppe $R\bar{3}2/c$ des FeF_3 ist nicht als gemeinsame Untergruppe der beiden Raumgruppen der Aristotypen $P4/m\bar{3}2/m$ und $P6_3/m2/m2/c$ aufgeführt, sondern es wurden ganz bewusst zwei getrennte Stammbäume gezeichnet; die unterschiedlichen Standpunkte sollen nicht vermengt werden. Der Stammbaum mit dem Aristotyp in $P6_3/m2/m2/c$ gehört zur nicht ausführbaren, gedanklichen Herleitung der FeF_3-Struktur aus der Kugelpackung unter Besetzung von Oktaederlücken. Beim Stammbaum mit dem ReO_3-Typ als Aristotyp gibt es dagegen keine Änderung in der chemischen Zusammensetzung, sondern nur eine Verzerrung der Struktur. Diese Verzerrung ist tatsächlich ausführbar. Wird FeF_3 unter Druck gesetzt, verdrehen sich die Oktaeder in der beschriebenen Art bis die Struktur bei 9 GPa

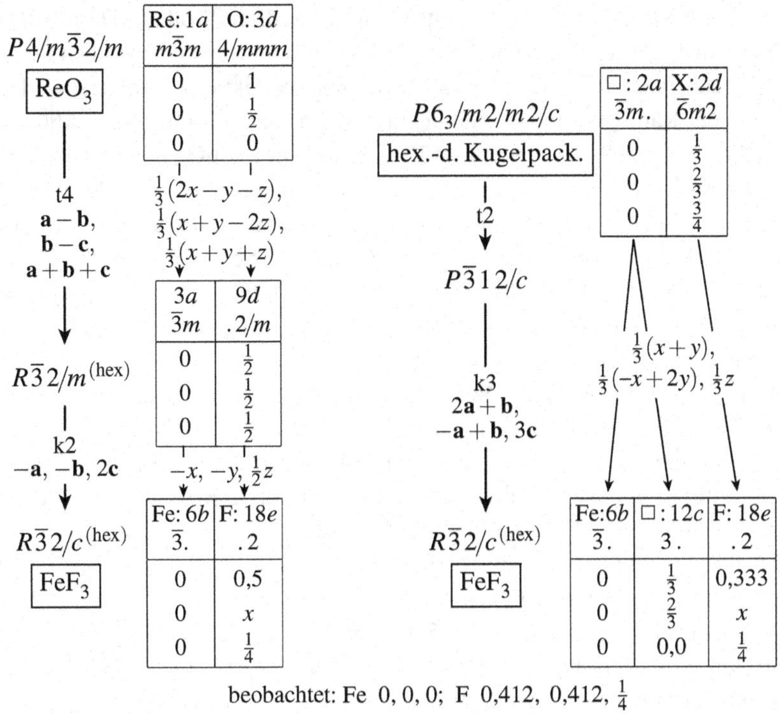

Abb. 14.4: Herleitung der FeF_3-Struktur vom ReO_3-Typ und von der hexagonal-dichtesten Kugelpackung. Die Koordinaten für FeF_3 in den Kästen sind Idealwerte, die aus den Aristotypen ohne Verzerrungen berechnet wurden. Eine y-Koordinate, die als x angegeben ist, bedeutet $y = x$. Das Schottky-Symbol □ bezeichnet eine unbesetzte Oktaederlücke

Tabelle 14.2: Beobachtete Gitterparameter, x-Koordinaten der F-Atome und Verdrehungswinkel der Koordinationsoktaeder (0° = ReO_3-Typ, 30° = hexagonal-dichteste Packung) für FeF_3 bei verschiedenen Drücken [212, 213]

p/GPa	a/pm	c/pm	$c/(a\sqrt{3})$	x	Drehwinkel/°
10^{-4}	520,5	1332,1	1,48	0,412	17,0
1,54	503,6	1340,7	1,54	0,385	21,7
4,01	484,7	1348,3	1,61	0,357	26,4
6,42	476	1348	1,64	0,345	28,2
9,0	469,5	1349	1,66	0,335	29,8

fast genau einer hexagonal-dichtesten Packung von Fluor-Atomen entspricht, mit dem $c/(a\sqrt{3})$-Verhältnis und der x-Koordinate des F-Atoms nahe an den Idealwerten von 1,633 bzw. 0,333 (Tab. 14.2). Genauso verhalten sich TiF_3 und CrF_3 unter Druck [212, 218].

Im α-Al_2O_3 sind die Al-Lagen symmetrieäquivalent. Durch Verringerung der Symmetrie von $R\bar{3}2/c$ nach $R\bar{3}$ spaltet sich die zugehörige Punktlage c in zwei unabhängige Lagen auf, die von Atomen zweier verschiedener Elemente eingenommen werden können

(c_1 und c_2 von $R\bar{3}$ in Abb. 14.2). Ilmenit, $FeTiO_3$, hat diese Struktur. Darin sind kantenverknüpfte Oktaeder (nebeneinanderliegende Kästchen) jeweils mit Atomen des gleichen Elements besetzt. Eine Besetzung der kantenverknüpften Oktaeder mit verschiedenen Elementen ist in der Raumgruppe $R3c$ möglich (Lagen a_2 und a_3 von $R3c$ in Abb. 14.2); das ist die Struktur von $LiNbO_3$. Sowohl im Ilmenit wie im $LiNbO_3$ gibt es außerdem Paare von flächenverknüpften Oktaedern, die mit zwei verschiedenen Atomen besetzt sind.

In den Stammbaum von Abb. 14.2 lassen sich die Strukturen weiterer Verbindungen einordnen. Bei WCl_6 besetzen die Wolfram-Atome ein Sechstel der Oktaederlücken in einer hexagonal-dichtesten Kugelpackung von Chlor-Atomen. Die Raumgruppe $R\bar{3}$ ist in diesem Stammbaum die einzige, die dafür geeignet ist; die Punktlage a wird besetzt, die übrigen bleiben frei.

In Tab. 14.3 sind die genannten Strukturen und einige weitere Beispiele zusammengestellt. Tab. 14.4 enthält die zugehörigen Kristalldaten.

Für die Zusammensetzung AX_3 zeigt Abb. 14.2 außer dem RhF_3- und dem BiI_3-Typ noch eine dritte Möglichkeit, und zwar in der Raumgruppe $R32$, wenn das Punkt-Orbit c_3 besetzt wird und c_1 und c_2 frei bleiben. Hier sind Paare von flächenverknüpften Oktaedern vorhanden, die ihrerseits über gemeinsame Ecken verknüpft sind. Das Verknüpfungsmuster ist in Abb. 14.5 gezeigt. Für diesen Strukturtyp ist bislang kein Vertreter bekannt. Eine Verbindung, die diese Struktur annehmen könnte, ist WCl_3. Vom dreiwertigen Wolfram ist die Tendenz zu Strukturen mit flächenverknüpften Oktaedern bekannt, zum Beispiel im $W_2Cl_9^{3-}$-Ion, da die Nähe der W-Atome eine W≡W-Bindung ermöglicht. Ähnliche Paare von Oktaedern treten auch bei $ReCl_4$ auf. Vielleicht lohnt es sich, beim WCl_3 nach einer passenden Modifikation zu suchen. (Es gibt eine andere Modifikation, die aus W_6Cl_{18}-Clustern besteht, siehe Aufgabe 14.2).

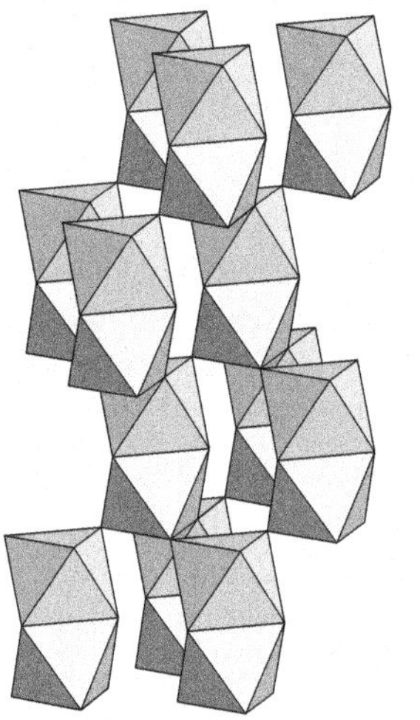

Abb. 14.5: Die Art der Verknüpfung der Oktaeder in der hypothetischen Struktur für WCl_3, Raumgruppe $R32$ [207]

Die Raumgruppe $R32$ bietet auch die Möglichkeit für eine Variante zum Ilmenit, die von der kaum untersuchten Verbindung $AlTiO_3$ realisiert werden könnte. Mit Al auf c_2 und Ti auf c_3 von $R32$ (Abb. 14.2) wäre die Oktaederverknüpfung so wie im Ilmenit. Die Ti-Atome befänden sich jedoch nicht in miteinander kantenverknüpften Oktaedern, sondern in Paaren von flächenverknüpften Oktaedern. Im $AlTiO_3$ wäre das Titan dreiwertig und hätte noch ein Valenzelektron pro Atom; das könnte die paarweise Besetzung der flächenverknüpften Oktaeder mit Titan-Atomen unter Bildung von Ti–Ti-Bindungen begünstigen.

Die Beispiele der postulierten möglichen Strukturen für WCl_3 und $AlTiO_3$ zeigen, wie mit Hilfe von Bärnighausen-Stammbäumen mögliche Strukturtypen vorhergesagt werden können. Die systematische Vorhersage von Strukturtypen ist Gegenstand von Kapitel 19.

Tabelle 14.3: Bekannte Strukturtypen mit Raumgruppen gemäß Stammbaum in Abb. 14.2

Raumgruppe	Strukturtyp	Formeltyp*	Punkt-Orbits der besetzten Oktaederlücken	Anzahl Vertreter
$P6_3/mmc$	hex.-dichteste Kugelp.	□X	–	> 35
	NiAs	AX	a: Ni	> 70
$P\bar{3}m1$	CdI_2	A□X_2	a: Cd	> 75
$R\bar{3}c$	RhF_3 (VF_3)	A$□_2X_3$	b: Rh	ca. 20
	α-Al_2O_3	□B_2X_3	c: Al	ca. 15
$R\bar{3}$	BiI_3	A$□_2X_3$	c_1: Bi	11
	$FeTiO_3$ (Ilmenit)	AB□X_3	c_1: Fe c_2: Ti	ca. 25
	α-WCl_6	A$□_5X_6$	a: W	3
	$LiSbF_6$	AB$□_4X_6$	a: Li b: Sb	> 50
	Na_2UI_6	$AB_2□_3X_6$	a: U c_1: Na	5
	$Na_2Sn(NH_2)_6$	$AB_2□_3X_6$	a: Sn c_2: Na	2
	$NiTi_3S_6$	A$□_2C_3X_6$	a: Ti b: Ni c_1: Ti	4
$R3c$	$LiNbO_3$	AB□X_3	a_2: Li a_3: Nb	> 10
$R3$	Ni_3TeO_6	A$□_2C_3X_6$	a_1: Te a_2: Ni a_4: Ni a_6: Ni	1
	Li_2TeZrO_6	$ABC_2□_2X_6$	a_1: Zr a_2: Li a_3: Li a_6: Te	6

* A, B, C = Atome in Oktaederlücken; □ = unbesetzte Oktaederlücken

Tabelle 14.4: Kristalldaten einiger Namensgeber rhomboedrischer Strukturtypen in Tabelle 14.3

Raumgruppe	Verbindung	$a^{(hex)}$ /pm	$c^{(hex)}$ /pm	Punktlage	Element	x	y	z	Idealkoordinaten x	y	z	Literatur
$R\bar{3}c$	RhF_3	487,3	1355,0	6b	Rh	0	0	0	0	0	0	[222]
				18e	F	0,652	0	$\frac{1}{4}$	0,667	0	$\frac{1}{4}$	
$R\bar{3}c$	α-Al_2O_3	476,0	1300,0	12c	Al	$\frac{2}{3}$	$\frac{1}{3}$	–0,019	$\frac{2}{3}$	$\frac{1}{3}$	0,0	**
				18e	O	0,694	0	$\frac{1}{4}$	0,667	0	$\frac{1}{4}$	
$R\bar{3}$	BiI_3	752,5	2070,3	6c	Bi	$\frac{2}{3}$	$\frac{1}{3}$	0,002	$\frac{2}{3}$	$\frac{1}{3}$	0,0	[225]
				18f	I	0,669	0,000	0,246	0,667	0,0	0,25	
$R\bar{3}$	Ilmenit	508,8	1408,5	6c	Ti	$\frac{2}{3}$	$\frac{1}{3}$	–0,020	$\frac{2}{3}$	$\frac{1}{3}$	0,0	[226]
				6c	Fe	0	0	0,145	0	0	0,167	
				18f	O	0,683	–0,023	0,255	0,667	0,0	0,25	
$R\bar{3}$	α-WCl_6	608,8	1668,0	3a	W	0	0	0	0	0	0	[227]
				18f	Cl	0,667	0,038	0,253	0,667	0,0	0,25	
$R\bar{3}$	$LiSbF_6$	518	1360	3a	Li	0	0	0	0	0	0	[228]
				3b	Sb	$\frac{1}{3}$	$\frac{2}{3}$	$\frac{1}{6}$	$\frac{1}{3}$	$\frac{2}{3}$	$\frac{1}{6}$	
				18f	F	0,598	–0,014	0,246	0,667	0,0	0,25	
$R3c$	$LiNbO_3$	514,8	1386,3	6a	Li	$\frac{2}{3}$	$\frac{1}{3}$	–0,053	$\frac{2}{3}$	$\frac{1}{3}$	0,0	[229, 230]
				6a	Nb	$\frac{1}{3}$	$\frac{2}{3}$	0,0	$\frac{1}{3}$	$\frac{2}{3}$	0,0	
				18b	O	0,704	0,048	0,271	0,667	0	0,25	

** ca. 40 Bestimmungen

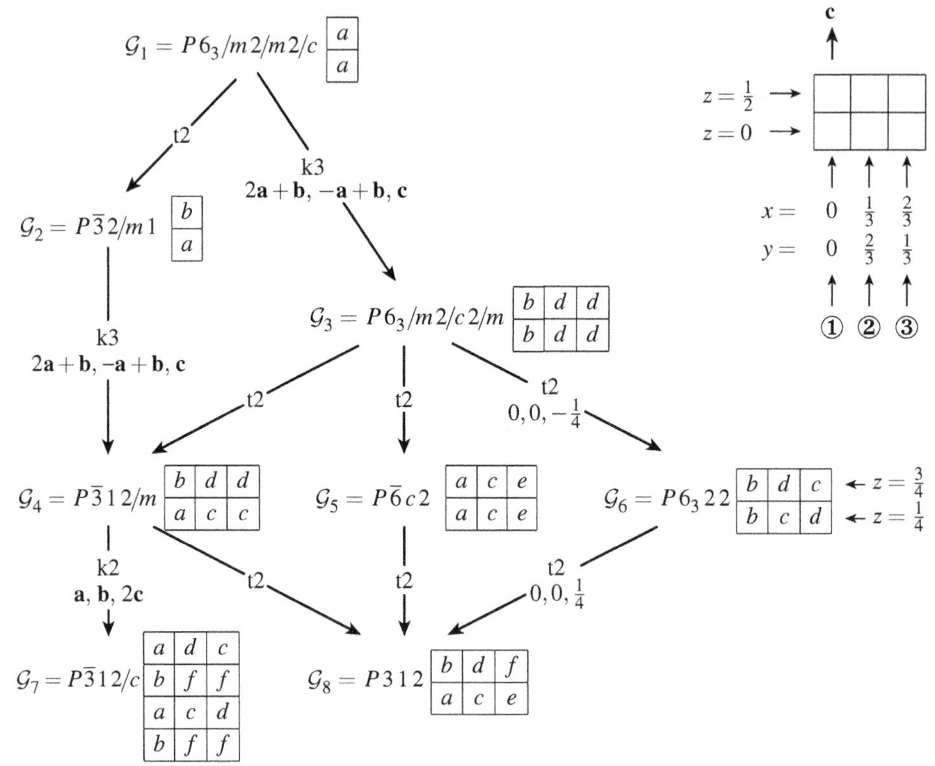

Abb. 14.6: Stammbaum von Gruppe-Untergruppe-Beziehungen von der hexagonal-dichtesten Kugelpackung zu einigen hexagonalen und trigonalen Hettotypen. Die Kästchen symbolisieren die Oktaederlücken, die Buchstaben sind die zugehörigen Wyckoff-Buchstaben; das Diagramm rechts oben zeigt die zugehörigen Koordinaten (vgl. Abb. 14.1)

14.2.2 Hexagonale und trigonale Hettotypen der hexagonal-dichtesten Kugelpackung

Wir betrachten zwei weitere Möglichkeiten zur Vergrößerung der Elementarzelle der hexagonal-dichtesten Kugelpackung. Eine Verdreifachung ist möglich, wenn die a, b-Basisfläche wie bei den rhomboedrischen Hettotypen vergrößert wird, aber unter Beibehaltung des hexagonalen Basisvektors **c** (H-Zelle, Abb. 14.1). Es ergibt sich dann der in Abb. 14.6 gezeigte Stammbaum. Zusätzlich enthält er mit der Gruppe $\mathcal{G}_7$ auch noch eine Untergruppe mit verdoppelter c-Achse (von $P\bar{6}c2$ und $P6_322$ gibt es keine maximalen Untergruppen mit verdoppelter c-Achse). In Tab. 14.5 sind entsprechende Strukturen genannt.

In Tab. 14.5 ist die Verbindung $AgInP_2S_6$ aufgeführt (Raumgruppe $\mathcal{G}_7 = P\bar{3}12/c$). Tatsächlich ist bei $AgInP_2S_6$ nicht die Oktaedermitte in der Lage c von $\mathcal{G}_7$ besetzt ($\frac{1}{3}, \frac{2}{3}, \frac{1}{4}$), sondern dort befindet sich ein Paar von P-Atomen (Koordinaten $\frac{1}{3}, \frac{2}{3}$, 0,164 und $\frac{1}{3}, \frac{2}{3}$, 0,336). Die Oktaederlücke, deren Mitte die Lage c ist, ist somit mit einer P_2-Hantel besetzt, die zusammen mit den sechs S-Atomen in den Oktaederecken ein $P_2S_6^{4-}$-Ion bildet.

Tabelle 14.5: Bekannte Strukturtypen mit Raumgruppen gemäß Stammbaum in Abb. 14.6

Raumgruppe	Strukturtyp	Formeltyp*	Punktlagen der besetzten Oktaederlücken				Anzahl Vertreter
$P6_3/mmc$	hex.-dichteste Kugelp.	□X	–				> 35
	NiAs	AX	$2a$: Ni				> 70
$P\bar{3}m1$	CdI_2	$A□X_2$	$1a$: Cd				> 75**
$P6_3/mcm$	TiI_3-hex.	$A□_2X_3$	$2b$: Ti				8†
$P\bar{3}1m$	ε-NFe_2	$A□X_2$	$1a$: N	$2d$: N			ca. 7
	OAg_3	$A□_2X_3$	$2c$: O				1
	Li_2ZrF_6	$AB_2□_3X_6$	$1a$: Zr	$2d$: Li			ca. 17
	$Li_2Pt(OH)_6$	$AB_2□_3X_6$	$1a$: Pt	$2c$: Li			3
	Hg_3NbF_6	$A□_2B_3X_6$	$1a$: Nb	$1b$: Hg	$2d$: Hg		1
$P\bar{6}c2$	$LiScI_3$	$AB□X_3$	$2a$: Li	$2c$: Sc			1
$P6_322$	Ni_3N	$A□_2X_3$	$2c$: N				6
	α-$LiIO_3$	$AB□X_3$	$2b$: Li	$2c$: I			1
$P\bar{3}1c$	$FeZrCl_6$	$AB□_4X_6$	$2a$: Fe	$2c$: Zr			4
	$CaPt(OH)_6$	$AB□_4X_6$	$2b$: Pt	$2c$: Ca			2
	Li_2UI_6	$AB_2□_3X_6$	$2a$: Li	$2c$: U	$2d$: Li		2
	Na_3CrCl_6	$A□_2C_3X_6$	$2a$: Na	$2c$: Cr	$4f$: Na		2
	$LiCaAlF_6$	$ABC□_3X_6$	$2b$: Ca	$2c$: Al	$2d$: Li		9
	Cr_2Te_3	$□B_2X_3$	$2b$: Cr	$2c$: Cr	$4f$: Cr		3
	Cr_5S_6	$□B_5X_6$	$2a$: Cr	$2b$: Cr	$2c$: Cr	$4f$: Cr	1
	$AgInP_2S_6$	$AB(C_2)□_3X_6$	$2a$: Ag	$2d$: In	$2c$: 2P‡		4
$P312$	$KNiIO_6$	$ABC□_3X_6$	$1a$: K	$1d$: Ni	$1f$: I		4

* A, B, C Atome in Oktaederlücken; □ unbesetzte Oktaederlücken
** einschließlich Hydroxiden
† 14 bei Einschluss von orthorhombischen Verzerrungsvarianten, siehe Text
‡ siehe Text

Die Stammbäume in Abb. 14.2 und 14.6 berücksichtigen nicht Varianten, die sich durch Verzerrungen unter Symmetrieerniedrigung ergeben. Wird in Abb. 14.6 in der Raumgruppe $\mathcal{G}_3 = P6_3/m2/c2/m$ die Punktlage b besetzt ($0,0,0$ und $0,0,\frac{1}{2}$) und d freigelassen, so ergibt sich ein Strukturtyp, bei dem Stränge von flächenverknüpften Oktaedern in Richtung **c** verlaufen. Dieser Strukturtyp (hexagonaler TiI_3-Typ) wird bei den Hochtemperaturmodifikationen einiger Trihalogenide beobachtet. Er tritt nur bei ungeraden Zahlen von d-Elektronen auf (d^1, d^3, d^5). Bei den meisten dieser Trihalogenide ist die Struktur bei Zimmertemperatur jedoch nicht hexagonal, sondern orthorhombisch ($RuBr_3$-Typ; Raumgruppe $Pmnm$). Atome in den Mitten von flächenverknüpften Oktaedern kommen sich recht nahe, so dass diese Anordnung aus elektrostatischen Gründen ungünstig ist*. Bei Atomen mit ungerader Zahl von d-Elektronen kann die Flächenverknüpfung jedoch bevor-

*Dies kommt in der dritten Pauling-Regel über polare Verbindungen zum Ausdruck: Kantenverknüpfung und noch mehr Flächenverknüpfung von Koordinationspolyedern ist ungünstig [12]

Tabelle 14.6: Kristalldaten zu einigen Strukturen gemäß Tabelle 14.5

Raum-gruppe	Verbindung	a /pm	c /pm	Punkt-lage	Ele-ment	x	y	z	Idealkoordinaten x	y	z	Lite-ratur
$P6_3/mcm$	TiI_3 hex.	714,2	651,0	$2b$	Ti	0	0	0	0	0	0	[232]
				$6g$	I	0,683	0	$\frac{1}{4}$	0,667	0	$\frac{1}{4}$	
$P\bar{3}1m$	Ag_3O	531,8	495,1	$2c$	O	$\frac{1}{3}$	$\frac{2}{3}$	0	$\frac{1}{3}$	$\frac{2}{3}$	0	[233]
				$6k$	Ag	0,699	0	0,277	0,667	0	0,25	
	Li_2ZrF_6	497,3	465,8	$1a$	Zr	0	0	0	0	0	0	[234]
				$6k$	F	0,672	0	0,255	0,667	0	0,25	
$P\bar{6}c2$	$LiScI_3$	728,6	676,8	$2a$	Sc	0	0	0	0	0	0	[235]
				$2c$	Li	$\frac{1}{3}$	$\frac{2}{3}$	0	$\frac{1}{3}$	$\frac{2}{3}$	0	
				$6k$	I	0,673	−0,004	$\frac{1}{4}$	0,667	0	$\frac{1}{4}$	
$P6_322$	Ni_3N	462,2	430,6	$2c$	N	$\frac{1}{3}$	$\frac{2}{3}$	$\frac{1}{4}$	$\frac{1}{3}$	$\frac{2}{3}$	$\frac{1}{4}$	[236]
				$6g$	Ni	0,328	0	0	0,333	0	0	
$P\bar{3}1c$	$FeZrCl_6$	628,4	1178,8	$2a$	Fe	0	0	$\frac{1}{4}$	0	0	$\frac{1}{4}$	[237]
				$2c$	Zr	$\frac{1}{3}$	$\frac{2}{3}$	$\frac{1}{4}$	$\frac{1}{3}$	$\frac{2}{3}$	$\frac{1}{4}$	
				$12i$	Cl	0,667	−0,023	0,131	0,667	0,0	0,125	
	$LiCaAlF_6$	500,8	964,3	$2b$	Ca	0	0	0	0	0	0	[238]
				$2c$	Al	$\frac{1}{3}$	$\frac{2}{3}$	$\frac{1}{4}$	$\frac{1}{3}$	$\frac{2}{3}$	$\frac{1}{4}$	
				$2d$	Li	$\frac{2}{3}$	$\frac{1}{3}$	$\frac{1}{4}$	$\frac{2}{3}$	$\frac{1}{3}$	$\frac{1}{4}$	
				$12i$	F	0,623	−0,031	0,143	0,667	0,0	0,125	
	$AgInP_2S_6$	618,2	1295,7	$2a$	In	0	0	$\frac{1}{4}$	0	0	$\frac{1}{4}$	[239]
				$2d$	Ag	$\frac{2}{3}$	$\frac{1}{3}$	$\frac{1}{4}$	$\frac{2}{3}$	$\frac{1}{3}$	$\frac{1}{4}$	
				$4f$	P	$\frac{1}{3}$	$\frac{2}{3}$	0,164	siehe Text			
				$12i$	S	0,657	−0,028	0,120	0,667	0,0	0,125	

zugt sein, weil sie die Ausbildung von Metall–Metall-Bindungen zwischen benachbarten Polyedern ermöglicht. Die Atome rücken dann paarweise aufeinander zu, d. h. sie rücken aus den Polyedermitten weg und auf die gemeinsame Polyederfläche zu (Abb. 14.7). Für den $RuBr_3$-Typ bedeutet das: Die Inversionspunkte in den besetzten Oktaedermitten und die 6_3-Achsen können nicht erhalten bleiben, wohl aber die Spiegelebenen senkrecht zu **c**. Die Raumgruppe ist eine Untergruppe von $P6_3/mcm$ (Abb. 14.8). Der Symmetrieabbau läuft über eine translationengleiche Untergruppe vom Index 3, womit der $RuBr_3$-Typ dazu prädestiniert ist, Drillingskristalle zu bilden (siehe Abschn. 16.3). Tatsächlich entstehen bei der Phasenumwandlung hexagonal → orthorhombisch Drillingskristalle, die auch für die orthorhombische Modifikation hexagonale Symmetrie vortäuschen. Als Antityp kristallisiert Ba_3N in der Raumgruppe $P6_3/mcm$ [231].

Ein weiterer Grund für das Herausrücken von Atomen aus den Oktaedermitten können einsame Elektronenpaare sein, wie am P-Atom bei Phosphortriiodid. PI_3 kristallisiert mit einer hexagonal-dichtesten Kugelpackung von Iod-Atomen. Die Anordnung der Phosphor-Atome entspricht der Punktlage $2c$ in der Raumgruppe $P6_322$ ($\mathcal{G}_6$ in Abb. 14.6). Sie sind jedoch in Richtung **c** jeweils auf eine Oktaederfläche zugerückt, womit sich drei

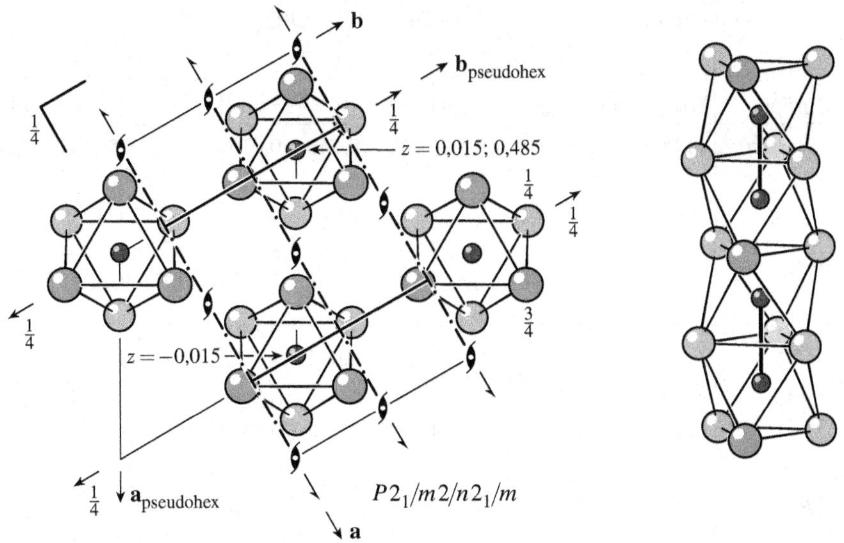

Abb. 14.7: $RuBr_3$: Blick entlang der Stränge von flächenverknüpften Oktaedern und Seitenansicht eines Stranges

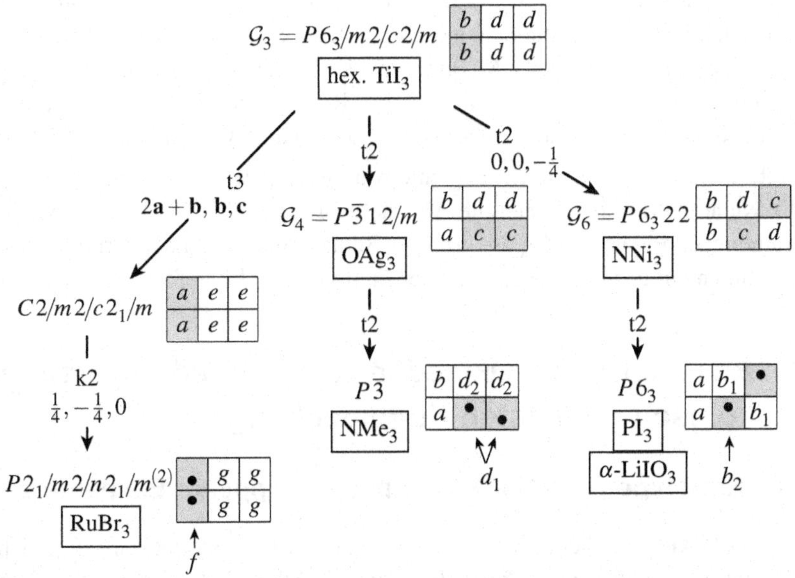

Abb. 14.8: Verzerrte Varianten von Strukturen aus Abb. 14.6 mit Untergruppen der Raumgruppen $\mathcal{G}_3$, $\mathcal{G}_4$ und $\mathcal{G}_6$. Die Punkte • deuten an, wie die Atome Ru, N, P bzw. Iodat-I aus den Oktaedermitten parallel zu **c** herausgerückt sind. Die jeweils besetzten Oktaederlücken sind grau hervorgehoben; bei α-$LiIO_3$ befinden sich zusätzlich Li^+-Ionen in den Oktaederlücken $2a$

Tabelle 14.7: Kristalldaten für $RuBr_3$, PI_3, α-$LiIO_3$ und NMe_3

	Raumgruppe	a /pm	c /pm	Punktlage	Element	x	y	z	Idealkoordinaten x	y	z	Literatur
$RuBr_3$	$Pmnm^{(2)}$	1125,6	587,3	$4f$	Ru	$\frac{1}{4}$	0,746	0,015	$\frac{1}{4}$	0,75	0,0	[240]
		$b = 649,9$		$2a$	Br	$\frac{1}{4}$	0,431	$\frac{1}{4}$	$\frac{1}{4}$	0,417	$\frac{1}{4}$	
				$2b$	Br	$\frac{1}{4}$	0,052	$\frac{3}{4}$	$\frac{1}{4}$	0,083	$\frac{3}{4}$	
				$4e$	Br	0,597	0,407	$\frac{1}{4}$	0,583	0,417	$\frac{1}{4}$	
				$4e$	Br	0,408	0,903	$\frac{1}{4}$	0,417	0,917	$\frac{1}{4}$	
PI_3	$P6_3$	713,3	741,4	$2b$	P	$\frac{1}{3}$	$\frac{2}{3}$	0,146	$\frac{1}{3}$	$\frac{2}{3}$	0,25	[241]
				$6c$	I	0,686	0,034	0	0,667	0,0	0	
α-$LiIO_3$	$P6_3$	581,3	517,2	$2a$	Li	0	0	0,234	0	0	0,25	[242]
				$2b$	I	$\frac{1}{3}$	$\frac{2}{3}$	0.162	$\frac{1}{3}$	$\frac{2}{3}$	0,25	
				$6c$	O	0,658	–0,095	0	0,667	0,0	0	
NMe_3	$P\overline{3}$	613,7	685,2	$2d$	N	$\frac{1}{3}$	$\frac{2}{3}$	0,160	$\frac{1}{3}$	$\frac{2}{3}$	0,0	[243]
				$6g$	C	0,575	–0,132	0,227	0,667	0,0	0,25	

kurze P–I-Bindungen und drei längere P···I-Kontakte ergeben. Die Raumgruppensymmetrie ist auf $P6_3$ verringert (Abb. 14.8). Die gleiche Struktur hat auch Triiodmethan, HCI_3, unter Druck, wobei das Wasserstoffatom den Platz des einsamen Elektronenpaars vom PI_3 übernimmt. Genauso ist es bei den Iodat-Ionem im α-$LiIO_3$; es enthält zusätzlich Lithium-Ionen in den Oktaederlücken der Punktlage $2a$. Ähnlich ist die Situation bei kristallinem Trimethylamin, dessen Methylgruppen eine hexagonal-dichteste Kugelpackung bilden. Die N-Atome sind aus den Lagen $2c$ der Raumgruppe $P\overline{3}\,1\,m$ ($\mathcal{G}_4$ in Abb. 14.6) abwechselnd in Richtung $+\mathbf{c}$ und $-\mathbf{c}$ herausgerückt, und die Symmetrie ist auf $P\overline{3}$ verringert.

In Tab. 14.7 sind die Kristalldaten den erwarteten Werten ohne Verzerrung gegenübergestellt. Nicht überraschend, sind die Abweichungen von den Idealwerten bei den Molekülverbindungen PI_3 und NMe_3 am größten. Beim Trimethylamin kommt hinzu, dass sich die C-Atome nicht genau in den Mitten der Methyl-‚Kugeln' befinden.

14.3 Besetzung von Oktaeder- und Tetraederlücken in der kubisch-dichtesten Kugelpackung

14.3.1 Hettotypen des NaCl-Typs mit verdoppelter Elementarzelle

Werden in der kubisch-dichtesten Kugelpackung alle Oktaederlücken mit gleichen Atomen besetzt, so ergibt sich der NaCl-Typ. Diese Struktur hat auch die Hochtemperatur-Modifikation von $LiFeO_2$ (>670 °C), mit statistischer Besetzung der Metallatomlagen durch Li und Fe [245]. In der Tieftemperatur-Form sind die Li- und Fe-Atome geordnet und die verdoppelte Elementarzelle hat ein c/a-Verhältnis von 2,16. Ist die eine der Metallatomlagen unbesetzt, entspricht das der Struktur von Anatas, $Ti\square O_2$, mit c/a = 2,51

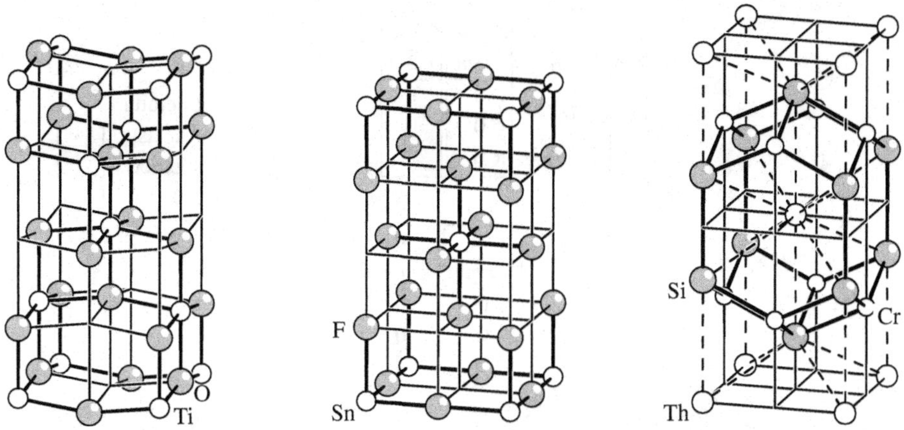

Abb. 14.9: Die Elementarzellen von Anatas (TiO_2, $I4_1/amd$), SnF_4 und $ThCr_2Si_2$ (beide $I4/mmm$)

(Abb. 14.9). Die zugehörigen Gruppe-Untergruppe-Beziehungen sind im linken Teil von Abb. 14.10 gezeigt [248].

Die Kristallstruktur von SnF_4 kann als kubisch-dichteste Kugelpackung von Fluor-Atomen mit verdoppelter Elementarzelle beschrieben werden, bei der ein viertel der Oktaederlücken so besetzt ist, dass Schichten von eckenverknüpften Oktaedern bleiben (Abb. 14.9 und Abb. 14.10 rechts). Die Verzerrung der Kugelpackung ist sehr gering; das c/a-Verhältnis beträgt 1,96 anstelle von 2.

In Abb. 14.10 rechts ist auch $ThCr_2Si_2$ als Abkömmling des NaCl-Typs genannt. Dort sind drei viertel der Metallatomlagen besetzt, und die Hälfte der Anionenlagen ist vakant. Die Verzerrung ist mit $c/a = 2{,}62$ stärker, und der freie z-Parameter des Si-Atoms weicht erheblich vom Idealwert ab ($z = 0{,}377$ statt $z = 0{,}25$). Dadurch sind zwei Si-Atome vom Th-Atom weggerückt während acht ihm näherkommen, so dass ein Th-Atom letztlich auf die Koordinationszahl 10 kommt (in Abb. 14.9 gestrichelt eingezeichnet). Die Cr-Atome haben annähernd tetraedrische Koordination. Außerdem sind die Si-Atome paarweise aufeinander zugerückt, womit eine direkte Bindung zwischen ihnen möglich wird.

Wir erwähnen $ThCr_2Si_2$ als Beispiel dafür, *wie die Anwendung der Gruppentheorie an die Grenzen des Sinnvollen kommt.* Die geometrischen und chemischen Abweichungen sind so erheblich, dass es kaum sinnvoll ist, $ThCr_2Si_2$ als Leerstellenderivat des NaCl-Typs anzusehen. Bei der Beziehung NaCl—$ThCr_2Si_2$ gemäß Abb. 14.10 dient die Gruppentheorie nur noch als formales Werkzeug, ohne chemische oder physikalische Rechtfertigung. Die Beziehung ist aber als Eselsbrücke akzeptabel, um sich die $ThCr_2Si_2$-Struktur merken zu können. Vom $ThCr_2Si_2$-Typ gibt es ca. 90 bekannte Vertreter.

Dagegen erscheint die gedankliche Herleitung der Struktur von NbO als Leerstellenvariante des NaCl-Typs naheliegend, mit einem viertel unbesetzter Kationen- und Anionenlagen (Abb. 14.11). Die Besonderheit beim NbO sind Nb–Nb-Bindungen unter Bildung von oktaedrischen Clustern aus Nb-Atomen, die über gemeinsame Ecken zu einem Netzwerk verknüpft sind. Jedes Nb-Atom ist von vier O-Atomen quadratisch koordiniert.

$F\,4/m\,\bar{3}\,2/m$

NaCl

Na:4a $m\bar{3}m$	Cl:4b $m\bar{3}m$
0	0
0	0
0	$\frac{1}{2}$

Literatur:
Anatas [244]
γ-LiFeO$_2$ [245]
SnF$_4$ [246]
ThCr$_2$Si$_2$ [247]

t3

$F\,4/m\,2/m\,2/m$ *

4a $4/mmm$	4b $4/mmm$
0	0
0	0
0	$\frac{1}{2}$

k2 ————— k2

$C\,4_2/e\,2/m\,2/g_2^{(1)}$ **

4a $\bar{4}m2$	4b $\bar{4}m2$
0	0
0	0
0	$\frac{1}{2}$

k2
a, b, 2c

$I\,4_1/a\,2/m\,2/d^{(1)}$

4a $\bar{4}m2$	4b $\bar{4}m2$	8e $2mm.$
0	0	0
0	0	0
0	$\frac{1}{2}$	0,208

Anatas	Ti	□	O
γ-LiFeO$_2$	Li	Fe	O†

† $z = 0{,}232$

$C\,4/m\,2/m\,2/m$ ††

2a $4/mmm$	2d $4/mmm$	2b $4/mmm$	2c $4/mmm$
0	0	0	0
0	$\frac{1}{2}$	0	$\frac{1}{2}$
0	$\frac{1}{2}$	$\frac{1}{2}$	0

k2
a, b, 2c

$I\,4/m\,2/m\,2/m$

2a $4/mmm$	2b $4/mmm$	4d $\bar{4}m2$	4e $4mm$	4c $mmm.$
0	0	0	0	0
0	0	$\frac{1}{2}$	0	$\frac{1}{2}$
0	$\frac{1}{2}$	$\frac{1}{4}$	0,236	0

SnF$_4$	Sn	□	□	F	F
ThCr$_2$Si$_2$	Th	□	Cr	Si‡	□

‡ $z = 0{,}377$

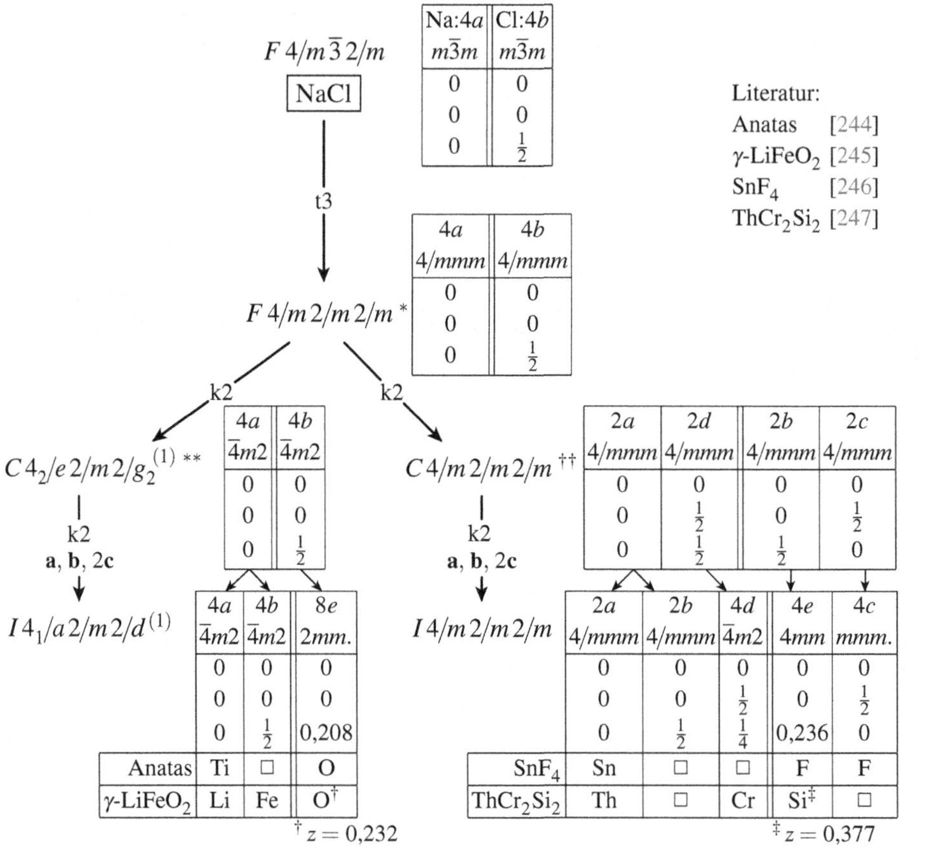

Konventionelle Aufstellungen, Zelle $\frac{1}{2}(\mathbf{a}-\mathbf{b}), \frac{1}{2}(\mathbf{a}+\mathbf{b}), \mathbf{c}$:
* $I\,4/m2/m2/m$ ** $P\,4_2/n\,2/n\,2/m$ †† $P\,4/m\,2/m\,2/m$

Abb. 14.10: Hettotypen des NaCl-Typs mit Verdoppelung der Elementarzelle in einer Richtung. Über die Sinnhaftigkeit, ThCr$_2$Si$_2$ hier aufzuführen siehe Text. □ = unbesetzte Lage

$F\,4/m\,\bar{3}\,2/m$

NaCl

Na: 4a $m\bar{3}m$	Cl: 4b $m\bar{3}m$
0	0
0	0
0	$\frac{1}{2}$

k4

$P\,4/m\,\bar{3}\,2/m$

NbO

□: 1a $m\bar{3}m$	Nb: 3c $4/mmm$	□: 1b $m\bar{3}m$	O: 3d $4/mmm$
0	$\frac{1}{2}$	$\frac{1}{2}$	0
0	$\frac{1}{2}$	$\frac{1}{2}$	0
0	0	$\frac{1}{2}$	$\frac{1}{2}$

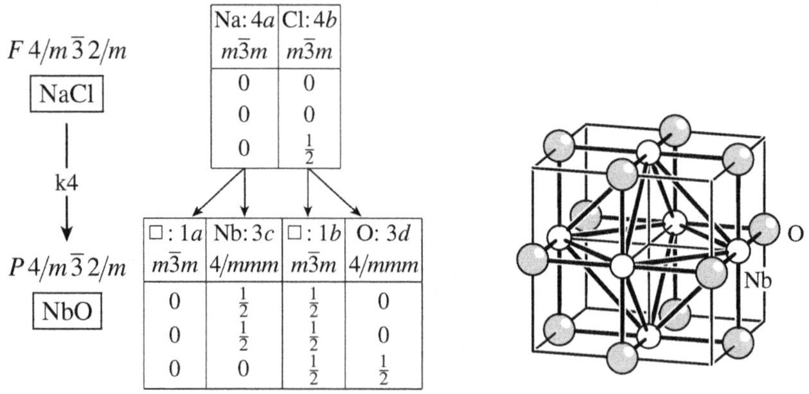

Abb. 14.11: Beschreibung von NbO als Leerstellenvariante des NaCl-Typs [249]

14.3.2 Rhomboedrische Hettotypen des NaCl-Typs

Im NaCl-Typ verlaufen die hexagonalen Schichten von Cl^--Ionen senkrecht zu den Raumdiagonalen der kubisch-flächenzentrierten Elementarzelle. Sind die Oktaederlücken in Ebenen senkrecht zu einer der Raumdiagonalen abwechselnd mit Kationen besetzt und unbesetzt, ergibt sich die Schichtenstruktur des $CdCl_2$-Typs. Die Schichten sind von der gleichen Art wie beim CdI_2, aber mit der Stapelfolge *ABCABC* der Halogen-Atome. Die Symmetrie ist in zwei Schritten des Symmetrieabbaus auf die rhomboedrische Raumgruppe $R\overline{3}m$ erniedrigt. Dieselbe Symmetrieerniedrigung ergibt sich, wenn alle Kationenschichten abwechselnd mit zwei Sorten von Kationen besetzt sind; das ist der α-$NaFeO_2$-Typ (Abb. 14.12).

Wie in Abb. 14.13 vermerkt, erfolgt der Symmetrieabbau über eine Zwischengruppe vom selben Raumgruppentyp $R\overline{3}m$, die beim antiferromagnetischen Nickeloxid (<523 K) beobachtet wird; die NaCl-Zelle ist beim NiO nur geringfügig entlang einer ihrer Raumdiagonalen gestaucht (Magnetostriktion; der Gitterparameter $\alpha = 90°$ der flächenzentrierten Elementarzelle ist bei 295 K auf $\alpha = 90{,}03°$ vergrößert). In der hexagonalen Aufstellung der rhomboedrischen Elementarzelle ist das Verhältnis c/a von $\sqrt{6} = 2{,}449$ auf 2,447 verringert. Das gilt aber nur für die durch Röntgenbeugung ermittelte Elementarzelle, bei der die unterschiedliche Spinrichtung der ungepaarten Elektronen unsichtbar ist. Für die Neutronenbeugung ist die Symmetrie eine magnetische Raumgruppe [250, 251].

Wenn die Positionen der beiden im Spin entgegengesetzten Ni-Atome mit Na- und Fe-Atomen besetzt sind, sind zwei Sorten von hexagonalen Schichten aus oktaedrisch koordinierten Na- und Fe-Atomen vorhanden, die sich in Richtung $\mathbf{c}_{hex}$ abwechseln (Abb. 14.12).

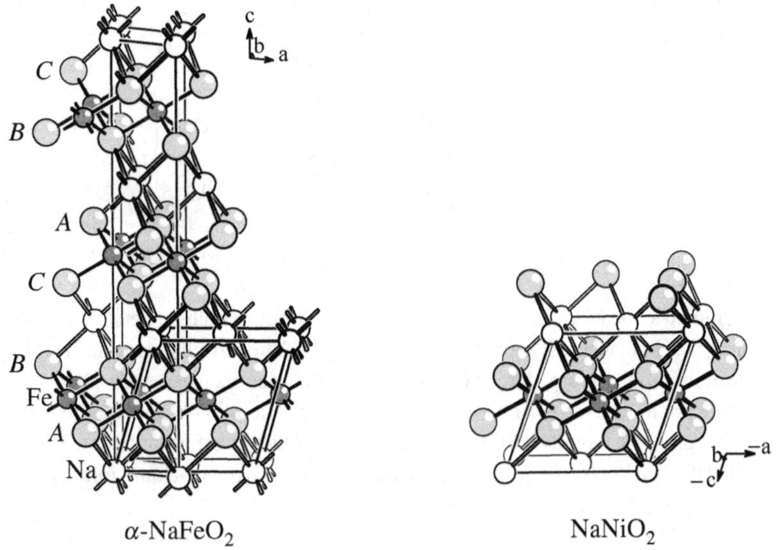

Abb. 14.12: Die Strukturen von α-$NaFeO_2$ und $NaNiO_2$.Die Position der monoklinen $NaNiO_2$-Zelle ist unten in die α-$NaFeO_2$-Zelle eingezeichnet

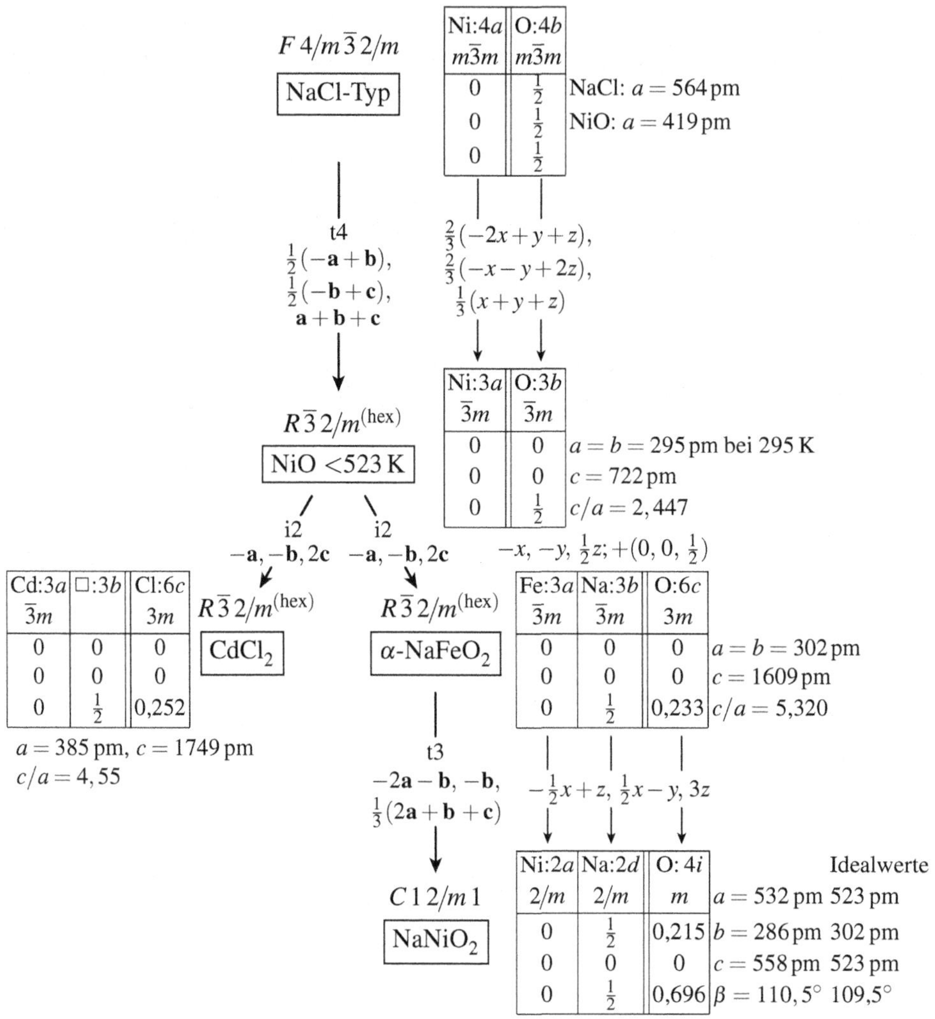

Abb. 14.13: Symmetrieabbau vom NaCl-Typ zu Strukturen mit Schichten senkrecht zu einer der Raumdiagonalen der kubischen Elementarzelle. Sind die Kationenschichten zur Hälfte besetzt und zur Hälfte unbesetzt, ist das der $CdCl_2$-Typ. Sind die Kationenschichten abwechselnd mit zwei Sorten von Kationen besetzt, ist es der α-$NaFeO_2$-Typ. Die monoklin verzerrte Variante des α-$NaFeO_2$-Typs ergibt sich beim $NaNiO_2$ durch Jahn-Teller-Dehnung der mit Ni-Atomen besetzten Oktaeder. Die Idealwerte bei $NaNiO_2$ gelten für eine unverzerrte Kugelpackung mit $a_{kub} = 427$ pm. NiO [250]; $CdCl_2$ [254]; α-$NaFeO_2$ [252]; $NaNiO_2$ [253]

Das Gitter ist in der Stapelrichtung etwas gedehnt mit $c/a = 5,32$ (statt $2\sqrt{6} = 4,90$). Unter den zahlreichen Vertretern dieses Strukturtyps haben die meisten Oxide c/a-Werte zwischen 4,9 und 5,0.

Im $NaNiO_2$ sind Ni(III)-Atome der Elektronenkonfiguration d^7 vorhanden; bei oktaedrischer Umgebung führt das zu einer Jahn-Teller-Verzerrung mit gedehnten Oktaedern. Infolgedessen wir die Symmetrie von $R\bar{3}2/m$ auf die monokline Untergruppe $C\,1\,2/m\,1$ verringert (Abb. 14.12 und Abb. 14.13).

Wenn die Elektronenkonfiguration auf d^8 erhöht ist, sind die beiden entfernteren Liganden im gedehnten Koordinationsoktaeder noch weiter weggerückt und es bleibt eine quadratische Koordination, wie sie beim Cu(III) im $NaCuO_2$ beobachtet wird. die hexagonalen Schichten um die Na^+-Ionen sind parallel zu **a** gegenseitig etwas verschoben, womit die Stapelfolge der O-Atome ist nicht mehr genau *ABC* ist.

Hier sei ein weiterer Strukturtyp erwähnt, der Delafossit-Typ, benannt nach einem Mineral der Zusammensetzung $CuFeO_2$. Er leitet sich nicht von einer dichtesten Kugelpackung ab, sondern hat die Anionen-Schichtenfolge *AABBCC*. Hier sind mit Fe(III)-Atomen besetzte Oktaederlücken nur zwischen den Schichtpaaren *AB*, *BC* und *CA* vorhanden. Zwischen den Schichtpaaren *AA*, *BB* und *CC* befinden sich linear koordinierte Cu(I)-Atome [255] (Abb. 14.14). Das Bauprinzip unterscheidet sich also wesentlich vom α-$NaFeO_2$. Die Raumgruppe ist wiederum $R\bar{3}m$, und die besetzten Punktlagen $3a$, $3b$ und $6c$ sind bei beiden Strukturtypen gleich. Neben dem etwas größeren Verhältnis $c/a = 5,66$ (statt 5,32) unterscheidet sich lediglich die z-Koordinate der Punktlage $6c$ $(0, 0, \pm z)$ der O-Atome: bei α-$NaFeO_2$ ist $z = 0,2334 \approx \frac{1}{4}$, bei $CuFeO_2$ ist $z = 0,1066$, was mit dem äquivalenten Atom bei $z = -0,1066$ die Schichtfolge *AA* ergibt. Wie das Beispiel zeigt, sind gleiche Raumgruppe und gleiche besetzte Punktlagen keine ausreichenden Kriterien für Isotypie, wenn sich freie Parameter bei den Koordinaten unterscheiden. Der Abweichungsparameter beträgt $\Delta = 0,166$ (Abschn. 9.5, Tab. 9.3 und Gleichung (9.3)).

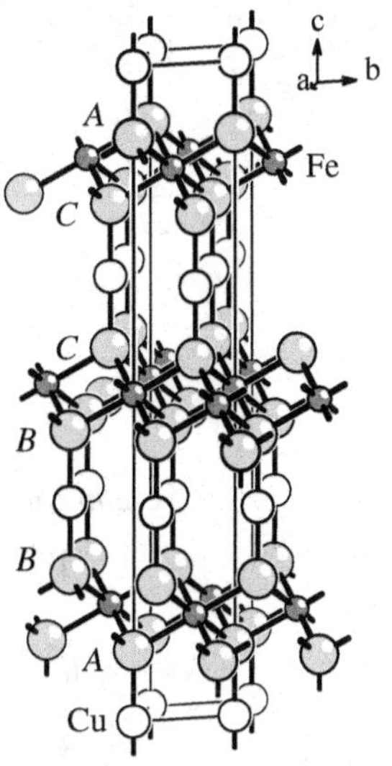

Abb. 14.14: Die Kristallstruktur von $CuFeO_2$ (Delafossit)

14.3.3 Hettotypen des CaF_2-Typs mit verdoppelter Elementarzelle

CaF_2 (Fluorit-Typ) kann als eine kubisch-dichteste Kugelpackung aus Ca^{2+}-Ionen aufgefasst werden, in der alle Tetraederlücken mit F^--Ionen besetzt sind. Einige Strukturtypen, die sich bei partieller Besetzung der Tetraederlücken mit unveränderter Größe und auch mit verdoppelter Elementarzelle ergeben, sind in Abb. 14.15 aufgeführt. Bilder der Elementarzellen sind in Abb. 14.16 gezeigt.

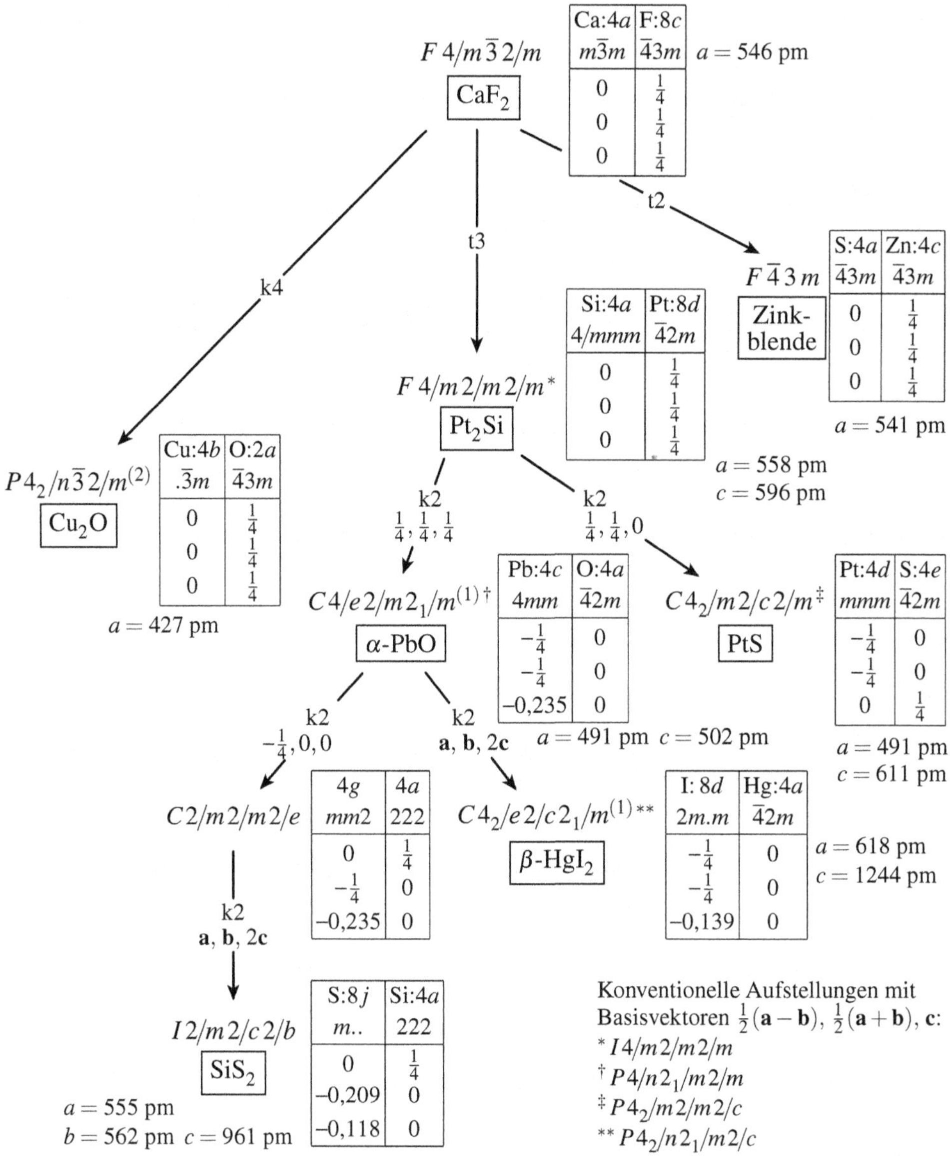

Abb. 14.15: Gruppe-Untergruppe-Beziehungen für einige Strukturen, die sich vom CaF_2-Typ durch sukzessives Entfernen von Atomen aus den Tetraederlücken ableiten lassen. Die in den Kästen jeweils links genannten Atome bilden die Kugelpackung. Bei Zinkblende befinden sich Zn- und S-Atome in gleichartigen Lagen und können miteinander vertauscht werden. Man beachte die Multiplizitäten der Atomlagen im Vergleich zu den chemischen Zusammensetzungen. Wenn sich bei einem Gruppe-Untergruppe-Schritt die Multiplizität der jeweils rechts genannten Punktlage halbiert oder die links genannte verdoppelt, dann spaltet sich die rechts genannte unter Erhalt der Punktlagesymmetrie in zwei Punktlagen auf, von denen eine (nicht genannte) unbesetzt bleibt.
Cu_2O [256]; Pt_2Si [257]; α-PbO [258]; PtS [259]; HgI_2 [260, 261]; SiS_2 [262]

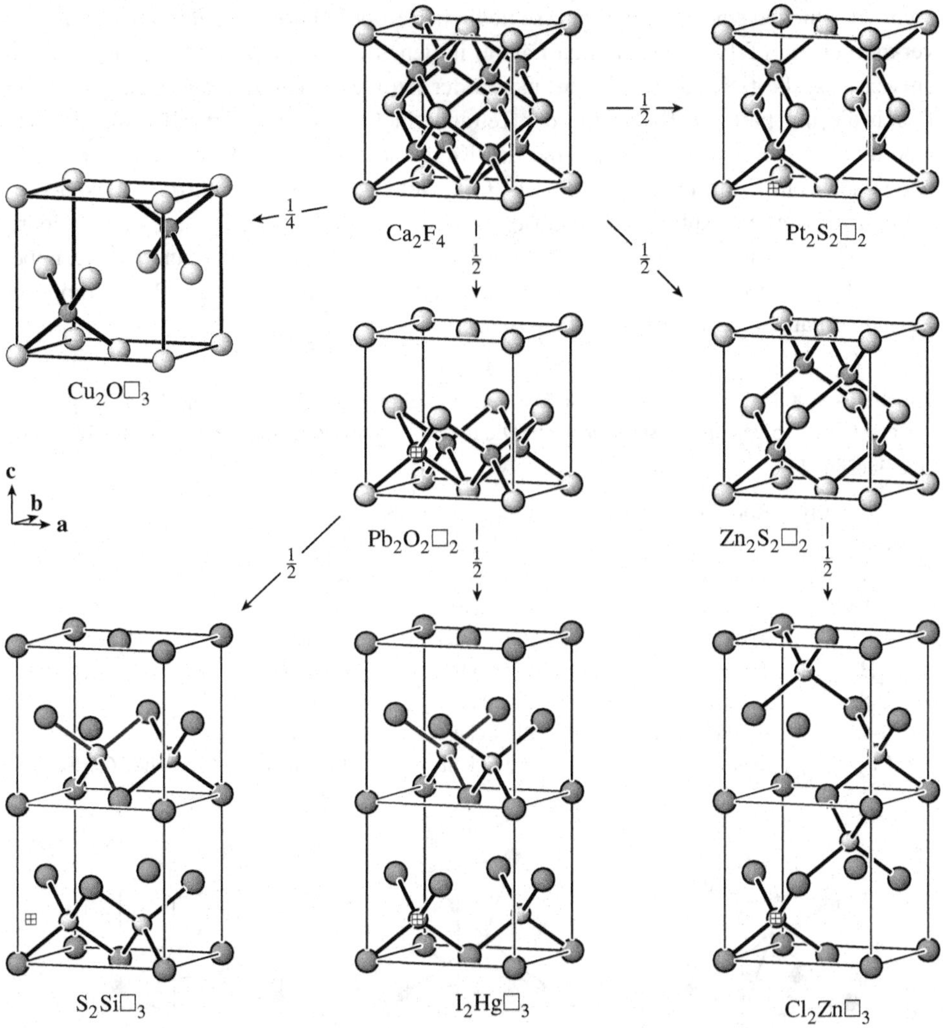

Abb. 14.16: Elementarzellen der Strukturen von CaF_2, Cu_2O, α-PbO, Zinkblende, PtS, SiS_2, β-HgI_2 und α-$ZnCl_2$. Beim CaF_2 sind alle Tetraederlücken (= Mitten der Oktanten des Würfels) besetzt. Jeder Pfeil symbolisiert eine Verringerung der Anzahl der besetzten Tetraederlücken um den Faktor, der im Pfeil angegeben ist. Metallatome hell, Nichtmetallatome dunkel schattiert. Die in den Formeln erstgenannten Atome bilden die kubisch-dichteste Kugelpackung. Schottky-Symbole □ bezeichnen unbesetzte Tetraederlücken (α-$ZnCl_2$ ist in Abb. 14.15 nicht genannt).

Bei α-PbO, SiS_2, β-HgI_2, α-$ZnCl_2$ und PtS befindet sich der konventionelle Ursprung der Zelle nicht wie gezeichnet, sondern an den mit ⊞ markierten Stellen. Die Koordinatenwerte der in Abb. 14.15 jeweils erstgenannten Atome passen dann zu den Atomen, die sich in der linken unteren Ecke der gezeichneten Zellen befinden. Von SiS_2 gibt es außerdem Hochdruckvarianten mit Tetraedern, die teils kanten-, teils eckenverknüpft sind [263]

Durch die Berücksichtigung von Leerstellenvarianten ergeben sich Strukturtypen, die recht verschieden sind, d. h. mit unterschiedlichen Koordinationspolyedern und Polyederverknüpfungen (Tab. 14.8). In allen Fällen, in denen die Kugelpackung keine Vakanzen aufweist, ist die tetraedrische Koordination der Atome in den Tetraederlücken erhalten. Durch die nur partielle Besetzung der Tetraederlücken ergeben sich aber verschiedene Koordinationspolyeder für die Atome der Kugelpackung. Diese Koordinationspolyeder leiten sich vom Koordinationswürfel des Ca^{2+}-Ions ab, wenn ihm einzelne Ecken weggenommen werden (Abb. 14.17). Selbstverständlich besteht auch hier ein gruppentheoretischer Zusammenhang: die Punktgruppen der Koordinationspolyeder sind Untergruppen der Punktgruppe $m\bar{3}m$ des Würfels (für die lineare Anordnung ist die Punktgruppe im Kristallverband maximal $\bar{3}m$ und nicht ∞/mm).

Tabelle 14.8: Koordinationspolyeder und Polyederverknüpfungen für die Atome der Kugelpackung der in Abb. 14.15 genannten Strukturtypen. Die in den Formeln zuerst genannten Atome bilden die Kugelpackung

Strukturtyp	Koordinationspolyeder	Verknüpfung über	
CaF_2	Würfel	alle Kanten	Gerüst
Zinkblende	Tetraeder	alle Ecken	Gerüst
α-PbO	quadratische Pyramide	alle Basiskanten	Schichten
PtS	Rechteck	alle Kanten	Gerüst
I_2Hg	Tetraeder	4 Kanten	Schichten
S_2Si	Tetraeder	2 Kanten	Ketten
α-Cl_2Zn	Winkel, K.Z. 2	alle Ecken	Gerüst
Cu_2O	linear, K.Z. 2	alle Ecken	2 ineinanderschwebende Gerüste

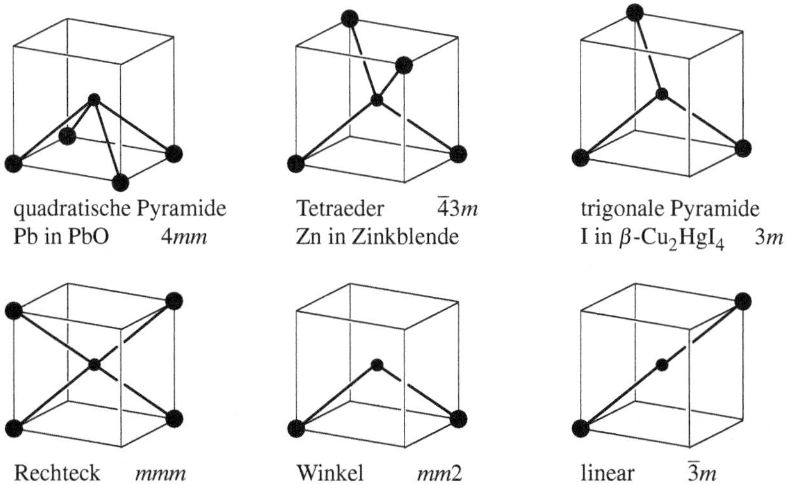

Abb. 14.17: Koordinationspolyeder, die sich von einem Würfel durch Wegnahme von Eckpunkten ableiten lassen

14.4 Übungsaufgaben

Lösungen auf Seite 368

14.1. Bortriiodid kristallisiert mit einer hexagonal-dichtesten Kugelpackung von Iod-Atomen; die Bor-Atome besetzen dreieckige Lücken, deren Mittelpunkte sich in der Kugelpackung in 0, 0, $\frac{1}{4}$ befinden. $a = 699{,}1$ pm, $c = 736{,}4$ pm; $P6_3/m$; B: $2c$, $\frac{1}{3}$, $\frac{2}{3}$, $\frac{1}{4}$; I: $6h$ 0,318, 0,357, $\frac{1}{4}$ [264]. Der van-der-Waals-Radius eines Iod-Atoms beträgt 198 pm. Leiten Sie die BI_3-Struktur von der hexagonal-dichtesten Kugelpackung ab.

14.2. Bei der Cluster-Verbindung CZr_6I_{12} bilden die C- und die I-Atome gemeinsam eine kubisch-dichteste Kugelpackung, bei W_6Cl_{18} ist es eine kubisch-dichteste Kugelpackung von Cl-Atomen mit Leerstellen in den Mitten der Cluster. Die Metallatome befinden sich in einem Teil der Oktaederlücken. Leiten Sie die Strukturen aus der kubisch-dichtesten Kugelpackung ab. Die van-der-Waals-Radien betragen: Cl 175 pm; I 198 pm.

CZr_6I_{12} [265] $R\overline{3}^{(hex)}$
$a = 1450{,}8$ pm, $c = 1000{,}7$ pm

		x	*y*	*z*
Zr	18*f*	0,1430	0,0407	0,1301
C	3*a*	0	0	0
I1	18*f*	0,3114	0,2308	0,0008
I2	18*f*	0,6155	0,4598	0,0085

W_6Cl_{18} [266] $R\overline{3}^{(hex)}$
$a = 1493{,}5$ pm, $c = 845{,}5$ pm

		x	*y*	*z*
W	18*f*	0,1028	0,1182	0,1383
Cl1	18*f*	0,2129	0,5296	–0,0116
Cl2	18*f*	0,1032	0,2586	0,0024
Cl3	18*f*	0,4397	0,0777	0,0281

14.3. Die Kristallstruktur von Sn_2OF_2 kann als Hettotyp der Cassiterit-Struktur (SnO_2, Rutil-Typ) angesehen werden. Es gibt Verzerrungen wegen der einsamen Elektronenpaare an den Zinn-Atomen, außerdem ist ein Viertel der O-Atomlagen vakant [267]. Stellen Sie die Symmetriebeziehungen zwischen Cassiterit und Sn_2OF_2 auf.

SnO_2 $P4_2/mnm$
$a = 473{,}6$ pm, $c = 318{,}5$ pm

		x	*y*	*z*
Sn	2*a*	0	0	0
O	4*g*	0,305	–0,305	0

Sn_2OF_2 $A112/m$
$a = 507$ pm, $b = 930$ pm, $c = 808$ pm, $\gamma = 97{,}9°$

		x	*y*	*z*
Sn1	4*i*	0,486	0,283	$\frac{1}{2}$
Sn2	4*g*	0	0	0,296
O	4*i*	0,803	0,392	0
F	8*j*	0,301	–0,175	0,321

14.4. Die Elementarzelle von α-$ZnCl_2$ ist in Abb. 14.16 gezeigt. Die Kristalldaten sind [268]: Raumgruppe $I\overline{4}2d$; $a = 539{,}8$ pm, $c = 1033$ pm; Zn 4*a*, 0, 0, 0; Cl 8*d*, 0,25, $\frac{1}{4}$, $\frac{1}{8}$.
Zeigen Sie die Beziehung zum Zinkblende-Typ (Abb. 14.15).

14.5. Die Kristallstruktur von OsO_4 kann als kubisch-dichteste Kugelpackung von O-Atomen beschrieben werden ($a_{kub} \approx 435$ pm), in der ein achtel der Tetraederlücken besetzt ist [269,270].
$I12/a1$, $a = 863{,}2$ pm, $b = 451{,}5$ pm, $c = 948{,}8$ pm, $\beta = 117{,}9°$ (transformiert von der Aufstellung in $C2/c$ [270])

		x	*y*	*z*
Os	4*e*	$\frac{1}{4}$	0,241	0
O1	8*f*	0,699	0,517	0,618
O2	8*f*	0,420	0,463	0,113

transformiert von $C12/c1$ [270]

Fertigen Sie eine Skizze der Struktur in Projektion längs **b** an (eine Elementarzelle), und zeigen sie die metrischen Beziehungen zur Elementarzelle des CaF_2-Typs auf. Ergänzen Sie den Stammbaum von Abb. 14.15 ab der Raumgruppe $C2/m2/m2/e$. (Die Aufgabe ist anspruchsvoll, da mehrere Basistransformationen und Ursprungsverschiebungen zu berücksichtigen sind und unter mehreren paren Untergruppen die jeweils richtige auszuwählen ist).

14.6. Im $CsTi_2Cl_7$-II bilden die Chlor- und die Cäsium-Atome gemeinsam eine doppelt-hexagonal-dichteste Kugelpackung (Stapelfolge *ABAC*). Die Titan-Atome besetzen ein viertel der Oktaederlücken in Paaren von flächenverknüpften Oktaedern [271]. Leiten Sie die Struktur von der doppelt-hexagonal-dichtesten Kugelpackung ab. Hinweis: Überlegen Sie zuerst welche die metrischen Beziehungen zwischen den Elementarzellen sind; der Abstand zwischen Kugeln der Kugelpackung beträgt etwa 360 pm. □ = Mittelpunkt einer Oktaederlücke.

doppelt-hex.-d. Kugelpackung
$P6_3/mmc$ $c/a = 3{,}266$

		x	y	z
X1	$2a$	0	0	0
X2	$2d$	$\frac{2}{3}$	$\frac{1}{3}$	$\frac{1}{4}$
□	$4f$	$\frac{1}{3}$	$\frac{2}{3}$	0,125

$CsTi_2Cl_7$-II $P112_1/m$
$a = 728{,}0$ pm, $b = 635{,}4$ pm, $c = 1163{,}0$ pm, $\gamma = 91{,}5°$

		x	y	z			x	y	z
Cs	$2e$	0,633	0,946	$\frac{1}{4}$	Ti	$4f$	0,139	0,592	0,111
Cl1	$2e$	0,907	0,444	$\frac{1}{4}$	Cl4	$4f$	0,112	0,268	−0,001
Cl2	$2e$	0,353	0,435	$\frac{1}{4}$	Cl5	$4f$	0,634	0,253	0,007
Cl3	$2e$	0,127	0,888	$\frac{1}{4}$					

Kristallstrukturen von Molekülen und Molekülionen 15

Die Behandlung anorganischer Verbindungen in den vorangegangenen Kapiteln könnte den Eindruck erwecken, die Anwendung von Gruppe-Untergruppe-Beziehungen eigne sich nicht zur Erfassung der Kristallstrukturen von Verbindungen aus komplizierteren Molekülen. Tatsächlich kristallisieren solche Verbindungen ganz überwiegend in Raumgruppen niedrigerer Symmetrie, und die Moleküle befinden sich häufig auf Punktlagen der Lagesymmetrie 1 oder $\bar{1}$. Die am häufigsten vorkommende Raumgruppe bei organischen Verbindungen ist $P2_1/c$ (Tab. 15.1). Bei Racematen von Verbindungen aus chiralen Molekülen ändert sich nur wenig an der Statistik. Für enantiomerenreine chirale Moleküle kommt nur eine der 65 Sohncke-Raumgrupptypen in Betracht (vgl. Abschnitt 9.3, Seite 134); für sie sind die Raumgruppen $P2_1\,2_1\,2_1$ (54 %) und $P2_1$ (34 %) am häufigsten [272].

Tabelle 15.1: Häufigkeit der Raumgruppen bei bekannten Kristallstrukturen von 636756 Molekülverbindungen (2022) in der Cambridge Structural Database [6, 7], der dort wahrgenommen Lagesymmetrie von 96000 Molekülen (2003) [285] sowie Häufigkeit der Punktgruppen bei 456683 Molekülen (2010), extrahiert mit CSDSymmetry [286,287]. Nur organische Verbindungen mit nur einer Molekülsorte im Kristall

Raumgruppe	Häufigkeit %	Lagesymmetrie der Moleküle in dieser Raumgruppe in %					
$P2_1/c$	37,5	1	86	$\bar{1}$	14		
$P\bar{1}$	21,8	1	81	$\bar{1}$	19		
$P2_1\,2_1\,2_1$ *	9,2	1	100				
$C2/c$	7,1	1	48	$\bar{1}$	10	2	42
$P2_1$ *	6,3	1	100				
$Pbca$	3,9	1	88	$\bar{1}$	12		
$Pna2_1$	1,6	1	100				
Cc	1,0	1	100				
$Pnma$	0,9	1	2	$\bar{1}$	1	m	97
$P1$	0,9	1	100				
146 andere	9,8	1	55				

* Sohncke-Raumgruppe

Punktgruppe	Häufigkeit bei Molekülen in %
1	82,65
$\bar{1}$	10,11
2	4,26
m	1,53
3	0,54
$\bar{4}$	0,23
$2/m$	0,20
$mm2$	0,07
222	0,06
4	0,04
mmm	0,01

U. Müller, *Symmetriebeziehungen zwischen Kristallstrukturen*,
https://doi.org/10.1007/978-3-662-67166-5_15

Deshalb ist für Molekülverbindungen auch schon vom „Prinzip der Symmetrievermeidung“ gesprochen worden. Dies trifft jedoch nicht wirklich zu, wie die Beispiele in diesem Kapitel zeigen. Das Symmetrieprinzip kommt auch bei den Kristallstrukturen von Molekülverbindungen zum tragen. Allerdings hat der Aspekt Nummer 2 des Symmetrieprinzips in der auf Seite 3 formulierten Fassung starke Bedeutung. Die oft geringe Molekülsymmetrie lässt nämlich häufig keine Packungen zu, bei denen Moleküle spezielle Lagen mit hoher Symmetrie einnehmen.

Moleküle beliebiger Gestalt ordnen sich im Kristall mit einer möglichst dichten Packung [273–275]. Dies ist nicht nur durch die Erfahrung, sondern auch durch energetische Berechnungen mit interatomaren Potentialen belegt [276, 277]. Es lässt sich aber nur begrenzt vorhersagen, wie sich eine gegebene Molekülsorte im Kristall packen wird; die Energieunterschiede polymorpher Formen sind oft zu gering, um zuverlässige Aussagen zu machen, obwohl hier durchaus Fortschritte erzielt werden [278–283]. KITAIGORODSKII hat sich intensiv mit der Frage befasst, wie Moleküle mit unregelmäßiger Gestalt möglichst platzsparend gepackt werden können, nach dem Prinzip „Ecke rastet in Einsprung ein“, und welche Symmetrieelemente damit vereinbar sind [273, 284]. Vor allem Inversionspunkte, Gleitspiegelebenen und zweizählige Schraubenachsen sind geeignet.

Die Statistik zeigt außerdem: Zentrosymmetrische Moleküle kristallisieren in über 99 % aller Fälle in zentrosymmetrischen Raumgruppen und nehmen dort meistens zentrosymmetrische Punktlagen ein [285, 288]. Verfügt das Molekül über eine zweizählige Drehachse, dann wird sie in 45 % aller Fälle auf einer entsprechenden Drehachse des Kristalls beibehalten. Eine dreizählige Molekülachse wird mit 47 % und eine Spiegelebene mit 24 % Häufigkeit beibehalten. Raumgruppen mit Spiegelebenen treten in der Regel nur auf, wenn sich wenigstens eine Molekülsorte auf der Spiegelebene befindet [274, 285].

Für anorganische Verbindungen sieht die Statistik anders aus. Bei diesen kommen höhersymmetrische Raumgruppen viel häufiger vor. Unter den 100444 Einträgen des Jahres 2006 in der *Inorganic Crystal Structure Database* [4] ist $Pnma$ die häufigste Raumgruppe (7,4 %), gefolgt von $P2_1/c$ (7,2 %), $Fm\bar{3}m$ (5,6 %), $Fd\bar{3}m$ (5,1 %), $P\bar{1}$ (4,0 %), $I4/mmm$ (4,0 %), $C2/c$ (3,8 %) und $P6_3/mmc$ (3,4 %) [289]. Allerdings ist diese Statistik insofern verfälscht, als von nichtmolekularen Verbindungen mit höhersymmetrischen Kristallstrukturen dieselbe Verbindung häufig wiederholt untersucht wurde, bei verschiedenen Temperaturen, Drücken oder Fremdatom-Dotierungen.

Die Strukturen von Molekülen in Kristallen unterscheiden sich meistens nur wenig von ihren Strukturen in der Gasphase oder in Lösung. Die intermolekularen Kräfte im Kristall sind im allgemeinen zu schwach, um Molekülstrukturen nennenswert zu beeinflussen. Abgesehen von leichten Verzerrungen ist nur bei Konformationswinkeln mit Änderungen zu rechnen [290]. Ausnahmen gibt es, wenn durch eine Strukturänderung oder Molekülassoziation eine bessere Packungsdichte erreicht werden kann. PCl_5 besteht zum Beispiel aus trigonal-bipyramidalen Molekülen in der Gasphase; bei der Kristallisation kommt es zur Umwandlung zu PCl_4^+- und PCl_6^--Ionen. Dimere Al_2Cl_6-Moleküle assoziieren zu polymeren Schichten; N_2O_5-Moleküle kristallisieren als $NO_2^+NO_3^-$; Cl_2O_6-Moleküle kristallisieren als $ClO_2^+ClO_4^-$.

15.1 Symmetrieabbau durch verringerte Punktsymmetrie von Bausteinen

Viele Kristallstrukturen aus komplizierteren Molekülen oder Ionen können auf einfache Strukturtypen zurückgeführt werden, wenn die Moleküle oder Molekülionen als ganzes als nur ein Bauteil aufgefasst werden. Fasst man zum Beispiel ein $PtCl_6^{2-}$-Ion in K_2PtCl_6 als ein Teilchen auf, dann entspricht die Packung von $PtCl_6^{2-}$ und K^+-Ionen dem CaF_2-Typ. Im genannten Beispiel ist sogar die Raumgruppe $Fm\bar{3}m$ die gleiche, weil die Punktgruppe $m\bar{3}m$ der $PtCl_6^{2-}$-Ionen die gleiche ist wie die Lagesymmetrie der Ca^{2+}-Ionen im CaF_2. Kristallstrukturen, die in dieser Weise miteinander verwandt sind, fallen auch unter den Begriff der homöotypen Strukturen (Seite 141).

Meistens entspricht die Punktsymmetrie der freien Moleküle (oder Molekülionen) dagegen nicht der Lagesymmetrie im idealisierten Strukturtyp, den wir als Aristotyp auffassen. Dann muss auch die Symmetrie der Raumgruppe verringert werden. Im zutreffenden Hettotyp muss die Symmetrie der Punktlage, in der sich der Molekülmittelpunkt befindet, eine gemeinsame Untergruppe der Punktlagesymmetrie im Aristotyp und der Molekülsymmetrie sein.

In Kaliumazid, KN_3, sind die K^+- und die N_3^--Ionen so angeordnet wie im Cäsiumchlorid. Die N_3^--Ionen sind jedoch nicht kugel-, sondern stäbchenförmig, Punktsymmetrie ∞/mm. Um damit eine günstige Packung zu erhalten, sind die Azid-Ionen in zwei Richtun-

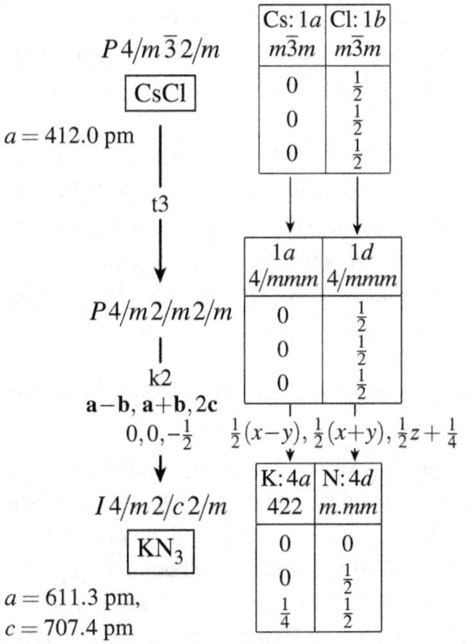

$P4/m2/m2/m$ hat vier pare Untergruppen vom Typ $I4/m2/c2/m$, mit vier verschiedenen Ursprungsverschiebungen (vgl. Abschn. 8.3, S. 124). Nur diejenige mit der Verschiebung $0, 0, \frac{1}{2}$ (oder $\frac{1}{2}, \frac{1}{2}, 0$) kommt hier in Betracht

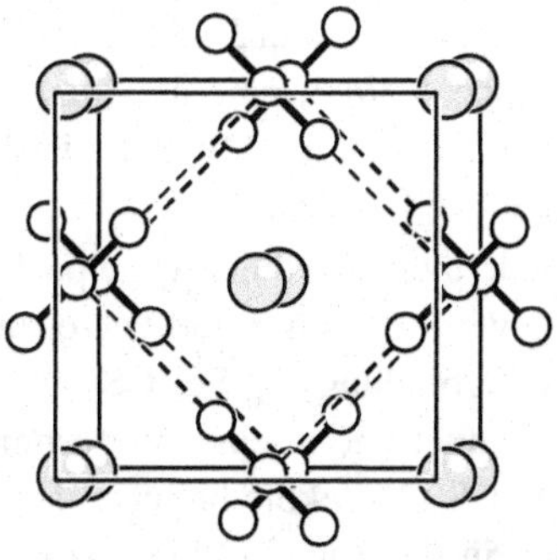

Abb. 15.1: Die Beziehung zwischen CsCl und KN_3. Es sind nur die Koordinaten der Teilchenmittelpunkte genannt. Gestrichelt: dem CsCl-Typ entsprechende Elementarzelle [291]

gen senkrecht zu **c** orientiert, unter leichter Dehnung des Gitters in Richtung **a** und **b**. Die Symmetrie der Raumgruppe ist auf $I4/mcm$ verringert (Abb. 15.1). Die Lagesymmetrie mmm der N_3^--Ionen ist eine gemeinsame Untergruppe von ∞/mm und der Lagesymmetrie $m\overline{3}m$ der Cl^--Ionen in CsCl. Im Achsenverhältnis $c/a = 1,16 < \sqrt{2}$ kommt die Dehnung des Gitters zum Ausdruck.

15.2 Molekülpackungen nach dem Muster der Kugelpackungen

Manche Moleküle und Molekülionen sind mehr oder weniger ‚rund', d. h. sie haben noch gewisse Ähnlichkeiten zu Kugeln. Augenfällig ist das beim Fulleren-Molekül C_{60}. Solche Moleküle neigen dazu, sich wie in einer Kugelpackung anzuordnen. Im Temperaturbereich unmittelbar unterhalb des Schmelzpunkts tritt außerdem oft ein dynamisches Verhalten auf, mit Molekülen, die im Kristall rotieren oder starke Librationsschwingungen ausführen. Moleküle wie MoF_6 und Ionen wie PF_6^- oder BF_4^- sind notorisch dafür bekannt, sich so zu verhalten. Beim Abkühlen tritt dann eine Phasenumwandlung ein, bei der die Moleküle eine definierte Orientierung einnehmen und die Symmetrie erniedrigt wird.

MoF_6 ist oberhalb von $-9,8\,°C$ bis zum Schmelzpunkt ($17,4\,°C$) kubisch-innenzentriert, mit rotierenden Molekülen. Es entspricht also einer kubisch-innenzentrierten Kugelpackung. Man nennt dies eine plastische Phase. Unterhalb von $-9,8\,°C$ orientieren sich die Moleküle und es gibt eine Phasenumwandlung zu einer orthorhombischen Phase, die jedoch nur mit Klimmzügen als Packung aus MoF_6-‚Kugeln' beschrieben werden kann. Sie passt jedoch sehr gut auf eine doppelt-hexagonal-dichteste Packung von Fluor-Atomen (Stapelfolge *ABAC*), in der ein sechstel der Oktaederlücken mit Mo-Atomen besetzt ist [292–294].

In anderen Fällen entsprechen die Lagen der Moleküle durchaus einer Kugelpackung. Bei C_{60} ist das nicht überraschend. Die Moleküle packen sich in einer kubisch-dichtesten Kugelpackung mit der Raumgruppe $F\,4/m\overline{3}\,2/m$ [295]. Die Moleküle rotieren im Kristall, jedoch mit einer Vorzugsorientierung, die der Lagesymmetrie $2/m\overline{3}$ entspricht. $2/m\overline{3}$ ist gemeinsame Untergruppe der Molekülsymmetrie $2/m\overline{3}\,\overline{5}$ (Ikosaedersymmetrie) und der Lagesymmetrie $4/m\overline{3}\,2/m$ in $F\,4/m\overline{3}\,2/m$. Wenn alle Moleküle geordnet wären, ergäbe sich die Raumgruppe $F\,2/m\overline{3}$, eine maximale Untergruppe von $F\,4/m\overline{3}\,2/m$ [296]. Unterhalb von 249 K ordnen sich die Moleküle in der Untergruppe $P2/a\overline{3}$ und die Lagesymmetrie ist nur noch $\overline{3}$ [297].

Die Oktaederlücken in einer Kugelpackung von C_{60}-Molekülen können gefüllt werden, wobei eine gewisse Dehnung und Verzerrung der Packung geduldet wird. Dies ist zum Beispiel bei der Verbindung $C_{60}{\cdot}Se_8{\cdot}CS_2$ der Fall (Abb. 15.2). In den Kristallen sind die C_{60}-Moleküle geordnet wie in einer verzerrten hexagonal-dichtesten Kugelpackung gepackt, und Se_8- und CS_2-Moleküle befinden sind in den ‚Oktaederlücken'. Die Oktaederlücken befinden sich in der Kugelpackung auf den 6_3-Achsen der Raumgruppe $P6_3/m2/m2/c$. Diese Schraubenachsen sind ebenso wie die Spiegelebenen und die zweizähligen Drehachsen in der tatsächlichen Raumgruppe $P\,1\,2_1/c\,1$ entfallen.

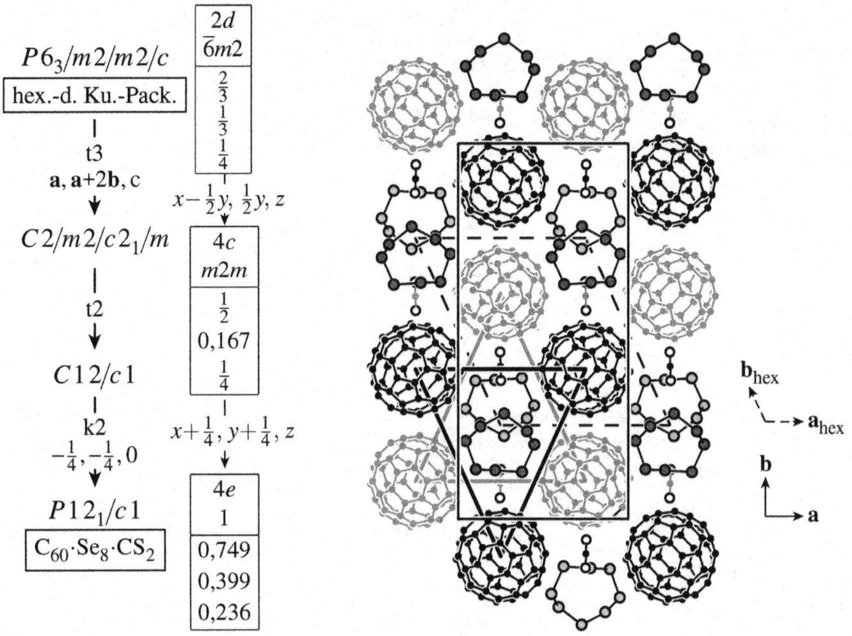

Abb. 15.2: Die Beziehungen der hexagonal-dichtesten Kugelpackung zur Struktur von C_{60}·Se_8·CS_2. Die Koordinatenwerte bezeichnen die C_{60}-Mittelpunkte. Im Bild rechts ist die Elementarzelle der Kugelpackung gestrichelt eingezeichnet; die beiden Dreiecke sind die Deckflächen eines verzerrten Oktaeders, das von den Mittelpunkten von sechs C_{60}-Molekülen aufgespannt wird [298]

Zur Packung der annähernd ellipsoidförmigen C_{70}-Moleküle siehe Seite 264 und Abb. 17.2.

Die weniger kugeligen Käfigmoleküle P_4S_3 und As_4S_3 kristallisieren wie in einer hexagonal-dichtesten Kugelpackung. Dabei treten mehrere verschiedene Modifikationen auf, was zum Ausdruck bringt, dass es bei jeder von ihnen irgendwo ‚klemmt'. Die vier in Abb. 15.3 aufgeführten Modifikationen haben vier verschiedene Raumgruppen, die alle zum Raumgruppentyp *Pnma* gehören. In allen Fällen ist *m* die Lagesymmetrie der Molekülmittelpunkte. Die unrunde Gestalt der Moleküle wird durch verschiedene Verzerrungen aufgefangen: Bei γ-P_4S_3 durch leichtes Herausrücken aus den Ideallagen (vgl. *y*-Koordinate in Abb. 15.3; Abb. 15.4), bei α-P_4S_3 und α-As_4S_3 durch Verzerrung des Gitters (Dehnung in Richtung **a**) bei zwei unterschiedlichen Orientierungen der Moleküle. Bei α-P_4Se_3 sind die Abweichungen von der idealen Kugelpackung am geringsten, aber es sind vier symmetrieunabhängige, verschieden verdrehte Moleküle vorhanden [299].

Auch bei komplizierteren Teilchen kann die Packung oft auf einen einfachen Strukturtyp zurückgeführt werden. Als Beispiel möge die Verbindung (Na-15-Krone-5)$_2$[$ReCl_6$]·4CH_2Cl_2 dienen [300]. Sie enthält oktaedrische $ReCl_6^{2-}$-Ionen; an zwei gegenüberliegende Oktaederflächen des $ReCl_6^{2-}$-Ions sind zwei Na^+-Ionen koordiniert, an die wiederum Kronenether-Moleküle angelagert sind; zusätzlich sind Dichlormethan-

Gitterparameter in pm:

	a	b	c
γ-P_4S_3	646	1092	984
α-As_4S_3	799	1010	912
α-P_4S_3	1367	1060	967
α-P_4Se_3	2626	1178	973

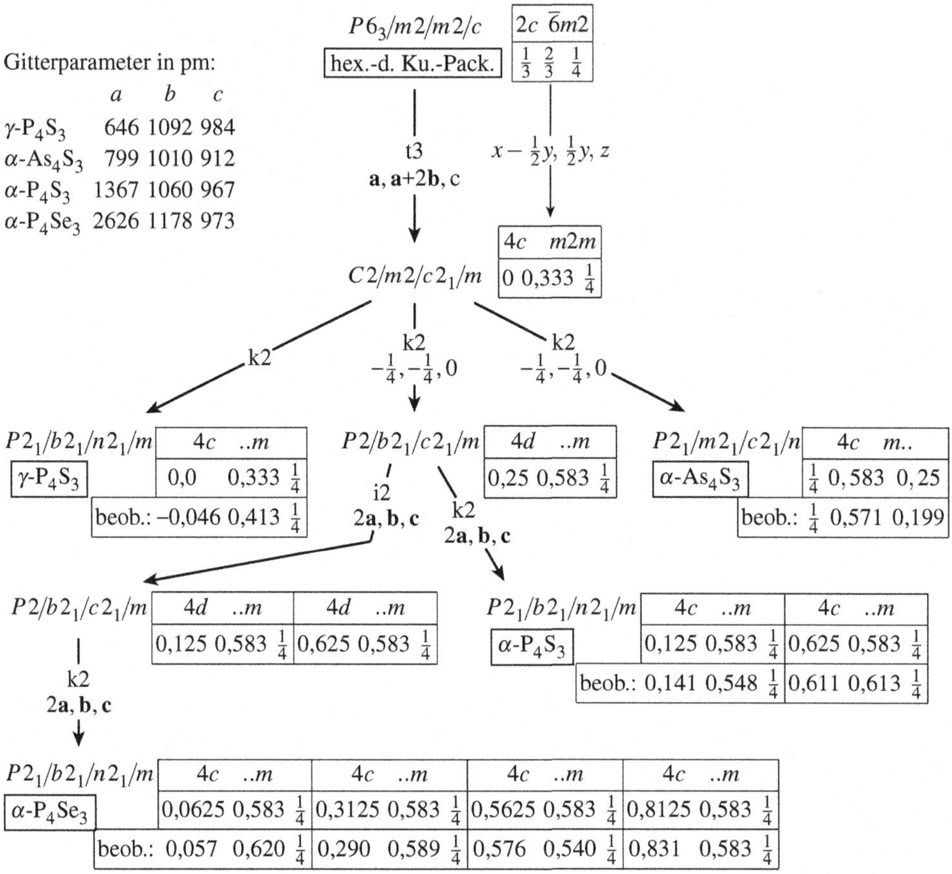

Abb. 15.3: Die Beziehungen einiger Modifikationen von P_4S_3 und As_4S_3 zur hexagonal-dichtesten Kugelpackung [299]. Es sind nur die Koordinaten der Molekülmittelpunkte genannt. *Pmcn* und *Pbnm* sind nichtkonventionelle Aufstellungen von *Pnma*

Moleküle eingelagert. Die Baueinheit 15-Krone-5–Na^+–$ReCl_6^{2-}$–Na^+–15-Krone-5 ist weit davon entfernt, kugelförmig zu sein; trotzdem sind diese Einheiten wie in einer hexagonal-dichtesten Kugelpackung angeordnet (Abb. 15.5 rechts). Betrachten wir die Einheit als ganzes, so ergibt sich die in Abb. 15.5 gezeigte Beziehung. Der Symmetrieabbau umfasst das Minimum von drei Schritten, das notwendig ist, um von der Lagesymmetrie $\bar{6}m2$ einer Kugel der Kugelpackung zur Lagesymmetrie 1 zu gelangen. Die Koordinaten der Re-Atome entsprechen fast den Idealwerten und auch das Achsenverhältnis $b/a = 1{,}756 \approx \sqrt{3}$ passt zur pseudohexagonalen Symmetrie. Die längs c verlaufenden Stränge aus flächenverknüpften ‚Oktaederlücken' bieten mehr Platz als in der Kugelpackung, bedingt durch die Größe der Baueinheiten. Sie bilden Kanäle, in denen die CH_2Cl_2-Moleküle Platz haben.

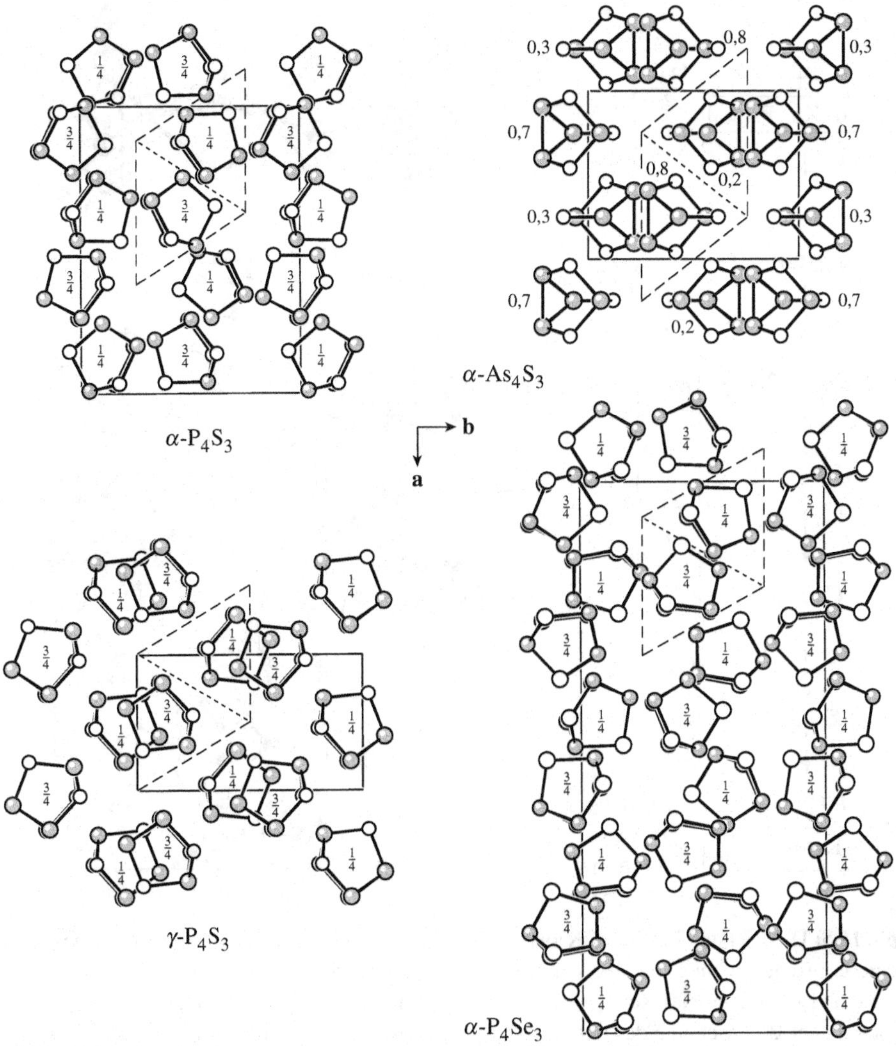

Abb. 15.4: Die Packung in vier Modifikationen von Käfigmolekülen E_4X_3. Gestrichelt: pseudohexagonale Elementarzellen. Zahlen: *z*-Koordinaten der Molekülmittelpunkte

15.3 Die Packung in Tetraphenylphosphonium-Salzen

Tetraphenylphosphonium-Ionen $P(C_6H_5)_4^+$ und gleichartig aufgebaute Spezies wie $As(C_6H_5)_4^+$ oder $Li(NC_5H_5)_4^+$ sind bei Chemikern beliebte Kationen, mit denen zersetzliche Anionen stabilisiert werden können. Die Verbindungen sind meistens in schwach polaren Lösungsmitteln wie CH_2Cl_2 löslich, und sie kristallisieren in der Regel gut.

Wegen ihres Raumbedarfs nehmen die Phenylgruppen in einem $P(C_6H_5)_4^+$-Ion vorzugsweise eine Konformation ein, die dem Ion die Punktsymmetrie $\overline{4}$ verleiht. In kristallinen Tetraphenylphosphonium-Salzen sind die Ionen häufig zu Säulen gestapelt, bei denen zwei

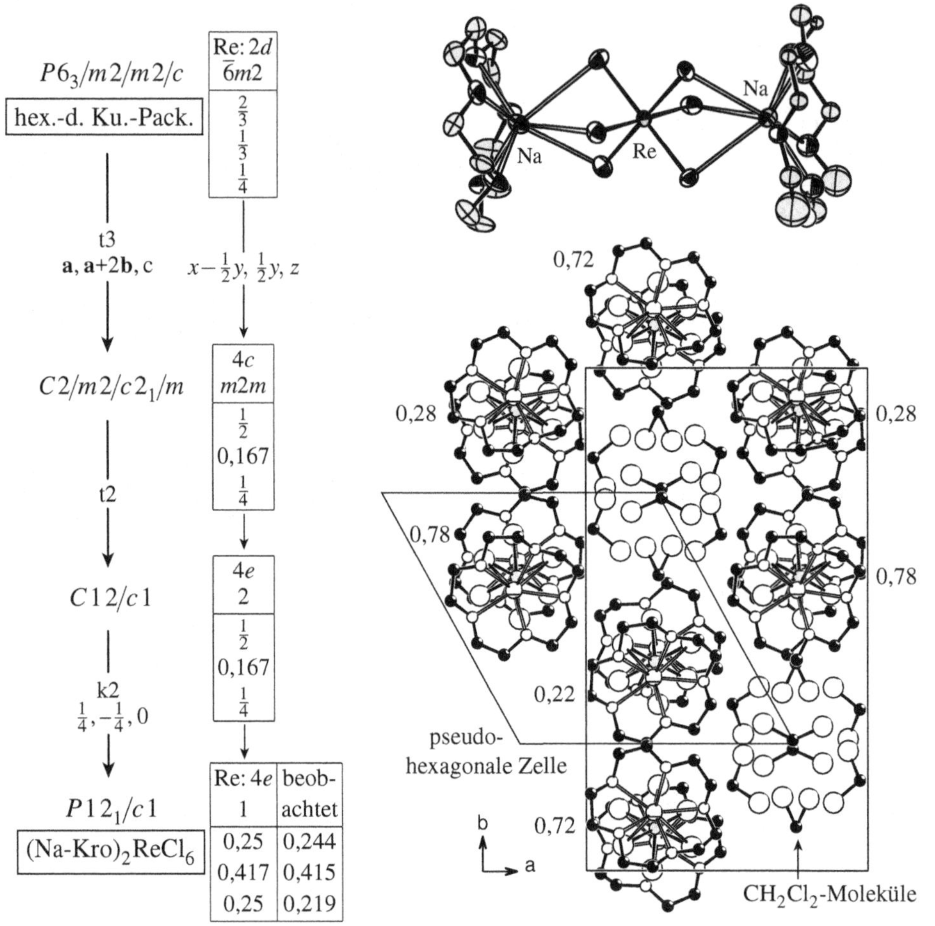

Abb. 15.5: Die Packung in (Na-15-Krone-5)$_2$[ReCl$_6$]·4CH$_2$Cl$_2$ und ihre Beziehung zur hexagonal-dichtesten Kugelpackung. Es sind nur die Koordinaten der Re-Atome genannt. Rechts oben: Ein Baustein (15-Krone-5–Na)[ReCl$_6$](Na–15-Krone-5); diese Bausteine sind ungefähr längs *c* ausgerichtet, in der Blickrichtung des unteren Bildes; Zahlenwerte = *z*-Koordinaten der Re-Atome [300]

Phenylgruppen eines Ions um 90° verdreht zwei Phenylgruppen des nächsten Ions gegenüberstehen (Abb. 15.6) [179]. Die Säulen sind im Kristall parallel gebündelt, parallel zur Richtung, die **c** sein möge. Der Abstand zwischen zwei benachbarten Kationen in der Säule liegt zwischen 740 und 800 pm. Besonders häufig tritt eine tetragonale Packung in der Raumgruppe $P4/n$ auf, bei der die Phosphor-Atome in Richtung **c** alle auf gleicher Höhe in $z = 0$ sind. Die Kationen befinden sich auf Punktlagen der Symmetrie $\bar{4}$, die Anionen auf den vierzähligen Drehachsen der Raumgruppe $P4/n$ (Lagesymmetrie 4). Diese Packung wird beobachtet, wenn die Anionen über (wenigstens) eine vierzählige Drehachse verfügen, nämlich mit quadratischen Anionen wie $AuCl_4^-$, hakenkreuzförmigen Anionen wie $Au(SCN)_4^-$, tetragonal-pyramidalen Anionen wie $VOCl_4^-$ oder oktaedrischen Anio-

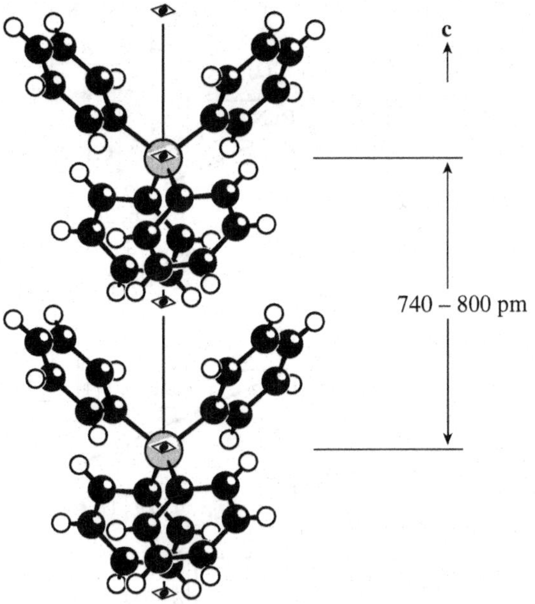

Abb. 15.6: Stapelung von $P(C_6H_5)_4^+$-Ionen zu Säulen

nen wie $SbCl_6^-$ (Abb. 15.8). Nach einem frühzeitig strukturell aufgeklärten Vertreter wird vom $As(C_6H_5)_4[RuNCl_4]$-Typ gesprochen, womit genaugenommen nur Verbindungen mit tetragonal-pyramidalen Anionen erfasst werden [301].

Wenn die Symmetrie der Anionen nicht mit der Lagesymmetrie 4 kompatibel ist kommt es zum Symmetrieabbau, d. h. die Raumgruppe ist dann eine Untergruppe von $P4/n$ mit passend erniedrigter Lagesymmetrie für die Anionen. Beispiele:

$SnCl_5^-$-Ionen haben trigonal-bipyramidale Struktur, Punktgruppe $\bar{6}2m$. Diese Symmetrie ist nur dann mit der Packung des $As(C_6H_5)_4[RuNCl_4]$-Typs kompatibel, wenn die Raumgruppensymmetrie von $P4/n$ auf $P1\,1\,2/n$ erniedrigt wird und die $SnCl_5^-$-Ionen mit einer ihrer zweizähligen Achsen längs der ehemals vierzähligen Achsen orientiert sind [302]. Das erfordert nur einen Schritt des Symmetrieabbaus (Abb. 15.7). Wenn die Anionen über keinerlei zweizählige Achsen verfügen, muss die Symmetrie noch weiter abgebaut werden. Mit $SnCl_3^-$-Ionen bleibt die Packung im Prinzip erhalten, die Raumgruppensymmetrie ist aber auf $P\bar{1}$ verringert [303].

Ein Symmetrieabbau kann auch erzwungen werden, wenn die Anionen zwar noch über eine vierzählige Drehachse verfügen, jedoch zu groß sind, um sich längs dieser Achse in die von den PPh_4^+-Ionen vorgegebene Packung einzufügen. $[TiCl_5(NCCH_3)]^-$-Ionen haben zum Beispiel Punktsymmetrie $4mm$ (abgesehen von den H-Atomen, oder wenn die Methylgruppe frei rotieren kann). Längs der Molekülachse sind diese Ionen jedoch etwa 1060 pm lang, während die Translationsperiode in den Säulen der PPh_4^+-Ionen (c-Achse) nicht über 800 pm liegt. Trotzdem bleibt die Packung erhalten; die $[TiCl_5(NCCH_3)]^-$-Ionen verkippen sich jedoch gegen die c-Achse. Damit kann es in dieser Richtung keine

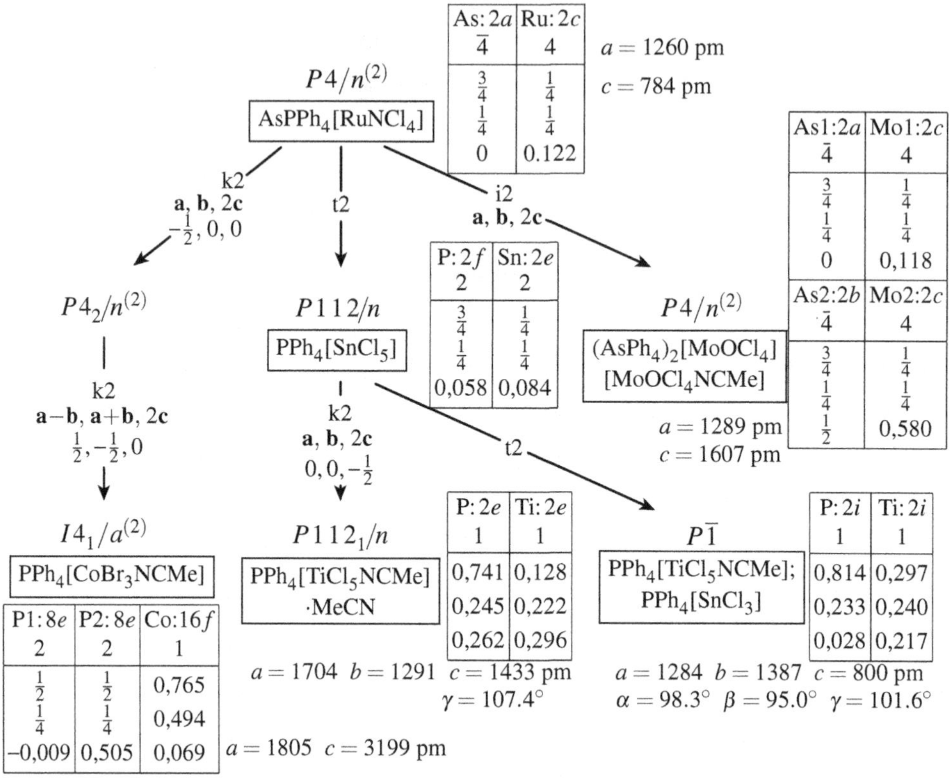

Abb. 15.7: Stammbaum von Gruppe-Untergruppe-Beziehungen für verschiedene Tetraphenylphosphonium-Salze [179, 180]

Drehachse mehr geben, die Raumgruppensymmetrie verringert sich auf $P\bar{1}$ (Abb. 15.7 und 15.8) [304].

Wenn ein $[MoOCl_4]^-$- und ein $[MoOCl_4(NCCH_3)]^-$-Ion auf einer vierzähligen Drehachse hintereinander befindet, so haben sie zusammen eine Länge von etwa 1600 pm. Das ist gerade das Doppelte der 800 pm zwischen zwei $AsPh_4^+$-Ionen. Die Packung von $(AsPh_4)_2[MoOCl_4][MoOCl_4(NCCH_3)]$ bleibt tetragonal und auch der Raumgruppentyp $P4/n$ bleibt erhalten, jedoch mit verdoppelter c-Achse. $P4/n$ hat eine isomorphe Untergruppe $P4/n$ mit verdoppelter c-Achse [305].

Auch $PPh_4[TiCl_5(NCCH_3)]{\cdot}CH_3CN$ folgt noch dem gleichen Packungsprinzip. Um Platz für das zusätzliche Acetonitrilmolekül zu schaffen, rücken die Säulen der PPh_4^+-Ionen etwas auseinander und die $[TiCl_5(NCCH_3)]^-$-Ionen rücken von den ehemaligen 4-Achsen ab. Nach dem Symmetrieabbau $P4/n \longrightarrow P112/n$ —2**c**→ $P112_1/n$ befinden sich $[TiCl_5(NCCH_3)]^-$-Ionen abwechselnd auf zwei Seiten einer 2_1-Achse, je gegenüber von einem der zusätzlichen Acetonitrilmoleküle [304].

Noch eine andere Packungsvariante wurde mit $[CoBr_3(NCCH_3)]^-$-Ionen beobachtet. Diese verkippen sich etwas gegen die vierzählige Achse in vier verschiedenen Richtungen,

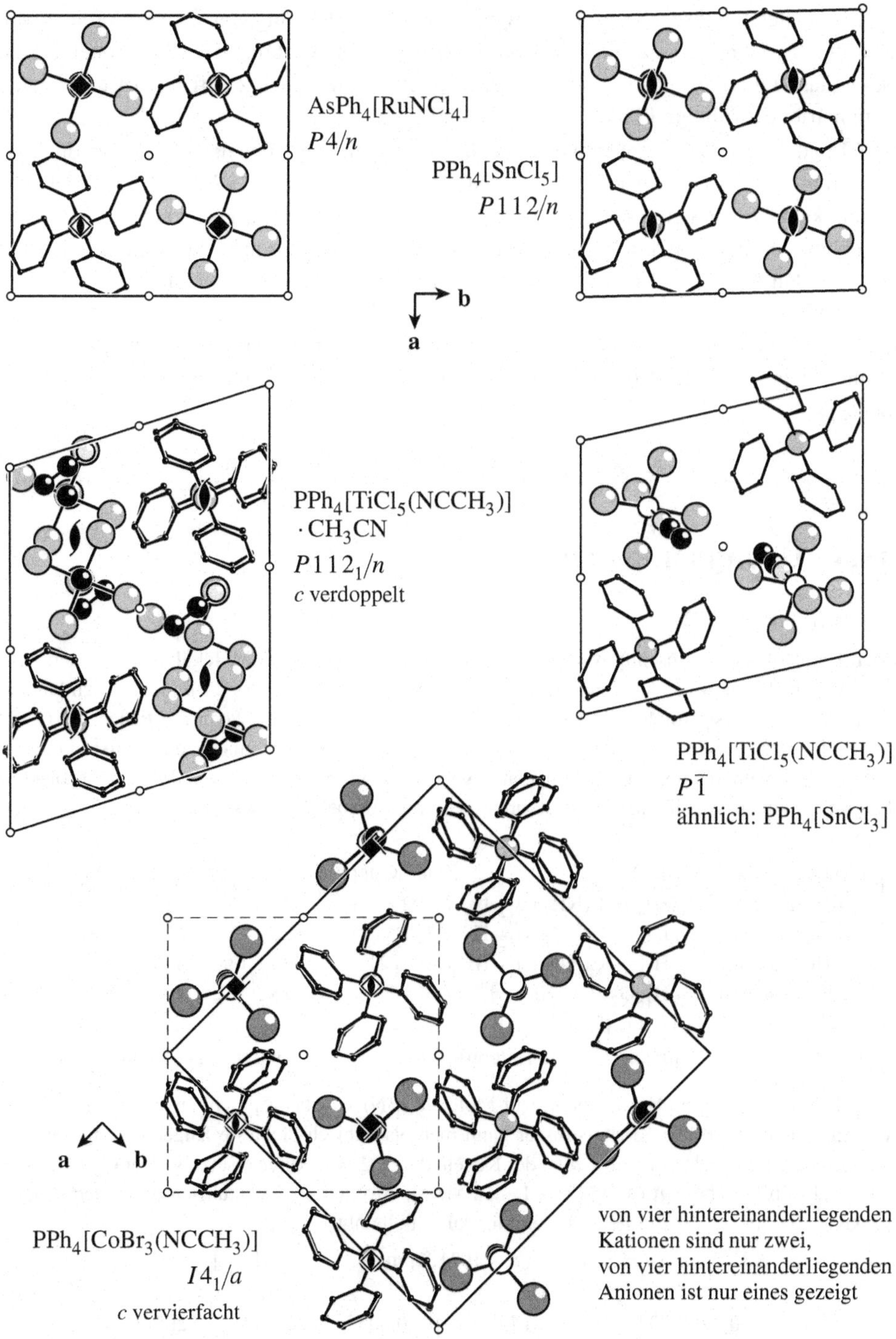

Abb. 15.8: Elementarzellen verschiedener Tetraphenylphosphonium-Salze

wobei aus der 4-Achse eine 4_1-Achse wird, unter Vervierfachung von *c*. Das erfordert zwei Schritte des Symmetrieabbaus von $P4/n$ nach $I4_1/a$. Die Packung der PPh_4^+-Ionen bleibt davon fast unberührt, obwohl deren Lagesymmetrie von $\bar{4}$ nach 2 verringert ist und zwei symmetrieunabhängige PPh_4^+-Ionen vorhanden sind [306].

$P\bar{1}$ und $P1\,1\,2_1/n$ ($P2_1/c$) sind die Allerweltsraumgruppentypen der Molekülverbindungen (Tab. 15.1). Sowohl bei $PPh_4[TiCl_5(NCCH_3)]$ wie bei $PPh_4[TiCl_5(NCCH_3)]{\cdot}CH_3CN$ nimmt kein Teilchen eine spezielle Lage ein, und die Metrik ihrer Elementarzellen weicht erheblich von tetragonal ab. Trotzdem ist in beiden Fällen die nahe Verwandtschaft zum tetragonalen $As(C_6H_5)_4[RuNCl_4]$-Typ offensichtlich; die Molekülpackung ist immer noch pseudotetragonal. Von einem „Prinzip der Symmetrievermeidung" kann keine Rede sein. Die Situation erfordert jedoch einen Symmetrieabbau von der Idealsymmetrie in der Raumgruppe $P4/n$, ganz im Sinne von Punkt 2 des auf Seite 3 formulierten Symmetrieprinzips.

15.4 Übungsaufgaben

Lösungen auf Seite 372

15.1. Harnstoff bildet Einschlussverbindungen, bei denen die Harnstoff-Moleküle über Wasserstoffbrücken eine bienenwabenähnliche Wirtstruktur mit der Raumgruppe $P6_1\,22$ bilden. In den Waben sind Kohlenwasserstoffmoleküle oder deren Derivate eingeschlossen. Wenn die Länge der Gastmoleküle oder ein Vielfaches davon kommensurabel zum *c*-Gitterparameter der Wirtstruktur ist, können die Gastmoleküle, je nach Temperatur, geordnet oder fehlgeordnet sein. Wenn die Moleküllänge nicht zu *c* passt, sind die Teilstrukturen inkommensurabel. Die Kristalldaten einiger Vertreter sind [307]:

Gastmolekül	Verbindung	Raumgruppe	a/pm	b/pm	c/pm	Literatur
n-Hexadecan	$C_{16}H_{34}{\cdot}[OC(NH_2)_2]_{12}$-I	$P6_1\,22$	822	822	1101	[308]
n-Hexadecan	$C_{16}H_{34}{\cdot}[OC(NH_2)_2]_{12}$-II	$P3_2\,12$	820	820	2200	[309]
n-Hexadecan	$C_{16}H_{34}{\cdot}[OC(NH_2)_2]_{12}$-III	$P2_1\,2_1\,2_1$	825	1389	1098	[308]
2,9-Decandion	$C_{10}H_{18}O_2{\cdot}[OC(NH_2)_2]_8$	$P3_1\,12$	823	823	4416	[310]
2,7-Octandion	$C_8H_{14}O_2{\cdot}[OC(NH_2)_2]_7$	$P6_1\,22$	821	821	7691	[311]

Stellen Sie den Stammbaum der Gruppe-Untergruppe-Beziehungen zwischen den Raumgruppen auf.

15.2. Der $(BN)_3$-Ring im Hexachlorborazol-Molekül, $(BN)_3Cl_6$, beansprucht ungefähr so viel Platz wie ein Chlor-Atom. Die Kristallstruktur kann man als kubisch-dichteste Kugelpackung von Cl-Atomen beschreiben, bei der ein siebtel der Kugeln durch $(BN)_3$-Ringe ersetzt ist. Der Cl$\cdots$Cl-van-der-Waals-Abstand beträgt ca. 350 pm. Leiten Sie die Struktur aus der kubisch-dichtesten Kugelpackung ab. Z in der Tabelle steht für den Molekülmittelpunkt.

$R3^{\text{(hex)}}$ $a = 883{,}5$ pm, $c = 1031{,}3$ pm [312]

	x	*y*	*z*		*x*	*y*	*z*		*x*	*y*	*z*
Z	0	0	0,002	Cl1	0,140	0,404	–0,005	Cl2	0,408	0,265	0

Symmetriebeziehungen bei Phasenumwandlungen 16

16.1 Phasenumwandlungen im festen Zustand

Definition 16.1 Eine Phasenumwandlung ist ein Vorgang, bei dem sich mindestens eine Eigenschaft eines Stoffes diskontinuierlich (sprunghaft) ändert.

Eigenschaften, die sich sprunghaft ändern können, sind zum Beispiel Dichte, Elastizität, elektrische, magnetische, optische oder chemische Eigenschaften. Zu einer Phasenumwandlung im festen Zustand gehört eine strukturelle Änderung, bei kristallinen Festkörpern also eine Änderung von kristallographischen Daten (Raumgruppe, Gitterparameter, besetzte Punktlagen, Atomkoordinaten). In der Literatur werden zwar ‚strukturelle Phasenumwandlungen' im festen Zustand von ‚magnetischen', ‚elektronischen' und weiteren Arten von Phasenumwandlungen unterschieden, doch auch diese Umwandlungen werden stets von (manchmal sehr kleinen) strukturellen Änderungen begleitet. Zum Beispiel gehört zu einer Umwandlung von einer paramagnetischen in eine ferromagnetische Phase die spontane Magnetostriktion, d. h. es tritt eine leichte Verformung der Struktur ein.

Strukturelle Änderungen betreffen auch die sogenannten isostrukturellen oder isosymmetrischen Phasenumwandlungen. Das sind Umwandlungen, bei denen die Raumgruppe (im Rahmen der Urklammernäherung; Abschn. 12.1), die Besetzung der Punktlagen und die Zahl der Atome pro Elementarzelle gleich bleiben. Samariumsulfid, SmS, kristallisiert zum Beispiel im NaCl-Typ. Bei Normaldruck ist es ein schwarzer Halbleiter. Bei Druckerhöhung erfolgt eine Phasenumwandlung in eine metallische, golden-glänzende Modifikation, verbunden mit einem Volumensprung von -14 % und einer Delokalisation von Elektronen aus der $4f$-Unterschale der Samarium-Atome in ein metallisches $5d6s$-Band (‚elektronische Phasenumwandlung'; $Sm^{2+}S^{2-} \rightarrow Sm^{3+}S^{2-}e^{-}$). Das goldene SmS hat ebenfalls NaCl-Struktur; trotzdem liegt eine strukturelle Änderung vor, da sich der Gitterparameter sprunghaft von $a = 591$ pm auf $a = 562$ pm verkleinert (Zahlenwerte bei 58 K und 1,13 GPa [313, 314]). Weitere Beispiele siehe [315]. Bei solchen isosymmetrischen Phasenumwandlungen gibt es *keine* Gruppe-Untergruppe-Beziehung zwischen den Phasen; es sind einfach nur isotype Phasen.

U. Müller, *Symmetriebeziehungen zwischen Kristallstrukturen*,
https://doi.org/10.1007/978-3-662-67166-5_16

In der Regel gilt bei Phasenumwandlungen, dass sich die chemische Zusammensetzung dabei nicht verändert.

Es gibt viele Varianten von Phasenumwandlungen, und die zugehörigen Theorien und experimentellen Befunde sind Gegenstand eines ausgedehnten Arbeitsgebiets in der Physik. Wir können hier nur einen kleinen Einblick geben, wobei gruppentheoretische Aspekte im Vordergrund stehen sollen. Einige ergänzende Betrachtungen finden sich im Kapitel 22. Zunächst stellen wir einige gängige Einteilungen vor.

16.1.1 Phasenumwandlungen erster und zweiter Ordnung

Eine thermodynamisch stabile Phase kann durch Änderung der äußeren Bedingungen (Temperatur, Druck, elektrisches Feld, magnetisches Feld, mechanische Krafteinwirkung) relativ zu einer anderen Phase instabil werden; sie unterliegt dann einem Zwang, sich umzuwandeln. Die Umwandlung ist enantiotrop, d. h. reversibel; sie kann durch Wiederherstellen der alten Bedingungen rückgängig gemacht werden.* Bei Änderung von nur einer Zustandsvariablen, zum Beispiel der Temperatur T oder dem Druck p, gibt es einen Umwandlungspunkt T_c oder p_c, bei dem Gleichgewicht herrscht und die freie Umwandlungsenthalpie $\Delta G = 0$ ist.

Es seien: $G =$ freie Enthalpie, $H =$ Enthalpie, $U =$ innere Energie, $S =$ Entropie, $V =$ Volumen. Sie sind Funktionen von T und p und weiterer Zustandsvariablen wie elektrisches oder magnetisches Feld; wir beschränken unsere Betrachtung hier auf die Variablen T und p.

Für reversible Prozesse sind nach den Gesetzen der Thermodynamik die ersten Ableitungen der freien Enthalpie $G = H - TS = U + pV - TS$ nach der Temperatur und dem Druck:

$$\frac{\partial G}{\partial T} = -S \qquad \text{und} \qquad \frac{\partial G}{\partial p} = V \tag{16.1}$$

Die partiellen Differentialzeichen bringen zum Ausdruck, dass dies gilt, wenn die jeweils andere Zustandsvariable konstant gehalten wird. Die zweiten Ableitungen nach T und p sind:

$$\frac{\partial^2 G}{\partial T^2} = -\frac{\partial S}{\partial T} = -\frac{1}{T}\frac{\partial H}{\partial T} = -\frac{C_p}{T} \qquad \text{und} \qquad \frac{\partial^2 G}{\partial p^2} = \frac{\partial V}{\partial p} = -\kappa V \qquad \text{und} \qquad \frac{\partial^2 G}{\partial p \partial T} = \alpha V$$

$C_p = \partial H/\partial T$ ist die Wärmekapazität bei konstantem Druck; $\kappa V = -\partial V/\partial p$ ist die Kompressibilität des Volumens V bei konstanter Temperatur; $\alpha V = \partial V/\partial T$ ist die thermische Ausdehnung des Volumens V, $\alpha =$ Ausdehnungskoeffizient.

*Monotrope Phasenumwandlungen sind irreversibel, d. h. sie gehen von einer Phase aus, die nur kinetisch, aber bei keinen Bedingungen thermodynamisch stabil ist.

Definition 16.2 nach EHRENFEST (1933). Bei einer **Phasenumwandlung erster Ordnung** erfährt mindestens eine der ersten Ableitungen der freien Enthalpie G eine sprunghafte Änderung, d. h. $\Delta S \neq 0$ oder $\Delta V \neq 0$. Dabei wird Energie als Umwandlungsenthalpie (latente Wärme) $\Delta H = T\Delta S$ mit der Umgebung ausgetauscht.

Bei einer **Phasenumwandlung zweiter Ordnung** ändern sich Volumen und Entropie ohne Sprung, aber wenigstens eine der zweiten Ableitungen von G macht einen Sprung. Bei einer Phasenumwandlung n-ter Ordnung tritt erstmals bei einer n-ten Ableitung ein Sprung auf (Umwandlungen dritter und höherer Ordnung kommen aber tatsächlich nicht vor).

Die genannte Unterscheidung der Ordnung von Phasenumwandlungen nach EHRENFEST basiert auf rein thermodynamischen Argumenten und makroskopischen Messgrößen, ohne Bezug zu den interatomaren Wechselwirkungen und zur Struktur der Substanzen.

Seit der Zeit von EHRENFEST haben sich Theorie und experimentelle Messmethoden erheblich weiterentwickelt. Die genannte Klassifizierung hat sich als weder hinreichend umfassend noch als ausreichend präzis erwiesen. An die Stelle der Einteilung nach EHRENFEST ist in der Physik der Phasenumwandlungen die Unterscheidung zwischen diskontinuierlichen und kontinuierlichen Phasenumwandlungen getreten:

Definition 16.3 Bei einer **diskontinuierlichen Phasenumwandlung** ändert sich sowohl die Entropie als auch ein Ordnungsparameter sprunghaft. Bei einer **kontinuierlichen Phasenumwandlung** ändern sich Entropie und Ordnungsparameter kontinuierlich (in infinitesimal kleinen Schritten). Was ein Ordnungsparameter ist, wird in Abschnitt 16.2.2 erläutert.

Oft gibt es kaum einen Unterschied zwischen der alten und der neuen Einteilung. Die Bezeichnungen ‚erste' und ‚zweite Ordnung' sind weiter in Gebrauch. ‚Umwandlung erster Ordnung' wird oft synonym zu ‚diskontinuierliche Phasenumwandlung' benutzt, da jede diskontinuierliche Umwandlung auch eine Umwandlung erster Ordnung im Sinne von EHRENFEST ist. ‚Umwandlung zweiter Ordnung' steht meistens für ‚kontinuierliche Phasenumwandlung'. In jedem Fall gehört zu allen Phasenumwandlungen, auch den kontinuierlichen, ein unstetiges Verhalten bestimmter thermodynamischer Funktionen.

In der Theorie der kontinuierlichen Phasenübergänge spielen kritische Punkte eine zentrale Rolle, und die zugehörigen Gesetzmäßigkeiten werden *kritische Phänomene* genannt. Kontinuierliche Phasenübergänge zeigen im Gegensatz zu den diskontinuierlichen einige gemeinsame Gesetzmäßigkeiten („universelles Verhalten"). Insbesondere hängen sie nicht von der Art der Wechselwirkung zwischen den Atomen ab, sondern von deren Reichweite und der Zahl der Raumdimensionen, in denen sie wirken. Näheres siehe Abschnitt 22.3.

Zu einer diskontinuierlichen Phasenumwandlung gehört immer der Austausch von latenter Wärme $\Delta H = T\Delta S$ mit der Umgebung. Dieser Austausch kann nicht auf einen Schlag (mit unendlich schnellem Wärmefluss) erfolgen. Dementsprechend zeigen diskontinuierliche Phasenumwandlungen die Erscheinung der *Hysterese*: der Ablauf der Umwandlung erfolgt verzögert nach der verursachenden Temperatur- oder Druckänderung.

Beim Erreichen des Umwandlungspunktes geschieht gar nichts; unter Gleichgewichtsbedingungen kommt die Umwandlung nicht in Gang. Erst nachdem der Umwandlungspunkt überschritten ist, also unter Ungleichgewichtsbedingungen, beginnt die Umwandlung, sofern sich Keime der neuen Phase bilden, die dann auf Kosten der alten Phase wachsen. Zugleich baut sich ein Temperaturgradient mit der Umgebung auf, der den Wärmefluss der latenten Wärme ermöglicht. Keime bilden sich vorwiegend an Fehlstellen im Kristall.

Bei kontinuierlichen Phasenumwandlungen gibt es dagegen keine latente Wärme, keine Hysterese, und es treten keine metastabilen Phasen auf.

16.1.2 Strukturelle Einteilung von Phasenumwandlungen

Eine in der Literatur häufig verwendete Unterscheidung von Phasenumwandlungen geht auf BUERGER zurück [39]:

1. **Rekonstruktive Phasenumwandlungen**: Chemische Bindungen werden aufgebrochen und neu geknüpft; es erfolgt ein Umbau der Struktur mit erheblicher Umordnung der Atome. Solche Umwandlungen verlaufen immer nach der ersten Ordnung.
2. **Displazive Phasenumwandlungen**: Die Atome werden nur ein wenig verrückt.
3. **Ordnungs-Fehlordnungs-Umwandlungen***: Verschiedene Sorten von Atomen, die dasselbe kristallographische Punkt-Orbit im Kristall statistisch besetzen, ordnen sich in verschiedenen Orbits oder umgekehrt. Oder Moleküle, die statistisch mehrere Orientierungen einnehmen, ordnen sich in einer Orientierung.

Die genannte Einteilung erfolgt häufig aufgrund der bekannten Strukturen vor und nach der Phasenumwandlung, ohne experimentell gesicherte Kenntnis über die tatsächlich ablaufenden Vorgänge und Atombewegungen während der Umwandlung. Trotzdem bestehen in vielen Fällen keine Zweifel, zu welcher der drei Kategorien eine Phasenumwandlung zu rechnen ist. Die qualitative Art der Einteilung lässt allerdings nicht immer eine klare Zuordnung zu. In der Literatur gibt es keine einheitliche Meinung, was alles zu den displaziven Umwandlungen zu rechnen ist und wie sie einerseits von rekonstruktiven, andererseits von Ordnungs-Fehlordnungs-Umwandlungen abzugrenzen sind. Zum Beispiel werden Umwandlungen von manchen Autoren nur dann als displaziv bezeichnet, wenn die Atomverschiebungen nicht nur klein sind, sondern außerdem kontinuierlich ablaufen. Andere Autoren bezeichnen sie als displaziv, wenn es eine Gruppe-Untergruppe-Beziehung zwischen den beteiligten Raumgruppen gibt, und als rekonstruktiv, wenn nicht.

Andererseits ermöglicht die Einteilung nach BUERGER manchmal feine Unterscheidungen. $PbTiO_3$ und $BaTiO_3$ kristallisieren zum Beispiel bei hohen Temperaturen im kubischen Perowskit-Typ ($Pm\bar{3}m$). Bei $PbTiO_3$ befindet sich ein Ti-Atom in der Mitte des Koordinationsoktaeders. Bei $BaTiO_3$ scheint es sich dagegen nicht in der Oktaedermitte zu befinden, sondern auf acht Positionen etwas außerhalb der Oktaedermitte mit Besetzungswahrscheinlichkeiten von je $\frac{1}{8}$. Bei der Umwandlung kubisch $\rightarrow$ tetragonal rücken

*Durch wortwörtliche Übersetzung aus dem Englischen auch Ordnungs-Unordnungs-Umwandlungen genannt. Für den klaren Begriff ‚Fehlordnung‘ (= Ordnung mit Fehlern) ist im Englischen die weniger präzise Bezeichnung ‚disorder‘ üblich. Der Vorschlag, lieber ‚misorder‘ zu sagen, wird nur zögerlich übernommen.

bei $PbTiO_3$ die Ti-Atome parallel zu +**c** ein wenig aus den Mitten der Koordinationsoktaeder; das ist eine displazive Umwandlung. $BaTiO_3$ wird beim Abkühlen dagegen tetragonal, indem sich ein Ti-Atom von den acht auf vier Positionen mit Besetzungswahrscheinlichkeiten von je $\frac{1}{4}$ ordnet. Bei weiterer Abkühlung beschränkt es sich auf zwei Positionen (orthorhombisch) und schließlich auf eine (rhomboedrisch). Das sind Ordnungs-Fehlordnungs-Umwandlungen [316–318].

16.2 Zur Theorie der Phasenumwandlungen

16.2.1 Schwingungsmoden

Bei Phasenumwandlungen im kristallinen Zustand spielen die Schwingungen der Atome eine wichtige Rolle. In der Physik werden Schwingungen in Kristallen als Quasiteilchen, als *Phononen*, behandelt, in Analogie zu den Photonen beim Licht. Eine Schwingung einer bestimmten Frequenz entspricht Phononen einer bestimmten Energie. Wir gehen hier nicht auf die Theorie der Schwingungen ein, sondern erwähnen nur einige Begriffe, die für das Verständnis des Folgenden von Bedeutung sind [319–321].

In der Festkörperphysik ist eine *Mode* (Schwingungsmode) eine kollektive und korrelierte Auslenkung von Atomen mit bestimmten Symmetrieeigenschaften.

In der Symmetrielehre der Punkt- und Raumgruppen kommt die Zeit nicht vor. Zeitabhängige Funktionen wie Schwingungen können damit nicht erfasst werden. Um die Symmetrieeigenschaften schwingender Atome in Molekülen und Kristallen erfassen zu können, bietet die *Darstellungstheorie* das notwendige theoretische Rüstzeug; wir behandeln sie hier nicht, zumal es reichlich Literatur dazu gibt (z. B. [17, 18, 20–26, 322]). *Irreduzible Darstellungen* (Symmetrierassen; irreducible representations, abgekürzt irrep(s); symmetry species) dienen zur Bezeichnung der Symmetrie von Schwingungen. Bei Molekülschwingungen werden dazu üblicherweise die von PLACZEK eingeführten Symbole verwendet [323, 324] (in der amerikanischen Literatur Mulliken-Symbole genannt, weil sie von MULLIKEN zur Bezeichnung der Symmetrie von Wellenfunktionen übernommen wurden). Im Kapitel 23 findet sich eine Tabelle, in der die wichtigsten Symbole zusammengestellt sind. Die Symbole eignen sich auch zur Bezeichnung der Symmetrie von Schwingungen in Kristallen im Γ-Punkt der Brillouin-Zone.

In der Sprache der Festkörperphysik ist die Brillouin-Zone ein Polyeder um den Ursprung eines Koordinatensystems im „k-Raum“ *. Der Ursprung der Brillouin-Zone wird Γ-Punkt genannt. Jede Schwingung im Kristall wird durch einen Punkt mit den Koordinaten k_1, k_2, k_3 in der Brillouin-Zone repräsentiert.

Für den einfachen Fall einer linearen Kette aus zwei Atomsorten sind in Abb. 16.1 drei Schwingungen gezeigt (Lineare Kette = Kristall mit eindimensionaler Translationssymmetrie). N_1 ist die Zahl der Elementarzellen in der endlich langen Kette, a_1 ist die Gitterkonstante und k_1' ist die Zahl der Schwingungsknoten der stehenden Welle. Bei der Schwin-

*Der k-Raum entspricht dem in der Kristallographie gebräuchlichen reziproken Raum, ist im Vergleich zu diesem aber um den Faktor 2π gedehnt.

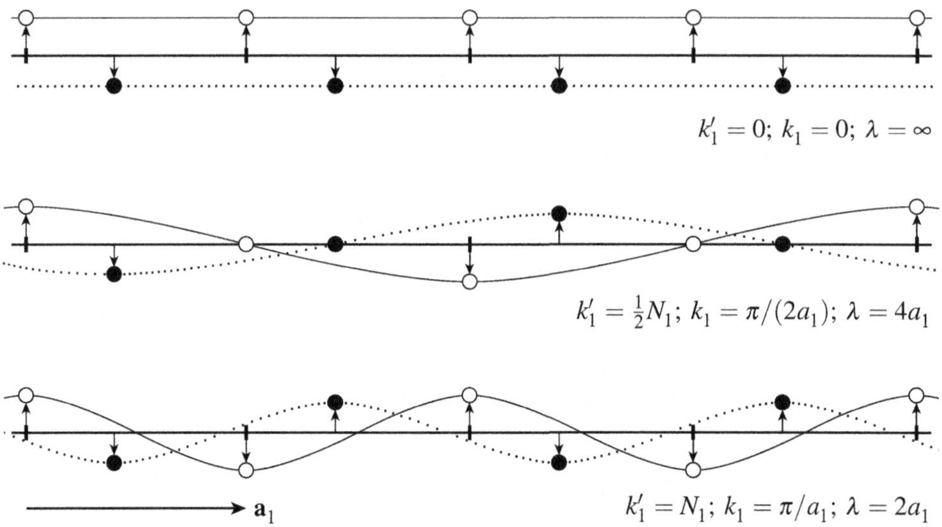

Abb. 16.1: Atomauslenkungen für drei Schwingungen in einer Kette aus zwei Sorten von Atomen. Andere Schwingungen mit $0 < k_1 < \pi/a_1$ haben Wellenlängen λ zwischen $2a_1$ und ∞. Die Zahl der Schwingungsknoten ist $k_1' = k_1 N_1 a_1/\pi$ mit N_1 = Zahl der Elementarzellen in der Kette, a_1 = Periodizitätslänge (Gitterkonstante); $0 \leq k_1' \leq N_1$

gung $k_1' = 0$ hat die stehende Welle keine Knoten; alle translationsäquivalenten Atome bewegen sich gleich und synchron in allen Elementarzellen (anders gesagt: das Teilchengitter der einen Atomsorte schwingt relativ zum Teilchengitter der anderen Atomsorte). Die Schwingung $k_1' = \frac{1}{2}N_1$ hat halb so viele Knoten wie Elementarzellen. Die Schwingung $k_1' = N_1$ hat genau einen Schwingungsknoten pro Elementarzelle; translationsäquivalente Atome in benachbarten Zellen bewegen sich genau entgegengesetzt (antisymmetrisch; in Gegenphase). Es kann nicht mehr Schwingungsknoten als Elementarzellen geben. Statt die Zahl der Knoten mit einer Laufzahl k_1' zu bezeichnen, die ganzzahlig von Null bis N_1 läuft, ist die Zahl $k_1 = k_1'\pi/(N_1 a_1)$ zweckmäßiger, die von der Zahl der Zellen unabhängig ist. Die Maximalzahl der möglichen Schwingungsknoten $k_1' = N_1$ entspricht dann der Zahl $k_1 = \pi/a_1$. Für einen Kristall mit dreidimensionaler Translationssymmetrie werden drei Zahlen $0 \leq k_1 \leq \pi/a_1$, $0 \leq k_2 \leq \pi/a_2$, $0 \leq k_3 \leq \pi/a_3$ benötigt, und an die Stelle von Schwingungsknoten treten Knotenflächen.

Für einen Punkt am Rande der Brillouin-Zone ist $k_i = \pi/a_i$. Ausgezeichnete Punkte am Rande der Brillouin-Zone werden mit lateinischen Großbuchstaben bezeichnet (z. B. K, M, W, X). Schwingungen im Γ-Punkt, $k_1, k_2, k_3 = 0$, haben keine Knotenflächen; bei ihnen schwingen die Atome in allen Elementarzellen des Kristalls gleich und synchron. Mit optischen Methoden (Infrarot-, Raman-Spektroskopie) können nur Schwingungen gemessen werden, die sehr nahe am Γ-Punkt liegen. Schwingungen außerhalb des Γ-Punkts können mit inelastischer Neutronenstreuung gemessen werden.

In Abb. 16.2 (links) ist für das Beispiel $CaCl_2$ eine bestimmte Schwingungsmode durch (übertrieben lange) Pfeile bezeichnet. Bei dieser Schwingung führen die parallel zu **c** ver-

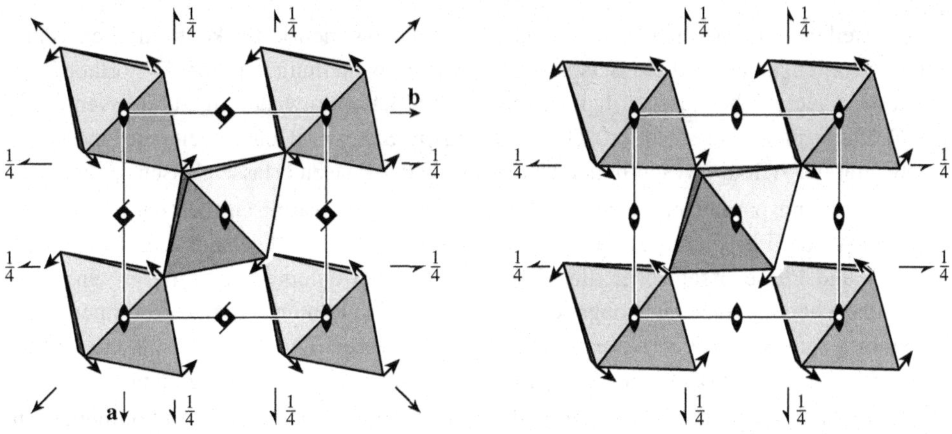

Rutil-Typ, $T > 490\,\mathrm{K}$ $P4_2/m2_1/n2/m$ B_{1g} $CaCl_2$-Typ, $T < 490\,\mathrm{K}$ $P2_1/n2_1/n2/m$ A_g

Abb. 16.2: Gegenseitige Drehbewegung der Koordinationsoktaeder bei den Soft-Mode-Schwingungen von $CaCl_2$ im Rutil- und $CaCl_2$-Typ

laufenden Stränge aus kantenverknüpften Koordinationsoktaedern eine gegenseitige Drehbewegung aus, die in allen Elementarzellen gleich und synchron ist und somit im Γ-Punkt liegt. Im tetragonalen $CaCl_2$ ($P4_2/m2_1/n2/m$) gehört die Schwingung zur Symmetrierasse B_{1g}: Wie in Tab. 23.1 erläutert, steht das B hier für antisymmetrisch zu den der 4_2-Achsen, d. h. bei Ausführung einer 4_2-Operation muss die Bewegungsrichtung der Atome umgekehrt werden. Die tiefgestellte 1 bedeutet symmetrisch zu den 2_1-Achsen in Richtung **a** (und **b**). Der Index g (= gerade) besagt, symmetrisch zu den Inversionspunkten.

In der orthorhombischen Tieftemperaturmodifikation von $CaCl_2$ ($P2_1/n2_1/n2/m$) ist die gleichartige Schwingung symmetrisch zu allen Symmetrieelementen, sie ist *totalsymmetrisch* (auch *Eins-Darstellung* genannt). Totalsymmetrisch bedeutet, die Raumgruppensymmetrie ist zu jedem Zeitpunkt der Schwingungsbewegung vollständig erfüllt. Die Symmetrierasse ist A_g. Sowohl die B_{1g}-Schwingung der tetragonalen wie die A_g-Schwingung der orthorhombischen Form sind Raman-spektroskopisch beobachtbar.

16.2.2 Die Landau-Theorie der kontinuierlichen Phasenumwandlungen

L. D. LANDAU hat 1937 eine phänomenologische Theorie* vorgestellt, um kontinuierliche Phasenumwandlungen einheitlich behandeln zu können. Die Theorie ist zunächst von E. M. LIFSCHITZ und V. L. GINZBURG und dann von zahlreichen weiteren Autoren erheblich ausgebaut worden und schließlich auch auf diskontinuierliche Phasenumwandlung erweitert worden [13, 316, 325–330].

*Eine phänomenologische Theorie bringt Beobachtungen mathematisch in Zusammenhang, ohne sie auf ein Naturgesetz zurückzuführen.

Wir stellen zunächst die Grundgedanken der Landau-Theorie für kontinuierliche Phasenumwandlungen anhand des Beispiels der Phasenumwandlung tetragonal $\rightleftharpoons$ orthorhombisch des Calciumchlorids vor. Um den Gang der Phasenumwandlung zu erfassen, wird ein Ordnungsparameter definiert. Der *Ordnungsparameter* ist eine geeignete, messbare Größe, mit der sich die wesentlichen Unterschiede der Phasen erfassen lassen.

Der Ordnungsparameter ist zunächst einmal eine makroskopisch messbare Größe. Je nach der Art der Phasenumwandlung kann das zum Beispiel die Dichtedifferenz zwischen Phase 1 und Phase 2 sein oder die Magnetisierung bei einem Übergang von einer paramagnetischen zu einer ferromagnetischen Phase. Als Ordnungsparameter können auch bestimmte, sich ändernde Strukturparameter gewählt werden. Als Ordnungsparameter eignen sich nur solche Größen, die bestimmte Bedingungen erfüllen; dazu zählen:

Der Ordnungsparameter muss sich in der niedrigersymmetrischen Phase kontinuierlich mit der Temperatur (oder dem Druck oder einer anderen Zustandsvariablen) ändern und bei der kritischen Temperatur T_c (oder dem kritischen Druck p_c) verschwinden, d. h. den Wert null annehmen; in der höhersymmetrischen Phase, nach Überschreiten von T_c, bleibt er null. Die *kritische Temperatur* entspricht (bei einer temperaturgetriebenen Umwandlung) dem Umwandlungspunkt. Der Ordnungsparameter muss bei Umwandlungen im festen Zustand bestimmte Symmetrieeigenschaften erfüllen, die auf den folgenden Seiten behandelt werden. Wie im Abschnitt 22.2 erläutert, lässt sich mit dem Ordnungsparameter η eine Potenzreihe für die freie Enthalpie entwickeln, $G = G_0 + \frac{1}{2}a_2\eta^2 + \frac{1}{4}a_4\eta^4 + \frac{1}{6}a_6\eta^6 + \dots$. In dieser Potenzreihe kommen nur gerade Potenzen von η vor, d. h. sie ist invariant gegen eine Vorzeichenumkehr von η.

$CaCl_2$ ist oberhalb der Umwandlungstemperatur $T_c = 490$ K tetragonal im Rutil-Typ ($P4_2/mnm$), darunter orthorhombisch im $CaCl_2$-Typ (Abb. 1.2 und Abb. 1.3). Die parallel zu **c** verlaufenden Stränge aus kantenverknüpften Koordinationsoktaedern sind in der orthorhombischen Form, verglichen zur tetragonalen Form, gegenseitig verdreht. Der Drehwinkel wird umso größer, je weiter die Temperatur unter T_c liegt. Wie bei allen (statischen) Strukturbeschreibungen, ist mit der Lage der Oktaeder ihre mittlere Lage gemeint, d. h. die Gleichgewichtslage der Atomschwingungen.

Schon bei der leichtesten Verdrehung der Oktaeder kann die Symmetrie nicht mehr tetragonal sein. Die Gitterparameter a und b werden ungleich und die im Rutil-Typ diagonal durch die Elementarzelle verlaufenden Spiegelebenen können (neben weiteren Symmetrieelementen) nicht erhalten bleiben. Die Symmetrie des $CaCl_2$-Typs muss diejenige orthorhombische Untergruppe von $P4_2/mnm$ sein, bei der diese Spiegelebenen entfallen sind; das ist die Raumgruppe $P2_1/n2_1/n2/m$ ($Pnnm$). Ganz allgemein gilt:

Erste Bedingung der Landau-Theorie: Bei einer kontinuierlichen Phasenumwandlung muss die Raumgruppe $\mathcal{H}$ der einen Phase eine Untergruppe derjenigen der anderen, $\mathcal{G}$, sein: $\mathcal{H} < \mathcal{G}$ („die Symmetrie wird gebrochen"). Es muss keine maximale Untergruppe sein.

Ausgehend von einer Temperatur $T > T_c = 490$ K geht die Frequenz der B_{1g}-Schwingung der Oktaeder des tetragonalen $CaCl_2$ bei abnehmender Temperatur gegen null. Man sagt, „die Schwingung wird weich" (soft mode). Beim Unterschreiten der kri-

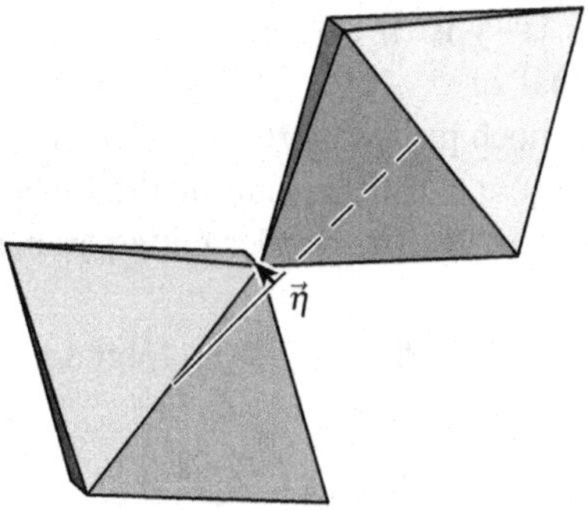

Abb. 16.3: Zwei verknüpfte Oktaeder in der Tieftemperaturmodifikation von $CaCl_2$ und Auslenkungsvektor $\vec{\eta}$ des gemeinsamen Cl-Atoms gegenüber der Position in der Hochtemperaturmodifikation

tischen Temperatur $T_c = 490\,\text{K}$ wechselt die Ruhelage der Oktaeder von derjenigen der tetragonalen zu derjenigen der orthorhombischen Form. Die Oktaederstränge führen die Drehschwingung nun um die neue Ruhelage aus, fortan mit der Symmetrierasse A_g der Raumgruppe $Pnnm$. Dabei nimmt die Frequenz wieder zu, je weiter die Temperatur unter T_c liegt.

Da die Bewegung der Atome bei der Phasenumwandlung unmittelbar mit solchen Schwingungen zusammenhängt, sagt man, „die Phasenumwandlung wird von einer Soft-Mode getrieben" oder „die Schwingung kondensiert" oder „die Schwingung friert ein". Die Symmetrierasse in der höhersymmetrischen Phase heißt *aktive Darstellung*.

Zweite Bedingung der Landau-Theorie: Für die Symmetriebrechung ist eine einzige Darstellung (Symmetrierasse), die aktive Darstellung, verantwortlich. Sie darf in der höhersymmetrischen Phase nicht die Eins-Darstellung (totalsymmetrische Schwingung) sein. Beim Phasenübergang wird daraus die Eins-Darstellung der niedrigersymmetrischen Phase.

In Abb. 16.3 ist der Vektor $\vec{\eta}$ eingezeichnet, der die Verschiebung der Gleichgewichtslage eines Cl-Atoms verglichen zur Lage in der Hochtemperaturform bezeichnet. Der Vektor zeigt die Verdrehung der Koordinationsoktaeder an. Bei einer gegebenen Temperatur $T < T_c$ sind die Oktaeder, verglichen zum Rutil-Typ, um einen bestimmten Winkel verdreht, und der Vektor $\vec{\eta}$ hat eine definierte Länge η. Die Verdrehung der Oktaeder in die entgegengesetzte Richtung $-\vec{\eta}$ ist energetisch völlig gleichwertig. In der tetragonalen Hochtemperaturmodifikation ist $\eta = 0$. Der Betrag η der Auslenkung kann als Ordnungsparameter verwendet werden.

Nach der Theorie muss sich der Ordnungsparameter bezüglich der Symmetrie genauso verhalten wie die aktive Darstellung (er muss sich ‚wie die aktive Darstellung transformieren'); diese ist beim $CaCl_2$ die Symmetrierasse B_{1g} von $P4_2/mnm$. Wie in entsprechenden Tabellen verzeichnet ist (in der ‚Charaktertafel' der Punktgruppe $4/mmm$, z. B. bei [17, 18, 25, 26]), gehört zu B_{1g} die ‚Basisfunktion' $x^2 - y^2$, wobei x und y kartesische Koordinaten sind. In unserem Fall können wir dafür die Ortskoordinaten x und y des Cl-

Atoms nehmen. Mit $\eta = x - y$ ist η als Ordnungsparameter geeignet, denn $x - y$ ist in guter Näherung proportional zu $x^2 - y^2 = (x-y)(x+y)$ mit $x + y \approx$ konstant. Näherungsweise können beim $CaCl_2$ noch paar weitere Variablen als Ordnungsparameter verwendet werden; wegen $\sin\varphi \approx \tan\varphi \approx \varphi$ trifft das auf den (kleinen) Drehwinkel φ der Oktaeder zu und auf das Verhältnis $(b-a)/(b+a)$ der Gitterparameter (die sogenannte spontane Deformation).

In der niedrigersymmetrischen Phase ($T < T_c$) folgt der Ordnungsparameter einem Potenzgesetz:

$$\eta = A\left(\frac{T_c - T}{T_c}\right)^{\beta} \tag{16.2}$$

Dabei ist A eine Konstante und β ist der *kritische Exponent*. Wie im Abschnitt 22.2 ausgeführt, ist $\beta \approx 0{,}5$, wenn eine langreichweitige Wechselwirkung zwischen den Teilchen besteht; das ist bei $CaCl_2$ mit seinen durchgängig verknüpften Oktaedern erfüllt. Bei kurzer Reichweite, zum Beispiel bei magnetischen Wechselwirkungen, ist $\beta \approx 0{,}33$.

Die in Abb. 16.4 gezeigten experimentellen Daten zeigen eine gute Übereinstimmung mit den Aussagen der Landau-Theorie. Es gibt keinen Volumensprung am Umwandlungspunkt. Der Ordnungsparameter $\eta' = (b-a)/(b+a)$ folgt dem Potenzgesetz (16.2) über einen großen Temperaturbereich, wobei der kritische Exponent $\beta = 0{,}45$ die experimentell ermittelte Abhängigkeit gut wiedergibt. Eine Schwingungsmode der Symmetrierasse B_{1g} von $P4_2/mnm$ zeigt Soft-Mode-Verhalten und geht in die Symmetrierasse A_g von $Pnnm$ über, während die Frequenzen der übrigen Schwingungen nur eine geringe Temperaturabhängigkeit aufweisen, auch über den Umwandlungspunkt hinweg. Das Frequenzminimum der Soft-Mode liegt genau bei der kristallographisch gefundenen Umwandlungstemperatur.

Dasselbe Verhalten dieser Phasenumwandlung Rutil-Typ $\rightleftharpoons$ $CaCl_2$-Typ wird bei weiteren Verbindungen beobachtet (z. B. $CaBr_2$, MgF_2, NiF_2, ZnF_2, Stishovit-SiO_2, SnO_2). Bei druckgetriebenen Phasenumwandlungen ist der $CaCl_2$-Typ die Hochdruckmodifikation.

Zu dem skizzierten Modell der kontinuierlichen Phasenumwandlung, unter Mitwirkung einer Schwingungsmode am Γ-Punkt der Brillouin-Zone, gehört die Vorstellung eines kontinuierlichen Wechsels von der einen Struktur zur anderen, an dem alle Atome des Kristalls (oder eines größeren Kristallbereichs) synchron beteiligt sind. Am Umwandlungspunkt findet ein Wechsel der Raumgruppe statt. Außerdem ändern sich bestimmte physikalische Eigenschaften sprunghaft. $CaCl_2$ wird zum Beispiel unterhalb des Umwandlungspunktes ferroelastisch (‚pure and proper ferroelastic‘ [332]).

Wenn, wie beim Beispiel der Umwandlung Rutil-Typ $\rightleftharpoons$ $CaCl_2$-Typ, eine Schwingungsmode am Γ-Punkt beteiligt ist, dann sind die Raumgruppen der beiden Phasen translationengleich (ihre primitiven Elementarzellen sind gleich groß). Wenn die einfrierende Schwingung an einem Randpunkt der Brillouin-Zone liegt, schwingen die Atome in Elementarzellen, die in der betreffenden Richtung benachbart sind, genau entgegengesetzt; nach dem Einfrieren der Schwingung ist die Elementarzelle verdoppelt. Das bedeutet: bei der Symmetriebrechung muss ein Schritt des Symmetrieabbaus mit einer klassengleichen Gruppe-Untergruppe-Beziehung vom Index 2 im Spiel sein.

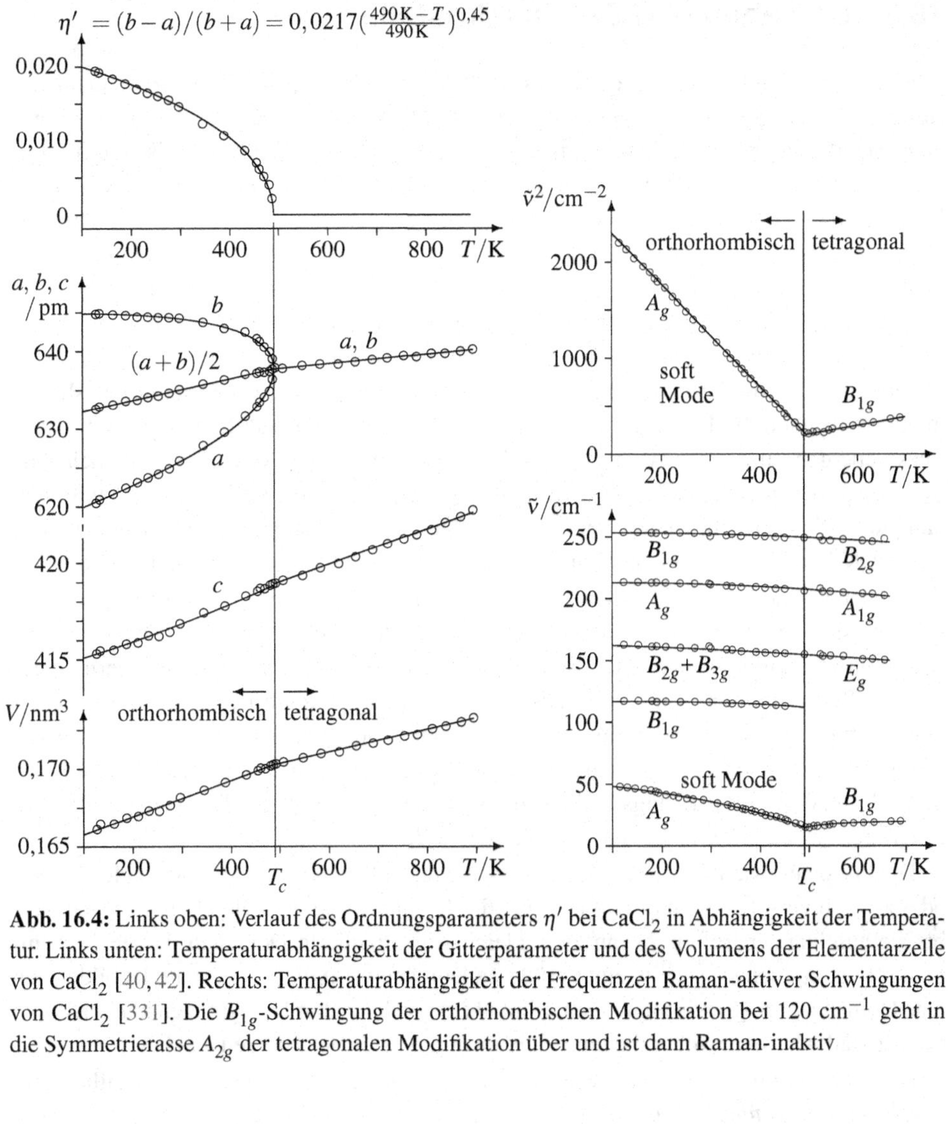

Abb. 16.4: Links oben: Verlauf des Ordnungsparameters η' bei $CaCl_2$ in Abhängigkeit der Temperatur. Links unten: Temperaturabhängigkeit der Gitterparameter und des Volumens der Elementarzelle von $CaCl_2$ [40, 42]. Rechts: Temperaturabhängigkeit der Frequenzen Raman-aktiver Schwingungen von $CaCl_2$ [331]. Die B_{1g}-Schwingung der orthorhombischen Modifikation bei 120 cm^{-1} geht in die Symmetrierasse A_{2g} der tetragonalen Modifikation über und ist dann Raman-inaktiv

Die Symbole der Tab. 23.1 sind nicht anwendbar auf Schwingungen außerhalb des Γ-Punkts, d. h. wenn die Schwingungsbewegung von Elementarzelle zu Elementarzelle verschieden ist. Dafür gibt es eine eigene Symbolik [333, 334].

Wenn eine nicht-totalsymmetrischen Schwingungsmode einfriert, ergibt sich eine verzerrte Struktur, deren Raumgruppe eine Untergruppe der ursprünglichen Raumgruppe ist. Die Untergruppe wird eine *Isotropie-Untergruppe* genannt. Welche Isotropie-Untergruppe je nach Symmetrierasse auftritt, ist für alle Symmetrierassen aller Raumgruppen tabelliert [322, 334]. Isotropie-Untergruppen können auch mit dem Rechenprogramm ISOTROPY [335] ermittelt werden. Zum theoretisch bedeutsamen Wechselspiel zwischen Schwingungsmoden und Isotropie-Untergruppen siehe zum Beispiel [325, 336, 337].

16.3 Domänen und Zwillingskristalle

Bei Phasenumwandlungen im festen Zustand bildet sich häufig eine *Domänenstruktur* kristalliner Phasen. Sie ist das Ergebnis von Keimbildung und -wachstum. Wenn die Anordnung der Bausteine in den beiden Phasen sehr verschieden ist, gibt es zwischen der kristallographischen Orientierung der ursprünglichen und der neuen Phase keine Beziehung. Es hängt vom Zufall und den energetischen Bedingungen in den Fehlstellen des Kristalls ab, mit welcher Orientierung sich ein Keim bildet. Dieser Fall tritt bei Molekülkristallen häufig auf.

Wenn die Gitter der beiden kristallinen Phasen dagegen einigermaßen zusammenpassen, ist es für einen Keim der neuen Struktur, der sich an einer Fehlstelle der alten Struktur bildet, günstiger, die Orientierung der alten Phase beizubehalten. Die Orientierungsbeziehungen entstehen in aller Regel nicht dadurch, dass ein Einkristall homogen in die neue Phase übergeht, mit einer synchron koordinierten Bewegung aller Atome. Vielmehr legt die Matrix der Ausgangsphase nur fest, wie die entstehenden Keime relativ zum Ausgangskristall ausgerichtet sind. Bei der nachfolgenden Wachstumsphase bilden sich dann größere Kristallite unter Beibehaltung der von den Keimen ausgehenden Orientierung.

Auch bei einer durch Soft-Modes getriebenen kontinuierlichen Phasenumwandlung wandelt sich in der Regel nicht der gesamte Kristall auf einmal um. Die stets vorhandenen Baufehler im Kristall und die Mosaikstruktur von Realkristallen verhindern, dass die Schwingungen den ganzen Kristall gleichmäßig durchdringen, und die bei einer Temperatur- oder Druckänderung unvermeidlichen Gradienten im Kristall sorgen für ungleiche Bedingungen in verschiedenen Kristallbereichen. Hinzu kommen Fluktuationen in der Nähe des Umwandlungspunktes, die in verschiedenen Kristallbereichen statistisch differieren (zu den Fluktuationen siehe Abschnitt 22.3).

Die Phasenumwandlung setzt also in verschiedenen Bereichen des Kristalls gleichzeitig oder zeitlich versetzt ein, mit dem Resultat der Domänenbildung. Die Domänen wachsen, bis sie aufeinander treffen. Wenn zwei gleichartig orientierte Domänen passend zusammentreffen, können sie sich zu einer größeren Domäne vereinigen; anderenfalls bildet sich eine Domänengrenze zwischen ihnen. Einmal entstandene Domänengrenzen können durch den Kristall wandern, wobei die eine Domäne auf Kosten der anderen wächst.

Nach W. KLEBER heißt das resultierende System von verwachsenen Kristalliten ein *topotaktisches Gefüge* [338].

Unter diesen Bedingungen kommt der Teilaspekt 3 des Symmetrieprinzips (Abschn. 1.1) voll zum tragen, und es gilt folgendes [1, 122, 340, 341]:

Bei Phasenumwandlungen, die mit einer Symmetrieerniedrigung verbunden sind, treten

> *Zwillingsdomänen* auf, wenn die entstehende Phase einer Kristallklasse geringerer Symmetrie angehört,

und es treten

> *Antiphasendomänen* auf, wenn Translationen als Symmetrieoperationen wegfallen.

Zwillingskristalle entstehen also, wenn die neue Phase einer translationengleichen Untergruppe angehört, und Antiphasendomänen, wenn es eine klassengleiche Untergruppe ist. In der physikalischen Literatur werden Phasenumwandlungen zwischen translationengleichen Raumgruppen *ferroisch* genannt, wobei die niedrigersymmetrische Phase die *Ferro*-Phase (ferroic phase), die höhersymmetrische die *Para*-Phase ist. Nicht-ferroische Umwandlungen finden zwischen klassengleichen Raumgruppen statt. Zu einer genaueren Definition dieser Begriffe siehe [339].

Zwillingsdomänen werden in Abschnitt 16.5, Antiphasendomänen in Abschnitt 16.6 behandelt.

Die Gesamtzahl der entstandenen Domänen hängt naturgemäß von den Bedingungen bei der Keimbildung ab. Wie viele verschiedene *Domänensorten* auftreten, wird aber vom Index der Symmetriereduktion festgelegt. Bei einem translationengleichen Übergang vom Index 3 (t3) sind beispielsweise Drillinge zu erwarten. Nach einer Phasenumwandlung mit isomorpher und somit klassengleicher Symmetriereduktion vom Index 5 (i5) müssten fünf Domänensorten in der Kristallmatrix vorkommen. Lässt sich die Symmetriereduktion bei der Phasenumwandlung in mehrere Teilschritte zerlegen (mehrere aufeinanderfolgende Gruppe-Untergruppe-Beziehungen), so wird die Domänenstruktur entsprechend kompliziert. Bei zwei t2-Schritten sind zum Beispiel Zwillinge von Zwillingen zu erwarten.

Ob die Gesamtzahl möglicher Domänensorten tatsächlich auftritt, hängt von den experimentellen Bedingungen ab. Bei einer Phasenumwandlung von einer paraelektrischen zu einer ferroelektrischen Modifikation kann zum Beispiel mit einem äußeren elektrischen Feld die Bildung von nur einer Domänensorte erzwungen werden. Bei sehr kleinen Kristallen (im Nanometerbereich) kommt es vor, dass nur ein Keim pro Kristall entsteht und sein Wachstum schnell genug ist, um den Kristall auszufüllen, bevor sich ein zweiter Keim bildet, so dass Eindomänenkristalle entstehen [342].

Bei temperaturgetriebenen Phasenumwandlungen hat in der Regel die Hochtemperaturform die höhere Symmetrie. Bei Phasenumwandlungen, die durch elektrische oder magnetische Felder ausgelöst werden, hat die Phase bei angelegtem Feld die niedrigere Symmetrie. Für druckinduzierte Phasenumwandlungen gibt es keine entsprechende Regel zur Symmetrie; unter Druck ist die dichtere Phase stabiler.

Die Symmetriebeziehungen gelten auch für *topotaktische Reaktionen*, bei denen eine chemische Reaktion im kristallinen Festkörper abläuft und die Orientierung der Domänen des Produkts vom Ausgangskristall bestimmt wird (Abschnitt 17.1).

16.4 Sind rekonstruktive Phasenumwandlungen über eine gemeinsame Untergruppe möglich?

Es gibt Substanzen, bei denen bei zwei verschiedenen Drücken nacheinander zwei *displazive* Phasenumwandlungen mit kleinen Atombewegungen ablaufen, wobei bei der ersten Umwandlung die Symmetrie verringert, bei der zweiten erhöht wird.

Silicium bietet ein Beispiel. Bei Erhöhung des Druckes durchläuft es mehrere Phasenumwandlungen:

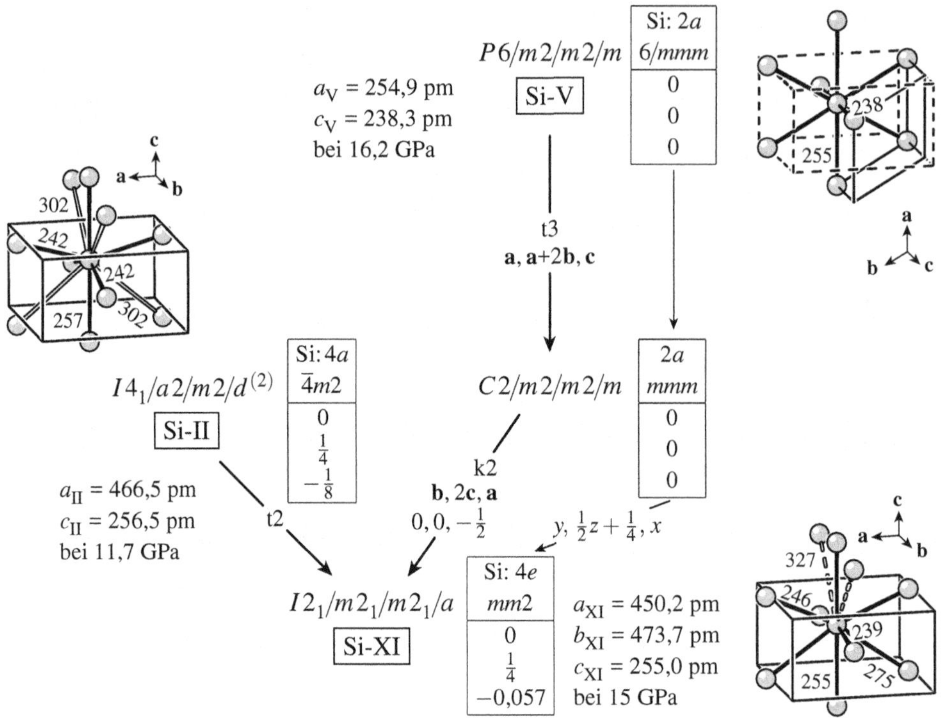

Abb. 16.5: Gruppe-Untergruppe-Beziehungen zwischen drei Hochdruckmodifikationen von Silicium

Si-I	$\underset{}{\overset{10{,}3\ \text{GPa}}{\rightleftharpoons}}$	Si-II	$\overset{13{,}2\ \text{GPa}}{\rightleftharpoons}$	Si-XI	$\overset{15{,}6\ \text{GPa}}{\rightleftharpoons}$	Si-V	$\overset{38\ \text{GPa}}{\rightleftharpoons}$	weitere
Diamant-		$I4_1/amd$		$Imma$		$P6/mmm$		Modifikationen
Typ		β-Sn-Typ						

Silicium-V ($P6/m2/m2/m$) hat eine einfache hexagonale Struktur [343]. Zwischen $I4_1/a2/m2/d$ (β-Zinn-Typ) und $P6/m2/m2/m$ gibt es keine Gruppe-Untergruppe-Beziehung und auch keine gemeinsame Obergruppe. Die Struktur von Si-XI ist aber eng verwandt sowohl mit der von Si-II wie von Si-V, und die Raumgruppe von Si-XI, $I2_1/m2_1/m2_1/a$, ist eine gemeinsame Untergruppe von $I4_1/a2/m2/d$ und $P6/m2/m2/m$ (Abb. 16.5).

Ohne Atomverschiebungen ergeben sich für die Atomkoordinaten eines Si-Atoms zu Si-XI $0, \frac{1}{4}, -0{,}125$, wenn es von Si-II abgeleitet wird, und $0, \frac{1}{4}, 0{,}0$ wenn es von Si-V abgeleitet wird. Die tatsächlichen Koordinaten liegen auf halbem Weg dazwischen. Die metrischen Unterschiede der Gitter sind gering. Der Gitterparameter c der hexagonalen Struktur ist etwa halb so groß wie a des tetragonalen Si-II. Mit den in Abb. 16.5 angegebenen Basistransformationen erwarten wir für Si-XI folgende Gitterparameter, berechnet aus denen von Si-V: $a_{XI} = a_V\sqrt{3} = 441{,}5$ pm, $b_{XI} = 2c_V = 476{,}6$ pm und $c_{XI} = a_V = 254{,}9$ pm. Man vergleiche dies mit den beobachteten Werten.

Die Koordination eines Si-Atoms ist (Kontaktabstände in pm bis 340 pm):

Si-II	4×242		2×257	4×302		$I4_1/amd$
	↙	↘	↓	↙	↘	
Si-XI	2×239	2×246	2×255	2×275	2×327	$Imma$
	↓	↘	↓	↙		
Si-V	2×238		6×255			$P6/mmm$

Experimentell wurde am Umwandlungspunkt Si-II ⇌ Si-XI ein Volumensprung von 0,2 % und bei Si-XI ⇌ Si-V von 0,5 % gefunden, und die Atomkoordinaten ändern sich sprunghaft [343]. Die Umwandlungen verlaufen also nach der ersten Ordnung. Die Sprünge sind allerdings klein, und das Modell zweier displaziver Phasenumwandlungen mit kleinen Atomverrückungen erscheint plausibel. Vor allem werden tatsächlich zwei voneinander getrennte Phasenumwandlungen beobachtet. Der gesamte Kristall besteht in einem bestimmten Druckbereich aus Si-XI. In diesem Fall ist eine gruppentheoretische Beziehung zwischen Si-II und Si-V über die gemeinsame Untergruppe von Si-XI gerechtfertigt.

Völlig anders ist das bei *rekonstruktiven* Phasenumwandlungen ohne Gruppe-Untergruppe-Beziehung zwischen den beteiligten Raumgruppen. Der Erfolg der Theorie der kontinuierlichen Phasenumwandlungen hat dazu verleitet, sich in solchen Fällen Mechanismen auszudenken, nach denen, ähnlich wie bei der Umwandlung von Si-II nach Si-V über Si-XI, zwei aufeinanderfolgende Umwandlungen über eine Zwischenphase angenommen werden. Die hypothetische Zwischenphase soll eine Raumgruppe haben, die gemeinsame Untergruppe der Anfangs- und der Endphase ist.

Rekonstruktive Phasenumwandlungen verlaufen immer nach der ersten Ordnung und mit Hysterese. Die Hysterese schließt eine synchrone Bewegung der Atome im ganzen Kristall aus. Die Umwandlung kann nur über Keimbildung und -wachstum erfolgen. Zwischen der wachsenden neuen und der schrumpfenden alten Phase gibt es Phasengrenzflächen. Der Umbau der Struktur erfolgt an und nur an diesen Grenzflächen. Die Situation unterscheidet sich grundsätzlich von derjenigen beim Silicium, bei dem die Existenz des Si-XI nicht auf die Phasengrenzfläche beschränkt ist.

Beiderseits einer Grenzfläche sind die Raumgruppen verschieden. Sie können nicht durch eine Symmetrieoperation aufeinander abgebildet werden; deshalb kann es an der Grenzfläche keinerlei Symmetrieelement geben. Insbesondere kann eine Zwischenphase, die auf den Bereich der Grenzfläche beschränkt wäre, keinerlei Raumgruppe haben. Hinzu kommt: Raumgruppen beschreiben etwas Statisches. Bei einer Momentaufnahme von einigen Femtosekunden Dauer erfüllt kein Kristall eine Raumgruppe, da fast alle Atome schwingend aus ihren Ruhelagen ausgelenkt sind. Erst über einen längeren Zeitraum betrachtet sind mittlere Atomlagen erkennbar, die mit einer Raumgruppe erfassbar sind. Während einer Phasenumwandlung wandert die Grenzfläche durch den Kristall, und die Atome sind in Bewegung; es gibt dort keine mittleren Atomlagen.

Für rekonstruktive Phasenumwandlungen sind erdachte Reaktionsmechanismen über hypothetische, gemeinsame Untergruppen fern von aller Realität. Allein für die Umwandlung vom NaCl-Typ zum CsCl-Typ wurden an die zwölf verschiedene Mechanismen publiziert, mit verschiedenerlei gemeinsamen Untergruppen (siehe z. B. [344–346] und dort zitierte Literatur). Schon die Menge ist suspekt. Formal lassen sich beliebig viele solcher Mechanismen ausdenken, denn es gibt immer unendlich viele gemeinsame Untergruppen.

Für die Atome wurden in solchen Publikationen genaue Bewegungspfade beschrieben, gezeigt in einer Elementarzelle. Unausgesprochen wird damit für die Atome in allen Elementarzellen des Kristalls eine synchrone Bewegung suggeriert, bis sie in der Raumgruppe der angenommenen Zwischenphase einrasten, gefolgt von einer Synchronbewegung von der Zwischenphase in die Endphase. Synchronbewegung ist bei einer Umwandlung erster Ordnung aber ausgeschlossen. Vielleicht ist es aber gar nicht so gemeint, sondern es wird unausgesprochen zunächst eine Verschiebung der Atome in nur einer Zelle angenommen, gefolgt von weiteren Zellen, wie in einer Reihe fallender Dominosteine. Das wäre ein realistisches Modell mit Keimbildung und anschließendem Wachstum. Nach theoretischen Berechnungen können bestimmte lokal begrenzte Strukturmotive kurzzeitig auftreten [347]. Aber: dabei tritt keine hypothetische Zwischenphase auf. Auch wenn die Atome in ein paar Zellen ein paar Picosekunden lang so angeordnet sind wie in einer Zelle der erdachten Zwischenphase, ist das kein Zustand dem eine Raumgruppe zugeteilt werden kann.

Bei Phasenumwandlungen, die durch Temperaturänderungen verursacht werden, ist zudem ein Ablauf über eine primäre Symmetrieerniedrigung und eine folgende Symmetrieerhöhung höchst unwahrscheinlich, weil bei einer Temperaturänderung entweder nur eine Folge von Symmetrieerhöhungen oder nur eine Folge von Symmetrieerniedrigungen auftreten sollte.

16.5 Wachstums- und Umwandlungszwillinge

Definition 16.4 Eine Verwachsung von zwei oder mehr makroskopischen, kongruenten oder enantiomorphen Individuen derselben Kristallspezies ist ein Zwillings- oder Mehrlingskristall, wenn die relative Orientierung der Individuen kristallsymmetrischer Art ist.

Die Individuen sind die Zwillingskomponenten oder -domänen. Zwischen ihnen besteht ein *Zwillingsgesetz*, das ihre Orientierungsbeziehung erfasst. Das Zwillingsgesetz ist eine Symmetrieoperation, welche eine Domäne auf eine andere abbildet. Diese Symmetrieoperation gehört nicht zur Punktgruppe des Kristalls.

Die Domänengrenze ist die Fläche, an der die Individuen miteinander verwachsen sind. Wenn die Strukturen der benachbarten Domänen beiderseits dieser Fläche durch gewisse Verzerrungen aneinander angeglichen werden müssen, befindet sich die Domänengrenze inmitten einer Domänenwand, die bis zu einige Elementarzellen dick sein kann. Wenn die Domänengrenze eine ebene Fläche ist, entspricht ihre Symmetrie auf atomarem Niveau einer Schichtgruppe; Domänengrenzen sind aber nicht immer eben.

Das Auftreten von Zwillingskristallen ist ein weitverbreitetes Phänomen. Dabei ist zu unterscheiden, ob die Zwillinge beim Wachstum der Kristalle oder während einer Phasenumwandlung im festen Zustand entstanden sind.

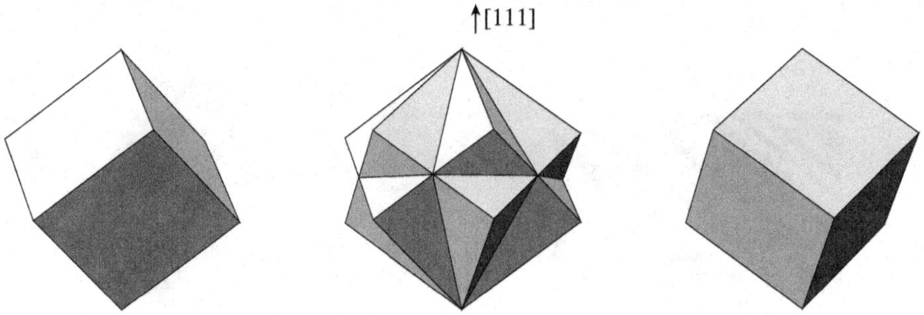

Abb. 16.6: Ansicht der beim kubisch kristallisierenden Mineral Fluorit häufig auftretenden Zwillinge nach [111]. Die beiden Würfel sind um die Raumdiagonale [111] exakt 180° gegeneinander verdreht

Bei **Wachstumszwillingen** entscheidet die Bildung von Kristallkeimen, wie die Kristalle miteinander verwachsen sind. Gruppe-Untergruppe-Beziehungen zwischen Raumgruppen sind in diesem Fall unerheblich.

Abb. 16.6 zeigt die beim kubisch kristallisierenden Mineral Fluorit (CaF_2) häufig auftretenden Zwillinge nach [111]. Es handelt sich um *Durchdringungszwillinge*, die nur bei Wachstumszwillingen auftreten. Ausgehend von einem Keim wachsen die Kristalle mit zwei verschiedenen Orientierungen, die um die Richtung [111] um 180° gegenseitig verdreht sind. Tatsächlich liegen hier zwölf pyramidenförmige Domänen vor, sechs von jeder Orientierung, die von einem gemeinsamen Punkt in der Mitte des Kristalls aus gewachsen sind. Einfacher ist der Aufbau von Kontaktzwillingen, die an einer gemeinsamen Fläche zusammengewachsen sind. Mehrfach sich wiederholende Kontaktzwillinge mit zwei sich abwechselnden Orientierungen werden polysynthetische (oder lamellare) Zwillinge genannt.

Umwandlungszwillinge entstehen bei einer Phasenumwandlung im festen Zustand. Häufig besteht dabei eine Gruppe-Untergruppe-Beziehung zwischen den beteiligten Raumgruppen, und die Art der Zwillinge hängt von dieser Beziehung ab. In Abb. 1.2 ist die Gruppe-Untergruppe-Beziehung zwischen den beiden Modifikationen von Calciumchlorid gezeigt. Die Untergruppe $Pnnm$ ist translationengleich vom Index 2, also können wir bei der Umwandlung aus dem tetragonalen Rutil-Typ das Auftreten von Zwillingen mit zwei Orientierungen des orthorhombischen $CaCl_2$-Typs erwarten. Die in der tetragonalen Struktur gleichen Gitterparameter a und b werden bei der Phasenumwandlung ungleich, entweder $a < b$ oder $a > b$. Behalten wir die Richtungen der Basisvektoren **a** und **b** bei, dann ist die eine Orientierungen der beiden Zwillingsindividuen diejenige mit $a < b$, die andere die mit $a > b$ (Abb. 1.3). Diese beiden Individuen lassen sich durch eine der bei der Symmetriereduktion weggefallenen Symmetrieoperationen aufeinander abbilden, zum Beispiel über eine diagonal durch die Elementarzelle des Rutil-Typs verlaufende Spiegelebene. Diese (ehemalige) Symmetrieoperation wird zur Zwillingsoperation.

Während der Phasenumwandlung verursacht die Differenzierung der Gitterparameter in der Matrix des noch nicht umgewandelten tetragonalen Kristalls mechanische Span-

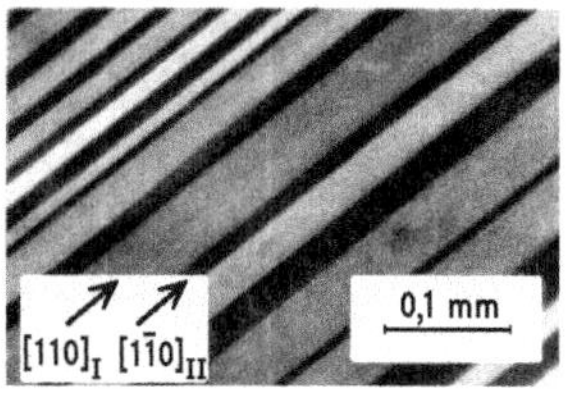

$CaBr_2$

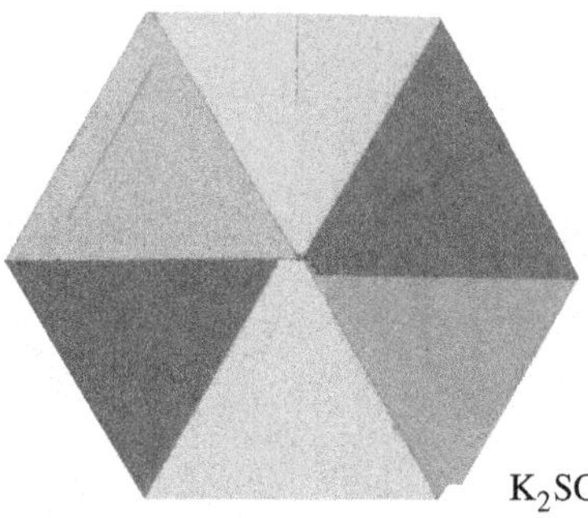

K_2SO_4

Abb. 16.7: Links: Umwandlungszwilling mit Domänen I und II eines $CaBr_2$-Kristalls ($CaCl_2$-Typ); Blickrichtung längs **c**, aufgenommen zwischen gekreuzten Polarisationsfiltern [348].
Rechts: Wachstumsdrilling von K_2SO_4 mit sechs Domänen, entstanden aus wässriger Lösung. Blick auf (001) eines Plättchens von ca. 1 mm Dicke und 5 mm Breite (aufgenommen zwischen Polarisationsfiltern zur Erhöhung des Kontrasts [349]; M. Moret, Mailand)

nungen. Das Auftreten von verschieden orientierten Zwillingsdomänen lindert diese Spannungen. Ein Kristall aus vielen Zwillingsdomänen wird deshalb gegenüber einem Eindomänenkristall energetisch bevorzugt sein (Abb. 16.7). Eine synchron-gleichförmige Bewegung aller Atome im gesamten Kristall unter Bildung eines Eindomänenkristalls ist unwahrscheinlich.

Kaliumsulfat kristallisiert aus wässriger Lösung in einer orthorhombischen Modifikation mit pseudohexagonaler Metrik und Struktur [350, 351]:

$$Pmcn,\ a = 576{,}3\ \text{pm},\ b = 1007{,}1\ \text{pm}\ (\approx a\sqrt{3} = 998{,}2\ \text{pm}),\ c = 747{,}6\ \text{pm}$$

Dabei entstehen (je nach Kristallisationsbedingungen) Wachstumsdrillinge in Form sechseckiger Plättchen, die in drei Paaren von Domänen in Form von Sektoren mit 60°-Winkeln unterteilt sind (Abb. 16.7). Beim Erhitzen tritt bei 587 °C eine Phasenumwandlung erster Ordnung auf, bei der die Domänen zu einer Domäne zusammenwachsen und der Kristall hexagonal wird ($P6_3/mmc$). In der hexagonalen Modifikation sind die SO_4^{2-}-Ionen in mindestens zwei Orientierungen fehlgeordnet (Abb. 16.8). Wird wieder abgekühlt, ordnen sich die SO_4^{2-}-Ionen erneut, und die orthorhombischen Drillingskristalle bilden sich zurück, diesmal jedoch als Umwandlungsdrillinge mit lamellenförmigen Domänen.

Beim isotypen Ammoniumsulfat treten die Wachstumsdrillinge ebenfalls auf. Durch leichten Druck kommen die Domänengrenzen in Bewegung, bis ein Eindomänen-Einkristall entsteht [355]. Die zu erwartende Phasenumwandlung in eine hexagonale Hochtemperaturform tritt nicht auf, weil Ammoniumsulfat beim Erhitzen vor der Umwandlung ‚vorzeitig' schmilzt. Der hexagonale Aristotyp ist in diesem Fall also eine hypothetische Modifikation (‚Paraphase', ‚Prototyp-Phase') [356]. Anders als Kaliumsulfat zeigt Ammoniumsulfat unterhalb von $-50\,°$C eine Phasenumwandlung zu einer ferroelektrischen Modifikation, bei der die SO_4^{2-}-Tetraeder verkippt sind. Die zugehörigen Gruppe-Untergruppe-Beziehungen sind in Abb. 16.8 gezeigt.

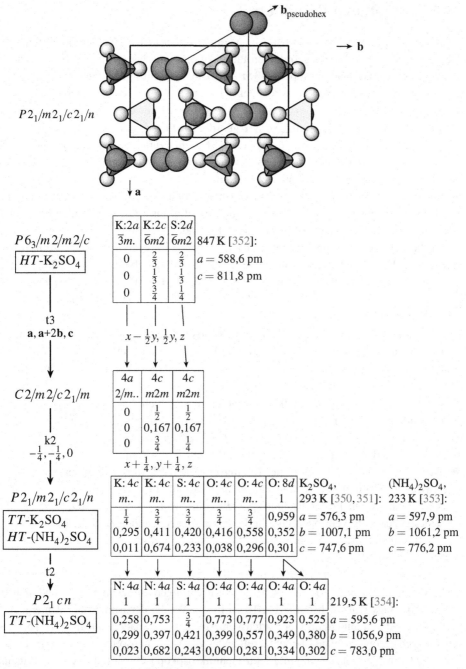

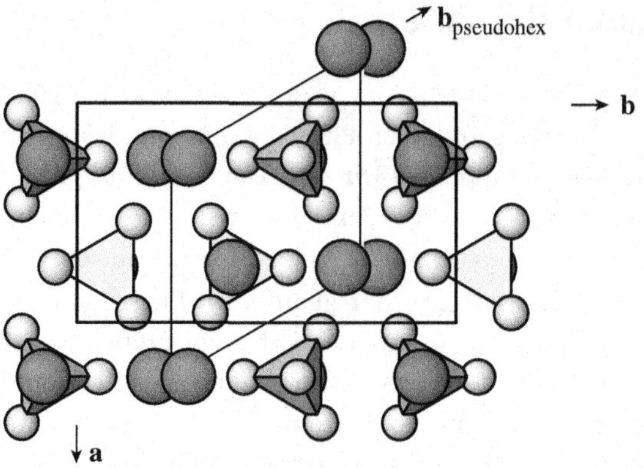

$P2_1/m2_1/c2_1/n$

$P6_3/m2/m2/c$

HT-K_2SO_4

K:2a	K:2c	S:2d
$\bar{3}m.$	$\bar{6}m2$	$\bar{6}m2$
0	$\frac{2}{3}$	$\frac{2}{3}$
0	$\frac{1}{3}$	$\frac{1}{3}$
0	$\frac{3}{4}$	$\frac{1}{4}$

847 K [352]: $a = 588{,}6$ pm, $c = 811{,}8$ pm

t3
a, **a**+2**b**, **c**

$x - \frac{1}{2}y,\ \frac{1}{2}y,\ z$

$C2/m2/c2_1/m$

4a	4c	4c
$2/m..$	$m2m$	$m2m$
0	$\frac{1}{2}$	$\frac{1}{2}$
0	0,167	0,167
0	$\frac{3}{4}$	$\frac{1}{4}$

k2
$-\frac{1}{4}, -\frac{1}{4}, 0$

$x + \frac{1}{4},\ y + \frac{1}{4},\ z$

$P2_1/m2_1/c2_1/n$

TT-K_2SO_4
HT-$(NH_4)_2SO_4$

K: 4c	K: 4c	S: 4c	O: 4c	O: 4c	O: 8d
$m..$	$m..$	$m..$	$m..$	$m..$	1
$\frac{1}{4}$	$\frac{3}{4}$	$\frac{3}{4}$	$\frac{3}{4}$	$\frac{3}{4}$	0,959
0,295	0,411	0,420	0,416	0,558	0,352
0,011	0,674	0,233	0,038	0,296	0,301

K_2SO_4, 293 K [350, 351]: $a = 576{,}3$ pm, $b = 1007{,}1$ pm, $c = 747{,}6$ pm

$(NH_4)_2SO_4$, 233 K [353]: $a = 597{,}9$ pm, $b = 1061{,}2$ pm, $c = 776{,}2$ pm

t2

$P2_1cn$

TT-$(NH_4)_2SO_4$

N: 4a	N: 4a	S: 4a	O: 4a	O: 4a	O: 4a	O: 4a
1	1	1	1	1	1	1
0,258	0,753	$\frac{3}{4}$	0,773	0,777	0,923	0,525
0,299	0,397	0,421	0,399	0,557	0,349	0,380
0,023	0,682	0,243	0,060	0,281	0,334	0,302

219,5 K [354]: $a = 595{,}6$ pm, $b = 1056{,}9$ pm, $c = 783{,}0$ pm

Abb. 16.8: Die Kristallstruktur der Tieftemperaturform von Kaliumsulfat und Gruppe-Untergruppe-Beziehungen von der hexagonalen Hochtemperaturform, in der die Sulfat-Ionen fehlgeordnet sind (es sind deshalb keine O-Atomlagen angegeben). Ammoniumsulfat bildet eine nichtzentrosymmetrische, ferroelektrische Tieftemperaturform

16.6 Antiphasendomänen

Bei der Phasenumwandlung von Cu_3Au aus der fehlgeordneten Hochtemperaturphase in der Raumgruppe $Fm\bar{3}m$ zur geordneten Phase kommt ein klassengleicher Symmetrieabbau vom Index 4 zur Raumgruppe $Pm\bar{3}m$ vor (Abb. 1.4). Infolgedessen ist mit dem Auftreten von Antiphasendomänen zu rechnen. Die Kristallklasse bleibt dieselbe, die Größe der primitiven Elementarzelle vervierfacht sich (weil die Flächenzentrierung wegfällt).

Betrachten wir einen Kristallkeim der geordneten Phase und sein Wachstum, wobei die Gold-Atome die Ecken der ursprünglichen Elementarzellen einnehmen mögen. An einer anderen Stelle des Kristalls möge sich ein anderer Keim bilden und wachsen, jedoch mit versetztem Ursprung, d. h. mit Gold-Atom in einer Flächenmitte der Ausgangszelle. Irgendwo werden sich die wachsenden Domänen treffen. Trotz gleicher Orientierung und gleich großer Elementarzellen passen sie nicht richtig zusammen, weil ihre Elementarzellen um eine halbe Flächendiagonale versetzt sind. Es entsteht eine Domänengrenze, an der die ‚falschen' Atome nebeneinander zu liegen kommen. Dies ist eine Antiphasengrenze zwischen Antiphasendomänen (sie sind phasenverschoben). Weil die Gold-Atome vier Positionen zur Auswahl haben ($0,0,0,\ \frac{1}{2},\frac{1}{2},0,\ \frac{1}{2},0,\frac{1}{2},\ 0,\frac{1}{2},\frac{1}{2}$ der Ausgangszelle), gibt es vier Domänensorten. Antiphasendomänen werden auch Translationszwillinge oder Translationsdomänen genannt.

Antiphasendomänen wirken sich bei der Röntgenbeugung nicht aus, die Strukturbestimmung wird nicht gestört (außer wenn die Domänen sehr klein sind und ein Teil der Bragg-Reflexe zu diffuser Streuung verschwimmt). Die Antiphasengrenzen können elektronenmikroskopisch sichtbar gemacht werden.

Als Beispiel sind in Abb. 16.9 die Strukturen der Hoch- und Tieftemperaturmodifikation von $BaAl_2O_4$ gezeigt. Es handelt sich um eine aufgefüllte Tridymitstruktur, mit einem Gerüst aus eckenverknüpften AlO_4-Tetraedern und Ba^{2+}-Ionen in hexagonalen Kanälen. Bei hohen Temperaturen ist $BaAl_2O_4$ paraelektrisch in der Raumgruppe $P6_322$. Beim Abkühlen tritt zwischen 670 und 400 K eine Phasenumwandlung zu einer ferroelektrischen Modifikation in der Raumgruppe $P6_3$ auf, wobei sich die AlO_4-Tetraeder gegenseitig verkippen und die Gitterparameter a und b verdoppelt werden. Dazu sind die beiden nebenstehend genannten Schritte des Symmetrieabbaus notwendig.

$P6_322$
↓ t2
$P6_3$
↓ i4 $2\mathbf{a}, 2\mathbf{b}, \mathbf{c}$
$P6_3$

Der translationengleiche Schritt bedingt das Auftreten von Zwillingsdomänen, die sich in der Orientierung um 180° unterscheiden (**c**-Richtungen entgegengesetzt) und sich lamellenartig längs c abwechseln (Abb. 16.10 links). Wegen der isomorphen Untergruppe vom Index 4 treten außerdem vier Sorten von Antiphasendomänen auf. In Abb. 16.11 ist schematisch gezeigt, wie die Elementarzellen der vier Domänensorten gegenseitig versetzt sind. Die Domänengrenzen sind im Elektronenmikrospkop sichtbar (Abb. 16.10 Mitte und rechts).

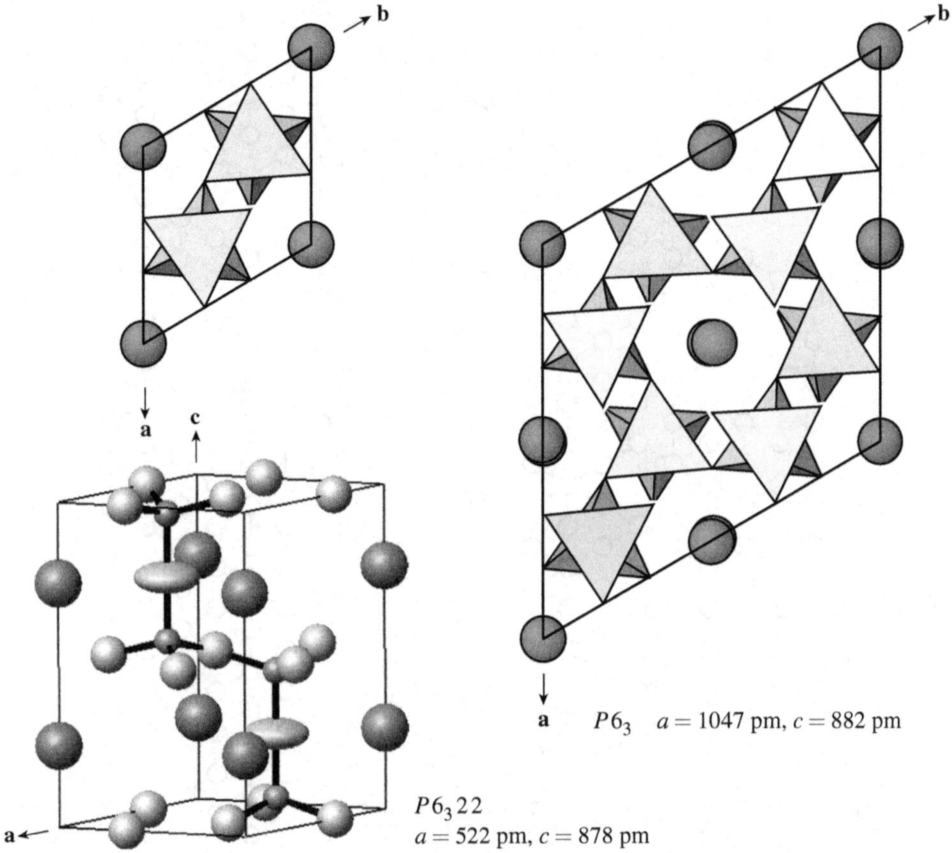

Abb. 16.9: Elementarzellen von $BaAl_2O_4$. Links: Hochtemperaturform [357]. Rechts: Tieftemperaturform mit vierfach größerer Elementarzelle und verkippten Koordinationstetraedern [358]

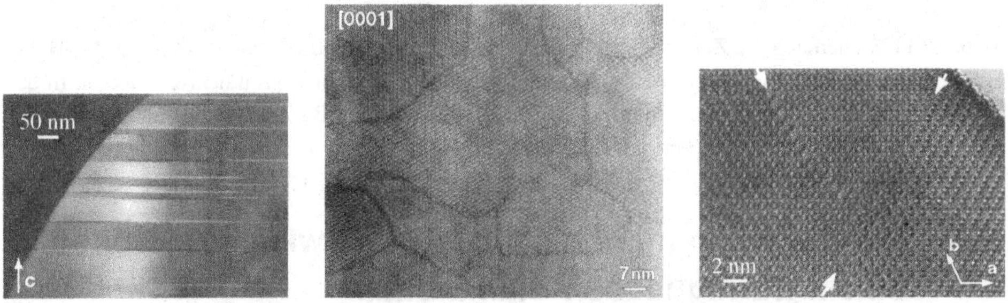

Abb. 16.10: Transmissions-elektronenmikroskopische Aufnahmen von $BaAl_2O_4$ [359]. Links: Der Blick längs [100] zeigt Zwillingsdomänen. Mitte und rechts: Blick längs [001]; die Pfeile markieren Antiphasengrenzen

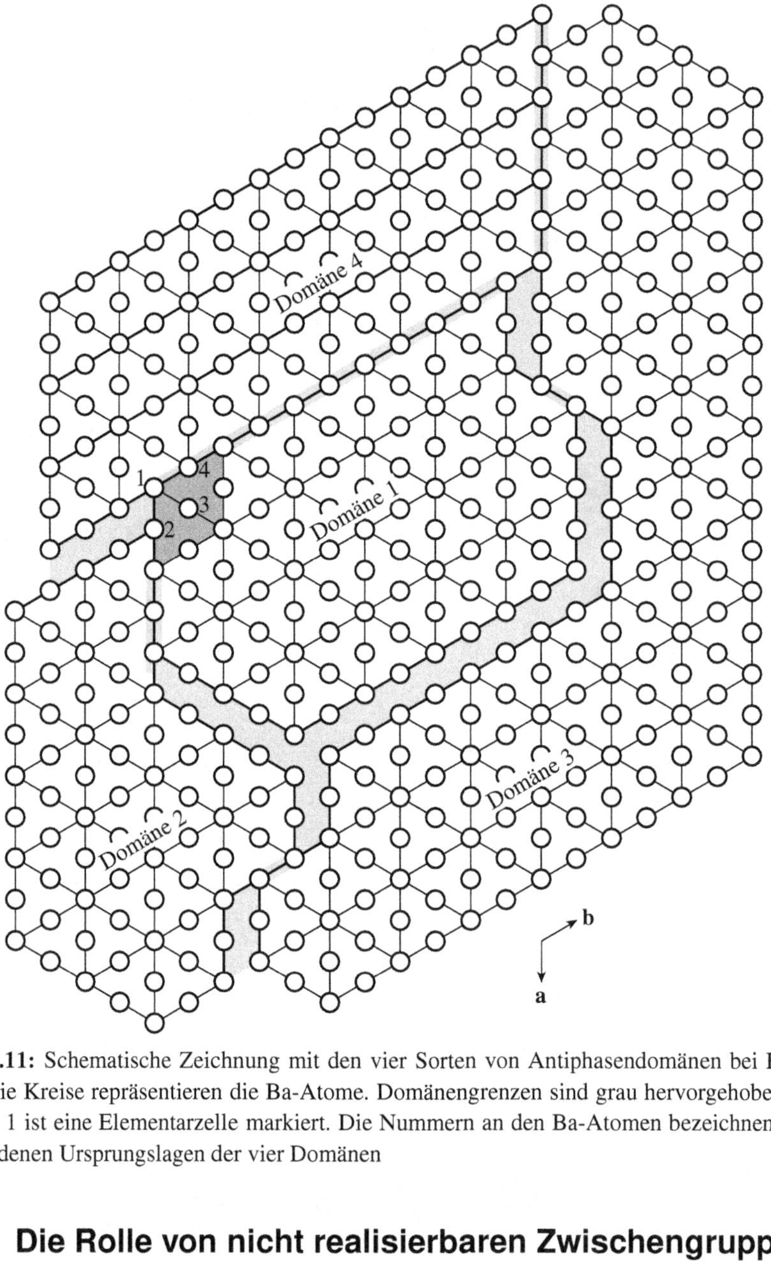

Abb. 16.11: Schematische Zeichnung mit den vier Sorten von Antiphasendomänen bei $BaAl_2O_4$ [359]. Die Kreise repräsentieren die Ba-Atome. Domänengrenzen sind grau hervorgehoben. In der Domäne 1 ist eine Elementarzelle markiert. Die Nummern an den Ba-Atomen bezeichnen die vier verschiedenen Ursprungslagen der vier Domänen

16.7 Die Rolle von nicht realisierbaren Zwischengruppen in einem Bärnighausen-Stammbaum

In Bärnighausen-Stammbäumen tritt immer wieder der Fall auf, dass zwischen Aristotyp und Hettotyp eine oder mehrere Zwischengruppen berücksichtigt werden müssen, die als Strukturen nicht oder scheinbar nicht realisierbar sind, weil bei der Besetzung der Atomlagen bereits die höhere Symmetrie des Aristotyps erfüllt ist. Die Verbindung K_3NiO_2

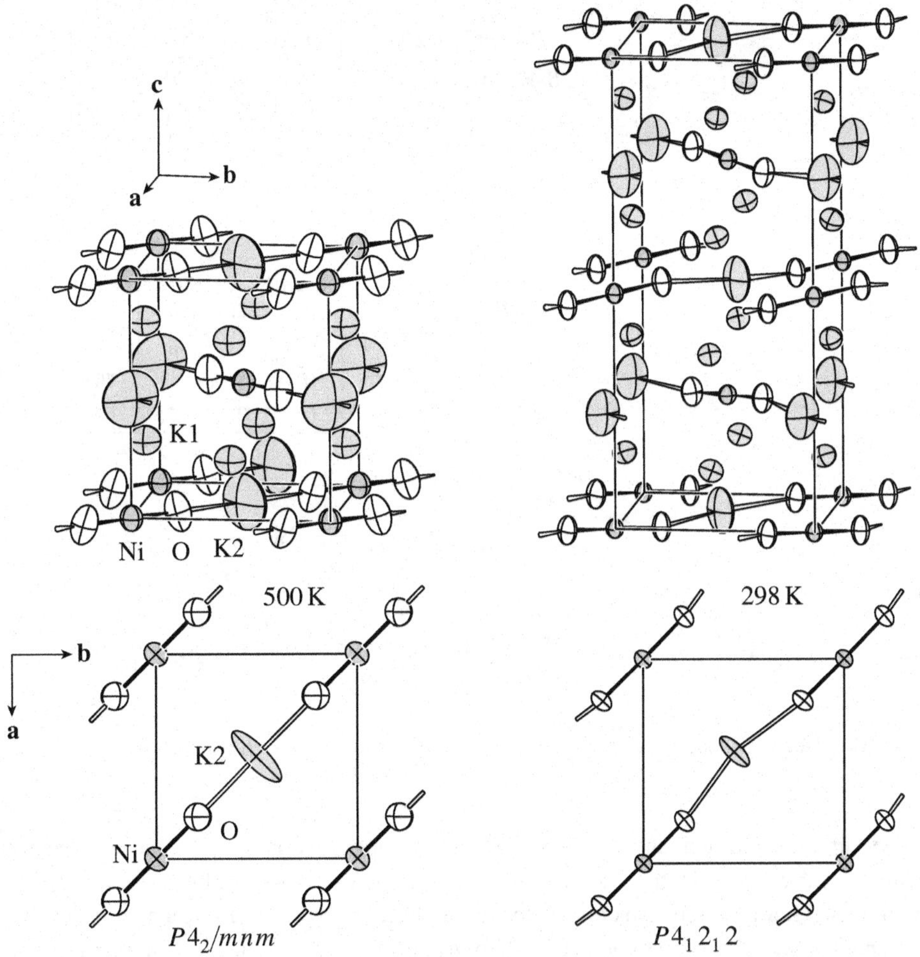

Abb. 16.12: Kristallstruktur von K_3NiO_2 bei 500 K und bei 298 K. Scheinbare Ellipsoide der thermischen Schwingung mit Aufenthaltswahrscheinlichkeit von 75 %

bietet ein Beispiel [360]. In ihr kommen Stränge aus K^+-Ionen und NiO_2^{3-}-Hanteln vor. Bei Temperaturen über 150 °C (423 K) verlaufen die Stränge geradlinig diagonal durch die Elementarzelle. Beim Abkühlen tritt bei 423 K eine Phasenumwandlung unter Verdoppelung von c ein, wobei aus der zentrosymmetrischen (achiralen) Raumgruppe $P4_2/mnm$ verzwillingte Kristalle in den enantiomorphen (chiralen) Raumgruppen $P4_1 2_1 2$ und $P4_3 2_1 2$ entstehen. Die Stränge knicken sich leicht ab indem die Kalium-Ionen $K2^+$ aus der speziellen Lage $\frac{1}{2},\frac{1}{2},0$ etwas neben die Diagonale rutschen (Abb. 16.12).

Die Gruppe-Untergruppe-Beziehungen sind in Abb. 16.13 gezeigt. Bei den Beziehungen zwischen einer Nicht-Sohncke-Raumgruppe (hier $P4_2/mnm$) und einem Paar von enantiomorphen (chiralen) Untergruppen (hier $P4_1 2_1 2$ und $P4_3 2_1 2$) gibt es als Zwischen-

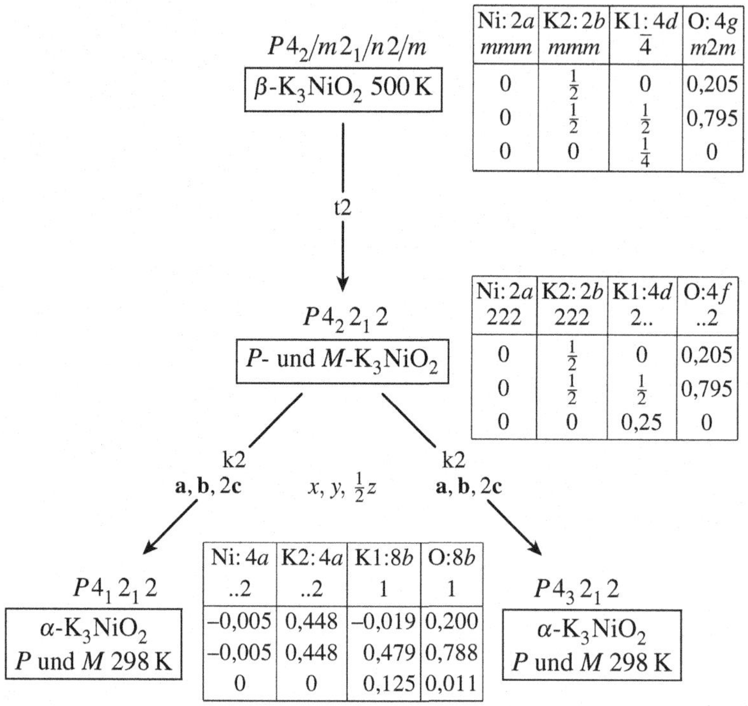

Abb. 16.13: Gruppe-Untergruppe-Beziehungen der Modifikationen von K_3NiO_2 [360]

gruppe immer eine nichtchirale Sohncke-Raumgruppe (hier $P4_2 2_1 2$). Der erste Schritt des Symmetrieabbaus ist translationengleich und gibt Anlass zur Bildung von Inversionszwillingen. Hier müssten also chirale Rechts- und Links-Zwillingsdomänen auftreten. Die Gleichgewichtslagen der Atome in der Raumgruppe $P4_2 2_1 2$ erfüllen aber immer noch die volle Symmetrie der achiralen Raumgruppe $P4_2/mnm$. Die Chiralität kann nur daher rühren, dass die besetzten Punktlagen in $P4_2 2_1 2$ chiral sind und die Symmetrie der Schwingungsbewegung der Atome ihrer Punktlagesymmetrie entspricht. Üblicherweise wird die thermische Schwingung eines Atoms durch ein zentrosymmetrisches Schwingungsellipsoid dargestellt, was auf der Annahme von harmonischen Schwingungen beruht. Wenn ein Atom eine chirale Punktlage einnimmt, kann seine Schwingung nicht harmonisch sein und der Aufenthaltsort des Atoms ist chiral und nicht durch ein Ellipsoid darstellbar. Die in Abb. 16.12 gezeigten Ellipsoide wurden wie üblich unter Annahme harmonischer Schwingungen berechnet. Das große Ellipsoid für K2 ist auffällig; bei 500 K ist es sicherlich auch auf eine dynamische Fehlordnung zurückzuführen, aber bei 298 K müsste die Schwingungsbewegung anders als durch ein Ellipsoid dargestellt werden. Bei 50 K ist die Struktur wie bei 298 K, aber die Ellipsoide sind klein und unauffällig [360].

Sollte sich (bei einer Temperatur knapp über 423 K) eine Modifikation von K_3NiO_2 in der Raumgruppe $P4_2 2_1 2$ fassen lassen, so müssten dafür anharmonische Schwingungsparameter berechnet werden. Es ist allerdings unwahrscheinlich, dass so eine Modifikation fassbar ist. Sie wäre zudem verzwillingt wegen der translationengleichen Gruppe-Untergruppe-Beziehung. Die Schwingungsbewegung in jeder der Zwillingsdomänen wäre entweder rechtshändig (*P*) oder linkshändig (*M*). Die Röntgendiagramme der beiden Domänensorten würden sich exakt überlagern. Mit den im Jahr 2021 verfügbaren experimentellen Möglichkeiten ist es aussichtslos, solche Zwillinge in der Raumgruppe $P4_2\,2_1\,2$ zu unterscheiden, bei denen nur die Händigkeit ihrer Schwingungsbewegung verschieden ist.

Der zweite Schritt des Symmetrieabbaus ist klassengleich, hier gibt es keine Zwillingsbildung mehr. Aber es treten die beiden enantiomorhen Untergruppen $P4_1\,2_1\,2$ und $P4_3\,2_1\,2$ auf, die in Antiphasen-Domänen vorkommen müssen. Im Ergebnis müssen also vier Sorten von Domänen auftreten:

$$P4_1\,2_1\,2\text{-}P \qquad P4_1\,2_1\,2\text{-}M \qquad P4_3\,2_1\,2\text{-}M \qquad P4_3\,2_1\,2\text{-}P$$

$P4_1\,2_1\,2$-*P* und $P4_3\,2_1\,2$-*M* bilden ein enantiomorphes Paar, ebenso $P4_1\,2_1\,2$-*M* und $P4_3\,2_1\,2$-*P*. Diese beiden Paare sind Diastereomere.

Auch dann wenn Aristotyp und Hettotyp zentrosymmetrisch sind und die Besetzung der Punktlagen in der Zwischengruppe bereits die Symmetrie des Aristotyps erfüllt, sind ihre Punktlagesymmetrien geringer als im Aristotyp.

16.8 Übungsaufgaben

Lösungen auf Seite 373

16.1. Nennen Sie experimentell beobachtbare Größen, mit denen entscheiden werden kann, ob eine Phasenumwandlung nach der zweiten Ordnung (nach EHRENFEST) oder kontinuierlich abläuft.

16.2. Kann oder muss eine ‚isosymmetrische' Phasenumwandlung eine kontinuierliche Umwandlung sein?

16.3. In Abb. 16.4 (links) hat die Kurve für das Zellvolumen V einen Knick bei T_c. Darf das bei einer Phasenumwandlung zweiter Ordnung sein?

16.4. In Abb. 15.4 ist die Packung verschiedener Modifikationen von P_4S_3 und ähnlicher Käfigmoleküle gezeigt, in Abb. 15.3 finden sich die zugehörigen Symmetrieverwandtschaften. Alle Modifikationen haben dasselbe Packungsmuster, aber jeweils mit verdrehten Molekülen. Könnten sich die Modifikationen durch kontinuierliche Phasenumwandlungen ineinander umwandeln?

16.5. $BaTiO_3$ hat bei hohen Temperaturen die kubische Perowskit-Struktur, Raumgruppe $Pm\bar{3}m$. Beim Abkühlen verzerrt es sich zur Raumgruppe $P4mm$. Werden die Kristalle der niedrigsymmetrischen Struktur verzwillingt sein? Wenn ja, mit wie vielen Domänensorten?

16.6. $SrTiO_3$ hat die kubische Perowskit-Struktur ($Pm\bar{3}m$). Beim Abkühlen unter 105 K verdrehen sich die Koordinationsoktaeder gegenseitig, und die Symmetrie erniedrigt sich auf $I4/mcm$ unter Vervierfachung der Elementarzelle ($a' = b' = a\sqrt{2}$, $c' = 2c$). Werden die Kristalle der niedrigsymmetrischen Struktur verzwillingt sein? Wenn ja, mit wie vielen Domänensorten?

16.7. $SrCu_2(BO_3)_2$ weist einen Phasenübergang zweiter Ordnung bei 395 K auf. Oberhalb von 395 K hat es die Raumgruppe $I4/mcm$, darunter $I\bar{4}2m$ mit gleichen Gitterparametern [361]. Ist beim Abkühlen unter den Umwandlungspunkt mit der Bildung von Zwillingen zu rechnen? Wenn ja, werden diese bei der Röntgenstrukturbestimmung Schwierigkeiten verursachen?

16.8. Die Struktur von $ErCo_2$ verzerrt sich bei der Phasenumwandlung paramagnetisch → ferrimagnetisch bei 32 K. Bei $T > 32\,\mathrm{K}$ ist sie kubisch, Raumgruppe $Fd\bar{3}m$, $a = 713,3$ pm, unterhalb von 32 K ist sie rhomboedrisch, Raumgruppe $F\bar{3}m$, $a = 714,5$ pm, $\alpha = 89{,}91°$ (unkonventionelle flächenzentrierte Aufstellung für $R\bar{3}m$ mit rhomboedrischen Achsen) [362]. Warum sind die Reflexe im Röntgendiagramm der ferrimagnetischen Phase verbreitert oder aufgespalten?

16.9. Bei Sillimanit, Al_2SiO_5, ist nach quantenchemischen Rechnungen beim Erhöhen des Druckes auf über 30 GPa eine Phasenumwandlung zu erwarten, bei der die Atome zusammenrücken, wobei sich die Koordinationszahl der Si-Atome von 4 auf 5 erhöht. Die berechnete Veränderung des betreffenden Si–O-Abstands und des Gitterparameters a in Abhängigkeit des Druckes ist nebenstehend skizziert (Pfeile markieren den Gang bei Druckerhöhung und -erniedrigung) [363]. Die übrigen Gitterparameter und der Gesamtaufbau ändern sich nur wenig. Die Raumgruppe ist vor und nach der Umwandlung $Pnma$. Handelt es sich um eine kontinuierliche Phasenumwandlung? Ist die Umwandlung rekonstruktiv oder displaziv?

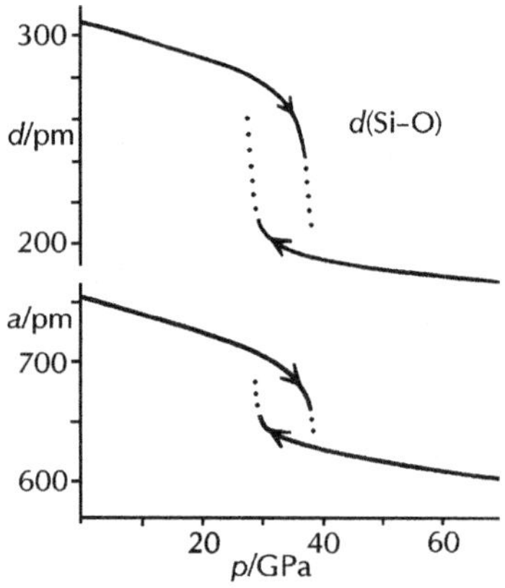

Topotaktische Reaktionen 17

Eine chemische Reaktion, die im Festkörper stattfindet und bei der die Orientierung des Produktkristalls von der Orientierung des Ausgangsmaterials vorgegeben ist, wird topotaktisch genannt. Als Beispiel sind in Abb. 17.1 drei Elektronenbeugungsaufnahmen gezeigt. Die erste stammt von einem trigonalen $ZnFe_2O_2(OH)_4$-Kristall, die letzte vom kubischen Spinell $ZnFe_2O_4$, der durch erhitzen daraus entstanden ist. In der mittleren Aufnahme ist die Reaktion halb fortgeschritten, sie zeigt die Reflexe des Ausgangs- und des Produktkristalls. Die Blickrichtung ist entlang der trigonalen Achse [001], die zur kubischen Achse [111] wird.

In diesem Fall ist, wie bei vielen topotaktischen Reaktionen, *keine* kristallographische Gruppe-Untergruppe-Beziehung zwischen Ausgangs- und Endprodukt gegeben. Vielmehr ist die Bildung des topotaktischen Gefüges analog zu sehen wie die Entstehung von Wachstumszwillingen. Im $ZnFe_2O_2(OH)_4$, Raumgruppe $P\overline{3}m1$, sind die O-Atome wie in einer hexagonal-dichtesten Kugelpackung angeordnet, mit Metall-Atomen in den Oktaederlücken. Beim Spinell, Raumgruppe $Fd\overline{3}m$, ist es eine kubisch-dichteste Kugelpackung mit Metall-Atomen in Oktaeder- und Tetraederlücken. Die Orientierungsbeziehung ergibt sich aus der Orientierung von Kristallisationskeimen, die von der Matrix des Ausgangskristalls vorgegeben ist.

Dass dies so ist, zeigt ein ähnliches, vieluntersuchtes Beispiel. $Mg(OH)_2$, Brucit, ist homöotyp zu CdI_2; es hat eine hexagonal-dichteste Kugelpackung aus O-Atomen in der

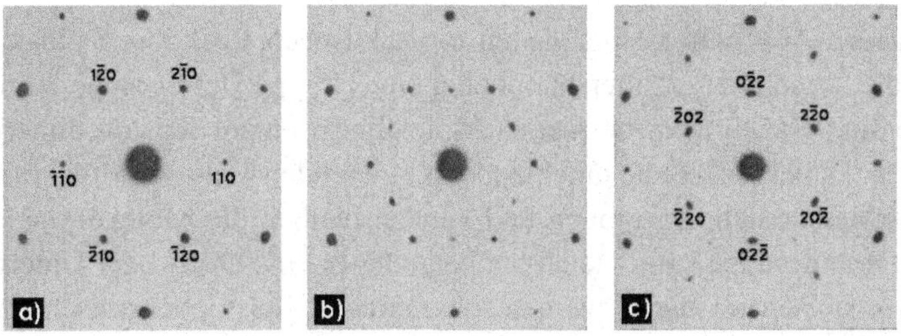

Nachdruck mit Genehmigung von Springer Publishing Co. aus [364] © (1980) Chapman and Hall Ltd.

Abb. 17.1: Einkristall-Elektronenbeugungsaufnahmen von $ZnFe_2O_2(OH)_4$. a) δ-FeOOH-Typ, b) nach 5 Tagen bei 210°, c) Spinell-Struktur $ZnFe_2O_4$ nach 5 Tagen bei 260° [364]

U. Müller, *Symmetriebeziehungen zwischen Kristallstrukturen*,
https://doi.org/10.1007/978-3-662-67166-5_17

Raumgruppe $P\bar{3}m1$. Ein Einkristall von $Mg(OH)_2$ geht bei der thermischen Entwässerung in MgO (Periklas) über, NaCl-Typ, Raumgruppe $Fm\bar{3}m$, mit kubisch-dichtester Kugelpackung von O-Atomen [365, 366]. Dabei entsteht ein topotaktisches Gefüge aus einer sehr großen Anzahl von MgO-Kristalliten, die so und nur so orientiert sind wie kubische Zwillinge nach [111] (Abb. 16.6). Das sind Orientierungen, die in der Kristallographie mit den Begriffen ‚obvers' und ‚revers' belegt sind. Die Analogie zwischen den makroskopisch gut ausgebildeten Zwillingen der Abbildung 16.6 und dem feinteiligen Gefüge der Periklas-Kristallite weist auf ein gleichartiges Entstehungsprinzip. Während die Wachstumszwillinge von lediglich zwei Keimen der Orientierungen obvers und revers ausgehen, ist es beim Gefüge eine sehr große Zahl von Keimen, die mit statistischer Häufigkeit obvers und revers auf energetisch äquivalenten Plätzen im Inneren des Ausgangskristalls entstehen.

Generell ist die Keimbildung der beherrschende Schritt bei topotaktischen Reaktionen. Die Keime entstehen in der Matrix des Ausgangskristalls, wobei Keime passender Orientierung bevorzugt entstehen und eine größere Chance haben, weiterzuwachsen. Häufig müssen Teilchen durch den Kristall diffundieren, zum Beispiel das abgespaltene Wasser in den vorgenannten Beispielen. Dadurch entstehen Fehlstellen im Kristall, an denen neue Keime entstehen, die dann vergleichsweise langsam wachsen. Außerdem enthält das topotaktische Gefüge viele winzige Poren, die Morphologie des Ausgangskristalls bricht aber nicht zusammen.

Diese Erscheinung ist in der Mineralogie seit langem unter dem Namen *Verdrängungs-Pseudomorphosen* bekannt. Pseudomorphosen sind Minerale, die sich nach ihrer Entstehung umgewandelt haben, aber die alte Kristallform behalten haben. Ein Beispiel ist Malachit, $Cu_2CO_3(OH)_2$, der aus Azurit, $Cu_3(CO_3)_2(OH)_2$, entsteht, indem aus umgebendem Wasser OH^--Ionen aufgenommen und CO_3^{2-}-Ionen abgegeben werden.

17.1 Symmetriebeziehungen bei topotaktischen Reaktionen

Neben den im vorigen Abschnitt besprochenen topotaktischen Reaktionen gibt es auch solche, bei denen die Symmetrie erhalten bleibt oder eine Gruppe-Untergruppe-Beziehung besteht. Beispiele sind Reaktionen, bei denen Moleküle in einem Kristall dimerisieren oder polymerisieren. Dabei rücken die miteinander reagierenden Teile der Moleküle etwas zusammen und verbinden sich, im großen und ganzen bleiben die Moleküle jedoch an ihren Plätzen. Die Raumgruppe kann gleich bleiben oder in eine Ober- oder Untergruppe übergehen. In der organischen Chemie werden solche Reaktionen topochemisch genannt.

In Kristallen des Fullerens C_{70}, die durch Sublimation erhalten wurden, bilden die Moleküle eine hexagonal-dichteste Kugelpackung ($P6_3/mmc$) mit dem idealen c/a-Verhältnis von 1,63; die rotierenden Moleküle haben im Mittel Kugelgestalt [367, 368]. Beim Abkühlen gibt es bei ca. 50 °C eine Phasenumwandlung erster Ordnung, bei der die Struktur die hexagonale Raumgruppe behält, nunmehr mit $c/a = 1{,}82$. Es gibt hier keine Gruppe-Untergruppe-Beziehung. Die etwas länglichen Moleküle sind nun längs

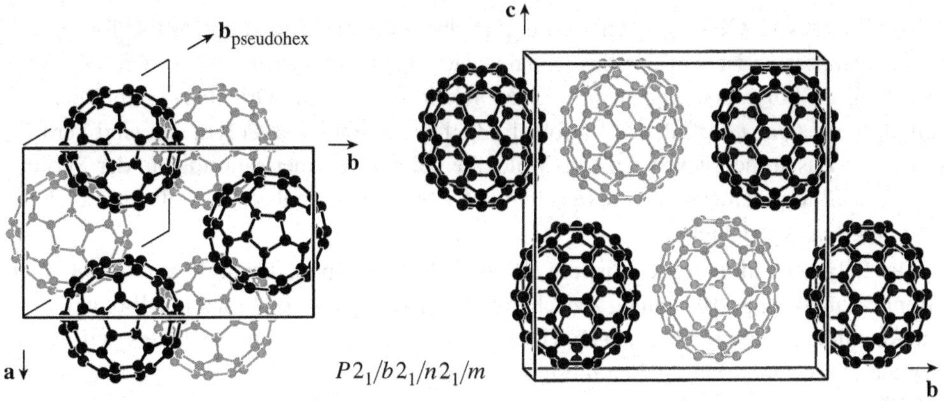

Abb. 17.2: Die Tieftemperaturmodifikation von C_{70}. $a = 1002$ pm, $b = 1735$ pm $= a\sqrt{3}$, $c = 1853$ pm. Links: Blick entlang der pseudohexagonalen Achse

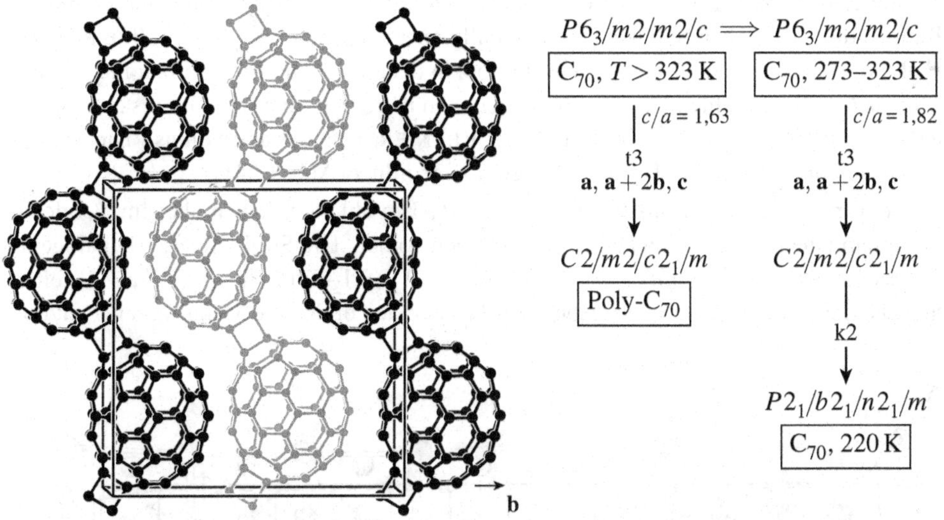

Abb. 17.3: Die Kristallstruktur von Poly-C_{70}, Raumgruppe $C2/m2/c2_1/m$, $a = 999$ pm, $b = 1730$ pm, $c = 1792$ pm. Rechts: Symmetriebeziehungen zwischen C_{70}-Modifikationen und Poly-C_{70}

der hexagonalen Achse ausgerichtet und rotieren nur noch um diese Richtung. Bei ca. 20 °C friert auch diese Rotation ein. Wegen der Molekülsymmetrie $\overline{10}2m$ (D_{5h}) kann die Kristallsymmetrie nicht mehr hexagonal sein, sie wird orthorhombisch, Raumgruppe $Pbnm$ (Abb. 17.2). Beim Symmetrieabbau (Abb. 17.3) kommt eine translationengleiche Beziehung vom Index 3 vor, und dementsprechend bilden sich Umwandlungsdrillinge mit den drei Orientierungen, wie in Abb. 8.1. Die Zwischengruppe $Cmcm$ tritt nicht auf, weil die Moleküle um ihre fünfzähligen Drehachsen so verdreht sind, dass ihre zweizähligen Drehachsen nicht mit denjenigen von $Cmcm$ übereinstimmen (Abb. 17.2).

Unter Druck (2 GPa) polymerisiert C_{70} im kristallinen Zustand bei 300 °C [369]. Bei dieser Temperatur ist von der hexagonalen Hochtemperaturform auszugehen. Die Verknüpfung im Polymerstrang zwingt die Moleküle nun in eine Orientierung, bei der die Raumgruppe *Cmcm* erfüllt wird (Abb. 17.3). Die Kristalle des Polymeren sind verdrillingt. Das Zusammenrücken der C_{70}-Moleküle bei der Polymerisation ist an der Verkürzung des Gitterparameters *c* von 1853 pm auf 1792 pm erkennbar; die Polymermoleküle sind längs *c* ausgerichtet.

Die Polymerisation von C_{70} ist ein Beispiel für eine topotaktische Reaktion mit einer Gruppe-Untergruppe-Beziehung zwischen den Raumgruppen von Edukt und Produkt. Solche Reaktionen laufen so ähnlich ab wie bei der Entstehung von Umwandlungszwillingen. Für die Domänenbildung gelten dieselben Regeln, die in Abschnitt 16.3 für Phasenumwandlungen genannt sind.

17.2 Topotaktische Reaktionen bei Lanthanoidhalogeniden

Bei der Reduktion von Lanthanoidtrihalogeniden mit den jeweiligen Metallen bei hohen Temperaturen entstehen Subhalogenide der allgemeinen Formel Ln_mX_{2m+1}. Ihre Kristallstrukturen sind sogenannte Vernier-Strukturen, in denen sich die Halogen-Atome in dichteren und weniger dichten Reihen abwechseln und in der Art eines Nonius zusammenpassen (vernier = Nonius auf englisch; PIERRE VERNIER, Erfinder des Nonius). Die Metallatome sind ungefähr kubisch-flächenzentriert angeordnet (Abb. 17.4) [370–379].

Die Vernier-Strukturen lassen sich vom CaF_2-Typ ableiten, haben aber im Vergleich zu diesem einen leichten Überschuss an Halogenatomen. Die Strukturen der Dihalogenide $DyCl_2$ ($SrBr_2$-Typ, $P4/n$) [380–382] und $TmCl_2$ (SrI_2-Typ, $Pcab$) [383, 384] leiten sich ebenfalls vom CaF_2-Typ ab (Abb. 17.5). Bei beiden bilden die Metall-Atome verzerr-

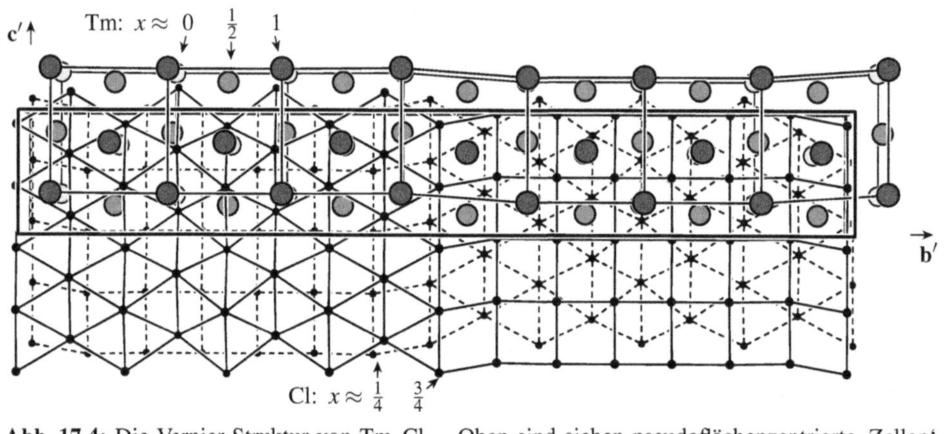

Abb. 17.4: Die Vernier-Struktur von Tm_7Cl_{15}. Oben sind sieben pseudoflächenzentrierte ‚Zellen' von Tm-Atomen gezeigt. Die Cl-Atome befinden sich in den Knotenpunkten der eingezeichneten Netze; im unteren Teil sind nur die Netze gezeigt. Sieben Reihen von Cl-Atomen im pseudoquadratischen Muster befinden sich über acht Reihen im pseudohexagonalen Muster

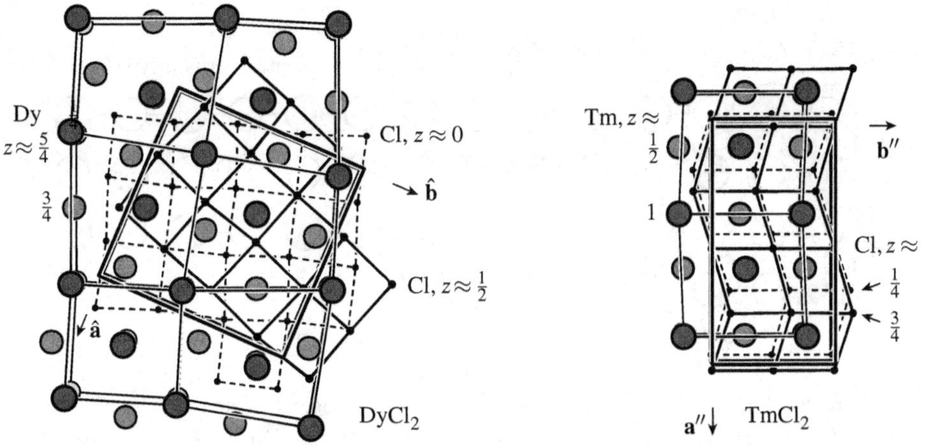

Abb. 17.5: Die Kristallstrukturen von $DyCl_2$ ($SrBr_2$-Typ) und $TmCl_2$ (SrI_2-Typ). Beim $DyCl_2$ sind sechs, beim $TmCl_2$ zwei pseudoflächenzentrierte ‚Zellen' von Metallatomen gezeigt. Die Cl-Atome befinden sich in den Knotenpunkten der eingezeichneten Netze, die bei $TmCl_2$ stark gewellt sind

te, pseudokubisch-flächenzentrierte Anordnungen. Beim $SrBr_2$-Typ bilden die Halogen-Atome Schichten mit Quadratmuster wie im CaF_2-Typ, aber die Hälfte der Schichten ist um 45° verdreht. Beim SrI_2-Typ sind die Quadratmuster rautenförmig verzerrt und deutlich gewellt (Abb. 17.5).

Die Beziehungen der Elementarzellen zum CaF_2-Typ sind in Abb. 17.6 gezeigt. Aus der Abbildung errechnen sich für die Gitterparameter folgende Werte (in pm), wenn wir für den CaF_2-Typ $a = b = c = 682$ pm (Dy-Verbindungen) bzw. $a = b = c = 678$ pm (Tm-Verbindungen) annehmen:

$DyCl_2$ $P4/n$		Dy_7Cl_{15} $Pcmn$		Tm_7Cl_{15} $Pcmn$		$TmCl_2$ $Pcab$	
berechnet	beob. [379]	berechnet	beob. [373]	berechnet	beob. [373, 385]	berechnet	beob. [384, 385]
$\hat{a} = \frac{1}{2}\sqrt{10}a = 1078$	1077,5	$a' = a = 682$	667,4	$a' = a = 678$	657,1	$a'' = 2a = 1356$	1318,1
$\hat{b} = \frac{1}{2}\sqrt{10}a = 1078$	1077,5	$b' = 7b = 4774$	4818	$b' = 7b = 4746$	4767,7	$b'' = b = 678$	671,4
$\hat{c} = c = 682$	664,3	$c' = c = 682$	709,7	$c' = c = 678$	700,1	$c'' = c = 678$	697,7

Beim Aufheizen dieser Verbindungen schmilzt die Anionenteilstruktur vor dem eigentlichen Schmelzpunkt; d. h. es gibt eine Phasenumwandlung, bei der die höher geladenen Kationen aufgrund ihrer gegenseitigen Abstoßung die Ordnung wie im CaF_2-Typ behalten, während die Anionen dazwischen beweglich werden. Dieses Schmelzen der Anionenteilstruktur ist von den Strontiumhalogeniden und anderen Verbindungen mit CaF_2-Struktur gut bekannt; dazu gehört eine hohe Ionenleitfähigkeit der Hochtemperaturform [386] und eine hohe Umwandlungsentropie, die sogar höher sein kann als die Schmelzentropie [387]. Der quasiflüssige Zustand der Anionen bei den hohen Präparationstemperaturen der Vernier-Verbindungen lässt eine nichtstöchiometrische Zusammensetzung zu. Beim Abkühlen geben die Kationen eine Matrix vor, in welcher sich die Anionen ordnen. Je nach

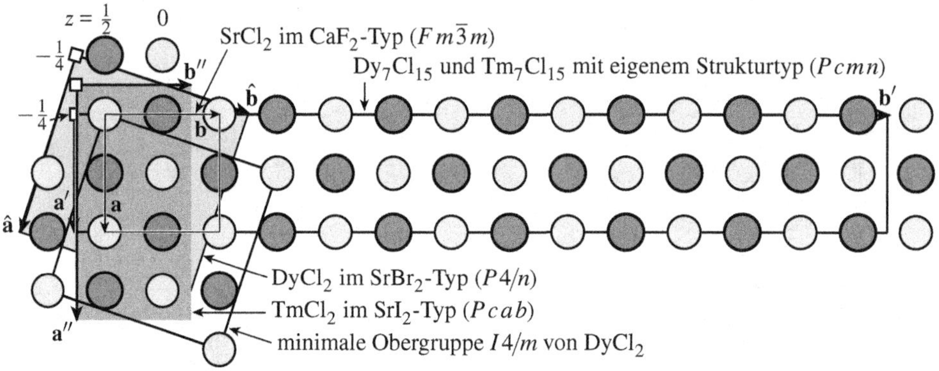

Abb. 17.6: Strukturbeziehungen zwischen den Strontiumhalogeniden und der Vernier-Struktur Ln_7Cl_{15}. Es sind nur die Metallatomlagen des CaF_2-Typs gezeigt. Für die Achsen senkrecht zur Bildebene gilt $\hat{\mathbf{c}} \approx \mathbf{c}'' \approx \mathbf{c}' \approx \mathbf{c}$

Zusammensetzung kristallisieren verschiedene Verbindungen gemeinsam mit gesetzmäßig miteinander verwachsen Kristallen. Hat die Hochtemperaturphase die Zusammensetzung $DyCl_{2,08}$, kristallisieren $DyCl_2$ und Dy_7Cl_{15} (= $DyCl_{2,14}$) zusammen aus.

Das Röntgendiagramm eines so erhaltenen Kristalls ist zunächst verwirrend (Abb. 17.7 oben). Mit Hilfe der Orientierungsbeziehungen gemäß Abb. 17.6 und der Gruppe-Untergruppe-Beziehungen (Abb. 17.8) lässt sich das Diagramm als Verwachsung aus $DyCl_2$ und Dy_7Cl_{15} deuten (Abb. 17.7 unten). Die tetragonale c^*-Achse von $DyCl_2$ fällt genau mit einer reziproken Achse von Dy_7Cl_{15} zusammen; sie wurde deshalb als c^*-Achse gewählt, womit sich die unkonventionelle Aufstellung $Pcmn$ ergibt (konventionell $Pnma$).

Die starken, in Abb. 17.7 zusammenfallenden Reflexe entsprechen den Reflexen des CaF_2-Typs, der selbst jedoch nicht anwesend ist. Da die Gitterparameter nicht exakt zusammenpassen, fallen die Reflexe nicht genau aufeinander, sondern erscheinen etwas verbreitert.

In Tabelle 17.1 sind die aus den Atomkoordinaten des CaF_2-Typs berechneten Koordinaten der Tm-Atome von Tm_7Cl_{15} den beobachteten Werten gegenübergestellt. Wie schon dem Bild der Struktur zu entnehmen (Abb. 17.4), entspricht die Anordnung der Seltenerdatome recht gut einer kubisch-dichtesten Kugelpackung, wie sie im $SrCl_2$ ideal erfüllt ist. Die berechneten Koordinaten weichen nur wenig von den beobachteten ab. Die Übereinstimmung lässt sich besonders gut erkennen, wenn man die beobachteten Koordinaten auf den CaF_2-Typ projiziert, d. h. die Koordinaten auf den Aristotyp ‚zurückrechnet'.

Eine ähnliche topotaktische Verwachsung tritt zwischen $TmCl_2$ und Tm_7Cl_{15} auf. Die in Abb. 17.6 gezeigte relative Lage der Elementarzellen ist klar in den Röntgenbeugungsdiagrammen zu erkennen (Abb. 17.9). Die Basisvektoren beider Verbindungen haben exakt dieselben Richtungen, wobei der lange Vektor $\mathbf{a}''$ von $TmCl_2$ senkrecht zum langen Vektor $\mathbf{b}'$ der Vernierverbindung ausgerichtet ist. Man beachte in Abb. 17.9 die Reflexe 0 4 0 und 4 4 0 von $TmCl_2$ neben 0 28 0 und 2 28 0 von Tm_7Cl_{15}. Sie fallen nicht genau aufeinander, weil $b(TmCl_2) = 671{,}4$ pm $< \frac{1}{7}b(Tm_7Cl_{15}) = 681{,}1$ pm. $\frac{1}{2}a(TmCl_2) =$

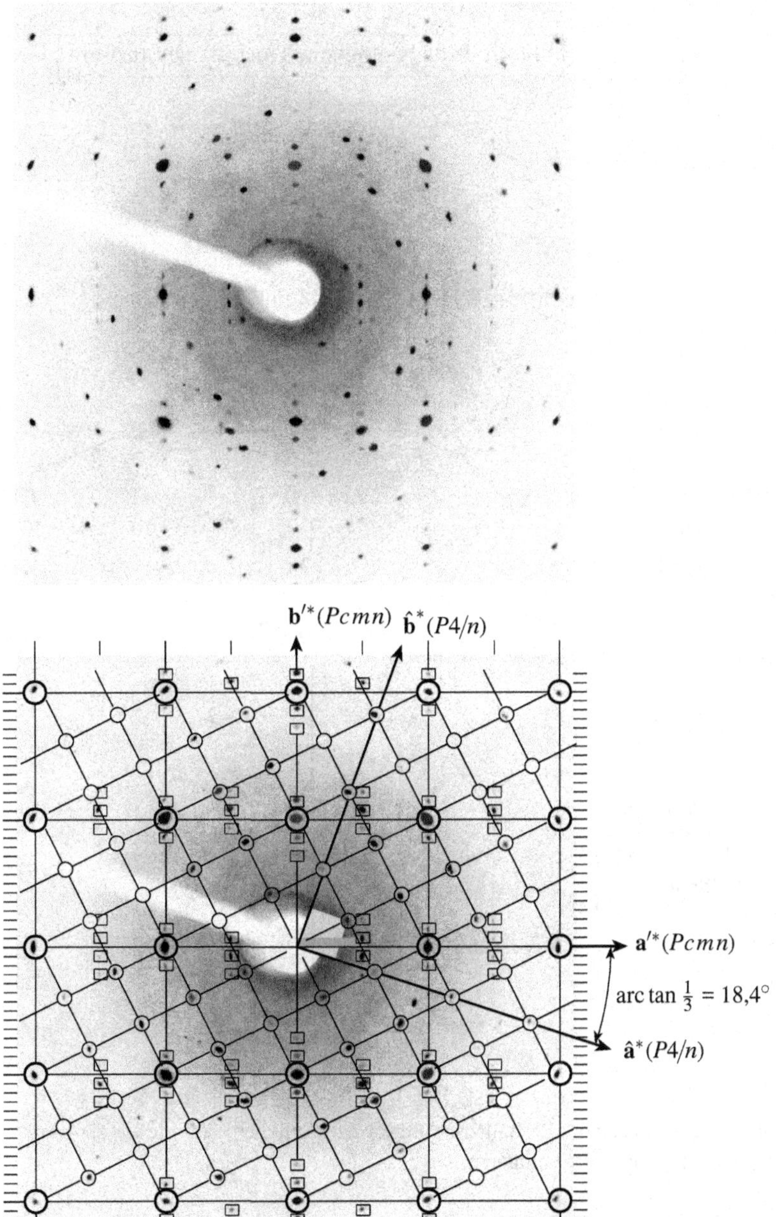

Abb. 17.7: Buerger-Präzessionsaufnahme eines „Einkristalls" von $DyCl_x$ mit $x \approx 2{,}08$ [379] (Mo$K\alpha$-Strahlung; Streifen der Bremsstrahlung und $K\beta$-Reflexe sind wegretuschiert).
Unten: Deutung als topotaktisches Gefüge von $DyCl_2$ und Dy_7Cl_{15}, aufgezeigt anhand der Reflexe *hk*0 mit Streubeiträgen der beiden Substanzen. Kleine Kreise: $DyCl_2$ im $SrBr_2$-Typ ($P4/n$); Rechtecke: Dy_7Cl_{15} im Tm_7Cl_{15}-Typ ($Pcmn$); große Kreise: zusammenfallende Reflexe beider Substanzen. Wegen der n-Gleitspiegelebenen sind alle Reflexe mit $h+k=2n+1$ ausgelöscht

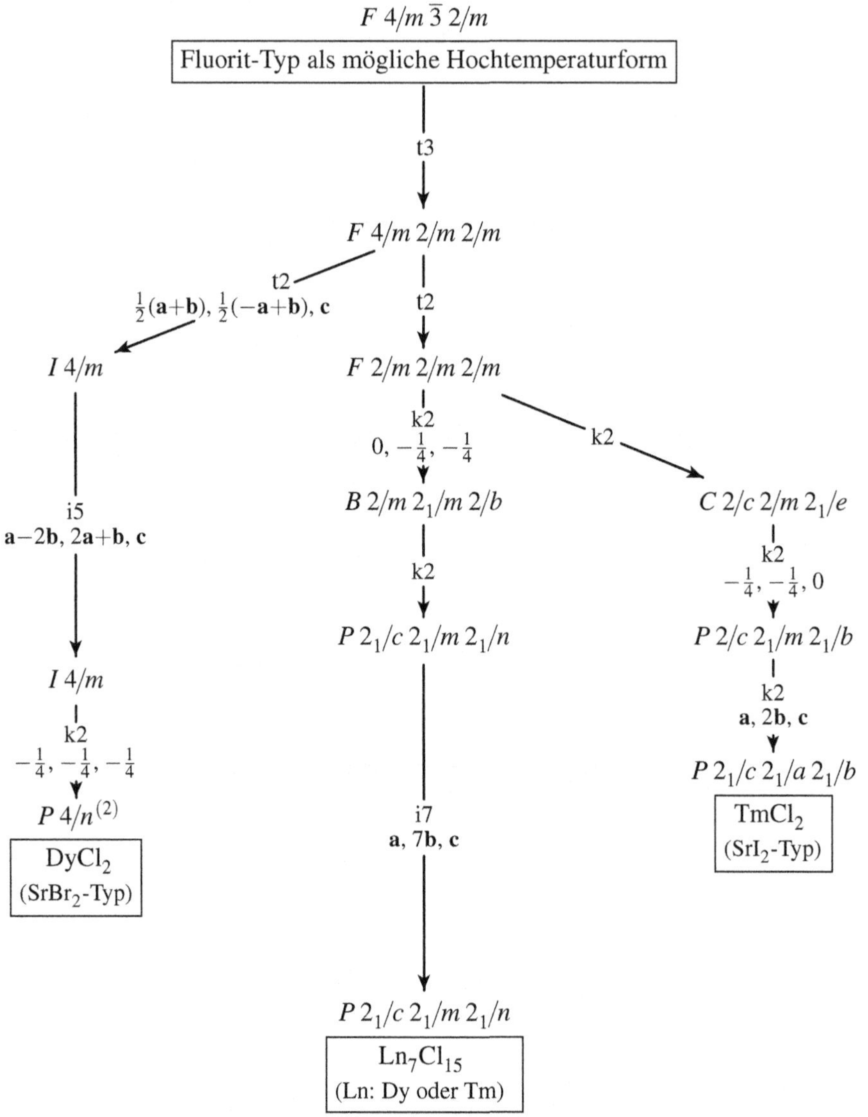

Abb. 17.8: Ableitung der Kristallstrukturen einiger Seltenerdchloride aus dem Aristotyp Fluorit über Gruppe-Untergruppe-Beziehungen.

659,05 pm ist kaum größer als $a(Tm_7Cl_{15})$ = 657,1 pm, der Unterschied ist aber zum Beispiel an der gegenseitigen Verschiebung in horizontaler Richtung der Reflexe 8 4 0 von $TmCl_2$ und 4 28 0 von Tm_7Cl_{15} erkennbar (kürzere Strecken im reziproken Gitter des Röntgendiagramms entsprechen längeren Vektoren im direkten Raum). Da bei Tm_7Cl_{15} Reflexe $hk0$ mit $h+k=2n+1$ ausgelöscht sind, gibt es keine Koinzidenzen mit den Reflexen 2 0 0, 6 0 0 (und 10 0 0, 14 0 0, in Abb. 17.9 nicht gezeigt) von $TmCl_2$, so dass sich letztere genau vermessen lassen und eine genaue Bestimmung von a'' erlauben.

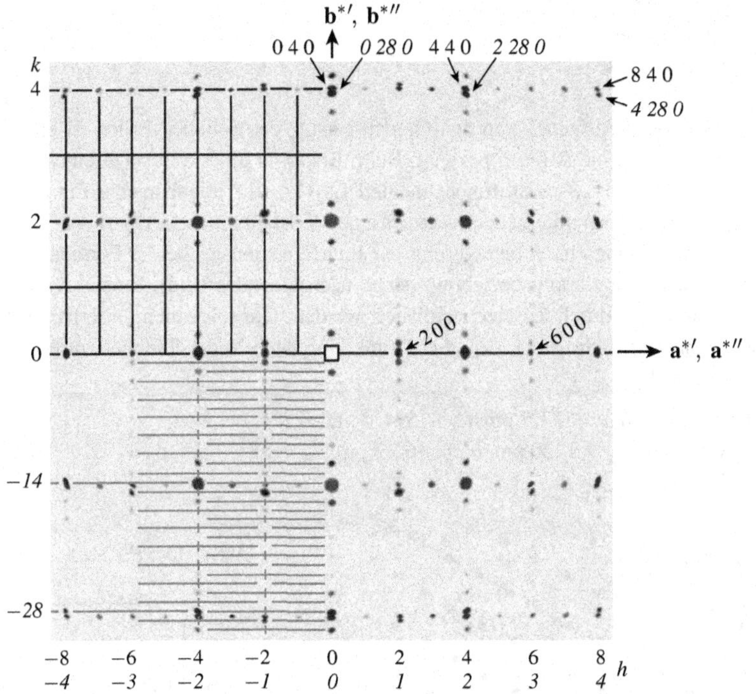

Abb. 17.9: Simulierte Präzessionsaufnahme der Reflexe *hk*0 eines topotaktischen Gefüges aus $TmCl_2$ und Tm_7Cl_{15}. Im linken oberen Quadranten sind die reziproken Gitterlinien von $TmCl_2$ eingezeichnet, mit Aussparungen an den Orten mit Reflexen. Im linken unteren Quadranten sind reziproke Gitterlinien von Tm_7Cl_{15} eingezeichnet. Die Simulation basiert auf einer Weißenberg-Aufnahme und auf Messdaten eines ‚Einkristalls' [379]. Bei Tm_7Cl_{15} ($Pcmn$) sind die Reflexe $h+k=2n+1$ ausgelöscht; bei $TmCl_2$ ($Pcab$) sind die Reflexe $k=2n+1$ und $h00$ mit $h=2n+1$ ausgelöscht. Kursiv geschriebene Millersche Indices gelten für Tm_7Cl_{15}

Tabelle 17.1: Aus den Atomkoordinaten des CaF_2-Typs berechnete Koordinaten für die Kationen von Tm_7Cl_{15} gemäß $x,\ \frac{1}{7}y+\frac{1}{28},\ z+\frac{1}{4};\ \pm(0,\frac{1}{7},0);\ -(0,\frac{2}{7},0)$ und Vergleich zu den beobachteten Atomkoordinaten [373]. Zur Projektion auf den CaF_2-Typ wurden die beobachteten Koordinaten gemäß $x,\ 7y-\frac{1}{4},\ z-\frac{1}{4}$ ‚zurückgerechnet'

	berechnet			beobachtet			beob. auf CaF_2 projiziert			Idealwerte		
Atom	*x*	*y*	*z*	*x*	*y*	*z*	*x*	*y*	*z*	*x*	*y*	*z*
Tm(1)	0,0	0,0357	0,25	−0,0242	0,03946	0,3346	−0,0242	0,0262	0,0846	0	0	0
Tm(2)	0,0	−0,1071	0,25	0,0224	−0,11122	0,2624	0,0224	−1,0285	0,0124	0	−1	0
Tm(3)	0,0	0,1786	0,25	−0,0200	0,18094	0,3258	−0,0200	1,0166	0,0758	0	1	0
Tm(4)	0,0	$-\frac{1}{4}$	0,25	0,0178	$-\frac{1}{4}$	0,2626	0,0178	−2	0,0126	0	−2	0

17.3 Übungsaufgabe

Lösungen auf Seite 374

17.1. (anspruchsvolle Aufgabe) Von den Oxiden Ln_2O_3 der Seltenen Erden ist eine trigonale A-Form und eine monokline B-Form bekannt. Beim Erstarren einer Schmelze eines Gemisches von La_2O_3 und Sm_2O_3 (24–28 % Stoffmengenanteil La_2O_3) tritt offenbar eine Entmischung ein; es entstehen zwei Sorten von miteinander verwachsenen Kristallen, solche der A- und der B-Form, die bei der Röntgenbeugung eine Überlagerung der Interferenzmuster beider Formen zeigen, in einer charakteristischen Orientierungsbeziehung (siehe nachstehendes Bild). Reines A-Sm_2O_3 ist nicht bekannt; es kann aber durch Zusätze stabilisiert werden. Die folgenden Gitterparameter stammen von Zr-stabilisiertem A-Sm_2O_3 [388], die Atomkoordinaten in der Tabelle wurden von A-Ce_2O_3 übernommen [389].

A-Sm_2O_3: $P\bar{3}2/m1$, $a_A = 377{,}8$ pm, $c_A = 594{,}0$ pm, $Z = 1$;
B-Sm_2O_3: $C12/m1$, $a_B = 1420$ pm, $b_B = 362{,}7$ pm, $c_B = 885{,}6$ pm, $\beta_B = 99{,}99°$, $Z = 6$.

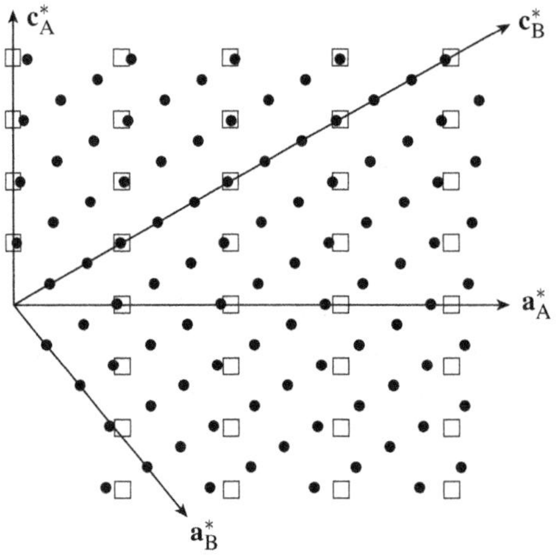

Schicht *h0l* der reziproken Gitter der topotaktischen Verwachsung von A-Ln_2O_3 (Quadrate) und B-Ln_2O_3 (Punkte). Bei B-Ln_2O_3 sind die ausgelöschten Reflexe $h = 2n+1$ nicht eingezeichnet [390].

A-Sm_2O_3, $P\bar{3}2/m1$

		x	y	z
Sm	$2d$	$\frac{1}{3}$	$\frac{2}{3}$	0,246
O(1)	$2d$	$\frac{1}{3}$	$\frac{2}{3}$	0,647
O(2)	$1a$	0	0	0

B-Sm_2O_3, $C12/m1$ [391]

		x	y	z
Sm(1)	$4i$	0,135	0	0,490
Sm(2)	$4i$	0,190	0	0,138
Sm(3)	$4i$	0,467	0	0,188
O(1)	$4i$	0,129	$\frac{1}{2}$	0,286
O(2)	$4i$	0,175	$\frac{1}{2}$	−0,027
O(3)	$4i$	−0,202	$\frac{1}{2}$	0,374
O(4)	$4i$	0,026	0	0,657
O(5)	$2a$	0	0	0

a) Indizieren Sie in der Abbildung die Reflexe der A- und der B-Form nahe am Ursprung des reziproken Gitters. Beachten Sie dabei das Auslöschungsgesetz. Drücken Sie die Basisvektoren der reziproken Zelle $\mathbf{a}_A^*, \mathbf{b}_A^*, \mathbf{c}_A^*$ der A-Form durch Linearkombinationen der Basisvektoren $\mathbf{a}_B^*, \mathbf{b}_B^*, \mathbf{c}_B^*$ aus und schreiben Sie das Ergebnis in Matrixform nieder. Die Gitter passen nicht perfekt zusammen; geben Sie sich mit einer naheliegenden Approximation zufrieden. Denken Sie daran, dass $\mathbf{b}_A^*$ mit $\mathbf{a}_A^*$ einen 60°-Winkel bildet und dass sich die reziproken Basisvektoren so wie Atomkoordinaten transformieren.

b) Wie lautet die Transformationsmatrix A → B für die Basisvektoren des Raumgitters? Prüfen Sie die metrischen Beziehungen zwischen den Elementarzellen. Fertigen Sie eine Skizze an, welche die Beziehungen der Basisvektoren zeigt.

c) Stellen Sie die Gruppe-Untergruppe-Beziehung von der A- zur B-Form auf. In *International Tables A*1 werden Sie für die Beziehung $C\,1\,2/m\,1$ —i3→ $C\,1\,2/m\,1$ eine andere Basistransformation finden, als hier benötigt (andere Aufstellung der monoklinen Zelle).

d) Multiplizieren Sie die bei den einzelnen Symmetriereduktionsschritten erforderlichen Transformationsmatrizen. Stoßen Sie auf Bekanntes?

e) Bilden Sie die Atome der B-Form auf die trigonale Elementarzelle der A-Form ab, indem Sie die Koordinatentripel x_B, y_B, z_B transformieren; vergleichen Sie sie mit denen der A-Form.

f) Die B-Form neigt zur Zwillingsbildung. Das unter dem Mikroskop gut erkennbare Zwillingsgesetz erscheint kurios [392]: es ist die zweizählige Drehung um [1 3 2]. Zeigen Sie durch Transformation von $[1\,3\,2]_B$ nach $[u, v, w]_A$, dass das Zwillingsgesetz nicht anders lauten kann.

g) Die Kristalle der B-Form bilden dünne Plättchen mit $\{\bar{2}\,0\,1\}$ als Deckfläche. Die seitlichen Begrenzungsflächen $\{1\,0\,1\}$, $\{1\,1\,1\}$ und $\{1\,\bar{1}\,1\}$ sind schmal. Wandeln Sie die genannten Flächenindizes in $\{hkl\}$-Tripel der trigonalen Zelle um. Beachten Sie, dass sich Millersche Indizes wie die Basisvektoren der Elementarzelle transformieren.

Gruppe-Untergruppe-Beziehungen als Hilfsmittel bei der Strukturaufklärung 18

Einer der häufigsten Fehler bei der Kristallstrukturaufklärung ist die Wahl einer falschen Raumgruppe. Als Konsequenz sind dann die Atomkoordinaten und alle damit berechneten Werte unzuverlässig. Ein Verfahren, um falsche Raumgruppen aufzuspüren, wird in Abschnitt 9.4 beschrieben. Zu den Ursachen für falsche Strukturbestimmungen zählen mangelhafte Kristallographie-Kenntnisse und die kritiklose Übernahme von Computer-Ergebnissen, die oft mit automatisierten Routinen der Computer-Programme erzeugt werden. Doch selbst bei sorgfältiger Arbeit können auch Fachleute Opfer von Fallstricken werden. Darüberhinaus gibt es einige Probleme, welche die Strukturbestimmung mit Beugungsmethoden erschweren können.

Es gibt viele Kristalle mit einem normal wirkenden Röntgenbeugungsdiagramm*, dessen Auswertung ein zunächst vernünftig erscheinendes Strukturmodell ergibt. Trotzdem kann die Strukturbestimmung falsch sein. Dafür gibt es einige Alarmzeichen, die immer ernst zu nehmen sind:

- systematisch ausgelöschte Reflexe, die zu keiner Raumgruppe passen;
- aufgespaltene Reflexe, die umso besser getrennt sind, je höher der Beugungswinkel θ ist;
- scheinbare Fehlordnung, die sich in gespaltenen Atomlagen äußert (Atome besetzen statistisch mehrere Positionen mit Besetzungswahrscheinlichkeiten unter 1);
- verdächtig große Parameter der ‚thermischen' Auslenkung einzelner Atome, d. h. auffällig große, lange oder flach ausgedehnte ‚Schwingungs'-Ellipsoide;
- hohe Korrelationen zwischen einzelnen Parametern bei der Verfeinerung nach der Methode der kleinsten Fehlerquadratesumme (man überblättere die entsprechende Tabelle im Computer-Protokoll nicht!);
- unvernünftige Bindungslängen und -winkel.

Im Folgenden wird anhand von Beispielen gezeigt, wie mit Gruppe-Untergruppe-Beziehungen manche Probleme gelöst und bestimmte Fehler vermieden werden können.

---

*normal bedeutet hier: ohne Satellitenreflexe, ohne diffuse Streuung, keine Quasikristalle

U. Müller, *Symmetriebeziehungen zwischen Kristallstrukturen*,
https://doi.org/10.1007/978-3-662-67166-5_18

18.1 Welche ist die richtige Raumgruppe?

Am Anfang jeder Kristallstrukturbestimmung durch Beugungsmethoden steht die Feststellung der Raumgruppe. Um sie zu ermitteln, dienen vor allem drei Beobachtungen:

1. Die Metrik der Elementarzelle;
2. Die Laue-Symmetrie, die sich aus der Gleichheit oder Ungleichheit der Intensitäten bestimmter Reflexe ableiten lässt;
3. Die ausgelöschten Reflexe, die auf Zentrierungen, Gleitspiegelebenen oder Schraubenachsen weisen.

Häufig lässt sich aufgrund dieser Daten keine eindeutige Aussage zugunsten einer bestimmten Raumgruppe machen, und es bleibt die Auswahl unter mehreren Möglichkeiten.

Sind bereits Strukturen verwandter Verbindungen bekannt, können Gruppe-Untergruppe-Beziehungen bei der Wahl der richtigen Raumgruppe weiterhelfen.

Zahlreiche Salze mit Tetraphenylphosphonium- oder -arsonium-Ionen kristallisieren tetragonal in der Raumgruppe $P4/n$ (wenn das Anion über eine vierzählige Drehachse verfügt) oder $I\bar{4}$ (wenn das Anion tetraedrisch ist). In beiden Fällen liegen die Gitterparameter im Bereich um $a = b \approx 1300$ pm, $c \approx 780$ pm. Die Packung im Kristall wird vom Platzbedarf der Kationen beherrscht, die in Richtung c säulenartig gestapelt sind; siehe Abschnitt 15.3. Bei der Packung in der Raumgruppe $P4/n$ befinden sich alle Phosphor- (oder As-)Atome in $z = 0$; bei der Packung in der Raumgruppe $I\bar{4}$ sind die Kationen-Säulen gegenseitig verschoben, mit P-(As-)Atomen in $z = 0$ und $z = \frac{1}{2}$.

Tetraphenylphosphonium-diazidoiodat(1–), $P(C_6H_5)_4[I(N_3)_2]$, kristallisiert monoklin mit den Gitterparametern

$$a = 1499 \text{ pm}, b = 1006 \text{ pm}, c = 800 \text{ pm}, \alpha = \beta = 90°, \gamma = 91,7°.$$

Alle Reflexe $h + k + l = 2n + 1$ sind ausgelöscht. Damit stehen drei Raumgruppen zur Auswahl: $I\,1\,1\,2/m$, $I\,1\,1\,2$ oder $I\,1\,1\,m$. Die Zellmaße sprechen für eine ähnliche Packung wie bei einer der genannten tetragonalen Strukturen. Die zutreffende Raumgruppe sollte dann eine Untergruppe von $P4/n$ oder $I\bar{4}$ sein. Dies trifft nur für $I\,1\,1\,2$ zu, die Untergruppe von $I\bar{4}$ ist. Damit ist $I\,1\,1\,2$ wahrscheinlich, und die Packung der Ionen sollte so sein, wie bei den Strukturen mit tetraedrischem Anion. Dies trifft auch zu. Mit der Verfeinerung der Struktur (zunächst ohne die N-Atome) konnte sofort begonnen werden, ohne vorherige Phasenbestimmung, ausgehend von den Atomkoordinaten einer Substanz, die in der Raumgruppe $I\bar{4}$ kristallisiert [393].

18.2 Lösung des Phasenproblems bei Proteinstrukturen

Die im vorigen Absatz genannte Strukturlösung ohne Phasenbestimmung, nur aufgrund einer Gruppe-Untergruppe-Beziehung, kann bei der Strukturaufklärung von Proteinen von Hilfe sein. Bei Proteinen und anderen sehr großen Strukturen ist die Lösung des Phasenproblems eine der Haupthürden bei der Kristallstrukturbestimmung. Ist schon die Kristallstruktur eines Proteins mit ähnlicher Elementarzelle aber anderer Raumgruppe bekannt, lohnt es sich nach einer Gruppe-Untergruppe-Beziehung zu suchen.

Folgende sind die Kristalldaten von zwei Protein-Metallkomplexen:

Protein	a/pm	b/pm	c/pm	Raumgruppe
Di-Co-DF1-L13A (Modif. 1)	8978	14772	3760	$C222_1$
				↓ k2 $-\frac{1}{4},0,0$
Di-Mn-DF1-L13G	8930	14640	3820	$P2_12_12_1$

Die Kristallstruktur des (zweitgenannten) Mangan-Komplexes war bekannt. Die Ähnlichkeit der Gitterparameter lässt eine Gruppe-Obergruppe-Beziehung zum Cobalt-Komplex ahnen. Die asymmetrische Einheit von $C222_1$ enthält halb so viele Atome wie die von $P2_12_12_1$. Wenn es eine Gruppe-Obergruppe-Beziehung gibt, muss es in der Struktur des Mangan-Komplexes pseudozweizählige Drehachsen geben, die in der Obergruppe echte zweizählige Drehachsen sind. Wären diese Drehachsen vorhanden, müsste es Atompaare geben, deren Koordinaten über die Beziehung $\frac{1}{2}-x, y, \frac{1}{2}-z$ äquivalent wären (im Koordinatensystem von $P2_12_12_1$). In der Tabelle sind für einige der Mangan-Atome die über diese Beziehung berechneten Atomkoordinaten (mit Strich $'$ bezeichnet) den beobachteten Koordinaten anderer Atome gegenübergestellt (die Koordinaten wurden aus den Daten der Protein-Datenbank [9] umgerechnet):

	Mn1′	Mn2	Mn3′	Mn5	Mn4′	Mn6	Mn7′	Mn8	Mn10′	Mn12
x	0,268	0,273	0,102	0,108	0,063	0,068	0,450	0,450	0,167	0,167
y	0,125	0,124	0,297	0,298	0,300	0,301	0,016	0,012	0,040	0,042
z	0,278	0,221	0,585	0,627	0,589	0,637	0,034	−0,026	−0,008	−0,072

Die Pseudosymmetrie scheint erfüllt zu sein. Unter Verwendung der Atomkoordinaten des Mangan-Proteins (mit der notwendigen Ursprungsverschiebung) konnte die Kristallstruktur des Cobalt-Proteins bestimmt werden [394].

18.3 Überstrukturreflexe, verdächtige Strukturmerkmale

Die im Folgenden angesprochenen Überstrukturreflexe im Röntgenbeugungsdiagramm sind sehr schwache Reflexe zwischen den starken Hauptreflexen. Wenn sie nicht beachtet werden, ergibt sich eine zu kleine Elementarzelle und eine falsche Raumgruppe. Vierkreisdiffraktometer, die mit einer Messroutine am Anfang der Messung eine bestimmte Menge von Reflexen suchen, um damit die Elementarzelle zu ermitteln, können die erste Fehlerquelle sein. Die Messroutine erfasst manchmal keine der schwachen Reflexe. Messgeräte mit Flächendetektor sind diesbezüglich weniger fehleranfällig, aber auch bei diesen werden manchmal einige schwache Reflexe vom Indizier-Programm ‚nicht anerkannt' und weggelassen. In Pulverdiffraktogrammen sind die Überstrukturreflexe manchmal kaum über der Untergrundstreuung zu erkennen.

	In:$2a$	Co:$4g$	Zr:$4h$
$P\,4/m\,2_1/b\,2/m$	$4/m$	$m.2m$	$m.2m$
Zr_2Co_2In (Mo$_2$FeB$_2$-Typ)	0	0,374	0,169
	0	0,874	0,669
	0	0	$\frac{1}{2}$

$$k2$$
$$\mathbf{a,b},2\mathbf{c}$$
$$0,\tfrac{1}{2},-\tfrac{1}{2}$$

$$x,\ y-\tfrac{1}{2},\ \tfrac{1}{2}z+\tfrac{1}{4}$$

	Sn:$4d$	Ni:$8j$	Hf:$4f$	Hf:$4g$
$P\,4_2/m\,2_1/n\,2/m$	$\bar{4}$	$..m$	$m.2m$	$m.2m$
Hf_2Ni_2Sn	0	0,373	0,181	0,153
	$\frac{1}{2}$	0,373	0,181	0,153
	$\frac{1}{4}$	0,284	0	$\frac{1}{2}$

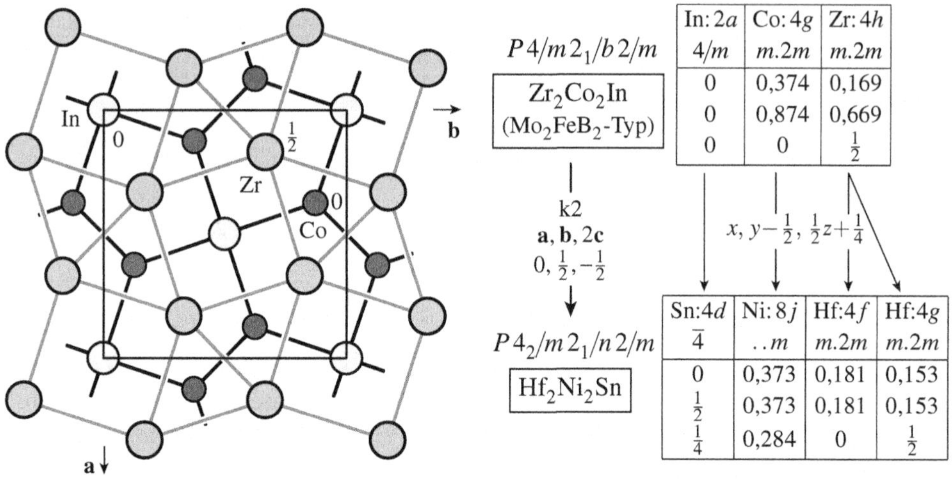

Abb. 18.1: Elementarzelle von Zr_2Co_2In (Mo$_2$FeB$_2$-Typ; U$_3$Si$_2$-Typ wenn die Zr- und In-Lagen von Atomen desselben Elements besetzt sind) und Gruppe-Untergruppe-Beziehungen zu Hf_2Ni_2Sn [395]

Zuvor nicht beachtete Überstrukturreflexe erfordern eine Vergrößerung der Elementarzelle, und die wahre Raumgruppe ist eine klassengleiche Untergruppe der zuvor angenommenen Raumgruppe. Man lasse sich nicht durch die Bezeichnungen irritieren: Mit dem Begriff ‚Überstruktur' ist eine Struktur in einer Untergruppe gemeint.

Zr_2Co_2In kristallisiert im Mo$_2$FeB$_2$-Typ. Die Zr-Atome spannen Würfel und Paare von trigonalen Prismen auf, die miteinander flächenverknüpft sind (Abb. 18.1). In den Mitten der Würfel befinden sich die In-Atome. Die Cobalt-Atome in den Mitten der Prismen bilden Co$_2$-Hanteln. Wenn sich in den Würfelecken und -mitten Uran- und in den Hanteln Si-Atome befinden, ist das der U$_3$Si$_2$-Typ. Die Raumgruppe ist in beiden Fällen $P\,4/m\,2_1/b\,2/m$.

Im Röntgen-Pulverdiagramm von Hf_2Ni_2Sn ist zunächst das Reflexmuster des Mo$_2$FeB$_2$-Typs zu erkennen. Erst bei genauem Hinsehen sind einige Überstrukturreflexe erkennbar, die eine Verdoppelung der c-Achse erfordern (Abb. 18.2). Einkristalle zeigen die schwachen Überstrukturreflexe besser. Die Verfeinerung der Struktur ohne die Überstrukturreflexe ergab einen hervorragenden Übereinstimmungsindex von $R_1 = 0{,}0216$, und doch ist die Struktur so nicht korrekt. Die Nickel-Lage musste mit gespaltener Lage verfeinert werden (zwei halbbesetzte Lagen in $z = \pm\,0{,}068$). Außerdem wurde der Parameter $U_{11} = U_{22}$ der ‚thermischen' Auslenkung für das Hf-Atom verdächtig groß (Tab. 18.1). Die richtige Raumgruppe unter Berücksichtigung der Überstrukturreflexe ist $P\,4_2/m\,n\,m$. Für die Nickel-Atome werden dann keine gespaltenen Atomlagen benötigt. Statt einer gibt es zwei unabhängige Hafnium-Lagen mit vernünftigen Auslenkungsparametern.

Ein anderes Beispiel sind die beiden Modifikationen von Iodazid, IN_3. Es besteht aus kettenförmigen $(-I-N_3-)_\infty$-Polymer-Molekülen in Gestalt von Doppelkämmen, deren

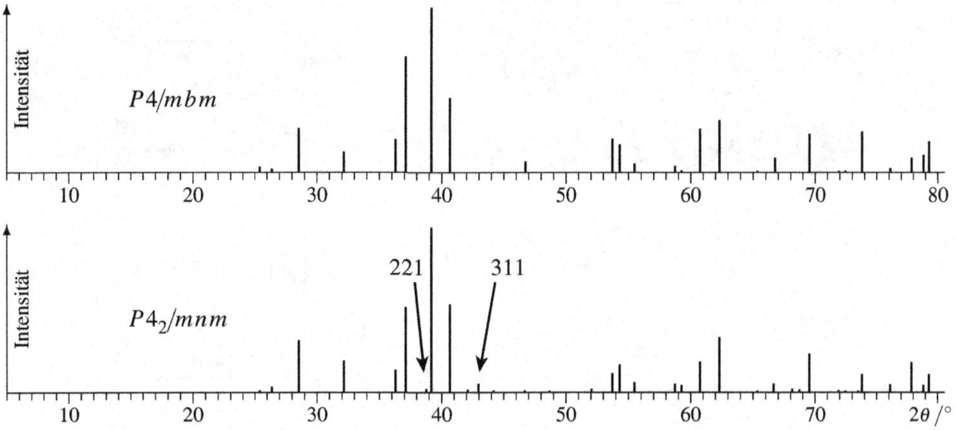

Abb. 18.2: Simulierte (berechnete) Röntgen-Pulverdiagramme von Hf_2Ni_2Sn für die Raumgruppen $P4/m2_1/b2/m$ und $P4_2/m2_1/n2/m$. Pfeile markieren die beiden stärksten Überstrukturreflexe [395]

Tabelle 18.1: Ergebnisse der Strukturverfeinerung von Hf_2Ni_2Sn [395]

Ohne Überstrukturreflexe, $P4/m2_1/b2/m$, $a = 703{,}1$ pm, $c = 338{,}1$ pm, $R_1 = 0{,}0216$, 199 Reflexe

Atom	x	y	z	$U_{11} = U_{22}/\text{pm}^2$	U_{33}/pm^2
Sn	0	0	0	44	74
Hf	0,16738	$x+\frac{1}{2}$	0	176	42
Ni	0,3733	$x+\frac{1}{2}$	0,0679	halbbesetzte Atomlage	

Mit Überstrukturreflexen, $P4_2/m2_1/n2/m$, $a = 703{,}1$ pm, $c = 676{,}1$ pm, $R_1 = 0{,}0219$, 370 Reflexe

Atom	x	y	z	$U_{11} = U_{22}/\text{pm}^2$	U_{33}/pm^2
Sn	0	$\frac{1}{2}$	$\frac{1}{4}$	36	70
Hf1	0,18146	x	0	48	40
Hf2	0,15310	x	$\frac{1}{2}$	51	49
Ni	0,3733	x	0,2838	48	62

Zinken (Azidgruppen) nach entgegengesetzten Seiten weisen und die im Kristall so ineinandergreifen, dass sich gewellte Schichten ergeben:

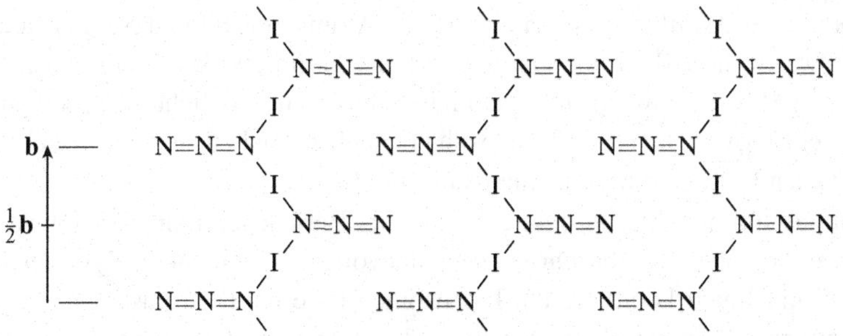

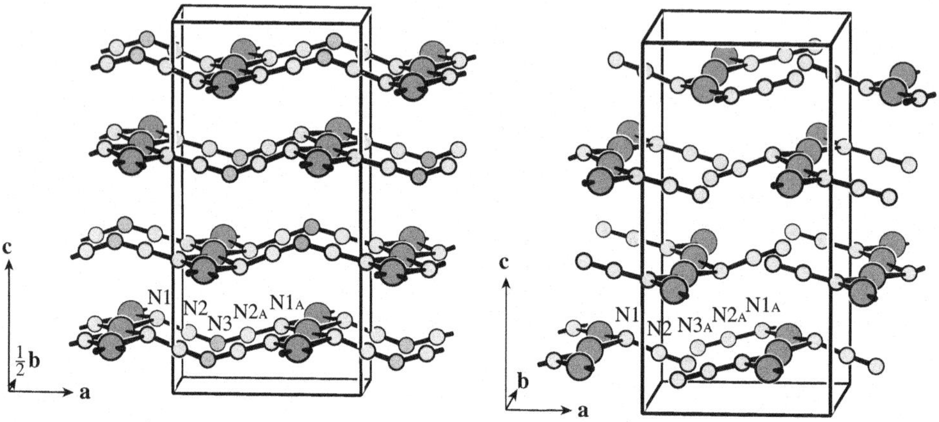

Abb. 18.3: Kristallstruktur von α-IN_3. Links: Scheinbar fehlgeordnete Struktur (Projektion in eine Zelle mit $\mathbf{b}' = \frac{1}{2}\mathbf{b}$). Hell gezeichnete N-Atome sind in scheinbar halbbesetzten Atomlagen und N3 und N3A fallen zusammen. Rechts: Tatsächliche Struktur mit richtigem Parameter **b**. Die Struktur von β-IN_3 ist ähnlich, mit stärker gewellten Schichten

Bei α-IN_3 sind die Schichten leicht gewellt, bei β-IN_3 sind sie stark gewellt. Die Substanz ist schwierig in der Handhabung; sie ist sehr explosiv und sie erfordert den Umgang bei tiefen Temperaturen.

Die Struktur von α-IN_3 wurde zwei Mal unabhängig voneinander von zwei verschiedenen Forschergruppen bestimmt [396, 397]; β-IN_3 wurde von der zweiten Forschergruppe entdeckt. Beide Modifikationen kristallisieren in der Raumgruppe *Pnma*, und in beiden Strukturen befinden sich alle N-Atome auf den Spiegelebenen der Raumgruppe in $y = 0$ und $y = \frac{1}{2}$, und die Iod-Atome befinden sich in der Mitte dazwischen bei $y = \frac{1}{4}$ und $y = \frac{3}{4}$. Infolgedessen sind alle Röntgen-Reflexe *hkl* mit ungeradem *k* sehr schwach. Sie wurden von der Computer-Software bei allen drei (automatisierten) Strukturbestimmungen aussortiert, womit sich Elementarzellen mit einem scheinbaren Basisvektor $\mathbf{b}' = \frac{1}{2}\mathbf{b}$ ergaben; zudem waren die abgeleiteten Raumgruppen falsch (*Pcma* anstelle von *Pnma*). Trotzdem konnten die Strukturen mit den fehlerhaften Elementarzellen und Raumgruppen auf hervorragende Übereinstimmung von beobachteten und berechneten Strukturfaktoren verfeinert werden ($R_1 = 0.022$ für 502 bzw. $R_1 = 0.025$ für 543 Reflexe).

Das Strukturmodell zeigte bei beiden Modifikationen eine scheinbare Fehlordnung mit halbbesetzten Stickstoff-Atomlagen, wobei die Atomlagen N3 und N3A zusammenfielen, außerdem waren die Iod-Atome vierfach planar koordiniert; das ist ein chemisch unsinniges Modell (Abb. 18.3 links). Das veranlasste einen menschlichen Kristallographen, die ursprünglichen Messdaten des Flächenzählers noch einmal zu sichten, wobei die Existenz der schwachen Reflexe zum Vorschein kam [398].

Die Neubestimmung der Strukturen, nun unter Berücksichtigung der schwachen Reflexe, ergaben die vorstehend beschriebenen, sinnvollen Modelle aus polymeren $(\text{–I–N}_3\text{–})_\infty$-Molekülen mit linear koordinierten Iod-Atomen (wie bei drei einsamen Elektronenpaaren zu erwarten). Die korrekten Strukturen konnten unmittelbar aus den fehlgeordneten

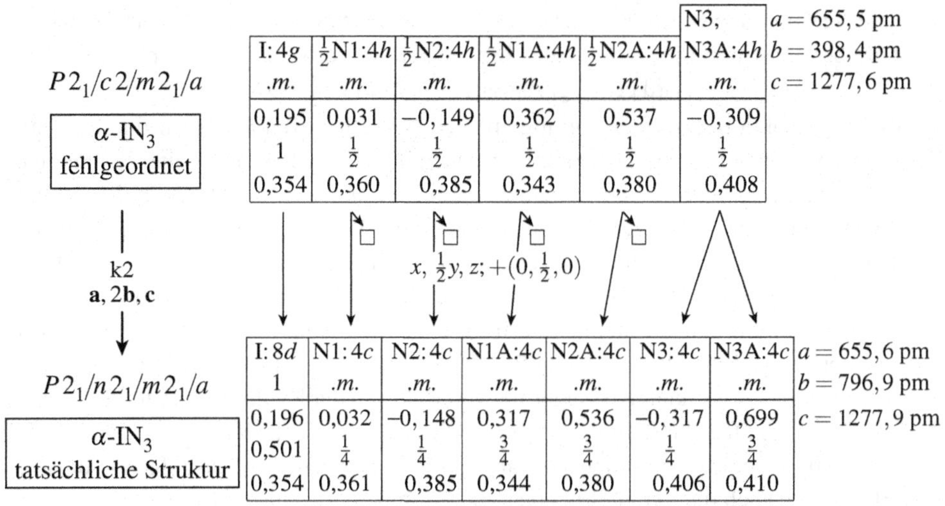

Abb. 18.4: Gruppe-Untergruppe-Beziehung zwischen dem fehlgeordneten (falschen) Strukturmodell von α-IN_3 und der richtigen Struktur. Die halbbesetzten Lagen der N-Atome spalten sich je in eine vollbesetzte und eine unbesetzte Lage auf (mit $y + \frac{1}{2}$)

Modellen abgeleitet werden, weil die tatsächliche Raumgruppe *Pnma* eine maximale Untergruppe von *Pcma* mit verdoppeltem Zellparameter *b* ist [398]. Das korrekte Modell von α-IN_3 ist in Abb. 18.3 rechts gezeigt, die Gruppe-Untergruppe-Beziehung findet sich in Abb. 18.4. Bei β-IN_3 ist es ähnlich. Die Verfeinerung mit den alten Messdaten ergab bei α-IN_3 einen Übereinstimmungsindex von $R_1 = 0.025$ für 704 Reflexe, bei β-IN_3 $R_1 = 0.019$ für 778 Reflexe.

Schlussfolgerung: Es lohnt sich immer, die primären Röntgenbeugungsdaten zu archivieren, sie mit kristallographischem Sachverstand zu sichten und sich nicht auf automatisierte Strukturbestimmungsverfahren zu verlassen.

18.4 Aufspüren von Zwillingskristallen

Die Röntgenbeugungsdaten von $Er_{2,30}Ni_{1,84}In_{0,70}$ sprechen zunächst für eine Struktur im Mo_2FeB_2-Typ. Es werden keine Überstrukturreflexe beobachtet. Das Beugungsbild zeigt die Laue-Symmetrie $4/mmm$ (gleiche Intensitäten der Reflexe *hkl* und *khl*). Die Verfeinerung der Struktur im Mo_2FeB_2-Typ zeigte verdächtig hohe Auslenkungsparameter der Erbium-Atome in der *ab*-Ebene. Dies legt eine niedrigere Symmetrie nahe. Tatsächlich trifft die Laue-Symmetrie $4/m$ zu. Ursache sind in diesem Fall meroedrische Zwillinge mit exakt zusammenfallenden Reflexen. Die Reflexe *hkl* der einen Domänensorte fallen genau auf die Reflexe *khl* der anderen Sorte. Wenn beide Domänensorten mit etwa gleichem Volumenanteil vorliegen, wird das Beugungsbild der höheren Laue-Symmetrie vorgetäuscht. Die richtige Raumgruppe ist $P4/m$, eine maximale Untergruppe von $P4/m\,2_1/b\,2/m$. Da es sich um eine translationengleiche Untergruppe handelt, treten keine Überstrukturreflexe auf. Die Verfeinerung in der Raumgruppe $P4/m$ unter Berücksichtigung der Verzwillingung ergibt dann ein zufriedenstellendes Ergebnis. Der Würfel um den Ursprung der Elementarzelle (Abb. 18.1) wird etwas größer und jener um $\frac{1}{2}, \frac{1}{2}, 0$ kleiner [399].

Festkörperreaktionen werden im allgemeinen bei hohen Temperaturen durchgeführt. Wenn eine Substanz mehrere polymorphe Formen bildet, wird zunächst eine Hochtemperaturform entstehen. Beim anschließenden Abkühlen können dann unbemerkt Phasenumwandlungen unter Symmetrieerniedrigung stattfinden. Wenn dazu eine translationengleiche Gruppe-Untergruppe-Beziehung gehört, muss mit dem Entstehen von Zwillingskristallen gerechnet werden (s. Abschnitt 16.3). Da die Zwillingsoperation einer entfallenen Symmetrieoperation der Hochtemperaturform entspricht, sind die Zwillingsdomänen so miteinander verwachsen, dass es in den Röntgenbeugungsdiagrammen gesetzmäßig zu einer exakten oder fast exakten Überlagerung von Reflexen der Zwillingsindividuen kommt. Dadurch kann eine falsche Raumgruppe vorgetäuscht werden, die häufig, wie im Beispiel $Er_{2,30}Ni_{1,84}In_{0,70}$, eine Obergruppe der wahren Raumgruppe ist. Wie das folgende Beispiel zeigt, kann aber auch die Symmetrie einer Untergruppe vorgetäuscht werden.

In folgender Tabelle sind aus der Literatur die Raumgruppen und Gitterparameter von drei Substanzen aufgeführt, die alle drei die gleiche Struktur haben (Abb. 18.5):

		a/pm	b/pm	c/pm	$\beta/°$	Literatur
$CaCrF_5$	$C2/c$	900,5	647,2	753,3	115,9	[400]
$CaMnF_5$	$P2/c$	893,8	636,9	783,0	116,2	[401]
$CdMnF_5$	$P2_1/n$	884,8	629,3	780,2	116,6	[402]

Bei gleicher Struktur und fast gleichen Gitterparametern ist das Vorkommen von drei verschiedenen Raumgruppen völlig ausgeschlossen. Die drei Raumgruppen $C2/c$, $P2/c$ und $P\,1\,2_1/n\,1$ müssten sich anhand der Reflexauslöschungen in den Röntgendiagrammen problemlos unterscheiden lassen. Es muss hier also ein grundsätzlicher Fehler vorliegen. Die Ursache sind Zwillingskristalle, und mit Gruppe-Untergruppe-Beziehungen kann der Fehler aufgespürt werden. Die tatsächliche Raumgruppe ist $C2/c$ [403].

In der Struktur sind zickzackförmige MF_5^{2-}-Ketten aus eckenverknüpften Oktaedern längs **c** vorhanden. Wenn die Ketten linear sind, erhöht sich die Symmetrie auf $I2/m2/m2/m$ mit halbierter Elementarzelle. Bei den Herstellungsbedingungen bei hoher Temperatur scheint diese höhere Symmetrie zuzutreffen. Beim Abkühlen findet dann eine Phasenumwandlung statt, mit Symmetrieerniedrigung auf $C2/c$ (Abb. 18.5). Dabei kommt eine translationengleiche Untergruppe vom Index 2 vor, und dementsprechend die Bildung von Zwillingen in zwei Orientierungen. Der orthorhombischen Metrik der Obergruppe entsprechend, sind die metrischen Beziehungen der monoklinen Zellen dabei so, dass die Röntgenreflexe des einen Zwillingsindividuums mit denen des anderen zusammenfallen. Ein Teil der Reflexe des einen Individuums tritt genau dort auf, wo beim anderen ausgelöschte Reflexe sind. Infolgedessen ist die C-Zentrierung der Raumgruppe $C2/c$ nicht mehr an den Reflexauslöschungen $h+k=2n+1$ (für alle hkl) erkennbar. Allerdings erscheinen Reflexe mit $h+k=2n+1$ weiterhin ausgelöscht, wenn l gerade ist. Das sind Auslöschungen, die zu keiner Raumgruppe passen; sie wurden deshalb nicht beachtet, obwohl das Alarm hätte auslösen müssen.

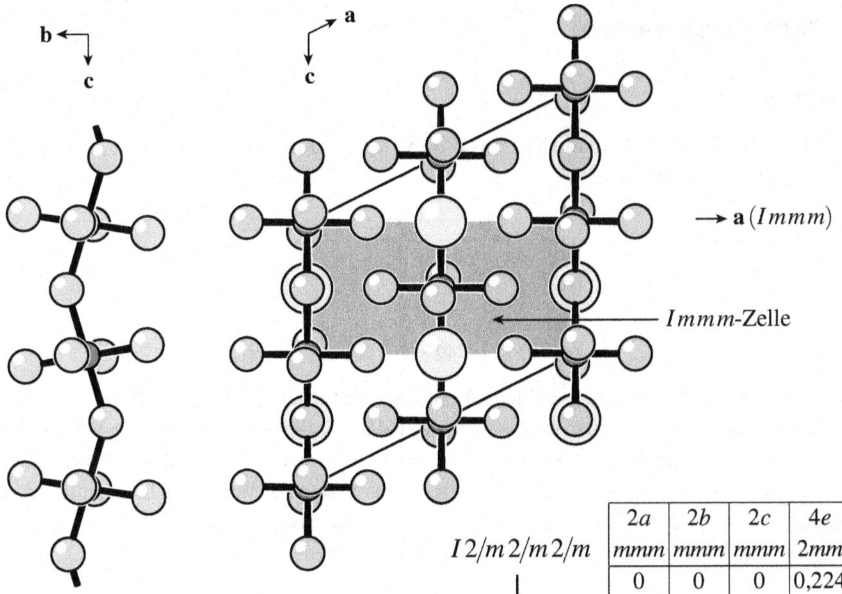

$I\,2/m\,2/m\,2/m$

t2
a − **c**, **b**, **c**

$C\,1\,2/m\,1$

$x, y, \frac{1}{2}(x+z)$

k2
a, **b**, 2**c**

$C\,1\,2/c\,1$

CaMnF$_5$

2a	*2b*	*2c*	*4e*	*4g*
mmm	*mmm*	*mmm*	*2mm*	*m2m*
0	0	0	0,224	0
0	$\frac{1}{2}$	0	0	0,294
0	$\frac{1}{2}$	$\frac{1}{2}$	0	0

Mn:4*a*	Ca:4*e*	F: 4*e*	F: 8*f*	F: 8*f*
$\bar{1}$	2	2	1	1
0	0	0	0,224	0,010
0	0,456	0,093	−0,017	0,294
0	$\frac{1}{4}$	$\frac{1}{4}$	0,116	−0,033

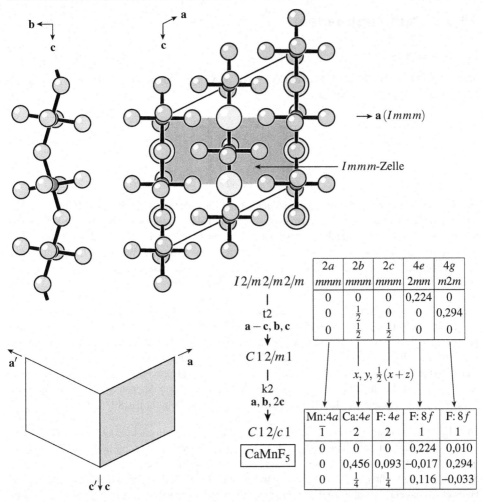

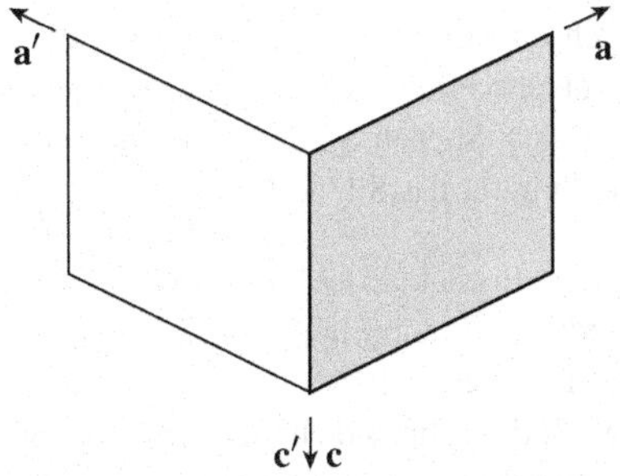

Abb. 18.5: Struktur der Verbindungen $CaCrF_5$, $CaMnF_5$ und $CdMnF_5$ und Gruppe-Untergruppe-Beziehungen von der wahrscheinlichen Hochtemperaturform. Links oben: Kette der eckenverknüpften Oktaeder; in der Hochtemperaturform ist die Kette geradlinig (oder in zwei Orientierungen fehlgeordnet). Links unten: Die gegenseitige Orientierung der Elementarzellen der Zwillingsindividuen

Die Verfeinerung der Struktur von $CaMnF_5$ mit der zu niedrigsymmetrischen Raumgruppe $P2/c$, einer Untergruppe von $C2/c$, ergab unzuverlässige Atomkoordinaten und Bindungslängen und den falschen Schluss, „Unerwartet liegt hier erstmals der Fall vor, dass Mn^{3+} beide mögliche Verzerrungen durch den Jahn-Teller-Effekt, elongiertes und komprimiertes Koordinationsoktaeder, zeigt“ [401].

Weitere Information zu Zwillingen und zur Lösung von Zwillingsstrukturen:
`www.cryst.chem.uu.nl/lutz/twin/gen_twin.html`

18.5 Übungsaufgaben

Lösungen auf Seite 377

18.1. HoRhIn (= $Ho_3Rh_3In_3$) kristallisiert im ZrNiAl-Typ, Raumgruppe $P\bar{6}2m$, Laue-Klasse $6/mmm$, mit folgenden Koordinaten:

		x	y	z
Ho	$3g$	0,4060	0	$\frac{1}{2}$
Rh1	$1b$	0	0	$\frac{1}{2}$
Rh2	$2c$	$\frac{1}{3}$	$\frac{2}{3}$	0
In	$3f$	0,7427	0	0

$Gd_3Rh_2In_4$ hat das gleiche Bauprinzip, jedoch ist die Lage der Rh2-Atome je zur Hälfte von Rh- und In-Atomen besetzt [404]. Nach den Intensitäten der Röntgenreflexe bleibt die Laue-Symmetrie $6/mmm$. Es gibt keine Überstrukturreflexe. Bei der Verfeinerung ergeben sich verdächtig hohe Auslenkungsparameter $U_{11} = U_{22}$ bei den Gd-Atomen in der Punktlage $3g$. Was ist wahrscheinlich das Problem bei der Strukturbestimmung? Welche Raumgruppe trifft tatsächlich zu?
Hinweis: Die Rh- und In-Atome besetzen alle Punktlagen geordnet.

18.2. Ein Röntgen-Pulverdiagramm von Eu_2PdSi_3 lässt sich zunächst mit einer kleinen hexagonalen Elementarzelle mit $a = 416$ pm und $c = 436$ pm indizieren. Das Intensitätsmuster des Pulverdiagramms ähnelt einer AlB_2-artigen Struktur ($P6/mmm$, Al: $1a$ 0, 0, 0; B: $2d$ $\frac{1}{3}$, $\frac{2}{3}$, $\frac{1}{2}$; Abb. 12.4). Eine Ordnung der Palladium- und Silicium-Atome innerhalb der Sechserringschichten ist mit dieser Symmetrie und Zelle nicht möglich. Bei genauer Betrachtung des Pulverdiagramms findet man schwache Reflexe, die eine Verdopplung der a- und b-Achse erfordern [405]. Suchen Sie mit einer Gruppe-Untergruppe-Beziehung ein Modell mit geordneter Atomverteilung für das Silicid Eu_2PdSi_3.

18.3. In der Kristallstruktur von $CsMnF_4$ sind verzerrte Koordinationsoktaeder über Ecken zu gewellten, tetragonalen Schichten verknüpft. Ursprünglich wurde die Raumgruppe $P4/nmm$ angenommen [406]. Allerdings blieben einige Aspekte unbefriedigend: Die Ellipsoide der ‚thermischen' Schwingung der verbrückenden Fluoratome waren auffällig groß; die Ellipsoide hatten ihre größten Halbachsen ungefähr parallel zu den kovalenten Bindungen (normalerweise sind sie etwa senkrecht dazu); pro Mn-Atom gab es vier lange und zwei kurze Mn–F-Bindungen (4× 201 pm in der Schicht, 2× 181 pm terminal), beim Jahn-Teller-verzerrten Mn^{3+}-Ion sollten es aber vier kurze und zwei lange Bindungen sein; der beobachtete Ferromagnetismus (bei tiefen Temperaturen) passt nur zu gedehnten und nicht zu gestauchten Koordinationsoktaedern [407]. Diese Mängel wurden bei einer Neubestimmung der Struktur behoben [408]. Wie konnte das Problem behoben werden? Hinweis: Vergleichen Sie das Strukturbild links mit der Abbildung der Symmetrieelemente in *International Tables A*, Raumgruppe $P4/nmm$ (No. 129), Ursprungswahl 2; die korrekte Struktur ist tetragonal und die Mn-Atome nehmen eine zentrosymmetrische Punktlage ein.

Ursprüngliche Werte: $P4/n2_1/m2/m^{(2)}$, $a = 794{,}4$ pm, $c = 633{,}8$ pm

		x	y	z
Cs1	$2b$	$\frac{3}{4}$	$\frac{1}{4}$	$\frac{1}{2}$
Cs2	$2c$	$\frac{1}{4}$	$\frac{1}{4}$	0,449
Mn	$4d$	0	0	0
F1	$8i$	$\frac{1}{4}$	–0,003	0,048
F2	$8j$	–0,028	x	0,281

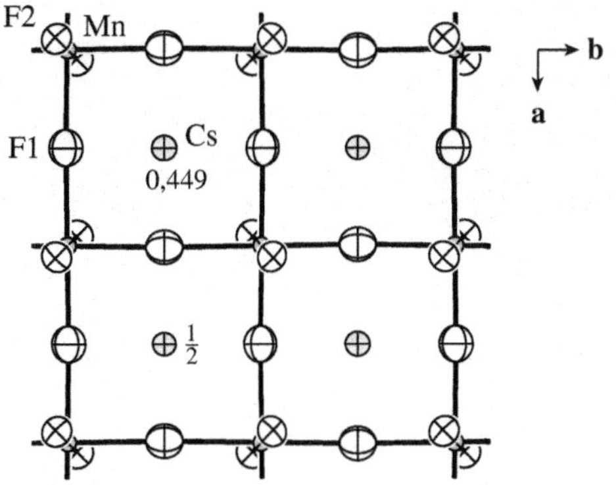

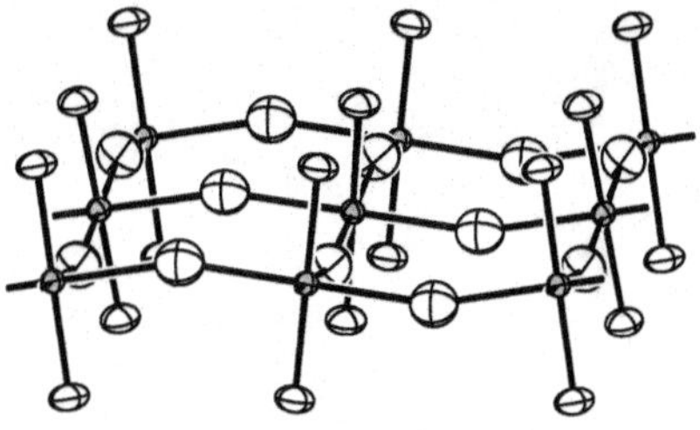

MnF_4^--Schicht

$CsMnF_4$ ($P4/nmm^{(2)}$), Projektion längs c
Ellipsoide der ‚thermischen' Schwingung mit 70 % Aufenthaltswahrscheinlichkeit

Vorhersage möglicher Strukturtypen

19

19.1 Herleitung hypothetischer Strukturtypen mit Hilfe von Gruppe-Untergruppe-Beziehungen

In den vorausgegangenen Kapiteln wurde dargelegt, wie Verwandtschaftsbeziehungen zwischen *bekannten* Strukturtypen aufgezeigt werden können. Ausgangspunkt ist immer ein hochsymmetrischer Strukturtyp, der Aristotyp, von dem sich die übrigen Strukturen der Strukturfamilie ableiten lassen. In aller Regel gibt es weitere Untergruppen der Raumgruppe des Aristotyps, die zu bislang unbekannten Strukturtypen gehören. Zwei Beispiele haben wir bereits vorgestellt: die denkbare Struktur für eine noch unbekannte Modifikation von WCl_3 und eine Variante des Ilmenit-Typs, die bei $AlTiO_3$ auftreten könnte (Seite 208, Abb. 14.5).

Mit Gruppe-Untergruppe-Beziehungen kann systematisch nach neuen Strukturmöglichkeiten gesucht werden, d. h. es lassen sich Vorhersagen über mögliche Strukturtypen machen. Welchen Sinn hat es, nach hypothetischen Strukturtypen zu suchen, wenn schon die Menge bekannter Strukturen schier unübersehbar ist? Es gibt dafür mehrere Gründe:

1. Es lassen sich immer noch relativ einfache Strukturtypen aufzeigen, für die bislang keine Vertreter bekannt sind. Lohnend wäre, gezielt nach ihnen zu suchen oder der Frage nachzugehen, warum sie nicht existieren.
2. Hat man eine mikrokristalline Verbindung hergestellt, deren Röntgen-Pulverdiagramm sich zunächst nicht deuten lässt, können Modellrechnungen mit in Frage kommenden Strukturtypen weiterhelfen.
3. Hypothetische Modelle können auch bei der Strukturaufklärung von fehlgeordneten Kristallen (mit diffuser Röntgenbeugung) nützlich sein, obwohl diese auf den ersten Blick nicht in das Konzept zu passen scheinen. Zu einem Beispiel siehe am Schluss von Abschnitt 19.4, Seite 308.

Ausgangspunkt ist immer ein Aristotyp und ein Strukturprinzip. Der Aristotyp kann zum Beispiel die hexagonal-dichteste Kugelpackung sein, und das Strukturprinzip kann

U. Müller, *Symmetriebeziehungen zwischen Kristallstrukturen*,
https://doi.org/10.1007/978-3-662-67166-5_19

die partielle Besetzung der Oktaederlücken in dieser Packung sein. Natürlich lassen sich so nur solche Strukturtypen finden, die diese Ausgangsbedingungen erfüllen. Anders gesagt: Unter der stets unendlich großen Menge von denkbaren Strukturen beschränken wir uns auf eine Untermenge, die das unendlich große Problem überschaubarer macht. Um aus dem unendlichen Problem ein endliches zu machen, sind aber noch zusätzliche einschränkende Bedingungen erforderlich. Solche Bedingungen können sein: Die chemische Zusammensetzung; eine bestimmte Molekularstruktur; eine Maximalzahl von symmetrieunabhängigen Atomen für jede Atomspezies; eine maximale Größe der Elementarzelle. Energetische Berechnungen, wie sie auch ohne gruppentheoretische Betrachtungen durchgeführt werden [410, 411], können schließlich helfen, die wahrscheinlichsten Strukturen zu ermitteln.

Zur Erläuterung der Vorgehensweise gehen wir der Frage nach, welche Strukturen für Verbindungen $A_aB_b...X_x$ möglich sind, wenn die X-Atome eine hexagonal-dichteste Kugelpackung bilden und die übrigen Atome Oktaederlücken darin besetzen. Wir erweitern damit die Betrachtungen der Abschnitte 14.2.1 und 14.2.2 auf noch unbekannte Strukturtypen der dort behandelten Strukturfamilien.

Der Aristotyp hat in diesem Fall die Raumgruppe $P6_3/m2/m2/c$, und die Raumgruppen der gesuchten Strukturtypen sind Untergruppen davon. Die Elementarzelle der hexagonal-dichtesten Kugelpackung enthält zwei X-Atome und zwei Oktaederlücken (vgl. Abb. 14.1). Wenn die Elementarzelle um den Faktor Ξ vergrößert wird, sind es jeweils 2Ξ Oktaederlücken und 2Ξ X-Atome pro Zelle. Unbesetzte Oktaederlücken behandeln wir genauso wie besetzte Oktaederlücken; sie werden sozusagen von Schottky-Leerstellen eingenommen (Symbol □). Dann muss bei der chemischen Zusammensetzung $A_aB_b...\Box_sX_x$ gelten: $a+b+\cdots+s=x$.

Alle Zahlen $2a\Xi/x$, $2b\Xi/x$, ..., $2s\Xi/x$ müssen ganzzahlig sein. Das heißt, je nach chemischer Zusammensetzung muss die Elementarzelle der Kugelpackung um einen geeigneten Faktor Ξ vergrößert werden. Bei einem Trihalogenid $A_1\Box_2X_3$ muss die Zelle zum Beispiel um $\Xi=3$ oder ein Vielfaches davon vergrößert sein; sonst ist es nicht möglich, ein Drittel der Oktaederlücken in geordneter Weise mit A-Atomen zu besetzen.

Als erstes ist also zu überlegen, auf welche Art die Zelle des Aristotyps geeignet vergrößert werden kann. Abb. 19.1 zeigt die Möglichkeiten, wie die hexagonale Zelle der Kugelpackung verdoppelt, verdreifacht und vervierfacht werden kann. Für den Vergrößerungsfaktor Ξ sind immer die primitiven Zellen maßgeblich. Um alle Möglichkeiten zur Zellvergrößerung um einen bestimmten Faktor Ξ zu erfassen, ist bei größeren Werten für Ξ Vorsicht vonnöten; eventuell übersieht man sonst einige Möglichkeiten, oder aber man berücksichtigt mehrere nur scheinbar verschiedene Möglichkeiten mehrfach.

Vergrößerung der (primitiven) Elementarzelle bedeutet Verlust von Translationssymmetrie. Es muss deshalb mindestens eine klassengleiche Gruppe-Untergruppe-Beziehung vorkommen. Wir erstellen einen Stammbaum von Gruppe-Untergruppe-Beziehungen und suchen Untergruppen, die der ausgewählten Zellvergrößerung entsprechen. Hierbei ist darauf zu achten, wie sich die mit Atomen zu besetzenden Punkt-Orbits von Gruppe zu Untergruppe entwickeln. Die notwendige Information ist in *International Tables A*1 zu finden. Von besonderer Bedeutung sind Gruppe-Untergruppe-Beziehungen, bei denen sich das

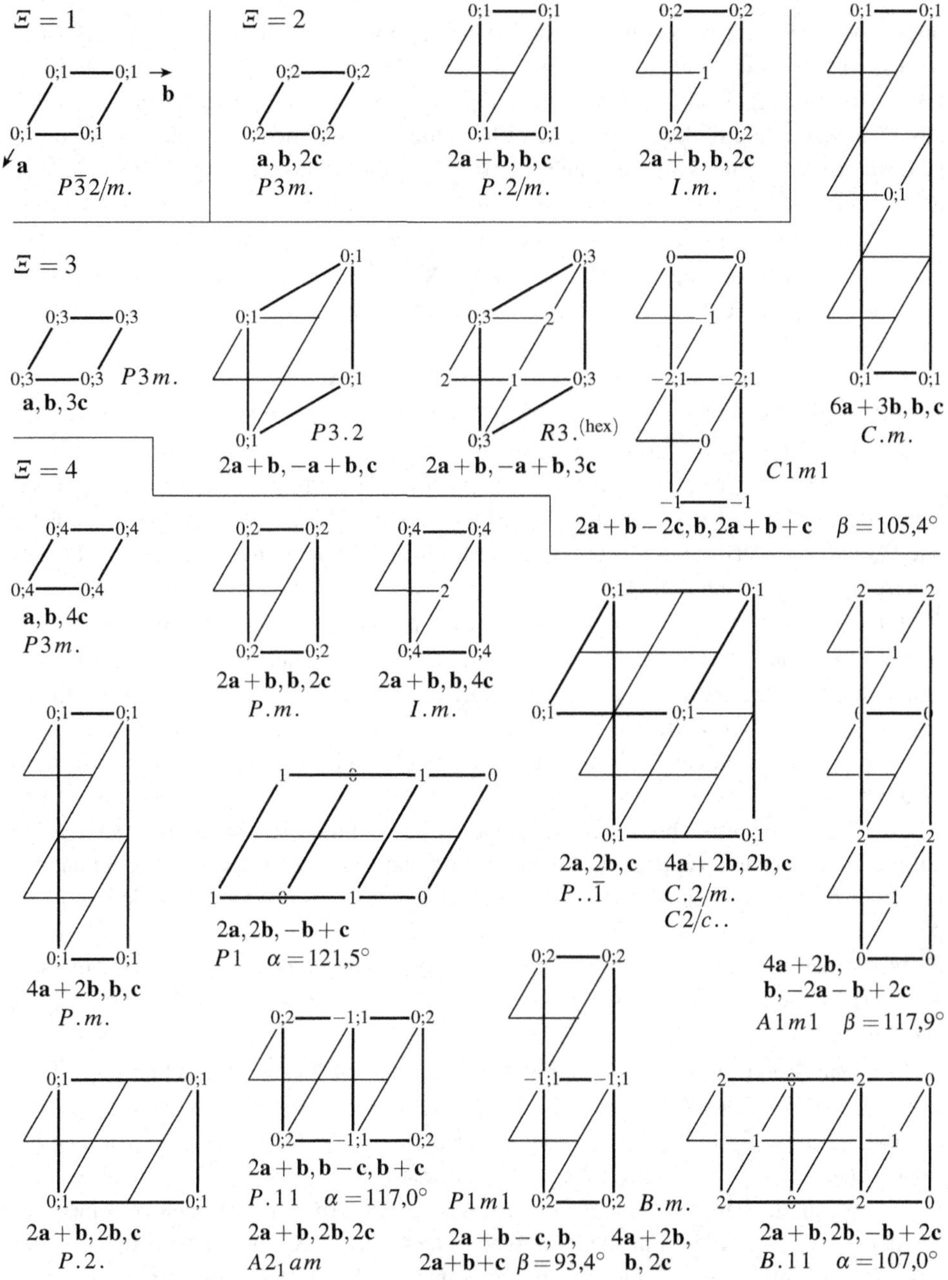

Abb. 19.1: Möglichkeiten zur Vergrößerung einer hexagonalen Elementarzelle um die Faktoren Ξ = 2, 3 und 4. Die Zahlen bezeichnen in Blickrichtung die Höhe der Eckpunkte der Elementarzellen sowie translationsäquivalenter Punkte als Vielfache der hexagonalen Gitterkonstante c. Symmetriesymbole geben an, welche Symmetrie mindestens erhalten bleibt, wenn die Kugelpackung unverzerrt bleibt und Atome in die Mitten der Oktaeder eingelagert werden (1 bedeutet Richtung ohne Symmetrie)

interessierende Orbit in voneinander unabhängige Orbits aufspaltet. In unserem Beispiel ist also zu verfolgen, welche und wie viele unabhängige Orbits sich aus dem Orbit der Oktaedermitten ergeben. Der Symmetrieabbau braucht nur so weit verfolgt zu werden, bis alle Oktaederlücken in der vergrößerten Elementarzelle symmetrieunabhängig geworden sind, sofern Verzerrungsvarianten außer Betracht bleiben. Untergruppen, bei denen keine neuen Aufspaltungen von Orbits vorkommen, sind nur dann als Zwischengruppen zu berücksichtigt, wenn hierarchisch tieferliegende Untergruppen nur über sie erreichbar sind.

Wird auch die partielle Substitution bei den X-Atomen in Betracht gezogen, so muss außerdem die Entwicklung des Orbits der X-Atome verfolgt werden. Sie sollte aber auch dann verfolgt werden, wenn nur eine Sorte von X-Atomen vorkommen soll, damit bekannt ist, auf wie viele nichtäquivalente Positionen sich die X-Atome verteilen. Raumgruppen, bei denen gleiche X-Atome viele nichtäquivalente Positionen einnehmen, sind nämlich nach dem Symmetrieprinzip weniger wahrscheinlich.

Manche der Untergruppen im Stammbaum lassen bereits gewisse Verzerrungen zu, wenn einzelne Koordinatenwerte nicht mehr durch die Symmetrie fixiert sind. Zusätzliche Verzerrungen erfordern weitere Symmetrieverminderungen mit translationengleichen Untergruppen, die nachträglich berücksichtigt werden können; wir beachten sie hier nicht.

Wählen wir als Beispiel die dreifach vergrößerte, rhomboedrische Elementarzelle, die in Abb. 19.1 unter $\Xi = 3,\, 2\mathbf{a}+\mathbf{b}, -\mathbf{a}+\mathbf{b}, 3\mathbf{c}$ aufgeführt ist. Hier ist zwar die Zelle in der Aufstellung mit hexagonalen Achsen verneunfacht, wegen der rhomboedrischen Zentrierung ist die primitive Zelle nur verdreifacht. Der zugehörige Stammbaum von Gruppe-Untergruppe-Beziehungen ist in Abb. 14.2, wiedergegeben. In diesem Stammbaum ist als niedrigstsymmetrische Raumgruppe $R3$ aufgeführt. Das ist die höchstsymmetrische Untergruppe von $P6_3/mmc$, bei der alle Oktaederlücken symmetrisch unabhängig sind. Nicht aufgeführt sind Raumgruppen, die auch noch zwischen $P6_3/mmc$ und $R3$ stehen könnten, bei denen die Zahl der symmetrieunabhängigen Oktaederlücken jedoch unverändert bleibt. Andere als die in Abb. 14.2 genannten Raumgruppen können bei der betrachteten Art der Zellvergrößerung nicht auftreten, sofern die Kugelpackung aus nur einer Sorte von Atomen besteht und keine Verzerrungen vorkommen, die einen zusätzlichen Symmetrieabbau erzwingen.

Bekannte Strukturtypen zum Stammbaum von Abb. 14.2 sind in Abschnitt 14.2.1 genannt. Außerdem wird dort auf die noch unbekannte Struktur eingegangen, die WCl_3 in der Raumgruppe $\mathcal{G}_7 = R32$ haben könnte, wenn das Punkt-Orbit c_3 mit W-Atomen besetzt ist (Abb. 14.5). Für die in Abb. 14.2 genannten Raumgruppen gibt es noch weitere Strukturtypen, die denkbar sind, je nachdem welche der Orbits mit Atomen verschiedener Elemente besetzt werden. Für die Zusammensetzung $AB\square_4X_6$ gibt es zum Beispiel den bekannten $LiSbF_6$-Typ ($R\overline{3}$, Orbits a und b besetzt; Abb. 14.2). Für diese Zusammensetzung gibt es noch zwei weitere Möglichkeiten, und zwar in der Raumgruppe $R3$:

1. Atom A auf Orbit a_2, B auf a_3 von $R3$; das ist ein BiI_3-Derivat mit abwechselnder Besetzung der Bi-Lagen innerhalb einer Schicht mit A- und B-Atomen.
2. Atom A auf Orbit a_3, B auf a_6 von $R3$; das ist ein Derivat des hypothetischen WCl_3 mit je einem A- und B-Atom in den Paaren aus flächenverknüpften Oktaedern.

Damit haben wir zwei neue mögliche Strukturtypen für Verbindungen ABX_6 aufgezeigt. Weitere Strukturmöglichkeiten für diese Zusammensetzung gibt es mit den Raumgruppen von Abb. 14.2 nicht. Würde zum Beispiel in $R3$ a_1 mit A, a_3 mit B besetzt werden, so ergäbe sich der gleiche Strukturtyp wie bei Besetzung von a_2 und a_3. Bei Besetzung von a_1 und a_5 ergäbe sich der $LiSbF_6$-Typ, der aber nicht zur Raumgruppe $R3$ gehört, da diese Atomverteilung bereits in der Raumgruppe $R\overline{3}$ realisierbar ist. Bei der Vorhersage möglicher Strukturtypen durch systematisches Besetzen aller in Betracht kommender Punkt-Orbits ist also in zweierlei Hinsicht Vorsicht geboten:

1. Mehrere zunächst verschieden erscheinende Verteilungen der Atome können den gleichen Strukturtyp ergeben; nur eine davon ist zu berücksichtigen.
2. Manche Atomverteilungen sind bereits bei höhersymmetrischen Raumgruppen realisierbar und müssen diesen zugerechnet werden.

Um Fehler zu vermeiden, kann bei gegebener chemischer Zusammensetzung berechnet werden, auf wie viele ungleiche Arten die Atome auf die Orbits einer Raumgruppe verteilt werden können; siehe nächster Abschnitt.

Herleitungen möglicher Kristallstrukturtypen in der genannten Art wurden für folgende Strukturprinzipien durchgeführt: Besetzung von Oktaederlücken in der hexagonal-dichtesten Kugelpackung [207, 414], Besetzung von Oktaederlücken in der kubisch-dichtesten Kugelpackung [248, 415, 416], Besetzung von Oktaeder- und Tetraederlücken in der kubisch-dichtesten Kugelpackung [417]. Ein ganz anderer Weg zur Vorhersage von Kristallstrukturen nutzt die theoretische Berechnung von „Energielandschaften"; dabei wird ein Haufen von Atomen wiederholte Male rechnerisch „geschüttelt" bis sie sich in einem energetischen Minimum angeordnet haben [410, 412, 413].

19.2 Berechnung der Anzahl möglicher Strukturtypen

In diesem Abschnitt stellen wir mathematische Verfahren vor, um bei gegebenem Aristotyp und Strukturprinzip zu berechnen, wie viele ungleiche Strukturen in jeder Untergruppe vorkommen können. Schon beim Versuch, die Anzahl der möglichen Substitutionsvarianten des NaCl-Typs bei Verdoppelung der (flächenzentrierten) Elementarzelle vollständig zu erfassen, gerät man ohne mathematische Hilfsmittel in Bedrängnis (vgl. Abschnitt 14.3.1).

19.2.1 Die Gesamtzahl der Strukturmöglichkeiten

Die Gesamtzahl der Möglichkeiten, um eine bestimmte Menge von Atomsorten (oder Farbmarkierungen) auf eine gegebene Menge von Punkt-Orbits zu verteilen, kann mit Hilfe des Hauptsatzes von PÓLYA berechnet werden [418]. Damit lässt sich zum Beispiel die mögliche Zahl von Isomeren bei organischen Molekülen berechnen [419, 420]. Wählen wir als Beispiel ein trigonales Prisma und fragen, auf wie viele Arten die sechs Ecken mit maximal sechs verschiedenen Farben markiert werden können.

$$(1)(2)(3)(4)(5)(6) \quad \text{Identität} \qquad\qquad\qquad = s_1^6$$

$$\left.\begin{array}{l}(1)(4)(23)(56)\\(2)(5)(13)(46)\\(3)(6)(12)(45)\end{array}\right\} \text{vertikale Spiegelungen} \quad = 3s_1^2 s_2^2$$

$$\begin{array}{l}(14)(25)(36) \qquad\quad \text{horizontale Spiegelung}\\[2pt]\left.\begin{array}{l}(14)(26)(35)\\(16)(25)(34)\\(15)(24)(36)\end{array}\right\} \text{zweizählige Drehungen}\end{array}\Bigg\} = 4s_2^3$$

$$\left.\begin{array}{ll}(123)(456) & 3\\(132)(465) & 3^{-1}\end{array}\right\} = 2s_3^2$$

$$\left.\begin{array}{ll}(162435) & \overline{6}\\(153426) & \overline{6}^{\,-1}\end{array}\right\} = 2s_6^1$$

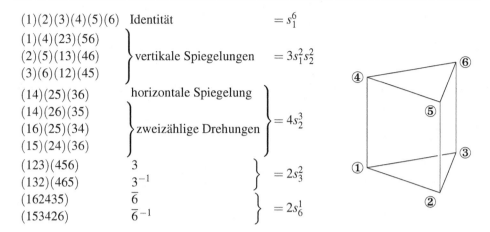

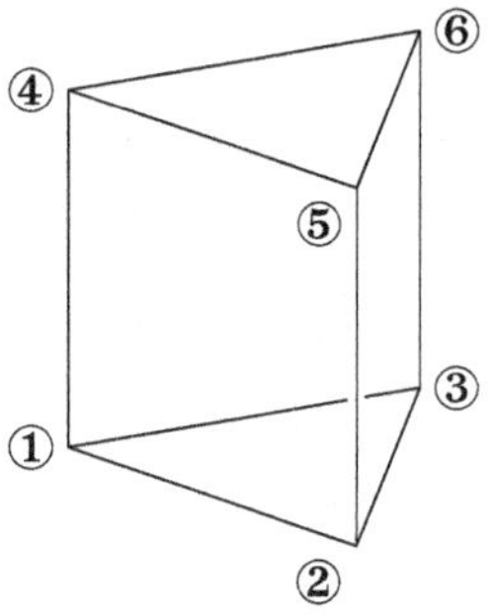

Abb. 19.2: Die Permutationsgruppe des trigonalen Prismas

In Abb. 19.2 sind die sechs Ecken des Prismas numeriert. Mit der Schreibweise (123)(456) symbolisieren wir eine mögliche Art, symmetrieäquivalente Prismenecken zu permutieren: (123) steht für zyklisches Vertauschen der Ecken ① → ② → ③ → ①. (13) bedeutet vertauschen der Ecken ① und ③. (5) bedeutet, die Ecke ⑤ behält ihren Platz. Wenn in der Klammer n Zahlen stehen, schreiben wir dafür kurz s_n. Alle zu einer Permutation gehörenden Werte s_n multiplizieren wir miteinander. Die Gruppe der Permutationen des trigonalen Prismas ist die Gruppe aller Möglichkeiten, seine Ecken im Einklang mit der Symmetrie, d. h. der Punktgruppe $\overline{6}m2$ zu permutieren. Die Permutationsgruppe hat die Ordnung 12, sie umfasst die 12 Permutationen, die in Abb. 19.2 genannt sind.

Die Summe aller Produkte aus den s_n-Werten, geteilt durch die Ordnung der Permutationsgruppe, ist der *Zyklenzeiger* Z (cycle index; die deutsche Bezeichnung stammt von PÓLYA und wird gelegentlich auch im Englischen benutzt). Für das trigonale Prisma lautet er:

$$Z = \tfrac{1}{12}\left(s_1^6 + 3s_1^2 s_2^2 + 4s_2^3 + 2s_3^2 + 2s_6^1\right)$$

Jede der $k \leq 6$ Farben (Atomsorten) bezeichnen wir mit einer Variablen x_i, zum Beispiel $x_1 = $ weiß, $x_2 = $ schwarz. Nun werden die Größen s_n durch Potenzsummen aus den Variablen x_i ersetzt:

$$s_n = x_1^n + x_2^n + \cdots + x_k^n$$

Durch Einsetzen dieser Potenzsummen in den Zyklenzeiger ergibt sich die *abzählende Potenzreihe der inäquivalenten Konfigurationen* C, auch *Anzahlpotenzreihe* oder *generierende Funktion* genannt (generating function). Mit zwei Farben x_1 und x_2 ist $s_n = x_1^n + x_2^n$; die abzählende Potenzreihe lautet dann:

$$\begin{aligned}
C =\ & \tfrac{1}{12}\big[(x_1+x_2)^6 + 3(x_1+x_2)^2(x_1^2+x_2^2)^2 + 4(x_1^2+x_2^2)^3 + 2(x_1^3+x_2^3)^2 + 2(x_1^6+x_2^6)\big]\\
=\ & x_1^6 + x_1^5 x_2 + 3x_1^4 x_2^2 + 3x_1^3 x_2^3 + 3x_1^2 x_2^4 + x_1 x_2^5 + x_2^6 \qquad\qquad\qquad (19.1)
\end{aligned}$$

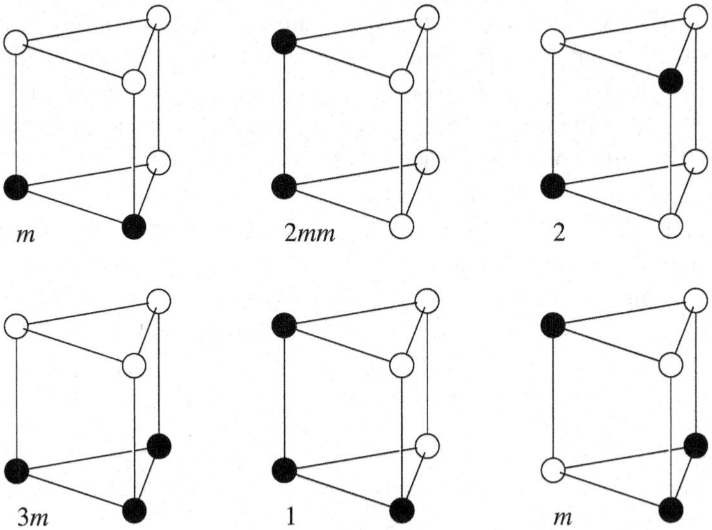

Abb. 19.3: Die jeweils drei Möglichkeiten zur Markierung der Ecken eines trigonalen Prismas mit zwei Farben wenn mit der einen Farbe zwei bzw. drei Ecken gekennzeichnet werden

Die Potenzzahlen entsprechen den möglichen Farbverteilungen. $3x_1^4x_2^2$ bedeutet zum Beispiel, dass es drei Möglichkeiten gibt, um vier Ecken mit der Farbe x_1 und zwei Ecken mit x_2 zu markieren. Diese drei Möglichkeiten sind in Abb. 19.3 gezeigt; außerdem sind die drei Möglichkeiten für $3x_1^3x_2^3$ gezeigt.

Für Ecken, die nicht farbig markiert werden sollen (oder nicht mit Atomen besetzt werden sollen), kann anstelle einer Variablen x_i der Wert $x^0 = 1$ eingesetzt werden. Sollen zum Beispiel einige Ecken farblos bleiben, die restlichen mit den zwei Farben x_1 und x_2 markiert werden, so ergibt sich die abzählende Potenzreihe der inäquivalenten Konfigurationen:

$$\begin{aligned}
C &= \tfrac{1}{12}[(1+x_1+x_2)^6+3(1+x_1+x_2)^2(1+x_1^2+x_2^2)^2+4(1+x_1^2+x_2^2)^3 \\
&\quad +2(1+x_1^3+x_2^3)^2+2(1+x_1^6+x_2^6)] \\
&= x_1^6+x_1^5x_2+3x_1^4x_2^2+3x_1^3x_2^3+3x_1^2x_2^4+x_1x_2^5+x_2^6 \\
&\quad +x_1^5+3x_1^4x_2+6x_1^3x_2^2+6x_1^2x_2^3+3x_1x_2^4+x_2^5 \\
&\quad +3x_1^4+6x_1^3x_2+11x_1^2x_2^2+6x_1x_2^3+3x_2^4 \\
&\quad +3x_1^3+6x_1^2x_2+6x_1x_2^2+3x_2^3 \\
&\quad +3x_1^2+3x_1x_2+3x_2^2 \\
&\quad +x_1+x_2 \\
&\quad +1 \qquad (19.2)
\end{aligned}$$

Im vorstehenden Ergebnis wurden in einer Zeile (ab dem zweiten =-Zeichen) alle Varianten mit der gleichen Anzahl von nicht markierten Ecken in jeweils einer Zeile zusammengefasst (die Summe der Potenzen ist bei allen Produkten in einer Zeile gleich). Die erste

Zeile (Summe der Potenzen jeweils 6, d. h. keine unmarkierten Ecken) entspricht natürlich Gleichung (19.1). Da farblose Ecken auch mit einer zusätzlichen (dritten) Farbe markiert werden können, gilt das Ergebnis genauso für eine Markierung mit drei Farben ohne unmarkierte Ecken; der Koeffizient $11x_1^2x_2^2 = 11x_1^2x_2^2 \cdot 1^2$ hat also die gleiche Bedeutung wie $11x_1^2x_2^2x_3^2$ bei drei Farben ohne unmarkierte Ecken.

Wenn die Permutationsgruppe zu einer achiralen Punktgruppe gehört, unterscheidet das Rechenverfahren nicht zwischen Enantiomerenpaaren bei chiralen Farbmarkierungen. Ein Paar enantiomerer Moleküle wird also wie ein Isomeres gezählt. Will man wissen, wie viele Enantiomerenpaare es gibt, wird die Rechnung wiederholt, jedoch nur mit Rotationen in der Permutationsgruppe. Im Falle des trigonalen Prismas sind das die Identität, drei zweizählige Drehungen und zwei dreizählige Drehungen. Der Zyklenzeiger ist dann:

$$Z' = \tfrac{1}{6}(s_1^6 + 3s_2^3 + 2s_3^2)$$

Mit zwei Farben x_1 (weiß) und x_2 (schwarz) ergibt sich die abzählende Potenzreihe:

$$\begin{aligned} C' &= \tfrac{1}{6}[(x_1+x_2)^6 + 3(x_1^2+x_2^2)^3 + 2(x_1^3+x_2^3)^2] \\ &= x_1^6 + x_1^5x_2 + 4x_1^4x_2^2 + 4x_1^3x_2^3 + 4x_1^2x_2^4 + x_1x_2^5 + x_2^6 \end{aligned} \qquad (19.3)$$

Durch Subtraktion der Potenzreihe C' minus der Potenzreihe C aus Gleichung (19.1) ergibt sich die Anzahl der Enantiomerenpaare:

$$C' - C = x_1^4x_2^2 + x_1^3x_2^3 + x_1^2x_2^4$$

Das ist ein Enantiomerenpaar mit zwei, eines mit drei und eines mit vier schwarzen Ecken. Es sind diejenigen mit den Punktgruppen 2 und 1 in Abb. 19.3, von denen es zusätzlich zu den gezeigten jeweils noch ein Enantiomeres gibt.

Wenn die Permutationsgruppe zu einer chiralen Punktgruppe gehört, sind auch alle Farbmarkierungen chiral und werden alle mitgezählt.

Die Zahl der möglichen Farbmarkierungen ist für viele konvexe Polyeder berechnet und tabelliert worden [421].

Bei der Betrachtung der Besetzung von Punkten in einem Kristall ist die Vorgehensweise dieselbe. Ausgehend von einem Satz symmetrieäquivalenter Punkte ermittelt man deren Permutationsmöglichkeiten in einer Elementarzelle. Nehmen wir die sechs Oktaederlücken in Abb. 14.1, die sich in $z = 0$ und $z = \frac{1}{2}$ in den Positionen ①, ② und ③ innerhalb der Elementarzelle befinden. Bezogen auf die grau unterlegte, kleine Elementarzelle der hexagonal-dichtesten Kugelpackung sind sie alle symmetrieäquivalent. In der dreifach vergrößerten Elementarzelle lassen sie sich in der gleichen Weise permutieren und markieren wie die Ecken eines trigonalen Prismas. Der Punkt im Mittelpunkt des Prismas ①–②–③ in Abb. 14.1 hat im Aristotyp $P6_3/m2/m2/c$ die Lagesymmetrie $\bar{6}m2$; das ist die Punktgruppe des Prismas.

19.2.2 Die Anzahl der Strukturmöglichkeiten je nach Symmetrie

Mit dem Berechnungsverfahren nach PÓLYA ergibt sich die Gesamtzahl der möglichen Farbmarkierungen; es wird keine Aussage zu deren Symmetrie gemacht. Ihre Punktgruppen müssen aber Untergruppen der Punktgruppe der höchstsymmetrischen Verteilung sein. Die Punktgruppe des trigonalen Prismas ist $\overline{6}m2$, wenn alle sechs Ecken gleich sind. Die Punktgruppen der Prismen mit farbig markierten Ecken sind Untergruppen davon. Die in Abb. 19.3 angegebenen Punktgruppen sind solche Untergruppen.

Unter Bezug auf den Stammbaum von Gruppe-Untergruppe-Beziehungen hat WHITE das Verfahren von PÓLYA erweitert, so dass die Anzahl der Farbverteilungen je nach Symmetrie berechnet werden kann (die Publikation für Nicht-Mathematiker kaum verständlich [422]). Die Anwendung auf kristallographische Probleme wurde von MCLARNAN erläutert [423]; siehe auch [409]. Er hat damit berechnet, wie viele Stapelvarianten es bei dichtesten Kugelpackungen gibt, wenn sich die Stapelfolge der hexagonalen Kugelschichten in den Schichtlagen A, B oder C nach $N = 2, 3, 4, \ldots 50$ Schichten wiederholt [424], und er hat die Zahl von Stapelvarianten für CdI_2-, ZnS- und SiC-Polytypen [424,425] und für Schichtsilicate [426] berechnet. Ein anderes Verfahren, um in einfachen Fällen die Zahl von Stapelvarianten zu berechnen, wurde von IGLESIAS beschrieben [427].

Voraussetzung zur Anwendung des Verfahrens von WHITE ist die Aufstellung des Stammbaums von Gruppe-Untergruppe-Beziehungen und die Betrachtung der Orbits der interessierenden Punktlagen. Ausgehend vom Aristotyp müssen alle Untergruppen berücksichtigt werden, bei denen es zu Aufspaltungen von Orbits in nicht symmetrieäquivalente Orbits kommt. Der Stammbaum braucht nur so weit geführt zu werden, bis alle interessierenden Atomlagen symmetrisch unabhängig geworden sind (ohne Verzerrungsvarianten) oder bis eine vorgegebene Grenze für den Symmetrieabbau erreicht ist.

Die Raumgruppen (bei Molekülen: die Punktgruppen) des Stammbaums bezeichnen wir mit $\mathcal{G}_1, \mathcal{G}_2, \ldots$, wobei die Numerierung der Hierarchie abnehmender Symmetrie folgt; für zwei Gruppen $\mathcal{G}_i$ und $\mathcal{G}_j$, $i < j$, muss der Index von $\mathcal{G}_i$ in $\mathcal{G}_1$ kleiner oder gleich dem Index von $\mathcal{G}_j$ in $\mathcal{G}_1$ sein. $\mathcal{G}_1$ ist die Raumgruppe des Aristotyps. Es wird eine Matrix **M** berechnet, mit den Matrixelementen:

$$m_{ij} = \frac{1}{|\mathcal{G}_j|} \sum_{g \in \mathcal{G}_1} \chi(g\mathcal{G}_i g^{-1} \subseteq \mathcal{G}_j) \tag{19.4}$$

$$= I_j \frac{[\mathcal{G}_i \subseteq \mathcal{G}_j]}{[\mathcal{G}_i]} \tag{19.5}$$

Dabei ist:

	$\lvert\mathcal{G}_j\rvert$	= Ordnung der Gruppe $\mathcal{G}_j$
	g	= Symmetrieoperation von $\mathcal{G}_1$
	I_j	$= \dfrac{\lvert\mathcal{G}_1\rvert}{\lvert\mathcal{G}_j\rvert}$ = Index des Symmetrieabbaus von $\mathcal{G}_1$ nach $\mathcal{G}_j$
	$[\mathcal{G}_i]$	= Anzahl der zu $\mathcal{G}_i$ konjugierten Untergruppen in $\mathcal{G}_1$
	$[\mathcal{G}_i \subseteq \mathcal{G}_j]$	= Anzahl dieser Konjugierten, die auch Untergruppen von $\mathcal{G}_j$ sind
	χ(BED)	= 1, wenn die Bedingung BED erfüllt ist
	χ(BED)	= 0, wenn die Bedingung BED nicht erfüllt ist

χ(BED) wird die „charakteristische Funktion" genannt. In unserem Fall ist die Bedingung BED $= g\mathcal{G}_i g^{-1} \subseteq \mathcal{G}_j$, d. h. es ist festzustellen, ob bei Anwendung der Symmetrieoperationen g des Aristotyps auf die Gruppe $\mathcal{G}_i$ die Gruppe $\mathcal{G}_j$ erzeugt wird. Dabei müssen zur Bildung der Summe in Gleichung (19.4) alle Symmetrieoperationen des Aristotyps durchlaufen werden. Das schließt die Translationen des Aristotyps ein, die der größten Elementarzelle aller betrachteten Untergruppen entspricht; d. h. von der Elementarzelle des Aristotyps müssen so viele benachbarte Elementarzellen mitgezählt werden, wie in der größten Elementarzelle der Untergruppen enthalten sind. Bei tetragonalen, trigonalen, hexagonalen und kubischen Aristotypen müssen die mitgezählten Zellen mit dem Kristallsystem in Einklang stehen. Werden zum Beispiel die Hettotypen eines tetragonalen Aristotyps mit verdoppeltem a betrachtet, müssen nicht nur zwei Zellen des Aristotyps in Richtung **a** mitgezählt werden, sondern auch in Richtung **b**; anderenfalls wären die Gruppeneigenschaften des Aristotyps verletzt. Bei größeren Stammbäumen ist das ein erheblicher Rechenaufwand, der nur von einem schnellen Computer in vernünftiger Zeit bewältigt werden kann. Zur rechnerischen Bearbeitung werden die Symmetrieoperationen als (4×4)-Matrizen dargestellt [414, 416, 417].

Um von Hand zu rechnen, ist Gleichung (19.5) zweckmäßiger. Dazu wird eine Übersicht benötigt, wie viele Konjugierte in $\mathcal{G}_1$ es zu jeder Untergruppe gibt. Wie in Abschnitt 8.3 erläutert, kann dies mit Hilfe der Normalisatoren festgestellt werden. Anhand der Tabelle der euklidischen Normalisatoren in *International Tables A* finden wir zum Beispiel für $\mathcal{G}_6$ (hexagonale Achsenaufstellung) im Stammbaum von Abb. 14.2:

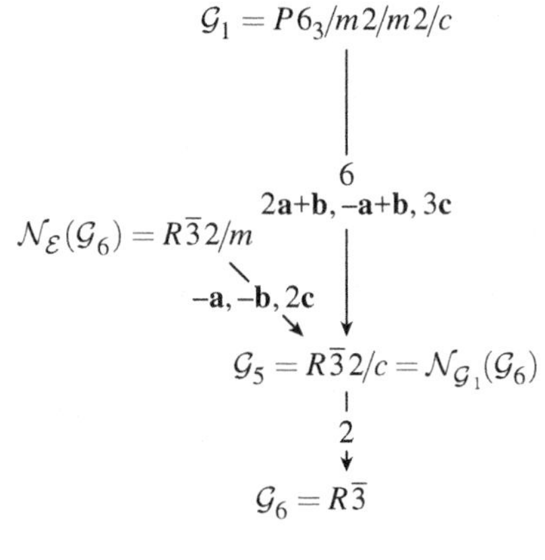

Der Index von $\mathcal{N}_{\mathcal{G}_1}(\mathcal{G}_6)$ in $\mathcal{G}_1$ beträgt 6; demgemäß gibt es zu $\mathcal{G}_6$ sechs in $\mathcal{G}_1$ konjugierte Gruppen. Sie unterscheiden sich in drei Lagen ihrer Ursprünge (die in $\mathcal{G}_1$ translatorisch äquivalent sind), jeweils in zwei Orientierungen, rhomboedrisch-obvers und -revers.

Die Matrix **M** ist eine Dreiecksmatrix, d. h. oberhalb der Hauptdiagonalen sind alle $m_{ij} = 0$. Alle Komponenten sind Nullen oder positive ganze Zahlen, und in der ersten Spalte stehen nur Einsen.

Wählen wir als Beispiel den Stammbaum in Abb. 14.2. In diesem sind die Raumgruppen von $\mathcal{G}_1$ bis $\mathcal{G}_9$ numeriert. Die Matrix dazu lautet:

$$\mathbf{M} = \begin{pmatrix} 1 & & & & & & & & \\ 1 & 2 & & & & & & & \\ 1 & 0 & 2 & & & & & & \\ 1 & 2 & 2 & 4 & & & & & \\ 1 & 0 & 2 & 0 & 1 & & & & \\ 1 & 2 & 2 & 4 & 1 & 2 & & & \\ 1 & 0 & 2 & 0 & 1 & 0 & 2 & & \\ 1 & 0 & 2 & 0 & 3 & 0 & 0 & 6 & \\ 1 & 2 & 2 & 4 & 3 & 6 & 6 & 6 & 12 \end{pmatrix} \qquad (19.6)$$

Mit Hilfe von Gleichung (19.5) errechnen sich zum Beispiel die Matrixelemente m_{64} und m_{65} dieser Matrix wie folgt:

$I_4 = 2 \cdot 2 = 4; \quad I_5 = 2 \cdot 3 = 6;$

$[\mathcal{G}_6] = 6$: zu $\mathcal{G}_6$ gehören 6 in $\mathcal{G}_1$ konjugierte Untergruppen (siehe oben);

$[\mathcal{G}_6 \subseteq \mathcal{G}_4] = 6$: alle 6 Konjugierten zu $\mathcal{G}_6$ (in $\mathcal{G}_1$) sind auch Untergruppen von $\mathcal{G}_4$;

$[\mathcal{G}_6 \subseteq \mathcal{G}_5] = 1$: nur eine der Konjugierten zu $\mathcal{G}_6$ ist auch Untergruppe von $\mathcal{G}_5$, nämlich diejenige mit gleicher Ursprungslage und gleicher Orientierung (obvers oder revers).

$$m_{64} = I_4 \frac{[\mathcal{G}_6 \subseteq \mathcal{G}_4]}{[\mathcal{G}_6]} = 4\frac{6}{6} = 4; \qquad m_{65} = I_5 \frac{[\mathcal{G}_6 \subseteq \mathcal{G}_5]}{[\mathcal{G}_6]} = 6\frac{1}{6} = 1$$

Ein Element m_{ij} ist immer und nur dann gleich Null, wenn die Raumgruppe $\mathcal{G}_i$ keine Untergruppe von $\mathcal{G}_j$ ist. Wird die Matrix **M** von einem Computer mit Hilfe der Gleichung (19.4) berechnet, so ergibt sich automatisch, ob es zwischen zwei Gruppen des Stammbaums eine Gruppe-Untergruppe-Beziehung gibt, auch bei nichtmaximalen Untergruppen. Bei komplizierteren Stammbäumen ergeben sich dann keine Fehler, falls im Stammbaum eine Beziehung zwischen zwei Gruppen übersehen wurde oder falls eine falsche Beziehung vermerkt wurde. Um **M** zu berechnen, kann sogar ganz darauf verzichtet werden, den Stammbaum aufzuzeichnen; es genügt eine vollständige, hierarchisch geordnete Liste der Untergruppen. *Allerdings dürfen in der Liste keine in $\mathcal{G}_1$ konjugierte Untergruppen vorkommen*; von jeder Konjugiertenklasse muss genau ein Vertreter berücksichtigt sein.

Zwei Untergruppen $\mathcal{G}_i$ und $\mathcal{G}_j$ sind nämlich per Definition dann konjugiert, wenn die Bedingung $g\mathcal{G}_i g^{-1} \subseteq \mathcal{G}_j$ für mindestens ein g erfüllt ist. Nach Gleichung (19.4) ergibt sich dann aber $m_{ij} > 0$. Da konjugierte Untergruppen jedoch die gleiche Ordnung haben, kann es zwischen ihnen keine Gruppe-Untergruppe-Beziehung geben. Ein berechneter Wert $m_{ij} > 0$ für zwei Gruppen gleicher Ordnung zeigt an, dass es sich um konjugierte Untergruppen handelt, von denen eine aus der Liste gestrichen werden muss. Dagegen dürfen nichtkonjugierte pare Untergruppen (Definiton 8.2) nicht in der Liste fehlen.

Für die weitere Rechnung wird die Inverse Matrix von **M** benötigt, $\mathbf{B} = \mathbf{M}^{-1}$. Da es sich um eine Dreiecksmatrix handelt, ist die Matrixinversion sehr einfach zu berechnen. Mit etwas Übung lässt sie sich leicht durch Kopfrechnen durchführen. Alle Diagonalelemente von **B** sind die Kehrwerte der Diagonalelemente von **M**, $b_{ii} = 1/m_{ii}$. Für die anderen Elemente gilt

$$b_{ij} = -b_{ii} \sum_{k=j}^{i-1} m_{ik} b_{kj}$$

Wenn die Matrix **B** zeilenweise von oben nach unten ausgerechnet wird, sind die b_{kj} schon bekannt, die zur Berechnung der b_{ij} benötigt werden.

Die Inverse zur obengenannten Matrix (19.6) lautet:

$$\mathbf{B} = \mathbf{M}^{-1} = \begin{pmatrix} 1 &&&&&&&& \\ -\frac{1}{2} & \frac{1}{2} &&&&&&& \\ -\frac{1}{2} & 0 & \frac{1}{2} &&&&&& \\ \frac{1}{4} & -\frac{1}{4} & -\frac{1}{4} & \frac{1}{4} &&&&& \\ 0 & 0 & -1 & 0 & 1 &&&& \\ 0 & 0 & \frac{1}{2} & -\frac{1}{2} & -\frac{1}{2} & \frac{1}{2} &&& \\ 0 & 0 & 0 & 0 & -\frac{1}{2} & 0 & \frac{1}{2} && \\ 0 & 0 & \frac{1}{3} & 0 & -\frac{1}{2} & 0 & 0 & \frac{1}{6} & \\ 0 & 0 & -\frac{1}{6} & \frac{1}{6} & \frac{1}{2} & -\frac{1}{4} & -\frac{1}{4} & -\frac{1}{12} & \frac{1}{12} \end{pmatrix}$$

Wenn ein Element $m_{ij} = 0$ ist, dann ist auch $b_{ij} = 0$. Die Summe aller b_{ij} einer Zeile von **B** ergibt immer 0 (ausgenommen die erste Zeile).

Außer der Matrix **B** muss noch für jede Raumgruppe des Stammbaums berechnet werden, auf wie viele Arten die verschiedenen Sorten von Atomen für eine gegebene chemische Zusammensetzung auf die betrachteten Orbits verteilt werden können. Dies geschieht mit Hilfe der Rechenregeln der Kombinatorik. In der Raumgruppe $\mathcal{G}_9$ von Abb. 14.2 sind zum Beispiel alle sechs Oktaederlücken symmetrieunabhängig; sollen zwei davon mit zwei gleichen Atomen besetzt werden und vier frei bleiben, so gibt es $v_9 = \binom{6}{2} = 15$ kombinatorische Verteilungsmöglichkeiten. In der Raumgruppe $\mathcal{G}_6 = R\overline{3}$ gibt es nur die folgenden drei Möglichkeiten zur Besetzung von zwei Oktaederlücken mit zwei gleichen Atomen (grau unterlegte Kästchen markieren die besetzten Oktaederlücken):

c_2	b	c_2
a	c_1	c_1

c_2	b	c_2
a	c_1	c_1

c_2	b	c_2
a	c_1	c_1

Eine allgemeine Formel zur Berechnung der Anzahl der kombinatorischen Möglichkeiten ist im nächsten Abschnitt angegeben.

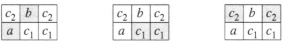

Für jede der Raumgruppen $\mathcal{G}_1$ bis $\mathcal{G}_9$ des Stammbaums wird so eine Zahl v_1 bis v_9 berechnet. Diese Zahlen werden zu einer Spalte $\mathbf{v} = (v_1, \ldots, v_9)^{\mathrm{T}}$ zusammengefasst. In ihnen stecken für eine gegebene chemische Zusammensetzung alle kombinatorischen Verteilungsmöglichkeiten der Atome auf die Orbits jeder der neun Raumgruppen. Bei den niedrigersymmetrischen Raumgruppen sind dabei auch diejenigen Verteilungen mitgezählt, die eine höhere Symmetrie haben, und gleichartige Strukturen können mehrfach gezählt sein. Von den drei im vorstehenden Bild gezeigten Möglichkeiten gehört zum Beispiel die erste (a und b besetzt) nicht zur Raumgruppe $\mathcal{G}_6 = R\overline{3}$, sie kann nämlich in der höhersymmetrischen Raumgruppe $\mathcal{G}_5 = R\overline{3}c$ bereits realisiert werden; die letzten beiden (c_1 bzw. c_2 besetzt) ergeben denselben Strukturtyp, es darf also nur eine davon berücksichtigt werden. Die Anzahl der *inäquivalenten* und der richtigen Raumgruppe zugeordneten Strukturtypen $z_1, \ldots, z_9$ ergibt sich gemäß:

$$\mathbf{z} = \mathbf{B}\mathbf{v} \qquad \text{mit} \quad \mathbf{z} = (z_1, \ldots, z_9)$$

Diese Zahlen sind unter Bezug auf den Stammbaum von Abb. 14.2 und für verschiedene chemische Zusammensetzungen in Tabelle 19.1 zusammengefasst. Die Gesamtzahlen für jede Zusammensetzung ergeben sich nach Gleichung (19.2) wenn man, im Einklang mit der chemischen Formel $A_aB_b\square_sX_6$, $x_1 = A$ und $x_2 = B$ nimmt und beim Koeffizienten des Potenzprodukts $x_1^a x_2^b$ nachsieht. Für die Zusammensetzung $A_2B_2\square_2X_6$ ($AB\square X_3$) zeigt der Koeffizient $11x_1^2x_2^2$ elf Strukturmöglichkeiten an; für $AB_2\square_3X_6$ sind es sechs ($6x_1x_2^2$).

Um die in der Spalte **v** zusammengefassten kombinatorischen Verteilungsmöglichkeiten berechnen zu können, muss für jede Raumgruppe $\mathcal{G}_i$ bekannt sein, wie viele verschiedene symmetrieäquivalente Atomlagen zu berücksichtigen sind und welche ihre Zähligkeiten sind. Ausgehend vom Aristotyp muss deshalb verfolgt werden, wie sich die Punktlagen von Gruppe zu Untergruppe entwickeln, insbesondere in welcher Weise sie sich in inäquivalente Lagen aufspalten. Die notwendigen Angaben finden sich *International Tables* A1.

Tabelle 19.1: Anzahl der inäquivalenten Strukturmöglichkeiten (= Komponenten von **z**) je nach Raumgruppe und chemischer Zusammensetzung bei Besetzung von Oktaederlücken in der hexagonal-dichtesten Kugelpackung mit verdreifachter, rhomboedrischer Elementarzelle (Abb. 14.2) [207]. X = Atome der Kugelpackung, A, B, C = Atome in den Oktaederlücken, □ = unbesetzte Oktaederlücken

	AX $\square X$		ABX_2 $A\square X_2$		AB_2X_3 $A\square_2X_3$ $\square B_2X_3$		$ABCX_3$ $AB\square X_3$		AB_5X_6 $A\square_5X_6$ $\square B_5X_6$		ABC_4X_6 $AB\square_4X_6$ $A\square C_4X_6$		$AB_2C_3X_6$ $AB_2\square_3X_6$ $A\square_2C_3X_6$ $\square B_2C_3X_6$	
	v	**z**	**v**	**z**	**v**	**z**	**v**	**z**	**v**	**z**	**v**	**z**	**v**	**z**
$\mathcal{G}_1 = P6_3/m2/m2/c$	1	1	0	0	0	0	0	0	0	0	0	0	0	0
$\mathcal{G}_2 = P\overline{3}2/m1$	1	0	2	1	0	0	0	0	0	0	0	0	0	0
$\mathcal{G}_3 = P\overline{3}12/c$	1	0	0	0	0	0	0	0	0	0	0	0	0	0
$\mathcal{G}_4 = P\overline{3}$	1	0	2	0	0	0	0	0	0	0	0	0	0	0
$\mathcal{G}_5 = R\overline{3}2/c$	1	0	0	0	1	1	0	0	0	0	0	0	0	0
$\mathcal{G}_6 = R\overline{3}$	1	0	4	1	3	1	6	3	2	1	2	1	4	2
$\mathcal{G}_7 = R32$	1	0	0	0	3	1	6	3	0	0	0	0	0	0
$\mathcal{G}_8 = R3c$	1	0	0	0	3	0	6	1	0	0	0	0	0	0
$\mathcal{G}_9 = R3$	1	0	20	1	15	0	90	4	6	0	30	2	60	4
Summe ($\widehat{=}$ Pólya)		1		3		3		11		1		3		6

19.3 Kombinatorische Berechnung der Verteilungsmöglichkeiten von Atomen auf gegebene Positionen

Es sei gegeben:

1. Die Elementarzelle einer Raumgruppe mit einer bestimmten (endlichen) Zahl von Punkten, die mit Atomen besetzt werden können. Die Punkte sind unterteilt in $Z_1 \cdot n_1$ Punkte der Zähligkeit Z_1, $Z_2 \cdot n_2$ Punkte der Zähligkeit Z_2 usw. Die Zähligkeit ist die Zahl der jeweils symmetrieäquivalenten Punkte in der *primitiven* Elementarzelle. $n_1, n_2, \ldots$ zeigen also an, wie viele Punkte der Zähligkeiten $Z_1, Z_2, \ldots$ in der primitiven Zelle vorkommen.
2. Eine Menge von a A-Atomen, b B-Atomen, ..., die im Einklang mit der Symmetrie auf die gegebenen Punkte der Elementarzelle verteilt werden sollen. Die Gesamtmenge der Atome ist maximal so groß wie die Gesamtmenge der verfügbaren Punkte. Einige Punkte dürfen unbesetzt bleiben.

Die Anzahl P der Kombinationen, mit der die Atome auf die Punkte verteilt werden können, kann mit folgender Rekursionsformel berechnet werden [428]:

$$P = \sum_{j=0}^{N_1} [\binom{n_1}{j} \sum_{k=0}^{N_2} [\binom{n_2}{k} \sum_{l=0}^{N_3} \cdots \sum_{y=0}^{N_{z-1}} [\binom{n_{z-1}}{y} [\binom{n_z}{N_z} P_{j,k,\ldots,y}]] \ldots]] \tag{19.7}$$

Dabei ist:

$$\left.\begin{aligned} &\binom{n}{0} = 1 \quad \binom{0}{0} = 1 \quad \binom{n}{k} = \frac{n!}{k!\,(n-k)!} \\ &N_1 = \min(n_1, \operatorname{int}(a/Z_1)) \\ &N_2 = \min(n_2, \operatorname{int}(\tfrac{a-jZ_1}{Z_2})) \\ &N_3 = \min(n_3, \operatorname{int}(\tfrac{a-jZ_1-kZ_2}{Z_3})) \\ &\text{usw.} \end{aligned}\right\} \tag{19.8}$$

$\min(u, v)$ = die kleinere der beiden Zahlen u oder v

$\operatorname{int}(\frac{x}{y})$ = ganzzahliges Ergebnis der Division x/y, mit oder ohne Rest

Die Reihenfolge $Z_1 \leq Z_2 \leq Z_3 \ldots$ ist einzuhalten. Die Zahl der Summenglieder (Summenzeichen) in Gleichung (19.7) ist so groß, dass die vorletzte Zahl $N_{z-1} > 0$ ist, und z ist kleiner oder gleich der Anzahl der vorkommenden Zähligkeiten.

Tritt bei der Berechnung der letzten Zahl N_z ein Rest bei der ganzzahligen Division int(...) auf oder ist dabei int(...) $> n_z$, so ist $P_{j,k,\ldots,y} = 0$. Anderenfalls ist $P_{j,k,\ldots,y} = 1$ falls keine B-Atome vorhanden sind; sind B-Atome vorhanden, ist $P_{j,k,\ldots,y}$ wiederum nach Gleichung (19.7) zu berechnen, jedoch mit den Werten $n'_1 = n_1 - j$, $n'_2 = n_2 - k, \ldots$ anstelle der Werte n_1, $n_2, \ldots$ und mit der Zahl b der B-Atome anstelle von a in den Gleichungen (19.8). Sind c C-Atome vorhanden, wiederholt sich das Spiel entsprechend mit der Zahl c in den Gleichungen (19.8) usw.

	$1a$	$1b$	$2c$	$2d$	$2e$	$3f$
1	A	A				B B B
2			A A			B B B
3	B		A A	B B		
4	B		A A		B B	
5		B	A A	B B		
6		B	A A		B B	
7				A A		B B B
8	B		B B	A A		
9	B			A A	B B	
10		B	B B	A A		
11		B		A A	B B	
12					A A	B B B
13	B		B B		A A	
14	B			B B	A A	
15		B	B B		A A	
16		B		B B	A A	

Abb. 19.4: Die 16 Kombinationen zur Verteilung von zwei A- und drei-B-Atomen auf Punkte der Punktlagen $1a$, $1b$ $2c$, $2d$, $2e$ und $3f$

Beispiel 19.1

$a = 2$ A-Atome und $b = 3$ B-Atome sollen auf Punkte der Wyckoff-Lagen $1a$, $1b$, $2c$, $2d$, $2e$ und $3f$ verteilt werden. $1a$ und $1b$ sind $n_1 = 2$ Lagen der Zähligkeit $Z_1 = 1$; $2c$, $2d$ und $2e$ sind $n_2 = 3$ Lagen der Zähligkeit $Z_2 = 2$; $3f$ ist $n_3 = 1$ Lage der Zähligkeit $Z_3 = 3$. Es gibt die 16 in Abb. 19.4 gezeigten Kombinationen.

Ausführlich ausgeschrieben lautet die Rekursionsformel (19.7) für dieses Beispiel:

Ausgangswerte:

$$\begin{aligned} a &= 2 \quad b = 3 \\ n_1 &= 2 \quad Z_1 = 1 \\ n_2 &= 3 \quad Z_2 = 2 \\ n_3 &= 1 \quad Z_3 = 3 \end{aligned}$$

Weil es $z = 3$ verschiedene Zähligkeiten gibt, treten in Gleichung (19.7) maximal drei Zahlen N_1, N_2 und N_3 auf, und maximal zwei ($= z - 1$) Summenzeichen mit den Laufindices j und k.

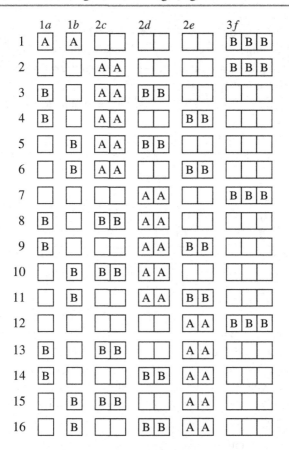

$N_1 = \min(2, \text{int}(\frac{2}{1})) = 2$; der Index j läuft von 0 bis 2
für $j = 0$ gilt $N_2 = \min(3, \text{int}(\frac{2-0}{2})) = 1$; der Index k läuft von 0 bis 1
für $j = 0$ und $k = 0$ gilt $N_3 = \min(1, \text{int}(\frac{2-0-0}{3})) = 0$ mit Rest bei der Division;
wegen des Restes ist $P_{0,0} = 0$
für $j = 0$ und $k = 1$ gilt $N_3 = \min(1, \text{int}(\frac{2-0-1\cdot 2}{3})) = 0$ ohne Rest
für $j = 1$ gilt $N_2 = \min(3, \text{int}(\frac{2-1\cdot 1}{2})) = 0$ mit Rest;
weil $N_2 = 0$ gibt es keinen Laufindex k und wegen des Restes ist $P_1 = 0$
für $j = 2$ gilt $N_2 = \min(3, \text{int}(\frac{2-2\cdot 1}{2})) = 0$ ohne Rest;
weil $N_2 = 0$ gibt es keinen Laufindex k

Damit ist Gleichung (19.7):

$$\begin{aligned} P &= \underbrace{\binom{n_1}{0}\binom{n_2}{0}\binom{n_3}{N_3}P_{0,0}}_{j=0,\,k=0} + \underbrace{\binom{n_1}{0}\binom{n_2}{1}\binom{n_3}{N_3}P_{0,1}}_{j=0,\,k=1} + \underbrace{\binom{n_1}{1}\binom{n_2}{N_2}P_1}_{j=1,\text{ kein }k} + \underbrace{\binom{n_1}{2}\binom{n_2}{N_2}P_2}_{j=2,\text{ kein }k} \\ &= \binom{2}{0}\binom{3}{0}\binom{1}{0}\cdot 0 + \binom{2}{0}\binom{3}{1}\binom{1}{0}P_{0,1} + \binom{2}{1}\binom{3}{0}\cdot 0 + \binom{2}{2}\binom{3}{0}P_2 \\ &= 3P_{0,1} + 1P_2 \end{aligned} \quad (19.9)$$

Zur Berechnung von $P_{0,1}$ wird erneut Gleichung (19.7) verwendet. Statt der Variablen j, k, N_1 usw. stehen im Folgenden j', k', N'_1, N'_2, N'_3 und $P'_{j',k'}$. Anstelle von n_2 tritt $n'_2 = n_2 - k = 3 - 1 = 2$; $n'_1 = n_1 = 2$, $n'_3 = n_3 = 1$. In den Gleichungen (19.8) tritt $b = 3$ an die Stelle von a. Es gilt $P'_{j',k'} = 1$ weil es keine C-Atome gibt, sofern nicht $P'_{j',k'} = 0$ wegen eines Restes bei der ganzzahligen Division. Es ergeben sich:

$N'_1 = \min(2, \text{int}(\frac{3}{1})) = 2$
für $j' = 0$: $N'_2 = \min(2, \text{int}(\frac{3-0}{2})) = 1$
für $j' = 0$ und $k' = 0$: $N'_3 = \min(1, \text{int}(\frac{3-0-0}{3})) = 1$ ohne Rest, $\rightarrow P'_{0,0} = 1$
für $j' = 0$ und $k' = 1$: $N'_3 = \min(1, \text{int}(\frac{3-0-1\cdot 2}{3})) = 0$ mit Rest, $\rightarrow P'_{0,1} = 0$
für $j' = 1$: $N'_2 = \min(2, \text{int}(\frac{3-1\cdot 1}{2})) = 1$
für $j' = 1$ und $k' = 0$: $N'_3 = \min(1, \text{int}(\frac{3-1\cdot 1-0}{3})) = 0$ mit Rest, $\rightarrow P'_{1,0} = 0$
für $j' = 1$ und $k' = 1$: $N'_3 = \min(1, \text{int}(\frac{3-1\cdot 1-1\cdot 2}{3})) = 0$ ohne Rest, $\rightarrow P'_{1,1} = 1$
für $j' = 2$: $N'_2 = \min(1, \text{int}(\frac{3-2\cdot 1}{3})) = 0$ mit Rest, $\rightarrow P'_2 = 0$, kein Laufindex k'

Damit ist:

$$\begin{aligned} P_{0,1} = &\underbrace{\binom{n'_1}{0}\binom{n'_2}{0}\binom{n'_3}{N'_3}\cdot P'_{0,0}}_{j'=0,\,k'=0} + \underbrace{\binom{n'_1}{0}\binom{n'_2}{1}\binom{n'_3}{N'_3}\cdot P'_{0,1}}_{j'=0,\,k'=1} + \underbrace{\binom{n'_1}{1}\binom{n'_2}{0}\binom{n'_3}{N'_3}\cdot P'_{1,0}}_{j'=1,\,k'=0} \\ &+ \underbrace{\binom{n'_1}{1}\binom{n'_2}{1}\binom{n'_3}{N'_3}\cdot P'_{1,1}}_{j'=1,\,k'=1} + \underbrace{\binom{n'_1}{2}\binom{n'_2}{N'_2}\cdot P'_2}_{j'=2,\text{ kein }k'} \end{aligned}$$

$$\begin{aligned}
&= \binom{2}{0}\binom{2}{0}\binom{1}{1}\cdot 1 + \binom{2}{0}\binom{2}{1}\binom{1}{0}\cdot 0 + \binom{2}{1}\binom{2}{0}\binom{1}{0}\cdot 0 \\
&\quad + \binom{2}{1}\binom{2}{1}\binom{1}{0}\cdot 1 + \binom{2}{2}\binom{2}{0}\cdot 0 \\
&= 5 \qquad (19.10)
\end{aligned}$$

Die Zahl 5 entspricht den je fünf Verteilungsmöglichkeiten für die B-Atome, die in Abb. 19.4 unter den Nummern 2–6, 7–11 und 12–16 abgebildet sind, wenn die A-Atome eine der zweizähligen Lagen 2*c*, 2*d* bzw. 2*e* besetzen.

P_2 wird entsprechend berechnet, mit den neuen Werten $n'_1 = n_1 - j = 2 - 2 = 0$ anstelle von n_1, $n'_2 = n_2 = 3$, $n'_3 = n_3 = 1$ und mit $b = 3$ anstelle von $a = 2$. Weil $n'_1 = 0$ ist $N'_1 = 0$ und j' kann nur den Wert 0 annehmen:

$N'_2 = \min(3, \mathrm{int}(\frac{3-0}{2})) = 1$

für $k' = 0$: $N'_3 = \min(1, \mathrm{int}(\frac{3-0-0}{3})) = 1$ ohne Rest, $\rightarrow P'_{0,0} = 1$

für $k' = 1$: $N'_3 = \min(1, \mathrm{int}(\frac{3-0-1\cdot 2}{3})) = 0$ mit Rest, $\rightarrow P'_{0,1} = 0$

$$\begin{aligned}
P_2 &= \underbrace{\binom{n'_1}{0}\binom{n'_2}{0}\binom{n'_3}{N'_3}\cdot P'_{0,0}}_{j'=0,\,k'=0} + \underbrace{\binom{n'_1}{0}\binom{n'_2}{1}\binom{n'_3}{N'_3}\cdot P'_{0,1}}_{j'=0,\,k'=1} \\
&= \binom{0}{0}\binom{3}{0}\binom{1}{1}\cdot 1 + \binom{0}{0}\binom{3}{0}\binom{1}{0}\cdot 0 \\
&= 1 \qquad (19.11)
\end{aligned}$$

Diese Zahl 1 entspricht der einen Möglichkeit, die B-Atome zu verteilen, wenn die A-Atome die Lagen 1*a* und 1*b* besetzen (Abb. 19.4, Kombination 1).

Durch Einsetzen der Gleichungen (19.10) und (19.11) in Gleichung (19.9) ergibt sich die Gesamtzahl der Kombinationen zu:

$$P = 3 \cdot 5 + 1 \cdot 1 = 16$$

Die Berechnung nach Gleichung (19.7) erfolgt zweckmäßigerweise mit einem Computerprogramm, das eine Prozedur aufruft, die jeweils den Ausdruck nach einem Summenzeichen errechnet. Kommt nach einem Summenzeichen erneut ein Summenzeichen vor, so ruft die Prozedur sich selbst wieder auf, bis alle Summen abgearbeitet sind.

19.4 Herleitung möglicher Kristallstrukturtypen bei gegebener Molekülstruktur

Anstatt wie in Abschnitt 19.1 zu überlegen, wie Atome auf gegebene Plätze (zum Beispiel Oktaederlücken) verteilbar sind, kann man auch von einer vorgegebenen Molekülstruktur ausgehen und überlegen, wie die Moleküle gepackt werden können und welche Raumgruppen dabei auftreten können. Für Moleküle mit unregelmäßiger Gestalt, wie bei der Mehrzahl der organischen Moleküle, sind geometrische Überlegungen nicht besonders hilfreich. Anders ist das bei anorganischen Molekülen, die oft als Ausschnitte aus einer Kugelpackung angesehen werden können. Die Vorgehensweise sei am Beispiel der Packung von dimeren Pentahalogeniden erläutert.

Pentachloride, -bromide und -iodide wie $(NbCl_5)_2$, $(UCl_5)_2$, $(WBr_5)_2$, $(TaI_5)_2$ bestehen aus Molekülen der Punktsymmetrie $2/m\,2/m\,2/m$ (Abb. 19.5). Die Halogen-Atome spannen zwei kantenverknüpfte Oktaeder auf. Kantenverknüpfte Oktaeder kommen auch in dichtesten Kugelpackungen vor (Abb. 14.1). Tatsächlich packen sich $(MX_5)_2$-Moleküle so, dass die Halogen-Atome eine dichteste Kugelpackung bilden, in der ein fünftel der Oktaederlücken besetzt ist. Dabei gibt es drei wichtige Einschränkungen: 1. Es müssen immer Paare von benachbarten Oktaederlücken besetzt sein; 2. Alle Oktaederlücken neben dem Molekül müssen unbesetzt bleiben; 3. Die Moleküle können nur bestimmte Orientierungen in der Kugelpackung einnehmen. Außerdem wollen wir unterstellen, dass keine Lage der Kugelpackung selbst vakant bleibt (was tatsächlich immer erfüllt ist).

In Abb. 19.5 ist gezeigt, wie sich ein $(MX_5)_2$-Molekül in eine hexagonal-dichteste Kugelpackung von X-Atomen einpasst. Von den zweizähligen Drehachsen des Moleküls stimmt nur diejenige, die durch die beiden Zentralatome verläuft, in ihrer Richtung mit einer zweizähligen Drehachse der Kugelpackung überein (parallel zu $\mathbf{b}_{hex}$). Die anderen beiden Drehachsen des Moleküls sind um 35,3° bzw. −54,7° gegen die c-Achse der Kugelpackung geneigt. Dabei gibt es zwei entgegengesetzte Neigungen, je nachdem, ob die Oktaederlücken zwischen Schichten *A* und *B* oder zwischen *B* und *A* in der Schichtenfolge *ABAB*... besetzt sind.

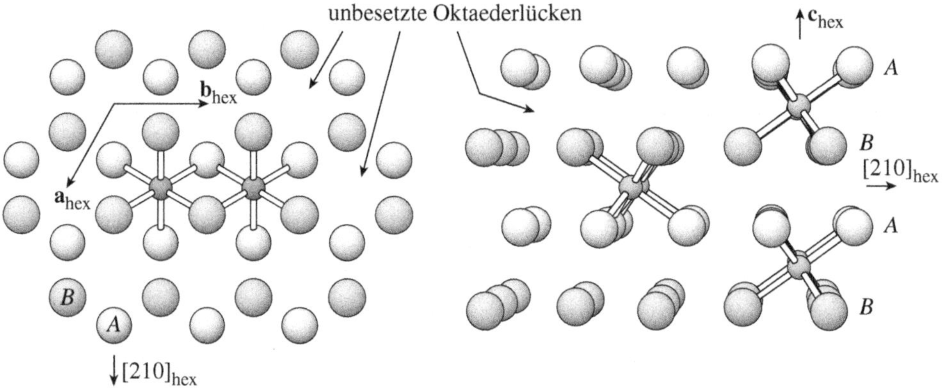

Abb. 19.5: Einbettung eines $(MX_5)_2$-Moleküls in eine hexagonal-dichteste Kugelpackung

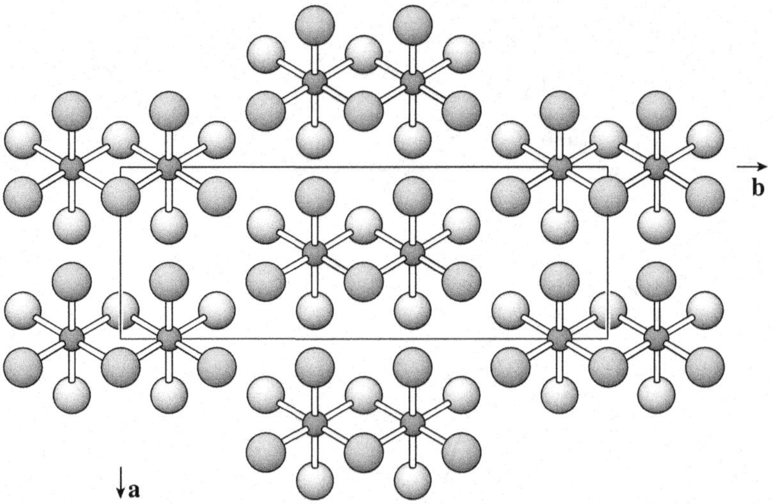

Abb. 19.6: Die einzige Möglichkeit zur dichten Packung von $(MX_5)_2$-Molekülen in einer Schicht; Schichtgruppe $c\,1\,2/m\,1$

Weil die Symmetrieachsen von Molekül und Kugelpackung nur in einer Richtung übereinstimmen, kann weder die volle Symmetrie des Moleküls noch diejenige der Kugelpackung erhalten bleiben. Die höchstmögliche Punktgruppe für die Moleküle ist $2/m$, eine Untergruppe von $2/m\,2/m\,2/m$. Von den Symmetrieachsen der Raumgruppe der Kugelpackung, $P6_3/m\,2/m\,2/c$, können die 6_3-, $\overline{6}$-, $\overline{3}$-, und 3-Achsen nicht erhalten bleiben. Wegen der Bedingung, dass die Oktaederlücken neben einem Molekül unbesetzt bleiben müssen, entfallen die Spiegelebenen senkrecht zu **c**, ebenso wie die 2-Achsen in Richtung [210], denn diese Symmetrieelemente verlaufen durch X-Atome.

Es gibt weitere geometrische Einschränkungen. Wenn in der Stapelfolge *ABAB*... der X-Atome nur Oktaederlücken zwischen *A* und *B* zu $\frac{2}{5}$ besetzt werden, und die zwischen *B* und *A* frei bleiben (Stapelfolge $A\gamma_{2/5}B\square$; γ = Atome in Oktaederlücken) entstehen Schichten von Molekülen, in denen es nur eine einzige Anordnungsmöglichkeit für die Moleküle gibt (Abb. 19.6). Die Schicht hat die Schichtgruppe $c\,1\,2/m\,1$. Die Schichten lassen sich mit verschiedenen gegenseitigen Versetzungsmöglichkeiten stapeln, und sie können dabei auch um 120° gegeneinander verdreht sein.

Wenn Oktaederlücken zwischen *A* und *B* und zwischen *B* und *A* besetzt werden, Stapelfolge $A\gamma_{2/5-n}B\gamma'_n$, ist die dichteste Packung nur realisierbar, wenn gleich geneigte Moleküle in Richtung $\mathbf{c}_{\text{hex}}$ säulenartig genau übereinandergestapelt sind, wie die beiden Moleküle, die in Abb. 19.5 ganz rechts gezeigt sind. Zweizählige Drehachsen und Spiegelebenen sind nur in Blickrichtung **b** möglich (parallel zur Verbindungslinie M–M im Molekül). In anderen Blickrichtungen sind 2_1-Achsen und Gleitspiegelebenen möglich, sofern $n = \frac{1}{5}$ (Stapelfolge $A\gamma_{1/5}B\gamma'_{1/5}$); es gibt dann gleich viele Molekülsäulen der beiden möglichen Molekülneigungen. *c*-Gleitspiegelebenen sind nur senkrecht zu **b** möglich. Weitere Details siehe bei [429].

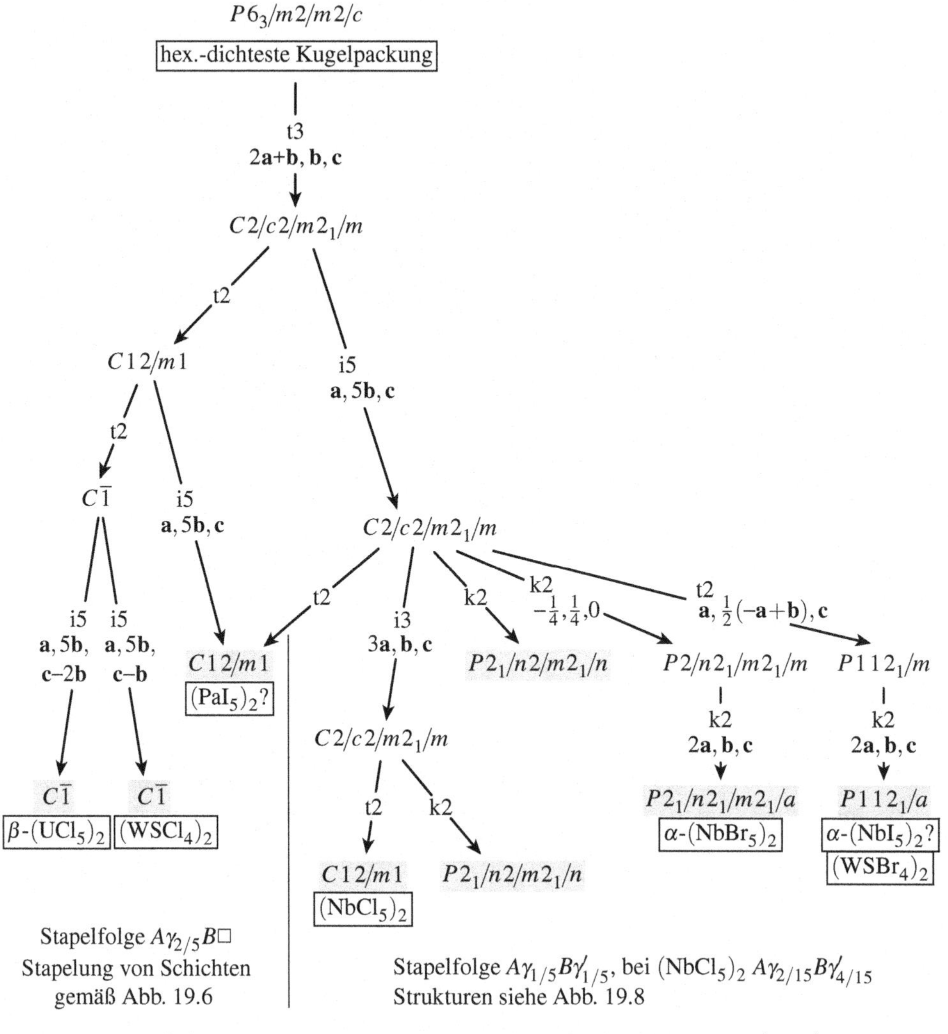

Abb. 19.7: Mögliche Raumgruppen (grau unterlegt) für Kristallstrukturen von $(MX_5)_2$-Molekülen bei hexagonal-dichtester Packung der X-Atome. Es sind nur Raumgruppen mit maximal zwei symmetrieunabhängigen M-Atomen berücksichtigt, jedoch mit symmetrieäquivalenten M-Atomen im einzelnen Molekül. Die Aufstellung $C2/c2/m2_1/m$ (konventionell $C2/m2/c2_1/m$) wurde gewählt, damit in allen Raumgruppen die **b**-Achse parallel zur intramolekularen M–M-Verbindungslinie liegt. $C\bar{1}$ ist eine nichtkonventionelle Aufstellung von $P\bar{1}$ (Zentrierung wie in Abb. 19.6)

Da zentrosymmetrische Moleküle fast ausnahmslos in zentrosymmetrischen Raumgruppen kristallisieren (Seite 226), lassen wir nichtzentrosymmetrische Raumgruppen außer Betracht. Außerdem sollte es nur wenige nicht symmetrieäquivalente M-Atome geben. Mit all den genannten Einschränkungen können nur noch einige bestimmte Untergruppen von $P6_3/m2/m2/c$ vorkommen. Der zugehörige Bärnighausen-Stammbaum zeigt, in welchen Raumgruppen $(MX_5)_2$-Moleküle bei hexagonal-dichtester Packung von X-Atomen

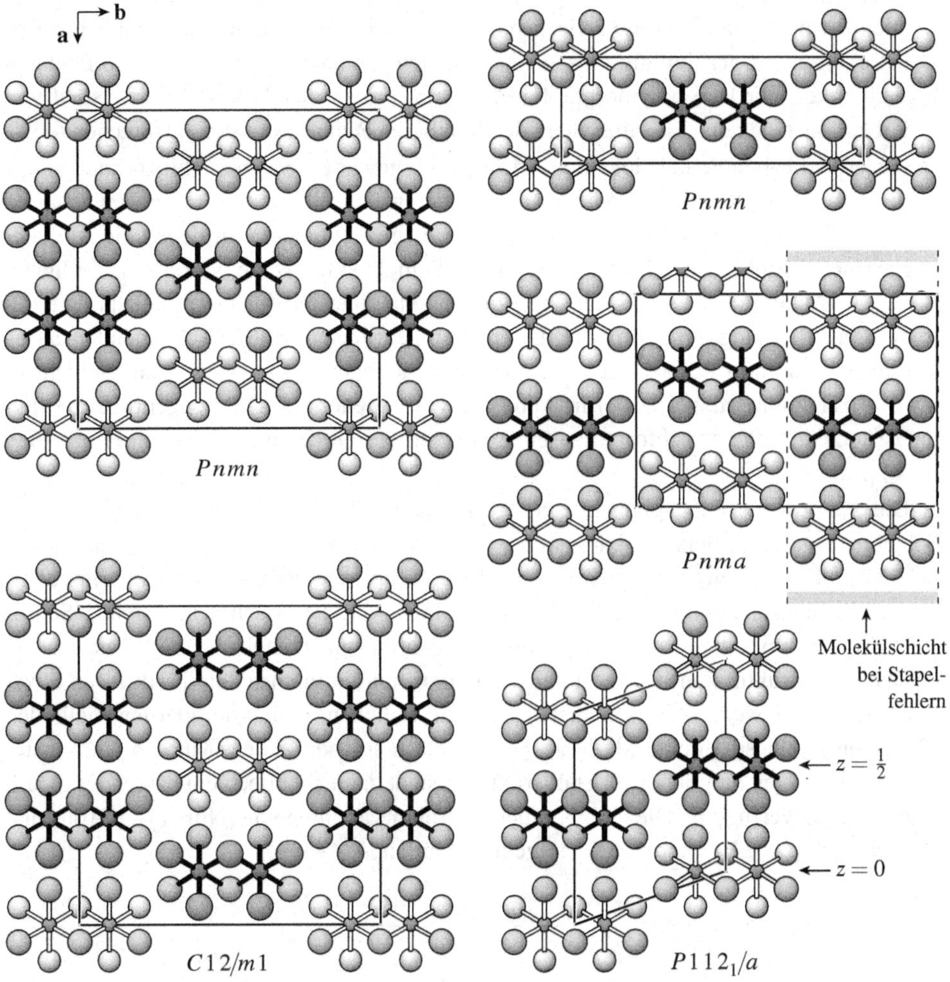

Abb. 19.8: Packungsmöglichkeiten für $(MX_5)_2$-Moleküle mit M-Atomen in $z = 0$ und $z = \frac{1}{2}$ $(A\gamma_{2/5-n}B\gamma'_n)$

kristallisieren können (Abb. 19.7). Weil ein fünftel der Oktaederlücken zu besetzen ist, muss es immer einen Schritt mit einer isomorphen Untergruppe vom Index 5 geben. In Abb. 19.7 wurden nur Raumgruppen aufgenommen, bei denen maximal zwei symmetrisch unabhängige Metall-Atome vorkommen. Die zugehörigen Molekülpackungen sind in Abb. 19.8 abgebildet. Zu weiteren Möglichkeiten, auch für andere Kugelpackungen mit den zugehörigen Bärnighausen-Stammbäumen, siehe [429]. Für einige der möglichen Raumgruppen sind noch keine Vertreter bekannt.

In ähnlicher Weise wurden die möglichen Raumgruppen und Kristallstrukturen für andere Halogenide hergeleitet, zum Beispiel für Moleküle MX_6 [430], Ketten MX_4 aus kantenverknüpften Oktaedern [431] und Ketten MX_5 aus eckenverknüpften Oktaedern [432].

Die intermolekularen Kräfte zwischen den Molekülen sind für alle der denkbaren Kristallstrukturen nur geringfügig verschieden. Dementsprechend treten bei diesen Pentahalogeniden verschiedene polymorphe Formen auf; vom $(MoCl_5)_2$ sind zum Beispiel vier Modifikationen bekannt, die alle einem der denkbaren Packungsmuster entsprechen [433].

Außerdem haben Pentahalogenide $(MX_5)_2$ eine gewisse Tendenz, fehlgeordnet zu kristallisieren. Dabei treten im Röntgenbeugungsdiagramm diffuse Streifen neben scharfen Bragg-Reflexen auf. Diffuse Streifen bedeutet, es gibt Schichten, in denen die Moleküle geordnet gepackt sind, aber die Abfolge der Schichten hat keine periodische Ordnung. Weil es in Richtung **b** die wenigsten Molekülkontakte gibt, sind die intermolekularen Kräfte in dieser Richtung am geringsten. Die in sich geordneten Molekülschichten verlaufen senkrecht zu **b** und sind mal um $+\frac{1}{2}\mathbf{a}$, mal um $-\frac{1}{2}\mathbf{a}$ gegenseitig versetzt (eine Schicht ist im Bild zur Raumgruppe $Pnma$ in Abb. 19.8 hervorgehoben). Die fehlgeordnete Struktur ist letztlich eine Mischform zwischen den Strukturen der Raumgruppen $Pnma$ und $P112_1/a$.

Die Bragg-Reflexe entsprechen einer ‚gemittelten' Struktur, die sich ergibt, wenn alle Schichten in eine Schicht projiziert werden. Diese gemittelte Struktur hat die Raumgruppe $C2/c2/m2_1/m$, welches die gemeinsame Obergruppe aller möglichen Raumgruppen ist (die triklinen ausgenommen); es ist diejenige, die in Abb. 19.7 nach dem ersten i5-Schritt steht. In der gemittelten Struktur sind die Oktaederlücken scheinbar partiell besetzt. Die tatsächliche Struktur kann nur ermittelt werden, wenn die Intensitäten der diffusen Streifen ausgewertet werden (was mühsam ist). Die üblichen Strukturaufklärungsmethoden (Patterson-Synthese, direkte Methoden) versagen in solchen Fällen. Mit den wie vorstehend hergeleiteten möglichen Kristallstrukturen steht dann aber doch ein passendes Strukturmodell zur Verfügung. Die fehlgeordneten Strukturvarianten von $(NbBr_5)_2$, $(TaI_5)_2$ und ähnlich auch $(MoCl_4)_6$ konnten so aufgeklärt werden [434–436].

19.5 Übungsaufgaben

Lösungen auf Seite 378

19.1. Nehmen Sie an, beim Prisma in Abb. 19.2 seien die Kanten ②–③ und ⑤–⑥ kürzer als die übrigen Kanten, so dass die Punktgruppe nicht $\overline{6}m2$ sondern $2mm$ ist. Berechnen Sie, auf wie viele verschiedene Arten eine, zwei oder drei Ecken mit einer Farbe markiert werden kann.

19.2. Berechnen Sie, wie viele Isomere es bei quadratisch-pyramidalen Molekülen der Zusammensetzungen MX_3YZ und MX_2Y_2Z geben kann (M = Zentralatom; X, Y, Z = Liganden). Wieviele davon sind chiral?

19.3. Nehmen Sie den rechten Zweig des Stammbaums von Abb. 14.10, bis zur Untergruppe $I4/mmm$. Berechnen Sie, wie viele verschiedene Strukturtypen es für die Zusammensetzungen ABX_2 und ABX_4 in der Raumgruppe $I4/mmm$ geben kann.

Historische Anmerkungen 20

Gegenstand der Kristallographie war jahrhundertelang nicht viel mehr als die Beschreibung natürlich vorkommender und aus Lösungen oder Schmelzen hergestellter Kristalle. Sie erregten Aufmerksamkeit wegen ihrer regelmäßigen Gestalt, der ebenen Flächen und der Spaltbarkeit parallel zu diesen Flächen. Frühe Erkenntnisse waren:

> Das Gesetz der Winkelkonstanz zwischen den Kristallflächen, 1669 von NIELS STENSEN formuliert; er stammte aus Kopenhagen und seine geologischen Studien in der Toskana gelten als Ausgangspunkt der modernen Geologie.
>
> Das Symmetriegesetz von RENÉ JUST HAÜY: wenn eine Kristallform verändert wird durch Kombination mit anderen Formen, ändern sich alle ähnlichen Teile (Kanten, Flächen, Winkel) gleichermaßen.
>
> Das Gesetz der rationalen Indices von HAÜY (1784), wonach sich jede Kristallfläche durch drei meist kleine, ganze Zahlen erfassen lässt.

Das Zerbrechen von Kalkspat-Kristallen zu immer kleineren Kristallen gleicher Gestalt führte HAÜY zur Annahme eines kleinsten Parallelepipeds (‚molécule intégrante') als Baustein eines Kristalls. LUDWIG SEEBER konnte dann 1824 bestimmte Kristalleigenschaften erklären, indem er chemische Moleküle in den Eckpunkten der Parallelepipede annahm. Der Grundgedanke von Elementarzelle und Translationssymmetrie war damit gelegt.

Im 19. Jahrhundert setzte die mathematische Behandlung der Symmetrie ein. Basierend auf dem Gesetz der rationalen Indices leiteten LUDWIG FRANKENHEIM (1826), JOHANN FRIEDRICH CHRISTIAN HESSEL (1830) und AXEL GADOLIN (1867) die 32 Kristallklassen ab, von denen einige noch nie bei Kristallen beobachtet worden waren.

Der Klassifikation der 14 Gitter der Translationen durch AUGUSTE BRAVAIS (1850) folgte die Klassifikation der unendlich ausgedehnten, regelmäßigen Systeme von Punkten. Nach den 1863 zuerst erschienenen *Grundzügen der Weltordnung* von CHR. WIENER [437]

> „findet Regelmäßigkeit in der Anordnung gleicher Atome dann statt, wenn jedes Atom die anderen in übereinstimmender Weise um sich gestellt hat."

U. Müller, *Symmetriebeziehungen zwischen Kristallstrukturen*,
https://doi.org/10.1007/978-3-662-67166-5_20

In der *Entwickelung einer Theorie der Krystallstruktur* von L. SOHNCKE (1879) [438] wird der Kristall gedanklich durch ein System konkreter Massenpunkte ersetzt, in welchem es stets einen kleinsten Punktabstand gibt:

> „Um jeden Punkt herum ist die Anordnung der übrigen dieselbe wie um jeden anderen Punkt.“

Im Buch von SOHNCKE sind ausführliche Hinweise auf die noch weiter zurückliegende geschichtliche Entwicklung zu finden, etwa von R. HOOKE (1667), CHR. HUYGENS (1690) und W. H. WOLLASTON (1813).

SOHNCKE, EWGRAF STEPANOWITSCH VON FEDOROW (1891), ARTHUR SCHOENFLIES (1891) und WILLIAM BARLOW (1894) haben dann die zugrundeliegenden Ebenen- und Raumgruppen abgeleitet. F. HAAG (1887) stellte die Hypothese auf, dass Kristallstrukturen regelmäßige Anordnungen von Atomen mit der Symmetrie einer Raumgruppe sein sollten. Dies war zu jener Zeit noch genauso spekulativ wie die Strukturmodelle von SOHNCKE und BARLOW, zum Beispiel ein Modell des NaCl-Typs (das sie keiner Substanz zuordneten).

Der experimentelle Beweis folgte erst 1912, als WALTHER FRIEDRICH und PAUL KNIPPING auf Anregung durch MAX VON LAUE das erste Röntgenbeugunsexperiment durchführten. Die ersten Kristallstrukturbestimmungen an einfachen anorganischen Materialien (NaCl, KCl, Diamant u. a.) folgten dann durch WILLIAM HENRY BRAGG und WILLIAM LAWRENCE BRAGG.

Die Darstellung der Raumgruppen durch SCHOENFLIES und FEDOROW war für die Anwendung bei der Kristallstrukturbestimmung ungeeignet. Einen entscheidenden Fortschritt brachte die geometrische Beschreibung der Raumgruppen mit Hilfe von Symmetrieelementen und Punktlagen durch PAUL NIGGLI in seinem Buch *Geometrische Kristallographie des Diskontinuums* (1919) [439]. RALPH W. G. WYCKOFF hat daraufhin Tabellen und Diagramme der Elementarzellen mit Symmetrieelementen und speziellen Punktlagen angefertigt [440]. Zusammen mit Tabellen von W. T. ASTBURY und KATHLEEN YARDLEY [441] waren sie die Grundlage für die dreisprachigen *Internationale Tabellen zur Bestimmung von Kristallstrukturen*, die von CARL HERMANN 1935 herausgegeben wurden [28]. In diesen Tabellen kamen die Hermann-Mauguin-Symbole zum Einsatz, die HERMANN 1928 eingeführt hatte [58] und von CHARLES MAUGUIN ergänzt wurden [59].

FEDOROW hat in seinem 1920 erschienen Hauptwerk *Das Krystallreich* eine umfangreiche Sammlung von kristallmorphologischen Daten zusammengetragen [442]. 1904 hatte er in einer 159 Seiten langen Ausarbeitung zwei Gesetze formuliert [443]. Im ersten, das ein „Gesetz deductiver Art“ ist, das also auf „allgemeinen Principien der exacten Naturwissenschaft beruht“, wird festgestellt:

> „Eine Vertheilung sämmtlicher Krystalle in zwei Typen, den kubischen und hypohexagonalen.“

Das zweite Gesetz, das „inductiver Art“ ist, „dessen Richtigkeit allein auf unzähligen Thatsachen beruht,“ lautet:

> „Sämmtliche Krystalle sind entweder pseudotetragonal oder pseudohexagonal im weitesten Sinne des Wortes, d. h. wenn man sogar solche Abweichungen als extreme Fälle zulässt, wie 20°. Der Hauptwerth dieses Gesetzes liegt also darin, dass die Abweichungen um so seltener auftreten, je grösser ihr zahlenmässiger Ausdruck."

Man vergleiche dies mit den Aspekten 1 und 2 des in Abschnitt 1.1 genannten Symmetrieprinzips.

PAUL NIGGLI hat in seinem Lehrbuch der Mineralogie, Band II (1926) [444], die Ansicht von FEDOROW ausdrücklich unterstützt. Wegen seiner Unbeweisbarkeit wurde das Symmetriegesetz von ihm jedoch als fruchtbare Arbeitshypothese oder philosophische Doktrin bewertet. Wörtlich heißt es weiter:

> „Die kubischen und die hexagonalen Kristallarten sind die typischen Repräsentanten kristalliner Substanz, und jede Abweichung von den zwei möglichen Höchstsymmetrien hat ihre besondere Ursache, ist durch die Komplexheit der Kristallbausteine bedingt."

Schließlich betont NIGGLI, dass es nicht selten „mehrfache Anklänge an höhere Symmetrie" gibt, aber das sei „eher eine Bestätigung als ein Gegenbeweis für das Bestreben möglichst symmetrischer Entwicklung".

FRITZ LAVES war der erste und für lange Zeit der einzige, der das Symmetrieprinzip als Leitlinie verwendet hat [445–447]. In seiner Arbeit *Phase stability in metals and alloy phases* (1967) schreibt er:

> „In Kristallstrukturen besteht eine starke Tendenz zur Ausbildung hochsymmetrischer Anordnungen."

Das ist eine Beschränkung auf Aspekt 1 des Symmetrieprinzips in unserer Fassung. Für LAVES war es eines von drei Grundprinzipien. Die anderen beiden waren das Prinzip der dichtesten Packung und das Prinzip der höchstmöglichen Verknüpfung der Bausteine in einem Kristall.

Die systematische Nutzung von Gruppe-Untergruppe-Beziehungen beginnt mit einer Publikation von HERMANN im Jahre 1929 über Untergruppen der Raumgruppen [60]. Dort wird die Unterscheidung von zellengleichen (d. h. translationengleichen) und klassengleichen Untergruppen eingeführt. Die translationengleichen Untergruppen wurden, im Gegensatz zu den klassengleichen, in die Ausgabe der *Internationale Tabellen zur Bestimmung von Kristallstrukturen* von 1935 aufgenommen, aber in der späteren Ausgabe der Tabellen von 1952 weggelassen. Erst 1983 wurden die Untergruppen wieder in die *International Tables* aufgenommen [14], nun auch die klassengleichen, wenn auch in unvollständiger Form.

„Atome der gleichen Sorte neigen dazu, äquivalente Positionen einzunehmen" ist die wesentliche Aussage in einer fundamentalen Arbeit von G. O. BRUNNER aus dem Jahre 1971 [32]; BRUNNER war Schüler von LAVES. Nach diesem Prinzip werden aus den unendlich vielen dichtesten Kugelpackungen die kubisch-dichteste und die hexagonal-dichteste Kugelpackung selektiert. Im Formalismus der Stapelfolgen sind das die Sequenzen *ABC* und *AB*. Schon die nächstmögliche Stapelfolge *ABAC* erfordert eine Verteilung der Atome auf zwei kristallographisch verschiedene, also symmetrisch inäquivalente Punktlagen.

Eine ausführliche Ausarbeitung zum Wechselspiel zwischen Symmetrie und Kristallpackung von organischen Molekülen wurde von A. I. KITAIGORODSKII (1955) publiziert [273]. Allerdings wird die Symmetrie von ihm nicht als Ordnungsprinzip eingesetzt, sondern daraufhin untersucht, welche Kristallsymmetrie mit der Packung von organischen Molekülen je nach deren Symmetrie und Gestalt vereinbar ist. Das Prinzip der dichtesten Packung steht dabei immer im Vordergrund. In einer Tabelle ist zusammengestellt, welche Raumgruppen je nach der Molekülsymmetrie vornehmlich in Betracht kommen.

Die vollständige Tabellierung aller Untergruppen der Raumgruppen erfolgte ab 1966 durch JOACHIM NEUBÜSER und HANS WONDRATSCHEK [30]. Ein wichtiger Teil davon wurde 1983 in den neuen Band *A* der *International Tables* aufgenommen [14], aber erst 2004 wurde diese umfangreiche Arbeit unter Mitwirkung von MOIS AROYO und YVES BILLIET zum Abschluss gebracht und dann in *International Tables* A1 publiziert [16]. HARTMUT BÄRNIGHAUSEN bekam das von Anfang an mit, als er zur selben Zeit wie WONDRATSCHEK Assistent an der Universität Freiburg war. Den wissenschaftlichen Kontakt hielten beide aufrecht, nachdem sie beide Professoren an der Universität Karlsruhe geworden waren. Dieser Kontakt war der Nährboden, auf dem BÄRNIGHAUSEN das Konzept der Stammbäume entwickelte, die Gegenstand dieses Buches sind.

Mit dem Aufkommen des Internets wurde der *Bilbao Crystallographic Server* 1997 von JUAN MANUEL PÉREZ-MATO und MOIS AROYO an der Universität des Baskenlands ins Leben gerufen. Seine Datenbanken und Rechenprogramme sind auch Bestandteil der *Symmetry Database* der Internationalen Union für Kristallographie.

Teil 3

Erweiternde Exkurse zu speziellen Themen

Isomorphe Untergruppen

21

Wie in Satz 7.6 und in Abschnitt 12.3 erwähnt, können die Indices von maximalen isomorphen Untergruppen nur Primzahlen $p \neq 1$, Quadrate von Primzahlen p^2 oder Kubikzahlen von Primzahlen p^3 sein. Dabei sind oft nur bestimmte Primzahlen erlaubt. In diesem Kapitel werden die Gründe dafür ausgeführt, zusammen mit einem kleinen Exkurs in die Zahlentheorie.

Eine isomorphe Untergruppe hat immer eine um den ganzzahligen Faktor i vergrößerte Elementarzelle, wobei i der Index der Symmetriereduktion ist.

Wenn $i \geq 3$, gibt es in der Regel i konjugierte Untergruppen, die sich durch die Lage ihrer Zellursprünge unterscheiden (Translations-Konjugation, vgl. Abschnitt 8.1). Das gilt nicht bei Zellvergrößerungen in Richtungen, in denen der Ursprung „schwimmt", also bei Raumgruppen, deren Zellursprung nicht durch die Symmetrie fixiert ist. Pare isomorphe Untergruppen (verschiedene gleichartige Konjugiertenklassen; Abschnitt 8.3) treten auf, wenn $i = 2$, zudem in einigen Fällen bei trigonalen und hexagonalen Raumgruppen, wenn $i = 3$, und bei bestimmten tetragonalen, trigonalen und hexagonalen Raumgruppen, wenn $i \geq 5$ (Seite 318ff.).

Bei **triklinen**, **monoklinen** und **orthorhombischen Raumgruppen** ist der Index einer maximalen isomorphen Untergruppe eine beliebige Primzahl p. Die Primzahl $p = 2$ ist jedoch immer dann ausgeschlossen, wenn die Elementarzelle in einer Richtung parallel zu 2_1-Achsen vergrößert wird oder wenn in dieser Richtung Gleitkomponenten von Gleitspiegelungen vorhanden sind. Der Grund dafür ist in Abb. 21.1 zu sehen.

Außerdem ist der Index 2 bei basiszentrierten monoklinen und orthorhombischen Raumgruppen ausgeschlossen, wenn die Elementarzelle in der Zentrierungsebene vergrößert wird. Es gibt aber bei einigen basiszentrierten Raumgruppen nichtmaximale isomorphe Untergruppen vom Index $4n$ (n = ganze Zahl), die über eine primitive Zwischengruppe erreicht werden (Abb. 21.2 links). Der Index 2 ist auch bei flächen- und innenzentrierten orthorhombischen Raumgruppen ausgeschlossen; in einigen Fällen gibt es aber nichtmaximale isomorphe Untergruppen vom Index 8 (Abb. 21.2 rechts).

Kubische Raumgruppen haben nur maximale isomorphe Untergruppen mit Index p^3, $p \geq 3$. Ursache ist die Bedingung, dass auch in den Untergruppen $a' = b' = c'$ gelten muss,

U. Müller, *Symmetriebeziehungen zwischen Kristallstrukturen*,
https://doi.org/10.1007/978-3-662-67166-5_21

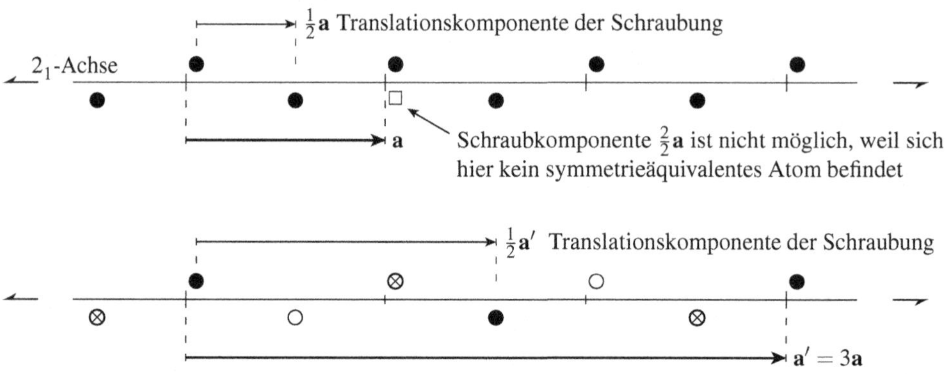

Abb. 21.1: Der Translationsvektor parallel zu einer 2_1-Achse kann nicht verdoppelt werden. Eine Vergrößerung um ein ungerades Vielfaches ist möglich

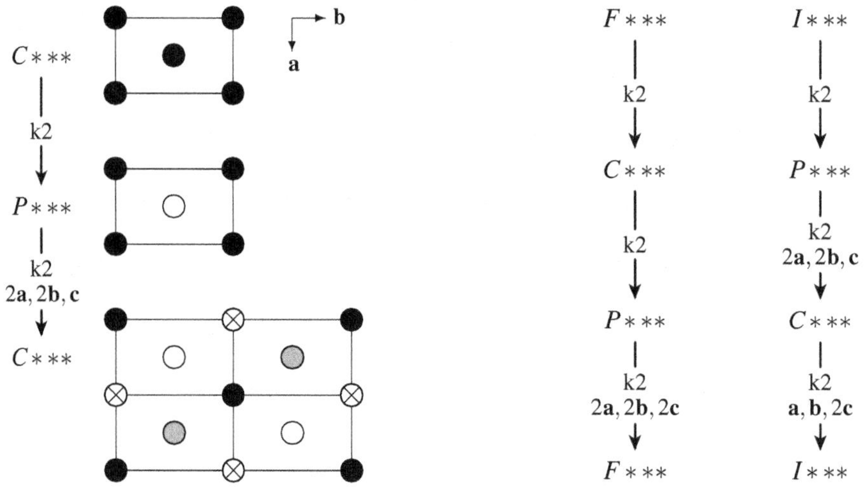

Abb. 21.2: Links: Eine *C*-zentrierte monokline oder orthorhombische Raumgruppe hat bei Vergrößerung in der *a*-*b*-Ebene keine isomorphe Untergruppe vom Index 2, kann aber solche vom Index 4 haben; ∗∗∗ steht für 121, 1*m*1, 1*c*1, 12/*m*1, 12/*c*1, 222, *mm*2, *m*2*m* 2*mm*, *cc*2, *mmm*, *mcm*, *cmm* oder *ccm*. Rechts: Die orthorhombischen Raumgruppen *F*∗∗∗ und *I*∗∗∗, ∗∗∗ = 222, *mm*2, *m*2*m*, 2*mm* oder *mmm*, haben keine isomorphen Untergruppen vom Index 2 oder 4, aber vom Index 8

wobei die Richtungen der Achsen erhalten bleiben müssen. Isomorphe Untergruppen mit Index 8 (= 2^3; $2\mathbf{a}, 2\mathbf{b}, 2\mathbf{c}$) sind möglich, sofern keine Schraubenachsen oder Gleitspiegelebenen vorhanden sind, die eine Verdoppelung der Gitterparameter verhindern. Die isomorphen Untergruppen vom Index 8 sind aber nicht maximal, sondern werden über eine Zwischengruppe mit anderer Zentrierung erreicht (folgend steht ∗ für 2, 4, $\overline{4}$ oder *m*; es kann in der letzten Blickrichtung fehlen; 3 kann auch $\overline{3}$ sein):

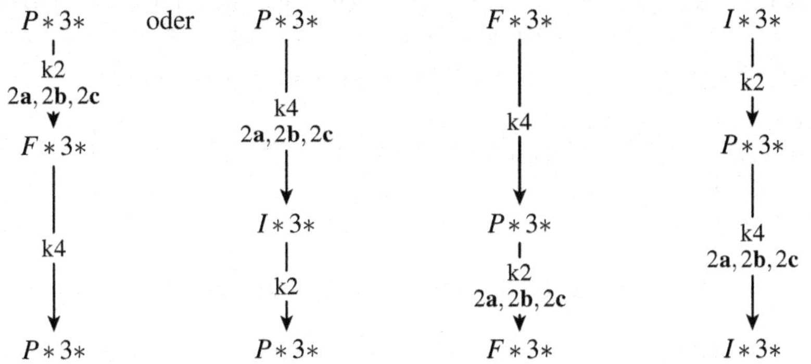

Tetragonale, trigonale und **hexagonale Raumgruppen, Zellvergrößerungen in Richtung c**. Für die maximalen isomorphen Untergruppen gilt bei Vervielfachung von **c** analog wie bei orthorhombischen Raumgruppen: Die Indices können beliebige Primzahlen sein; $p = 2$ ist jedoch ausgeschlossen bei innen- oder flächenzentrierten Zellen, oder wenn es 4_2- oder 6_3-Achsen oder Gleitspiegelebenen mit Gleitkomponente in Richtung **c** gibt (Gleitspiegelebenen *c*, *d* oder *n* senkrecht zu **a** oder **a** − **b**). Besondere Einschränkungen gelten für rhomboedrische Raumgruppen und wenn es Schraubenachsen 3_1, 3_2, 4_1, 4_3, 6_1, 6_2, 6_4 oder 6_5 gibt. Die zugehörigen erlaubten Primzahlen sind in Tab. 21.1 zusammengestellt.

Tetragonale Raumgruppen, Zellvergrößerungen in der *a*-*b*-Ebene. Bei isomorphen Untergruppen von tetragonalen Raumgruppen, deren Zelle in der *a*-*b*-Ebene vergrößert ist, muss die Bedingung $a' = b'$ und der rechte Winkel zwischen **a**′ und **b**′ gewahrt bleiben.

Der Index $p = 2$ erfordert eine Basistransformation **a**−**b**, **a**+**b**, **c** (oder **a**+**b**, −**a**+**b**, **c**) und kommt vor, wenn die Zelle primitiv ist und in den Richtungen **a** und **a** − **b** keine 2_1-Achsen oder Gleitkomponenten von Gleitspiegelebenen vorhanden sind.

In den Kristallklassen 422, 4*mm*, $\bar{4}2m$, $\bar{4}m2$ und 4/*mmm* sind Symmetrieelemente in den Blickrichtungen **a** und **a** − **b** vorhanden. Mit der Basistransformation **a** − **b**, **a** + **b**, **c** ($p = 2$) gibt es nur dann isomorphe Untergruppen, wenn die Symmetrieelemente in den Blickrichtungen **a** und **a** − **b** von gleicher Art sind, zum Beispiel bei *P*422, *P*4*mm* oder *P*4/*mcc*; anderenfalls kommt es zu einem Tausch, zum Beispiel $P4_2mc$ —k2→ $P4_2cm$ oder $P\bar{4}2m$ —k2→ $P\bar{4}m2$, und die maximale Untergruppe ist klassengleich, aber nicht isomorph. Wird die Zelle erneut verdoppelt, kehrt man in der nun vervierfachten Zelle zu den ursprünglichen Achsenrichtungen zurück. In diesem Fall gibt es nichtmaximale isomorphe Untergruppen mit Indexwerten, die durch 4 teilbar sind, wie zum Beispiel rechts gezeigt.

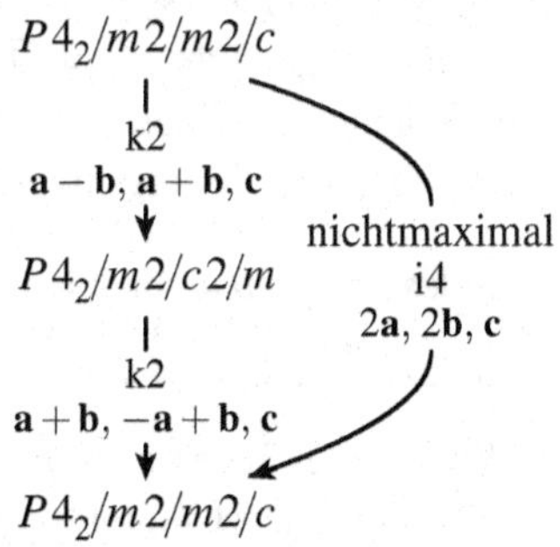

In ähnlicher Weise gibt es über die jeweils primitive Zwischengruppe nichtmaximale isomorphe Untergruppen der Raumgruppen *I*422, *I*4*mm* und *I*4/*mmm* (Index 4; Basis **a** − **b**, **a** + **b**, 2**c**), sowie von $I\bar{4}m2$ und $I\bar{4}2m$ (Index 8; Basis 2**a**, 2**b**, 2**c**).

Tabelle 21.1: Erlaubte Indices der Symmetriereduktion bei maximalen isomorphen Untergruppen von tetragonalen, trigonalen und hexagonalen Raumgruppen mit Schraubenachsen bei Vervielfachung von **c**

Schrauben-achse*	mögliche Indices p†	Anmerkungen
4_1	$4n-1$	Wechsel $4_1 \to 4_3$; irrelevant bei I-Zellen, weil sie 4_1 und 4_3 haben
4_1	$4n+1$	
4_2	≥ 3	
4_3	$4n-1$	Wechsel $4_3 \to 4_1$; irrelevant bei I-Zellen, weil sie 4_1 und 4_3 haben
4_3	$4n+1$	
R	2 oder $6n-1$	Transformation $\mathbf{a}' = -\mathbf{a}$, $\mathbf{b}' = -\mathbf{b}$ oder Wechsel obvers $\rightleftharpoons$ revers
R	$6n+1$	
3_1	2 oder $6n-1$	Wechsel $3_1 \to 3_2$
3_1	$6n+1$	
3_2	2 oder $6n-1$	Wechsel $3_2 \to 3_1$
3_2	$6n+1$	
6_1	$6n-1$	Wechsel $6_1 \to 6_5$
6_1	$6n+1$	
6_2	2 oder $6n-1$	Wechsel $6_2 \to 6_4$
6_2	$6n+1$	
6_3	≥ 3	
6_4	2 oder $6n-1$	Wechsel $6_4 \to 6_2$
6_4	$6n+1$	
6_5	$6n-1$	Wechsel $6_5 \to 6_1$
6_5	$6n+1$	

* R = rhomboedrische Raumgruppe, hexagonale Achsenaufstellung
† p = Primzahl; n = beliebige ganze positive Zahl

Mit Indices $i > 3$ gibt es in den Kristallklassen 422, $4mm$, $\bar{4}m2$, $\bar{4}2m$ und $4/mmm$ nur maximale isomorphe Untergruppen vom Index p^2 (p = beliebige Primzahl ≥ 3), Basistransformation $p\mathbf{a}$, $p\mathbf{b}$, $\mathbf{c}$.

In den Kristallklassen 4, $\bar{4}$ und $4/m$ sind in den Richtungen **a** und $\mathbf{a} - \mathbf{b}$ keine Symmetrieelemente vorhanden. Die Basisvektoren $\mathbf{a}', \mathbf{b}'$ der isomorphen Untergruppe haben vielfältige Orientierungsmöglichkeiten, wobei für maximale Untergruppen gilt:

Index p^2 mit $p = 4n - 1$, Basistransformation $p\mathbf{a}$, $p\mathbf{b}$, $\mathbf{c}$; oder

Index $p = 2$ oder $p = q^2 + r^2 = 4n + 1$, q, r, n = ganzzahlig $\neq 0$.

Im Fall des Index $p = q^2 + r^2 = 4n + 1$ gibt es genau zwei Konjugiertenklassen mit je p konjugierten Untergruppen. Die Konjugiertenklassen (pare Untergruppen) haben die beiden in Abb. 21.3 gezeigten Orientierungen, zum einen mit dem Wertepaar q, r, zum anderen mit vertauschten Zahlen für q und r. Wie in der Abbildung zu erkennen ist, ist der Gitterparameter für beide Untergruppen nach Pythagoras $a' = a\sqrt{q^2 + r^2}$ und die Basisfläche ist um den Faktor $p = q^2 + r^2$ vergrößert.

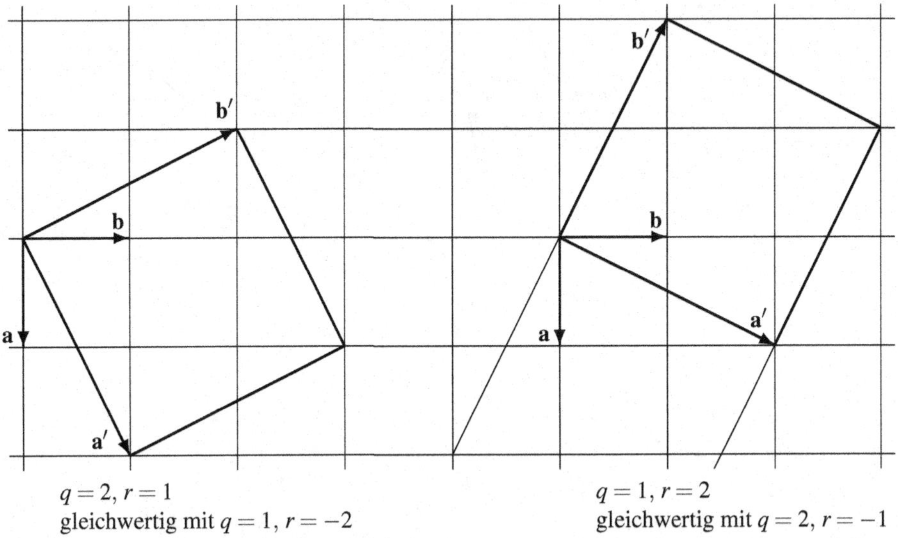

Abb. 21.3: Zellvergrößerungen $\mathbf{a}' = q\mathbf{a} + r\mathbf{b}$, $\mathbf{b}' = -r\mathbf{a} + q\mathbf{b}$, $\mathbf{c}$ bei tetragonalen Raumgruppen für die Wertepaare $q=2$, $r=1$ und $q=1$, $r=2$ der beiden paren isomorphen Untergruppen mit Index $p = 5 = 2^2 + 1^2 = 1^2 + 2^2$

Trigonale und hexagonale Raumgruppen, Zellvergrößerungen in der *a*-*b*-Ebene. Bei isomorphen Untergruppen von trigonalen und hexagonalen Raumgruppen, deren Zelle in der *a*-*b*-Ebene vergrößert ist, muss ebenfalls die Bedingung $a' = b'$ erfüllt bleiben, mit einem Winkel von 120° zwischen $\mathbf{a}'$ und $\mathbf{b}'$.

In den Kristallklassen 321, 312, 3*m*1, 31*m*, $\bar{3}m1$, $\bar{3}1m$, 622, 6*mm*, $\bar{6}m2$, $\bar{6}2m$ und 6/*mmm* sind Symmetrieelemente in den Blickrichtungen **a** und/oder $\mathbf{a} - \mathbf{b}$ vorhanden. Es gibt maximale isomorphe Untergruppen mit der Basistransformationen $p\mathbf{a}$, $p\mathbf{b}$, $\mathbf{c}$, Index p^2 für jede Primzahl $p \neq 3$. Maximale isomorphe Untergruppen vom Index 3 gibt es nur bei der Kristallklasse 622 und bei den Raumgruppen $P6mm$, $P6cc$, $P6/mmm$ und $P6/mcc$, Basistransformation $2\mathbf{a} + \mathbf{b}$, $-\mathbf{a} + \mathbf{b}$, $\mathbf{c}$. Bei den übrigen Raumgruppen dieser Kristallklassen sind die Untergruppen vom Index 3 klassengleich mit einem Wechsel 321 $\rightleftharpoons$ 312, 3*m*1 $\rightleftharpoons$ 31*m*, $P6_3mc \rightleftharpoons P6_3cm$ usw. Es gibt dann nichtmaximale isomorphe Untergruppen mit Index 3^{2n} und Basistransformationen $p\mathbf{a}$, $p\mathbf{b}$, $\mathbf{c}$, $p = 3^n$.

In den Kristallklassen 3, $\bar{3}$, 6, $\bar{6}$ und 6/*m* gibt es keine Symmetrieelemente in den Richtungen **a** und $\mathbf{a} - \mathbf{b}$. Für maximale isomorphe Untergruppen gibt es zwei Möglichkeiten:

Index p^2 mit $p = 2$ oder $p = 6n - 1$, Basistransformation $p\mathbf{a}$, $p\mathbf{b}$, $\mathbf{c}$; oder

Index $p = 3$ oder $p = q^2 - qr + r^2 = 6n + 1$, q, r, n = ganzzahlig positiv, $q > r > 0$.

Im Fall des Index $p = q^2 - qr + r^2 = 6n + 1$ gibt es zwei Konjugiertenklassen mit je p konjugierten Untergruppen. Für die eine gilt das Wertepaar q, r und die Basisvektoren sind $q\mathbf{a} + r\mathbf{b}$, $-r\mathbf{a} + (q - r)\mathbf{b}$, $\mathbf{c}$; bei der anderen ist r durch $q - r$ ersetzt, und die Basisvektoren sind $q\mathbf{a} + (q - r)\mathbf{b}$, $(r - q)\mathbf{a} + r\mathbf{b}$, $\mathbf{c}$ (Abb. 21.4). Die Gitterparameter sind $a' = b' = a\sqrt{p}$.

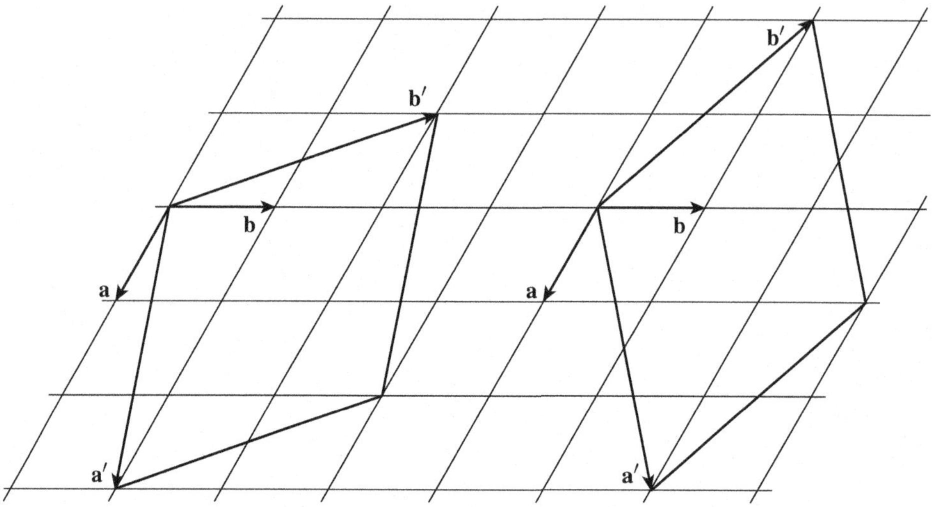

$q = 3, r = 1$ (erfüllt $q > r$)
gleichwertig mit $q = 2, r = 3$

$q = 3, r = 2$ (erfüllt $q > r$)
gleichwertig mit $q = 1, r = 3$

Abb. 21.4: Zellvergrößerung $\mathbf{a}' = q\mathbf{a} + r\mathbf{b}$, $\mathbf{b}' = -r\mathbf{a} + (q-r)\mathbf{b}$, $\mathbf{c}$ für die Wertepaare $q = 3, r = 1$ und $q = 3, r = 2$ der beiden Konjugiertenklassen von isomorphen trigonalen oder hexagonalen Untergruppen mit Index $p = 7 = 3^2 - 3 \cdot 1 + 1^2 = 3^2 - 3 \cdot 2 + 2^2$

Etwas Zahlentheorie: die isomorphen Untergruppen der Kristallklassen 4, $\bar{4}$, 4/*m*, 3, $\bar{3}$, 6, $\bar{6}$ und 6/*m*

Tetragonale Raumgruppen. Die möglichen Indexwerte und die Anzahl der isomorphen tetragonalen Untergruppen mit der Zellvergrößerung $q\mathbf{a} + r\mathbf{b}$, $-r\mathbf{a} + q\mathbf{b}$, $\mathbf{c}$ (Abb. 21.3) lassen sich mit Hilfe der Zahlentheorie untersuchen [137]. Es gilt: wenn die Summe von zwei Quadratzahlen eine Primzahl ist, $q^2 + r^2 = p$, dann ist diese Primzahl $p = 2$ oder $p = 4n+1$ (Satz von Fermat). Jede Primzahl $p = 4n+1$ kann als Summe von zwei Quadratzahlen ausgedrückt werden. Die Indices der maximalen Untergruppen können also $i = 2$ und die Primzahlen $i = p = 4n+1$ sein.

Wenn die Untergruppe nicht maximal ist, kann es für denselben Index mehr als zwei Möglichkeiten zur Zellvergrößerung geben, jede für eine Konjugiertenklasse von Untergruppen. Um festzustellen, wie viele Konjugiertenklassen es sind, werden die Teiler des Index i ermittelt und es wird festgestellt, wie viele davon von der Sorte $4n+1$, $2n$ und $4n-1$ sind:

$$i \left\{ \begin{array}{lcl} \text{Zahl der Teiler } 4n+1 & = & Z_+ \\ \text{Zahl der Teiler } 2n & \rightarrow & 0 \\ -\text{Zahl der Teiler } 4n-1 & = & \underline{-Z_-} \end{array} \right.$$
$$\text{Summe} = \text{Zahl der Konjugiertenklassen}$$

Beispiel 21.1

Die Zahl 10 hat die Teiler 1, 2, 5 und 10:

$$i = 10 \left\{ \begin{array}{ll} \text{Teiler } 4n+1: \ 1,\ 5 & Z_+ = 2 \\ \text{Teiler } 2n: \ 2,\ 10 & \rightarrow 0 \\ -\text{Teiler } 4n-1: \ \text{keine} & \underline{-Z_- = 0} \end{array} \right.$$

$$\text{Summe} = 2$$

Es gibt zwei Konjugiertenklassen von isomorphen tetragonalen Untergruppen mit Index 10. Sie haben die Wertepaare $q, r = 1, 3$ und $q, r = 3, 1$; $1^2 + 3^2 = 3^2 + 1^2 = 10$. Sie werden in zwei Schritten des Symmetrieabbaus erreicht, einer vom Index 2 und einer vom Index 5 (oder umgekehrt).

Beispiel 21.2

$$i = 21 \left\{ \begin{array}{ll} \text{Teiler } 4n+1: \ 1,\ 21 & Z_+ = 2 \\ \text{Teiler } 2n: \ \text{keine} & \rightarrow 0 \\ -\text{Teiler } 4n-1: \ 3,\ 7 & \underline{-Z_- = -2} \end{array} \right.$$

$$\text{Summe} = 0$$

Die Zahl 21 kann nicht als Summe von zwei Quadratzahlen dargestellt werden. Es gibt keine tetragonale isomorphe Untergruppe mit Index 21 bei Zellvergrößerung in der *a*-*b*-Ebene.

Beispiel 21.3

$$i = 25 \left\{ \begin{array}{ll} \text{Teiler } 4n+1: \ 1,\ 5,\ 25 & Z_+ = 3 \\ \text{Teiler } 2n: \ \text{keine} & \rightarrow 0 \\ -\text{Teiler } 4n-1: \ \text{keine} & \underline{-Z_- = 0} \end{array} \right.$$

$$\text{Summe} = 3$$

Es gibt drei Konjugiertenklassen mit Index 25. Sie haben die Wertepaare $q, r = 4, 3$; $q, r = 3, 4$; $q, r = 5, 0$; $4^2 + 3^2 = 3^2 + 4^2 = 5^2 + 0^2 = 25$.

Das Verfahren gilt auch für Primzahlen. Alle Primzahlen $p = 4n + 1$ enthalten die beiden Teiler 1 und p der Sorte $4n + 1$. Für jede Primzahl $p = 4n + 1$ gibt es genau zwei Konjugiertenklassen. Die Primzahlen $p = 4n - 1$ enthalten den Teiler 1 der Sorte $4n + 1$ und den Teiler $p = 4n - 1$; daraus folgt $Z_+ = 1$ und $Z_- = 1$, $Z_+ - Z_- = 0$, womit es für keine dieser Primzahlen eine Untergruppe gibt (es gilt immer: wenn $q^2 + r^2 = p$, dann $p \neq 4n - 1$).

Trigonale und hexagonale Raumgruppen. Für die möglichen Indexwerte der maximalen isomorphen trigonalen und hexagonalen Untergruppen mit der Zellvergrößerung $q\mathbf{a} + r\mathbf{b}$, $-r\mathbf{a} + (q - r)\mathbf{b}$, $\mathbf{c}$ gilt (Abb. 21.4): wenn die Summe $p = q^2 - qr + r^2$ eine Primzahl ist, dann ist diese Primzahl $p = 3$ oder $p = 6n + 1$. Für jede Primzahl $p = 6n + 1$ lassen sich zwei solcher Summen finden, die eine mit q, r, die andere mit $q, (q - r)$; $q > r > 0$.

Bei nichtmaximalen Untergruppen mit Index i kann es mehr als zwei Möglichkeiten zur Vergrößerung der hexagonalen Zelle geben, jede für eine Konjugiertenklasse von Untergruppen. Ihre Anzahl ergibt sich aus den Teilern der Zahl i:

$$i \begin{cases} \text{Zahl der Teiler } 3n+1 & = \; Z_+ \\ \text{Zahl der Teiler } 3n & \rightarrow \; 0 \\ -\text{Zahl der Teiler } 3n-1 & = -Z_- \end{cases}$$
$$\text{Summe} = \text{Zahl der Konjugiertenklassen}$$

Beispiel 21.4

$$i=21 \begin{cases} \text{Teiler } 3n+1: \; 1, 7 & Z_+ = 2 \\ \text{Teiler } 3n: \; 3, 21 & \rightarrow 0 \\ -\text{Teiler } 3n-1: \; \text{keine} & -Z_- = 0 \end{cases}$$
$$\text{Summe} = 2$$

Es gibt zwei Konjugiertenklassen von hexagonalen isomorphen Untergruppen mit Index 21, mit den Wertepaaren $q, r = 5, 1$ und $q, r = 5, 4$;
$5^2 - 5 \cdot 1 + 1^2 = 5^2 - 5 \cdot 4 + 4^2 = 21$.

Beispiel 21.5

$$i=25 \begin{cases} \text{Teiler } 3n+1: \; 1, 25 & Z_+ = 2 \\ \text{Teiler } 3n: \; \text{keine} & \rightarrow 0 \\ -\text{Teiler } 3n-1: \; 5 & -Z_- = -1 \end{cases}$$
$$\text{Summe} = 1$$

Es gibt eine Konjugiertenklasse mit Index 25: $q = 5$, $r = 0$; $5^2 - 5 \cdot 0 + 0^2 = 25$.

21.1 Übungsaufgaben

Lösungen auf Seite 380

21.1. Kann es von folgenden Raumgruppen isomorphe Untergruppen vom Index 2 geben?
$P12/c1$, $P2_12_12$, $P2_1/n2_1/n2/m$, $P4/m2_1/b2/m$, $P6_122$.

21.2. Auf Seite 317 wird behauptet, es gäbe nichtmaximale isomorphe Untergruppen der Raumgruppen $I4/m2/m2/m$, Index 4, und $I\bar{4}m2$, Index 8, obwohl es keine maximalen isomorphen Untergruppen vom Index 2 gibt. Stellen Sie die Beziehungen auf.

21.3. Gibt es von der Raumgruppe $P4_2/m$ isomorphe maximale Untergruppen bei Zellvergrößerung in der a-b-Ebene mit den Indices 4, 9, 11 und 17? Wenn ja, wie sind Basisvektoren zu transformieren?

21.4. Wie viele isomorphe Untergruppen vom Index 65 gibt es von $P4/n$?

21.5. Kristallines $PtCl_3$ besteht aus Pt_6Cl_{12}-Clustern und Ketten von kantenverknüpften Oktaedern der Zusammensetzung $PtCl_4$ [448]. Die Chlor-Atome bilden für sich in guter Näherung eine kubisch-dichteste Kugelpackung, wobei $\frac{1}{37}$ der Atomlagen der Kugelpackung vakant ist (in den Mitten der Pt_6Cl_{12}-Cluster). Die Pt-Atome besetzen Oktaederlücken der Kugelpackung. $PtCl_3$ kristallisiert rhomboedrisch, Raumgruppe $R\overline{3}$, $a = 2121$ pm, $c = 860$ pm. Die Symmetrie der Kugelpackung ($a_{\text{kub}} \approx 494$ pm) kann zunächst in zwei Schritten zu einer Zwischengruppe $R\overline{3}$ abgebaut werden:

$$Fm\overline{3}m \text{ —t4; } \tfrac{1}{2}(-\mathbf{a}+\mathbf{b}), \tfrac{1}{2}(-\mathbf{b}+\mathbf{c}), \mathbf{a}+\mathbf{b}+\mathbf{c} \rightarrow \; R\overline{3}m^{(\text{hex})} \text{ —t2} \rightarrow \; R\overline{3}^{(\text{hex})}$$

Berechnen Sie die Gitterparameter dieser Zwischengruppe. Wie ergibt sich aus deren Zelle die Zelle von $PtCl_3$? Welcher ist der Index der Symmetriereduktion?

21.6. Zeigen Sie mit Hilfe einer der Beziehungen aus Abb. 8.7 (Seite 126), warum es bei isomorphen Untergruppen der Raumgruppe $P4/m$, Index 5, genau zwei Konjugiertenklassen von paren Untergruppen gibt. Der euklidische Normalisator von $P4/m$ ist $P4/mmm$ mit $\frac{1}{2}(\mathbf{a}-\mathbf{b})$, $\frac{1}{2}(\mathbf{a}+\mathbf{b})$, $\frac{1}{2}\mathbf{c}$.

Zur Theorie der Phasenumwandlungen

22

Dieses Kapitel ist eine Ergänzung zu den Ausführungen in den Abschnitten 16.1 und 16.2 und soll zum Verständnis des physikalisch-chemischen Hintergrunds von Phasenumwandlungen im festen Zustand beitragen. In die Theorie der Phasenumwandlungen wird damit aber nur ein kleiner Einblick gegeben.

22.1 Thermodynamische Aspekte bei Phasenumwandlungen

In Abschnitt 16.1.1 ist die Definition 16.2 von Phasenumwandlungen erster und zweiter Ordnung nach EHRENFEST genannt. Ausschlaggebend für die Einteilung sind die Ableitungen der freien Enthalpie nach der Temperatur, dem Druck oder anderen Zustandsvariablen. Welche Rolle die Ableitungen spielen, wird in Abb. 22.1 illustriert. Dort ist für zwei Phasen schematisch gezeigt, wie deren freie Enthalpien G_1 und G_2 von der Temperatur abhängen. Bei der Phasenumwandlung erster Ordnung kreuzen sich die beiden Kurven am Umwandlungspunkt T_c. Stabiler ist jeweils die Phase, deren G-Wert tiefer liegt; diejenige mit dem höheren G-Wert kann metastabil existieren. Beim Wechsel von der Kurve G_1 zu G_2 am Punkt T_c ändert sich die Kurvensteigung plötzlich, die erste Ableitung springt also diskontinuierlich von einem auf einen anderen Wert.

Bei der Phasenumwandlung zweiter Ordnung gibt es keine metastabilen Phasen. Die punktierte Kurve G_2 gibt den hypothetischen (berechneten oder extrapolierten) Verlauf für die Hochtemperaturmodifikation unterhalb von T_c wieder. Die Kurve G_1 endet bei T_c, wo sie mit gleicher Steigung, aber anderer Krümmung in die Kurve G_2 mündet. Die Krümmung ist mathematisch die zweite Ableitung; sie ändert sich diskontinuierlich bei T_c.

Während einer Umwandlung erster Ordnung koexistieren beide Phasen. Eigenschaften, die die gesamte Probe betreffen, zum Beispiel die Wärmeaufnahme oder die Magnetisierung, ergeben sich durch Überlagerung der Eigenschaften beider Phasen, ihrem jeweiligen Mengenanteil entsprechend. Bei der Messung wird eine Hysteresekurve beobachtet (Abb. 22.2). Beim Aufheizen existiert Phase 1 (stabil unterhalb von T_c) zunächst auch oberhalb von T_c metastabil weiter (gestrichelte Linie in Abb. 22.2). Je weiter T über T_c

U. Müller, *Symmetriebeziehungen zwischen Kristallstrukturen*,
https://doi.org/10.1007/978-3-662-67166-5_22

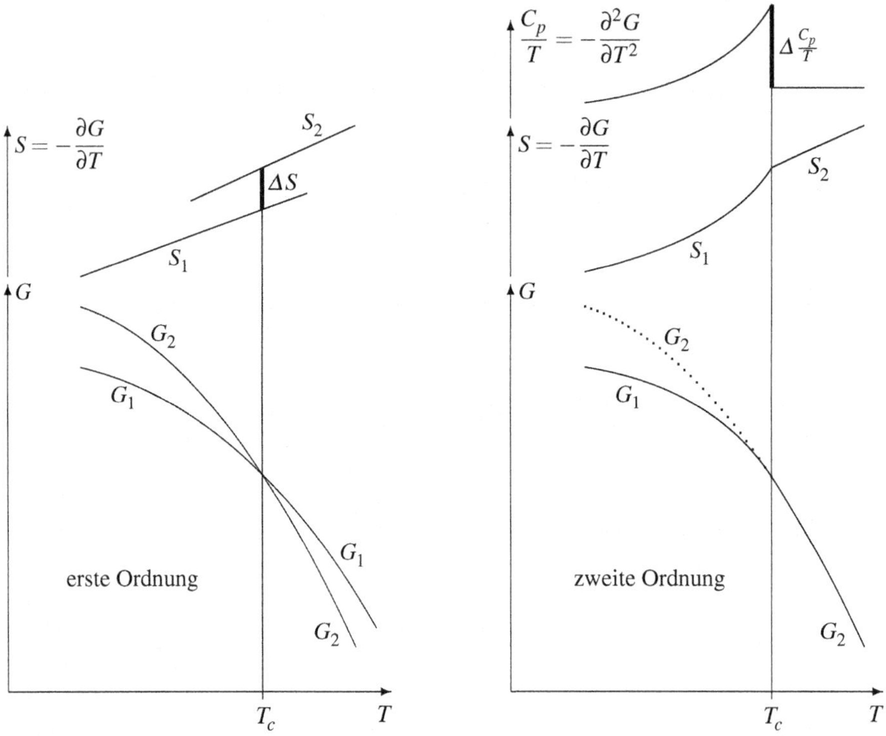

Abb. 22.1: Temperaturabhängigkeit der freien Enthalpien G_1 und G_2 und ihrer Ableitungen nach der Temperatur für zwei Phasen, die sich bei der Temperatur T_c ineinander umwandeln, links nach der ersten, rechts nach der zweiten Ordnung

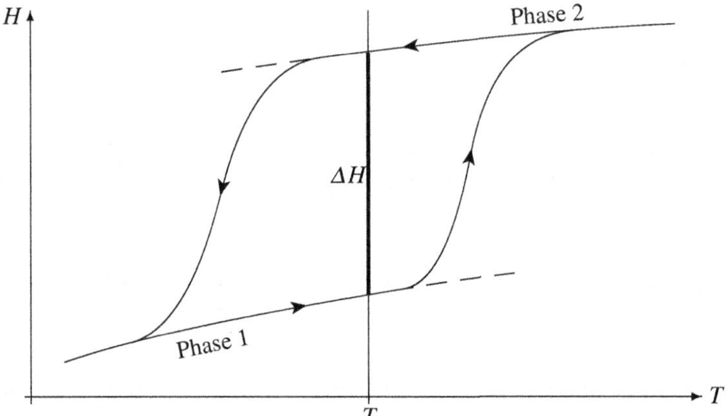

Abb. 22.2: Hysteresekurve des Wärmeinhalts (Enthalpie) H einer Probe bei einer enantiotropen, temperaturabhängigen Phasenumwandlung erster Ordnung. Die Pfeile markieren die Richtung der Temperaturänderung

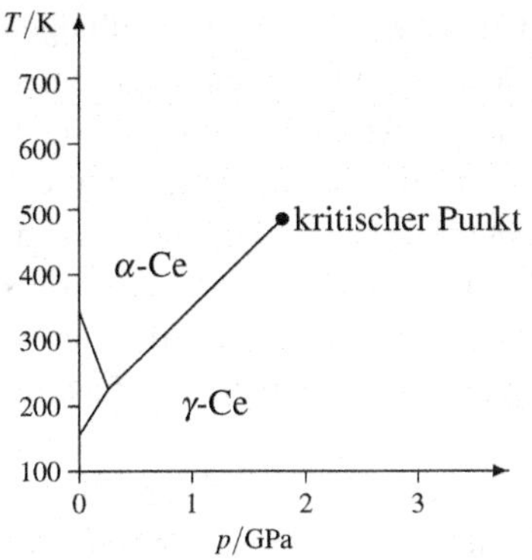

Abb. 22.3: Ausschnitt aus dem Phasendiagramm von Cer [449, 451]

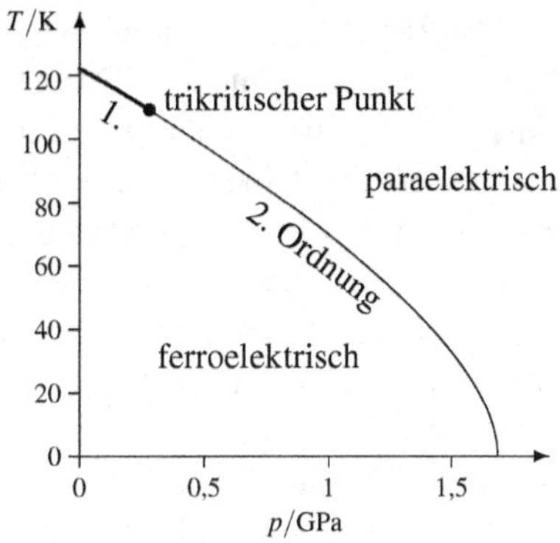

Abb. 22.4: Ausschnitt aus dem Phasendiagramm von KH_2PO_4 [452]

liegt, desto mehr Keime bilden sich von Phase 2, und je mehr sie wachsen, desto stärker kommen ihre Eigenschaften zum Tragen, bis nur noch Phase 2 vorliegt. Die Wärmeaufnahme folgt dem rechten Zweig der Kurve und zeigt einen schleppenden Verlauf der Phasenumwandlung bei $T > T_c$ an. Beim Abkühlen geschieht das gleiche in umgekehrter Richtung, mit schleppender Wärmeabgabe bei $T < T_c$. Die Breite der Hystereseschleife ist keine stoffspezische Größe. Sie hängt von der Art und Zahl der Fehlstellen im Kristall und somit von der Vorgeschichte der Probe ab.

Die Ordnung einer Phasenumwandlung kann je nach Bedingungen verschieden sein. Bei kristallinem Cer erfolgt zum Beispiel eine Phasenumwandlung erster Ordnung γ-Ce $\rightarrow$ α-Ce bei Druckerhöhung; sie ist mit einem starken Volumensprung (−13 % bei Zimmertemperatur) und einem Elektronenübergang $4f \rightarrow 5d$ verbunden [449]. Die Strukturen beider Modifikationen, γ-Ce und α-Ce, sind isotyp, sie sind kubisch-dichteste Kugelpackungen ($Fm\overline{3}m$, Atome auf Punktlage 4a). Je höher die Temperatur, desto geringer ist der Volumensprung, bis er beim kritischen Punkt $\Delta V = 0$ wird [450]. Oberhalb der kritischen Temperatur (485 K) oder des kritischen Druckes (1,8 GPa) gibt es keinen Unterschied mehr zwischen γ-Ce und α-Ce (Abb. 22.3).

Einen Wechsel einer Umwandlung von erster nach zweiter Ordnung tritt beim Kaliumdihydrogenphosphat auf. Bei Normaldruck wandelt es sich temperaturabhängig von einer paraelektrischen in eine ferroelektrische Phase um. In der paraelektrischen Modifikation, Raumgruppe $I\overline{4}2d$, sind die H-Atome in Wasserstoffbrücken fehlgeordnet:

$$\text{O–H}\cdots\text{O} \rightleftharpoons \text{O}\cdots\text{H–O}$$

In der ferroelektrischen Phase, Raumgruppe $Fdd2$, sind sie geordnet. Bei Normaldruck verläuft die Umwandlung bei 122 K nach der ersten Ordnung mit einem kleinen Volumensprung (ΔV ca. $-0,5$ %). Bei Drücken über 0,28 GPa und Temperaturen unter 108 K (dem ‚trikritischen' Punkt; Abb. 22.4) ist sie zweiter Ordnung [453, 454].

In Abschnitt 16.1.1 wird im Anschluss an die Definition nach EHRENFEST eine neuere Definition genannt, wonach es auf die kontinuierliche Änderung eines Ordnungsparameters ankommt. Auf den ersten Blick scheint das ein völlig anderes Kriterium zu sein, als nach EHRENFEST. Tatsächlich ist der Unterschied nicht so groß. Phasenumwandlungen n-ter Ordnung im Sinne von EHRENFEST mit $n > 2$ werden tatsächlich nicht beobachtet. Der Fall $n = \infty$ beschreibt keine Phasenumwandlung, sondern die kontinuierliche Änderung von Eigenschaften (z. B. die thermische Ausdehnung; nicht zu verwechseln mit der kontinuierlichen Phasenumwandlung). Auch bei einer kontinuierlichen Phasenumwandlung ändert sich immer eine thermodynamische Funktion unstetig. Das umfasst mehr als nur die sprunghafte Änderung der zweiten Ableitung der freien Enthalpie, sondern generell jede Unstetigkeit und Singularität. Die Änderung des Ordnungsparameters η in Abhängigkeit der Zustandsvariablen (z. B. der Temperatur T) weist eine Singularität am Umwandlungspunkt auf: auf der einen Seite ($T < T_c$) gilt mit dem Potenzgesetz, Gleichung (16.2), eine analytische Abhängigkeit, aber am Umwandlungspunkt ($T = T_c$) verschwindet der Ordnungsparameter (er wird $\eta = 0$ für $T \geq T_c$; Abb. 16.4 links oben).

22.2 Zur Landau-Theorie

Bei den folgenden Ausführungen greifen wir immer wieder auf das Beispiel der kontinuierlichen Phasenumwandlung des $CaCl_2$ zurück (Abschn. 16.2). Die freie Enthalpie G eines Kristalls habe am Umwandlungspunkt den Wert G_0. Für kleine Werte des Ordnungsparameters η kann die Änderung der freien Enthalpie relativ zu G_0 durch eine Taylor-Reihe ausgedrückt werden:

$$G = G_0 + \frac{a_2}{2}\eta^2 + \frac{a_4}{4}\eta^4 + \frac{a_6}{6}\eta^6 + \ldots \qquad (22.1)$$

Dabei wurden die Glieder mit ungeraden Potenzen weggelassen, da G beim Vertauschen des Vorzeichens von η unverändert bleiben muss (ob bei $CaCl_2$ die Oktaeder nach der einen oder der anderen Seite verdreht werden, ist gleichwertig; Abb. 16.2, 16.3). Diese Aussage gilt nach der Landau-Theorie ganz allgemein: Bei einer kontinuierlichen Phasenumwandlung dürfen in der Taylor-Reihe nur gerade Potenzen vorkommen.

Solange η klein ist, kann die Taylor-Reihe nach einigen Gliedern abgebrochen werden, wobei das Glied mit der höchsten Potenz einen positiven Koeffizienten haben muss; das ist notwendig, weil sonst G mit zunehmendem η immer negativer würde, was ein instabiler Zustand wäre. Die Koeffizienten $a_2, a_4, \ldots$ hängen von den Zustandsvariablen T und p ab. Wesentlich ist, wie sich a_2 mit T und p ändert. Für eine temperaturabhängige Phasenumwandlung muss am Umwandlungspunkt $a_2 = 0$ sein, darüber $a_2 > 0$ und darunter $a_2 < 0$, während $a_4, a_6, \ldots$ annähernd konstant bleiben. Wenn sich, im Einklang mit der Erfahrung, a_2 in der Nähe von T_c linear mit der Temperatur ändert, gilt also:

$$a_2 = k(T - T_c) \quad \text{mit } k = \text{konstant positiv} \qquad (22.2)$$

Wie sich die Temperatur auf die freie Enthalpie auswirkt, ist in Abb. 22.5 gezeigt. Bei Temperaturen über T_c hat G ein Minimum bei $\eta = 0$; die $CaCl_2$-Struktur ist tetragonal. Beim Umwandlungspunkt $T = T_c$ gibt es ebenfalls ein Minimum bei $\eta = 0$, mit flachem Kurvenverlauf um $\eta = 0$. Unterhalb von T_c hat die Kurve ein Maximum bei $\eta = 0$ und zwei Minima. Je weiter die Temperatur unter T_c liegt, desto tiefer sind die Minima und desto weiter sind sie von $\eta = 0$ entfernt. Bei $T < T_c$ ist die Struktur nicht mehr tetragonal, und

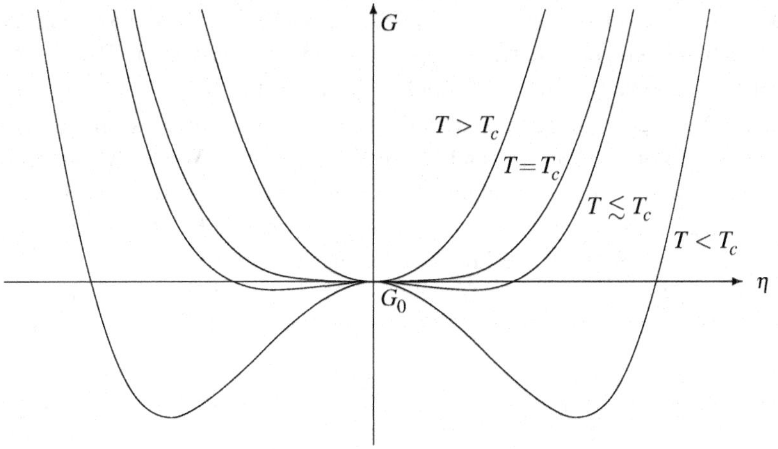

Abb. 22.5: Die freie Enthalpie G als Funktion des Ordnungsparameters η für verschiedene Temperaturen gemäß Gleichung (22.1), abgebrochen nach der vierten Potenz

die Oktaeder sind nach der einen oder anderen Seite verdreht, dem η-Wert des jeweiligen Minimums entsprechend.

Wenn $a_4 > 0$ ist, können wir die Taylor-Reihe (22.1) nach dem Glied mit der vierten Potenz abbrechen. Durch Ableiten nach η erhalten wir für die Minima die Bedingung:

$$\frac{\partial G}{\partial \eta} = a_2\eta + a_4\eta^3 = 0 \tag{22.3}$$

Wenn $T < T_c$ und somit $a_2 < 0$ ist, ergeben sich die Minima bei

$$\eta_{1,2} = \pm\sqrt{-\frac{a_2}{a_4}} = \pm\sqrt{\frac{k(T_c - T)}{a_4}} \tag{22.4}$$

Setzen wir $A = \pm\sqrt{kT_c/a_4}$, dann gilt also für den Ordnungsparameter η der stabilen Struktur:

$$\eta = A\left(\frac{T_c - T}{T_c}\right)^{\beta} \quad \text{mit} \quad \beta = \tfrac{1}{2} \text{ und } T < T_c \tag{22.5}$$

A ist eine Konstante und β ist der kritische Exponent. Der hier abgeleitete Wert $\beta = \frac{1}{2}$ gilt unter den gemachten Annahmen, dass G durch eine Taylor-Reihe unter Vernachlässigung höherer Potenzen als 4 angenähert werden kann, dass a_2 linear von der Temperaturdifferenz $T - T_c$ abhängt und dass $a_4 > 0$ temperaturunabhängig ist.

Außerdem wird unterstellt, dass der Ordnungsparameter nicht fluktuiert. Dies ist aber nahe am Umwandlungspunkt keineswegs selbstverständlich. Knapp unterhalb von T_c sind die beiden Minima der Kurve für G (Abb. 22.5, $T \lesssim T_c$) sehr flach und das Maximum zwischen ihnen ist niedrig. Die zu überwindende Energiebarriere, um aus dem einen in das andere Minimum zu gelangen, ist geringer als die thermische Energie, und η kann leicht vom einen zum anderen Minimum fluktuieren. Am Umwandlungspunkt selbst (Kurve $T =$

T_c in Abb. 22.5) und knapp darüber ist der Kurvenverlauf so flach, dass sich thermisch bedingte Fluktuationen von η kaum auf die freie Enthalpie auswirken. Die Fluktuationen können lokal, also in verschiedenen Bereichen des Kristalls, differieren.

Sofern die Wechselwirkungen im Kristall eine große Reichweite haben, gibt es tatsächlich kaum Fluktuationen. Zum Beispiel ist die Reichweite der Wechselwirkung zwischen den durchgängig miteinander verknüpften Oktaedern im $CaCl_2$ groß; an den Fluktuationen müssten alle (oder sehr viele) Oktaeder teilnehmen. Wenn die Reichweite groß ist, ist die Landau-Theorie gut erfüllt und der kritische Exponent beträgt $\beta \approx \frac{1}{2}$.

Bei $T > T_c$ ist das Minimum für G bei $\eta = 0$, und die erste und die zweite Ableitung der freien Enthalpie nach der Temperatur sind an dieser Stelle:

$$\left.\frac{\partial G}{\partial T}\right|_{\eta=0} = \frac{\partial G_0}{\partial T} \quad \text{und} \quad \left.\frac{\partial^2 G}{\partial T^2}\right|_{\eta=0} = \frac{\partial^2 G_0}{\partial T^2} \quad \text{bei } T > T_c$$

Bei $T < T_c$ ergibt sich der Wert von G in den Minima durch Einsetzen der Gleichungen (22.2) und (22.4) in (22.1), abgebrochen nach der vierten Potenz:

$$\begin{aligned} G|_{\eta_{1,2}} &= G_0 + \frac{k(T-T_c)}{2}\left(\sqrt{\frac{k(T_c-T)}{a_4}}\right)^2 + \frac{a_4}{4}\left(\sqrt{\frac{k(T_c-T)}{a_4}}\right)^4 \\ &= G_0 - \frac{k^2(T_c-T)^2}{4a_4} \qquad \text{bei } T < T_c \end{aligned}$$

Die erste und zweite Ableitung nach der Temperatur ergeben sich daraus für $T < T_c$:

$$\begin{aligned} -S|_{\eta_{1,2}} &= \left.\frac{\partial G}{\partial T}\right|_{\eta_{1,2}} = \frac{\partial G_0}{\partial T} + \frac{k^2}{2a_4}(T_c - T) \\ -\left.\frac{\partial S}{\partial T}\right|_{\eta_{1,2}} &= \left.\frac{\partial^2 G}{\partial T^2}\right|_{\eta_{1,2}} = \frac{\partial^2 G_0}{\partial T^2} - \frac{k^2}{2a_4} \end{aligned}$$

Bei Annäherung an den Umwandlungspunkt von Seiten der tiefen Temperatur gehen $(T_c - T) \to 0$ und $\eta \to 0$, und $\partial G/\partial T$ mündet bei T_c in den Wert $\partial G_0/\partial T$, den es auch oberhalb von T_c annimmt. $\partial^2 G/\partial T^2$ hat dagegen unterhalb von T_c den um $\frac{1}{2}k^2/a_4$ kleineren Wert als bei $T > T_c$. Die erste Ableitung von G zeigt also keinen Sprung bei T_c, wohl aber die zweite Ableitung, wie es nach der Definition von EHRENFEST für eine Phasenumwandlung zweiter Ordnung sein muss.

Um im $CaCl_2$ ein Oktaeder aus seiner Gleichgewichtslage auszulenken, ist eine Kraft F aufzuwenden. Kraft ist die erste Ableitung der Energie nach dem Weg; für unsere Betrachtung ist das die erste Ableitung der freien Enthalpie nach η, $F = \partial G/\partial \eta$. Die Kraftkonstante f ist die erste Ableitung von F nach η; sie ist nur für einen harmonischen Oszillator tatsächlich konstant, dann gilt $F = f\eta$ (Hookesches Gesetz; ein harmonischer Oszillator ist einer, bei dem in der Taylor-Reihe nur die Glieder der nullten und zweiten Potenz vorkommen). Für die Kurven $T > T_c$ und $T < T_c$ in Abb. 22.5 gilt das Hookesche Gesetz näherungsweise in der Nähe der Minima. Durch zweimaliges ableiten der nach der vierten Potenz abgebrochenen Taylor-Reihe (22.1) erhalten wir:

$$f = \frac{\partial F}{\partial \eta} \approx \frac{\partial^2 G}{\partial \eta^2} = a_2 + 3a_4\eta^2 \tag{22.6}$$

Wenn $T > T_c$ und das Minimum bei $\eta = 0$ ist, ist die Kraftkonstante somit $f \approx a_2$.

Für $T < T_c$ liegen die Minima bei $\eta_{1,2} = \pm\sqrt{-a_2/a_4}$, Gleichung (22.4). Durch Einsetzen dieser Werte in Gleichung (22.6) erhalten wir die Kraftkonstante im Bereich dieser Minima:

$$f|_{\eta_{1,2}} \approx \frac{\partial^2 G}{\partial \eta^2} = -2a_2 \qquad \text{bei } T < T_c$$

Zusammen mit Gleichung (22.2) ergibt sich:

$$f \approx k(T - T_c) \text{ bei } T > T_c \qquad \text{und} \qquad f \approx 2k(T_c - T) \text{ bei } T < T_c \tag{22.7}$$

Da das Quadrat ν^2 einer Schwingungsfrequenz proportional zur Kraftkonstanten ist, kann die Frequenz als Ordnungsparameter gemäß Gleichung (22.5) mit ν statt η dienen. Bei Annäherung an die Umwandlungstemperatur geht $f \to 0$ und damit $\nu \to 0$. Die Schwingung wird „weich" (soft mode).

Das gilt für die Phasenumwandlung in beiden Richtungen. Ausgehend von der höheren Temperatur, aus der tetragonalen $CaCl_2$-Modifikation, führen die Oktaeder Drehschwingungen um die Gleichgewichtslage $\eta = 0$ aus. Unterhalb von T_c, nach der Phasenumwandlung, schwingen die Oktaeder um eine der Gleichgewichstlagen $\eta_1 > 0$ oder $\eta_2 < 0$, welche sich immer weiter von $\eta = 0$ entfernen, je größer die Temperaturdifferenz $T_c - T$ ist. Zugleich nimmt das Quadrat der Schwingungsfrequenz ν^2 proportional zu $(T_c - T)$ wieder zu. Nach Gleichung (22.7) ist bei $T < T_c$ eine doppelt so große Temperaturabhängigkeit des Frequenzquadrats ν^2 als bei $T > T_c$ zu erwarten.

Die Gleichungen (22.6) und (22.7) sind in unmittelbarer Nähe des Umwandlungspunktes nicht erfüllt; das Hookesche Gesetz gilt dort nicht. Bei $CaCl_2$ geht die Frequenz der Soft-Mode-Schwingung tatsächlich nicht bis auf 0 cm^{-1}, sondern nur auf 14 cm^{-1} zurück. Die gemessene Temperaturabhängigkeit ihres Frequenzquadrats ist bei $T < T_c$ außerdem nicht doppelt, sondern 6,45-fach größer als bei $T > T_c$ (Abb. 16.4; [331]).

22.3 Renormierungstheorie

Die Landau-Theorie stimmt qualitativ gut mit den experimentellen Beobachtungen überein. Quantitativ gibt es jedoch Abweichungen, und bei Wechselwirkungen von kurzer Reichweite, zum Beispiel bei magnetischen Wechselwirkungen, sind die Abweichungen erheblich. Das gilt besonders in der Nähe des Umwandlungspunktes. Abhilfe hat hier die *Renormierungstheorie* (renormalization group theory) von K. G. WILSON gebracht [455, 456]. (Die „renormalization group" ist keine Gruppe im Sinne der Gruppentheorie).

Die Landau-Theorie ist eine „Mean-Field-Theorie" (für magnetische Phasenwechsel auch Molekularfeldtheorie genannt), die gleiche Bedingungen im ganzen Kristall voraussetzt. Dies ist nicht erfüllt, wenn die Reichweite der interatomaren Wechselwirkungen klein ist. Dann können die Fluktuationen nicht mehr vernachlässigt werden.

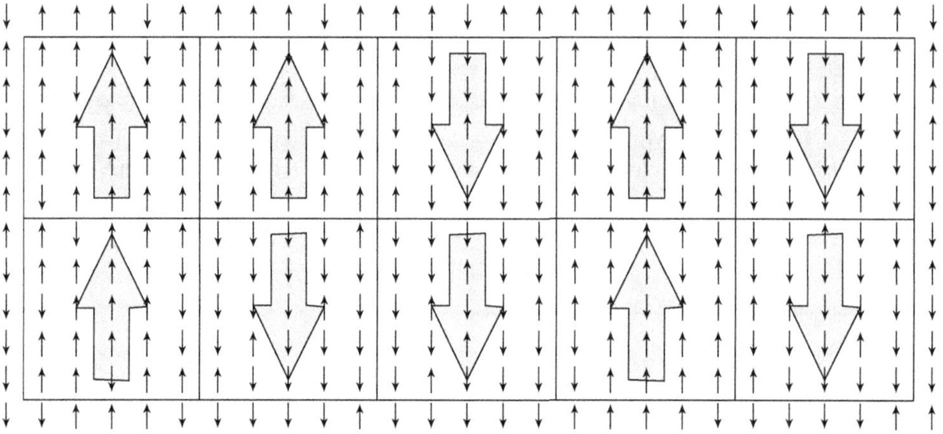

Abb. 22.6: Bezirke aus überwiegend parallel orientierten Spins in einem magnetischen Material

Nehmen wir als Beispiel eine Substanz wie EuO, mit einer Phasenumwandlung zweiter Ordnung ferromagnetisch–paramagnetisch bei $T_c = 69{,}2\,\mathrm{K}$. Die Spins der Eu-Atome tendieren dazu, sich zueinander parallel auszurichten. Wenn der Spin eines Eu-Atoms die Ausrichtung $\uparrow$ hat, beeinflusst es ein benachbartes Eu-Atom, sich ebenfalls mit Spin $\uparrow$ auszurichten. Wegen der geringen Reichweite der magnetischen Kraft ist der direkte Einfluss auf das übernächste Atom nur noch unerheblich. Indirekt werden aber auch ferner liegende Atome beeinflusst. Hat der Spin $\uparrow$ des ersten Atoms zu einer Ausrichtung $\uparrow$ des zweiten Atoms geführt, wird sich der Spin eines übernächsten (dritten) Atoms durch die Wirkung des zweiten Atoms nämlich ebenfalls $\uparrow$ ausrichten usw. Letztlich sind die Spins aller Atome korreliert. Der Korrelation wirkt jedoch die thermische Bewegung entgegen, die immer wieder eine Umorientierung in die ‚falsche' Richtung $\downarrow$ bewirkt. Je tiefer die Temperatur, desto seltener tritt die Umorientierung ein.

Wegen des Wettstreits, einerseits zu einheitlicher Spinausrichtung, andererseits zu thermisch bedingter Unordnung, ist die Korrelation ab einer bestimmten Entfernung, der *Korrelationslänge*, nicht mehr feststellbar.

Bei hoher Temperatur ist die Korrelationslänge nahezu Null. Die Spins sind regellos ausgerichtet, und sie wechseln oft ihre Orientierung; im Mittel sind gleich viele $\uparrow$ und $\downarrow$ Spins vorhanden, und das Material ist paramagnetisch. Mit fallender Temperatur nimmt die Korrelationslänge zu; es treten Bezirke auf, innerhalb der eine Mehrzahl von Spins parallel ausgerichtet ist. Insgesamt bleibt die Magnetisierung Null, weil es Bezirke mit der einen und der anderen Vorzugsrichtung gibt (Abb. 22.6). Die Bezirke sind keine starren Gebilde, sie verändern sich ständig, sie fluktuieren, und es gibt ständige Fluktuationen von einzelnen Spins innerhalb eines Bezirks.

Wenn sich die Temperatur der kritischen Temperatur T_c, der Curie-Temperatur, nähert, steigt die Korrelationslänge schnell an. Die Bezirke werden größer. Bei der Curie-Temperatur wird die Korrelationslänge unendlich. Alle Spins sind jetzt über beliebige Entfernungen korreliert. Gleichwohl finden weiterhin ständige Fluktuationen statt, und das

Material ist insgesamt nicht magnetisiert. Es ist jetzt aber höchst empfindlich gegen kleine Störungen. Wird der Spin eines Atoms in eine Richtung fixiert, so breitet sich dieser Zustand über das gesamte Material aus. Wenn die Temperatur unter T_c liegt, stellt sich eine ferromagnetische Ordnung der Spins ein.

Das skizzierte Modell wird mathematischen durch *Renormierung* behandelt. Die Wahrscheinlichkeit, neben einem ↑-Spin wieder ein ↑-Spin anzutreffen, sei p. Dieser Wahrscheinlichkeit entsprechend werden die Spins mit überwiegend derselben Ausrichtung zu Bezirken zusammengefasst. Dem Bezirk wird ein Gesamtspin zugeteilt, der sich zum Beispiel aus der Mehrheit der Einzelspins ergibt (dicke Pfeile in Abb. 22.6). In mehreren Iterationsschritten werden die Bezirke nun in gleicher Weise zu immer größer werdenden Bezirken zusammengefasst; es wird von kleineren auf größere Maße ‚skaliert'.

Das Modell ist unabhängig von der Art der Wechselwirkungen zwischen den Teilchen (es ist also nicht auf Spin-Spin-Wechselwirkungen beschränkt). Nach der *Universalitätshypothese* (Allgemeingültigkeitshypothese) von GRIFFITHS [457] sind die Gesetzmäßigkeiten für kontinuierliche Phasenumwandlungen, im Gegensatz zu diskontinuierlichen, nur abhängig von der Reichweite der Wechselwirkungen und von der Zahl der Dimensionen d und n. d ist die Zahl der Raumdimensionen, in welchen die Wechselwirkungen wirksam sind; n ist die Zahl der ‚Dimensionen' des Ordnungsparameters, d. h. die Zahl der Komponenten, die zu seiner Beschreibung benötigt werden (z. B. die Zahl der Vektorkomponenten um den Spinvektor zu erfassen). Eine Wechselwirkung von kurzer Reichweite fällt mit dem Abstand r stärker ab als $r^{-(d+2)}$, eine von großer Reichweite fällt gemäß $r^{-(d+\sigma)}$ ab, mit $\sigma < \frac{d}{2}$.

Bei kurzer Reichweite ergibt die Theorie für $d = 2$, zum Beispiel bei Ferromagneten, in denen die magnetische Wechselwirkung auf Ebenen beschränkt ist, oder bei adsorbierten Filmen, einen Wert von $\beta = \frac{1}{8}$ für den kritischen Exponenten. Für $d = 3$ ergeben sich je nach dem Wert von n Exponenten von $\beta = 0,302$ ($n = 0$) bis $\beta = 0,368$ ($n = 3$). Für EuO ($d = 3$, $n = 3$) wurde experimentell $\beta = 0,36$ gefunden. Bei großer Reichweite ergeben sich keine Abweichungen von der Landau-Theorie (d. h. $\beta = 0,5$).

22.4 Diskontinuierliche Phasenumwandlungen

Zum Schluss wollen wir noch überlegen, welche Konsequenzen es hat, wenn in der Taylor-Reihe, Gleichung (22.1), ungerade Potenzen vorkommen. Die erste Potenz η^1 kann nicht vorkommen, weil der Ordnungsparameter bei der Umwandlungstemperatur und darüber null sein soll; G als Funktion von η muss bei $T > T_c$ ein Minimum haben, die erste Ableitung muss bei $\eta = 0$ null betragen, womit $a_1 = 0$ sein muss. Mit einer dritten Potenz lautet die Reihe bis zur vierten Potenz:

$$G = G_0 + \frac{a_2}{2}\eta^2 + \frac{a_3}{3}\eta^3 + \frac{a_4}{4}\eta^4 \tag{22.8}$$

Wenn wieder a_2 linear von der Temperatur abhängig ist, $a_2 = k(T - T_0)$, und $a_3 > 0$ und $a_4 > 0$ beide annähernd temperaturunabhängig sind, ergeben sich für die freie Enthalpie Kurven wie in Abb. 22.7 (T_0 ist nicht die Umwandlungstemperatur). Bei hohen Temperaturen gibt es nur ein Minimum bei $\eta = 0$; es gibt eine stabile Hochtemperaturmodifikation.

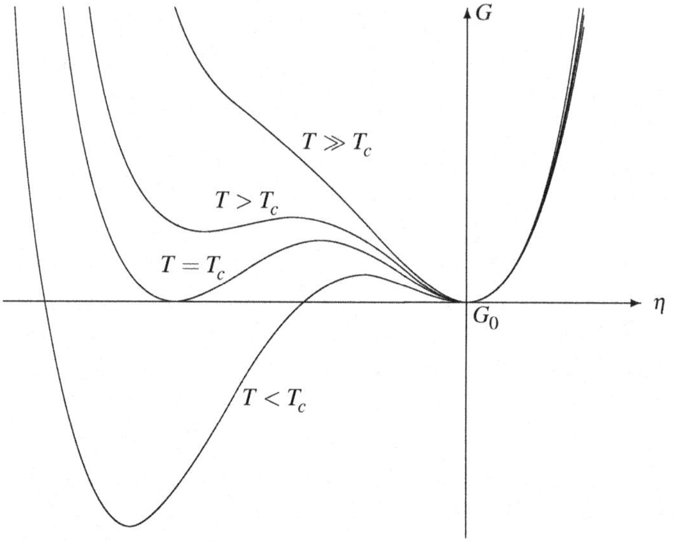

Abb. 22.7: Die freie Enthalpie G als Funktion eines Ordnungsparameters η für verschiedene Temperaturen, wenn ein Glied dritter Potenz in der Taylor-Reihe auftaucht. Wenn in Gleichung (22.8) $a_3 < 0$ ist, sind die Kurven spiegelbildlich zur senkrechten Koordinatenachse, mit Minima bei $\eta > 0$

Mit abnehmender Temperatur gibt es bei negativem η ein zweites Minimum, das zunächst höher liegt als das Minimum bei $\eta = 0$ (Kurve $T > T_c$ in Abb. 22.7). Das bedeutet, dass bei diesem η-Wert eine metastabile Phase auftreten kann. Wenn bei noch etwas niedrigerer Temperatur beide Minima gleich hoch liegen, sind ihre G-Werte gleich und $\Delta G = 0$; es liegt also Gleichgewicht vor, und die zugehörige Temperatur ist die Umwandlungstemperatur $T = T_c$. Bei $T < T_c$ ist das Minimum bei $\eta < 0$ tiefer als das bei $\eta = 0$. Bei $T < T_c$ gibt es demnach eine stabile Phase mit einem negativem Wert η und eine metastabile mit $\eta = 0$.*

Diese Verhältnisse entsprechen den Bedingungen für eine diskontinuierliche Phasenumwandlung. Der Ordnungsparameter η entspricht dem Betrag von η im jeweils tieferen Minimum. Ausgehend von der Hochtemperaturform mit $\eta = 0$ taucht bei abnehmender Temperatur ab einer bestimmten Temperatur eine zunächst metastabile Phase auf, die dann unterhalb von T_c stabil wird und für die der Ordnungsparameter η nun einen ganz anderen Wert als null hat. Es gibt keine kontinuierliche Änderung der Struktur mit kontinuierlicher Änderung von η, sondern unterhalb von T_c ist plötzlich die zweite Struktur stabiler, mit sprunghafter Änderung des Ordnungsparameters von $\eta = 0$ nach $\eta \neq 0$ und sprunghaft geänderter Struktur.

Das Auftreten metastabiler Phasen bedeutet Hysterese. Bei abnehmender Temperatur verharrt die Struktur zunächst auch unterhalb von T_c metastabil in der Hochtemperatur-

*In Abb. 22.7 nicht gezeigt: bei $T = T_0 < T_c$ gibt es nur noch das eine Minimum bei negativem η und einen Sattelpunkt bei $\eta = 0$; bei $T < T_0$ ist die Kurve ähnlich wie in Abb. 22.5, mit einem tiefen Minimum bei $\eta_1 < 0$ und einem weniger tiefen bei $\eta_2 > 0$ und einem Maximum bei $\eta = 0$.

phase mit $\eta = 0$; erst wenn das neue, tiefere Minimum tief genug geworden ist, setzt die Umwandlung ein. Je tiefer das neue Minimum bei $\eta \neq 0$ ist, desto niedriger ist, von $\eta = 0$ aus gesehen, auch das Maximum zwischen den beiden Minima, d. h. die zu überwindende Energiebarriere, um von Minimum $\eta = 0$ zum Minimum $\eta \neq 0$ zu kommen, wird geringer. Das bedeutet abnehmende Aktivierungsenergie und somit eine umso schnellere Umwandlung, je weiter T vom Umwandlungspunkt T_c entfernt ist.

Mit solch einem Modell lassen sich die thermodynamischen Bedingungen bei diskontinuierlichen Phasenumwandlungen allerdings nur erfassen, wenn beide Strukturen ähnlich sind und ein Ordnungsparameter gefunden werden kann, durch dessen (kleine, aber sprunghafte) Änderung sich die eine Phase zwanglos aus der anderen ergibt. Das Modell ist also auf diskontinuierliche displazive Phasenumwandlungen anwendbar, für rekonstruktive Phasenumwandlungen jedoch kaum geeignet. Es sei auch betont, dass dies eine rein thermodynamische Betrachtung ist, bei der die freien Enthalpien von zwei Strukturen mit Hilfe eines Ordnungsparameters verglichen werden. Es wird keine Aussage über irgendeinen Mechanismus gemacht, wie die Phasenumwandlung tatsächlich abläuft. Die sprunghafte Änderung des Zahlenwerts von η, die den Wechsel der thermodynamischen Stabilität von der einen zur anderen Struktur anzeigt, bedeutet nicht, dass die Atome in der Struktur tatsächlich einen einfachen Sprung ausführen. Mechanismus und Kinetik sind vielmehr Angelegenheiten von Keimbildung und Keimwachstum. Die Atome können nicht alle gleichzeitig ihre Plätze wechseln, sonst gäbe es keine Hysterese.

23 Symmetrierassen

Symmetrierassen dienen zur Beschreibung der Symmetrieeigenschaften, wenn symmetrisch im Raum angeordnete Punkte mit anisotropen Eigenschaften verknüpft sind. An jeden Punkt kann ein kleines lokales Koordinatensystem geheftet werden, in welchem die an diesem Punkt geltenden, richtungsabhängigen Eigenschaften erfasst werden. Befindet sich ein Atom auf einem Punkt, so sind solche Eigenschaften zum Beispiel Schwingungsbewegungen oder Atomorbitale (Wellenfunktion = Elektron als stehende Welle). Wird der Punkt über eine Symmetrieoperation auf einen anderen Punkt abgebildet, so wird mit ihm sein lokales Koordinatensystem mit abgebildet. Eine Symmetrierasse erfasst, wie sich die Symmetrieoperation auf die lokalen Verhältnisse am abgebildeten Punkt auswirkt.

Mathematisch werden Symmetrieoperationen durch Matrizen *dargestellt*, daher die Bezeichnung Darstellungstheorie. *Irreduzible Darstellungen* erfüllen bestimmte mathematische Bedingungen; insbesondere sind sie voneinander unabhängig. Symmetrierassen sind irreduzible Darstellungen. Zur Darstellungstheorie sei auf entsprechende Literatur verwiesen [17–26].

Zur Bezeichnung von Symmetrierassen sind Symbole üblich, die von PLACZEK für die Schwingungsbewegungen in Molekülen entwickelt wurden [323, 324], und die später für weitere Anwendungen übernommen und weiterentwickelt wurden. Die wichtigsten Symbole sind in Tab. 23.1 zusammengestellt. Bei Wellenfunktionen werden Großbuchstaben wie in Tab. 23.1 verwendet, wenn es um ein Mehrelektronensystem geht, und Kleinbuchstaben wenn es nur um ein Einzelelektron geht.

U. Müller, *Symmetriebeziehungen zwischen Kristallstrukturen*,
https://doi.org/10.1007/978-3-662-67166-5_23

Tabelle 23.1: Symbole (nach PLACZEK) für Symmetrierassen (irreduzible Darstellungen) bei Molekülen und am Γ-Punkt der Brillouin-Zone von Kristallen bei gegebener Punktgruppe, bezogen auf ein kartesisches Koordinatensystem xyz (unvollständige Liste)

A	symmetrisch zur Hauptachse (z-Achse; Achse der höchsten Zähligkeit); bei den Punktgruppen 222 und *mmm*: symmetrisch zu allen drei 2-Achsen; bei kubischen Punktgruppen: symmetrisch zu den 3-Achsen
A_1	wie A, zusätzlich symmetrisch zu allen weiteren Drehachsen bzw. (wenn nicht vorhanden) Spiegelebenen
A_2	wie A, antisymmetrisch zu allen weiteren Drehachsen bzw. (wenn nicht vorhanden) Spiegelebenen
B	antisymmetrisch zur Hauptachse
B_1	wie B und symmetrisch zur Symmetrieachse in Richtung x bzw. (wenn nicht vorhanden) Spiegelebene senkrecht zu x; bei den Punktgruppen 222 und *mmm*: symmetrisch zur z-Achse
B_2	wie B und antisymmetrisch zur Symmetrieachse parallel zu x bzw. (wenn nicht vorhanden) Spiegelebene senkrecht zu x; bei den Punktgruppen 222 und *mmm*: symmetrisch zur y-Achse
B_3	bei den Punktgruppen 222 und *mmm*: symmetrisch zur x-Achse
E	zweifach entartete Schwingung (‚zweidimensionale Darstellung')*
T (oder F)	dreifach entartete Schwingung (‚dreidimensionale Darstellung')**
Index g	symmetrisch zum Inversionszentrum† (g = gerade; bei Umkehrung der Vorzeichen von x, y und z ändert sich nichts)
Index u	antisymmetrisch zum Inversionszentrum† (u = ungerade; bei Umkehrung der Vorzeichen von x, y und z muss auch das Vorzeichen des Funktionswerts umgekehrt werden)
Strich $'$	symmetrisch zur Spiegelebene††
Doppelstrich $''$	antisymmetrisch zur Spiegelebene††

* Schwingung (oder Zustand), die durch beliebige Linearkombination aus zwei gleichartigen, aber voneinander unabhängigen Schwingungen zusammengesetzt werden kann; kommt nur vor, wenn mindestens eine drei- oder höherzählige Symmetrieachse vorhanden ist

** Kommt nur bei kubischen Punktgruppen vor

† Wird immer und nur bei zentrosymmetrischen Strukturen angegeben

†† Wird nur angegeben, wenn der Sachverhalt nicht aus den anderen Symbolen folgt

Antisymmetrisch bedeutet: nach Ausführung der Symmetrieoperation ist der Funktionswert (z. B. die Schwingungsauslenkung eines Atoms) genau entgegengesetzt (Vorzeichenumkehr)

24 Unterstützende Rechenprogramme

Bei der Untersuchung von Symmetriebeziehungen zwischen Kristallstrukturen und zur Erstellung von Bärnighausen-Stammbäumen ist ein häufiger Rückgriff auf *International Tables A* und *A*1 notwendig, und es sind viele Berechnungen und Umrechnungen durchzuführen. Um das nicht mühsam von Hand tun zu müssen, sind darauf zugeschnittene Datenbanken und Rechenprogramme nützlich. Bei der *International Union of Crystallography* gibt es dazu die SYMMETRY DATABASE, die allen zugänglich ist, die Zugriff auf die elektronische Fassung von *International Tables* haben. Der BILBAO CRYSTALLOGRAPHIC SERVER [458–461], im Folgenden ‚der Server' genannt, ist für jedermann ohne Anmeldung kostenlos zugänglich.

Der Server wird seit 1998 von Abteilungen der Physik an der *Universidad del País Vasco* betrieben. Er wird von den Regierungen des Baskenlands und Spaniens unterhalten.

Die SYMMETRY DATABASE nutzt im Wesentlichen einen Teil der Datenbanken und Programme des Servers. Beide wurden vom selben Personenkreis entwickelt, leisten etwa dasselbe und haben dieselben Stärken und dieselben Schwächen. Die Zahl der kristallographischen Programme ist auf dem Server größer, und er bietet zusätzlich allerlei Hilfsmittel für die Festkörperphysik.

Vieles, aber nicht alles was in *International Tables A*, *A*1 und *E* nachgesehen werden kann, kann im Server und in der SYMMETRY DATABASE abgerufen werden. Die maßgebliche Datenquelle sind die *International Tables*. Wenn es nur darum geht, Daten aus *International Tables* abzurufen, ist es zuverlässiger, gleich dort nachzusehen, was in deren elektronischen Version genauso bequem ist.

Die meisten der Programme beschränken sich auf Standardaufstellungen der Raumgruppen. Das sind die konventionellen Aufstellungen, also diejenigen, die in *International Tables A* vollständig tabelliert sind, mit folgenden Einschränkungen:

- monokline Achse *b* und cell choice 1 bei monoklinen Raumgruppen;
- hexagonale Achsen und obverse Zentrierung bei rhomboedrischen Raumgruppen;
- Ursprungswahl 2 (origin choice 2; Ursprung im Inversionspunkt) bei Raumgruppen mit zwei Wahlmöglichkeiten für den Ursprung.

U. Müller, *Symmetriebeziehungen zwischen Kristallstrukturen*,
https://doi.org/10.1007/978-3-662-67166-5_24

Das sind Einschränkungen für den Nutzer, die oft lästige Umrechnungen von Gitterparametern und Koordinaten erfordern. Außerdem kann die Transparenz bei den Symmetriebeziehungen darunter leiden. Auf ein paar weitere Mängel und Fallstricke machen wir im Folgenden aufmerksam*. Wenn der Server selbst Elementarzellen und Atomkoordinaten berechnet, wird auf deren Standardisierung nicht geachtet (vgl. Abschnitt 9.1); das Programm STRUCTURE TIDY [75] ist nicht Bestandteil von Server und SYMMETRY DATABASE.

Im Folgenden machen wir Angaben zu vorhandenen Programmen und Daten, die für uns nützlich sind, und wozu sie genutzt werden können. Ihre Anwendung ist mehr oder weniger selbsterklärend und wird hier nicht im Einzelnen dargelegt.

24.1 Information zu den Raumgruppentypen

Die in Tab. 24.1 aufgeführten kristallographischen Programme sind sowohl auf dem Server wie bei der SYMMETRY DATABASE verfügbar. Soweit sie nur dazu dienen, Information zu beschaffen, die auch durch Blättern in den Bänden oder Internet-Seiten von *International Tables A* und *A*1 erhältlich ist, beschränken wir uns darauf, sie in der Tabelle zu nennen.

Nach Aufruf der Web-Seite des Servers `https://www.cryst.ehu.es` öffnet sich ein Verzeichnis, in welchem durch Anklicken mehrere Unterverzeichnisse zugänglich sind. In jedem Unterverzeichnis wird eine Liste von Programmen angeboten, meistens mit abgekürzten Namen. Die in Tab. 24.1 genannten finden sich in einem der Unterverzeichnisse Space-group symmetry, Group–subgroup Relations of Space Groups oder Structure Utilities.

Die SYMMETRY DATABASE wird mit `https://symmdb.iucr.org` aufgerufen. Die Programme sind im Wesentlichen dieselben wie beim Server (Tab. 24.1). Wenn im Folgenden nur die Programmnamen des Servers genannt sind, sind auch die entsprechenden Programme der SYMMETRY DATABASE gemeint.

Nach Aufruf eines Programms ist zuerst jeweils ein Raumgruppentyp oder Punktgruppentyp auszuwählen.

Das **Programm GENPOS** bietet unter ‚All General position' drei Optionen an.

Mit der Option Standard/Default Setting erscheint die Tabelle der Koordinatentripel der allgemeinen Punktlage des ausgewählten Raumgruppentyps in der Standardaufstellung, so wie sie in *International Tables A* aufgelistet sind (vgl. Abschnitt 6.4.2). Außerdem sind die zugehörigen Symmetrieoperationen als (3×4)-Matrizen aufgelistet, und sie werden im Stil der *International Tables A* angegeben (Abschnitt 6.4.3).

Mit der Option ITA Settings (bzw. Change setting bei der SYMMETRY DATABASE) erscheint eine Liste von konventionellen und nichtkonventionellen Aufstellungen des Raumgruppentyps, so wie in Tabelle 1.5.4.4 der *International Tables A* 2016 [119] (Tabelle 4.3.2.1 in früheren Auflagen [120]). Das betrifft rhomboedrische Raumgruppentypen,

*Einige der Mängel werden im Laufe der Zeit sicherlich behoben werden; wir beziehen uns hier auf den Zustand im Juli 2022.

Tabelle 24.1: Kristallographische Programme beim BILBAO CRYSTALLOGRAPHIC SERVER und der SYMMETRY DATABASE

Bilbao Crystallographic Server	Symmetry Database	Ausgabe
GENPOS	General position	Koordinatentripel der allgemeinen Punktlage und Symmetrieoperationen einer Raumgruppe; auch für nichtkonventionelle Aufstellungen
WYCKPOS	Wyckoff positions	Liste aller Punktlagen einer Raumgruppe mit ihren Koordinatentripeln und Lagesymmetrien; auch für nichtkonventionelle Aufstellungen
NORMALIZER	Normalizers	Index der Raumgruppe in ihrem euklidischen und affinen Normalisator, Basisvektoren des euklidischen und affinen Normalisators, zusätzliche Generatoren
MAXSUB	Maximal subgroups	Liste der maximalen Untergruppen (nur Standardaufstellungen) einer Raumgruppe mit ihren Koordinatentripeln und gegebenenfalls Transformationsmatrizen
SERIES	Series of maximal subgroups	Liste der maximalen isomorphen Untergruppen einer Raumgruppe für beliebige Indices
MINSUB	Minimal supergroups	Liste der minimalen Obergruppen einer Raumgruppe bis Index 4 (Server) bzw. 9 (Symmetry Database)
WYCKSPLIT	—	Punktlagen einer Untergruppe, die sich aus den Punktlagen der Raumgruppe ergeben [462]; das ist in der Symmetry Database in den Programmen Maximal subgroups und Series of maximal subgroups enthalten
SUBGROUPGRAPH	Graph of maximal subgroups	Siehe Abschnitt 24.1.1; in der Symmetry Database ist das Programm anders und übersichtlicher organisiert

F- und *C*-zentrierte tetragonale Raumgruppentypen, orthorhombische Raumgruppentypen mit vertauschten Achsen sowie monokline Raumgruppentypen mit monokliner Achse *b*, *c* und *a*, cell choice 1, 2 und 3. Außerdem kann zwischen origin choice 1 und 2 gewählt werden. Für jede Aufstellung wird nach einem Klick ausgegeben, mit welchem Matrix-Spalte-Paar $(\boldsymbol{P},\boldsymbol{p})$ sie sich aus der Standardaufstellung ergibt, und es erscheint die zugehörige Tabelle mit den Koordinatentripeln der allgemeinen Punktlage in der Standardaufstellung und in der der gewählten Aufstellung, sowie die Liste der zugehörigen Symmetrieoperationen. Bei den monoklinen Raumgruppentypen wird für jede Aufstellung jeweils nur eine von vielen möglichen Basisumrechnungen angeboten, was in machen Fällen stark schiefwinklige (nicht reduzierte) Elementarzellen ergibt.

Mit der Option User-Defined Setting bzw. Transform kann auf beliebige weitere nichtkonventionelle Aufstellungen umgerechnet werden, ohne Nennung des zugehörigen Hermann-Mauguin-Symbols.

Das **Programm WYCKPOS** dient zur Ausgabe der Punktlagen der Raumgruppentypen mit denselben drei Optionen wie bei GENPOS. Für die ausgewählte Aufstellung, also auch für eine nichtkonventionelle Aufstellung, listet es die Punktlagen des Raumgruppentyps in der Art wie in *International Tables A* auf (vgl. Abschnitt 6.4.2). Bei monoklinen Raumgruppentypen mit Gleitspiegelebenen und/oder Zentrierungen werden für jede Aufstellungen nur zwei (von unendlich vielen) Umrechnungsmöglichkeiten für die Basisvektoren angeboten. Ein Vorteil von WYCKPOS ist die Möglichkeit, die Wyckoff-Symbole und die Koordinaten der symmetrieäquivalenten Punkte für die allgemeine Lage und für alle spezielle Lagen der aufgelisteten nichtkonventionellen Aufstellungen zu erhalten. *International Tables A* bietet diese Möglichkeit nicht.

24.1.1 Untergruppen einer Raumgruppe

Die **Programme MAXSUB** bzw. **Maximal subgroups** dienen dazu, die maximalen Untergruppen einer Raumgruppe aufzusuchen, bei MAXSUB einschließlich der maximalen isomorphen Untergruppen bis zum Index 9. Die unendliche Menge der maximalen isomorphen Untergruppen lässt sich mit dem Programm SERIES ermitteln.

Bei der SYMMETRY DATABASE entspricht die von Maximal subgroups ausgegebene Liste der Untergruppen der Tabelle in *International Tables A*1, also mit unveränderten Richtungen der Basisvektoren und nichtkonventionellen Hermann-Mauguin-Symbolen. Die Umrechnung der Koordinaten bezieht sich dann aber nur auf die jeweilige Standardaufstellung der Untergruppe.

Dagegen unterscheidet sich beim Server die von MAXSUB zunächst ausgegebene Liste der Untergruppen erheblich von der Tabelle in *International Tables A*1; sie enthält nur Raumgruppentypen, nicht die Untergruppen selbst, wenn es mehrere Untergruppen desselben Typs gibt. Mehrere Untergruppen desselben Typs können konjugierte Untergruppen sein, oder sie können verschiedenen Konjugiertenklassen angehören. Wenn sie konjugiert sind, sind sie durch eine Symmetrieoperation der Raumgruppe symmetrieäquivalent und somit gleich (s. Abschn. 8.1). Wenn sie dagegen verschiedenen Konjugiertenklassen angehören, handelt es sich um wesentlich verschiedene Untergruppen, die alle berücksichtigt werden müssen (siehe Text im Anschluss an Abb. 8.8 sowie Abschn. 13.2 und 13.4); zum Beispiel unterscheiden sie sich in der Aufspaltung ihrer Wyckoff-Lagen (s. z. B. Abschn. 12.2). Erst ein Klick auf ‚show‘ zeigt die einzelnen Untergruppen auf, unterteilt in konjugierte Untergruppen und in Konjugiertenklassen, jeweils mit den zugehörigen Matrix-Spalte-Paaren $(\boldsymbol{P},\boldsymbol{p})$ für die Transformation von der Standardbasis der Raumgruppe zur Standardbasis der Untergruppe (Tab. 24.2).

Um sicherzugehen, dass keine Untergruppe übersehen wird, muss bei *jedem* Untergruppentyp auf ‚show‘ geklickt werden. Zum Beispiel hat die Raumgruppe $Pbam$ zwei maximale monokline Untergruppen vom Typ $P2_1/c$, nämlich $P2_1/b\,1\,1$ und $P1\,2_1/a\,1$, wenn die Richtungen der Basisvektoren beibehalten werden. Das Programm MAXSUB führt aber zunächst nur einmal die Standardaufstellung $P2_1/c$ auf und erst beim Klick auf ‚show‘ wird erkennbar, dass es sich um zwei verschieden orientierte Untergruppen in zwei Konjugiertenklassen handelt. Ebenso wird von den je zwei paren Untergruppen $Pmc2_1$, $Pbam$ (Index

Tabelle 24.2: Links: Liste der maximalen Untergruppen der Raumgruppe *Pbam* gemäß Ausgabe des Programms MAXSUB. Mit t markierte Untergruppen sind translationengleich, mit k markierte sind isomorph oder klassengleich. Erst beim Klick auf ‚show' zeigt sich, dass $P2_1/c$, $Pmc2_1$, *Pbam* (Index 2) und *Pnnm* jeweils für zwei verschiedene Untergruppen in je zwei Konjugiertenklassen stehen, und dass es bei *Pnma* vier verschiedene Untergruppen sind, wie auf der rechten Seite genannt

N	IT Number	HM Symbol	Index	Kind	Trans-formations
1	10	$P2/m$	2	t	show..
2	14	$P2_1/c$	2	t	show..
3	18	$P2_12_12$	2	t	show..
4	26	$Pmc2_1$	2	t	show..
5	32	$Pba2$	2	t	show..
6	55	$Pbam$	2	k	show..
7	55	$Pbam$	3	k	show..
8	55	$Pbam$	5	k	show..
9	55	$Pbam$	7	k	show..
10	58	$Pnnm$	2	k	show..
11	62	$Pnma$	2	k	show..

Subgroups	Transformation matrix
Conjugacy class a	
group No. 1	$\begin{pmatrix} 0 & 0 & 1 & 0 \\ 1 & 0 & 0 & 0 \\ 0 & 2 & 0 & 1/2 \end{pmatrix}$
Conjugacy class b	
group No. 2	$\begin{pmatrix} 0 & 0 & 1 & 0 \\ 1 & 0 & 0 & 0 \\ 0 & 2 & 0 & 0 \end{pmatrix}$
Conjugacy class c	
group No. 3	$\begin{pmatrix} 1 & 0 & 0 & 0 \\ 0 & 0 & 1 & 0 \\ 0 & -2 & 0 & 1/2 \end{pmatrix}$
Conjugacy class d	
group No. 4	$\begin{pmatrix} 1 & 0 & 0 & 0 \\ 0 & 0 & 1 & 0 \\ 0 & -2 & 0 & 0 \end{pmatrix}$

Frage: Warum gibt es vier Konjugiertenklassen von *Pnma*? Antwort auf Seite 382

2) und *Pnnm* zunächst nur eine genannt, von denen aber alle beachtet werden müssen (s. Abschn. 13.2). *Pnma* steht sogar für vier verschiedene Untergruppen in vier Konjugiertenklassen (Tab. 24.2).

Das **Programm WYCKSPLIT** [462] ist zur Aufstellung eines Bärnighausen-Stammbaums nützlich, denn es ermittelt, was mit den Atomlagen geschieht, wenn sich die Symmetrie von einer Raumgruppe zu einer Untergruppe verringert. Es setzt sowohl für die Raumgruppe wie für die Untergruppe die Standardaufstellung voraus und erfordert die Angabe des Matrix-Spalte-Paars $(\boldsymbol{P},\boldsymbol{p})$. WYCKSPLIT wird auch direkt vom Programm MAXSUB aufgerufen, wenn bei seiner Eingabe die Option show WP splittings gewählt wird.

Mit dem **Program SUBGROUPGRAPH** [463] können alle nichtmaximalen Untergruppen einer Raumgruppe aufgefunden werden, einschließlich der zugehörigen Zwischengruppen. Wenn nur die Nummern der Raumgruppe und der Untergruppe eingegeben werden, erfolgt die Ausgabe als Tabelle der Raumgruppennummern der Zwischengruppen mit ihren Indices. Auf Wunsch können die Beziehungen auch als komprimiertes Diagramm von Gruppe-Untergruppe-Beziehungen ausgegeben werden (ähnlich wie Abb. 7.5), in dem jedes Raumgruppensymbol für einen Raumgruppentyp steht, nicht für eine Raumgruppe.

Wenn bei der Eingabe auch der Index der Untergruppe angegeben wird, wird eine Liste aller Zwischengruppen ausgegeben, zusammen mit den zugehörigen Transformationsmatrizen. Dies kann wiederum als komprimiertes Diagramm ausgegeben werden. Nützlich ist, dass auch ein komplettes Diagramm ausgegeben werden kann, in dem jedes Raumgruppensymbol für eine einzelne Raumgruppe steht (nicht ein Raumgruppentyp), und in welchem jede Kette von Zwischengruppen von der Raumgruppe bis zur Untergruppe aufgeführt wird, einschließlich aller konjugierten Untergruppen. Die zugehörigen Transformationsmatrizen von der Raumgruppe zur Untergruppe (nicht zu den Zwischengruppen) werden in einer Tabelle aufgelistet; die Transformationen werden bei der Symmetry Database, aber nicht beim Server in das Diagramm eingetragen. Wenn es mehrere Zwischengruppen zu *ein und derselben* Untergruppe gibt, wählt das Programm die Aufstellungen der Zwischengruppen nicht so aus, dass sich immer dieselbe Transformationsmatrix für dieselbe Untergruppe ergibt (die Aufstellungen der Basisvektoren der Untergruppe oder die Ursprungsverschiebungen können verschieden sein); dadurch werden die Beziehungen manchmal so unübersichtlich, dass es den Nutzer zur Verzweiflung bringen kann.

Bei einem höheren Index ist das komplette Diagramm im Allgemeinen sehr unübersichtlich, mit einer Vielzahl von verschiedenen Untergruppen desselben Raumgruppentyps, in vielerlei Konjugiertenklassen mit verschiedensten Gitterparametern. Eine Vereinfachung des Diagramms durch Vorgabe der zugehörigen, oft bekannten Transformationsmatrix $\boldsymbol{P}$ oder durch Vorgabe der Gitterparameter von Gruppe und Untergruppe ist nicht vorgesehen. Beim Versuch, den Stammbaum von Abb. 13.4 (NaCl-Typ, $Fm\bar{3}m \rightarrow$ AgO, $P2_1/c$; Index 48) mit `SUBGROUPGRAPH` aufzuzeichnen, findet es 108 Untergruppen in 11 Konjugiertenklassen und 167 Gruppe-Untergruppe-Ketten. Es ist ziemlich aussichtslos, sich darin zurechtzufinden. Diagramme mit kleinem Index (≤ 6) sind dagegen hilfreich; zum Beispiel lässt sich der Stammbaum von Abb. 8.9 (Index 6) mit `SUBGROUPGRAPH` erzeugen (beim Server ohne, bei der Symmetry Database mit Basistransformationen und Ursprungsverschiebungen im Diagramm).

Am nützlichsten ist die Option Classify with complete graphs for individual subgroups, die einfachere Diagramme mit jeweils nur einer einzigen Untergruppe erzeugt. Diese Untergruppe steht dann für eine Konjugiertenklasse, d. h. bei dieser Option wird nicht zwischen den konjugierten Untergruppen unterschieden. Das ist im Allgemeinen kein Nachteil, und solche Diagramme können beim Aufstellen eines Bärnighausen-Stammbaums hilfreich sein. Es ist aber nicht möglich, die Basistransformationen und Ursprungsverschiebungen für eine der konjugierten Untergruppen im Diagramm zu vermerken.

24.2 Programme zu kristallographischen Umrechnungen

Die Programme, die nur auf dem Server verfügbar sind (Tab. 24.3), dienen zu Berechnungen mit kristallographischen Daten. Dazu gehören Umrechnungen von Atomkoordinaten beim Wechsel der Gitterbasis und bei Ursprungsverschiebungen. Das erfordert immer die Eingabe eines Matrix-Spalte-Paars $(\boldsymbol{P},\boldsymbol{p})$. Kristalldaten können manuell oder als kristallographische CIF-Dateien eingegeben werden [464].

Tabelle 24.3: Auswahl von kristallographischen Programmen, die nur auf dem BILBAO CRYSTALLOGRAPHIC SERVER im Unterverzeichnis Structure utilities verfügbar sind. Außerdem können im Unterverzeichnis Subperiodic Groups die Punktlagen und die maximalen Untergruppen der subperiodischen Gruppen und die querenden Schichtgruppen der Raumgruppen aufgesucht werden

Programm	Ausgabe
`SETSTRU`	Umrechnung von Kristallstrukturdaten von einer *ITA*-Aufstellung auf eine andere
`TRANSTRU`	Umrechnung von Kristallstrukturdaten von einer beliebigen Aufstellung auf eine beliebige andere, auch auf die einer Untergruppe
`EQUIVSTRU`	Berechnung äquivalenter Koordinatensätze zu einem Satz von Atomkoordinaten
`COMPSTRU`	Vergleich der Strukturdaten zweier Kristallstrukturen desselben Raumgruppentyps
`STRUCTURE RELATIONS`	Vergleich der Strukturdaten bei einer Gruppe-Untergruppe-Beziehung; nur bei unveränderter chemischer Zusammensetzung

Das **Programm `SETSTRU`** eignet sich nur für Koordinatenumrechnungen, bei denen sich beide Datensätze auf denselben Raumgruppentyp und auf sogenannte *ITA* settings beziehen, d.h. auf eine der konventionellen oder nichtkonventionellen Aufstellungen, die in Tabelle 1.5.4.4 von *International Tables A* 2016 aufgeführt sind [119] (Tab. 4.3.2.1 in früheren Auflagen [120]). Außerdem kann es von der Ursprungswahl (origin choice) 1 auf 2 und umgekehrt umrechnen. Aus einer vorgegebenen Liste von Basistransformationen kann eine ausgewählt werden. Bei monoklinen Raumgruppentypen stehen für jede Aufstellung maximal zwei Basistransformationen zur Auswahl, obwohl es immer unendlich viele Möglichkeiten gibt (vgl. Beispiel 10.2 und vorausgehender Absatz). Die auswählbaren Transformationen ergeben in manchen Fällen stark schiefwinklige Elementarzellen; andere stehen nicht zur Verfügung. Wyckoff-Buchstaben werden nur zugeteilt, wenn die Endaufstellung die Standardaufstellung ist; nur dann werden auch alle symmetrieäquivalenten Atome in einer Elementarzelle ausgegeben.

Das **Programm `TRANSTRU`** ist flexibler, es ermöglicht die Eingabe eines beliebigen Matrix-Spalte-Paars $(\boldsymbol{P},\boldsymbol{p})$. Mit `TRANSTRU` können auch die Koordinaten einer Kristallstruktur in diejenigen mit der Symmetrie einer Untergruppe umgerechnet werden.

Das **Programm `EUIVSTRU`** nutzt intern das Programm `NORMALIZER` um die äquivalenten Koordinatensätze für eine Kristallstruktur zu berechnen. Wie im Abschnitt 9.2 beschrieben, gibt es selbst bei unveränderter Aufstellung von Raumgruppe und Koordinatensystem fast immer mehrere äquivalente Beschreibungsmöglichkeiten für ein und dieselbe Kristallstruktur, die mit Hilfe des euklidischen Normalisators der Raumgruppe herausgefunden werden können.

Falls die Kristallstruktur chiral in einer nichtchiralen Sohncke-Raumgruppe ist, ergeht bei Datensätzen der enantiomorphen Struktur eine Warnung. Ist die Raumgruppe selbst chiral, berechnet EUIVSTRU auch die äquivalenten Koordinatensätze der enantiomorphen Struktur in der enantiomorphen Raumgruppe (vgl. Abschn. 9.3).

Das Programm benötigt zur Eingabe die Strukturdaten in Bezug auf die Standardaufstellung der Raumgruppe. Die Ausgabe des Programms besteht aus allen äquivalenten Koordinatensätzen, zusammen mit den zugehörigen Transformationen.

SETSTRU, TRANSTRU und EUIVSTRU geben auf Wunsch alle symmetrieäquivalenten Koordinaten eines Atoms innerhalb einer Elementarzelle aus. Um die Koordinatensätze von zwei Strukturen zu vergleichen, muss der passende Koordinatensatz manuell ausgesucht werden.

24.3 Isotype Kristallstrukturen

Wie in Abschnitt 9.5 ausgeführt, können gleiche oder ähnliche Kristallstrukturen einem Strukturtyp zugeordnet werden. In Tab. 9.3 sind Zuordnungsregeln zusammengestellt. Es ist jedoch unmöglich, den Grad der Ähnlichkeit quantitativ zu spezifizieren, wenn eine Punktlage freie Parameter hat. Was ‚ähnlich' bedeutet, ist von Struktur zu Struktur anders. Das zu entscheiden erfordert kristallchemischen Sachverstand und kann nicht einem Computer alleine überlassen werden.

Das **Program COMPSTRU** [465] kann aber dabei helfen, die Ähnlichkeit von zwei Kristallstrukturen zu beurteilen, sofern sie denselben Raumgruppentyp und die gleiche Anzahl von Atomen in der Elementarzelle haben. COMPSTRU benötigt die Strukturdaten von zwei Kristallstrukturen (in den Standardaufstellungen) sowie absolute Grenzwerte für die maximal zulässigen Abweichungen bei den Gitterparametern und den interatomaren Abständen einander zugeordneter Atome.

Zunächst sucht das Programm nach einer Basistransformation für die zweite Struktur, die eine möglichst gute Übereinstimmung der Gitterparameter beider Strukturen ergibt. Unter den äquivalenten Koordinatensätzen der zweiten Struktur sucht das Programm dann mit Hilfe des euklidischen Normalisators nach dem Koordinatensatz, der am besten mit demjenigen der ersten Struktur übereinstimmt. Das Program macht einen Vorschlag, welche Atome einander zugeordnet werden sollen. Der Nutzer kann diesen ändern.

Das Program führt eine rechnerische Überlagerung der beiden Kristallstrukturen aus und berechnet den Abstand jedes Atoms der ersten Struktur zum zugeordneten (überlagerten) Atom der zweiten Struktur. Als Indikatoren für die Ähnlichkeit dienen der maximale absolute Abstand d_{max} und der mittlere absolute Abstand d_{av} zwischen zwei einander zugeordneter Atome sowie der Abweichungsparameter Δ gemäß Gleichung (9.3) in Abschnitt 9.5 (beim Server 'measure of similarity' genannt). d_{max} und d_{av} werden mit den Gitterparametern der ersten Struktur berechnet. Das Programm rechnet nicht immer korrekt.† Bindungs- und Koordinationsverhältnisse werden nicht analysiert, so dass die kristallchemische Situation außer Betracht bleibt. Zur Erinnerung: zur Isotypie gehören ähnliche geometrische und Bindungsverhältnisse.

†Es wird nicht überprüft, ob die Voraussetzungen zur Berechnung von Δ erfüllt sind [99]. Stand Oktober 2022

Anhang

Lösungen zu den Übungsaufgaben

Literaturverzeichnis

Glossar

Sachverzeichnis

Verzeichnis der Strukturtypen und Kristallstrukturen

U. Müller, *Symmetriebeziehungen zwischen Kristallstrukturen*,
https://doi.org/10.1007/978-3-662-67166-5

Lösungen zu den Übungsaufgaben

3.1 a) Für (8): $\tilde{x} = -y + \frac{1}{4}$, $\tilde{y} = -x + \frac{1}{4}$, $\tilde{z} = -z + \frac{3}{4}$

für (10): $\tilde{x} = x + \frac{1}{2}$, $\tilde{y} = y$, $\tilde{z} = -z + \frac{1}{2}$

b) Für (8): $\boldsymbol{W}(8) = \begin{pmatrix} 0 & \bar{1} & 0 \\ \bar{1} & 0 & 0 \\ 0 & 0 & \bar{1} \end{pmatrix}$ und $\boldsymbol{w}(8) = \begin{pmatrix} \frac{1}{4} \\ \frac{1}{4} \\ \frac{3}{4} \end{pmatrix}$;

für (10): $\boldsymbol{W}(10) = \begin{pmatrix} 1 & 0 & 0 \\ 0 & 1 & 0 \\ 0 & 0 & \bar{1} \end{pmatrix}$ und $\boldsymbol{w}(10) = \begin{pmatrix} \frac{1}{2} \\ 0 \\ \frac{1}{2} \end{pmatrix}$

c) Für (8): $\mathbb{W}(8) = \left(\begin{array}{ccc|c} 0 & \bar{1} & 0 & \frac{1}{4} \\ \bar{1} & 0 & 0 & \frac{1}{4} \\ 0 & 0 & \bar{1} & \frac{3}{4} \\ \hline 0 & 0 & 0 & 1 \end{array}\right)$; für (10): $\mathbb{W}(10) = \left(\begin{array}{ccc|c} 1 & 0 & 0 & \frac{1}{2} \\ 0 & 1 & 0 & 0 \\ 0 & 0 & \bar{1} & \frac{1}{2} \\ \hline 0 & 0 & 0 & 1 \end{array}\right)$

d) $\mathbb{W}(8) \cdot \mathbb{W}(10) = \left(\begin{array}{ccc|c} 0 & \bar{1} & 0 & \frac{1}{4} \\ \bar{1} & 0 & 0 & -\frac{1}{4} \\ 0 & 0 & 1 & \frac{1}{4} \\ \hline 0 & 0 & 0 & 1 \end{array}\right)$; $\mathbb{W}(10) \cdot \mathbb{W}(8) = \left(\begin{array}{ccc|c} 0 & \bar{1} & 0 & \frac{3}{4} \\ \bar{1} & 0 & 0 & \frac{1}{4} \\ 0 & 0 & 1 & -\frac{1}{4} \\ \hline 0 & 0 & 0 & 1 \end{array}\right)$

Das Ergebnis hängt von der Reihenfolge ab. Die beiden Resultate unterscheiden sich um die zentrierende Translation $\frac{1}{2}, \frac{1}{2}, -\frac{1}{2}$.

e) Als Koordinatentripel ergibt sich zunächst

$\bar{y} + \frac{1}{4}, \bar{x} - \frac{1}{4}, z + \frac{1}{4}$ bzw. $\bar{y} + \frac{3}{4}, \bar{x} + \frac{1}{4}, z - \frac{1}{4}$

Daraus erhalten wir durch die Normierung $0 \leq w_i < 1$:

$\bar{y} + \frac{1}{4}, \bar{x} + \frac{3}{4}, z + \frac{1}{4}$ bzw. $\bar{y} + \frac{3}{4}, \bar{x} + \frac{1}{4}, z + \frac{3}{4}$

Das entspricht den Koordinatentripeln $(15) + (\frac{1}{2}, \frac{1}{2}, \frac{1}{2})$ und (15).

3.2 a)

$$\boldsymbol{P} = \begin{pmatrix} 1 & 0 & \frac{1}{2} \\ 0 & 1 & \frac{1}{2} \\ 0 & 0 & \frac{1}{2} \end{pmatrix}$$ vgl. Gleichung (3.28), Seite 37

Da $\det(\boldsymbol{P}) = +\frac{1}{2}$ ist das Volumen der primitiven Zelle halb so groß wie das Volumen der konventionellen Zelle.

b) Da $\boldsymbol{P}$ viele Nullen enthält, ist die Inversion von $\boldsymbol{P}$ einfach. Wir bezeichnen die Koeffizienten von $\boldsymbol{P}^{-1} = \boldsymbol{Q}$ vorübergehend mit q_{ik}. Dann ist wegen $\boldsymbol{QP} = \boldsymbol{I}$:

$$\begin{array}{lll} q_{11} \cdot 1 + q_{12} \cdot 0 + q_{13} \cdot 0 = 1; & q_{11} \cdot 0 + q_{12} \cdot 1 + q_{13} \cdot 0 = 0; & q_{11} \cdot \frac{1}{2} + q_{12} \cdot \frac{1}{2} + q_{13} \cdot \frac{1}{2} = 0; \\ q_{21} \cdot 1 + q_{22} \cdot 0 + q_{23} \cdot 0 = 0; & q_{21} \cdot 0 + q_{22} \cdot 1 + q_{23} \cdot 0 = 1; & q_{21} \cdot \frac{1}{2} + q_{22} \cdot \frac{1}{2} + q_{23} \cdot \frac{1}{2} = 0; \\ q_{31} \cdot 1 + q_{32} \cdot 0 + q_{33} \cdot 0 = 0; & q_{31} \cdot 0 + q_{32} \cdot 1 + q_{33} \cdot 0 = 0; & q_{31} \cdot \frac{1}{2} + q_{32} \cdot \frac{1}{2} + q_{33} \cdot \frac{1}{2} = 1 \end{array}$$

U. Müller, *Symmetriebeziehungen zwischen Kristallstrukturen*,
https://doi.org/10.1007/978-3-662-67166-5

Daraus ergibt sich:

$q_{11}=1,\ q_{12}=0,\ q_{13}=-1,\ q_{21}=0,\ q_{22}=1,\ q_{23}=-1,\ q_{31}=0,\ q_{32}=0,\ q_{33}=2$

$$\text{oder} \quad \boldsymbol{P}^{-1} = \begin{pmatrix} 1 & 0 & \bar{1} \\ 0 & 1 & \bar{1} \\ 0 & 0 & 2 \end{pmatrix}$$

Man überzeugt sich, dass $\boldsymbol{P}\boldsymbol{P}^{-1} = \boldsymbol{P}^{-1}\boldsymbol{P} = \boldsymbol{I}$ gilt. Sind x_i' die Koordinaten in der neuen Basis, so gilt: $x' = x - z;\ y' = y - z;\ z' = 2z$.

c) Die Symmetrieoperationen transformieren sich nach Gleichung (3.36), Seite 40, gemäß $\mathbb{W}' = \mathbb{P}^{-1}\mathbb{W}\mathbb{P}$. Es folgt:

$$\mathbb{W}'(8) = \left(\begin{array}{ccc|c} 1 & 0 & \bar{1} & 0 \\ 0 & 1 & \bar{1} & 0 \\ 0 & 0 & 2 & 0 \\ \hline 0 & 0 & 0 & 1 \end{array}\right) \left(\begin{array}{ccc|c} 0 & \bar{1} & 0 & \frac{1}{4} \\ \bar{1} & 0 & 0 & \frac{1}{4} \\ 0 & 0 & \bar{1} & \frac{3}{4} \\ \hline 0 & 0 & 0 & 1 \end{array}\right) \left(\begin{array}{ccc|c} 1 & 0 & \frac{1}{2} & 0 \\ 0 & 1 & \frac{1}{2} & 0 \\ 0 & 0 & \frac{1}{2} & 0 \\ \hline 0 & 0 & 0 & 1 \end{array}\right) = \left(\begin{array}{ccc|c} 0 & \bar{1} & 0 & -\frac{1}{2} \\ \bar{1} & 0 & 0 & -\frac{1}{2} \\ 0 & 0 & \bar{1} & \frac{3}{2} \\ \hline 0 & 0 & 0 & 1 \end{array}\right)$$

$$\mathbb{W}'(10) = \left(\begin{array}{ccc|c} 1 & 0 & \bar{1} & 0 \\ 0 & 1 & \bar{1} & 0 \\ 0 & 0 & 2 & 0 \\ \hline 0 & 0 & 0 & 1 \end{array}\right) \left(\begin{array}{ccc|c} 1 & 0 & 0 & \frac{1}{2} \\ 0 & 1 & 0 & 0 \\ 0 & 0 & \bar{1} & \frac{1}{2} \\ \hline 0 & 0 & 0 & 1 \end{array}\right) \left(\begin{array}{ccc|c} 1 & 0 & \frac{1}{2} & 0 \\ 0 & 1 & \frac{1}{2} & 0 \\ 0 & 0 & \frac{1}{2} & 0 \\ \hline 0 & 0 & 0 & 1 \end{array}\right) = \left(\begin{array}{ccc|c} 1 & 0 & 1 & 0 \\ 0 & 1 & 1 & -\frac{1}{2} \\ 0 & 0 & \bar{1} & 1 \\ \hline 0 & 0 & 0 & 1 \end{array}\right)$$

$$\mathbb{W}'(15) = \left(\begin{array}{ccc|c} 1 & 0 & \bar{1} & 0 \\ 0 & 1 & \bar{1} & 0 \\ 0 & 0 & 2 & 0 \\ \hline 0 & 0 & 0 & 1 \end{array}\right) \left(\begin{array}{ccc|c} 0 & \bar{1} & 0 & \frac{3}{4} \\ \bar{1} & 0 & 0 & \frac{1}{4} \\ 0 & 0 & 1 & \frac{3}{4} \\ \hline 0 & 0 & 0 & 1 \end{array}\right) \left(\begin{array}{ccc|c} 1 & 0 & \frac{1}{2} & 0 \\ 0 & 1 & \frac{1}{2} & 0 \\ 0 & 0 & \frac{1}{2} & 0 \\ \hline 0 & 0 & 0 & 1 \end{array}\right) = \left(\begin{array}{ccc|c} 0 & \bar{1} & \bar{1} & 0 \\ \bar{1} & 0 & \bar{1} & -\frac{1}{2} \\ 0 & 0 & 1 & \frac{3}{2} \\ \hline 0 & 0 & 0 & 1 \end{array}\right)$$

$$(\mathbb{W}(15) + (\tfrac{1}{2}, \tfrac{1}{2}, \tfrac{1}{2}))' = \left(\begin{array}{ccc|c} 1 & 0 & \bar{1} & 0 \\ 0 & 1 & \bar{1} & 0 \\ 0 & 0 & 2 & 0 \\ \hline 0 & 0 & 0 & 1 \end{array}\right) \left(\begin{array}{ccc|c} 0 & \bar{1} & 0 & \frac{5}{4} \\ \bar{1} & 0 & 0 & \frac{3}{4} \\ 0 & 0 & 1 & \frac{5}{4} \\ \hline 0 & 0 & 0 & 1 \end{array}\right) \left(\begin{array}{ccc|c} 1 & 0 & \frac{1}{2} & 0 \\ 0 & 1 & \frac{1}{2} & 0 \\ 0 & 0 & \frac{1}{2} & 0 \\ \hline 0 & 0 & 0 & 1 \end{array}\right) = \left(\begin{array}{ccc|c} 0 & \bar{1} & \bar{1} & 0 \\ \bar{1} & 0 & \bar{1} & -\frac{1}{2} \\ 0 & 0 & 1 & \frac{5}{2} \\ \hline 0 & 0 & 0 & 1 \end{array}\right)$$

d) Die normierten Einträge wären (der Index n steht für normiert):

$(8)_n'$ $\quad \bar{y}+\frac{1}{2},\ \bar{x}+\frac{1}{2},\ \bar{z}+\frac{1}{2};$ $\qquad (10)_n'$ $\quad x+y,\ y+z+\frac{1}{2},\ \bar{z};$

$(15)_n'$ $\quad \bar{y}-z,\ \bar{x}-z+\frac{1}{2},\ z+\frac{1}{2};$ $\qquad ((15)+(\frac{1}{2},\frac{1}{2},\frac{1}{2}))_n'$ $\quad$ kein Unterschied zu $(15)_n'$

Bei (15) und $(15)+(\frac{1}{2},\frac{1}{2},\frac{1}{2})$ ergibt sich kein Unterschied, weil die zentrierende Translation in der primitiven Basis ganzzahlig ist und bei der Normierung verschwindet.

3.3 Die Transformationsmatrizen lauten:

$$\boldsymbol{P} = \begin{pmatrix} 2 & \bar{1} & 0 \\ 1 & 1 & 0 \\ 0 & 0 & 1 \end{pmatrix} \quad \text{und} \quad \boldsymbol{P}^{-1} = \begin{pmatrix} \frac{1}{3} & \frac{1}{3} & 0 \\ -\frac{1}{3} & \frac{2}{3} & 0 \\ 0 & 0 & 1 \end{pmatrix}$$

Da $\det(\boldsymbol{P}) = 3$, ist die Elementarzelle verdreifacht. Die Ursprungsverschiebung $\boldsymbol{p} = (\frac{2}{3}, \frac{1}{3}, 0)$ ergibt für die Koordinatentransformation den Spaltenanteil:

$$-\boldsymbol{P}^{-1}\boldsymbol{p} = -\begin{pmatrix} \frac{1}{3} & \frac{1}{3} & 0 \\ -\frac{1}{3} & \frac{2}{3} & 0 \\ 0 & 0 & 1 \end{pmatrix} \begin{pmatrix} \frac{2}{3} \\ \frac{1}{3} \\ 0 \end{pmatrix} = \begin{pmatrix} -\frac{1}{3} \\ 0 \\ 0 \end{pmatrix}$$

Die Koordinaten transformieren sich mit $(\boldsymbol{P}^{-1}, -\boldsymbol{P}^{-1}\boldsymbol{p})$ oder $\frac{1}{3}(x+y)-\frac{1}{3},\ \frac{1}{3}(-x+2y),\ z$.

3.4 Die Gesamttransformation folgt aus dem Produkt der Transformationsmatrizen $\mathbb{P}_1$ und $\mathbb{P}_2$:

$$\mathbb{P} = \mathbb{P}_1\mathbb{P}_2 = \left(\begin{array}{ccc|c} 1 & -1 & 0 & 0 \\ 1 & 1 & 0 & \frac{1}{2} \\ 0 & 0 & 1 & 0 \\ \hline 0 & 0 & 0 & 1 \end{array}\right) \left(\begin{array}{ccc|c} 1 & 0 & -\frac{1}{2} & -\frac{1}{8} \\ 0 & -1 & 0 & \frac{1}{8} \\ 0 & 0 & -\frac{1}{2} & -\frac{1}{8} \\ \hline 0 & 0 & 0 & 1 \end{array}\right) = \left(\begin{array}{ccc|c} 1 & 1 & -\frac{1}{2} & -\frac{1}{4} \\ 1 & -1 & -\frac{1}{2} & \frac{1}{2} \\ 0 & 0 & -\frac{1}{2} & -\frac{1}{8} \\ \hline 0 & 0 & 0 & 1 \end{array}\right)$$

Die Gesamtbasistransformation und Ursprungsverschiebung sind also: $\mathbf{a}' = \mathbf{a} + \mathbf{b}$, $\mathbf{b}' = \mathbf{a} - \mathbf{b}$, $\mathbf{c}' = -\frac{1}{2}(\mathbf{a} + \mathbf{b} + \mathbf{c})$ und $\boldsymbol{p} = (-\frac{1}{4}, \frac{1}{2}, -\frac{1}{8})$. Die Determinante von $\boldsymbol{P}$ (Matrixteil von $\mathbb{P}$) ist 1, das Volumen der Elementarzelle ändert sich nicht.
Die einfachste Art, $\boldsymbol{P}^{-1} = \boldsymbol{P}_2^{-1}\boldsymbol{P}_1^{-1}$ zu erhalten ist, die Transformationen (ohne Ursprungsverschiebungen) graphisch aufzuzeichnen und zu überlegen, wie man wieder zurücktransformiert. $\boldsymbol{P}^{-1}$ ist korrekt, wenn $\boldsymbol{P}\boldsymbol{P}^{-1} = \boldsymbol{I}$ erfüllt ist. $\boldsymbol{P}^{-1}$ ist in der folgenden Gleichung genannt. Der Spaltenanteil von $\mathbb{P}^{-1}$ ergibt sich gemäß:

$$-\boldsymbol{P}^{-1}\boldsymbol{p} = -\begin{pmatrix} \frac{1}{2} & \frac{1}{2} & -1 \\ \frac{1}{2} & -\frac{1}{2} & 0 \\ 0 & 0 & -2 \end{pmatrix} \begin{pmatrix} -\frac{1}{4} \\ \frac{1}{2} \\ -\frac{1}{8} \end{pmatrix} = \begin{pmatrix} -\frac{1}{4} \\ \frac{3}{8} \\ -\frac{1}{4} \end{pmatrix}$$

$$\mathbb{P}^{-1} = \mathbb{P}_2^{-1}\mathbb{P}_1^{-1} = \left(\begin{array}{ccc|c} \frac{1}{2} & \frac{1}{2} & -1 & -\frac{1}{4} \\ \frac{1}{2} & -\frac{1}{2} & 0 & \frac{3}{8} \\ 0 & 0 & -2 & -\frac{1}{4} \\ \hline 0 & 0 & 0 & 1 \end{array}\right)$$

Die Koordinaten transformieren sich gemäß $x' = \frac{1}{2}(x+y) - z - \frac{1}{4}$, $y' = \frac{1}{2}(x-y) + \frac{3}{8}$, $z' = -2z - \frac{1}{4}$.

3.5

$$\boldsymbol{p} = -\boldsymbol{P}\boldsymbol{p}' = -\begin{pmatrix} \frac{1}{2} & \frac{1}{2} & 0 \\ -\frac{1}{2} & \frac{1}{2} & 0 \\ 0 & 0 & 1 \end{pmatrix} \begin{pmatrix} \frac{1}{2} \\ 0 \\ 0 \end{pmatrix} = \begin{pmatrix} -\frac{1}{4} \\ \frac{1}{4} \\ 0 \end{pmatrix}$$

Die angegebenen Ursprungsverschiebungen in Teil 2 und Teil 3 von *International Tables A*1 sind verschieden gewählt worden.

4.1 a) Die Ergebnisse sind:

		(8)	(10)	(15)	$(15)_2$	$(15)_{2n}$
a)	Determinante	$+1$	-1	-1	-1	-1
	Spur	-1	$+1$	$+1$	$+1$	$+1$
b)	Typ	2	m	m	m	m
c)	$\boldsymbol{u}$	$[1\bar{1}0]$	$[001]$	$[110]$	$[110]$	$[110]$
d)	Schraub-, Gleitkomponente	$0,0,0$	$\frac{1}{2},0,0$	$\frac{1}{4},-\frac{1}{4},\frac{3}{4}$	$\frac{1}{4},-\frac{1}{4},\frac{5}{4}$	$-\frac{1}{4},\frac{1}{4},\frac{1}{4}$
	w'	$\frac{1}{4},\frac{1}{4},\frac{3}{4}$	$0,0,\frac{1}{2}$	$\frac{1}{2},\frac{1}{2},0$	$1,1,0$	$\frac{1}{2},\frac{1}{2},0$
e)	Herm.-Maugin-Symbol	2	a	d	d	d
f)	Fixpunkte	$x,\bar{x}+\frac{1}{4},\frac{3}{8}$	$x,y,\frac{1}{4}$	$x,\bar{x}+\frac{1}{2},z$	$x,\bar{x},z$	$x,\bar{x}+\frac{1}{2},z$

Zu **c)** Man verwendet die Gleichung $\boldsymbol{Wu} = \pm \boldsymbol{u}$, + für Drehungen, − für Inversionsdrehungen und Spiegelungen. Beispiel:

$$(8) \quad \begin{pmatrix} 0 & \bar{1} & 0 \\ \bar{1} & 0 & 0 \\ 0 & 0 & \bar{1} \end{pmatrix} \begin{pmatrix} u \\ v \\ w \end{pmatrix} = \begin{pmatrix} u \\ v \\ w \end{pmatrix} \quad \text{ergibt} \quad \begin{pmatrix} -v \\ -u \\ -w \end{pmatrix} = \begin{pmatrix} u \\ v \\ w \end{pmatrix}$$

Daraus folgt $u = -v$. Aus $w = -w$ folgt $w = 0$. Die Lösung ist somit $u\bar{u}0$ oder normiert $1\bar{1}0$.

Zu **d)** Die Schraub- oder Gleitkomponente ergibt sich aus Gleichung (4.3), $\frac{1}{k}\boldsymbol{t} = \frac{1}{k}(\boldsymbol{W} + \boldsymbol{I})\boldsymbol{w}$ (Seite 55; für Spiegelungen und zweizählige Drehungen ist $k = 2$). Für (15) ist zum Beispiel:

$$\tfrac{1}{2}\boldsymbol{t} = \tfrac{1}{2} \begin{pmatrix} 1 & \bar{1} & 0 \\ \bar{1} & 1 & 0 \\ 0 & 0 & 2 \end{pmatrix} \begin{pmatrix} \frac{3}{4} \\ \frac{1}{4} \\ \frac{3}{4} \end{pmatrix} = \begin{pmatrix} \frac{1}{4} \\ -\frac{1}{4} \\ \frac{3}{4} \end{pmatrix}$$

Mit den Schraub- oder Gleitkomponenten werden die Spalten berechnet, $\boldsymbol{w}' = \boldsymbol{w} - \frac{1}{2}\boldsymbol{t}$; für (15) zum Beispiel:

$$\boldsymbol{w}' = \begin{pmatrix} \frac{3}{4} \\ \frac{1}{4} \\ \frac{3}{4} \end{pmatrix} - \begin{pmatrix} \frac{1}{4} \\ -\frac{1}{4} \\ \frac{3}{4} \end{pmatrix} = \begin{pmatrix} \frac{1}{2} \\ \frac{1}{2} \\ 0 \end{pmatrix}$$

Zu **f)** Die Spalten $\boldsymbol{w}'$ werden zur Bestimmung der Lage der Symmetrieelemente mit Hilfe von Gleichung (4.5) benötigt, Seite 55. Für (15) gilt zum Beispiel:

$$\begin{pmatrix} 0 & \bar{1} & 0 \\ \bar{1} & 0 & 0 \\ 0 & 0 & 1 \end{pmatrix} \begin{pmatrix} x \\ y \\ z \end{pmatrix} + \begin{pmatrix} \frac{1}{2} \\ \frac{1}{2} \\ 0 \end{pmatrix} = \begin{pmatrix} x \\ y \\ z \end{pmatrix}$$

Daraus folgt das Gleichungssystem $-y + \frac{1}{2} = x$, $-x + \frac{1}{2} = y$, $z = z$, und für die Fixpunkte folgt $y = -x + \frac{1}{2}$ und z = beliebig.
An den Schraub- und Gleitkomponenten $\frac{1}{2}\boldsymbol{t}$ erkennt man, dass nur die zweizählige Drehung (8) Fixpunkte besitzt.

Frage auf Seite 62. Bei Elementen der Ordnung 2 steht eine *1* in der Hauptdiagonale.

5.1 Wenn die Elemente ij und ji in der Gruppentafel dieselben sind.

5.2

Symm.-Oper.	Ordnung	Symm.-Oper.	Ordnung
1	1	*m*	2
2	2	*4*, *4*$^{-1}$	4

5.3 Siehe Abb. 19.2. Die Ordnung der Symmetriegruppe des trigonalen Prismas ist 12. m_1, m_2 und m_3 seien die drei vertikalen Spiegelungen, 2_1, 2_2 und 2_3 die zweizähligen Drehungen (in der Reihenfolge wie in Abb. 19.2). Folgend werden zwei Folgen von je zwei aufeinanderfolgenden Permutationen genannt:

$\overline{6}$ zuerst, dann m_z

	①	②	③	④	⑤	⑥
$\overline{6}$	↓	↓	↓	↓	↓	↓
	⑥	④	⑤	③	①	②
m_z	↓	↓	↓	↓	↓	↓
	③	①	②	⑥	④	⑤

Das entspricht der Permutation (1 3 2)(4 6 5), also 3^{-1}

m_1 zuerst, dann 3

	①	②	③	④	⑤	⑥
m_1	↓	↓	↓	↓	↓	↓
	①	③	②	④	⑥	⑤
3	↓	↓	↓	↓	↓	↓
	②	①	③	⑤	④	⑥

Das entspricht der Permutation (3)(6)(1 2)(4 5), also m_3

Die folgende Gruppentafel wurde so angelegt, dass der linke obere Quadrant der Untergruppe $\overline{6}$ entspricht:

	1	3	3^{-1}	$\overline{6}$	$\overline{6}^{-1}$	m_z	2_1	2_2	2_3	m_1	m_2	m_3
1	1	3	3^{-1}	$\overline{6}$	$\overline{6}^{-1}$	m_z	2_1	2_2	2_3	m_1	m_2	m_3
3	3	3^{-1}	1	m_z	$\overline{6}$	$\overline{6}^{-1}$	2_3	2_1	2_2	m_3	m_1	m_2
3^{-1}	3^{-1}	1	3	$\overline{6}^{-1}$	m_z	$\overline{6}$	2_2	2_3	2_1	m_2	m_3	m_1
$\overline{6}$	$\overline{6}$	m_z	$\overline{6}^{-1}$	3	1	3^{-1}	m_2	m_3	m_1	2_2	2_3	2_1
$\overline{6}^{-1}$	$\overline{6}^{-1}$	$\overline{6}$	m_z	1	3^{-1}	3	m_3	m_1	m_2	2_3	2_1	2_2
m_z	m_z	$\overline{6}^{-1}$	$\overline{6}$	3^{-1}	3	1	m_1	m_2	m_3	2_1	2_2	2_3
2_1	2_1	2_2	2_3	m_3	m_2	m_1	1	3	3^{-1}	m_z	$\overline{6}^{-1}$	$\overline{6}$
2_2	2_2	2_3	2_1	m_1	m_3	m_2	3^{-1}	1	3	$\overline{6}$	m_z	$\overline{6}^{-1}$
2_3	2_3	2_1	2_2	m_2	m_1	m_3	3	3^{-1}	1	$\overline{6}^{-1}$	$\overline{6}$	m_z
m_1	m_1	m_2	m_3	2_3	2_2	2_1	m_z	$\overline{6}^{-1}$	$\overline{6}$	1	3	3^{-1}
m_2	m_2	m_3	m_1	2_1	2_3	2_2	$\overline{6}$	m_z	$\overline{6}^{-1}$	3^{-1}	1	3
m_3	m_3	m_1	m_2	2_2	2_1	2_3	$\overline{6}^{-1}$	$\overline{6}$	m_z	3	3^{-1}	1

5.4 Die Gruppenelemente sind in der ersten Zeile der vorstehenden Gruppentafel aufgezählt.

Restklassenzerlegung nach $\{1, 3, 3^{-1}\}$:

linke Nebenklassen

$1 \cdot \{1,3,3^{-1}\}$	$m_1 \cdot \{1,3,3^{-1}\}$	$\overline{6} \cdot \{1,3,3^{-1}\}$	$2_1 \cdot \{1,3,3^{-1}\}$
$1, 3, 3^{-1}$	m_1, m_3, m_2	$\overline{6}, m_z, \overline{6}^{-1}$	$2_1, 2_3, 2_2$

rechte Nebenklassen

$\{1,3,3^{-1}\} \cdot 1$	$\{1,3,3^{-1}\} \cdot m_1 \cdot$	$\{1,3,3^{-1}\} \cdot \overline{6}$	$\{1,3,3^{-1}\} \cdot 2_1$
$1, 3, 3^{-1}$	m_1, m_2, m_3	$\overline{6}, m_z, \overline{6}^{-1}$	$2_1, 2_2, 2_3$

Da es je vier Nebenklassen gibt, ist der Index 4. Linke und rechte Nebenklassen sind gleich.

Restklassenzerlegung nach $\{1, m_1\}$:

linke Nebenklassen

$1 \cdot \{1, m_1\}$	$3 \cdot \{1, m_1\}$	$3^{-1} \cdot \{1, m_1\}$	$\bar{6} \cdot \{1, m_1\}$	$\bar{6}^{-1} \cdot \{1, m_1\}$	$m_z \cdot \{1, m_1\}$
$1, m_1$	$3, m_2$	$3^{-1}, m_3$	$\bar{6}, 2_3$	$\bar{6}^{-1}, 2_2$	$m_z, 2_1$

rechte Nebenklassen

$\{1, m_1\} \cdot 1$	$\{1, m_1\} \cdot 3$	$\{1, m_1\} \cdot 3^{-1}$	$\{1, m_1\} \cdot \bar{6}$	$\{1, m_1\} \cdot \bar{6}^{-1}$	$\{1, m_1\} \cdot m_z$
$1, m_1$	$3, m_3$	$3^{-1}, m_2$	$\bar{6}, 2_2$	$\bar{6}^{-1}, 2_3$	$m_z, 2_1$

Es gibt je sechs Nebenklassen, der Index ist 6. Linke und rechte Nebenklassen sind verschieden.

5.5 Nur die erste Nebenklasse ist eine Untergruppe; nur sie enthält das Eins-Element

5.6 Bei einer Untergruppe $\mathcal{H}$ vom Index 2 gibt es außer der Untergruppe selbst nur noch eine (zweite) Nebenklasse, in der alle Elemente von $\mathcal{G}$ enthalten sein müssen, die nicht in $\mathcal{H}$ enthalten sind. Rechte und linke Nebenklassenzerlegung müssen also dieselbe Nebenklasse ergeben. Das entspricht der Definition für einen Normalteiler.

5.7 a) Untergruppen der Ordnung 4 sind die zyklische Gruppe von Elementen der Ordnung 4, nämlich $\{1, 4, 2, 4^{-1}\}$, und die Kombinationen von Elementen der Ordnung 2. Letztere können nicht die Elemente 4 und 4^{-1} enthalten. Also enthalten sie mindestens zwei Spiegelungen und als Produkt dieser Spiegelungen eine Drehung, die nur 2 sein kann. Diese Untergruppen sind daher von der Sorte $\{1, 2, m, m\}$; es sind $\{1, 2, m_x, m_y\}$ und $\{1, 2, m_+, m_-\}$. Die genannten Untergruppen sind maximale Untergruppen. Von ihnen gibt es weitere Untergruppen der Ordnung 2, die aus der Identität und einem der sonstigen Elemente bestehen: $\{1, 2\}$, $\{1, m_x\}$, $\{1, m_y\}$, $\{1, m_+\}$, $\{1, m_-\}$.

b) m_x und m_+ können nicht gleichzeitig in einer Untergruppe der Ordnung 4 auftreten, weil durch ihre Kombination immer die Elemente 4 oder 4^{-1} mit Ordnung 4 erzeugt werden, so dass die Zahl der Elemente mindestens 6 beträgt. Nach dem Satz von LAGRANGE entsteht dann die ganze Gruppe $4mm$.

c) Konjugiert sind $\{1, m_x\}$ und $\{1, m_y\}$ sowie $\{1, m_+\}$ und $\{1, m_-\}$. Konjugierende Elemente sind 4 und 4^{-1}: $4^{-1} \cdot m_x \cdot 4 = m_y$ sowie $4^{-1} \cdot m_+ \cdot 4 = m_-$. Die Spiegellinien m_x und m_y sind unter einer Symmetrieoperation des Quadrats (nämlich 4 oder 4^{-1}) symmetrieäquivalent und damit sind auch die Untergruppen $\{1, m_x\}$ und $\{1, m_y\}$ symmetrieäquivalent. Die Spiegellinien m_x und m_+ sind im Quadrat dagegen nicht symmetrieäquivalent (es gibt keine Symmetrieoperation des Quadrats, die m_x auf m_+ abbildet).
Anmerkung: m_x und m_y sind nur unter einer Symmetrieoperation des Quadrats äquivalent, jedoch nicht unter einer Symmetrieoperation von $\{1, 2, m_x, m_y\}$. $\{1, m_x\}$ und $\{1, m_y\}$ sind also konjugiert in $4mm$, aber nicht in $\{1, 2, m_x, m_y\}$.

d) Untergruppen vom Index 2 sind immer Normalteiler, ebenso die beiden trivialen Untergruppen. Die Untergruppen $\{1, m_x\}$ und $\{1, m_+\}$ sind keine Normalteiler, da rechte und linke Nebenklassen verschieden sind. Dasselbe gilt für $\{1, m_y\}$ und $\{1, m_-\}$.

e)

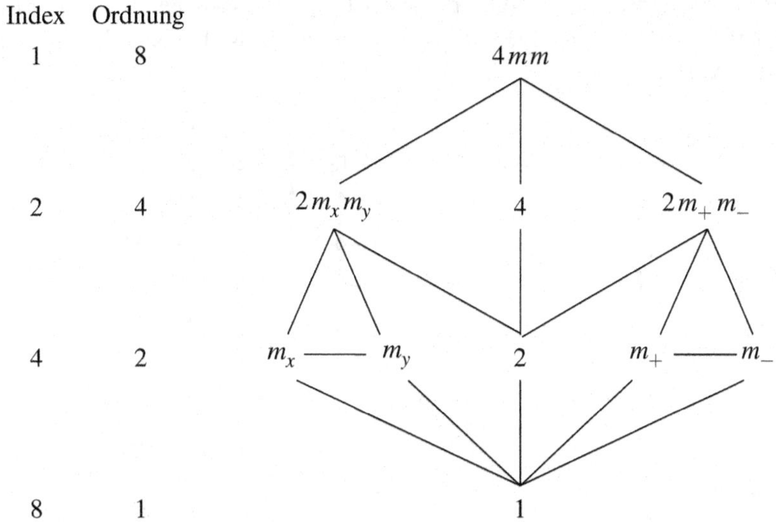

5.8 Linke Nebenklassenzerlegung von $\mathbb{Z}$ nach der Untergruppe $\mathcal{H} = \{0, \pm 5, \pm 10, \ldots\}$:

erste Nebenklasse $\mathcal{H} =$	zweite Nebenklasse $1 + \mathcal{H} =$	dritte Nebenklasse $2 + \mathcal{H} =$	vierte Nebenklasse $3 + \mathcal{H} =$	fünfte Nebenklasse $4 + \mathcal{H} =$
$\vdots$	$\vdots$	$\vdots$	$\vdots$	$\vdots$
-5	$1-5=-4$	$2-5=-3$	$3-5=-2$	$4-5=-1$
$e=0$	$1+0=1$	$2+0=2$	$3+0=3$	$4+0=4$
5	$1+5=6$	$2+5=7$	$3+5=8$	$4+5=9$
10	$1+10=11$	$2+10=12$	$3+10=13$	$4+10=14$
$\vdots$	$\vdots$	$\vdots$	$\vdots$	$\vdots$

Es gibt fünf Nebenklassen, der Index beträgt 5. Bei der rechten Nebenklassenzerlegung lautet die zweite Nebenklasse $0+1=1,\ 5+1=6,\ 10+1=11, \ldots$. Alle linken Nebenklassen sind den rechten Nebenklassen gleich. Die Untergruppe $\{0, \pm 5, \pm 10, \ldots\}$ ist somit Normalteiler.

5.9 $\mathcal{F}$ ist eine Abelsche Gruppe. Für alle Gruppenelemente gilt $g_i g_k = g_k g_i$.

6.1 $P4_1 32$: kubisch; $P4_1 22$: tetragonal; $Fddd$: orthorhombisch; $P1\,2/c\,1$: monoklin; $P\bar{4}n2$: tetragonal; $P\bar{4}3n$: kubisch; $R\bar{3}m$: Trigonal-rhomboedrisch; $Fm\bar{3}$: kubisch.

6.2 Beide Raumgruppen sind hexagonal. Bei $P6_3mc$ verlaufen Spiegelebenen senkrecht zu **a** und Gleitspiegelebenen c senkrecht zu **a** − **b**, bei $P6_3cm$ ist es umgekehrt.

6.3 $P2_1 2_1 2_1$: 222; $P6_3/mcm$: $6/mmm$; $P2_1/c$: $2/m$; $Pa\bar{3}$: $m\bar{3}$; $P4_2/m2_1/b2/c$: $4/m2/m2/m$, kurz $4/mmm$.

7.1 ${}^1_\infty P_6^{4-}$: $/\!\!\!p2/m11$ (oder $/\!\!\!p12/m1$); ${}^1_\infty$P: $/\!\!\!p2/m2/c2_1/m$; ${}^1_\infty CrF_5^{2-}$: $/\!\!\!p2/m2/c2_1/m$; ${}^2_\infty Si_2O_5^{2-}$: $p31m$; schwarzer Phosphor: $p2/m2_1/a2/n$.

8.1 Die vier rhomboedrischen Untergruppen einer kubischen Raumgruppe sind orientierungskonjugiert. Ihre dreizähligen Drehachsen liegen in den Richtungen der vier Raumdiagonalen des Würfels.

8.2

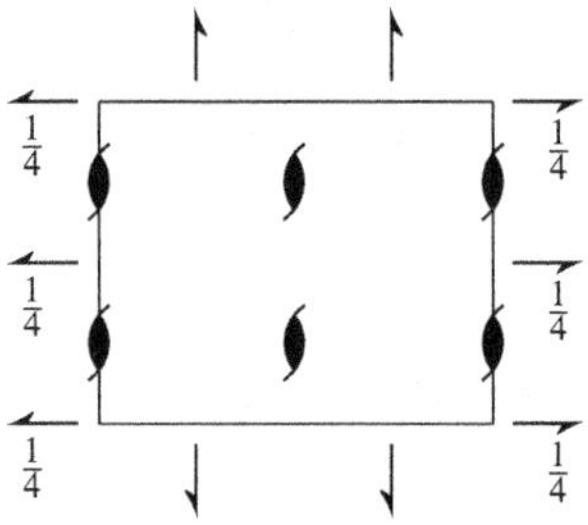

$P2_1 2_1 2_1$

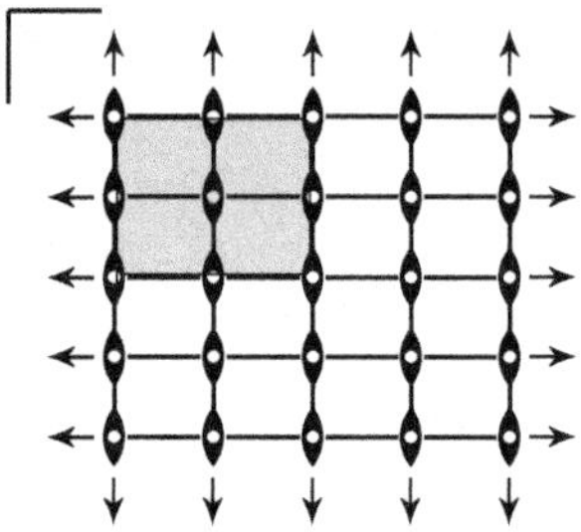

b
a

$\mathcal{N}_{\mathcal{E}}(P2_1 2_1 2_1) = P2/m2/m2/m$
$\frac{1}{2}\mathbf{a},\ \frac{1}{2}\mathbf{b},\ \frac{1}{2}\mathbf{c}$
wenn $a = b$: $P4_2/m2/m2/c$

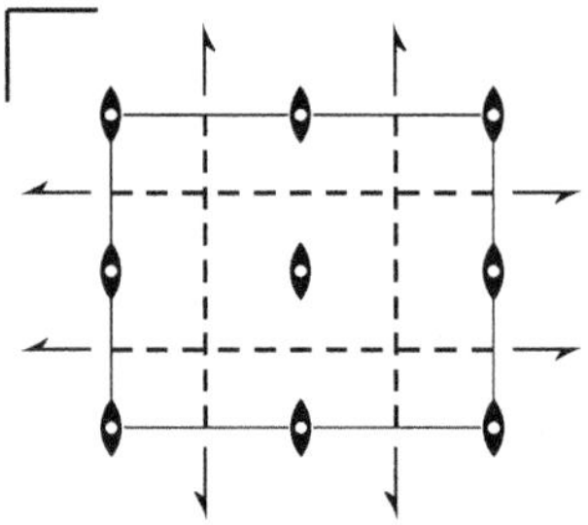

$P2_1/b2_1/a2/m$

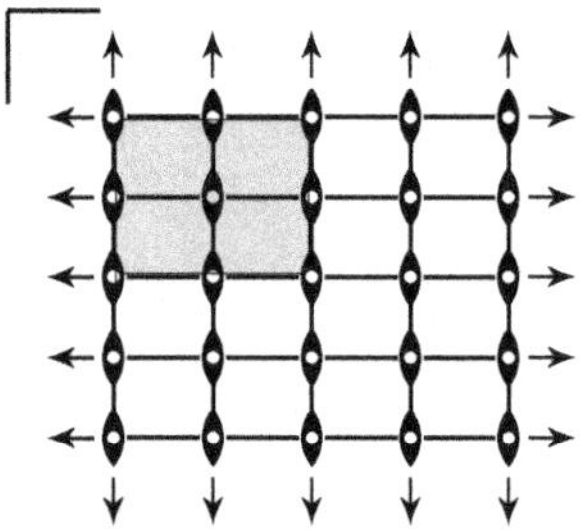

b
a

$\mathcal{N}_{\mathcal{E}}(Pbam) = P2/m2/m2/m$
$\frac{1}{2}\mathbf{a},\ \frac{1}{2}\mathbf{b},\ \frac{1}{2}\mathbf{c}$
wenn $a = b$: $P4/m2/m2/m$

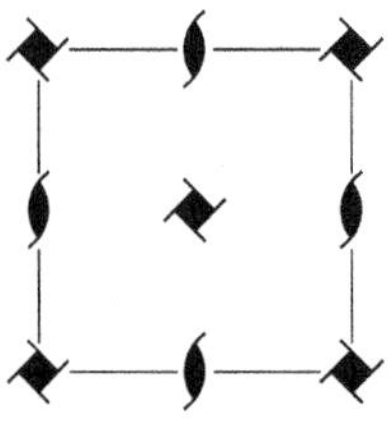

$P4_1$

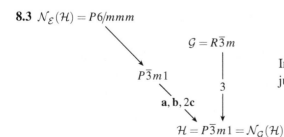

$\mathcal{N}_{\mathcal{E}}(P4_1) = P^1 422$
$\frac{1}{2}(\mathbf{a}-\mathbf{b}),\ \frac{1}{2}(\mathbf{a}+\mathbf{b}),\ \varepsilon\mathbf{c}$

8.3 $\mathcal{N}_{\mathcal{E}}(\mathcal{H}) = P6/mmm$

$\mathcal{N}_{\mathcal{E}}(\mathcal{H}) = P6/mmm \rightarrow P\bar{3}m1 \xrightarrow{\mathbf{a},\mathbf{b},2\mathbf{c}} \mathcal{H}$

$\mathcal{G} = R\bar{3}m \xrightarrow{3} \mathcal{H}$

$\mathcal{H} = P\bar{3}m1 = \mathcal{N}_{\mathcal{G}}(\mathcal{H})$

Index 3 von $\mathcal{N}_{\mathcal{G}}(\mathcal{H})$ in $\mathcal{G}$ zeigt drei konjugierte Untergruppen von $\mathcal{H}$ in $\mathcal{G}$ an.

8.4

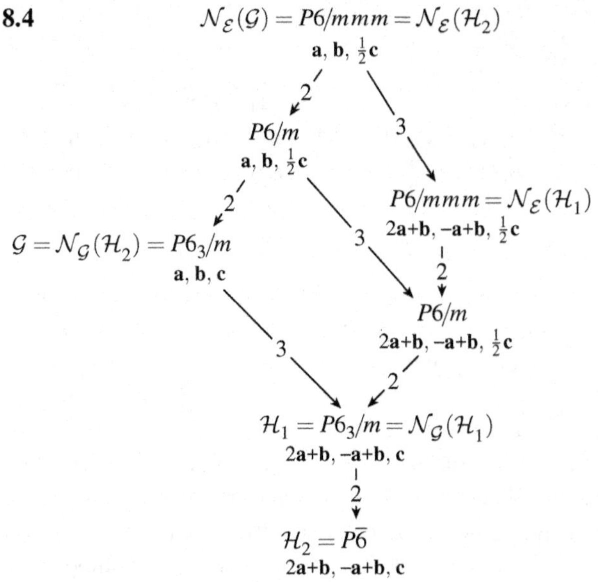

Der Index von $\mathcal{N}_{\mathcal{G}}(\mathcal{H}_1)$ in $\mathcal{G}$ ist 3, es gibt drei Konjugierte von $\mathcal{H}_1$. Der Index von $\mathcal{N}_{\mathcal{G}}(\mathcal{H}_2)$ in $\mathcal{G}$ ist 1, $\mathcal{H}_2$ hat keine Konjugierten.

8.5

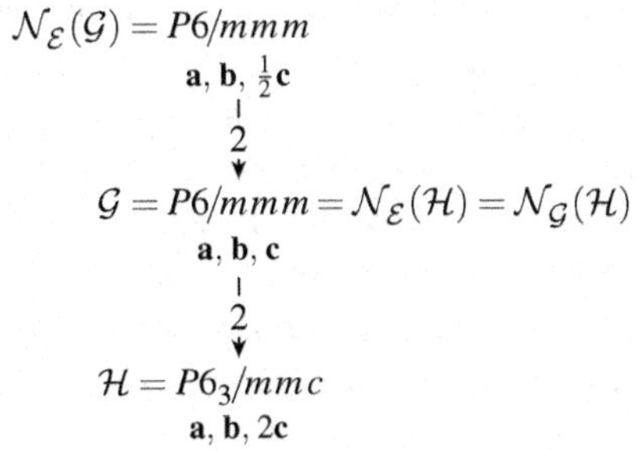

Der Index von $\mathcal{N}_{\mathcal{G}}(\mathcal{H})$ in $\mathcal{G}$ ist 1, es gibt keine Konjugierten. Der Index von $\mathcal{N}_{\mathcal{E}}(\mathcal{H})$ in $\mathcal{N}_{\mathcal{E}}(\mathcal{G})$ ist 2, es gibt zwei pare Untergruppen von $\mathcal{H}$ bezüglich $\mathcal{G}$.

9.1 Der euklidische Normalisator von $P4/n$ ist $P4/m2/m2/m$ mit Basisvektoren $\frac{1}{2}(\mathbf{a}-\mathbf{b})$, $\frac{1}{2}(\mathbf{a}+\mathbf{b})$, $\frac{1}{2}\mathbf{c}$, Index 8. Es gibt acht Beschreibungsmöglichkeiten für dieselbe Struktur. Die weiteren Koordinatensätze ergeben sich durch Addition von $\frac{1}{2}, \frac{1}{2}, 0$ und $0, 0, \frac{1}{2}$ sowie durch die Transformation y, x, z. Somit sind die acht äquivalenten Koordinatensätze:

	x	y	z	x	y	z	x	y	z	x	y	z
P	$\frac{1}{4}$	$\frac{3}{4}$	0	$\frac{3}{4}$	$\frac{1}{4}$	0	$\frac{1}{4}$	$\frac{3}{4}$	$\frac{1}{2}$	$\frac{3}{4}$	$\frac{1}{4}$	$\frac{1}{2}$
C 1	0,362	0,760	0,141	0,862	0,260	0,141	0,362	0,760	0,641	0,862	0,260	0,641
C 2	0,437	0,836	0,117	0,937	0,336	0,117	0,437	0,836	0,617	0,937	0,336	0,617
Mo	$\frac{1}{4}$	$\frac{1}{4}$	0,121	$\frac{3}{4}$	$\frac{3}{4}$	0,121	$\frac{1}{4}$	$\frac{1}{4}$	0,621	$\frac{3}{4}$	$\frac{3}{4}$	0,621
N	$\frac{1}{4}$	$\frac{1}{4}$	−0,093	$\frac{3}{4}$	$\frac{3}{4}$	−0,093	$\frac{1}{4}$	$\frac{1}{4}$	0,407	$\frac{3}{4}$	$\frac{3}{4}$	0,407
Cl	0,400	0,347	0,191	0,900	0,847	0,191	0,400	0,347	0,691	0,900	0,847	0,691

	x	y	z	x	y	z	x	y	z	x	y	z
P	$\frac{3}{4}$	$\frac{1}{4}$	0	$\frac{1}{4}$	$\frac{3}{4}$	0	$\frac{3}{4}$	$\frac{1}{4}$	$\frac{1}{2}$	$\frac{1}{4}$	$\frac{3}{4}$	$\frac{1}{2}$
C 1	0,760	0,362	0,141	0,260	0,862	0,141	0,760	0,362	0,641	0,260	0,862	0,641
C 2	0,836	0,437	0,117	0,336	0,937	0,117	0,836	0,437	0,617	0,336	0,937	0,617
Mo	$\frac{1}{4}$	$\frac{1}{4}$	0,121	$\frac{3}{4}$	$\frac{3}{4}$	0,121	$\frac{1}{4}$	$\frac{1}{4}$	0,621	$\frac{3}{4}$	$\frac{3}{4}$	0,621
N	$\frac{1}{4}$	$\frac{1}{4}$	–0,093	$\frac{3}{4}$	$\frac{3}{4}$	–0,093	$\frac{1}{4}$	$\frac{1}{4}$	0,407	$\frac{3}{4}$	$\frac{3}{4}$	0,407
Cl	0,347	0,400	0,191	0,847	0,900	0,191	0,347	0,400	0,691	0,847	0,900	0,691

9.2 Die ähnlichen Gitterparameter, die gleiche Raumgruppe und die fast übereinstimmenden Ortskoordinaten für die Vanadium-Atome lassen Isotypie für β'-$Cu_{0,26}V_2O_5$ und β-$Ag_{0,33}V_2O_5$ vermuten. Es müsste dann für eine der beiden Verbindungen ein äquivalenter Koordinatensatz existieren, bei dem auch die Koordinaten der Cu- und Ag-Atome übereinstimmen. Der euklidische Normalisator ist $P2/m$. Mit der Koordinatentransformation des Normalisators $+(\frac{1}{2}, 0, 0)$ ergeben sich für die Cu-Atome die möglichen alternativen Koordinatenwerte: 0,030 0 0,361, die akzeptabel mit den Ag-Koordinaten übereinstimmen. Diese Transformation wäre auch auf die V-Atome anzuwenden, deren Koordinaten dann nicht mehr übereinstimmen. Die Verbindungen sind weder isotyp noch homöotyp.

9.3 Bei Pr_2NCl_3 müssen zunächst die Basisvektoren **a** und **b** und mit ihnen die Koordinaten x und y vertauscht werden. Das Raumgruppensymbol ändert sich in diesem Fall nicht; auf die gleichzeitige Umkehrung eines Vorzeichens, z. B. z gegen $-z$, kann in diesem Fall wegen der Spiegelebene verzichtet werden; in $Ibam$ gibt es immer Paare x, y, z und $x, y, -z$. Nach dem Vertauschen stimmen die Gitterparameter und alle Koordinaten für Na_3AlP_2 und Pr_2NCl_3 annähernd überein, für Cl 2 muss jedoch eine in $Ibam$ symmetrieäquivalente Position verwendet werden: mit $\frac{1}{2} - x, \frac{1}{2} + y, z$ ergibt sich für Cl 2 (nach dem Vertauschen der Achsen) 0,320, 0,299, 0, was gut zu den Koordinaten von Na2 bei Na_3AlP_2 passt. Na_3AlP_2 und Pr_2NCl_3 sind isotyp.
$NaAg_3O_2$ ist dagegen nicht isotyp, es gibt keine Umrechnungsmöglichkeit auf einen gleichartigen Koordinatensatz. Erkennbar ist dies auch an den andersartigen Punktlagen: Die Lage $4c$ hat Lagesymmetrie $2/m$, während sie bei $4a$ und $4b$ 222 ist; $8e$ hat Lagesymmetrie $\bar{1}$ im Gegensatz zu $..m$ bei $8j$.

9.4 In der Raumgruppe $P6_3mc$ sind die Lagen $x, -x, z$ und $-x, x, z + \frac{1}{2}$ symmetrieäquivalent. Eine äquivalente Lage für Cl 1 ist deshalb 0,536, 0,464, 0,208. Der euklidische Normalisator von $P6_3mc$ ($P^1\,6/mmm$) hat als zusätzlichen Generator die beliebige Translation 0, 0, t. Nach Addition von 0,155 zu allen z-Koordinaten von Ca_4OCl_6 ergeben sich annähernd die Koordinaten von Na_6FeS_4. Die Na-Lagen entsprechen den Cl-Lagen, die S-Lagen den Ca-Lagen. Die Verbindungen sind isotyp.

9.5 Der euklidische Normalisator von $P6_3mc$ ($P^1\,6/mmm$) hat als zusätzlichen Generator die Inversion um den Ursprung. Die Koordinatensätze von Wurtzit und Rambergit sind demnach völlig äquivalent; es wird ein und derselbe Strukturtyp beschrieben. Die Raumgruppe $P6_3mc$ hat Spiegelebenen, sie ist keine Sohncke-Raumgruppe; die Struktur kann nicht chiral sein, und somit gibt es auch keine absolute Konfiguration.

9.6 GeS_2: Der euklidische Normalisator von $I\bar{4}2d$ ist $P4_2/nmm$ mit Index 4. Es sind also vier äquivalente Koordinatensätze zu erwarten, die sich durch Addition von $0, 0, \frac{1}{2}$ und durch Inversion an $\frac{1}{4}, 0, \frac{1}{8}$ (d.h. $\frac{1}{2} - x, -y, \frac{1}{4} - z$) ergeben. Für GeS_2 sind somit äquivalente Beschreibungen:

	x	y	z	x	y	$\frac{1}{2}+z$	$\frac{1}{2}-x$	$-y$	$\frac{1}{4}-z$	$\frac{1}{2}-x$	$-y$	$\frac{3}{4}-z$
Ge	0	0	0	0	0	$\frac{1}{2}$	$\frac{1}{2}$	0	$\frac{1}{4}$	$\frac{1}{2}$	0	$\frac{3}{4}$
S	0,239	$\frac{1}{4}$	$\frac{1}{8}$	0,239	$\frac{1}{4}$	$\frac{5}{8}$	0,261	$\frac{3}{4}$	$\frac{1}{8}$	0,261	$\frac{3}{4}$	$\frac{5}{8}$

Keiner dieser Koordinatensätze ist unter einer Symmetrietransformation von $I\bar{4}2d$ in einen der anderen überführbar. Die Zahl der äquivalenten Koordinatensätze ist tatsächlich vier, die Raumgruppe $I\bar{4}2d$ ist zutreffend.

Na_2HgO_2: Der euklidische Normalisator von $I422$ ist $P4/mmm$ mit Achsen $\frac{1}{2}(\mathbf{a}-\mathbf{b})$, $\frac{1}{2}(\mathbf{a}+\mathbf{b})$, $\frac{1}{2}\mathbf{c}$, Index 4. Es müsste vier äquivalente Koordinatensätze geben, die sich durch Inversion an 0, 0, 0 und durch Addition von $0, 0, \frac{1}{2}$ ergeben. Für Na_2HgO_2 sind das:

	x	y	z	$-x$	$-y$	$-z$	x	y	$\frac{1}{2}+z$	$-x$	$-y$	$\frac{1}{2}-z$
Na	0	0	0,325	0	0	−0,325	0	0	0,825	0	0	0,175
Hg	0	0	0	0	0	0	0	0	$\frac{1}{2}$	0	0	$\frac{1}{2}$
O	0	0	0,147	0	0	−0,147	0	0	0,647	0	0	0,353

Der erste und zweite sowie der dritte und vierte Koordinatensatz sind aber bereits in $I422$ symmetrieäquivalent (x, y, z und $\bar{x}, y, \bar{z}$) und somit keine neuen Beschreibungen; es gibt nur zwei verschiedene Koordinatensätze. Die Raumgruppe $I422$ ist falsch (zutreffend ist $I4/mmm$).

9.7 Der euklidische Normalisator für $P12_1/m1$ bei spezieller Metrik $a = c$ der Elementarzelle ist $Bmmm$ mit $\frac{1}{2}(\mathbf{a}+\mathbf{c})$, $\frac{1}{2}\mathbf{b}$, $\frac{1}{2}(-\mathbf{a}+\mathbf{c})$, Index 16. Ein äquivalenter Koordinatensatz ergibt sich durch die Transformation z, y, x (vgl. Tab. 9.1):

	x	y	z	z	y	x
Au	0	0	0	0	0	0
Na1	0,332	0	0,669	0,669	0	0,332
Na2	0,634	$\frac{3}{4}$	0,005	0,005	$\frac{3}{4}$	0,634
Na3	0,993	$\frac{1}{4}$	0,364	0,364	$\frac{1}{4}$	0,993
Co	0,266	$\frac{3}{4}$	0,266	0,266	$\frac{3}{4}$	0,266
O1	0,713	0,383	0,989	0,989	0,383	0,713
O2	0,989	0,383	0,711	0,711	0,383	0,989
O3	0,433	$\frac{1}{4}$	0,430	0,430	$\frac{1}{4}$	0,433

Der zweite Koordinatensatz ist kein neuer Koordinatensatz. Da $P12_1/m1$ zentrosymmetrisch ist, sind x, y, z und $-x, -y, -z$ von vornherein symmetrieäquivalent. Die Koordinatensätze von O1 und O2 stimmen überein, dasselbe gilt für Na2 und Na3 (nach Umkehrung der Vorzeichen); diese Atome sind also tatsächlich symmetrieäquivalent. Die Zahl der äquivalenten Koordinatensätze ist geringer als der Index im euklidische Normalisator, die Raumgruppe $P2_1/m$ ist falsch.

Die gleich langen Basisvektoren **a** und **c** spannen eine Raute auf, deren Diagonalen zueinander senkrecht sind und eine *B*-zentrierte, orthorhombische Zelle ermöglichen. Die Transformationsmatrizen monoklin → orthorhombisch sind:

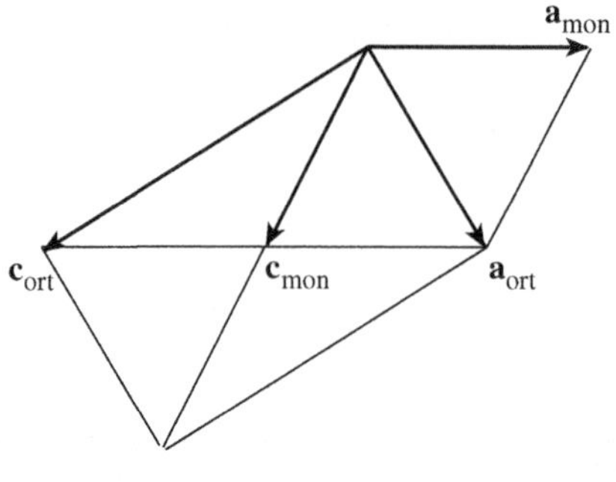

$$\boldsymbol{P} = \begin{pmatrix} 1 & 0 & -1 \\ 0 & 1 & 0 \\ 1 & 0 & 1 \end{pmatrix} \text{ und } \boldsymbol{P}^{-1} = \begin{pmatrix} \frac{1}{2} & 0 & \frac{1}{2} \\ 0 & 1 & 0 \\ -\frac{1}{2} & 0 & \frac{1}{2} \end{pmatrix}$$

d. h. die Koordinatenumrechnung erfolgt gemäß $x' = \frac{1}{2}x + \frac{1}{2}z$, $y' = y$, $z' = -\frac{1}{2}x + \frac{1}{2}z$. Die Koordinaten in der orthorhombischen Zelle sind:

	x'	y'	z'		x'	y'	z'
Au	0	0	0	Co	0,266	$\frac{3}{4}$	0
Na1	$\frac{1}{2}$	0	0,168	O1	0,851	0,383	0,138
Na2	0,320	$\frac{3}{4}$	–0,314	O3	0,432	$\frac{1}{4}$	0

Die tatsächliche Raumgruppe muss eine *B*-zentrierte, orthorhombische Obergruppe von $P\,1\,2_1/m\,1$ sein. Gemäß *International Tables* A1 gibt es nur eine zentrierte orthorhombische Obergruppe von $P\,1\,2_1/m\,1$: genannt ist $Cmcm$. Bei den Obergruppen sind in *International Tables* allerdings immer nur die Obergruppentypen in der Standardaufstellung genannt (siehe Beispiel 7.2, S. 109). In der Tabelle der Raumgruppe $Cmcm$ ist als Untergruppe $P\,1\,1\,2_1/m$ und nicht $P\,1\,2_1/m\,1$ genannt, d. h. mit monokliner *c*-Achse. Durch zyklisches Vertauschen der Achsen **a** ← **b** ← **c** ← **a** kommt man von $P\,1\,1\,2_1/m$ zu $P\,1\,2_1/m\,1$ und von $Cmcm$ zu $Bbmm$. Die tatsächliche Obergruppe von $P\,1\,2_1/m\,1$ ist also $Bbmm$, eine unkonventionelle Aufstellung von $Cmcm$; diese ist die zutreffende Raumgruppe von Na_4AuCoO_5.

10.1 Zur Transformationsmatrix $\boldsymbol{P}$ für die Basisvektoren gehört die Matrix $\boldsymbol{P}^{-1}$ für die Koordinaten:

$$\boldsymbol{P} = \begin{pmatrix} 1 & 0 & 1 \\ 0 & 1 & 1 \\ 0 & 0 & 1 \end{pmatrix} \qquad \boldsymbol{P}^{-1} = \begin{pmatrix} 1 & 0 & -1 \\ 0 & 1 & -1 \\ 0 & 0 & 1 \end{pmatrix}$$

Die Koordinaten rechnen sich also gemäß $x - z$, $y - z$, z um. Damit werden die Koordinaten der Punktlage $1b$ $(0, 0, \frac{1}{2})$ auf diejenigen der Punktlage $1h$ $(\frac{1}{2}, \frac{1}{2}, \frac{1}{2})$ transformiert und umgekehrt, außerdem die von $1f$ $(\frac{1}{2}, 0, \frac{1}{2})$ auf die von $1g$ $(0, \frac{1}{2}, \frac{1}{2})$. Die Punktlagen $1b$ und $1h$ sowie $1f$ und $1g$ werden miteinander vertauscht.

10.2 **a b c**: $P2_1/n2_1/m2_1/a$ 0,24, $\frac{1}{4}$, 0,61 **a b c**: $P2_1/n2_1/m2_1/a$ 0,24, $\frac{1}{4}$, 0,61

c a b: $P2_1/b2_1/n2_1/m$ 0,61, 0,24, $\frac{1}{4}$ **b $\bar{\mathbf{a}}$ c**: $P2_1/m2_1/n2_1/b$ $\frac{1}{4}$, −0,24, 0,61

10.3 Das Raumgruppensymbol wird $C2/c11$, die monokline Achse ist **a**. Um ein rechtshändiges Koordinatensystem zu erhalten, muss die Richtung eines Basisvektors umgekehrt werden, am besten $\mathbf{a}' = -\mathbf{b}$, da dann der Wert des monoklinen Winkels erhalten bleibt, $\alpha' = \beta$; beim Richtungstausch $\mathbf{b}' = -\mathbf{a}$ oder $\mathbf{c}' = -\mathbf{c}$ wäre $\alpha' = 180° - \beta$. Die neue Gleitspiegelebene c liegt in $x = 0$. Die Koordinaten müssen entsprechend vertauscht werden, $-y, x, z$ (wenn $\mathbf{a}' = -\mathbf{b}$). Würde der Wechsel zur monoklinen Aufstellung **a** durch zyklisches Vertauschen durchgeführt, wäre das Raumgruppensymbol $B2/b11$ und die Wyckoff-Symbole blieben erhalten. Mit der Aufstellung $C2/c11$ können Zweifel bestehen, welche Wyckoff-Symbole zu den einzelnen Punktlagen gehören; sie sollten klar benannt werden.

10.4 $C4_2/e2/m2_1/c$.

10.5 Die drei Zellauswahlen für $P12_1/c1$ sind $P12_1/c1$, $P12_1/n1$ und $P12_1/a1$. Bei gleicher Achsenrichtung muss die Obergruppe eine 2_1-Achse in Richtung **b** und eine Gleitspiegelebene senkrecht dazu haben. Bei der zu wählenden Aufstellung müssen die Gitterparameter von Gruppe und Obergruppe (annähernd) übereinstimmen und der monokline Winkel muss $\beta \approx 90°$ betragen.

Obergruppe $Pnna$ ($P2/n2_1/n2/a$): $P2/n2_1/n2/a$ ist Obergruppe, wenn von $P12_1/n1$ anstelle von $P12_1/c1$ ausgegangen wird; in der Aufstellung $P12_1/n1$ muss $\beta \approx 90°$.

Obergruppe $Pcca$ ($P2_1/c2/c2/a$): $2_1/c$ steht an erster Stelle, also in Richtung **a**; die Richtungen **a** und **b** müssen vertauscht werden, **c** muss beibehalten werden; das Symbol der Obergruppe ist dann $P2/c2_1/c2/b$.

Obergruppe $Pccn$ ($P2_1/c2_1/c2/n$): $2_1/c$ steht an erster und zweiter Stelle; es gibt zwei Obergruppen des Typs $Pccn$; die eine ist $P2_1/c2_1/c2/n$ mit unveränderter Achsenaufstellung; bei der zweiten müssen **a** und **b** vertauscht werden, womit sich das Hermann-Mauguin-Symbol jedoch nicht ändert (auf die vertauschten Achsen muss hingewiesen werden); welche der beiden Obergruppen man wählt, hängt von den Gitterparametern ab.

Obergruppe $Cmce$ ($C2/m2/c2_1/e$): $2_1/e$ bedeutet $2_1/a$ und $2_1/b$ in Richtung **c**; durch Vertauschen von **b** und **c** wird das Hermann-Mauguin-Symbol $B2/m2_1/e2/b$; durch zyklisches Vertauschen $\mathbf{c} \leftarrow \mathbf{a} \leftarrow \mathbf{b} \leftarrow \mathbf{c}$ wird es $B2/b2_1/e2/m$; das e enthält in beiden Fällen die notwendige c-Gleitspiegelebene. Das konventionelle Obergruppensymbol $Cmce$ steht also für zwei B-zentrierte orthorhombische Obergruppen. Die B-zentrierten Zellen sind doppelt so groß wie die von $P12_1/c1$, weshalb dessen Zelle nicht beibehalten werden kann; es muss transformiert werden, wie im Diagramm gezeigt, wobei sich ein rechter Winkel β_{ort} ergeben muss. $\mathbf{a}_{ort}$ und $\mathbf{c}_{ort}$ sind die Basisvektoren der B-zentrierten Zellen.

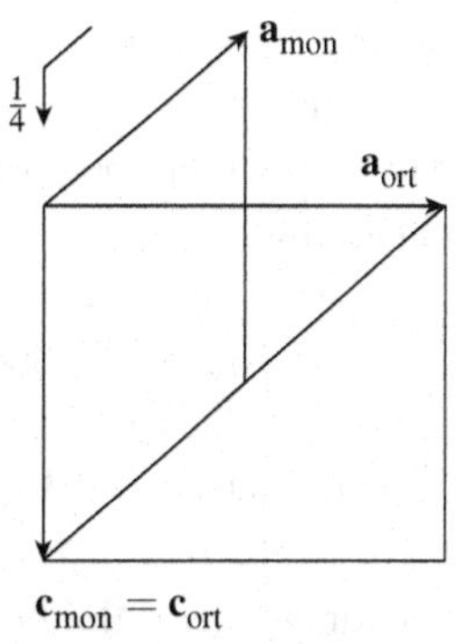

12.1 Bei der Symmetriereduktion von $P2_1/a\overline{3}$ nach $P2_1/b2_1/c2_1/a$ fallen die dreizähligen Achsen weg. Von $P2_1/b2_1/c2_1/a$ nach $Pbc2_1$ (nichtkonventionell für $Pca2_1$) fallen zusätzlich die Inversionszentren, die 2_1-Achsen längs a und b und die Gleitspiegelebene senkrecht zu c weg. Von $P2_1/a\overline{3}$ nach $P2_13$ fallen die Inversionszentren und die Gleitspiegelebenen weg.

12.2 und **12.3**

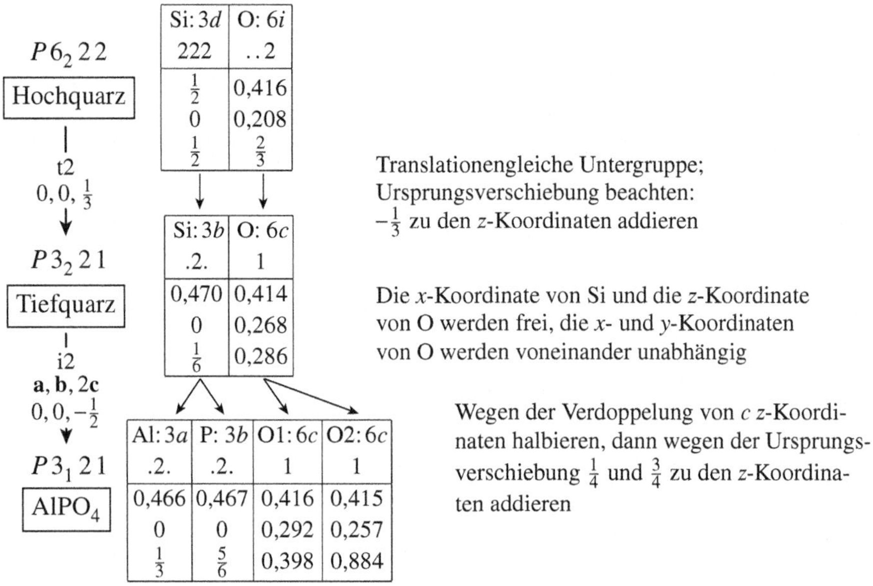

12.4 Indium: Bei der Beziehung $Fm\overline{3}m \to I4/mmm$ ergibt sich mit der Basistransformation $\mathbf{a}' = \frac{1}{2}(\mathbf{a} - \mathbf{b})$ ein Verhältnis $c/a = \sqrt{2}$. Für Indium ist $c/a = 1{,}52$, also ein wenig größer als $\sqrt{2}$, so dass es als längs c leicht gedehnte kubisch-dichteste Kugelpackung beschrieben werden kann.

Protactinium: mit $c/a = 0{,}83$ muss es als gestauchte kubisch-innenzentrierte Kugelpackung beschrieben werden.

Quecksilber: Die Beziehung $Fm\overline{3}m \to R\overline{3}m^{(\mathrm{hex})}$ erfordert eine Achsentransformation $\frac{1}{2}(-\mathbf{a}+\mathbf{b})$, $\frac{1}{2}(-\mathbf{b}+\mathbf{c})$, $\mathbf{a}+\mathbf{b}+\mathbf{c}$, woraus sich ein Verhältnis $c/a = \sqrt{3}/(\frac{1}{2}\sqrt{2}) = 2{,}45$ ergibt. Das ist etwas größer als $c/a = 1{,}93$ bei Quecksilber; es kann als trigonal-gestauchte kubisch-dichteste Kugelpackung beschrieben werden. Für $Im\overline{3}m \to R\overline{3}m^{(\mathrm{hex})}$ wäre die Transformation $-\mathbf{a}+\mathbf{b}$, $-\mathbf{b}+\mathbf{c}$, $\frac{1}{2}(\mathbf{a}+\mathbf{b}+\mathbf{c})$ und somit $c/a = \frac{1}{2}\sqrt{3}/\sqrt{2} = 0{,}61$.

Uran: Es ist $b/a = 2{,}06$ statt $\sqrt{3}$ und $c/a = 1{,}74$ statt $1{,}633$; es handelt sich um eine in Richtung b der orthorhombischen Zelle gedehnte hexagonal-dichteste Kugelpackung.

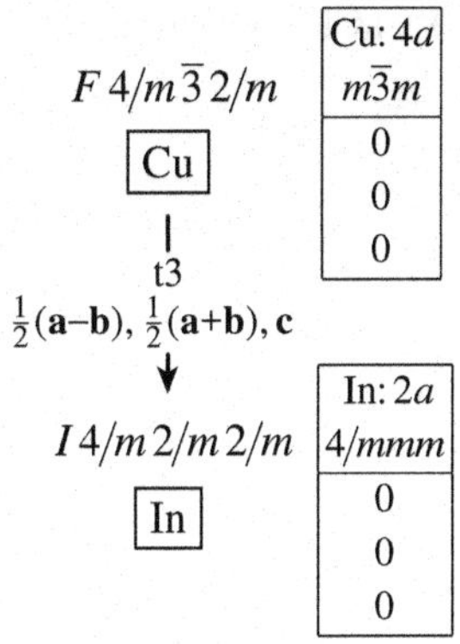

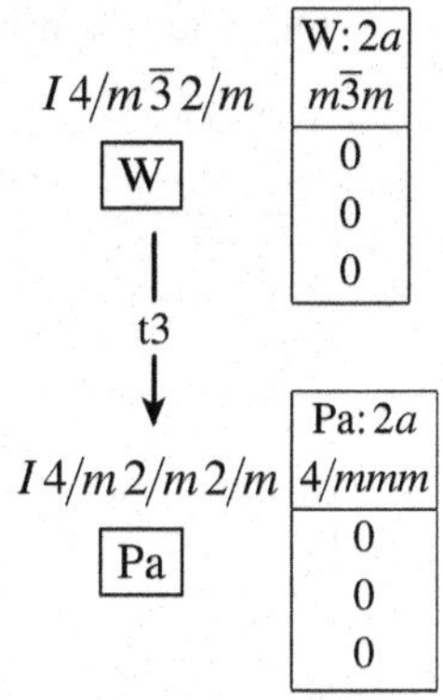

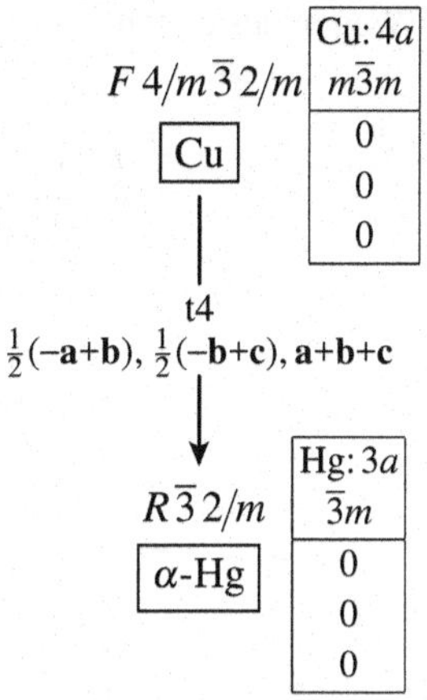

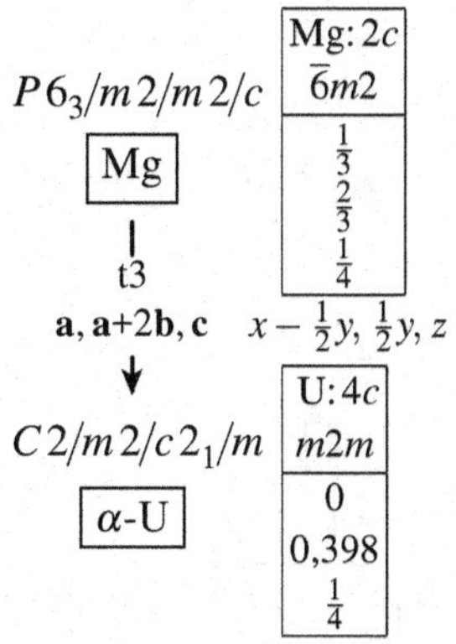

12.5

Die Gitterparameter und die Koordinatenwerte von $\sim\frac{1}{3}$ zeigen, dass die Zelle $3 \times 3 \times 3$-fach vergrößert werden muss. Der Index 27 ist der kleinstmögliche Index für eine isomorphe Untergruppe von $I\,m\overline{3}\,m$.

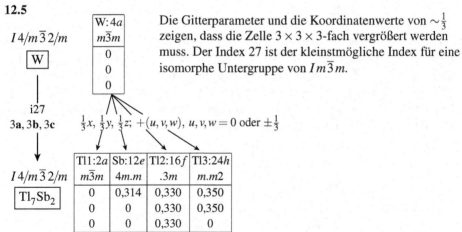

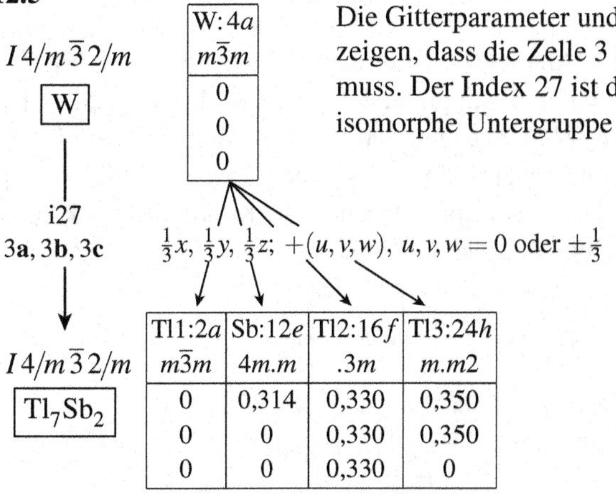

12.6 Wegen des ersten Schrittes des Symmetrieabbaus Rutil → $CaCl_2$-Typ siehe Abb. 1.2.

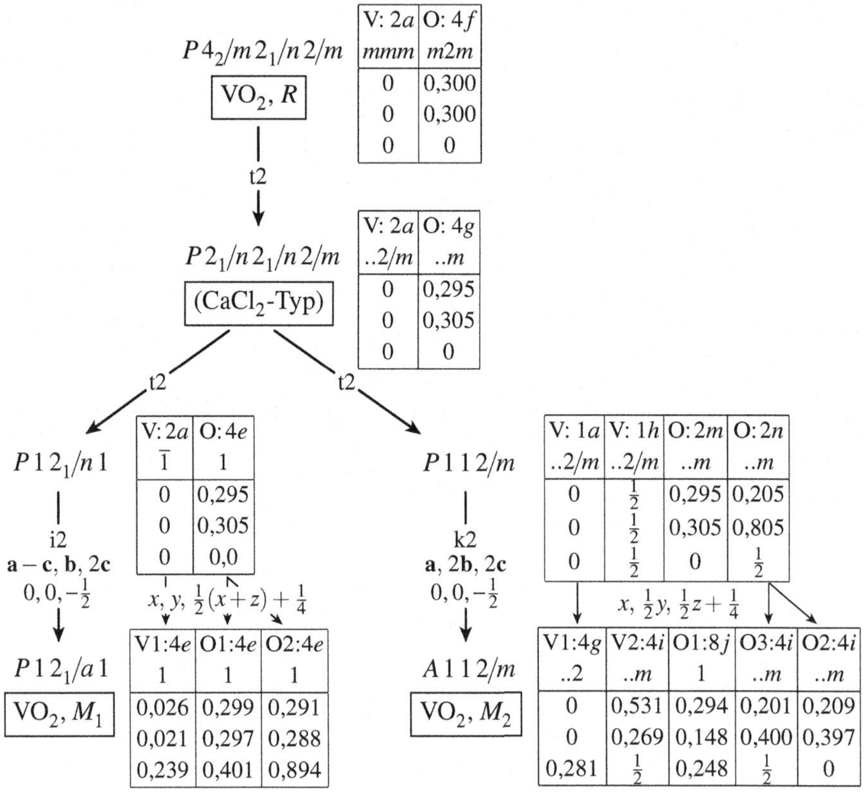

$P4_2/m\,2_1/n\,2/m$ (VO_2, R):

V: 2*a*	O: 4*f*
mmm	*m*2*m*
0	0,300
0	0,300
0	0

$P2_1/n\,2_1/n\,2/m$ ($CaCl_2$-Typ):

V: 2*a*	O: 4*g*
..2/*m*	..*m*
0	0,295
0	0,305
0	0

$P1\,2_1/n\,1$:

V: 2*a*	O: 4*e*
$\bar{1}$	1
0	0,295
0	0,305
0	0,0

$P1\,2_1/a\,1$ (VO_2, M_1):

V1: 4*e*	O1: 4*e*	O2: 4*e*
1	1	1
0,026	0,299	0,291
0,021	0,297	0,288
0,239	0,401	0,894

$P1\,1\,2/m$:

V: 1*a*	V: 1*h*	O: 2*m*	O: 2*n*
..2/*m*	..2/*m*	..*m*	..*m*
0	$\frac{1}{2}$	0,295	0,205
0	$\frac{1}{2}$	0,305	0,805
0	$\frac{1}{2}$	0	$\frac{1}{2}$

$A1\,1\,2/m$ (VO_2, M_2):

V1: 4*g*	V2: 4*i*	O1: 8*j*	O3: 4*i*	O2: 4*i*
..2	..*m*	1	..*m*	..*m*
0	0,531	0,294	0,201	0,209
0	0,269	0,148	0,400	0,397
0,281	$\frac{1}{2}$	0,248	$\frac{1}{2}$	0

12.7 Von den Gitterparametern von $TlAlF_4$-*tP*6 kommt man zu denen von $TlAlF_4$-*tI*24 gemäß $a\sqrt{2} = 364{,}9\sqrt{2}$ pm $= 516{,}0$ pm $\approx 514{,}2$ pm und $2c = 2 \cdot 641{,}4$ pm $= 1282{,}8$ pm $\approx 1280{,}7$ pm. Da die Zelle von $TlAlF_4$-*tI*24 innenzentriert ist, ist sie doppelt-primitiv; die primitive Zelle hat nur das doppelte Volumen, im Einklang mit dem Index 2. Beim $TlAlF_4$-*tI*24 befinden sich die Atome F2 nicht mehr auf Spiegelebenen, die Koordinationsoktaeder um die Al-Atome sind um die *c*-Richtung gegenseitig verdreht.

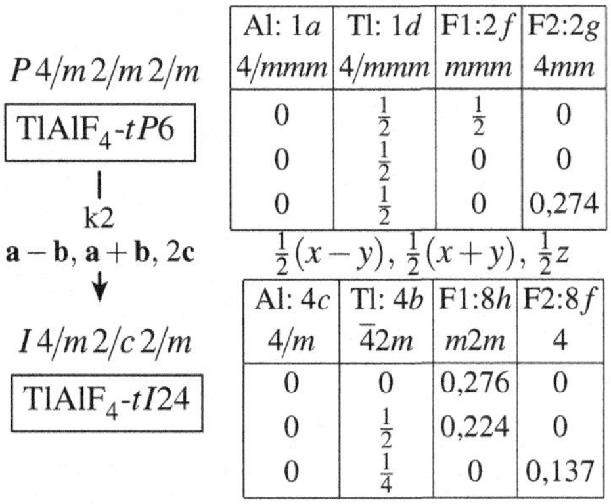

$P4/m\,2/m\,2/m$ ($TlAlF_4$-*tP*6):

Al: 1*a*	Tl: 1*d*	F1: 2*f*	F2: 2*g*
4/*mmm*	4/*mmm*	*mmm*	4*mm*
0	$\frac{1}{2}$	$\frac{1}{2}$	0
0	$\frac{1}{2}$	0	0
0	$\frac{1}{2}$	0	0,274

$I4/m\,2/c\,2/m$ ($TlAlF_4$-*tI*24):

Al: 4*c*	Tl: 4*b*	F1: 8*h*	F2: 8*f*
4/*m*	$\bar{4}$2*m*	*m*2*m*	4
0	0	0,276	0
0	$\frac{1}{2}$	0,224	0
0	$\frac{1}{4}$	0	0,137

12.8

$C2/m2/c2_1/m$

γ-AlOOH

Al: 4*c*	O1: 4*c*	O2:4*c*
*m*2*m*	*m*2*m*	*m*2*m*
0	0	$\frac{1}{2}$
0,179	0,206	0,083
$\frac{1}{4}$	$\frac{3}{4}$	$\frac{1}{4}$

t2 (links) → $Cmc2_1$

RbOH·OH_2

Rb:4*a*	O1:4*a*	O2:4*a*
m..	*m*..	*m*..
0	0	$\frac{1}{2}$
0,152	0,163	−0,032
$\frac{1}{4}$	0,75	0,146

t2; **a**, $\frac{1}{2}$(−**a**+**b**), **c** → $P112_1/m$

$x+y,\ 2y,\ z$

2*e*	2*e*	2*e*
m	*m*	*m*
0,179	0,206	0,583
0,358	0,412	0,167
$\frac{1}{4}$	$\frac{3}{4}$	$\frac{1}{4}$

k2; 2**a**, **b**, **c** → $P112_1/a$

$\frac{1}{2}x,\ y,\ z$

KOH·OH_2

K: 4*e*	O1:4*e*	O2: 4*e*
1	1	1
0,075	0,085	0,237
0,298	0,343	−0,055
0,254	0,754	0,137

Wegen der Wasserstoffbrücken gibt es deutliche Abweichungen bei einigen Atomparametern

12.9 Bei $P4/nmm$ verlaufen zwischen den Spiegelebenen diagonal durch die Zelle Gleitspiegelebenen mit Gleitkomponente $\frac{1}{2}(\mathbf{a}+\mathbf{b})$, was zugleich auch Gleitkomponente $\frac{1}{2}(\mathbf{a}+\mathbf{b})+\mathbf{c}$ bedeutet. Bei der Verdoppelung von c fällt die Gleitkomponente $\frac{1}{2}(\mathbf{a}+\mathbf{b})$ weg, aber die Gleitkomponente $\frac{1}{2}(\mathbf{a}+\mathbf{b})+\frac{1}{2}\mathbf{c}$ bleibt erhalten ($\frac{1}{2}\mathbf{c}$ statt $\mathbf{c}$ wegen der Verdoppelung von c). Das ist eine n-Gleitspiegelebene.

12.10 Die flächenzentrierte Zelle des Cu-Typs ist schräg zur Zelle von $MoNi_4$ ausgerichtet. Zuerst wird von der flächenzentrierten Zelle auf eine innenzentrierte Zelle transformiert und dann auf die Zelle von $MoNi_4$:

$\mathbf{a}_I = \frac{1}{2}(\mathbf{a}_F - \mathbf{b}_F),\ \mathbf{b}_I = \frac{1}{2}(\mathbf{a}_F + \mathbf{b}_F),\ \mathbf{c}_I = \mathbf{c}_F$

$a_I = a_F/\sqrt{2}$

$\mathbf{a} = \mathbf{a}_I + 2\mathbf{b}_I, \quad \mathbf{b} = -2\mathbf{a}_I + \mathbf{b}_I, \quad \mathbf{c} = \mathbf{c}_I$

$a = a_I\sqrt{5} = (a_F/\sqrt{2})\sqrt{5} = 361{,}2\sqrt{\frac{5}{2}}\ \text{pm} = 571{,}1\ \text{pm}$

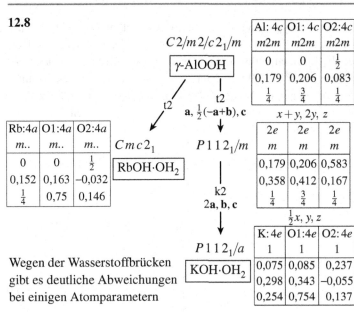

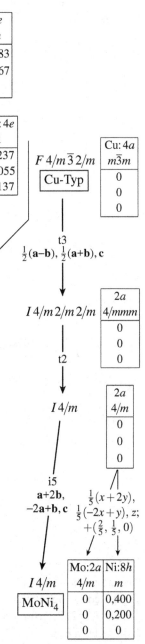

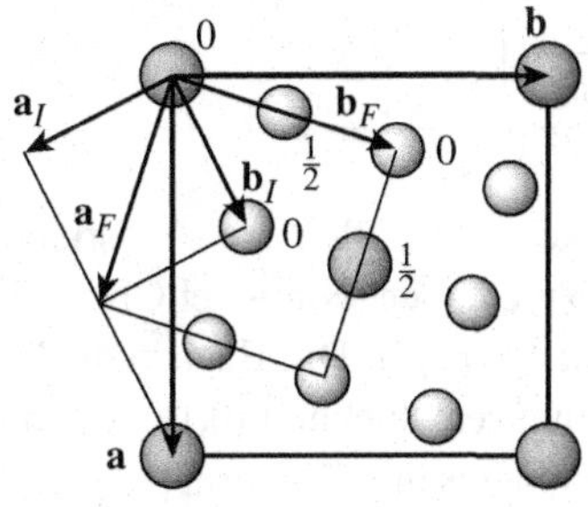

$F4/m\bar{3}2/m$

Cu-Typ

Cu: 4*a*
$m\bar{3}m$
0
0
0

t3; $\frac{1}{2}$(**a**−**b**), $\frac{1}{2}$(**a**+**b**), **c** → $I4/m2/m2/m$

2*a*
4/*mmm*
0
0
0

t2 → $I4/m$

2*a*
4/*m*
0
0
0

i5; **a**+2**b**, −2**a**+**b**, **c** → $I4/m$

$\frac{1}{5}(x+2y),\ \frac{1}{5}(-2x+y),\ z;\ +(\frac{2}{5}, \frac{1}{5}, 0)$

$MoNi_4$

Mo:2*a*	Ni:8*h*
4/*m*	*m*
0	0,400
0	0,200
0	0

Die flächenzentrierte Zelle des Cu-Typs ist vierfach primitiv und enthält $Z = 4$ Cu-Atome; die halb so große innenzentrierte Zelle ist zweifach primitiv ($Z = 2$). Verglichen zu letzterer ist die Zelle von $MoNi_4$ fünffach vergrößert; sie enthält zehn Atome. Das passt gut zu den experimentellen Werten: $a = 572{,}0$ pm. Hier muss also ein Schritt des Symmetrieabbaus mit Index 5 vorkommen. Ein Index von 5 ist nur als isomorphe Untergruppe von $I4/m$ möglich; zuvor ist ein Symmetrieabbau bis $I4/m$ notwendig, bei dem jedoch nur Punktlagesymmetrie abgebaut wird.

12.11 Der Gitterparameter der kubischen Elementarzelle von γ-Messing ist dreimal größer als der von β-Messing.

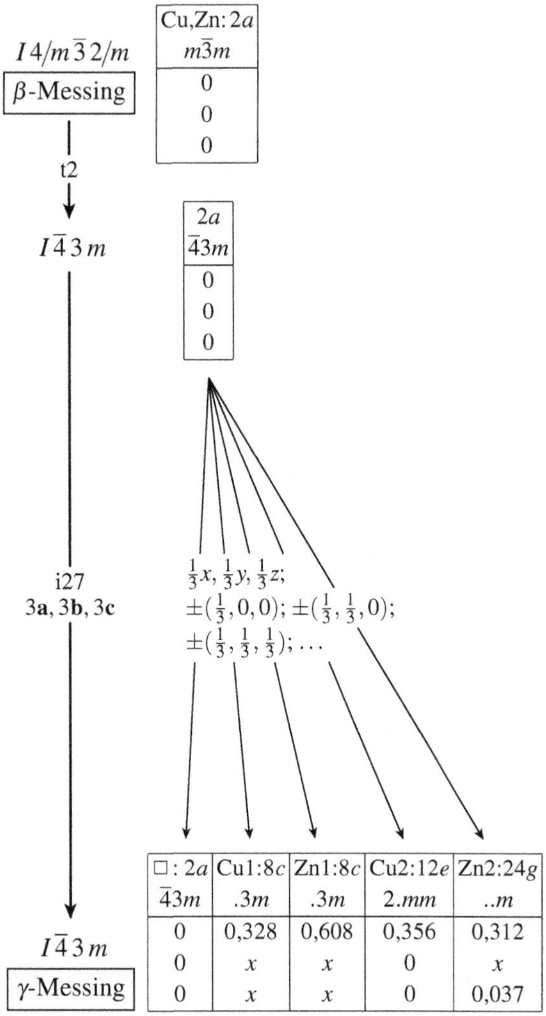

13.1 Die gemeinsame Obergruppe muss 2_1-Achsen in allen drei Achsrichtungen haben, und sie muss a-Gleitspiegelebenen senkrecht zu **c** haben. Nur zwei Obergruppen erfüllen diese Bedingungen: $P2_1/b2_1/c2_1/a$ und $P2_1/n2_1/m2_1/a$. Die Beziehung $P2_1/n2_1/m2_1/a$ —t2→ $P2_1\,2_1\,2_1$ erfordert jedoch eine Ursprungsverschiebung $(0, 0, -\frac{1}{4})$ und kommt deshalb nicht in Betracht. $P2_1/b2_1/c2_1/a$ ist die gemeinsame Obergruppe.

13.2 Im rechten Zweig von Abb. 13.3 fehlt die Zellverkleinerung $\frac{1}{2}(\mathbf{a}-\mathbf{b})$, $\frac{1}{2}(\mathbf{a}+\mathbf{b})$, **c**. Außerdem kann bei keinem Schritt die notwendige Ursprungsverschiebung berücksichtigt werden.

$Pnnn$ hat acht pare Untergruppen $Fddd$ mit verdoppelten Gitterparametern. Nur diejenige mit der angegebenen Ursprungsverschiebung ergibt den richtigen Koordinatensatz für die Ir- und Cl-Atome.

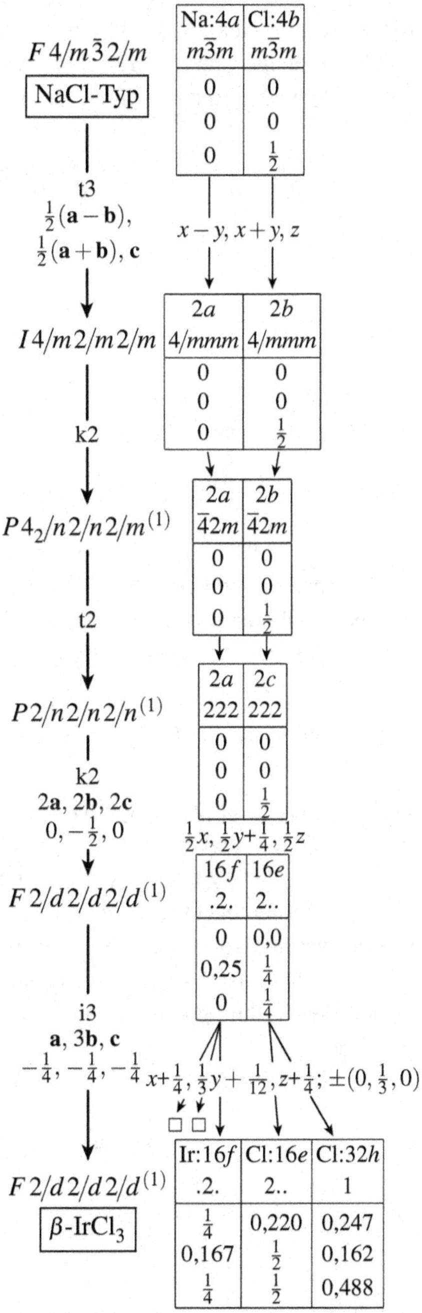

Mit □ sind zwei unbesetzte Oktaederlücken in $16f$ bezeichnet, $\frac{1}{4}, -0{,}167, \frac{1}{4}$ und $\frac{1}{4}, 0{,}5, \frac{1}{4}$

13.3 $Pm\bar{3}m$ hat zwei pare Untergruppen $Pm\bar{3}m$, die keine maximalen Untergruppen sind (zwei Konjugiertenklassen à vier Konjugierte). Als Zwischengruppe tritt entweder $Fm\bar{3}m$ oder $Im\bar{3}m$ mit verachtfachter Zelle auf.

13.4 Der rechte Zweig des Stammbaums ist korrekt. Der linke Zweig führt zwar zur selben Zelle; bei der Verdreifachung der Zelle im ersten Schritt wird jedoch Translationssymmetrie weggenommen, die im zweiten Schritt wieder hinzugefügt wird, was nicht erlaubt ist. Die Zwischengruppe $C2/m2/c2_1/m$ ist falsch. Das ist leicht zu erkennen, wenn man sich die Elementarzellen aufzeichnet (es sind nur die Inversionszentren eingezeichnet):

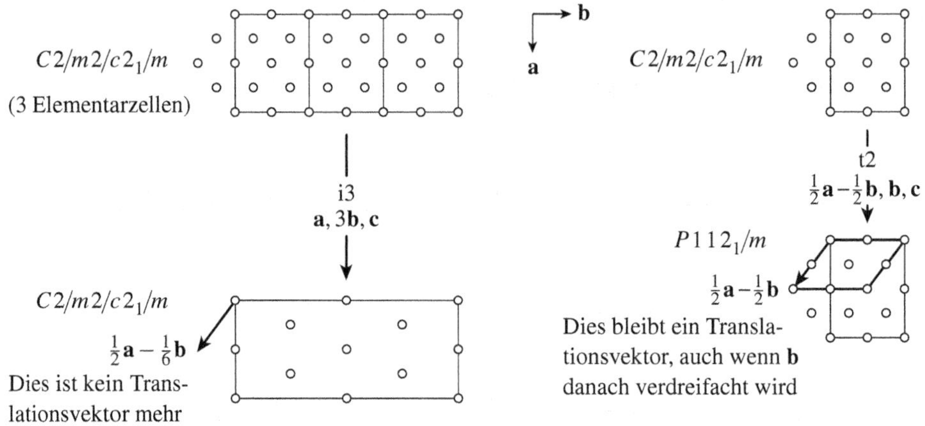

Außerdem empfiehlt es sich, im Stammbaum die vertikalen Abstände zwischen den Raumgruppensymbolen proportional zu den Logarithmen der Indices zu zeichnen; der Abstand beim i3-Schritt sollte also $\lg 3/\lg 2 = 1{,}58$ mal größer sein, als beim t2-Schritt.

13.5 $P2/m2/c2_1/m$ ist nicht zentriert. Es gibt keinen Translationsvektor $\frac{1}{2}(\mathbf{a}-\mathbf{b})$. Nur ohne Zelltransformation ist $P112_1/m$ eine Untergruppe von $P2/m2/c2_1/m$.

14.1 Im Vergleich zur Kugelpackung aus Iod-Atomen mit $a = 2r(\text{I})$ ist a ca. um den Faktor $\sqrt{3}$ vergrößert: $a = 699$ pm $\approx 2\sqrt{3}\cdot 198$ pm $= 686$ pm. In der Kugelpackung ist $c/a = 1{,}633$; zu erwarten wären also $c \approx 2\cdot 1{,}633\cdot 198$ pm $= 647$ pm. Tatsächlich ist $c = 736$ pm etwas größer, da es in dieser Richtung keine chemischen Bindungen gibt.

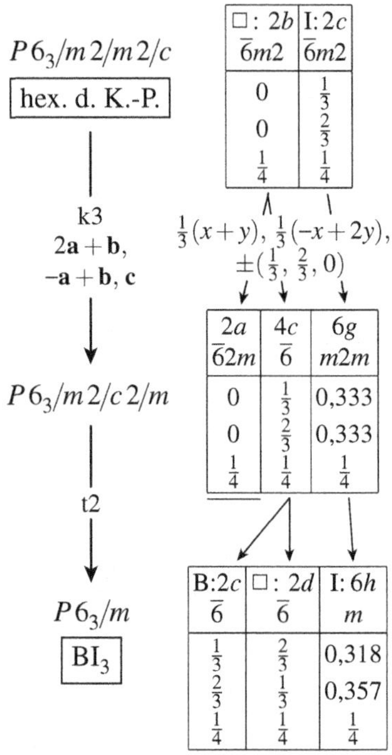

14.2 Zuerst muss die Symmetrie von $F\,4/m\,\overline{3}\,2/m$ in zwei translationengleichen Schritten nach $R\overline{3}$ abgebaut werden, dann folgt eine isomorphe Untergruppe vom Index 13 bzw. 19, wobei $\frac{12}{13}$ bzw. $\frac{18}{19}$ der Symmetrieoperationen verloren gehen. 13 und 19 sind Primzahlen der Sorte $6n+1$, die als Indices bei isomorphen Untergruppen von $R\overline{3}$ erlaubt sind. An der Zahl der symmetrieunabhängigen Chlor-Atome (2 bzw. 3) ist durch Vergleich mit den Angaben in *International Tables* A1 zu erkennen, dass 13 und 19 die gesuchten Primzahlen sind: Bei den isomorphen Untergruppen von $R\overline{3}$ mit Index p spaltet sich die Lage $3a$ in $1\times 3a$ und $\frac{p-1}{6}\times 18f$ auf, d. h. in $\frac{13-1}{6}=2\times 18f$ bzw. $\frac{19-1}{6}=3\times 18f$.

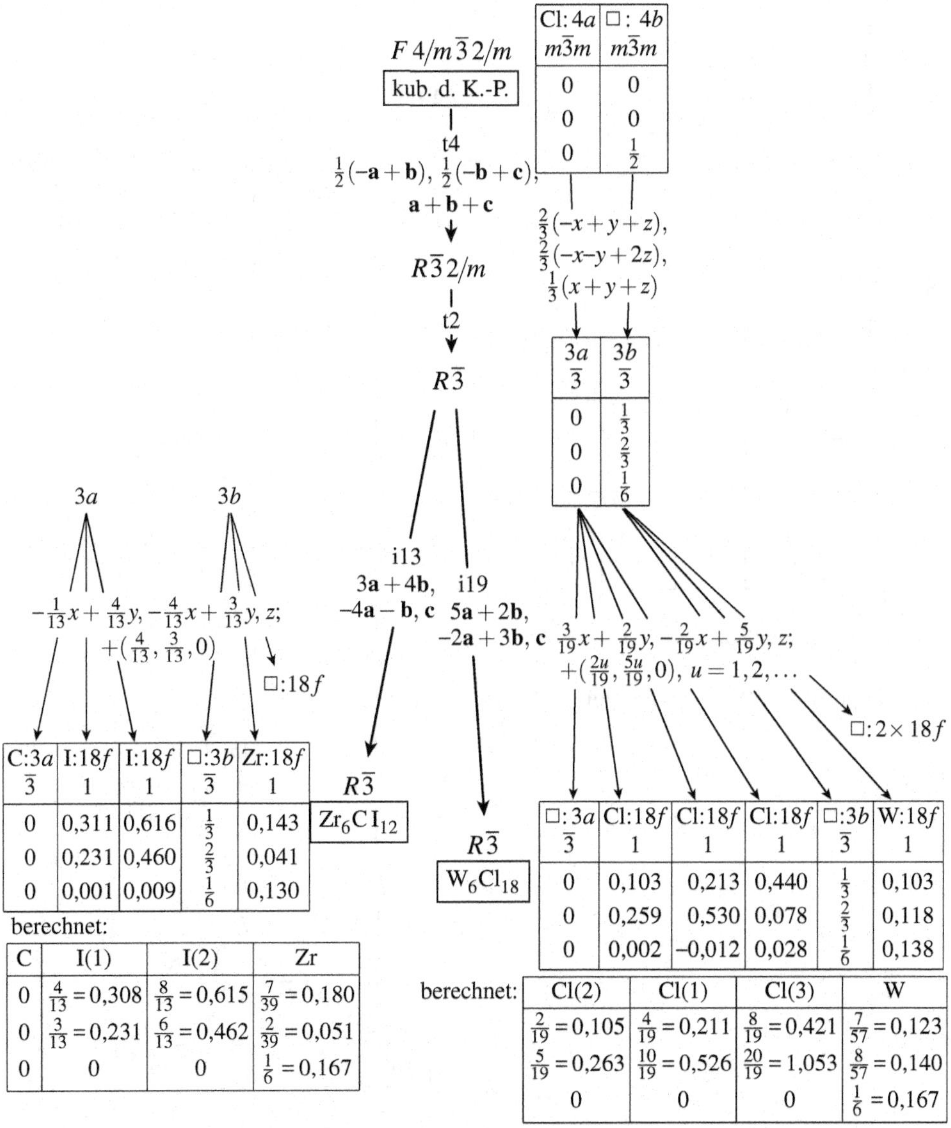

Cl: $4a$	□: $4b$
$m\overline{3}m$	$m\overline{3}m$
0	0
0	0
0	$\frac{1}{2}$

$3a$	$3b$
$\overline{3}$	$\overline{3}$
0	$\frac{1}{3}$
0	$\frac{2}{3}$
0	$\frac{1}{6}$

C: $3a$	I: $18f$	I: $18f$	□: $3b$	Zr: $18f$
$\overline{3}$	1	1	$\overline{3}$	1
0	0,311	0,616	$\frac{1}{3}$	0,143
0	0,231	0,460	$\frac{2}{3}$	0,041
0	0,001	0,009	$\frac{1}{6}$	0,130

berechnet:

C	I(1)	I(2)	Zr
0	$\frac{4}{13}=0{,}308$	$\frac{8}{13}=0{,}615$	$\frac{7}{39}=0{,}180$
0	$\frac{3}{13}=0{,}231$	$\frac{6}{13}=0{,}462$	$\frac{2}{39}=0{,}051$
0	0	0	$\frac{1}{6}=0{,}167$

□: $3a$	Cl: $18f$	Cl: $18f$	Cl: $18f$	□: $3b$	W: $18f$
$\overline{3}$	1	1	1	$\overline{3}$	1
0	0,103	0,213	0,440	$\frac{1}{3}$	0,103
0	0,259	0,530	0,078	$\frac{2}{3}$	0,118
0	0,002	−0,012	0,028	$\frac{1}{6}$	0,138

berechnet:

Cl(2)	Cl(1)	Cl(3)	W
$\frac{2}{19}=0{,}105$	$\frac{4}{19}=0{,}211$	$\frac{8}{19}=0{,}421$	$\frac{7}{57}=0{,}123$
$\frac{5}{19}=0{,}263$	$\frac{10}{19}=0{,}526$	$\frac{20}{19}=1{,}053$	$\frac{8}{57}=0{,}140$
0	0	0	$\frac{1}{6}=0{,}167$

14.3

$P4_2/m2_1/n2/m$ — Cassiterit

Sn: 2*a* *mmm*	O: 4*g* *m*2*m*
0	0,305
0	–0,305
0	0

t2

$P2_1/n2_1/n2/m$

2*a* 2/*m*	4*g* ..*m*
0	0,305
0	–0,305
0	0

t2

$P112/m$

1*a* 2/*m*	1*h* 2/*m*	2*m* *m*	2*n* *m*
0	$\frac{1}{2}$	0,305	0,805
0	$\frac{1}{2}$	–0,305	0,805
0	$\frac{1}{2}$	0	$\frac{1}{2}$

k2
a, 2**b**, 2**c**
$0, 0, -\frac{1}{2}$

$x, \frac{1}{2}y, \frac{1}{2}z+\frac{1}{4}; +(0, 0, \frac{1}{2})$

$A112/m$ — Sn_2OF_2

	Sn2: 4*g* 2	Sn1: 4*i* *m*	F: 8*j* 1	O: 4*i* *m*	□: 4*i* *m*
	0	0,486	0,301	0,803	
	0	0,283	–0,175	0,392	
	0,296	$\frac{1}{2}$	0,321	0	
be-	0	0,5	0,305	0,805	0,805
rech-	0	0,25	–0,152	0,402	0,402
net:	0,25	$\frac{1}{2}$	0,25	0	$\frac{1}{2}$

berechnet:
$a = 474$ pm, $b = 947$ pm, $c = 637$ pm, $\gamma = 90°$
beobachtet:
$a = 507$ pm, $b = 930$ pm, $c = 808$ pm, $\gamma = 97{,}9°$

14.4

$F\bar{4}3m$ — Zinkblende

Zn: 4*a* $\bar{4}3m$	S: 4*c* $\bar{4}3m$
0	$\frac{1}{4}$
0	$\frac{1}{4}$
0	$\frac{1}{4}$

Im Vergleich zu Abb. 14.15 und 14.16 ist der Ursprung um $\frac{1}{4}, \frac{1}{4}, \frac{1}{4}$ verschoben

t3

$F\bar{4}2m$ — konventionell $I\bar{4}m2$

4*a* $\bar{4}2m$	4*c* $\bar{4}2m$
0	$\frac{1}{4}$
0	$\frac{1}{4}$
0	$\frac{1}{4}$

k2

$C\bar{4}2d$ — konventionell $P\bar{4}n2$

4*a* $\bar{4}$	4*c* 222
0	$\frac{1}{4}$
0	$\frac{1}{4}$
0	$\frac{1}{4}$

k2
a, **b**, 2**c**

$x, y, \frac{1}{2}z$

$I\bar{4}2d$ — α-$ZnCl_2$

Zn: 4*a* $\bar{4}$	□: 4*b* $\bar{4}$	Cl: 8*d* .2.
0	0	0,25
0	0	$\frac{1}{4}$
0	$\frac{1}{2}$	$\frac{1}{8}$

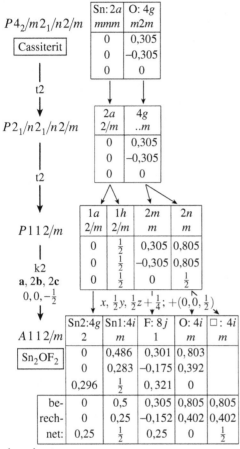

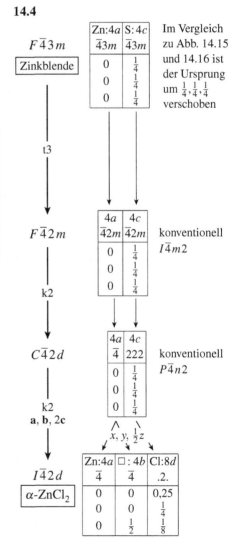

14.5

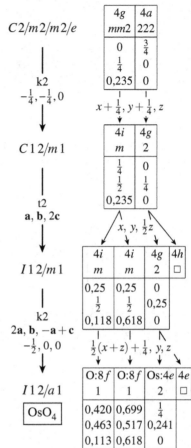

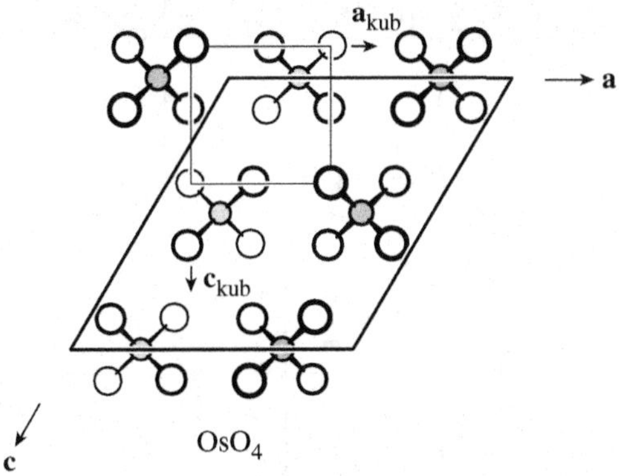

$a \approx 2a_{kub}$, $b \approx a_{kub}$, $c \approx a_{kub}\sqrt{5}$

Der Symmetrieabbau kann auch über *Imma* anstelle von *C*1 2/*m*1 erfolgen. Die Verdoppelung von **c** und die Aufspaltung der Punktlage 4*g* von *Cmme* erfolgt dann bereits beim ersten Schritt, und es kommen weitere Ursprungsverschiebungen hinzu.

$C2/m2/m2/e$

4*g*	4*a*
*mm*2	222
0	$\frac{3}{4}$
$\frac{1}{4}$	0
0,235	0

k2; $-\frac{1}{4}, -\frac{1}{4}, 0$ — $x+\frac{1}{4}, y+\frac{1}{4}, z$

$C1\,2/m1$

4*i*	4*g*
m	2
$\frac{1}{4}$	0
$\frac{1}{2}$	$\frac{1}{4}$
0,235	0

t2; **a**, **b**, 2**c** — $x, y, \frac{1}{2}z$

$I1\,2/m1$

4*i*	4*i*	4*g*	4*h*
m	*m*	2	□
0,25	0,25	0	
$\frac{1}{2}$	$\frac{1}{2}$	0,25	
0,118	0,618	0	

k2; 2**a**, **b**, −**a**+**c**; $-\frac{1}{2}, 0, 0$ — $\frac{1}{2}(x+z)+\frac{1}{4}, y, z$

$I1\,2/a1$

OsO_4

O:8*f*	O:8*f*	Os:4*e*	4*e*
1	1	2	□
0,420	0,699	$\frac{1}{4}$	
0,463	0,517	0,241	
0,113	0,618	0	

14.6

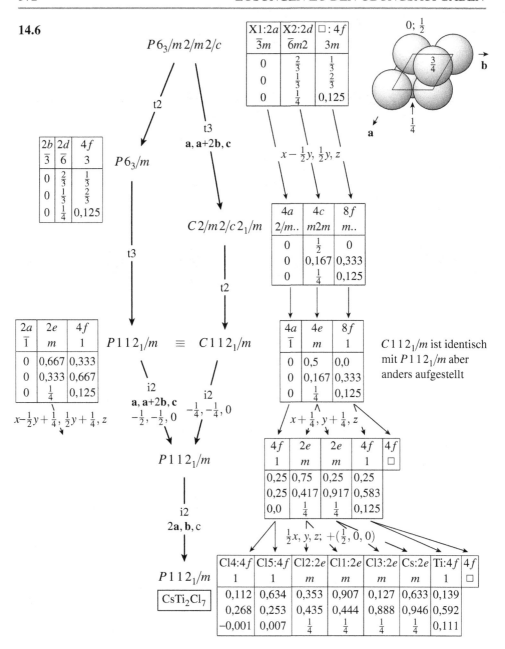

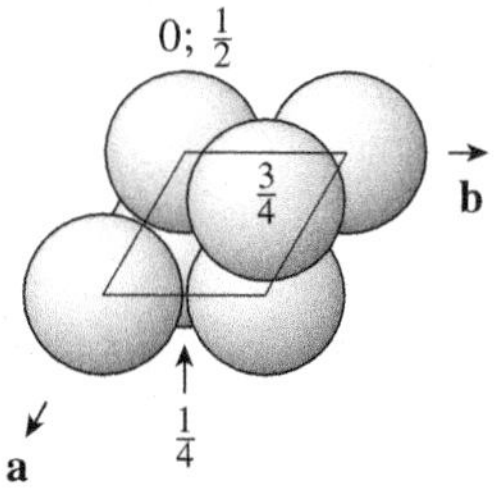

$P6_3/m\,2/m\,2/c$

X1:2*a*	X2:2*d*	□:4*f*
$\bar{3}m$	$\bar{6}m2$	$3m$
0	$\frac{2}{3}$	$\frac{1}{3}$
0	$\frac{1}{3}$	$\frac{2}{3}$
0	$\frac{1}{4}$	0,125

t2 ↓ $P6_3/m$

2*b*	2*d*	4*f*
$\bar{3}$	$\bar{6}$	3
0	$\frac{2}{3}$	$\frac{1}{3}$
0	$\frac{1}{3}$	$\frac{2}{3}$
0	$\frac{1}{4}$	0,125

t3 ↓ **a**, **a**+2**b**, **c** ↓ $C\,2/m\,2/c\,2_1/m$

$x-\frac{1}{2}y,\ \frac{1}{2}y,\ z$

4*a*	4*c*	8*f*
2/*m*..	*m*2*m*	*m*..
0	$\frac{1}{2}$	0
0	0,167	0,333
0	$\frac{1}{4}$	0,125

t3 ↓ t2 ↓

$P\,1\,1\,2_1/m \equiv C\,1\,1\,2_1/m$

2*a*	2*e*	4*f*
$\bar{1}$	*m*	1
0	0,667	0,333
0	0,333	0,667
0	$\frac{1}{4}$	0,125

$x-\frac{1}{2}y+\frac{1}{4},\ \frac{1}{2}y+\frac{1}{4},\ z$

4*a*	4*e*	8*f*
$\bar{1}$	*m*	1
0	0,5	0,0
0	0,167	0,333
0	$\frac{1}{4}$	0,125

$C\,1\,1\,2_1/m$ ist identisch mit $P\,1\,1\,2_1/m$ aber anders aufgestellt

i2 **a**, **a**+2**b**, **c** $-\frac{1}{2}, -\frac{1}{2}, 0$ ↓ i2 $-\frac{1}{4}, -\frac{1}{4}, 0$ ↓

$P\,1\,1\,2_1/m$

$x+\frac{1}{4},\ y+\frac{1}{4},\ z$

4*f*	2*e*	2*e*	4*f*	4*f*
1	*m*	*m*	1	□
0,25	0,75	0,25	0,25	
0,25	0,417	0,917	0,583	
0,0	$\frac{1}{4}$	$\frac{1}{4}$	0,125	

i2 2**a**, **b**, **c** ↓

$\frac{1}{2}x,\ y,\ z;\ +(\frac{1}{2},0,0)$

$P\,1\,1\,2_1/m$

$CsTi_2Cl_7$

Cl4:4*f*	Cl5:4*f*	Cl2:2*e*	Cl1:2*e*	Cl3:2*e*	Cs:2*e*	Ti:4*f*	4*f*
1	1	*m*	*m*	*m*	*m*	1	□
0,112	0,634	0,353	0,907	0,127	0,633	0,139	
0,268	0,253	0,435	0,444	0,888	0,946	0,592	
−0,001	0,007	$\frac{1}{4}$	$\frac{1}{4}$	$\frac{1}{4}$	$\frac{1}{4}$	0,111	

15.1 Die Basisvektoren für $C_{16}H_{34}\cdot[OC(NH_2)_2]_{12}$-I seien **a**, **b** und **c**. Dann betragen die Gitterparameter für die anderen Verbindungen ca.:

$C_{16}H_{34}\cdot[OC(NH_2)_2]_{12}$-II	*a*, *b*, 2*c*
$C_{16}H_{34}\cdot[OC(NH_2)_2]_{12}$-III	*a*, $a\sqrt{3}$, *c*
$C_{10}H_{18}O_2\cdot[OC(NH_2)_2]_8$	*a*, *b*, 4*c*
$C_8H_{16}O_2\cdot[OC(NH_2)_2]_7$	*a*, *b*, 7*c*

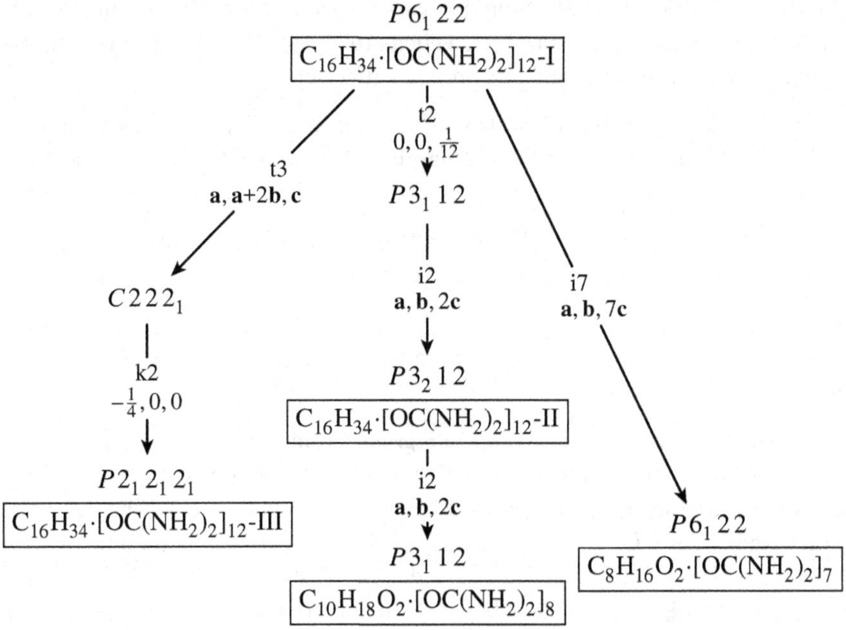

15.2 Der Stammbaum ist genauso wie der von Aufgabe 14.2, Seite 369, wobei die Punktlage $4b$ von $Fm\overline{3}m$ nicht beachtet werden muss. An die Stelle der i13- und i19-Schritte kommt ein i7-Schritt mit der Basistransformation $3\mathbf{a}+\mathbf{b}$, $-\mathbf{a}+2\mathbf{b}$, $\mathbf{c}$ und Koordinatentransformation $\frac{2}{7}x+\frac{1}{7}y, -\frac{1}{7}x+\frac{3}{7}y, z$; $\pm(\frac{1}{7},\frac{3}{7},0)$. Die Punktlage $3a$ von $R\overline{3}$ spaltet sich dabei in $3a$ und $18f$ auf. Würde Hexachlorbenzol, C_6Cl_6, mit dieser Packung kristallisieren, wäre $R\overline{3}$ (mit der vergrößerten Elementarzelle) die Raumgruppe. Weil im $(BN)_3Cl_6$ die Inversionszentren entfallen, folgt dann noch ein Schritt $R\overline{3}$ —t2→ $R3$ unter Aufspaltung von $18f$ auf $2\times 9b$.

16.1 Nach EHRENFEST: Am Umwandlungspunkt darf es keinen Sprung von Dichte und Volumen geben und es darf keine latente Wärme auftreten. Kontinuierlich: Es darf keine latente Wärme und keine Hysterese auftreten; es muss eine Variable geben, die sich als Ordnungsparameter eignet (z. B. die Position eines Schlüsselatoms) und die in der hochsymmetrischen Phase den Wert null hat und sich in der niedrigsymmetrischen Phase gemäß eines Potenzgesetzes ändert (Gleichung 22.5); die Frequenz einer Schwingungsmode passender Symmetrie muss ebenfalls dem Potenzgesetz folgen und am Umwandlungspunkt gegen null gehen (soft Mode).

16.2 Bei einer isosymmetrischen Phasenumwandlung bleibt die Raumgruppe gleich. Es gibt keine Gruppe-Untergruppe-Beziehung. Damit ist eine kontinuierliche Umwandlung ausgeschlossen.

16.3 Das Volumen ist eine erste Ableitung nach der freien Enthalpie, $V=\partial G/\partial p$. Bei einer Phasenumwandlung zweiter Ordnung darf es keinen Sprung zeigen. Die zweite Ableitung

$\partial^2 G/(\partial p \partial T) = \partial V/\partial T$ ist die Steigung der Kurve V vs. T in Abb. 16.4. Ein Knick in der Kurve entspricht einem Sprung bei der zweiten Ableitung. Wenigstens eine der zweiten Ableitungen von G muss einen solchen Sprung aufweisen.

16.4 Alle Modifikationen befinden sich in verschiedenen Zweigen des Stammbaums. Eventuelle Phasenumwandlungen können nur diskontinuierlich (erster Ordnung) sein.

16.5 Beim Symmetrieabbau $Pm\overline{3}m$ —t3→ $P4/mmm$ —t2→ $P4mm$ kommt ein t3- und ein t2-Schritt vor. Also wird es Zwillinge von Drillingen geben. Die +**c**-Achse von $P4mm$ kann längs $\pm\mathbf{a}$, $\pm\mathbf{b}$ oder $\pm\mathbf{c}$ von $Pm\overline{3}m$ ausgerichtet sein.

16.6 Beim Symmetrieabbau $Pm\overline{3}m$ —t3→ $P4/mmm$ —k2→ $I4/mcm$ kommt ein t3- und ein k2-Schritt vor. Also sind Drillinge zu erwarten, von denen jeder zwei Sorten von Antiphasendomänen aufweist.

16.7 $I\overline{4}2m$ ist eine translationengleiche Untergruppe vom Index 2 von $I4/mcm$, also sind Zwillinge mit zwei Orientierungen zu erwarten, +**c** und −**c**. Im Röntgendiagramm fallen alle Reflexe der beiden Zwillingsdomänen exakt zusammen, einschließlich der ausgelöschten Reflexe ($h+k+l =$ ungerade); die höhersymmetrische Raumgruppe $I4/mcm$ wird aber nicht vorgetäuscht, weil sie wegen der c-Gleitspiegelebene andere Auslöschungen hat. Die Verzwillingung kann erst bei der Strukturverfeinerung auffallen durch scheinbar aufgespaltene Atomlagen oder abnorme Ellipsoide der ‚thermischen Schwingung'.

16.8 Die Symmetriereduktion $Fd\overline{3}m \rightarrow F\overline{3}m$ ($R\overline{3}m$) ist translationengleich vom Index 4. Es entstehen Vierlinge, mit den $\overline{3}$-Achsen in den Richtungen der vier Raumdiagonalen der ursprünglich kubischen Elementarzelle. Ein Reflex hkl der kubischen Phase spaltet sich in vier nun verschiedene Reflexe hkl, $\overline{h}kl$, $h\overline{k}l$ und $hk\overline{l}$ auf.

16.9 Die Kurven zeigen Hysterese, also ist die Umwandlung diskontinuierlich. Aus der fehlenden Gruppe-Untergruppe-Beziehung folgt dasselbe. Da die Atome nur etwas zusammenrücken, könnte die Umwandlung displaziv genannt werden. Wegen der Erhöhung der Koordinationszahl des Si-Atoms von 4 auf 5 wäre sie rekonstruktiv. Das Beispiel zeigt, dass die Unterscheidung rekostruktiv/displaziv nicht immer klar möglich ist.

17.1 Wenn $\boldsymbol{P}$ die Transformationsmatrix A → B für die Basisvektoren ist, dann gilt:

$$(\mathbf{a}_\mathrm{B}, \mathbf{b}_\mathrm{B}, \mathbf{c}_\mathrm{B}) = (\mathbf{a}_\mathrm{A}, \mathbf{b}_\mathrm{A}, \mathbf{c}_\mathrm{A})\boldsymbol{P} \qquad (h_\mathrm{B}, k_\mathrm{B}, l_\mathrm{B}) = (h_\mathrm{A}, k_\mathrm{A}, l_\mathrm{A})\boldsymbol{P}$$
$$(\mathbf{a}_\mathrm{A}, \mathbf{b}_\mathrm{A}, \mathbf{c}_\mathrm{A}) = (\mathbf{a}_\mathrm{B}, \mathbf{b}_\mathrm{B}, \mathbf{c}_\mathrm{B})\boldsymbol{P}^{-1} \qquad (h_\mathrm{A}, k_\mathrm{A}, l_\mathrm{A}) = (h_\mathrm{B}, k_\mathrm{B}, l_\mathrm{B})\boldsymbol{P}^{-1}$$
$$\begin{pmatrix} \mathbf{a}_\mathrm{B}^* \\ \mathbf{b}_\mathrm{B}^* \\ \mathbf{c}_\mathrm{B}^* \end{pmatrix} = \boldsymbol{P}^{-1} \begin{pmatrix} \mathbf{a}_\mathrm{A}^* \\ \mathbf{b}_\mathrm{A}^* \\ \mathbf{c}_\mathrm{A}^* \end{pmatrix} \qquad \begin{pmatrix} x_\mathrm{B} \\ y_\mathrm{B} \\ z_\mathrm{B} \end{pmatrix} = \boldsymbol{P}^{-1} \begin{pmatrix} x_\mathrm{A} \\ y_\mathrm{A} \\ z_\mathrm{A} \end{pmatrix}$$
$$\begin{pmatrix} \mathbf{a}_\mathrm{A}^* \\ \mathbf{b}_\mathrm{A}^* \\ \mathbf{c}_\mathrm{A}^* \end{pmatrix} = \boldsymbol{P} \begin{pmatrix} \mathbf{a}_\mathrm{B}^* \\ \mathbf{b}_\mathrm{B}^* \\ \mathbf{c}_\mathrm{B}^* \end{pmatrix} \qquad \begin{pmatrix} x_\mathrm{A} \\ y_\mathrm{A} \\ z_\mathrm{A} \end{pmatrix} = \boldsymbol{P} \begin{pmatrix} x_\mathrm{B} \\ y_\mathrm{B} \\ z_\mathrm{B} \end{pmatrix} \qquad \begin{pmatrix} u_\mathrm{A} \\ v_\mathrm{A} \\ w_\mathrm{A} \end{pmatrix} = \boldsymbol{P} \begin{pmatrix} u_\mathrm{B} \\ v_\mathrm{B} \\ w_\mathrm{B} \end{pmatrix}$$

a) Dem Bild des reziproken Gitters auf Seite 272 (auf dem nur gerade h_B-Indices vorkommen) entnehmen wir:

$$\mathbf{a}_\mathrm{A}^* \approx 2\mathbf{a}_\mathrm{B}^* + 2\mathbf{c}_\mathrm{B}^*; \ \mathbf{c}_\mathrm{A}^* \approx -2\mathbf{a}_\mathrm{B}^* + \mathbf{c}_\mathrm{B}^*$$

$\mathbf{b}_A^*$ hat denselben Betrag wie $\mathbf{a}_A^*$, steht senkrecht zu $\mathbf{c}_A^*$ und ist 60° gegen die Zeichenebene geneigt. Die Projektion von $\mathbf{b}_A^*$ in dieser Ebenen halbiert $\mathbf{a}_A^*$. Damit ergibt sich

$\mathbf{b}_A^* \approx \mathbf{a}_B^* + \mathbf{b}_B^* + \mathbf{c}_B^*$;

In Matrixschreibweise lautet das:

$$\begin{pmatrix} \mathbf{a}_A^* \\ \mathbf{b}_A^* \\ \mathbf{c}_A^* \end{pmatrix} = \boldsymbol{P} \begin{pmatrix} \mathbf{a}_B^* \\ \mathbf{b}_B^* \\ \mathbf{c}_B^* \end{pmatrix} = \begin{pmatrix} 2 & 0 & 2 \\ 1 & 1 & 1 \\ -2 & 0 & 1 \end{pmatrix} \begin{pmatrix} \mathbf{a}_B^* \\ \mathbf{b}_B^* \\ \mathbf{c}_B^* \end{pmatrix}$$

b) Für die Transformation A $\to$ B der Basisvektoren gilt dieselbe Matrix $\boldsymbol{P}$ wie für die Transformation der reziproken Basisvektoren in der umgekehrten Richtung B $\to$ A:

$$(\mathbf{a}_B, \mathbf{b}_B, \mathbf{c}_B) = (\mathbf{a}_A, \mathbf{b}_A, \mathbf{c}_A) \begin{pmatrix} 2 & 0 & 2 \\ 1 & 1 & 1 \\ -2 & 0 & 1 \end{pmatrix}$$

Die metrischen Beziehungen sind im untenstehenden Bild gezeigt. Mit $\mathbf{a}' = 2\mathbf{a}_A + \mathbf{b}_A$ ist $a' = a_A\sqrt{3} = 654{,}4$ pm. Die Diagonale in der $a'c'$-Ebene hat die Länge $\sqrt{654{,}4^2 + 594{,}0^2}$ pm = 883,8 pm und entspricht $c_B = 885{,}6$ pm. Für a_B erwartet man $a_B = \sqrt{a'^2 + 4c_A^2} = \sqrt{654{,}4^2 + 4 \cdot 594{,}0^2}$ pm = 1356,3 pm (beobachtet: 1420 pm). Der monokline Winkel ergibt sich zu $\beta_B = \arctan(2c_A/a') + \arctan(c_A/a') = 103{,}4°$ (beobachtet: 100,0°). Die Zellvergrößerung entspricht dem vierten Bild für $\Xi = 3$ in Abb. 19.1, S. 289.

c) Der translationengleiche Übergang vom Index 3 führt zu einer orthohexagonalen Zelle (grau im Bild), die jedoch aus Symmetriegründen monoklin ist ($C\,1\,2/m\,1$). Dem folgt ein isomorpher Übergang mit Verdreifachung der Elementarzelle. Dem Bild entnehmen wir, dass auch die vergrößerte Zelle C-zentriert ist.

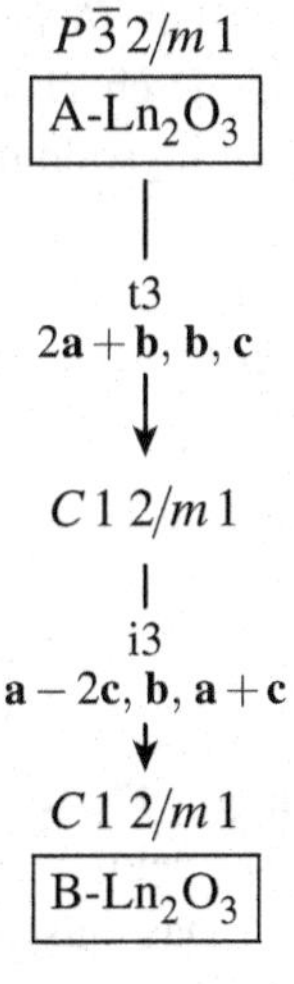

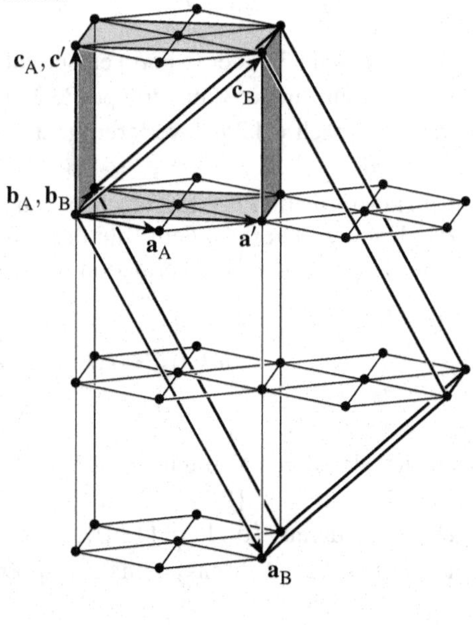

d) Die Transformationsmatrizen $\boldsymbol{P}_1$ und $\boldsymbol{P}_2$ für die beiden Schritte entnimmt man der vorstehenden Abbildung. Ihr Produkt $\boldsymbol{P} = \boldsymbol{P}_1\boldsymbol{P}_2$ ist die oben schon abgeleitete Transformationsmatrix für die Gesamttransformation A-Ln_2O_3 $\rightarrow$ B-Ln_2O_3. Da keine Ursprungsverschiebungen vorkommen, reichen die (3×3)-Matrizen aus:

$$\boldsymbol{P}_1\boldsymbol{P}_2 = \begin{pmatrix} 2 & 0 & 0 \\ 1 & 1 & 0 \\ 0 & 0 & 1 \end{pmatrix} \begin{pmatrix} 1 & 0 & 1 \\ 0 & 1 & 0 \\ -2 & 0 & 1 \end{pmatrix} = \begin{pmatrix} 2 & 0 & 2 \\ 1 & 1 & 1 \\ -2 & 0 & 1 \end{pmatrix}$$

e) Die Umrechnung der Atomkoordinaten der B-Form auf das Koordinatensystem der A-Form erfolgt mit derselben Matrix $\boldsymbol{P}$:

$$\begin{pmatrix} x_A \\ y_A \\ z_A \end{pmatrix} = \begin{pmatrix} 2 & 0 & 2 \\ 1 & 1 & 1 \\ -2 & 0 & 1 \end{pmatrix} \begin{pmatrix} x_B \\ y_B \\ z_B \end{pmatrix}$$

Es ergibt sich:

	Sm(1)	Sm(2)	Sm(3)	O(1)	O(2)	O(3)	O(4)	O(5)
x	1,250	0,656	1,310	0,830	0,296	0,344	1,366	0
y	0,625	0,328	0,655	0,915	0,648	0,672	0,683	0
z	0,220	−0,242	−0,746	0,028	−0,377	0,778	0,605	0

Die Werte passen zu den Koordinaten der A-Form, vgl. Tabelle auf S. 272; dabei sind Atome in x, y, z symmetrieäquivalent zu $\bar{x}, \bar{y}, \bar{z}$ und zu $x \pm m, y \pm n, z \pm q$ mit $m, n, q =$ ganzzahlig.

f) Der Richtungsvektor [1 3 2] bezieht sich auf die B-Form. Die Transformation des Richtungsvektors B-Form $\rightarrow$ A-Form erfolgt mit derselben Matrix wie zuvor:

$$\begin{pmatrix} u_\mathrm{A} \\ v_\mathrm{A} \\ w_\mathrm{A} \end{pmatrix} = \boldsymbol{P} \begin{pmatrix} u_\mathrm{B} \\ v_\mathrm{B} \\ w_\mathrm{B} \end{pmatrix} \qquad \begin{pmatrix} u_\mathrm{A} \\ v_\mathrm{A} \\ w_\mathrm{A} \end{pmatrix} = \begin{pmatrix} 2 & 0 & 2 \\ 1 & 1 & 1 \\ -2 & 0 & 1 \end{pmatrix} \begin{pmatrix} 1 \\ 3 \\ 2 \end{pmatrix} = \begin{pmatrix} 6 \\ 6 \\ 0 \end{pmatrix}$$

Die Zwillingsachse [1 3 2] der B-Form entspricht der Richtung [1 1 0] der A-Form. In dieser Richtung verläuft in der Raumgruppe $P\bar{3}\,2/m\,1$ eine zweizählige Drehachse, die beim Symmetrieabbau nach $C\,1\,2/m\,1$ verloren geht, aber durch die Zwillingsbildung indirekt konserviert wird.

g) Für die Transformation der Millerschen Indices B-Form $\rightarrow$ A-Form wird die inverse Matrix $\boldsymbol{P}^{-1}$ benötigt. Diese ist dem Bild der Basisvektoren auf der vorigen Seite zu entnehmen; sie entspricht der Transformation B $\rightarrow$ A der Basisvektoren:

$$(h,k,l)_\mathrm{A} = (h,k,l)_\mathrm{B} \begin{pmatrix} \frac{1}{6} & 0 & -\frac{1}{3} \\ -\frac{1}{2} & 1 & 0 \\ \frac{1}{3} & 0 & \frac{1}{3} \end{pmatrix}$$

Man überzeugt sich durch Multiplikation $\boldsymbol{P} \cdot \boldsymbol{P}^{-1} = \boldsymbol{I}$ von der Richtigkeit. Die Flächen der Kristalle der B-Form sind $\{\bar{2}\,0\,1\}_\mathrm{B}$, $\{1\,0\,1\}_\mathrm{B}$, $\{1\,1\,1\}_\mathrm{B}$ und $\{1\,\bar{1}\,1\}_\mathrm{B}$; bei der Transformation ergeben sich daraus $\{0\,0\,1\}_\mathrm{A}$, $\{1\,0\,0\}_\mathrm{A}$, $\{0\,1\,0\}_\mathrm{A}$ und $\{1\,\bar{1}\,0\}_\mathrm{A}$. Das entspricht einem hexagonalen Prisma im Achsensystem der A-Form.

18.1 In der Raumgruppe $P\overline{6}2m$ würde sich das Gd-Atom in der Punktlage 3g mit der Lagesymmetrie $m2m$ befinden. Der hohe Parameter $U_{11} = U_{22}$ deutet darauf, dass sich das Gd-Atom in einer Ebene senkrecht zu c neben dieser Position befindet, mit verringerter Lagesymmetrie. Sie tatsächliche Raumgruppe muss dann eine Untergruppe von $P\overline{6}2m$ sein, bei der sich die Lagesymmetrie dieser Lage verringert hat. Da U_{33} unverdächtig ist, kann die Spiegelebene senkrecht zu c erhalten bleiben, nicht aber diejenige parallel zu **c** und auch nicht die zweizählige Drehachse (man nehme sich das Bild der Symmetrieelemente von $P\overline{6}2m$ in *International Tables A* zu Hilfe). Da keine Überstrukturreflexe auftreten, muss die Untergruppe translationengleich sein. Unter den translationengleichen Untergruppen von $P\overline{6}2m$ gibt es nur eine, die diese Bedingungen erfüllt: $P\overline{6}$. $P\overline{6}$ ist zugleich die einzige Untergruppe, bei der sich die Punktlage 2c von $P\overline{6}2m$ in zwei unabhängige Lagen (1c, 1e) aufspaltet, die dann geordnet von Rh und In eingenommen werden können. Allerdings gehört $P\overline{6}$ nicht zur Laue-Klasse 6/mmm. Diese wird offenbar durch Zwillinge vorgetäuscht. Die Verfeinerung als Zwilling in der Raumgruppe $P\overline{6}$ ergibt die richtige Struktur [404].

18.2. Bei einer Verdopplung der a- und b-Achse ist eine geordnete Verteilung der Palladium- und Silicium-Atome innerhalb der Sechserringschicht möglich, wie in der Abbildung gezeigt. Die Untergruppe ist isomorph vom Index 4.

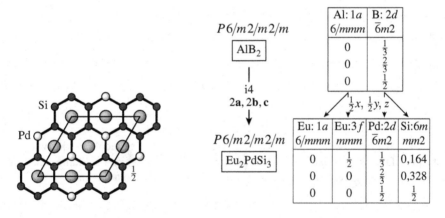

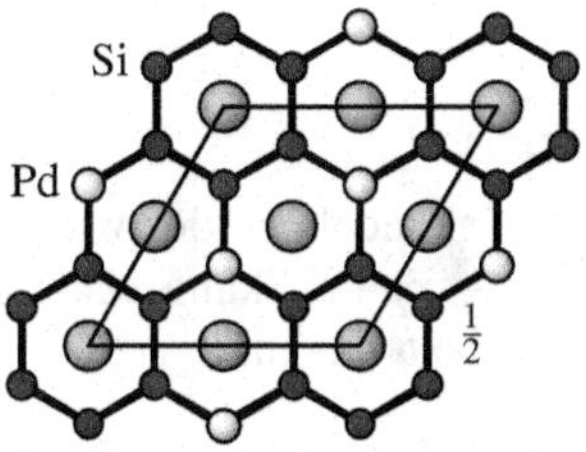

$P6/m2/m2/m$

AlB_2

Al: 1a	B: 2d
6/mmm	$\overline{6}m2$
0	$\frac{1}{3}$
0	$\frac{2}{3}$
0	$\frac{1}{2}$

i4
2**a**, 2**b**, **c**

$\frac{1}{2}x, \frac{1}{2}y, z$

$P6/m2/m2/m$

Eu_2PdSi_3

Eu: 1a	Eu:3f	Pd:2d	Si:6m
6/mmm	mmm	$\overline{6}m2$	$mm2$
0	$\frac{1}{2}$	$\frac{1}{3}$	0,164
0	0	$\frac{2}{3}$	0,328
0	0	$\frac{1}{2}$	$\frac{1}{2}$

18.3. Die Position des Atoms F1 wird in der Raumgruppe $P4/nmm$ auf die Spiegelebene in $x = \frac{1}{4}$ gezwungen. Durch Wegfall der Spiegelebene kann F1 auf $x \approx 0,23$ rücken, und somit näher an das eine und weiter weg vom anderen gebundenen Mn-Atom. Damit ergeben sich vier kurze und zwei lange Mn–F-Bindung pro Mn-Atom. Die richtige Raumgruppe ist $P4/n$, eine maximale translationengleiche Untergruppe vom Index 2 von $P4/nmm$ [408]. Die falsche Raumgruppe wird durch meroedrische Zwillinge vorgetäuscht. Die falsche Position von F1 ergibt die zu großen Schwingungsellipsoide.

19.1 Wenn das Prisma die Punktgruppe $2mm$ hat, hat die Permutationsgruppe die Ordnung 4:

(1)(2)(3)(4)(5)(6)	Identität	$= s_1^6$
(1)(4)(23)(56)	vertikale Spiegelung	$= s_1^2 s_2^2$
(14)(26)(35)	zweizählige Drehung	$\}= 2s_2^3$
(14)(25)(36)	horizontale Spiegelung	

$$Z = \tfrac{1}{4}(s_1^6 + s_1 s_2^2 + 2s_2^3)$$

Mit einer Farbe x_1 und farblosen Ecken $x_2 = x^0 = 1$ lautet die abzählende Potenzreihe:

$$\begin{aligned} C &= \tfrac{1}{4}[(x_1+1)^6 + (x_1+1)^2(x_1^2+1^2)^2 + 2(x_1^2+1^2)^3] \\ &= x_1^6 + 2x_1^5 + 6x_1^4 + 6x_1^3 + 6x_1^2 + 2x_1 + 1 \end{aligned}$$

Die Koeffizienten zeigen uns zwei Möglichkeiten mit einer markierten Ecke, sechs mit zwei und sechs mit drei markierten Ecken.

19.2 Permutationsgruppe der quadratischen Pyramide (Punktgruppe $4mm$):

(1)(2)(3)(4)(5)	Identität	$= s_1^5$
(1)(2)(4)(35)	Spiegelungen	$= 2s_1^3 s_2$
(1)(3)(5)(24)		
(1)(23)(45)	Spiegelungen	$= 3s_1 s_2^2$
(1)(25)(34)		
(1)(24)(35)	zweizählige Drehung	
(1)(2345)	4	$= 2s_1 s_4$
(1)(5432)	4^{-1}	

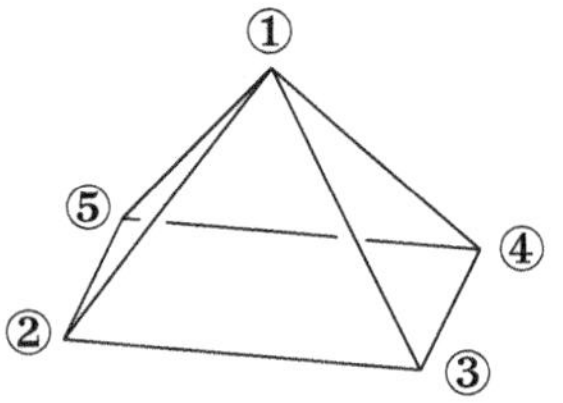

$$Z = \tfrac{1}{8}(s_1^5 + 2s_1^3 s_2 + 3s_1 s_2^2 + 2s_1 s_4)$$

Drei Farbmarkierungen (Ligandensorten) können genauso behandelt werden wie zwei Farben plus farblose (unmarkierte) Ecken; statt mit $s_1 = x_1 + x_2 + x_3$ kann also auch mit $s_1 = x_1 + x_2 + 1$ gerechnet werden. Die Anzahlpotenzreihe lautet dann:

$$\begin{aligned} C &= \tfrac{1}{8}[(x_1+x_2+1)^5 + 2(x_1+x_2+1)^3(x_1^2+x_2^2+1^2) + 3(x_1+x_2+1)(x_1^2+x_2^2+1^2)^2 \\ &\quad +2(x_1+x_2+1)(x_1^4+x_2^4+1^4)] \\ &= x_1^5 + 2x_1^4x_2 + 3x_1^3x_2^2 + 3x_1^2x_2^3 + 2x_1x_2^4 + x_2^5 \\ &\quad +2x_1^4 + 4x_1^3x_2 + 6x_1^2x_2^2 + 4x_1x_2^3 + 2x_2^4 \\ &\quad +3x_1^3 + 6x_1^2x_2 + 6x_1x_2^2 + 3x_2^3 \\ &\quad +3x_1^2 + 4x_1x_2 + 3x_2^2 \\ &\quad +2x_1 + 2x_2 \\ &\quad +1 \end{aligned}$$

Die Koeffizienten $4x_1^3x_2$ und $6x_1^2x_2^2$ zeigen uns vier bzw. sechs mögliche Ligandenanordnungen (Isomere) für die Zusammensetzungen MX_3YZ und MX_2Y_2Z. Enantiomerenpaare sind dabei als je ein Isomeres gezählt.

Zur Ermittlung der Zahl der chiralen Enantiomerenpaare berechnen wir den Zyklenzeiger Z' und die Anzahlpotenzreihe C' nur mit den Drehungen:

$$Z' = \tfrac{1}{4}(s_1^5 + s_1 s_2^2 + 2s_1 s_4)$$

$$\begin{aligned}
C' &= \tfrac{1}{4}[(x_1 + x_2 + 1)^5 + (x_1 + x_2 + 1)(x_1^2 + x_2^2 + 1^2)^2 + 2(x_1 + x_2 + 1)(x_1^4 + x_2^4 + 1^4)] \\
&= x_1^5 + 2x_1^4 x_2 + 3x_1^3 x_2^2 + 3x_1^2 x_2^3 + 2x_1 x_2^4 + x_2^5 \\
&\quad + 2x_1^4 + 5x_1^3 x_2 + 8x_1^2 x_2^2 + 5x_1 x_2^3 + 2x_2^4 \\
&\quad + 3x_1^3 + 8x_1^2 x_2 + 8x_1 x_2^2 + 3x_2^3 \\
&\quad + 3x_1^2 + 5x_1 x_2 + 3x_2^2 \\
&\quad + 2x_1 + 2x_2 \\
&\quad + 1
\end{aligned}$$

Die Zahl der Enantiomerenpaare ergibt sich aus:

$$C' - C = x_1^3 x_2 + 2x_1^2 x_2^2 + x_1 x_2^3 + 2x_1^2 x_2 + 2x_1 x_2^2 + x_1 x_2$$

Es gibt ein Enantiomerenpaar für MX_3YZ und zwei für MX_2Y_2Z.

19.3 Wir nummerieren die Raumgruppen von $\mathcal{G}_1$ bis $\mathcal{G}_4$. Mit Hilfe der Normalisatoren (Abschn. 8.3) stellen wir fest: es gibt drei konjugierte Untergruppen $\mathcal{G}_2$ in $\mathcal{G}_1$, $[\mathcal{G}_2] = 3$ (mit $\mathbf{c}$ längs $\mathbf{a}$, $\mathbf{b}$ bzw. $\mathbf{c}$ von $\mathcal{G}_1$). Dasselbe gilt für $\mathcal{G}_3$, $[\mathcal{G}_3] = 3$. Von $\mathcal{G}_4$ gibt es sechs konjugierte Untergruppen, $[\mathcal{G}_4] = 6$ (Index von $\mathcal{N}_{\mathcal{G}_1}(\mathcal{G}_4)$ in $\mathcal{G}_1$); außer den drei Orientierungen können sie ihren Ursprung in den Positionen $0,0,0$ und $0,\tfrac{1}{2},\tfrac{1}{2}$ von $\mathcal{G}_1$ haben. Zwei davon sind Untergruppen von $\mathcal{G}_2$ und $\mathcal{G}_3$. Mit Gleichung (19.5) (S. 295) berechnen wir:

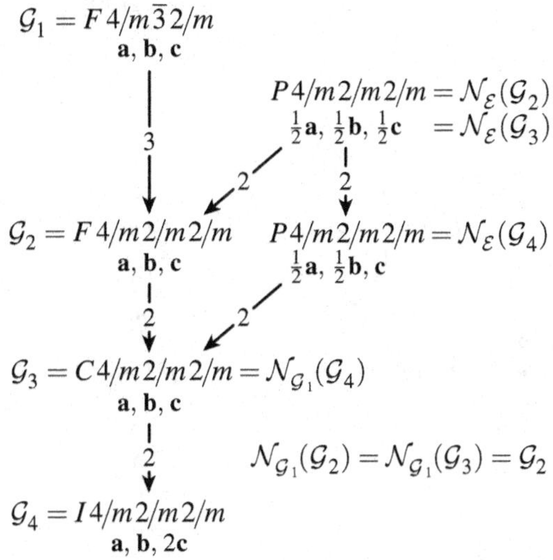

$$\mathbf{M} = \begin{pmatrix} 1 & & & \\ 1 & 1 & & \\ 1 & 1 & 2 & \\ 1 & 1 & 2 & 2 \end{pmatrix}$$

$$\mathbf{B} = \mathbf{M}^{-1} = \begin{pmatrix} 1 & & & \\ -1 & 1 & & \\ 0 & -\tfrac{1}{2} & \tfrac{1}{2} & \\ 0 & 0 & -\tfrac{1}{2} & \tfrac{1}{2} \end{pmatrix}$$

$\mathcal{G}_1 = F\,4/m\overline{3}\,2/m$
$\mathbf{a}, \mathbf{b}, \mathbf{c}$

$P\,4/m\,2/m\,2/m = \mathcal{N}_{\mathcal{E}}(\mathcal{G}_2)$
$\tfrac{1}{2}\mathbf{a}, \tfrac{1}{2}\mathbf{b}, \tfrac{1}{2}\mathbf{c} = \mathcal{N}_{\mathcal{E}}(\mathcal{G}_3)$

$\mathcal{G}_2 = F\,4/m\,2/m\,2/m$
$\mathbf{a}, \mathbf{b}, \mathbf{c}$

$P\,4/m\,2/m\,2/m = \mathcal{N}_{\mathcal{E}}(\mathcal{G}_4)$
$\tfrac{1}{2}\mathbf{a}, \tfrac{1}{2}\mathbf{b}, \mathbf{c}$

$\mathcal{G}_3 = C\,4/m\,2/m\,2/m = \mathcal{N}_{\mathcal{G}_1}(\mathcal{G}_4)$
$\mathbf{a}, \mathbf{b}, \mathbf{c}$

$\mathcal{N}_{\mathcal{G}_1}(\mathcal{G}_2) = \mathcal{N}_{\mathcal{G}_1}(\mathcal{G}_3) = \mathcal{G}_2$

$\mathcal{G}_4 = I\,4/m\,2/m\,2/m$
$\mathbf{a}, \mathbf{b}, 2\mathbf{c}$

Die Punktlagen der Raumgruppen $\mathcal{G}_1$ und $\mathcal{G}_2$ erlauben keine Besetzung mit der Zusammensetzung ABX_2. Bei $\mathcal{G}_3$ ($C4/mmm$) gibt es zwei Kombinationsmöglichkeiten: A auf $2a$, B auf $2d$ und umgekehrt ($2b$ und $2c$ werden von X besetzt). Bei $\mathcal{G}_4$ ($I4/mmm$) gibt es ebenfalls zwei Kombinationsmöglichkeiten: A auf $2a$ und $2b$, B auf $4d$ und umgekehrt.

Damit ist $\mathbf{v} = (0, 0, 2, 2)^{\mathrm{T}}$ und $\mathbf{z} = \mathbf{B}\mathbf{v} = (0, 0, 1, 0)$. Es gibt nur eine Strukturmöglichkeit in der Raumgruppe $\mathcal{G}_3$ (bei der **c** noch nicht verdoppelt ist) und keine in der Raumgruppe $\mathcal{G}_4$. Für die Zusammensetzung $\mathrm{AB}\square_2\mathrm{X}_4$ gibt es nur zwei kombinatorische Besetzungsmöglichkeiten in der Raumgruppe $\mathcal{G}_4$: A auf $2a$, B auf $2b$ und umgekehrt. $\mathbf{v} = (0, 0, 0, 2)^{\mathrm{T}}$; $\mathbf{z} = \mathbf{B}\,\mathbf{v} = (0, 0, 0, 1)$. Es gibt nur eine Strukturmöglichkeit in der Raumgruppe $\mathcal{G}_4$.

21.1 $P1\,2/c\,1$ hat eine Gleitspiegelebene mit Gleitrichtung **c**. **c** kann deshalb nicht verdoppelt werden. Isomorphe Untergruppen mit Index 2 sind bei Verdopplung von **a** und von **b** möglich.
$P2_1\,2_1\,2$ hat 2_1-Achsen in Richtung **a** und **b** und kann in diesen Richtungen nicht verdoppelt werden. Isomorphe Untergruppen mit Index 2 sind bei Verdopplung von **c** möglich.
Die n-Gleitspiegelebenen von $P2_1/n\,2_1/n\,2/m$ haben Gleitkomponenten in Richtung **a**, **b** und **c**; es gibt keine Untergruppen vom Index 2.
$P4/m\,2_1/b\,2/m$ hat 2_1-Achsen in Richtung **a** (und damit auch **b**); eine Zellverdoppelung in der a-b-Ebene ist damit ausgeschlossen. Eine Verdoppelung in Richtung **c** ist möglich.
Bei $P6_1\,22$ kann **c** nur um einen Faktor $6n+1$ oder $6n-1$ vervielfacht werden; in der a-b-Ebene kommen nur die Transformationen $2\mathbf{a}+\mathbf{b}, -\mathbf{a}+\mathbf{b}$ (Index 3) und $p\mathbf{a}, p\mathbf{b}$ (Index p^2) in Betracht. Es gibt keine Untergruppe mit Index 2.

21.2

$I4/m\,2/m\,2/m$
↓ k2
$P4/m\,2/m\,2/m$
↓ k2; $\mathbf{a}-\mathbf{b}, \mathbf{a}+\mathbf{b}, 2\mathbf{c}$
$I4/m\,2/m\,2/m$

$I\bar{4}m2$
↓ k2
$P\bar{4}m2$
↓ k2; $\mathbf{a}-\mathbf{b}, \mathbf{a}+\mathbf{b}, \mathbf{c}$
$P\bar{4}2m$
↓ k2; $\mathbf{a}+\mathbf{b}, -\mathbf{a}+\mathbf{b}, 2\mathbf{c}$
$I\bar{4}m2$

21.3 $i = 4$ ist als Untergruppe möglich, aber nicht maximal.
$i = 9$, $3\mathbf{a}, 3\mathbf{b}, \mathbf{c}$, ist eine der erlaubten isomorphen Untergruppen $p\mathbf{a}, p\mathbf{b}, \mathbf{c}$, $p = 4n-1$.
$i = 17$ steht im Einklang mit der Basistransformation $\mathbf{a}' = q\mathbf{a}+r\mathbf{b}$, $\mathbf{b}' = -r\mathbf{a}+q\mathbf{b}$, $p = q^2+r^2 = 4n+1$, mit den Werten $q, r = 4, 1$ und $q, r = 1, 4$.
$11 \neq 4n+1$ ist kein möglicher Index.

21.4 Der Index 65 hat die Teiler 1, 5, 13 und 65, die alle von der Sorte $4n+1$ sind. Es gibt vier Konjugiertenklassen mit je 65 konjugierten Untergruppen. Die Basistransformationen sind $\mathbf{a}' = q\mathbf{a}+r\mathbf{b}$, $\mathbf{b}' = -r\mathbf{a}+q\mathbf{b}$, mit $q, r = 8, 1$, $q, r = 1, 8$, $q, r = 7, 4$ und $q, r = 4, 7$. $8^2+1^2 = 1^2+8^2 = 7^2+4^2 = 4^2+7^2 = 65$. Eine Untergruppe vom Index 65 wird in zwei

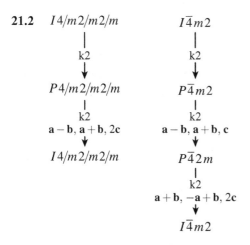

Schritten von maximalen Untergruppen erreicht, eine vom Index 5, eine vom Index 13 (oder umgekehrt).

21.5 Aus den Basistransformationen von $F\,m\overline{3}\,m$ zur Zwischengruppe $R\overline{3}^{\,(\mathrm{hex})}$ ergibt sich: $a_{\mathrm{hex}} = \frac{1}{2}\sqrt{2}\,a_{\mathrm{kub}} \approx \frac{1}{2}\sqrt{2}\cdot 494$ pm $= 349{,}3$ pm; $c_{\mathrm{hex}} = \sqrt{3}\,a_{\mathrm{kub}} \approx \sqrt{3}\cdot 494$ pm $= 855{,}6$ pm. c_{hex} passt zu $c = 860$ pm von $PtCl_3$. Da $\frac{1}{37}$ der Atomlagen der Kugelpackung vakant ist, muss die Elementarzelle um den Faktor 37 (oder ein Vielfaches davon) vergrößert werden. Es gibt also eine isomorphe Gruppe-Untergruppe-Beziehung vom Index 37. $37 = 6n+1$ ist einer der erlaubten Primzahlen für eine isomorphe Untergruppe bei hexagonalen Achsen und Zellvergrößerung in der a-b-Ebene. $a_{\mathrm{hex}}\sqrt{37} = 349{,}3\sqrt{37}$ pm $= 2125$ pm passt zu $a = 2121$ pm von $PtCl_3$. $q^2 - qr + r^2 = 37$ ist erfüllt für $q,r = 7,3$ und $q,r = 7,4$. Die Basistransformation ist also $\mathbf{a}_{PtCl_3} = 7\mathbf{a}_{\mathrm{hex}} + 3\mathbf{b}_{\mathrm{hex}}$, $\mathbf{b}_{PtCl_3} = -3\mathbf{a}_{\mathrm{hex}} + 4\mathbf{b}_{\mathrm{hex}}$ oder $\mathbf{a}_{PtCl_3} = 7\mathbf{a}_{\mathrm{hex}} + 4\mathbf{b}_{\mathrm{hex}}$, $\mathbf{b}_{PtCl_3} = -4\mathbf{a}_{\mathrm{hex}} + 3\mathbf{b}_{\mathrm{hex}}$.

21.6

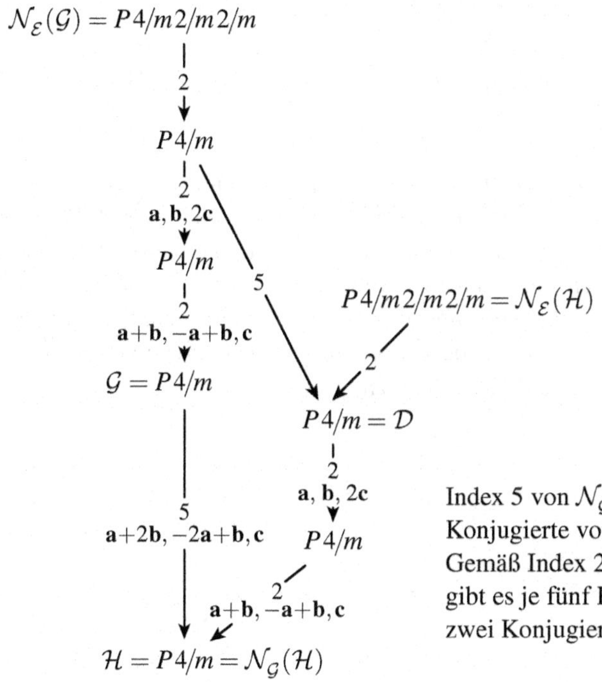

Index 5 von $\mathcal{N}_{\mathcal{G}}(\mathcal{H})$ in $\mathcal{G}$ zeigt fünf Konjugierte von $\mathcal{H}$ in $\mathcal{G}$ an. Gemäß Index $2\cdot 5$ von $\mathcal{D}$ in $\mathcal{N}_{\mathcal{E}}(\mathcal{G})$ gibt es je fünf Konjugierte in zwei Konjugiertenklassen

Frage in Tabelle 24.2

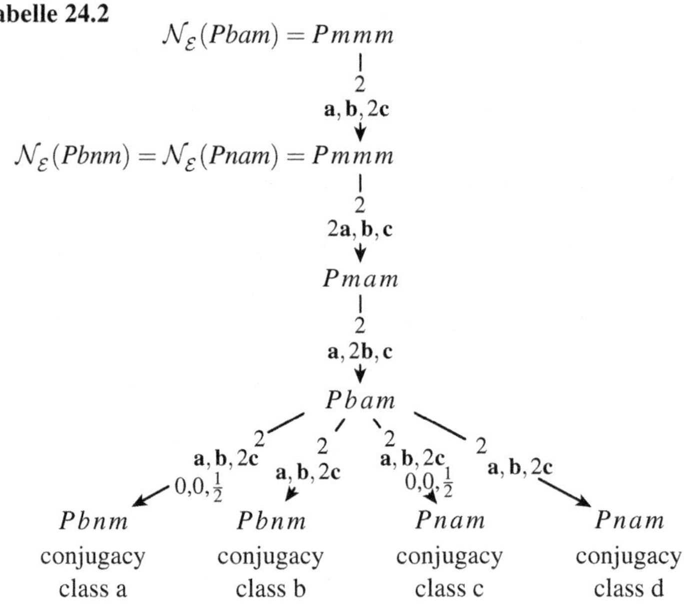

Gemäß Abb. 8.7 (links) zeigt der Index 2 der Normalisatoren $\mathcal{N}_{\mathcal{E}}(Pbnm) = \mathcal{N}_{\mathcal{E}}(Pnam)$ in $\mathcal{N}_{\mathcal{E}}(Pbam)$ je zwei Konjugiertenklassen von *Pbnm* und von *Pnam* in *Pbam* an. Das sind vier Konjugiertenklassen des Raumgruppentyps *Pnma* und damit vier verschiedene klassengleiche Untergruppen von *Pbam* mit verdoppeltem **c**. Alle vier müssen bei der Aufstellung eines Bärnighausen-Stammbaums im Auge behalten werden. Die Richtungen der Basisvektoren werden hier nicht geändert, womit die Verhältnisse etwas übersichtlicher sind als bei Umstellung auf Standardaufstellungen.

Literaturverzeichnis

[1] H. Bärnighausen: Group–subgroup relations between space groups: a useful tool in crystal chemistry. MATCH, Commun. Math. Chem. **9** (1980) 139. https://match.pmf.kg.ac.rs/electronic_versions/Match09/match9_139-175.pdf

[2] Strukturbericht **1–7** (Ergänzungsbände zur Z. Kristallogr.). Akademische Verlagsges., Leipzig (1931–1943).

[3] Structure Reports **8–43**, Oosthoek, Scheltma & Holkema, Utrecht (1956–1979); **44–48**, D. Reidel, Dordrecht (1980–1984); **49–58**, Kluwer Academic Publishers, Dordrecht (1989–1993).

[4] Inorganic Crystal Structure Database (ICSD). Fachinformationszentrum Karlsruhe. https://www.fiz-karlsruhe.de/icsd.html

[5] Pearson's Crystal Data (PCD). Crystal Database for Inorganic Compounds. Crystal Impact, Bonn. https://www.crystalimpact.de/pcd

[6] Cambridge Structural Database (CSD). Cambridge Crystallographic Data Centre, England. https://www.ccdc.cam.ac.uk

[7] C. R. Groom, I. J. Bruno, M. P. Lightfoot, S. C. Ward: The Cambridge Structural Database. Acta Crystallogr. **B 72** (2016) 640. https://doi.org/10.1107/S2052520616003954

[8] Open-Access Collection of Crystal Structures (COD). https://www.crystallography.net

[9] Protein Data Bank, Brookhaven National Laboratory. https://rcsb.org

[10] Nucleic Acid Data Bank, The State University of New Jersey. www.ndbserver.rutgers.edu

[11] V. M. Goldschmidt: Untersuchungen über den Bau und Eigenschaften von Krystallen. Skrifter Norsk Vidensk. Akad. Oslo, I Mat. Naturv. Kl. 1926, Nr. 2, und 1928 Nr. 8.

[12] L. Pauling: Die Natur der chemischen Bindung. Verlag Chemie, Weinheim (1968).

[13] L. D. Landau, E. M. Lifshitz: Lehrbuch der theoretischen Physik, 6. Aufl., Band 5, Teil 1, S. 436–447. Akademie-Verlag, Berlin (1984).

[14] International Tables for Crystallography, Band A: Space-group symmetry, 1.–5. Auflage (Th. Hahn, Hrsg.): Kluwer Academic Publishers, Dordrecht (1983, 1987, 1992, 1995, 2002 [korrigierter Nachdruck 2005], elektronisch 2006). https://it.iucr.org/Ab

[15] International Tables for Crystallography, Band A: Space-group symmetry, 6. Auflage (M. I. Aroyo, Hrsg.). Wiley, Chichester (2016). https://it.iucr.org/A

[16] International Tables for Crystallography, Band A1: Symmetry relations between space groups (H. Wondratschek, U. Müller, Hrsg.). Teil 2: Subgroups of the Space Groups. Teil 3: Relations of the Wyckoff Positions. 1. Auflage: Kluwer Academic Publishers, Dordrecht (2004). 2. Auflage: Wiley, Chichester (2010). https://it.iucr.org/A1

[17] F. A. Cotton: Applications of Group Theory, 3rd ed., Wiley, New York (1990).

U. Müller, *Symmetriebeziehungen zwischen Kristallstrukturen*,
https://doi.org/10.1007/978-3-662-67166-5

[18] S. F. A. Kettle: Symmetrie und Struktur. Teubner, Stuttgart (1994). Symmetry and Structure, 3rd ed., Wiley, Chichester (2007).

[19] Willock, D. J.: *Molecular Symmetry*. Chichester: Wiley (2009).

[20] D. Steinborn: Symmetrie und Struktur in der Chemie. VCH Verlagsges., Weinheim (1993).

[21] J. Reinhold: Quantentheorie der Moleküle. Teubner, Wiesbaden (2006).

[22] W. Ludwig, C. Falter: Symmetries in Physics: Group Theory Applied to Physical Problems, 2nd ed., Springer, Berlin (1996).

[23] J. F. Cornwell: Group Theory in Physics – An Introduction. Academic Press, San Diego (1997).

[24] S. Sternberg: Group Theory and Physics. Cambridge University Press (1994).

[25] M. Wagner: Gruppentheoretische Methoden in der Physik. Vieweg, Braunschweig (1998).

[26] M. Dresselhaus, G. Dresselhaus, A. Jorio: Group Theory. Springer, Berlin (2008).

[27] R. C. Powell: Group Theory, and the Physical Properties of Crystals. Springer, New York (2010).

[28] Internationale Tabellen zur Bestimmung von Kristallstrukturen (C. Hermann, Hrsg.). Geb. Borntraeger, Berlin (1935).

[29] International Tables for X-Ray Crystallography, Band I (N. F. M. Henry, K. Lonsdale, Hrsg.). Kynoch, Birmingham (1952).

[30] J. Neubüser, H. Wondratschek: Untergruppen der Raumgruppen. Kristall u. Technik **1** (1966) 529. Tabellen dazu: Maximal subgroups of the space groups, 2nd typing 1969, corrected 1977; Minimal supergroups of the space groups, 1970 (vom Institut für Kristallographie der Universität Karlsruhe verteiltes Material).

[31] E. F. Bertaut, Y. Billiet: On equivalent subgroups and supergroups of the space groups. Acta Crystallogr. **A 35** (1979) 733.

[32] G. O. Brunner: An unconventional view of the closest sphere packings. Acta Crystallogr. **A 27** (1971) 388. `https://doi.org//10.1107/S0567739471000858`

[33] J. D. Bernal: Conduction in solids and diffusion and chemical change in solids. Geometrical factors in reactions involving solids. Trans. Faraday Soc. **34** (1938) 834.

[34] F. K. Lotgering: Topotactical reactions with ferrimagnetic oxides having hexagonal crystal structures. J. Inorg. Nucl. Chem. **9** (1959) 113.

[35] D. Giovanoli, U. Leuenberger: Über die Oxidation von Manganoxidhydroxid. Helv. Chim. Acta **52** (1969) 2333.

[36] J. D. Bernal, A. L. Mackay: Topotaxy. Tschermaks mineralog. petrogr. Mitt., Reihe **3**, (Mineralogy and Petrology) **10** (1965) 331. `https://doi.org/10.1007/BF01128637`

[37] H. D. Megaw: Crystal Structures. A Working Approach. Saunders Co., Philadelphia (1973).

[38] M. J. Buerger: Derivative crystal structures. J. Chem. Phys. **15** (1947) 1.

[39] M. J. Buerger: Phase transformations in solids, Kapitel 6. Wiley, New York (1951). Fortschr. Mineral. **39** (1961) 9.

[40] B. Anselment: Die Dynamik der Phasenumwandlung vom Rutil- in den $CaCl_2$-Typ am Beispiel des $CaBr_2$ und zur Polymorphie des $CaCl_2$. Dissertation, Universität Karlsruhe (1985). ISBN 3-923161-13-1.

[41] J. Purgahn, B. Pillep, H. Bärnighausen: Röntgenographische Untersuchung der Phasenumwandlung von $CaCl_2$ in den Rutil-Typ. Z. Kristallogr. Suppl. **15** (1998) 112.

[42] J. Purgahn: Röntgenographische Untersuchungen zur Dynamik struktureller Phasenumwandlungen für zwei Fallbeispiele: Rb_2ZnI_4 und $CaCl_2$. Dissertation, Universität Karlsruhe (1999). ISBN 3-932136-37-3.

[43] H. Brown, R. Bülow, J. Neubüser, H., Wondratschek, H. Zassenhaus: Crystallographic groups of four-dimensional space. Wiley, New York (1978).

[44] E. V. Chuprunov, T. S. Kuntsevich: *n*-Dimensional space groups and regular point systems. Comput. Math. Applic. **16** (1988) 537.

[45] T. Janssen, A. Janner, A. Looijenga-Vos, P. M. de Wolff: Incommensurate and commensurate modulated structures. In: International Tables for Crystallography, Vol. *C*, Mathematical, physical and chemical tables (E. Prince, Hrsg.), 3. Auflage, Kap. 9.8. Wiley, Chichester (2006). https://it.iucr.org/Cb/ch9o8v0001/ch9o8.pdf

[46] B. Souvignier: The four-dimensional magnetic point and space groups. Z. Kristallogr. **221** (2006) 77. https://doi.org/10.1524/zkri.2006.221.1.77

[47] S. van Smaalen: Incommensurate Crystallography. Oxford: Oxford University Press (2007).

[48] T. Janssen: Development of symmetry concepts for aperiodic crystals. Symmetry **6** (2014) 171. https://doi.org/10.3390/sym6020171

[49] T. Janssen, A. Janner: Aperiodic crystals and superspace concepts. Acta Crystallogr. **B 70** (2014) 617. https://doi.org/10.1107/S2052520614014917

[50] W. Massa: Kristallstrukturbestimmung, 8. Aufl., Springer Spektrum, Wiesbaden (2015).

[51] C. Giacovazzo, H. L. Monaco, G. Artioli, D. Viterbo, M. Milanesio, G. Gilli, P. Gilli, G. Zanotti, G. Ferraris, M. Catti: Fundamentals of Crystallography, 3rd ed., Oxford University Press (2011).

[52] A. J. Blake, W. Clegg, J. M. Cole, J. S. O. Evans, P. Main, S. Parsons, D. J. Watkin: Crystal Structure Analysis: Principles and Practice. 2nd ed., Oxford University Press (2009).

[53] Tilley, R.: Crystals and Crystal Structures. Wiley, Chichester (2006).

[54] J. P. Glusker, K. N. Trueblood: Crystal Structure Analysis. A Primer. 3rd ed., Oxford University Press (2010).

[55] W. Ledermann: Einführung in die Gruppentheorie. Vieweg, Braunschweig (1977). 2. Auflage: W. Ledermann, A. J. Weir: Introduction to group theory. Addison-Wesley Longman, Harlow (1996).

[56] S. R. Hall: Space group notation with an explicit origin. Acta Crystallogr. **A 37** (1981) 517.

[57] E. S. Fedorow: Symmetry of crystals; American Crystallographic Association monograph No. 7. Polycrystal Book Service, Pittsburgh (1971). [Übersetzung aus dem Russischen, Simmetriya i struktura kristallov; Akademiya Nauk SSSR, 1949].

[58] C. Hermann: Zur systematischen Strukturtheorie I. Eine neue Raumgruppensymbolik. Z. Kristallogr. **68** (1928) 257.

[59] C. Mauguin: Sur le symbolisme des groupes de répétition ou de symétrie des assemblages cristallins. Z. Kristallogr. **76** (1931) 542.

[60] C. Hermann: Zur systematischen Strukturtheorie II. Ableitung der 230 Raumgruppen aus ihren Kennvektoren. Z. Kristallogr. **69** (1929) 226.

[61] D. B. Litvin: Magnetic subperiodic groups and magnetic space groups. In: International Tables for Crystallography, Band A, Space-group symmetry, 6. Auflage (M. I. Aroyo, Hrsg.), Kap. 3.6. Wiley, Chichester (2016). https://it.iucr.org/Ac/ch3o6v0001/ch3o6.pdf

[62] C. Hermann: Zur systematischen Strukturtheorie III. Ketten- und Netzgruppen. Z. Kristallogr. **69** (1929) 250.

[63] International Tables for Crystallography, Band E: Subperiodic Groups (V. Kopský, D. B. Litvin, Hrsg.). 1. Auflage: Kluwer, Dordrecht (2006). 2. Auflage: Wiley, Chichester (2010). `https://it.iucr.org/E`

[64] J. E. Spruiell, E. S. Clark in: Methods in Experimental Physics, Vol. 16. Polymers (Hrsg. R. A. Fava), Part B, Kap. 6, S. 19–22. Academic Press, New York (1980).

[65] U. Müller: Die Symmetrie von Spiralketten. Acta Crystallogr. **B 73** (2017) 443. `https://doi.org/10.1107/S2052520617001901`

[66] G. Natta, P. Corradini: General consideration on the structure of crystalline polyhydrocarbons. Nuovo Cimento, Suppl. **15** (1960) 9. `https://doi.org//10.1007/BF02731858`

[67] D. Pfister, K. Schäfer, C. Ott, B. Gerke, R. Pöttgen, O. Janka, M. Baumgartner, A. Efimova, A. Hohmann, P. Schmidt, S. Venkachalam, L. von Wüllen, U. Schüermann, L. Kienle, V. Duppel, E. Parzinger, B. Miller, J. Becker, A. Holleitner, R. Weihrich, T. Nilges: Inorganic double helices in semiconducting SnIP. Advan. Materials **28** (2016) 9783. `https://doi.org/10.1002/adma.201603135`

[68] S. V. Meille, G. Allegra, P. H. Heil, J. He, M. Hess, J. Jin, P. Kratochvíl, M. Mormann, R. Stepto, R.: Definitions and terms relating to crystalline polymers (IUPAC recommendations 2011), Pure Appl. Chem. **83** (2011) 1831. `https://doi.org/10.1351/PAC-REC-10-11-13`

[69] J. Bohm, K. Dornbeger-Schiff: The nomenclature of crystallographic symmetry groups. Acta Crystallogr. **21** (1966) 1004. Geometrical symbols for all crystallographic symmetry groups up to three dimension. Acta Crystallogr. **23** (1967) 913. `https://doi.org/10.1107/S0365110X67004050`

[70] F. L. Hirshfeld: Symmetry in the generation of trial structures. Acta Crystallogr. **A 24** (1968) 301.

[71] E. Koch, U. Müller: Euklidische Normalisatoren für trikline und monokline Raumgruppen bei spezieller Metrik des Translationengitters. Acta Crystallogr. **A 46** (1990) 826.

[72] E. Koch: The implications of normalizers on group–subgroup relations between space groups. Acta Crystallogr. **A 40** (1984) 593.

[73] E. Parthé, L. Gelato: The standardization of inorganic crystal-structure data. Acta Crystallogr. **A 40** (1984) 169. `https://doi.org/10.1107/S0108767384000416`

[74] E. Parthé, K. Cenzual, R. E. Gladyshevskii: Standardization of crystal structure data as an aid to the classification of crystal structure types. J. Alloys Comp. **197** (1993) 291.

[75] L. M. Gelato, E. Parthé: STRUCTURE TIDY – a computer program to standardize crystal structure data. J. Appl. Crystallogr. **20** (1987) 139. Implementiert im Programm PLATON von A. L. Spek, `www.platonsoft.nl/platon/pl000613.html`

[76] W. Fischer, E. Koch: On the equivalence of point configurations due to Euclidean normalizers (Cheshire groups) of space groups. Acta Crystallogr. **A 39** (1983) 907.

[77] E. Koch, W. Fischer: Normalizers of space groups, a useful tool in crystal description, comparison and determination. Z. Kristallogr. **221** (2006) 1.

[78] U. Müller: Wolframtetrabromidoxid, $WOBr_4$. Acta Crystallogr. **C 40** (1984) 915.

[79] G. P. Moss: Basic terminology of stereochemistry. Pure Appl. Chem. **68** (1996) 2193. (Empfehlungen der IUPAC zur Terminologie in der Stereochemie). `https://www.degruyter.com/document/doi/10.1351/pac199668122193/html`

[80] H. D. Flack: Chiral and achiral crystal structures. Helv. Chim. Acta **86** (2003) 905. `https://doi.org/10.1002/hlca.200390109`

[81] H. G. v. Schnering, W. Hönle: Zur Chemie und Strukturchemie der Phosphide und Polyphosphide. 20. Darstellung, Struktur und Eigenschaften der Alkalimetallmonophosphide NaP und KP. Z. Anorg. Allg. Chem. **456** (1979) 194.

[82] W. H. Baur, D. Kassner: The perils of *Cc*: comparing the frequencies of falsely assigned space groups with their general population. Acta. Crystallogr. **B 48** (1992) 356.

[83] R. E. Marsh: *P*1 or $P\overline{1}$? Or something else? Acta Crystallogr. **B 55** (1999) 931; The space groups of point symmetry C_3: some corrections, some comments. Acta Crystallogr. **B 58** (2002) 893; Space group *Cc*: an update. Acta Crystallogr. **B 60** (2004) 252; Space group *P*1: an update. Acta Crystallogr. **B 61** (2005) 359.

[84] F. H. Herbstein, R. E. Marsh: More space group corrections: from triclinic to centred monoclinic and to rhombohedral; from *P*1 to $P\overline{1}$ and from *Cc* to *C*2/*c*. Acta Crystallogr. **B 54** (1998) 677.

[85] F. H. Herbstein, S. Hu, M. Kapon: Some errors from the crystallographic literature, some amplifications and a questionable result. Acta Crystallogr. **B 58** (2002) 884.

[86] R. E. Marsh, A. L. Spek: Use of software to search for higher symmetry: space group *C*2. Acta Crystallogr. **B 57** (2001) 800.

[87] R. E. Marsh, M. Kapon, S. Hu, F. H. Herbstein: Some 60 new space-group corrections. Acta Crystallogr. **B 58** (2002) 62.

[88] D. A. Clemente, A. Marzotto: 22 space group corrections. Acta Crystallogr. **B 59** (2003) 43; 30 space-group corrections: two examples of false polymorphism and one of incorrect interpretation of the fine details of an IR spectrum. Acta Crystallogr. **B 60** (2004) 287.

[89] D. A. Clemente: A survey of the 8466 structures reported in Inorganica Chimica Acta: 52 space group changes and their consequences. Inorg. Chim. Acta **358** (2005) 1725; 26 space group changes and 6 crystallographic puzzles. Tetrahedron **59** (2003) 8445.

[90] R. E. Marsh, D. A. Clemente: A survey of crystal structures published in the Journal of the American Chemical Society. Inorg. Chim. Acta **360** (2007) 4017.

[91] K. Cenzual, L. M. Gelato, M. Penzo, E. Parthé: Inorganic structure types with revised space groups. Acta Crystallogr. **B 47** (1991) 433.

[92] J. Bauer, O. Bars: The ordering of boron and carbon atoms in the LaB_2C_2 structure. Acta. Crystallogr. **B 36** (1980) 1540.

[93] J. Lima-de-Faria, E. Hellner, F. Liebau, E. Makovicky, E. Parthé: Nomenclature of inorganic structure types. Report of the International Union of Crystallography Commission on Crystallographic Nomenclature Subcommittee on the nomenclature of inorganic structure types. Acta Crystallogr. **A 46** (1990) 1. `https://doi.org/10.1107/S0108767389008834`

[94] R. Allmann, R. Hinek: The introduction of structure types into the Inorganic Crystal Structure Database ICSD. Acta Crystallogr. **A 63** (2007) 412.

[95] G. Brostigen, A. Kjekshus: Redetermined crystal structure of FeS_2 (pyrite). Acta Chem. Scand. **23** (1969) 2186.

[96] A. Simon, K. Peters: Single-crystal refinement of the structure of carbon dioxide. Acta Crystallogr. **B 36** (1980) 2750.

[97] H. Burzlaff, W. Rothammel: On quantitative relations among crystal structures. Acta Crystallogr. **A 48** (1992) 483. https://doi.org/10.1107/S0108767392000072

[98] H. Burzlaff, Y. Malinovsky: A procedure for the classification of non-Organic crystal structures. I. Theoretical background. Acta Crystallogr. **A 53** (1997) 217.

[99] G. Bergerhoff, M. Berndt, K. Brandenburg, T. Degen: Concerning inorganic crystal structure types. Acta Crystallogr. **B 55** (1999) 147. https://doi.org/10.1107/S0108768198010969

[100] E. Parthé, W. Rieger: Nowotny phases and apatites. J. Dental Res. **47** (1968) 829.

[101] U. Müller, E. Schweda, J. Strähle: Die Kristallstruktur vom Tetraphenylphosphoniumnitridotetrachloromolybdat $PPh_4[MoNCl_4]$. Z. Naturforsch. **38 b** (1983) 1299.

[102] K. Kato, E. Takayama-Muromachi, Y. Kanke: Die Struktur der Kupfer-Vanadiumbronze $Cu_{0,261}V_2O_5$. Acta Crystallogr. **C 45** (1989) 1845.

[103] M.-L. Ha-Eierdanz, U. Müller: Ein neues Syntheseverfahren für Vanadiumbronzen. Die Kristallstruktur von β-$Ag_{0,33}V_2O_5$. Verfeinerung der Kristallstruktur von ε-$Cu_{0,76}V_2O_5$. Z. Anorg. Allg. Chem. **619** (1993) 287.

[104] M. Jansen: Über $NaAg_3O_2$. Z. Naturforsch. **31 b** (1976) 1544.

[105] M. Somer, W. Carrillo-Cabrera, E. M. Peters, K. Peters, H. G. v. Schnering: Crystal structure of trisodium di-μ-phosphidoaluminate, Na_3AlP_2. Z. Kristallogr. **210** (1995) 777.

[106] S. Uhrlandt, G. Meyer: Nitride chlorides of the early lanthanides $[M_2N]Cl_3$. J. Alloys Comp. **225** (1995) 171.

[107] W. Bronger, H. Balk-Hardtdegen, U. Ruschewitz: Darstellung, Struktur und magnetische Eigenschaften der NatriumeisenChalkogenide Na_6FeS_4 und Na_6FeSe_4. Z. Anorg. Allg. Chem. **616** (1992) 14.

[108] H. J. Meyer, G. Meyer, M. Simon: Über ein Oxidchlorid des Calciums: Ca_4OCl_6. Z. Anorg. Allg. Chem. **596** (1991) 89.

[109] O. Reckeweg, F. J. DiSalvo: Alkaline earth metal oxyhalides revisited – syntheses and crystal structures of Sr_4OBr_6, Ba_4OBr_6 and Ba_2OI_2. Z. Naturforsch. **63 b** (2008) 519.

[110] L. Eriksson, M. P. Kalinowski: $Mn_{1-x}Fe_xS$, $x \approx 0.05$, an example of an anti-wurtzite structure. Acta Crystallogr. **E 57** (2001) i92.

[111] C. T. Prewitt, H. S. Young: Germanium and silicon disulfides: structures and synthesis. Science **149** (1965) 535.

[112] R. Hoppe, H. S. Roehrborn: Oxomercurate(II) der Alkalimetalle M_2HgO_2. Z. Anorg. Allg. Chem. **329** (1964) 110.

[113] K. Mader, R. Hoppe: Neuartige Mäander mit Co^{3+} und Au^{3+}: $Na_4[AuCoO_5]$. Z. Anorg. Allg. Chem. **612** (1992) 89.

[114] W. Fischer, E. Koch: Automorphismengruppen von Raumgruppen und die Zuordnung von Punktlagen zu Konfigurationslagen. Acta Crystallogr. **A 31** (1975) 88.

[115] W. Fischer, E. Koch: Lattice complexes and limiting complexes versus orbit types and noncharacteristic orbits: a comparartive discussion. Acta Crystallogr. **A 41** (1985) 421.

[116] H. Wondratschek: Crystallographic orbits, lattice complexes, and orbit types. MATCH, Commun. Math. Chem. **9** (1980) 121. https://match.pmf.kg.ac.rs/electronic_versions/Match09/match9_121-125.pdf

[117] H. Wondratschek: Special topics on space groups. In: International Tables for Crystallography, Band A (T. Hahn, Hrsg.), S. 723. Kluwer Academic Publishers, Dordrecht (1983).

[118] H. Wondratschek: Splitting of Wyckoff positions. Mineralogy and Petrology **48** (1993) 87.

[119] B. Souvigner, G. Chapuis, H. Wondratschek: Synoptic tables of plane and space groups. In: *International Tables for Crystallography*, Band. *A* (6. Aufl.; Hrsg. M. I. Aroyo), Abschn. 1.5.4. Chichester: Wiley (2016). `https://it.iucr.org/Ac/ch1o5v0001/sec1o5o4.pdf`

[120] E. F. Bertaut: Symbols for space groups. In: *International Tables for Crystallography*, Band *A* (5. Aufl.; Hrsg. Th. Hahn), Kap. 4.3. Dordrecht: Kluwer Academic Publishers (2002, 2005). `https://it.iucr.org/Ab/ch4o3v0001/ch4o3.pdf`

[121] T. Armbruster, G. A. Lager, J. Ihringer, F. J. Rotella, J. D. Jorgenson: Neutron and X-ray powder study of phase transitions in the spinel $NiCr_2O_4$. Z. Kristallogr. **162** (1983) 8.

[122] V. Janovec, J. Přívratská: Domain structures. In: International Tables for Crystallography, Band D, Physical properties of crystals (A. Authier, Hrsg.), Abschn. 3.4.2. Kluwer Academic Publishers, Dordrecht (2013). `https://it.iucr.org/Db/ch3o4v0001/sec3o4o2.pdf`

[123] A. J. Foecker, W. Jeitschko: The atomic order of the pnictogen and chalcogen atoms in equiatomic ternary compounds TPnCh (T = Ni, Pd; Pn = P, As, Sb; Ch = S, Se, Te). J. Solid State Chem. **162** (2001) 69.

[124] F. Grønvold, E. Rost: The crystal structure of PdS_2 and $PdSe_2$. Acta Crystallogr. **10** (1957) 329.

[125] M. E. Fleet, P. C. Burns: Structure and twinning of cobaltite. Canad. Miner. **28** (1990) 719.

[126] W. Hofmann, W. Jäniche: Der Strukturtyp von Aluminiumborid (AlB_2). Naturwiss. **23** (1935) 851; Z. Phys. Chem. **31 B** (1936) 214.

[127] J. W. Nielsen, N. C. Baenziger: The crystal structure of ZrBeSi and $ZrBe_2$. Acta Crystallogr. **7** (1954) 132.

[128] A. Iandelli: MX_2-Verbindungen der Erdalkali- und seltenen Erdmetalle mit Gallium, Indium und Thallium. Z. Anorg. Allg. Chem. **330** (1964) 221.

[129] G. Nuspl, K. Polborn, J. Evers, G. A. Landrum, R. Hoffmann: The four-connected net in the $CeCu_2$ structure and its ternary derivatives. Inorg. Chem. **35** (1996) 6922.

[130] A. N. Christensen, N. C. Broch, O. v. Heidenstam, A. Nilsson: Hydrothermal investigation of the systems In_2O_3–H_2O–Na_2O. The crystal structure of rhombohedral In_2O_3 and $In(OH)_3$. Acta Chem. Scand. **21** (1967) 1046.

[131] D. F. Mullica, G. W. Beall, W. O. Milligan, J. D. Korp, I. Bernal: The crystal structure of cubic $In(OH)_3$ by X-ray and neutron diffraction methods. J. Inorg. Nucl. Chem. **41** (1979) 277.

[132] C. Cohen-Addad: Etude structurale des hydroxystannates $CaSn(OH)_6$ et $ZnSn(OH)_6$ par diffraction neutronique, absorption infrarouge et résonance magnetique nucléaire. Bull. Soc. Franç. Minér. Cristallogr. **91** (1968) 315.

[133] L. C. Bastiano, R. T. Peterson, P. L. Roeder, I. Swainson: Description of schoenfliesite, $MgSn(OH)_6$, and roxbyite, $Cu_{1.22}S$, from a 1375 BC ship wreck, and rietveld neutron diffraction refinement of synthetic schoenfliesite, wickmanite, $MnSn(OH)_6$, and burtite, $CaSn(OH)_6$. Canad. Mineral. **36** (1998) 1203.

[134] N. Mandel, J. Donohue: The refinement of the crystal structure of skutterudite, $CoAs_3$. Acta Crystallogr. **B 27** (1971) 2288.

[135] A. Kjekshus, T. Rakke: Compounds with the skutterudite type crystal structure. III. Structural data for arsenides and antimonides. Acta Chem. Scand. **A 28** (1974) 99.

[136] Y. Billiet, E. F. Bertaut: Isomorphic subgroups of space groups. In: International Tables for Crystallography, Band A. 5. Aufl. (T. Hahn, Hrsg.), Kap. 13.1. Kluwer Academic Publishers, Dordrecht (2006). https://it.iucr.org/Ab/ch13o1v0001/ch13o1.pdf

[137] U. Müller, A. Brelle: Über isomorphe Untergruppen von Raumgruppen der Kristallklassen $4, \bar{4}, 4/m, 3, \bar{3}, 6, \bar{6}$ und $6/m$. Acta Crystallogr. **A 51** (1994) 300. https://doi.org/10.1107/S0108767394012614

[138] P. Fischer, W. Hälg, D. Schwarzenbach, H. Gamsjäger: Magnetic and crystal structure of copper(II) fluoride. J. Phys. Chem. Solids **35** (1974) 1683.

[139] J. M. Longo, P. Kirkegaard: A refinement of the structure of VO_2. Acta Chem. Scand. **24** (1970) 420.

[140] W. H. Baur: Über die Verfeinerung der Kristallstrukturbestimmung einiger Vertreter des Rutiltyps: TiO_2, SnO_2, GeO_2 und MgF_2. Acta Crystallogr. **9** (1956) 515.

[141] J. N. Reimers, J. E. Greedan, C. V. Stager, R. Kremer: Crystal structure and magnetism in $CoSb_2O_6$ and $CoTa_2O_6$. J. Solid State Chem. **83** (1989) 20.

[142] Y. Billiet: Les sous-groupes isosymboliques des groupes spatiaux. Bull. Soc. Franç. Minér. Cristallogr. **96** (1973) 327.

[143] A. Meyer: Symmetriebeziehungen zwischen Kristallstrukturen des Formeltyps AX_2, ABX_4 und AB_2X_6 sowie deren Ordnungs- und Leerstellenvarianten (2 Bände). Dissertation, Universität Karslruhe (1981). ISBN 3-923161-02-6.

[144] W. H. Baur: Rutile type derivatives. Z. Kristallogr. **209** (1994) 143.

[145] W. Tremel, R. Hoffmann, J. Silvestre: Transitions between NiAs and MnP type phases: an electronically driven distortion of triangular 3^6 nets. J. Am. Chem. Soc. **108** (1986) 5174.

[146] K. Motizuki, H. Ido, T. Itoh, M. Morifuji: Overview of Magnetic Properties of NiAs-Type (MnP-Type) and Cu_2Sb-Type Compounds. Springer Series in Materials Science **131** (2010) 11.

[147] H. Fjellvag, A. Kjekshus: Magnetic and structural properties of transition metal substituted MnP. Acta Chem. Scand. **A 38** (1984) 563.

[148] J. Strähle, H. Bärnighausen: Die Kristallstruktur von Rubidium-tetrachloroaurat $RbAuCl_4$. Z. Naturforsch. **25 b** (1970) 1186.

[149] J. Strähle, H. Bärnighausen: Kristallchemischer Vergleich der Strukturen von $RbAuCl_4$ und $RbAuBr_4$. Z. Kristallogr. **134** (1971) 471.

[150] A. Bulou, J. Nouet: Structural phase transitions in ferroelastic $TlAlF_4$. J. Phys. C **20** (1987) 2885.

[151] O. Bock, U. Müller: Symmetrieverwandtschaften bei Varianten des ReO_3-Typs. Z. Anorg. Allg. Chem. **628** (2002) 987. https://doi.org/10.1002/1521-3749(200206)628:5<987::AID-ZAAC987>3.0.CO;2-P

[152] A. M. Glazer: The classification of tilted octahedra in perovskites. Acta Crystallogr. **B 28** (1972) 3384. https://doi.org/10.1107/S0567740872007976

[153] G. Burns, A. M. Glazer: Space groups for solid state scientists, 2nd ed., Acadamic Press, San diego (1990).

[154] K. R. Locherer, I. P. Swainson, E. K. H. Salje: Transition to a new tetragonal phase of WO_3: crystal structure and distortion parameters. J. Phys. Cond. Mat. **11** (1999) 4143.

[155] T. Vogt, P. M. Woodward, B. A. Hunter: The high-temperature phases of WO_3. J. Solid State Chem. **144** (1999) 209.

[156] Y. Xu, B. Carlson, R. Norrestam: Single crystal diffraction studies of WO_3 at high pressures and the structure of a high-pressure WO_3 phase. J. Solid State Chem. **132** (1997) 123.

[157] E. K. H. Salje, S. Rehmann, F. Pobell, D. Morris, K. S. Knight, T. Herrmannsdoerfer, M. T. Dove: Crystal structure and paramagnetic behaviour of ε-WO_{3-x}. J. Phys. Cond. Mat. **9** (1997) 6563.

[158] P. M. Woodward, A. W. Sleight, T. Vogt: Structure refinement of triclinic tungsten trioxide. J. Phys. Chem. Solids **56** (1995) 1305.

[159] A. Aird, M. C. Domeneghetti, F. Nazzi, V. Tazzoli, E. K. H. Salje: Sheet conductivity in WO_{3-x}: crystal structure of the tetragonal matrix. J. Phys. Cond. Mat. **10** (1998) L 569.

[160] C. J. Howard, V. Luca, K. S. Knight: High-temperature phase transitions in tungsten trioxide—the last word? J. Phys. Cond. Mat. **14** (2002) 377.

[161] H. Bärnighausen: Group–subgroup relations between space groups as an ordering principle in crystal chemistry: the 'family tree' of perovskite-like structures. Acta Crystallogr. **A 31** (1975) part S3, 01.1–9.

[162] O. Bock, U. Müller: Symmetrieverwandtschaften bei Varianten des Perowskit-Typs. Acta Crystallogr. **B 58** (2002) 594. `https://doi.org/10.1107/S0108768102001490`

[163] C. J. Howard, H. T. Stokes: Structures and phase transitions in perovskites – a group-theoretical approach. Acta Crystallogr. **A 61** (2005) 93.

[164] M. V. Talanov: Group-theoretical analysis of 1:3 A-site-ordered perovskite formation. Acta Crystallogr. **A 75** (2019) 379.

[165] W. H. Baur: The rutile type and its derivatives. Crystallogr. Rev. **13** (2007) 65. `https://doi.org/10.1080/08893110701433435`

[166] R.-D. Hoffmann, R. Pöttgen: AlB_2-related intermetallic compounds – a comprehensive review based on a group–subgroup scheme. Z. Kristallogr. **216** (2001) 127. `https://doi.org/10.1524/zkri.216.3.127.20327`

[167] D. Kußmann, R. Pöttgen, U.-C. Rodewald, C. Rosenhahn, B. D. Mosel, G. Kotzyba, B. Künnen: Structure and properties of the stannide $Eu_2Au_2Sn_5$ and its relationship with the family of $BaAl_4$-related structures. Z. Naturforsch. **54 b** (1999) 1155.

[168] R. Pöttgen: Coloring, distortions, and puckering in selected intermetallic structures from the perspective of group-subgroup relations. *Z. Anorg. Allg. Chem.* **640** (2014) 869. `https://doi.org/10.1002/zaac.201400023`

[169] J.-M. Hübner, W. Carrillo-Cabrera, R. Cardoso-Gil, P. Koželj, U. Burkhardt, M. Etter, L. Akselrud, Y. Grin, U. Schwarz: High-pressure synthesis of $SmGe_3$. Z. Kristallogr. **235** (2020) 333.

[170] T. Schmidt, W. Jeitschko: Preparation and crystal structure of the ternary lanthanoid platinum antimonides $Ln_3Pt_7Sb_4$ with $Er_3Pd_7P_4$ type structure. Z. Anorg. Allg. Chem. **628** (2002) 927.

[171] Landolt-Börnstein, Numerical Data and Functional Relationships in Science and Technology, New Series, Group IV (Hrsg. W. H. Baur, R. X. Fischer), Bd. **14** (2000, 2002, 2006).

[172] W. H. Baur: Rigid frameworks of zeolite-like compounds of the pharmacosiderite structure-type. Mesoporous Materials **151** (2011) 13.

[173] R. X. Fischer, W. H. Baur: Symmetry relationships of sodalite type crystal structures. Z. Kristallogr. **224** (2009) 185.

[174] H. Kohlmann: Structural relationships in complex hydrides of the late transition metals. Z. Kristallogr. **224** (2009), 454.

[175] H. Kohlmann: Hydrogen order in hydrides of Laves phases metals. Z. Kristallogr. **235** (2020) 319. https://doi.org//10.1515/zkri-2020-0043

[176] T. Graf, F. Casper, J. Winterlik, B. Balke, G. H. Fecher, C. Felser: Crystal structure of new Heusler compounds. Z. Anorg. Allg. Chem. **635** (2009) 976.

[177] S. Seidlmayer, F. Bachhuber, I. Anusca, J. Rothballer, M. Bräu, P. Peter, R. Weihrich: Half antiperovskites: V. Systematics in ordering and group-subgroup-relations for $Pb_2Pd_3S_2$, $Bi_2Pd_3Se_2$, and $Bi_2Pd_3S_2$. Z. Kristallogr. **225** (2010) 371.

[178] V. Falkowski, A. Zeigner, S. Seidel, R. Pöttgen, K. Wurst, M. Ruck, H. Huppertz: Syntheses and crystal structures of the manganese hydroxide halides $Mn_5(OH)_6Cl_4$, $Mn_5(OH)_7I_3$ and $Mn_5(OH)_{10}I_4$. Z. Kristallogr. **235** (2020) 375.

[179] U. Müller: Strukturverwandtschaften unter den EPh_4^+-Salzen. Acta Crystallogr. **B 36** (1980) 1075. https://doi.org/10.1107/S0567740880005328

[180] U. Müller: Kristallographische Gruppe-Untergruppe-Beziehungen und ihre Anwendung in der Kristallchemie. Z. Anorg. Allg. Chem. **630** (2004) 1519. https://doi.org/10.1002/zaac.200400250

[181] T. Block, S. Seidel, R. Pöttgen: Bärnighausen trees – A group–subgroup reference database. Z. Kristallogr. **237** (2022) 215. https://doi.org/10.1515/zkri-2022-0021

[182] K. Kihara: An X-ray study of the temperature dependence of the quartz structure. Eur. J. Miner. **2** (1990) 63.

[183] H. Sowa, J. Macavei, H. Schulz: Crystal structure of berlinite $AlPO_4$ at high pressure. Z. Kristallogr. **192** (1990) 119.

[184] R. Stokhuyzen, C. Chieh, W. B. Pearson: Crystal structure of Sb_2Tl_7. Canad. J. Chem. **55** (1977) 1120.

[185] M. Marezio, D. B. McWhan, J. P. Remeika, P. D. Dernier: Structural aspects of some metal–insulator transitions in Cr-doped VO_2. Phys. Rev. **B 5** (1972) 2541.

[186] L. Farkas, P. Gadó, P. E. Werner: The structure refinement of boehmite (γ-AlOOH) and the study of its structural variability. Mat. Res. Bull. **12** (1977) 1213.

[187] G. G. Christoph, C. E. Corbato, D. A. Hofmann, R. T. Tettenhorst: The crystal structure of boehmite. Clays Clay Miner. **27** (1979) 81.

[188] H. Jacobs, T. Tacke, J. Kockelkorn: Hydroxidmonohydrate des Kaliums und Rubidiums; Verbindungen, deren Atomanordnungen die Schreibweise $K(H_2O)OH$ bzw. $Rb(H_2O)OH$ nahelegen. Z. Anorg. Allg. Chem. **516** (1984) 67.

[189] D. Harker: The crystal structure of Ni_4Mo. J. Chem. Phys. **12** (1944) 315.

[190] O. Gourdon, D. Gouti, D. J. Williams, T. Proffen, S. Hobbs, G. J. Miller: Atomic distributions in the γ brass structure of the Cu–Zn system. Inorg. Chem. **46** (2007) 251.

[191] M. Jansen, C. Feldmann: Strukturverwandtschaften zwischen *cis*-Natriumhyponitrit und den Alkalimetallcarbonaten M_2CO_3 (M = Na, K, Rb, Cs), dargestellt durch Gruppe-Untergruppe-Beziehungen. Z. Kristallogr. **215** (2000) 343.

[192] I. P. Swainson, M. T. Dove, M. J. Harris: Neutron powder-diffraction study of the ferroelastic phase transition and lattice melting in sodium carbonate. J. Phys., Cond. Matter. **7** (1995) 4395.

[193] R. E. Dinnebier, S. Vensky, M. Jansen, J. C. Hanson: Crystal structures and topochemical aspects the high-temperature phases and decomposition products of the alkali-metal oxalates $M_2C_2O_4$ (M = K, Rb, Cs). Chem. Europ. J. **11** (2005) 1119.

[194] H. Y. Becht, R. Struikmans: A monoclinic high-temperature modification of potassium carbonate. Acta Crystallogr. **B 32** (1976) 3344.

[195] Y. Idemoto, J. M. Ricardson, N. Koura, S. Kohara, C.-K. Loong: Crystal structure of $(Li_xK_{1-x})_2CO_3$ ($x = 0, 0.43, 0.5, 0.62, 1$) by neutron powder diffraction analysis. J. Phys. Chem. Solids **59** (1998) 363.

[196] G. C. Dubbledam, P. M. de Wolff: The average crystal structure of γ-Na_2CO_3. Acta Crystallogr. **B 25** (1969) 2665.

[197] W. V. Aalst, J. D. Hollander, W. J. A. Peterse, P. M. de Wolff: The modulated structure of γ-Na_2CO_3 in a harmonic approximation. Acta Crystallogr. **B 32** (1976) 47.

[198] M. Dušek, G. Chapuis, M. Meyer, V. Petřiček: Sodium carbonate revisited. Acta Crystallogr. **B 59** (2003) 337.

[199] A. V. Arakcheeva, L. Bindi, P. Pattison, N. Meisser, G. Chapuis, I. V. Pekov: The incommensurably modulated structures of natural natrite at 120 and 293 K. Amer. Mineralogist **B 95** (2010) 574.

[200] D. Babel, P. Deigner: Die Kristallstruktur von β-Iridium(III)-chlorid. Z. Anorg. Allg. Chem. **339** (1965) 57.

[201] P. Coppens, M. Eibschütz: Determination of the crystal structure of yttrium othoferrite and refinement of gadolinium orthoferrite. Acta Crystallogr. **19** (1965) 524.

[202] N. L. Ross, J. Zhao, R. J. Angel: High-pressure structural behavior of $GdAlO_3$ and $GdFeO_3$ perovskites. J. Solid State Chem. **177** (2004) 3768.

[203] N. E. Brese, M. O'Keeffe, B. Ramakrishna, R. B. v. Dreele: Low-temperature structures of CuO and AgO and their relationships to those of MgO and PdO. J. Solid State Chem. **89** (1990) 184.

[204] M. Jansen, P. Fischer: Eine neue Darstellungsmethode für monoklines Silber(I,III)-oxid, Einkristallzüchtung und Röntgenstrukturanalyse. J. Less Common Met. **137** (1988) 123.

[205] A. Grzelak, J. Gawraczinski, T. Jaron, M. Somayazulu, M. Derzsi, V. Struhkin, W. Grochala: Persistence of mixed and non-intermediate valence in the high-pressure structure of silver(I,III)-oxide, AgO. Inorg. Chem. **56** (2017) 5804.

[206] J. Hauck, K. Mika: Close-packed structures. In: Intermetallic Compounds, Vol. 1 – Principles (J. H. Westbrook; R. L. Fleischer, Hrsg.). Wiley, Chichester (1995).

[207] U. Müller: Strukturverwandtschaften zwischen trigonalen Verbindungen mit hexagonaldichtester Anionen-Teilstruktur und besetzten Oktaederlücken. Berechnung der Anzahl möglicher Strukturtypen II. Z. Anorg. Allg. Chem. **624** (1998) 529.

[208] C. Michel, J. Moreau, W. J. James: Structural relationships in compounds with $R\overline{3}c$ symmetry. Acta Crystallogr. **B 27** (1971) 501.

[209] K. Meisel: Rheniumtrioxid. III. Über die Kristallstruktur des Rheniumtrioxids. Z. Anorg. Allg. Chem. **207** (1932) 121.

[210] P. Daniel, A. Bulou, M. Rosseau, J. Nouet, J. Fourquet, M. Leblanc, R. Burriel: A study of the structural phase transitions in AlF_3. J. Physics Cond. Matt. **2** (1992) 5663.

[211] M. Leblanc, J. Pannetier, G. Ferey, R. De Pape: Single-crystal refinement of the structure of rhombohedral FeF_3. Rev. Chim. Minér. **22** (1985) 107.

[212] H. Sowa, H. Ahsbas: Pressure-induced octahedron strain in VF_3 type compounds. Acta Crystallogr. **B 55** (1998) 578. `https://doi.org//10.1107/S0108768198001207`

[213] J. E. Jørgenson, R. I. Smith: On the compression mechanism of FeF_3. Acta Cryst. **B62** (2006) 987.

[214] P. Daniel, A. Bulou, M. Leblanc, M. Rousseau, J. Nouet: Structural and vibrational study of VF_3. Mat. Res. Bull. **25** (1990) 413.

[215] A. L. Hector, E. G. Hope, W. Levason, M.T. Weller: The mixed-valence structure of R-NiF_3 Z. Anorg. Allg. Chem. **624** (1998) 1982.

[216] M. Roos, G. Meyer: Refinement of the crystal structure of GaF_3. Z. Kristallogr. NCS **216** (2001) 18. NCS 409507.

[217] R. Hoppe, R. Kissel: Zur Kenntnis von AlF_3 und InF_3. J. Fluorine Chem. **24** (1984) 327.

[218] J. E. Jørgenson, W. G. Marshall, R. I. Smith: The compression mechanism of CrF_3. Acta Crystallogr. **B 60** (2004) 669. `https://doi.org//10.1107/S010876810402316X`

[219] I. N. Goncharenko, V. P. Glazkov, A. V. Irodova, V. A. Somenkov: Neutron diffraction study of crystal structure and equation of state AlD_3 up to pressure of 7.2 GPa. Physica B, Cond. Matter. **174** (1991) 117.

[220] F. Averdunk, R. Hoppe: Zur Kristallstruktur von MoF_3. J. Less Common Met. **161** (1990) 135.

[221] M. Dušek, J. Loub: X-ray powder diffraction data and structure refinement of TeO_3. Powder Diffract. **3** (1988) 175.

[222] L. Grosse, R. Hoppe: Zur Kenntnis von Sr_2RhF_7. Mit einer Bemerkung zur Kristallstruktur von RhF_3. Z. Anorg. Allg. Chem. **552** (1987) 123.

[223] H. P. Beck, E. Gladrow: Neue Hochdruckmodifikationen im RhF_3-Typ bei Seltenerd-Trichloriden. Z. Anorg. Allg. Chem. **498** (1983) 75.

[224] R. L. Sass, R. Vidale, J. Donohue: Interatomic distances and thermal anisotropy in sodium nitrate and calcite. Acta Crystallogr. **10** (1957) 567.

[225] M. Ruck: Darstellung und Kristallstruktur von fehlordnungsfreiem Bismuttriiodid. Z. Kristallogr. **210** (1995) 650.

[226] B. A. Wechsler, C. T. Prewitt: Crystal structure of ilmenite ($FeTiO_3$) at high temperature and high pressure. Amer. Mineral. **69** (1984) 176.

[227] J. A. Ketelaar, G. W. v. Oosterhout: Die Kristallstruktur des Wolframhexachlorids. Rec. Trav. Chim. Pays-Bas **62** (1943) 197.

[228] J. H. Burns: Crystal structure of lithium fluoroantimonate(V). Acta Crystallogr. **15** (1962) 1098.

[229] S. C. Abrahams, W. C. Hamilton, J. M. Reddy: Ferroelectric lithium niobate 3, 4, 5. J. Phys. Chem. Solids **27** (1966) 997, 1013, 1019.

[230] R. Hsu, E. N. Maslen, D. du Boulay, N. Ishizawa: Synchrotron X-ray studies of $LiNbO_3$ and $LiTaO_3$. Acta Crystallogr. **B 53** (1997) 420.

[231] U. Steinbrenner, A. Simon: Ba_3N – a new binary nitride of an alkaline earth metal. Z. Anorg. Allg. Chem. **624** (1998) 228.

[232] J. Angelkort, A. Schönleber, S. v. Smaalen: Low- and high-temperature crystal structures of TiI_3. J. Solid State Chem. **182** (2009) 525.

[233] W. Beesk, P. G. Jones, H. Rumpel, E. Schwarzmann, G. M. Sheldrick: X-ray crystal structure of Ag_6O_2. J. Chem. Soc., Chem. Comm. **1981**, 664.

[234] G. Brunton: Li_2ZrF_6. Acta Crystallogr. **B 29** (1973) 2294.

[235] A. Lachgar, D. S. Dudis, P. K. Dorhout, J. D. Corbett: Synthesis and properties of two novel line phases that contain linear scandium chains, lithium scandium iodide ($LiScI_3$) and sodium scandium iodide ($Na_{0.5}ScI_3$). Inorg. Chem. **30** (1991) 3321.

[236] A. Leinenweber, H. Jacobs, S. Hull: Ordering of nitrogen in nickel nitride Ni_3N determined by neutron diffraction. Inorg. Chem. **40** (2001) 5818.

[237] S. I. Troyanov, B. I. Kharisov, S. S. Berdonosov: Crystal structure of $FeZrCl_6$ – a new structural type for ABX_6. Zh. Neorgan. Khim. **37** (1992) 2424. Russian J. Inorg. Chem. **37** (1992) 1250.

[238] S. Kuze, D. du Boulay, N. Ishizawa, N. Kodama, M. Yamagu, B. Henderson: Structures of $LiCaAlF_6$ and $LiSrAlF_6$ at 120 and 300 K by synchrotron X-ray single crystal diffraction. J. Solid State Chem. **177** (2004) 3505.

[239] Z. Ouili, A. Leblanc, P. Colombet: Crystal structure of a new lamellar compound: $Ag_{1/2}In_{1/2}PS_3$. J. Solid State Chem. **66** (1987) 86.

[240] H. Hillebrecht, T. Ludwig, G. Thiele: About trihalides with TiI_3 chain structure: proof of pair forming cations in β-$RuCl_3$ and $RuBr_3$ by temperature-dependent single-crystal X-ray analyses. Z. Anorg. Allg. Chem. **630** (2004) 2199. `https://doi.org/10.1002/zaac.200400106`

[241] E. T. Lance, J. M. Haschke, D. R. Peacor: Crystal and molecular structure of phosphorus triiodide. Inorg. Chem. **15** (1976) 780.

[242] C. Svensson, J. Albertsson, R. Liminga, A. Kvick, S. C. Abrahams: Structural temperature dependence in α-lithium iodate. J. Chem. Phys. **78** (1983) 7343.

[243] A. J. Blake, E. A. V. Ebsworth, A. J. Welch: Structure of trimethylamine, C_3H_9N, at 118 K. Acta Crystallogr. **C 40** (1984) 413.

[244] M. Horn, C. F. Schwerdtfeger, E. P. Meagher: Refinement of the structure of anatase at several temperatures. Z. Kristallogr. **136** (1972) 273.

[245] D. E. Cox, G. Shirane, P. A. Flinn, S. L. Ruby, W. Takei: Neutron diffraction and Mössbauer study of ordered and disordered $LiFeO_2$. Phys. Rev. **132** (1963) 1547.

[246] M. Bork, R. Hoppe: Zum Aufbau von PbF_4 mit Strukturverfeinerung an SnF_4. Z. Anorg. Allg. Chem. **622** (1996) 1557.

[247] J. Leciejewicz, S. Siek, A. Szytula: Structural properties of ThT_2Si_2 compounds. J. Less Common Met. **144** (1988) 9.

[248] I. Sens, U. Müller: Die Zahl der Substitutions- und Leerstellenvarianten des NaCl-Typs bei verdoppelter Elementarzelle. Z. Anorg. Allg. Chem. **629** (2003) 487. `https://doi.org//10.1002/zaac.200390080`

[249] V. V. Sumin: Study of NbO by neutron diffraction of inelastic scattering of neutrons. Kristallografiya **34** (1989) 655. Soviet Phys. Crystallogr. **34** (1989) 391.

[250] D. Rodic, V. Spasojeviv, R. Kusigerski, R. Tellgren, H. Rundlof: Magnetic ordering in polycrystalline $Ni_xZn_{1-x}O$ solid solutions. Phys. Stat. Sol. (b) **218** (2000) 527.

[251] E. Krüger: Structural distortion stabilizing the antiferromgnetic and insulating ground state of NiO. Symmetry **12** (2020) 56.

[252] T. M. McQueen, Q. Huang, P. W. Lynn, R. F. Berger, T. Klimczuk, B. G. Ueland, P. Schiffer, R. J. Cava: Magnetic structures and properties of the antiferromagnet α-$NaFeO_2$. Phys. Rev. Serie 3, B – Condensed Matter. **76** (2007) 024420.

[253] M. Sofin, M. Jansen: Synthesis and properties of $NaNiO_2$. Z. Naturforsch. **60 b** (2005) 701.

[254] D. E. Partin, M. O'Keefe: The structures and crystal chemistry of magnesium chloride and cadmium chloride. J. Solid State Chem. **95** (1991) 176.

[255] C. T. Prewitt, R. D. Shannon, D. B. Rogers: Chemistry of noble metal oxides. Crystal structures of platinum cobalt oxide, palladium cobalt oxide, copper iron oxide, and silver iron oxide. Inorg. Chem. **10** (1971) 719.

[256] R. Restori, D. Schwarzenbach: Charge density in cuprite. Acta Crystallogr. **B 42** (1986) 201.

[257] R. Gohle, K. Schubert: Das System Platin–Silicium. Z. Metallkunde **55** (1964) 503.

[258] P. Boher, P. Garnier, J, R. Gavarri, A. W. Hewat: Monoxyde quadratique PbO-α: description de la transition structurale ferroélastique. J. Solid State. Chem. **57** (1985) 343.

[259] F. Grønvold, H. Haraldsen, A. Kjekshus: On the sulfides, selenides and tellurides of platinum. Acta Chem. Scand. **14** (1960) 1879.

[260] J. M. Delgado, R. K. McMullan, B. J. Wuensch: Anharmonic refinement of the crystal structure of HgI_2 with neutron diffraction data. Trans. Amer. Crystallogr. Assoc. **23** (1987) 93.

[261] D. Schwarzenbach, H. Birkedal, M. Hostettler, P. Fischer: Neutron diffraction investigation of the temperature dependence of crystal structure and thermal motions of red HgI_2. Acta Crystallogr. **B 63** (2007) 828.

[262] J. Peters, B. Krebs: Silicon disulfide and silicon diselenide: a reinvestigation. Acta Crystallogr. **B 38** (1982) 1270.

[263] J. Evers, P. Mayer, L. Möckl, G. Oehlinger, R. Köppe, H. Schnöckel: Two high-pressure phases of SiS_2 as missing links between the extremes of only edge-sharing and only corner-sharing tetrahedra. Inorg. Chem. **54** (2015) 1240.

[264] B. Albert, K. Schmitt: Die Kristallstruktur von Bortriiodid, BiI_3. Z. Anorg. Allg. Chem. **627** (2001) 809.

[265] J. D. Smith, J. Corbett: Stabilization of clusters by interstitial atoms. Three carbon-centered zirconium iodide clusters, $Zr_6I_{12}C$, $Zr_6I_{14}C$, and $MZr_6I_{14}C$ (M = K, Rb, Cs). J. Amer. Chem. Soc. **107** (1985) 5704.

[266] S. Dill, J. Glaser, M. Ströbele, S. Tragl, H.-J. Meyer: Überschreitung der konventionellen Zahl von Clusterelektronen in Metallhalogeniden des M_6X_{12}-Typs: W_6Cl_{18}, $(Me_4N)_2[W_6Cl_{18}]$ und $Cs_2[W_6Cl_{18}]$. Z. Anorg. Allg. Chem. **630** (2004) 987.

[267] D. Santamaría-Pérez, A. Vegas, U. Müller: A new description of the crystal structures of tin oxide fluorides. Solid State Sci. **7** (2005) 479.

[268] H. R. Oswald, H. Jaggi: Die Struktur der wasserfreien Zinkhalogenide. Helv. Chim. Acta **43** (1960) 72.

[269] T. Ueki, A. Zalkin, D. H. Templeton: The crystal structure of osmium tetroxide. Acta Crystallogr. **19** (1965) 157.

[270] B. Krebs, K.-D. Hasse: Refinements of the crystal structures of $KTcO_4$, $KReO_4$ and OsO_4. Acta Crystallogr. **B 32** (1976) 1334.

[271] D. Hinz, T. Gloger, A. Möller, G. Meyer: $CsTi_2Cl_7$-II, Synthese, Kristallstruktur und magnetische Eigenschaften. Z. Anorg. Allg. Chem. **626** (2000) 23.

[272] T. Rekis: Crystallization of chiral molecular compounds: what can be learned from the Cambridge Structural Database? Acta Crystallogr. **B 76** (2020) 307.

[273] A. I. Kitaigorodskii: Organic Chemical Crystallography. Consultants Bureau, New York (1961). Organicheskaya Kristallokhimiya. Akademiya Nauk SSSR, Moskau (1955).

[274] C. P. Brock, J. D. Dunitz: Towards a grammar of molecular packing. Chem. Mater. **6** (1994) 1118.

[275] A. J. C. Wilson, V. L. Karen, A. Mighell: The space group distribution of molecular organic structures. In: International Tables for Crystallography, Band C: Mathematical, physical and chemical tables, 3. Aufl. (E. Prince, Hrsg.), Kap. 9.7. Wiley, Chichester (2006). `https://it.iucr.org/Cb/ch9o7v0001/ch9o7.pdf`

[276] A. Gavezzotti: The crystal packing of organic molecules: a challenge and fascination below 1000 Da. Crystallogr. Reviews **7** (1998) 5.

[277] M. Hargittai, I. Hargittai: Symmetry through the Eyes of a Chemist, 3rd ed., Springer, Berlin (2009).

[278] S. M. Woodley, R. Catlow: Crystal structure prediction from first principles. Nature Mat. **7** (2008) 937.

[279] A. R. Oganov (Hsg.): Modern methods of crystal structure prediction. Wiley-VCH, Berlin (2010).

[280] Q. Zhu, S. Hattori: Organic crystal structure prediction and ist application to to materials design. J. Materials Res. (2022). `https://doi.org//10.1557/s43578-022-00698-9`

[281] G. M. Day und 30 weitere Autoren: Significant progress in predicting the crystal structures of small organic molecules – the fourth blind test. Acta Crystallogr. **B 65** (2009) 107.

[282] D. A. Bardwell und 41 weitere Autoren: Toward crystal structure prediction of complex organic compounds – a report on the fifth blind test. Acta Crystallogr. **B 67** (2011) 535. `https://doi.org/10.1107/S0108768111042868`

[283] A. M. Reilly und 100 weitere Autoren: Report on the sixth blind test of organic structure predicion methods. Acta Crystallogr. **B 72** (2016) 439. `https://doi.org/10.1107/S2052520616007447`

[284] A. I. Kitaigorodskii: Molecular Crystals and Molecules. Academic Press, New York (1973).

[285] E. Pidcock, W. D. S. Motherwell, J. C. Cole: A database survey of molecular and crystallographic symmetry. Acta Crystallogr. **B 59** (2003) 634.

[286] J. W. Yao, J. C. Cole, E. Pidcock, F. H. Allen, J. A. K. Howard, W. D. S. Motherwell: CSD-Symmetry: The definitive database of point group and space group relationships in small-molecule crystal structures. *Acta Crystallogr.* **B 58** (2002) 640. `https://doi.org/10.1107/S0108768102006675`

[287] Maloney, A., Pidcock, E. (2022). Unveröffentlicht.

[288] U. Müller: Kristallisieren zentrosymmetrische Moleküle immer in zentrosymmetrischen Raumgruppen? – Eine statistische Übersicht. Acta Crystallogr. **B 34** (1978) 1044.

[289] V. S. Urusov, T. N. Nadezhina: Frequency distribution and selection of space groups in inorganic crystal chemistry. J. Structural Chem. **50** Suppl. (2009) S22.

[290] R. A. Pascal, C. M. Wang, G. C. Wang, L. V. Koplitz: Ideal molecular conformation versus crystal site symmetry. Crystal Growth & Design **12** (2012) 4367.

[291] U. Müller: Verfeinerung der Kristallstrukturen von KN_3, RbN_3, CsN_3 und TlN_3. Z. Anorg. Allg. Chem. **392** (1972) 159.

[292] J. H. Levy, P. L. Sanger, J. C. Taylor, P. W. Wilson: The structures of fluorides. XI. Cubic harmonic analysis of the neutron diffraction pattern of the body-centred cubic phase of MoF_6 at 266 K. Acta Crystallogr. **B 31** (1975) 1065.

[293] J. H. Levy, J. C. Taylor, AB. Waugh: Neutron powder structural studies of UF_6, MoF_6 and WF_6 at 77 K. J. Fluorine Chem. **23** (1983) 29.

[294] J. H. Levy, J. C. Taylor, P. W. Wilson: The structures of fluorides. IX. The orthorhombic form of molybdenum hexafluoride. Acta Crystallogr. **B 31** (1975) 398.

[295] H.-B. Bürgi, R. Restori, D. Schwarzenbach: Structure of C_{60}: partial orientational order in the room-temperature modification of C_{60}. Acta Crystallogr. **B 49** (1993) 832.

[296] D. L. Dorset, M. P. McCourt: Disorder and molecular packing of C_{60} buckminsterfullerene: a direct electron-crystallographic analysis. Acta Crystallogr. **A 50** (1994) 344.

[297] W. I. F. David, R. M. Ibberson, J. C. Matthewman, K. Prassides, T. J. S. Dennis, J. P. Hare, H. W. Kroto, R. Taylor, D. R. Walton: Crystal structure of ordered C_{60}. Nature **353** (1991) 147.

[298] M. Panthöfer, D. Shopova, M. Jansen: Crystal structure and stability of the fullerene–chalcogene co-crystal $C_{60}Se_8CS_2$. Z. Anorg. Allg. Chem. **631** (2005) 1387.

[299] H. Gruber, U. Müller: γ-P_4S_3, eine neue Modifikation von Tetraphosphortrisulfid. Z. Kristallogr. **212** (1997) 662.

[300] U. Müller, A. Noll: $(Na\text{-}15\text{-}Krone\text{-}5)_2ReCl_6 \cdot 4\,CH_2Cl_2$, eine Struktur mit CH_2Cl_2-Molekülen in pseudohexagonalen Kanälen. Z. Kristallogr. **218** (2003) 699.

[301] F. L. Phillips, A. C. Skapski: The crystal structure of tetraphenylarsonium nitridotetrachlororuthenate(IV): a square-pyramidal ruthenium complex. Acta Crystallogr. **B 31** (1975) 2667.

[302] U. Müller, J. Sieckmann, G. Frenzen: Tetraphenylphosphonium-pentachlorostannat, PPh_4-$[SnCl_5]$, und Tetraphenylphosphonium-pentachlorostannat Monohydrat, $PPh_4[SnCl_5{\cdot}H_2O]$. Acta Crystallogr. **C 52** (1996) 330.

[303] U. Müller, N. Mronga, C. Schumacher, K. Dehnicke: Die Kristallstrukturen von $PPh_4[SnCl_3]$ und $PPh_4[SnBr_3]$. Z. Naturforsch. **37 b** (1982) 1122.

[304] S. Rabe, U. Müller: Die Kristallstrukturen von $PPh_4[MCl_5(NCMe)]{\cdot}MeCN$ (M = Ti, Zr), zwei Modifikationen von $PPh_4[TiCl_5(NCMe)]$ und von *cis*-$PPh_4[TiCl_4(NCMe)_2]{\cdot}MeCN$. Z. Anorg. Allg. Chem. **627** (2001) 201.

[305] F. Weller, U. Müller, U. Weiher, K. Dehnicke: N-chloralkylierte Nitridochlorokomplexe des Molybdäns $[Cl_5Mo{\equiv}N{-}R]^-$. Die Kristallstruktur von $(AsPh_4)_2[(MoOCl_4)_2CH_3CN]$. Z. Anorg. Allg. Chem. **460** (1980) 191.

[306] S. Rabe, U. Müller: Die Kristallpackung von $(PPh_4)_2[NiCl_4]{\cdot}2\,MeCN$ und $PPh_4[CoCl_{0,6}Br_{2,4}(NCMe)]$. Z. Anorg. Allg. Chem. **627** (2001) 742.

[307] J. S. Rutherford: A combined structure and symmetry classification of the urea series channel inclusion compounds. Crystal Eng. **4** (2001) 269.

[308] L. Yeo, B. K. Kariuki, H. Serrano-González, K. D. M. Harris: Structural properties of the low-temperature phase of hexadecane/urea inclusion compound. J. Phys. Chem. **B 101** (1997) 9926.

[309] R. Forst, H. Boysen, F. Frey, H. Jagodzinski, C. Zeyen: Phase transitions and ordering in urea inclusion compounds with *n*-paraffins. J. Phys. Chem. Solids **47** (1986) 1089.

[310] M. D. Hollingsworth, M. E. Brown, A. C. Hillier, B. D. Santarsiero, J. D. Chaney: Superstructure control in the crystal growth and ordering of urea inclusion compounds. Science **273** (1996) 1355.

[311] M. E. Brown, J. D. Chaney, B. D. Santarsiero, M. D. Hollingsworth: Superstructure topologies and host–guest interactions in commensurate inclusion compounds of urea with bis(methyl)ketones. Chem. Mater. **8** (1996) 1588.

[312] U. Müller: Die Kristallstruktur von Hexachlorborazol. Acta Crystallogr. **B 27** (1971) 1997.

[313] P. P. Deen, D. Braithwaite, N. Kernavanois, L. Poalasini, S. Raymond, A. Barla, G. Lapertot, J. P. Sánchez: Structural and electronic transitions of the low-temperature, high-pressure phase of SmS. Phys. Rev. **B 71** (2005) 245118.

[314] A. Sousanis, P. F. Smet, D. Poelman. Samarium monosulfide (SmS): Reviewing properties and application. Materials **10** (2017) 953.

[315] E. V. Boldyreva. High-pressure induced structural changes in molecular crystals preserving the space group symmetry. Crystal Eng. **6** (2003) 235.

[316] M. T. Dove: Theory of displacive phase transitions in minerals. Amer. Mineral. **82** (1997) 213.

[317] R. Pirc, R. Blinc: Off-center Ti model of barium titanate. Phys. Rev. **B 70** (2004) 134107.

[318] G. Völkel, K. A. Müller: Order-disorder phenomena in the low-temperature phase of $BaTiO_3$. Phys. Rev. **B 76** (2007) 094105.

[319] J. C. Decius, R. M. Hexter: Molecular Vibrations in Crystals. McGraw Hill, New York (1977).

[320] P. M. A. Sherwood: Vibrational Spectroscopy of Solids, Cambridge University Press (1972).

[321] J. Weidlein, U. Müller, K. Dehnicke: Schwingungsspektroskopie. Thieme, Stuttgart (1988).

[322] H. F. Franzen, Second-order Phase Transitions and the Irreducible Representations of Space Groups. Springer, Berlin (1982).

[323] G. Placzek: Rayleigh-Streuung und Raman-Effekt, in: Handbuch der Radiologie, Band VI, S. 205–374. Akademische Verlagsgesellschaft, Leipzig (1934). Englische Übersetzung elektronisch: `https://babel.hathitrust.org/cgi/pt?id=ucl.31210003079991&view=1up&seq=126`

[324] G. Herzberg: Molecular spectra and molecular structure, Band I: Spectra of diatomic molecules; Band II: Infrared and Raman spectra of polyatomic molecules. Van Norstrand Reinhold Co., New York (1945).

[325] Yu. A. Izyumov, V. N. Syromyatnikov: Phase Transitions and Crystal Symmetry. Kluwer Academic Publishers, Dordrecht (1990). Fazovie perekhodi i simmetriya kristallov. Nauka, Moskau (1984).

[326] G. Y. Lyubarskii: Anwendungen der Gruppentheorie in der Physik. Deutscher Verlag der Wissenschaften, Berlin (1962). Teoriya grupp i e'e primenenie v fizike. Gostekhizdat, Moskau (1957). Application of Group Theory in Physics. Pergamon, Oxford (1960).

[327] P. M. Chaikin, T. C. Lubensky: Principles of condensed matter in physics. Cambridge University Press (1995; Nachdruck 2000).

[328] J.-C. Tolédano, P. Tolédano: The Landau Theory of Phase Transitions. World Scientific, Singapore (1987).

[329] J.-C. Tolédano, V. Janovec, Kopský, J.-F. Scott, P. Boček: Structural phase transitions. In: International Tables for Crystallography, Band D, 2. Aufl. (A. Authier, Hrsg.), Physical properties of crystals, Kap. 3.1. Kluwer Academic Publishers, Dordrecht (2013). `https://it.iucr.org/Db/ch3o1v0001/ch3o1.pdf`

[330] O. Papon, L. Leblond, P. H. E. Meijer: The Physics of Phase Transitions. Concepts and Applications, 2nd ed., Springer, Berlin–Heidelberg–New York (2006).

[331] H.-G. Unruh: Ferroelastic phase transitions in calcium chloride and calcium bromide. Phase Transitions **45** (1993) 77.

[332] E. K. H. Salje: Phase Transitions in Ferroelastic and Co-elastic Crystals. Cambridge University Press (1990).

[333] O. V. Kovalev: Representations of the Crystallographic Space Groups: Irreducible Representations, Induced Representations and Corepresentations. Gordon & Breach, New York (1993).

[334] H. T. Stokes, D. M. Hatch: Isotropy Subgroups of the 230 Crystallographic Space Groups. World Scientific, Singapore (1988). `https://doi.org/10.1142/0751`

[335] H. T. Stokes, D. M. Hatch, B. J. Campbell: ISOTROPY. https://stokes.byu.edu/isotropy.html

[336] H. T. Stokes, D. M. Hatch, J. D. Wells: Group-theoretical methods for obtaining distortions in crystals. Applications to vibrational modes and phase transitions. Phys. Rev. **B 43** (1991) 11010.

[337] J. M. Pérez-Mato, D. Orobengoa, M. I. Aroyo: Mode crystallography of distorted structures. Acta Crystallogr. **A 66** (2010) 558.

[338] W. Kleber: Über topotaktische Gefüge. Kristall u. Technik **2** (1967) 5. https://doi.org/10.1002/crat.19670020102

[339] Wadhawan, V. K. (2006). Towards a rigorous definition of ferroic phase transitions. Phase Transitions **64**, 165.

[340] G. v. Tendeloo, S. Amelinckx: Group-theoretical considerations concerning domain formation in ordered alloys. Acta Crystallogr. **A 30** (1974) 431.

[341] H. Wondratschek, W. Jeitschko: Twin domains and antiphase domains. Acta Crystallogr. **A 32** (1976) 664.

[342] Ch.-Ch. Chen, A. B. Herhold, C. S. Johnson, A. P. Alivisatos: Size dependence and structural metastability in semiconductor nanocrystals. Science **276** (1997) 398.

[343] M. I. McMahon, R. J. Nelmes, N. G. Wright, D. R. Allan: Pressure dependence of the *Imma* phase of silicon. Phys. Rev. B **50** (1994) 739.

[344] C. Capillas, M. I. Aroyo, J. M. Pérez-Mato: Transition paths in reconstructive phase transitions. In: Pressure-induced Phase Transitions. (A. Grzechnik, Hrsg.). Transworld Research Network, Trivandrum/Kerala (2007).

[345] C. Capillas, J. M. Pérez-Mato, M. I. Aroyo: Maximal symmetry transition paths for reconstructive phase transitions. J. Phys. Cond. Matt. **19** (2007) 275203.

[346] H. Sowa: Phase transitions in AB systems – symmetry aspects. In: High Pressure Crystallography. (E. Boldyreva, P. Dera, Hrsg.). NATO Science for Peace and Security Series B – Physics. Springer, New York (2010).

[347] S. Leoni, S. E. Boulfelfel, I. A. Baburin: A walk on the chemical landscape: the role of B33 along the B1–B2 phase transition in RbF and NaBr. Z. Anorg. Allg. Chem. **637** (2011) 864.

[348] Ch. Hahn, H.-G. Unruh: Comment on temperature-induced structural phase transitions in $CaBr_2$ studied by Raman spectroscopy. Phys. Rev. B **43** (1991) 12665. https://dx.doi.org/10.1103/PhysRevB.43.12665

[349] T. Hahn, H. Klapper: Twinning of crystals. In: International Tables for Crystallography, Band D, 2. Aufl. (A. Authier, Hrsg.), Physical properties of crystals, Kap. 3.3. Wiley, Chichester (2013). https://it.iucr.org/Db/ch3o3v0001/

[350] J. A. McGinnety: Redetermination of the structures of potassium sulphate and potassium chromate. Acta Crystallogr. **B 28** (1972) 2845.

[351] K. Ojima, Y. Nishihata, A. Sawada: Structure of potassium sulfate at temperatures from 296 K down to 15 K. Acta Crystallogr. **B 51** (1995) 287.

[352] H. Arnold, W. Kurtz, A. Richter-Zinnius, J. Bethke, G. Heger: The phase transition of K_2SO_4 at about 850 K. Acta Crystallogr. **B 37** (1981) 1643.

[353] C. González-Silgo, X. Solans, C. Ruiz-Pérez, M. L. Martínez-Sarrión, L. Mestres, E. H. Bocanegra: Study on mixed crystals $(NH_4)_{2-x}K_xSO_4$. J. Phys. Cond. Matt. **9** (1997) 2657.

[354] K. Hasebe: Studies of the crystal structure of ammonium sulfate in connection with its ferroelectric phase transition. J. Phys. Soc. Jap. **50** (1981) 1266.

[355] Y. Makita, A. Sawada, Y. Takagi: Twin plane motion in $(NH_4)_2SO_4$. J. Phys. Soc. Japan **41** (1976) 167.

[356] A. Sawada, Y. Makita, Y. Takagi: The origin of mechanical twins in $(NH_4)_2SO_4$. J. Phys. Soc. Japan **41** (1976) 174.

[357] A. J. Perrotta, J. V. Smith: The crystal structure of $BaAl_2O_4$. Bull. Soc. Chim. Franç. Minér. Cristallogr. **91** (1968) 85.

[358] W. Hörkner, H. Müller-Buschbaum: Zur Kristallsrtuktur von $BaAl_2O_4$. Z. Anorg. Allg. Chem. **451** (1979) 40.

[359] A. M. Abakumov, O. I. Lebedev, L. Nistor, G. v. Tendeloo, S. Amelinckx: The ferroelectric phase transition in tridymite type $BaAl_2O_4$ studied by electron microscopy. Phase Transitions **71** (2000) 143. https://doi.org/10.1080/01411590008224545

[360] K. Ðuriš, U. Müller, M. Jansen: K_3NiO_2 revisited, phase transition,and crystal structure refinement. Z. Anorg. Allg. Chem. **638** (2012) 737.

[361] K. Sparta, G. J. Redhammer, P. Roussel, G. Heger, G. Roth, P. Lemmens, A. Ionescu, M. Grove, G. Güntherodt, F. Hüning, H. Lueken, H. Kageyama, K. Onizuka, Y. Ueda: Structural phase transitions in the 2D spin dimer compound $SrCu(BO_3)_2$. Europ. Phys. J. **B 19** (2001) 507.

[362] S. Daniš, P. Javorský, D. Rafaja, V. Sechovský: Low-temperature transport and crystallographic studies of $Er(Co_{1-x}Si_x)_2$ and $Er(Co_{1-x}Ge_x)_2$. J. Alloys Comp. **345** (2002) 54.

[363] A. R. Oganov, G. D. Price, J. P. Brodholt: Theoretical investigation of metastable Al_2SiO_5 polymorphs. Acta Crystallogr. **A 57** (2001) 548.

[364] O. Muller, R. Wilson, H. Colijn, W. Krakow: δ-FeO(OH) and its solutions. J. Mater. Sci. **15** (1980) 959. https://doi.org/10.1007/BF00552109

[365] J. Green: Calcination of precipitated $Mg(OH)_2$ to active MgO in the production of refractory and chemical grade MgO. J. Mater. Sci. **18** (1983) 637.

[366] M. G. Kim, U. Dahmen, A. W. Searcy: Structural transformations in the decomposition of $Mg(OH)_2$ and $MgCO_3$. J. Am. Ceram. Soc. **70** (1987) 146.

[367] M. A. Verheijen, H. Meekes, G. Meijer, P. Bennema, J. L. de Boer, S. v. Smaalen, G. v. Tendeloo, S. Amelinckx, S. Muto, J. v. Landuyt: The structure of different phases of pure C_{70} crystals. Chem. Phys. **166** (1992) 287.

[368] S. v. Smaalen, V. Petříček, J. L. de Boer, M. Dušek, M. A. Verheijen, G. Meijer: Low-temperature structure of solid C_{70}. Chem. Phys. Lett. **223** (1994) 323.

[369] A. V. Soldatov, G. Roth, A. Dzyabchenko, D. Johnels, S. Lebedkin, C. Meingast, B. Sundqvist, M. Haluska, H. Kuzmany: Topochemical polymerization of C_{70} controlled by monomer crystal packing. Science **293** (2001) 680.

[370] H. Bärnighausen: Mixed-valence rare-earth halides and their unusual crystal structures. In: Rare earths in modern science and technology **12** (G. J. McCarthy, J. J. Rhyne, Hrsg.), S. 404. Plenum Press, New York (1976).

[371] O. E. Wenz: Die Interpretation von Vernier-Strukturen des Formeltyps M_mX_{m+1} als eindimensional modulierte Überstrukturen des Fluorit-Typs (M = Ln^{3+}, Ln^{2+} oder Sr^{2+}; X = Cl oder Br; m = 4–7). Dissertation, Universität Karlsruhe (1992).

[372] H. Bärnighausen, J. M. Haschke: Compositions and crystal structures of the intermediate phases in the samarium bromine system. Inorg. Chem. **17** (1978) 18.

[373] C. Rinck: Röntgenographische Strukturuntersuchungen an Seltenerdmetall(II,III)-chloriden des Formeltyps Ln_mCl_{2m+1} (Ln = Dy oder Tm; m = 5, 6 und 7). Dissertation, Universität Karlsruhe (1982). ISBN 3-923161-08-5.

[374] R. Bachmann: Die Kristallstruktur des neuen Strukturtyps Ln_4X_9 (Ln = Eu, Nd; X = Cl, Br). Dissertation, Universität Karlsruhe (1987). ISBN 3-923161-15-8.

[375] F. T. Lange: Darstellung von Europium(II,III)-chloriden durch chemischen Transport und Untersuchungen zum Valenzzustand des Europiums in diesen Verbindungen. Dissertation, Universität Karlsruhe (1992). ISBN 3-923161-34-4.

[376] R. W. Haselhorst: Die Darstellung der Phasen Yb_mCl_{m+1} mit $m = 6$–9 und Untersuchungen zur Strukturdynamik dieser Verbindungen. Dissertation, Universität Karlsruhe (1994). ISBN 3-923161-38-7.

[377] P. Stegmüller: Strukturelle Untersuchungen an Verbindungen Yb_mCl_{m+1} ($m = 6$, 8) und Chloroaluminaten der Erdalkali-Elemente Sr und Ba sowie der Lanthanoide Yb, Sm und Eu. Dissertation, Universität Karlsruhe (1997).

[378] A. Lumpp, H. Bärnighausen: Die Kristallstruktur von Nd_3Cl_7 (genauer $NdCl_{2,31}$) und ihre Beziehung zum Fluorit-Typ. Z. Kristallogr. **182** (1988) 174.

[379] H. Bärnighausen, unveröffentlicht. Teilweise zitiert bei J. M. Haschke in: Handbook of the Physics and Chemistry of Rare Earths (K. A. Gschneidner, L. R. Eyring, Hrsg.), Band 4, S. 117–130, North-Holland, Amsterdam (1979), und bei Gmelin Handbuch der anorganischen Chemie, Seltenerdelemente, Band C 4a (1982).

[380] R. L. Sass, T. E. Brackett, E. B. Brackett: The crystal structure of strontium bromide. J. Phys. Chem. **67** (1963) 2862.

[381] H. A. Eick, J. G. Smeggil: The crystal structure of strontium dibromide. Inorg. Chem. **10** (1971) 1458.

[382] I. S. Astakhova, V. F. Goryushkin, A. I. Poshevneva: An X-ray diffraction study of dysprosium dichloride. Russ. J. Inorg. Chem. **36** (1991) 568. Zh. Neorgan. Khim. **36** (1991) 1000.

[383] E. T. Rietschel, H. Bärnighausen: Die Kristallstruktur von Strontiumjodid SrJ_2. Z. Anorg. Allg. Chem. **368** (1969) 62.

[384] T. Naterstad, J. Corbett: The crystal structure of thulium(II) chloride. J. Less Common Met. **46** (1976) 291.

[385] A. Beyer: Präparative und röntgenographische Untersuchungen im Thulium-Chlor-System. Diplomarbeit, Universität Karlsruhe (1978).

[386] B. M. Voronin, S. V. Volkov: Ionic conductivity of fluorite type crystals CaF_2, SrF_2, BaF_2, and $SrCl_2$ at high temperatures. J. Phys. Chem. Solids **62** (2001) 1349.

[387] A. S. Dworkin, M. A. Bredig: The heats of fusion and transition of alkaline earth and rarer earth metals halides. J. Phys. Chem. **67** (1963) 697.

[388] J. Gouteron, D. Michel, A. M. Lejus, J. Zarembovitch: Raman spectra of lanthanide sesquioxide single crystals: correlation between A and B-type structures. J. Solid State Chem. **38** (1981) 288.

[389] H. Bärnighausen, G. Schiller: The crystal structure of A-Ce_2O_3. J. Less Common Met. **110** (1985) 385.

[390] H. Müller-Buschbaum: Untersuchung der Phasenumwandlungen der monoklinen B- in die hexagonale A-Form an Einkristallen der Oxide der Seltenen Erdmetalle. Z. Anorg. Allg. Chem. **355** (1967) 41.

[391] T. Schleid, G. Meyer: Single crystals of rare earth oxides from reducing halide melts. J. Less Common Met. **149** (1989) 73.

[392] H. Bärnighausen, unveröffentlicht.

[393] U. Müller, R. Dübgen, K. Dehnicke: Diazidoiodat(I): Darstellung, IR-Spektrum und Kristallstruktur von $PPh_4[I(N_3)_2]$. Z. Anorg. Allg. Chem. **463** (1980) 7.

[394] L. de Costanzo, F. Forneris, S. Geremia, L. Randaccio: Phasing protein structures using the group–subgroup relation. Acta Crystallogr. **D 59** (2003) 1435.

[395] M. F. Zumdick, R. Pöttgen, R. Müllmann, B. D. Mosel, G. Kotzyba, B. Kühnen: Syntheses, crystal structure, and properties of Hf_2Ni_2In, Hf_2Ni_2Sn, Hf_2Cu_2In, and Hf_2Pd_2In with ordered Zr_3Al_2 type structure. Z. Anorg. Allg. Chem. **624** (1998) 251.

[396] P. Buzek, T M. Klapötke, P. v. R. Schleyer, C. Thornieporth-Oetting, P. S. White: Iodazid. Angew. Chem. **105** (1993) 289; Angew. Chem. Int. Ed. **32** (1993) 275.

[397] B. Lyhs, D. Bläser, C. Wölper, S. Schulz, G. Jansen: Festkörperstrukturvergleich der Halogenazide XN_3 (X = Cl, Br, I). Angew. Chem. **124** (2012) 13031; Angew. Chem. Int. Ed. **51** (2012) 12859.

[398] U. Müller, S. Ivlev, S. Schulz, C. Wölper: Die Fallen der automatisierten Kristallstrukturbestimmung: Korrektur der Kristallstrukturen von Iodazid. Angew. Chem. **133** (2021) 17592; Angew. Chem. Int. Ed. **60** (2021) 17452. `https://doi.org//10.1002/ange.202105666`

[399] U. C. Rodewald, M. Lukachuk, B. Heying, R. Pöttgen: The indide $Er_{2.30}Ni_{1.84}In_{0.70}$ – a new superstructure of the U_3Si_2 family. Monatsh. Chem. **137** (2006) 7.

[400] K. K. Wu, I. D. Brown: Refinement of the crystal structure of $CaCrF_5$. Mater. Res. Bull. **8** (1973) 593.

[401] K.-H. Wandner, R. Hoppe: Zum Jahn-Teller-Effekt bei Mn(III)-Fluoriden: $CaMnF_5$. Rev. Chim. Minér. **23** (1986) 520.

[402] K.-H. Wandner, R. Hoppe: Die Kristallstruktur von $CdMnF_5$. Z. Anorg. Allg. Chem. **557** (1988) 153.

[403] U. Müller, R. Hoppe: Korrektur zu den Kristallstrukturen von $CaMnF_5$ und $CdMnF_5$. Z. Anorg. Allg. Chem. **583** (1990) 205.

[404] U. C. Rodewald, M. Lukachuk, R. D. Hoffmann, R. Pöttgen: Syntheses and structure of $Gd_3Rh_{1.94}In_4$. Monatsh. Chem. **136** (2005) 1985.

[405] U. C. Rodewald, R. D. Hoffmann, R. Pöttgen, E. V. Sampathkumaran: Crystal structure of Eu_2PdSi_3. Z. Naturforsch. **58 b** (2003) 971.

[406] W. Massa, M. Steiner: Crystal and magnetic structure of the planar ferromagnet $CsMnF_4$. J. Solid State Chem. **32** (1980) 137.

[407] P. Köhler, W. Massa, D. Reinen, B. Hofmann, R. Hoppe: Der Jahn-Teller-Effekt des Mn^{3+}-Ions in oktaederischer Fluorkoordination. Ligandenfeldspektroskopische und magnetische Untersuchungen. Z. Anorg. Allg. Chem. **446** (1978) 131.

[408] M. Molinier, W. Massa: Die Kristallstrukturen der Tetrafluoromangante $AMnF_4$ (A = Rb, Cs). Z. Naturforsch. **47 b** (1992) 783.

[409] U. Müller: Berechnung der Anzahl möglicher Strukturtypen für Verbindungen mit dichtest gepackter Anionenteilstruktur. I. Das Rechenverfahren. Acta Crystallogr. **B 48** (1992) 172. `https://doi.org/10.1107/S010876819101340X`

[410] J. C. Schön, M. Jansen: Determination, prediction and understanding of structures, using the energy landscapes of chemical systems. Z. Kristallogr. **216** (2001) 307 und 361.

[411] J. C. Schön, M. Jansen: Global exploration of the energy landscapes of chemical systems. Chem. Phys. Phys. Chem. **9** (2007) 6128.

[412] M. Jansen, J. C. Schön: "Design" in der chemischen Synthese – eine Fiktion? Angew. Chem. **118** (2006) 3484. Angew. Chem. Int. Ed. **45** (2006) 3406.

[413] J. C. Schön, K. Doll, M. Jansen: Predicting solid compounds via global exploration of the energy landscape of solids on the ab initio level without recourse to experimental information. Phys. Status Solidi B **247** (2010) 23.

[414] E. Conradi: Herleitung möglicher Kristallstrukturtypen. Dissertation, Univ. Marburg (1987).

[415] A. El-Kholi: Berechnung der Anzahl von Polytypen für Verbindungen $A_aB_bC_cX_n$. Dissertation, Universität Marburg (1989).

[416] I. Sens: Polytypenberechnung bei Verbindungen des Typs MX_n. Dissertation, Universität Marburg (1993).

[417] I. Strenger: Berechnung der Anzahl möglicher Kristallstrukturtypen für anorganische Verbindungen. Dissertation, Universität Kassel (1999).

[418] G. Pólya: Kombinatorische Anzahlbestimmung für Gruppen, Graphen und chemische Verbindungen. Acta Math. **68** (1937) 145; Algebraische Berechnung der Anzahl der Isomeren einiger organischer Verbindungen. Z. Kristallogr. **93** (1936) 414.

[419] F. Harary, F. M. Palmer: Graphical Enumeration. Academic Press, New York (1973).

[420] F. Harary, E. M. Palmer, R. W. Robinson: Pólya's contributions to chemical enumeration. In: Chemical Applications of Graph Theory (A. T. Balaban, Hrsg.), Kapitel 3. Academic Press, London (1976).

[421] O. Knop, W. W. Barker, P. S. White: Univalent (monodentate) substitution on convex polyhedra. Acta Crystallogr. **A 31** (1975) 461.

[422] D. E. White: Counting patterns with a given automorphism group. Proc. Amer. Math. Soc. **47** (1975) 41; Classifying patterns by automorphism group: an operator theoretic approach. Discr. Math. **13** (1975) 277.

[423] T. J. McLarnan: Mathematical tools for counting polytypes. Z. Kristallogr. **155** (1981) 227. `https://doi.org/10.1524/zkri.1981.155.14.227`

[424] T. J. McLarnan: The numbers of polytypes in close packings and related structures. Z. Kristallogr. **155** (1981) 269.

[425] T. J. McLarnan, W. H. Baur: Enumeration of wurtzite derivatives and related dipolar tetrahedral structures. J. Solid State Chem. **42** (1982) 283.

[426] T. J. McLarnan: The numbers of polytypes in sheet silicates. Z. Kristallogr. **155** (1981) 247.

[427] J. E. Iglesias: Enumeration of polytypes MX and MX_2 through the use of symmetry of the Zhdanov symbol. Acta Crystallogr. **A 62** (2006) 178.

[428] U. Müller: Berechnung der Anzahl von Kombinationen, um eine gegebene Menge von unterschiedlichen Atomen auf gegebene kristallographische Positionen zu verteilen. Z. Kristallogr. **182** (1988) 189.

[429] U. Müller: Strukturmöglichkeiten für Pentahalogenide mit Doppeloktaeder-Molekülen $(MX_5)_2$ bei dichtester Packung der Halogenatome. Acta Crystallogr. **A 34** (1978) 256. `https://doi.org/10.1107/S0567739478000492`

[430] U. Müller: Mögliche Kristallstrukturen für oktaedrische Moleküle MX_6 bei dichtester Packung der X-Atome. Acta Crystallogr. **A 35** (1979) 188.

[431] U. Müller: MX_4-Ketten aus kantenverknüpften Oktaedern: mögliche Kettenkonfigurationen und mögliche Kristallstrukturen. Acta Crystallogr. **B 37** (1981) 532.

[432] U. Müller: MX_5-Ketten aus eckenverknüpften Oktaedern. Mögliche Kettenkonfigurationen und mögliche Kristallstrukturen bei dichtester Packung der X-Atome. Acta Crystallogr. **B 42** (1986) 557. `https://doi.org/10.1107/S0108768186097707`

[433] J. Beck, F. Wolf: Three new polymorphic forms of molybdenum pentachloride. Acta Crystallogr. **B 53** (1997) 895.

[434] U. Müller, P. Klingelhöfer: β-$NbBr_5$, eine neue Modifikation von Niobpentabromid mit eindimensionaler Lagefehlordnung. Z. Naturforsch. **38 b** (1983) 559.

[435] U. Müller: Die Kristallstruktur von Tantalpentaiodid und ihre Fehlordnung. Acta Crystallogr. **B 35** (1979) 2502.

[436] U. Müller: Hexameres Molybdäntetrachlorid. Angew. Chem. **93** (1981) 697; Angew. Chem. Int. Ed. **20** (1981) 692. https://doi.org/10.1002/ange.19810930821

[437] C. Wiener: Grundzüge der Weltordnung, S. 82ff. Wintersche Verlagsbuchhandlung, Leipzig (1863).

[438] L. Sohncke: Entwickelung einer Theorie der Krystallstruktur, S. 27ff. Teubner, Leipzig (1879).

[439] P. Niggli: Geometrische Kristallographie des Diskontinuums. Gebr. Borntraeger, Leipzig (1919).

[440] R. G.W. Wyckoff: An analytical expression of the theory of space groups. Carnegie Institution, Washington (1922, 1930).

[441] W. T. Astbury, K. Yardley, Tabulated data for the examination of the 230 space groups by homogeneous X-rays. Phil. Trans. Roy. Soc. London A **224** (1924) 221.

[442] E. S. von Fedorow: Das Krystallreich. Sapiski Rossiskoi Akademii Nauk. Petrograd (1920).

[443] E. S. von Fedorow: Allgemeine Krystallisationsgesetze und die darauf fussende eindeutige Aufstellung der Krystalle. Z. Kristallogr. u. Miner. **38** (1903) 321

[444] P. Niggli: Lehrbuch der Mineralogie II. Spezielle Mineralogie, 2. Aufl., S. 645–646 und 662–663. Gebr. Borntraeger, Berlin (1926).

[445] F. Laves: Kristallographie der Legierungen. Naturwiss. **27** (1939) 65.

[446] F. Laves: Theory of Alloy Phases, S. 124–198. Amer. Soc. for Metals, Cleveland (1956).

[447] F. Laves: Phase Stability in Metals and Alloy Phases, S. 85–99. McGraw–Hill, New York (1967).

[448] H. G. v. Schnering, J. Chang, M. Freiberg, K. Peters, E. M. Peters, A. Ormeci, L. Schröder, G. Thiele, C. Röhr: Structure and bonding of the mixed-valent platinum trihalides $PtCl_3$ and $PtBr_3$. Z. Anorg. Allg. Chem. **630** (2004) 109.

[449] Y. Zhao, W. B. Holzapfel: Structural studies on the phase diagram of cerium. J. Alloys Comp. **246** (1997) 216.

[450] A. Schiwek, F. Porsch, W. B. Holzapfel: High temperature-high pressure structural studies of cerium. High Pressure Res. **22** (2002) 407.

[451] B. Johansson, I. A. Abrikosov, M. Aldén, A. V. Ruban, H. L. Skriver: Calculated phase diagram for the $\gamma \rightleftharpoons \alpha$ transition in Ce. Phys. Rev. Lett. **74** (1995) 2335.

[452] G. A. Samara: Pressure dependence of the static and dynamic properties of KH_2PO_4 and related ferroelectric and antiferroelectric crystals. Ferrolectrics **71** (1987) 161.

[453] A. B. Western, A. G. Baker, C. R. Bacon, V. H. Schmidt: Pressure-induced tricritical point in the ferroelectric phase transition of KH_2PO_4. Phys. Rev. **B 17** (1978) 4461.

[454] J. Troussaut, M. Vallade: Birefringence study of the tricritical point of KDP. J. Physique **46** (1985) 1173.

[455] K. G. Wilson: The renormalization group and critical phenomena. Rev. Mod. Phys. **55** (1983) 583.

[456] K. G. Wilson: Problems in physics with many scales of length. Scientific American **241**, August 1979, 140; Die Renormalisierungsgruppe, Spektrum der Wissensch. 1979 Nr. 10, 67.

[457] R. B. Griffiths: Dependence of critical indices on a parameter. Phys. Rev. Lett. **24** (1970) 1479.

[458] M. I. Aroyo, J. M. Pérez-Mato, C. Capillas, E. Kroumova, S. Ivantchev, G. Madariaga, A. Kirov, H. Wondratschek: Bilbao Crystallographic Server. I. Databases and crystallographic computer programs. Z. Kristallogr. **221** (2006) 15.

[459] M. I. Aroyo, A. Kirov, C. Capillas, J. M. Pérez-Mato, H. Wondratschek: Bilbao Crystallographic Server. II. Representations of crystallographic point groups and space groups. Acta Crystallogr. **A 62** (2006) 115.

[460] M. I. Aroyo, J. M. Pérez-Mato, C. Capillas, H. Wondratschek: The Bilbao Crystallographic Server. In: International Tables for Crystallography, Band *A*1 (2. Aufl.; Hrsg. H, Wondratschek, U. Müller), Kap. 1.7. Wiley, Chichester (2010). `https://it.iucr.org/A1b/ch1o7v0001/ch1o7.pdf`

[461] M. I. Aroyo, J. M. Pérez-Mato, D. Orobengoa, E. S. Tasci, G. de la Flor, A. Kirov: Crystallography online: Bilbao Crystallographic Server. Bulg. Chem. Commun. **43** (2011) 183.

[462] E. Kroumova, J. M. Pérez-Mato, M. I. Aroyo: WYCKSPLIT, computer program for the determination of the relations of Wyckoff positions for a group–subgroup pair. J. Appl. Crystallogr. **31** (1998) 646.

[463] S. Ivantchev, E., Kroumova, G., Madariaga, J. M. Pérez-Mato, M. I. Aroyo: SUBGROUPGRAPH, a computer program for analysis of group–subgroup relations between space groups. J. Appl. Crystallogr. **33** (2000) 1190.

[464] S. R. Hall, F H., Allen, I. D. and Brown: The Crystallographic Information File (CIF): A New Standard Archive File for Crystallography. Acta Crystallogr. **A 47** (1991) 655.

[465] G. de la Flor, D. Orobengoa, E. Tasci, J, M. Pérez-Mato, M. I. Aroyo: Comparison of structures applying the tools available at the Bilbao Crystallographic Server. J. Appl. Crystallogr. **49** (2016) 653.

Glossar

Abbildung (mapping; Abschn. 3.1–3.2). Vorschrift, die jedem Punkt des Raumes genau einen Bildpunkt zuordnet.

Abzählende Potenzreihe (generating function; Abschn. 19.2.1). Potenzreihe, die zeigt, wie viele inäquivalente Konfigurationen es zu einer Struktur gibt.

Affine Abbildung (affine mapping; Abschn. 3.2–3.3). Abbildung, die eine beliebige Verzerrung zulässt, sofern parallele Geraden stets auf parallele Geraden abgebildet werden. Sie verlangt Geradentreue, Parallelentreue und Teilverhältnistreue

Allgemeine Lage (general position; Abschn. 6.1, 6.4, 6.5). Punkt mit der Lagesymmetrie 1.

Antiphasen-Domänen (Abschn. 16.6). Domänen in einem Kristall mit versetztem Ursprung der Elementarzelle.

Aristotyp (Basisstruktur; aristotype; Abschn. 1.2, Kap. 11). Hochsymmetrische Kristallstruktur, von der Strukturen mit erniedrigter Symmetrie, die *Hettotypen*, abgeleitet werden können.

Balkengruppe (rod group; Abschn. 7.4). Symmetriegruppe eines Objekts im dreidimensionalen Raum, das nur in einer Dimension über Translationssymmetrie verfügt.

Bärnighausen-Stammbaum (Bärnighausen tree; Abschn. 1.2, Kap. 11, 12). Stammbaum von Gruppe-Untergruppe-Beziehungen, mit dem die Verwandtschaft zwischen Kristallstrukturen aufgezeigt wird.

Bilbao Crystallographic Server (Kap. 24). Über das Internet zugänglicher Server mit Datenbanken und Rechenprogrammen für kristallographische Anwendungen.

Blickrichtung (symmetry direction; Abschn. 6.3.1). Ausgezeichnete Richtung parallel zu Symmetrieachsen oder zu Normalen auf Symmetrieebenen.

Brillouin-Zone (Abschn. 16.2). Polyeder um den Ursprung im ‚*k*-Raum'. Schwingungsmoden in Kristallen werden durch Punkte in der Brillouin-Zone charakterisiert.

Chiralität (Abschn. 9.3). Eigenschaft eines Objekts, das nicht durch Rotation oder Translation mit seinem durch Inversion erzeugten Abbild zur Deckung gebracht werden kann.

Domäne (Abschn. 16.5, 16.6). Bereich in einem Kristall, der durch Domänengrenzen von anderen Bereichen abgegrenzt ist.

Elementarzelle (Abschn. 2.3). Parallelepiped, das durch drei Basisvektoren aufgespannt wird und dessen periodische Wiederholung in drei Dimensionen den Aufbau eines Kristalls wiedergibt.

Enantiomorphe Raumgruppe (chirale Raumgruppe; Abschn. 6.1.3, 9.3). Raumgruppe mit einer bestimmten Händigkeit. Es gibt elf Paare von enantiomorphen Raumgruppentypen.

Erweiterte Matrix (augmented matrix; Abschn. 3.2). (4×4)-Matrix zur Koordinatenumrechnung bei einer Abbildung.

U. Müller, *Symmetriebeziehungen zwischen Kristallstrukturen*,
https://doi.org/10.1007/978-3-662-67166-5

Erzeugende (generators; Abschn. 5.2). Eine Menge von Gruppenelementen, aus denen durch fortgesetzte Verknüpfung die ganze Gruppe (alle Gruppenelemente) erzeugt werden kann.

Euklidischer Normalisator (Euclidean normalizer; Abschn. 8.2). $\mathcal{N}_{\mathcal{E}}(\mathcal{G})$, der Normalisator der Gruppe $\mathcal{G}$ bezüglich der euklidischen Gruppe $\mathcal{E}$ (Gruppe aller Isometrien des dreidimensionalen Raums). Er dient zum Auffinden der Normalisatoren zwischen Raumgruppen und zur Ermittlung äquivalenter Koordinatensätze einer Kristallstruktur.

Gitter (Vektorgitter; lattice; Abschn. 2.2, 6.2). Die Menge aller Translationsvektoren einer Kristallstruktur.

Gitterparameter (Gitterkonstanten; Abschn. 2.5). Die Längen a, b, c der Basisvektoren und die Winkel α, β, γ zwischen ihnen.

Gruppe (Abschn. 5.1, 5.2). Eine Menge (von Zahlen, Symmetrieoperationen, ...), welche die *Gruppenaxiome* erfüllt.

Gruppenelement (Abschn. 5.1, 5.2). Ein Exemplar aus der Menge der Elemente einer Gruppe.

Hermann-Mauguin-Symbol (Abschn. 4.2, 6.3.1). In der Kristallographie übliches Symbol zur Bezeichnung der Symmetrie.

Hettotyp. Siehe bei Aristotyp.

Index (Abschn. 5.3). Verhältnis $|\mathcal{G}|/|\mathcal{H}|$, wobei $|\mathcal{G}|$ die Ordnung einer Gruppe und $|\mathcal{H}|$ die Ordnung ihrer Untergruppe ist. Siehe auch bei Nebenklasse.

Irreduzible Darstellung (Symmetrierasse; irreducible representation, symmetry species; Abschn. 16.2.1, Kap. 23). Wirkung einer Symmetrieoperation auf die lokalen Verhältnisse an einem Punkt (z. B. bei einer Schwingung).

Isometrie (Abschn. 3.4, 3.5). Abbildung, die alle Abstände und Winkel unverändert lässt.

Isomorphe Gruppen (Abschn. 5.2). Zwei Gruppen sind isomorph, wenn ihre Gruppentafeln übereinstimmen.

Isomorphe Untergruppe (isomorphic subgroup; Abschn. 7.2, Kap. 11, Abschn. 12.3, Kap. 21). Klassengleiche Untergruppe vom gleichen oder enantiomorphen Raumgruppentyp wie die Obergruppe.

Isotropie-Untergruppe (isotropy subgroup; Abschn. 16.2). Untergruppe einer Raumgruppe, die sich ergibt, wenn eine Struktur gemäß einer bestimmten irreduziblen Darstellung verzerrt wird.

Isotypie (Abschn. 9.5). Zwei Kristallstrukturen sind isotyp, wenn sie das gleiche Bauprinzip und die gleiche Raumgruppe haben.

Klassengleiche Untergruppe (*klassengleiche* subgroup; Abschn. 7.2, Kap. 11, Abschn. 12.2). Untergruppe einer Raumgruppe, deren Kristallklasse unverändert ist. Sie hat weniger Translationen (vergrößerte primitive Elementarzelle).

Konjugierte Untergruppen (conjugate subgroups; Abschn. 5.4, 8.1, 8.3). Untergruppen einer Gruppe $\mathcal{G}$, die über eine Symmetrieoperation von $\mathcal{G}$ äquivalent sind.

Konjugiertenklasse (conjugacy class; Abschn. 5.4, 8.1, 8.3). Menge von Untergruppen einer Gruppe $\mathcal{G}$, die in $\mathcal{G}$ konjugiert sind.

Konventionelle Aufstellung (conventional setting; Abschn. 2.3, 10.3). Aufstellung einer Raumgruppe, die in *International Tables A* vollständig tabelliert ist.

Kristallklasse (Abschn. 6.1). Punktgruppentyp eines Kristalls.

Kristallographische Basis (Abschn. 2.3). Drei nicht koplanare Gittervektoren, mit denen das Gitter und das Koordinatensystem einer Kristallstruktur aufgespannt wird.

Kristallstruktur (Abschn. 2.2). Die räumliche Verteilung der Atome in einem Kristall.

Kristallsystem (Abschn. 6.1). Punktgruppentyp des Gitters einer Kristallstruktur (Holoedrie).

Kritischer Exponent (Abschn. 16.2.2, 22.2). Exponent im Potenzgesetz, das den Verlauf einer kontinuierlichen Phasenumwandlung beschreibt.

Lagesymmetrie (Punktlagesymmetrie, site symmetry; Abschn. 6.1, 6.4, 6.5). Symmetrieoperationen der Punkt- oder Raumgruppe, die einen Punkt in einem Molekül oder Kristall festlassen.

Landau-Theorie (Abschn. 16.2.2, 22.2). Theorie zur Beschreibung der Vorgänge bei kontinuierlichen Phasenumwandlungen.

Matrixanteil (Abschn. 3.2). Matrix zum Umrechnen der Koordinaten bei einer Abbildung, ohne Translationsanteile.

Matrix-Spalte-Paar (Abschn. 3.2). Matrix und Spalte zum Umrechnen der Koordinaten bei einer Abbildung, mit Translationsanteilen.

Mode (Schwingungs-Mode; Abschn. 16.2.1). Kollektive und korrelierte Schwingung von Atomen mit bestimmten Symmetrieeigenschaften.

Multiplizität. Siehe Zähligkeit.

Nebenklasse (coset; Abschn. 5.3). Die Elemente einer Gruppe $\mathcal{G}$ können nach einer Untergruppe $\mathcal{H}$ in Nebenklassen aufgeteilt werden. Die Untergruppe selbst ist die erste Nebenklasse; die anderen Nebenklassen bestehen aus den Elementen $g\mathcal{H}$ (linke Nebenklassen) oder $\mathcal{H}g$ (rechte Nebenklassen) und enthalten je gleich viele der übrigen Gruppenelemente. Die Zahl der Nebenklassen ist der *Index* der Untergruppe.

Normalisator (normalizer; Abschn. 8.2). $\mathcal{N}_{\mathcal{G}}(\mathcal{H})$, der Normalisator von $\mathcal{H}$ bezüglich $\mathcal{G}$, besteht aus all den Elementen von $\mathcal{G}$, die $\mathcal{H}$ auf sich selbst abbilden. Es gilt $\mathcal{H} \trianglelefteq \mathcal{N}_{\mathcal{G}}(\mathcal{H}) \leq \mathcal{G}$.

Normalteiler (normal subgroup; Abschn. 5.4). Untergruppe $\mathcal{H}$ einer Gruppe $\mathcal{G}$, für die $\mathcal{H}g_m = g_m\mathcal{H}$ für alle $g_m \in \mathcal{G}$ gilt.

Normierung (Abschn. 2.3). Umrechnung von Koordinatenwerten auf Werte $0 \leq x, y, z < 1$.

Obergruppe (supergroup; Abschn. 5.2, 7.3). Eine Obergruppe enthält zusätzliche Gruppenelemente.

Orbit. Siehe Punkt-Orbit.

Ordnung einer Gruppe (Abschn. 5.2). Die Zahl der Gruppenelemente in einer Gruppe.

Ordnungsparameter (Abschn. 16.2.2, 22.2, 22.4). Geeignete messbare Größe, mit der sich der Verlauf einer Phasenumwandlung quantitativ verfolgen lässt.

Pare Untergruppen (subgroups on a par; Abschn. 8.3). Untergruppen $\mathcal{H}_1, \mathcal{H}_2, \ldots$ einer Raumgruppe $\mathcal{G}$, $\mathcal{H}_1, \mathcal{H}_2, \cdots < \mathcal{Z} \leq \mathcal{G}$, die *nicht* in $\mathcal{G}$, aber in einem der euklidischen Normalisatoren $\mathcal{N}_{\mathcal{E}}(\mathcal{Z})$ oder $\mathcal{N}_{\mathcal{E}}(\mathcal{G})$ konjugiert sind. Sie haben gleiche Gittermaße und denselben Raumgruppentyp.

Phasenumwandlung (phase transition; Abschn. 16.1, Kap. 22). Vorgang, bei dem sich mindestens eine Eigenschaft eines Stoffes sprunghaft ändert.

Prototyp (Abschn. 1.2, 9.5). Aristotyp bei einer Phasenumwandlung oder Substanz, nach der eine Menge von isotypen Kristallstrukturen benannt wird.

Pseudosymmetrie (Abschn. 1.1). Näherungsweise erfüllte Symmetrie.

Punktgitter (Abschn. 2.2). Die Menge aller zu einem Punkt translationsäquivalenter Punkte.

Punktgruppe (Abschn. 6.1). Bei Molekülen: Die Gruppe der Symmetrieoperationen eines Moleküls. Bei Kristallen: Die Gruppe der Symmetrieoperationen zwischen den Flächennormalen auf den Kristallflächen.

Punktlage (Wyckoff position; Abschn. 6.1, 6.4, 10.1). Die Menge aller Punkt-Orbits, deren Lagesymmetrien konjugiert sind.

Punkt-Orbit (kristallographisches Punkt-Orbit; Abschn. 5.6, 6.5, 10.1). Die Menge aller Punkte, die in einer Punkt- oder Raumgruppe symmetrieäquivalent zu einem Punkt sind.

Querende Balkengruppe (Balken-Lagesymmetrie, penetration rod group; Abschn. 7.4). Gruppe aus Symmetrieoperationen einer Raumgruppe, die eine durchquerende Gerade invariant lassen.

Querende Schichtgruppe (Schicht-Lagesymmetrie, sectional layer group; Abschn. 7.4). Gruppe aus Symmetrieoperationen einer Raumgruppe, die eine durchquerende Ebene invariant lassen.

Raumgruppe (Abschn. 3.1, Kap. 6). Die Menge aller Symmetrieoperationen einer Kristallstruktur, einschließlich der Translationen bei festliegenden Gittermaßen.

Raumgruppentyp (Abschn. 6.1, 6.6). Eine von 230 Möglichkeiten, kristallographische Symmetrieoperationen zu einer Gruppe zu kombinieren (mit beliebigen Gittermaßen).

Reduzierte Zelle (Abschn. 2.3, 9.1). Eindeutig aufgestellte Elementarzelle, die nach einem bestimmten mathematischen Verfahren berechnet ist.

Schichtgruppe (layer group; Abschn. 7.4). Symmetriegruppe eines Objekts im dreidimensionalen Raum, das nur in zwei Dimensionen über Translationssymmetrie verfügt.

Schoenflies-Symbol (Abschn. 6.3.2). Symbol zur Bezeichnung der Symmetrie. Bei Molekülen weiterhin gebräuchlich, in der Kristallographie kaum mehr verwendet.

Soft Mode (einfrierende Schwingungsmode; Abschn. 16.2). Schwingungsmode, deren Frequenz bei Annäherung an einen Phasenumwandlungspunkt gegen null geht, und welche die Atombewegungen bei einer kontinuierlichen Phasenumwandlung bestimmt.

Sohncke-Raumgruppe (Abschn. 9.3). Raumgruppe ohne Inversionszentren, Inversionsdrehachsen, Spiegel- und Gleitspiegelebenen. Chirale Kristallstrukturen sind nur mit Sohncke-Raumgruppen kompatibel.

Spaltenanteil (column part; Abschn. 3.2). Zahlenspalte, die bei einer Abbildung die Translationskomponenten berücksichtigt.

Spezielle Lage (special position; Abschn. 6.1.1, 6.4, 6.5). Punkt, dessen Lagesymmetrie höher als 1 ist.

Standardisierte Aufstellung (Abschn. 9.1, Kap. 24). Aufstellung einer Raumgruppe oder von Kristallstrukturdaten nach bestimmten Regeln.

Strukturfamilie (family of structures; Abschn. 1.2, Kap. 11). Aristotyp und Hettotypen bilden gemeinsam eine Strukturfamilie.

Symmetrieadaptierte Zelle (Abschn. 6.3.1). Elementarzelle mit Basisvektor parallel zu einer Symmetrieachse oder zur Normalen auf einer Symmetrieebene.

Symmetrieelement (Abschn. 4.3, 6.4.1). Punkt, Linie oder Ebene, die bei einer Symmetrieoperation unverändert bleibt.

Symmetrieoperation (Abschn. 3.1.1). Abbildung, die einen Gegenstand mit sich zur Deckung bringt.

Symmetrieprinzip (Abschn. 1.1). Im festen Zustand besteht eine Tendenz nach möglichst hochsymmetrischen Anordnungen der Atome.

Symmetry Database (Kap. 24). Über das Internet zugängliche Datenbank mit Rechenprogrammen zu Raum- und Punktgruppen.

Topotaktische Reaktion (Kap. 17). Chemische Reaktion im Festkörper, bei der die Orientierung der Domänen des Produktkristalls von der Orientierung des Ausgangskristalls vorgegeben ist.

Topotaktisches Gefüge (topotactic texture; Abschn. 16.3). Gefüge aus Domänen von gesetzmäßig verwachsenen Kristalliten.

Translation (Symmetrie-Translation; Abschn. 2.2). Verschiebung um einen *Translationsvektor*, welche eine Kristallstruktur mit sich zur Deckung bringt.

Translationengleiche Untergruppe (*translationengleiche* subgroup; Abschn. 7.2, Kap. 11, Abschn. 12.1). Untergruppe einer Raumgruppe, deren Gitter unverändert ist (gleich große primitive Elementarzelle). Sie hat eine niedrigersymmetrische Kristallklasse.

Überstruktur (superstructure; Abschn. 12.2, 18.3). Kristallstruktur, deren Elementarzelle im Vergleich zu einer Idealstruktur vergrößert ist. Die Raumgruppe ist eine klassengleiche Untergruppe.

Unendlicher Idealkristall (crystal pattern; Abschn. 2.2). Fehlerfreie, unendlich ausgedehnte, dreifach periodische Anordnung von Atomen.

Untergruppe (subgroup; Abschn. 5.2, 7.1 7.2). Teilmenge der Elemente einer Gruppe, die ihrerseits die Gruppenaxiome erfüllt. Die Untergruppe ist *maximal*, wenn es zwischen der Gruppe und der Untergruppe keine Zwischengruppe gibt.

Urklammernäherung (parent clamping approximation; Abschn. 12.1). Die Basisvektoren einer Kristallstruktur werden als gleich oder als ganze Vielfache der Basisvektoren einer verwandten Kristallstruktur behandelt, obwohl sie nicht genau übereinstimmen. Die Raumgruppen zweier Kristallstrukturen werden als translationengleich behandelt, auch wenn ihre Gitter nicht genau gleich sind.

Wyckoff-Lage Siehe Punktlage.

Wyckoff-Symbol (Abschn. 1.2, 6.4.2, 10.1). Symbol zur Bezeichnung einer Punktlage. Es besteht aus der Zähligkeit einer ihrer Punkte und dem Wyckoff-Buchstaben.

Zähligkeit (multiplicity). Bei Dreh- und geradzähligen Inversionsdrehachsen (Abschn. 3.5): die kleinste Zahl der auszuführenden Drehungen, bis ein Punkt allgemeiner Lage wieder in seine ursprüngliche Lage gelangt.
Bei ungeradzähligen Inversionsdrehachsen: die Hälfte der kleinsten Zahl der auszuführenden Drehungen, bis ein Punkt allgemeiner Lage wieder in seine ursprüngliche Lage gelangt.
Bei Schraubenachsen: die kleinste Zahl der auszuführenden Drehungen, bis ein Punkt in eine translationsäquivalente Lage kommt.
Bei Punktgruppen (Abschn. 6.1): die Menge der Punkte, die zu einem Punkt symmetrieäquivalent sind.
Bei Raumgruppen (Abschn. 6.4): die Menge der Punkte, die in einer Elementarzelle zu einem Punkt symmetrieäquivalent sind.

Zentriertes Gitter (centered lattice; Abschn. 2.3, 6.2). Gitter, dessen Basis nicht primitiv ist. Gittervektoren können Linearkombinationen aus bestimmten Bruchteilen der Basisvektoren sein.

Zwillingskristall (twinned crystal; Abschn. 16.3, 16.5, 18.4). Verwachsung von kongruenten oder enantiomorphen Kristallspezies mit einer kristallsymmetrischen gegenseitigen Orientierung.

Sachverzeichnis

U. Müller, *Symmetriebeziehungen zwischen Kristallstrukturen*,
https://doi.org/10.1007/978-3-662-67166-5

Verzeichnis der Strukturtypen und Kristallstrukturen

U. Müller, *Symmetriebeziehungen zwischen Kristallstrukturen*,
https://doi.org/10.1007/978-3-662-67166-5

Printed in the United States
by Baker & Taylor Publisher Services